月面自动采样返回
探测器技术

LUNAR ROBOTIC PROBE
TECHNOLOGY FOR SAMPLING
AND RETURN

杨孟飞　彭兢　张伍　阮剑华　等著

LUNAR
TECHNOLOGY

图书在版编目（CIP）数据

月面自动采样返回探测器技术 / 杨孟飞等著. 一北京：国防工业出版社，2022.12

ISBN 978-7-118-12586-3

Ⅰ. ①月… Ⅱ. ①杨… Ⅲ. ①月球探测器一采样一技术一研究 Ⅳ. ①V476.3

中国版本图书馆CIP数据核字（2022）第256196号

国防工業出版社 National Defense Industry Press 出版发行

（北京市海淀区紫竹南路23号　邮政编码100048）
雅迪云印（天津）科技有限公司印刷
新华书店经售
*
开本889×1194　1/16　印张41½　字数1033千字
2022年12月第1版第1次印刷　印数1—2000册　定价388.00元

（本书如有印装错误，我社负责调换）
国防书店：（010）88540777　　书店传真：（010）88540776
发行业务：（010）88540717　　发行传真：（010）88540762

ROBOTIC PROBE FOR SAMPLING AND RETURN

内容简介

本书是在归纳总结探月三期探测器("嫦娥"五号飞行试验器和"嫦娥"五号探测器),特别是"嫦娥"五号月面自动采样返回探测器研制工作的基础上撰写完成的,主要内容包括月面自动采样返回探测器的总体设计、主要分系统的设计和验证、总装集成测试技术和试验验证技术等方面。最后对未来月球探测及技术挑战进行了展望。

本书可供从事空间飞行器研究和应用的各类工程技术人员参考,亦可作为高等院校有关专业教师和研究生的教学参考书。

编委会

（排名不分先后）

杨孟飞	彭兢	张伍	阮剑华	张洪华	王勇	洪鑫
查学雷	张高	张玉花	周昌义	张正峰	杜颖	黄昊
任德鹏	舒燕	孟占峰	盛瑞卿	董彦芝	李委托	宁献文
程慧霞	孙大媛	蔡晓东	徐宝碧	顾征	邓湘金	王晶燕
宋世民	杜青	于丹	于萍	王磊	荣伟	崔俊峰
章玉华	魏彦祥	赵京	胡震宇	李天义	欧阳尚荣	刘仲
王金童	郑云青	李慧军	徐军	乔德治	郑圣余	阮国伟
杜晨	师立侠	沈凤霞	高庆华	黄垒	禹志	

序一

作为地球的天然卫星，月球是距离地球最近的自然天体。月球既是深空探测的起点，也是近年来乃至未来一段时期内航天大国和新兴航天国家竞相探测的热点。新世纪初，我国提出了"绕、落、回"三步走战略规划。2007 年，"嫦娥"一号卫星实现了绕月探测；2013 年，"嫦娥"三号实现了月球软着陆和巡视探测；2019 年，"嫦娥"四号和"鹊桥"相互配合，实现了人类首次在月球背面的软着陆，"玉兔"二号巡视器至今仍在月球背面持续开展巡视探测；2020 年，"嫦娥"五号实现了月面自动采样返回——这标志着我国圆满实现了三步走战略规划。"嫦娥"五号的成功，不但是我国航天技术跨越式发展的重要一步，更是承上启下的关键一环，为后续探月工程四期、国际月球科研站乃至载人登月奠定了重要的基础。

在月球表面获取样品，并安全带回地面进行研究，在地球上的实验室里，能够对宝贵的月球样品进行各种详尽而深入的研究，帮助人类更好地理解月球成因和太阳系演化历史。在月球科学研究方面，月球采样返回任务具有不可替代的作用。

与此同时，月面自动采样返回任务是我国探月工程技术的集大成者。在一期工程"绕"和二期工程"落"已突破的关键技术和取得的成果基础上，还要解决一系列技术难题，例如：在月面着陆点月壤等地质特性不确定情况下，如何稳妥可靠地获取并封装月球样品？针对软着陆后起飞平台的位置姿态的不确定性，如何实现安全起飞、携带样品进入预定的月球轨道？在 38 万千米之外的月球轨道上，如何自主实现精确的月球轨道交会对接和样品的精准转移交接？在携带样品质量无法提前预知的前提下，如何保证返回器以 11km/s 的速度实现半弹道跳跃式再入并安全准确地着陆？面对这些难题，必须在设计理论、方法和验证等工程技术方面取得突破，才能圆满完成任务。作为我国复杂度最高、技术跨度最大的航天系统工程，"嫦娥"五号任务的圆满成功，标志着我国航天向前迈出了一大步。

《月面自动采样返回探测器技术》是国内，同时也是世界上第一部全面、深入地介绍月面自动采样返回探测器技术的专著。参与本书编著的作者杨孟飞及其领导的研制团队，是我长期关注并十分熟悉的一批中青年科技人员，他们中既有杨孟飞院士这样新一代航天领军人物，也有和我共同参与"嫦娥"一号研制并成长起来的技术骨干，还有更多后来加入深空探测研制队伍的青年才俊。他们从事月面无人自动采样返回探测器的研制工作历时十年，其中一些人参与相关研究工作甚至超过15年。可以说，他们是探月工程一线研制队伍中最熟悉相关技术的专家。作者从月面无人自动采样返回探测器的特点出发，在任务分析、总体设计、分系统设计、总装、测试和地面试验验证等多个方面，对设计理论和方法、典型技术和验证等内容，结合"嫦娥"五号探测器的工程实践，进行了全面、深入的阐述。

《月面自动采样返回探测器技术》可为月球及深空探测领域的航天工作者提供技术参考，也可为高校等相关研究部门的研究人员提供相关知识。该书的出版将为总结积累我国月球探测领域的工程经验、推动我国深空探测领域的发展和建设航天强国提供有力的技术支持。

叶培建

序二

我国探月工程的发展目标分三步走,分别是"绕""落""回"。随着"嫦娥"一号、"嫦娥"三号和"嫦娥"五号等系列探测器的飞行成功,我国圆满实现了三步走的预定战略规划。《月面自动采样返回探测器技术》是在归纳总结"嫦娥"五号探测器研制工作的基础上完成的。该书既是一线航天科技工作者实践经验的总结,也是以探月工程为代表的我国航天事业取得的又一重要成就。

"嫦娥"五号探测器的任务目标是实现月面自动采样返回。为实现这一目标,必须解决月面采样封装、月面起飞上升、月球轨道交会对接和样品转移、月地入射和携带月球样品高速再入返回等一系列技术难题,对复杂航天器系统的设计和功能性能的实现而言,存在巨大的技术挑战。探测器的研制是一项复杂的航天系统工程,设计师必须在研制过程中运用系统工程的方法,解决技术难点的抽象建模、设计分析和试验验证,才能突破各项关键技术,研制出功能性能满足要求、安全可靠的探测器,完成预定的任务。

"嫦娥"五号研制团队自 2011 年开始"嫦娥"五号探测器的研制工作,经过持续十年的不懈努力,在复杂航天器系统的任务分析、总体设计、分系统设计、总装集成与测试等方面取得了一系列的研究成果,解决了复杂系统设计、动力学、控制、气动力/热耦合、电子设备集成和信息技术等诸多难题,不但圆满完成了"嫦娥"五号探测器的研制,实现了月面自动采样返回的任务目标,同时,其工作总体处于国际同领域的领先水平,具有重要的学术价值,在系统工程、航天器总体与专业等很多研究领域具有参考意义,对相关技术的发展具有积极的促进作用。

《月面自动采样返回探测器技术》可供从事空间飞行器系统研究的各类工程技术人员参考,亦可作为高等院校有关专业教师和研究生的教学参考书。

吴宏鑫

前言 PREFACE

2020年12月17日1时59分,"嫦娥"五号探测器返回器携带月球样品安全着陆于内蒙古四子王旗预定区域,标志着"嫦娥"五号月面自动采样返回任务取得圆满成功,同时也标志着探月三期工程月面自动采样返回目标的圆满实现。探月三期工程探测器系统的研制工作始于2011年1月,按照工程计划,研制"嫦娥"五号和"嫦娥"六号探测器(作为"嫦娥"五号的备份);为了降低工程实施的风险,在此期间,研制了"嫦娥"五号飞行试验器,其主要目的是实现月地高速再入跳跃式返回。"嫦娥"五号飞行试验器于2014年10月24日在四川西昌卫星发射中心发射,2014年11月1日6时42分,飞行试验器返回器在内蒙古四子王旗预定着陆区安全着陆,任务取得圆满成功;随后飞行试验器服务舱开展了一系列拓展试验,为"嫦娥"五号的研制打下了坚实的基础。

"嫦娥"五号探测器的研制经历了方案、初样、正样、贮存及发射场工作和任务实施阶段;探测器于2020年11月24日在海南文昌航天发射场由长征五号运载火箭发射升空,经历了运载发射段后,进入地月转移轨道,随后经历地月转移段、近月制动段、环月飞行段、着陆下降段、月面采样封装和科学探测段、月面起飞上升段、月球轨道交会对接和样品转移段、环月等待段、月地转移段、再入回收段等过程,于2020年12月17日1时59分安全返回内蒙古四子王旗预定着陆区。整个研制过程历时十年,任务取得圆满成功,实现了月面自动采样返回的目标。

在研制过程中，攻克了一系列关键技术，形成了一套月面自动采样返回的技术资料，本书就是在这些资料的基础上，经过提炼归纳总结的结果。全书共6章，主要内容包括总体技术、专业技术、总装集成测试（AIT）技术及试验验证技术。总体技术从系统任务开始，相继介绍了与总体相关的方案、坐标系、轨道设计、飞行程序、构型布局、供配电和信息总体及相关重要环节设计等内容。专业技术介绍了探测器15个分系统所涉及的专业技术，包括结构、机构（含分离机构）、热控、供配电、数管、测控数传（含天线）、制导导航与控制、推进、采样封装、对接机构与样品转移、有效载荷、工程参数测量、回收等专业技术内容。AIT技术主要包括总装工艺技术、地面支持设备、测量技术、质测技术、系统综合测试、力热试验和EMC试验技术等内容。系统试验验证技术主要介绍有关大型试验方面的技术，包括着陆冲击验证技术、器间分离试验验证技术、全尺寸羽流导流试验技术、采样封装试验验证技术、着陆起飞综合试验验证技术、交会对接及样品转移试验验证技术、综合空投试验验证技术等。最后对未来月球探测技术进行了展望。

在本书的撰写和出版过程中，得到了很多单位领导和专家的支持和帮助，在此表示衷心的感谢！衷心感谢叶培建院士和吴宏鑫院士两位专家的推荐，衷心感谢国家出版基金的支持，感谢史伟、贺晓洋、曹瑞强、苏若曦、张杨、周晓伶、王紫薇、何健、李长勋、孙俊杰、杨海涛、赖小明、丁同才、施飞舟、周如好、王乃雯、陆海滨、刘勇、魏青、李和军、兰晓辉、赵建设、程晓丽、李景成、黄继勋、徐欣锋等同事的帮助，衷心感谢国防工业出版社编辑尤力的支持，衷心感谢所有为之付出辛勤劳动的专家学者的支持。

由于篇幅限制，还有许多同志为本书做了不少工作，谨向所有同志致以衷心的感谢！

由于作者水平有限，书中错误和缺失在所难免，欢迎读者批评指正。

杨孟飞

2022年5月27日

CONTENTS 目录

1 绪论

1.1 中国探月工程 / 3

1.1.1 探月工程规划 / 3
1.1.2 主要实施结果 / 3

1.2 月面自动采样返回的技术特点 / 5

1.2.1 探测器系统总体设计 / 6
1.2.2 月面采样封装 / 6
1.2.3 月面起飞上升 / 7
1.2.4 月球轨道交会对接和样品转移 / 8
1.2.5 月地高速再入返回 / 9

2 月面自动采样返回探测器总体技术

2.1 任务分析 / 13

2.1.1 系统约束分析 / 13
2.1.2 环境分析 / 14

2.2 技术方案和主要技术指标 / 19

2.2.1 系统方案 / 19
2.2.2 主要技术指标 / 22

2.3 坐标系与姿态定义 / 24

2.3.1 坐标系定义 / 24
2.3.2 探测器飞行姿态定义 / 29

2.4 轨道设计 / 33

2.4.1 轨道设计任务分析 / 33
2.4.2 各飞行阶段轨道设计 / 37
2.4.3 发射窗口设计 / 47
2.4.4 轨控策略设计 / 47
2.4.5 速度增量预算 / 50
2.4.6 小结 / 50

2.5 飞行程序设计 / 51

2.5.1 特点分析 / 51
2.5.2 程序设计 / 53

2.6 构型布局设计 / 59

2.6.1 构型与布局设计 / 59
2.6.2 羽流角干涉分析 / 63
2.6.3 视场干涉分析 / 65
2.6.4 活动部件分析 / 65

2.7 供配电与信息总体设计 / 66

2.7.1 供配电总体设计 / 66
2.7.2 信息总体设计 / 69

2.8 飞行过程关键环节设计 / 76

2.8.1 探测器分离设计 / 77
2.8.2 月面软着陆设计 / 79
2.8.3 月面采样封装设计 / 82
2.8.4 月面起飞上升设计 / 83

2.8.5 月球轨道交会对接与样品转移设计 / 86
2.8.6 再入返回设计 / 89

2.9 器间接口设计 / 94

2.9.1 机械接口 / 94
2.9.2 电接口 / 95
2.9.3 热接口 / 98

2.10 总体参数分配 / 98

2.10.1 质量预算 / 98
2.10.2 推进剂计算 / 99
2.10.3 可靠性指标分配 / 99

2.11 力学分析 / 100

2.11.1 主动段力学环境分析 / 101
2.11.2 着陆上升组合体月面缓冲着陆响应分析 / 102
2.11.3 返回器着陆冲击响应分析 / 103

2.12 热分析 / 104

2.12.1 任务分析 / 105
2.12.2 外热流分析 / 107
2.12.3 热分析模型 / 110
2.12.4 热分析结果 / 115
2.12.5 热分析结论 / 116

2.13 羽流影响分析 / 116

2.13.1 着陆上升组合体飞行状态羽流影响分析 / 117
2.13.2 上升器飞行状态羽流影响分析 / 123
2.13.3 返回器再入飞行状态羽流影响分析 / 124

2.14 可靠性安全性设计 / 125

2.14.1 可靠性安全性工作特点 / 125
2.14.2 可靠性技术风险识别与控制 / 127
2.14.3 可靠性设计与验证 / 134
2.14.4 安全性风险分析 / 136
2.14.5 安全性设计与验证 / 138

3 月面自动采样返回探测器专业技术

3.1 结构技术 / 145
3.1.1 技术要求与特点 / 145
3.1.2 系统组成 / 146
3.1.3 设计技术 / 148
3.1.4 验证技术 / 166
3.1.5 实施结果 / 202

3.2 机构技术 / 204
3.2.1 技术要求与特点 / 204
3.2.2 系统组成 / 206
3.2.3 设计技术 / 209
3.2.4 验证技术 / 232
3.2.5 实施结果 / 240

3.3 热控技术 / 241
3.3.1 技术要求与特点 / 241
3.3.2 系统组成 / 242
3.3.3 设计技术 / 244
3.3.4 验证技术 / 255
3.3.5 实施结果 / 262

3.4 供配电技术 / 266
3.4.1 技术要求与特点 / 266
3.4.2 系统组成 / 269
3.4.3 设计技术 / 270
3.4.4 验证技术 / 281
3.4.5 实施结果 / 283

3.5 数管技术 / 285
3.5.1 技术要求与特点 / 285
3.5.2 系统组成 / 288
3.5.3 设计技术 / 289

3.5.4 验证技术 / 303
3.5.5 实施结果 / 305

3.6 测控数传技术 / 307

3.6.1 技术要求与特点 / 307
3.6.2 系统组成 / 309
3.6.3 设计技术 / 309
3.6.4 验证技术 / 323
3.6.5 实施结果 / 329

3.7 制导导航与控制技术 / 331

3.7.1 技术要求与特点 / 331
3.7.2 系统组成 / 335
3.7.3 设计技术 / 339
3.7.4 验证技术 / 364
3.7.5 实施结果 / 366

3.8 推进技术 / 368

3.8.1 技术要求与特点 / 368
3.8.2 系统组成 / 371
3.8.3 设计技术 / 374
3.8.4 验证技术 / 387
3.8.5 实施结果 / 392

3.9 采样封装技术 / 395

3.9.1 技术要求与特点 / 395
3.9.2 系统组成 / 396
3.9.3 设计技术 / 397
3.9.4 验证技术 / 411
3.9.5 实施结果 / 418

3.10 对接机构与样品转移技术 / 423

3.10.1 技术要求与特点 / 423
3.10.2 系统组成 / 424
3.10.3 设计技术 / 425
3.10.4 验证技术 / 436
3.10.5 实施结果 / 441

3.11　有效载荷技术 / 444

3.11.1　技术要求与特点 / 444
3.11.2　系统组成 / 447
3.11.3　设计技术 / 448
3.11.4　验证技术 / 453
3.11.5　实施结果 / 457

3.12　工程参数测量技术 / 461

3.12.1　技术要求与特点 / 461
3.12.2　系统组成 / 462
3.12.3　设计技术 / 465
3.12.4　验证技术 / 475
3.12.5　实施结果 / 478

3.13　回收技术 / 486

3.13.1　技术要求与特点 / 486
3.13.2　系统组成 / 487
3.13.3　设计技术 / 488
3.13.4　验证技术 / 497
3.13.5　实施结果 / 503

4　月面自动采样返回探测器总装集成测试技术

4.1　系统集成装配及检验技术 / 507

4.1.1　技术要求与特点 / 507
4.1.2　零部件和总体装配工艺技术 / 507
4.1.3　MGSE 设计与实现技术 / 513
4.1.4　检验技术 / 518

4.2　专业测量技术 / 522

4.2.1　精度测量 / 522
4.2.2　质量特性测试 / 535
4.2.3　密封性能测试 / 539

4.3 综合测试技术 / 547

4.3.1 技术要求与特点 / 547
4.3.2 测试系统 / 548
4.3.3 测试技术 / 550
4.3.4 应用效果 / 559

4.4 力学试验技术 / 559

4.4.1 试验要求及试验目的 / 559
4.4.2 系统组成 / 560
4.4.3 试验技术 / 561
4.4.4 试验结果 / 566

4.5 热试验技术 / 567

4.5.1 试验要求及试验目的 / 567
4.5.2 系统组成 / 569
4.5.3 试验技术 / 570
4.5.4 试验结果 / 574

4.6 EMC 试验技术 / 574

4.6.1 试验要求与试验目的 / 574
4.6.2 系统组成 / 575
4.6.3 试验技术 / 575
4.6.4 试验结果 / 578

5 月面自动采样返回探测器系统级试验验证技术

5.1 月面着陆冲击验证技术 / 581

5.1.1 试验目的 / 581
5.1.2 试验方法 / 581
5.1.3 试验系统设计 / 582
5.1.4 应用实例 / 582

5.2 器间分离试验验证技术 / 584
  5.2.1 试验目的 / 584
  5.2.2 试验方法 / 584
  5.2.3 试验系统设计 / 584
  5.2.4 应用实例 / 586

5.3 全尺寸羽流导流试验技术 / 588
  5.3.1 试验目的 / 588
  5.3.2 试验方法 / 588
  5.3.3 试验系统设计 / 589
  5.3.4 应用实例 / 592

5.4 采样封装试验验证技术 / 593
  5.4.1 试验目的 / 593
  5.4.2 试验方法 / 594
  5.4.3 试验系统设计 / 599
  5.4.4 应用实例 / 603

5.5 着陆起飞综合试验验证技术 / 611
  5.5.1 试验目的 / 611
  5.5.2 试验方法 / 612
  5.5.3 试验系统设计 / 614
  5.5.4 应用实例 / 617

5.6 交会对接与样品转移试验验证技术 / 622
  5.6.1 试验目的 / 622
  5.6.2 试验方法 / 622
  5.6.3 试验系统设计 / 625
  5.6.4 应用实例 / 628

5.7 综合空投试验验证技术 / 631
  5.7.1 试验目的 / 631
  5.7.2 试验方法 / 631
  5.7.3 试验系统设计 / 632
  5.7.4 应用实例 / 633

6 月球探测未来展望

6.1 中国的月球探测 / 637
6.2 美国的月球探测 / 638
6.3 其他国家和地区 / 639
6.4 未来月球探测的技术挑战 / 640

参考文献 / 642

第 1 章

绪 论

MOON
月面自动采样返回探测器技术

1.1 中国探月工程

1.1.1 探月工程规划

从20世纪90年代开始,中国的科学家和航天部门的专家就已开始进行中国月球探测科学目标和关键技术的研究。2004年初,月球探测一期工程——绕月探测工程获得立项批复,开始实施。2006年,国务院发布《国家中长期科学和技术发展规划纲要(2006—2020年)》[1],探月工程列入重大专项,随后月球探测二期、三期工程先后开展立项论证和工程实施。

中国的无人探月工程分为"绕""落""回"三期,各期工程主要规划如下:

(1)"绕":2004—2007年(一期工程),研制和发射中国首颗月球探测器,实施绕月探测。主要任务是研制和发射月球探测器,突破绕月探测关键技术,对月球地形地貌、部分元素及物质成分、月壤特性、地月空间环境等进行全球性、整体性与综合性的探测,并初步建立中国月球探测航天工程系统。

(2)"落":2013年前后(二期工程),进行首次月球软着陆和自动巡视勘测。主要任务是突破月球软着陆、月面巡视勘察、深空测控通信与遥操作、深空探测运载火箭发射等关键技术,研制和发射月球着陆器和巡视探测器,实现月球软着陆和巡视探测,对着陆区地形地貌、地质构造和物质成分等进行探测,并开展月基天文观测。

(3)"回":2020年前(三期工程),进行首次月球样品自动取样返回探测。主要任务是实现月面自动采样返回;研制和发射采样返回探测器,突破月面自动采样返回探测器总体、月面采样封装、月面起飞上升、月球轨道交会对接与样品转移、月地高速再入返回等关键技术;在现场分析取样的基础上,采集关键性样品返回地球,进行实验室分析研究,深化对地月系统的起源与演化的认识。

1.1.2 主要实施结果

2020年底,中国探月工程"绕""落""回"三步走规划目标圆满实现,各次任务的主要实施情况如下:

1. 一期工程

探月一期工程于2004年2月立项,开始实施"嫦娥"一号(简称CE-1)的工程研制工作。

"嫦娥"一号月球探测器是中国首颗绕月探测器。该探测器的主要科学目标是:获取月球表面的三维立体影像;分析月球表面元素的含量和物质类型的分布特点;探测月壤厚度和地球至月球的空间环境[2]。"嫦娥"一号探测器在轨运行期间,共传回1.37TB的有效科学探测数据,获取了全月球影像图、月表部分化学元素分布等一批科学研究成果,圆满实现了工程目标和科学目标。"嫦娥"一号探测器在经过494天的飞行之后,2009年3月1日在地面控制下,受控撞击月球正面丰富海区域。

2. 二期工程

探月二期工程于2008年2月立项,包括"嫦娥"二号(简称CE-2)、"嫦娥"三号(简称CE-3)和"嫦娥"四号(简称CE-4)三次任务:"嫦娥"二号是二期工程的先导星,计划于2010年发射;"嫦娥"三号计划于2013年前后发射;"嫦娥"四号与"嫦娥"三号技术状态一致,视"嫦娥"三号任务实施情况择机发射。

"嫦娥"二号月球探测器是基于"嫦娥"一号的备份研制的,主要目标是对"嫦娥"三号探测器预选虹湾着陆区进行高分辨率成像,同时继续开展月球科学探测和后续深空探测任务的技术试验验证。"嫦娥"二号于2010年10月1日在西昌卫星发射中心成功发射。进入约100km的月球轨道后,"嫦娥"二号进行了绕月飞行和科学探测,于2011年6月9日飞离月球轨道,飞向距离地球约150万千米外的日地拉格朗日点L2,成为中国第一颗直接从环月轨道飞向日心轨道的探测器,并于2012年12月成功飞越小行星"图塔蒂斯"(Toutatis),近距离获取了该小行星的图像。随后,"嫦娥"二号成为进入日心轨道的探测器[3]。

"嫦娥"三号探测器由着陆探测器和巡视探测器(即"玉兔"号月球车)组成,进行首次月球软着陆探测和自动巡视勘察,实现中国首次月球原位探测。2013年12月2日,"嫦娥"三号探测器从西昌卫星发射中心成功发射;12月6日,着陆器进行了近月制动,准确进入距月面平均高度约为100km的环月近圆轨道。12月14日,着陆器成功软着陆于月面。12月15日,着陆器与巡视器成功分离。其后,着陆器和巡视器各自在月面开展科学和工程探测活动。"嫦娥"三号着陆器和巡视器在月面开展了中国首次月面就位探测,包括两器互拍、着陆区360°环拍、对地球成像、极紫外相机对地成像、月基天文观测、月尘累积测量、首次月面元素就位分析、月面表层以下探测和红外光谱探测等,获取了大量月面就位探测的第一手数据。迄今为止,"嫦娥"三号着陆器仍在月面工作,成为世界上月面工作时间最长的探测器。"嫦娥"三号是中国发射的第一个地外软着陆和巡视探测器,突破了多项关键技术,是探月工程三步走战略中承上启下的重要一环[4]。

"嫦娥"四号探测器系统由着陆器、巡视器和中继星"鹊桥"组成。2018年5月21日,"鹊桥"中继星在西昌卫星发射中心成功发射,2018年6月14日进入使命轨道。2018年12月8日,"嫦娥"四号着陆器/巡视器在西昌卫星发射中心成功发射;2018年12月12日,"嫦娥"四号着陆器/巡视器进入环月轨道;2019年1月3日,探测器安全着陆于预定的月球背面冯·卡门撞击坑,随后着陆器与巡视器完成两器分离,并分别开始实施月面探测活动。"嫦娥"四号探测器实现了月球背面软着陆和巡视探测,对人类提升月球科学研究和深空探测的技术水平、丰富对月球的认识具有重要意义[5]。

3. 三期工程

探月三期工程于2011年1月立项,包括"嫦娥"五号飞行试验(简称CE-5T1)、"嫦娥"五号(简称CE-5)和"嫦娥"六号(简称CE-6):"嫦娥"五号飞行试验任务是三期工程的试验任务,目标是验证半弹道跳跃式高速再入返回关键技术,计划于2014年发射;"嫦娥"五号计划于2020年前后发射;"嫦娥"六号与"嫦娥"五号技术状态一致,视"嫦娥"五号任务实施情况择机发射。

"嫦娥"五号飞行试验器由服务舱和返回器组成。2014年10月24日,"嫦娥"五号飞行试验器在卫星发射中心成功发射;随后"嫦娥"五号飞行试验器首次利用月球引力借力实现了大倾角变轨,完成了中国首次绕月自由往返飞行。2014年11月1日,返回器与服务舱分离后以11km/s的速度实现了半弹道跳跃式再入返回,并在预定区域安全着陆。2014年11月1日,服务舱在舱器分离后完成了规避机动;2014年11月23日,利用月球引力借力进入到地月L2平动点的转移轨道,随后实现了地月L2点环绕探测。2015年1月11日,服务舱从地月L2点环绕轨道顺利返回月球,2015年1月13日完成近月制动,实现了国际首次从地月L2点回到环月轨道的飞行。到2020年5月,服务舱在环月轨道上开展了一系列在轨技术试验[6]。

"嫦娥"五号是中国首个地外天体采样返回探测器,"嫦娥"五号探测器系统由轨道器、返回器、着陆器和上升器四器组成,共包括15个分系统。2020年11月24日,"嫦娥"五号探测器由长征五号(简称CZ-5)运载火箭在海南文昌航天发射场发射。"嫦娥"五号探测器在经历地月转移、近月制动、环月飞行以及轨返组合体和着陆上升组合体分离后,于2020年12月1日实施了动力下降并安全着陆月面,着陆位置为月球正面风暴洋西北部,具体位置为西经51.92°、北纬43.06°。着陆后,着陆上升组合体首先在月面实施了月面钻取采样,历时约3h;随后,部分科学仪器开展了月面原位探测,历时约2h;紧接着开始实施表取采样,通过表取采样子系统实施了12次采样及放样等操作,用时约16h;最后,密封封装装置正常完成了两种样品的密封,月面采样封装过程结束。上升器于2020年12月3日实施了月面上升,依次经过垂直上升、快速调整、轨道射入控制,准确进入近月点高度14.6km、远月点高度188km的预定环月轨道。2020年12月6日,上升器准确到达轨返组合体前方约50km、上方约10km处预定交班位置,轨返组合体顺利转入自主控制,经过约3.5h后,达到对接初始条件,对接机构抱爪捕获锁紧完成对接,随后将密封封装装置和月球样品转移至返回器中。约6h后,上升器与轨道器对接舱组合体与轨返组合体分离,上升器随后受控撞击月球正面东经0°、南纬30°的预定区域,轨返组合体完成了环月调相机动。2020年12月13日,轨返组合体加速完成月地转移入射,进入了月地转移轨道。2020年12月17日,轨道器与返回器分离,分离后轨道器实施规避机动,返回器再入大气层,以半弹道跳跃式再入方式返回地球大气层,于2020年12月17日凌晨1:59着陆于内蒙古四子王旗,着陆点位置为东经111.439°、北纬42.339°[7]。

2020年底,"嫦娥"一号、"嫦娥"二号、"嫦娥"三号、"嫦娥"四号、"嫦娥"五号飞行试验任务和"嫦娥"五号任务均已成功实施,圆满完成了各项任务目标,标志着中国探月工程三步走规划的目标顺利实现。

1.2 月面自动采样返回的技术特点

从工程技术角度出发,在月球表面获取样品,并安全带回地面进行研究,需解决一系列的技术难题。以"嫦娥"五号为例,和以往的近地轨道航天器、月球探测器(如"嫦娥"一号、"嫦娥"三号和

"嫦娥"四号)相比,有很大的不同,主要的技术难点包括总体设计、月面采样封装、月面起飞上升、月球轨道交会对接和样品转移与月地高速再入返回等方面。具体分析如下。

1.2.1 探测器系统总体设计

月面自动采样返回探测器系统复杂、面临的技术难度大,主要表现在如下方面:

(1)任务工作模式复杂。"嫦娥"五号探测器系统经历的飞行阶段多,探测器系统有四器组合体、三器组合体、两器组合体和单器等6种工作模式,在整个飞行过程中,舱段之间进行5次分离,器上火工品数量达119个,飞行程序复杂,各个飞行事件环环相扣,探测器系统工作模式和串联环节多,对系统可靠性要求高。

(2)关键环节难度大。为完成月面采样返回任务,探测器系统需完成月面采样封装、起飞上升、月球轨道交会对接与样品转移、高速再入返回等任务环节,需突破月球表面自主采样和封装、月球表面起飞上升、环月轨道自主交会对接和超高速再入返回等多项关键技术,对探测器系统设计要求高。

(3)系统资源受限。"嫦娥"五号探测器需要完成月面软着陆、月面采样、月面起飞、环月轨道交会对接和样品转移、月地转移入射以及地球大气超高速再入返回等多个高难度任务,每个任务均面临大量的资源需求,且运载火箭的发射能力有限,探测器系统质量受限,探测器系统设计面临着设计约束众多和资源受限的问题,为解决这一问题,在系统设计上需采用舱段间功能复用技术,在设备层面需采用小型化高集成设备技术,在结构实现上采用高性能轻质材料等一系列技术手段。

1.2.2 月面采样封装

月球表面样品可分为月壤和月岩两类。月球表层月壤和月岩外表面物质长期暴露在紫外线和宇宙射线环境中,受到地外空间的风化、氧化作用,某些有价值的信息可能被抹去。因此,从科学探测的角度出发,希望能够同时获取表面的样品和具有一定深度、未受空间环境影响的月面次表层样品。

月面采样封装面临任务环境新、时间紧以及地质情况复杂等特点。为了确保成功获得月球样品,同时考虑科学探测的需求,可采用的采样方式包括钻取采样和表取采样等采集方式。钻取采样方式具有采样深度大、层理特性好的特点,可实现对月面次表层的探测;表取采样方式具有采样点灵活、样品类型丰富的特点,可实现对一定区域内不同位置和类型的样品采集。为进一步增强样品获取的冗余能力,在表取采样设计中还需考虑采样器的设计,单一的采样器设计仅能应对特定的月壤特性,如果能够设计不同形式的采样器并加以组合,可以提高获取月球样品的成功率,且兼顾了采集样品的多样性。

封装的主要目的是:在采样后的任务飞行过程中和返回地面进行实验室分析之前,使样品处于月面原始形态和真空等环境下,容纳样品的容器材料不会与样品发生反应,并适应各飞行阶段的环境要求。与此同时,为确保月球样品具有一定的区分度,采用初级封装和密封封装的二次封装设计。通过钻取初级封装与表取初级封装单独设计,实现钻取样品与表取样品区分隔离,再转移至密封封装装置中进行统一封装,通过物理隔离避免样品混杂。月球样品所处的月面环境对样品的原位特性影响最小。选择不同的密封方式,例如采用密封圈密封和金属挤压密封等不同方式,实现的漏率是不同的,需针对飞行时序确定一种或多种密封方式组合,实现极低漏率密封,从而确保月球样品处于高纯环境中。

与此同时,针对无人月面采样封装,在任务执行过程中,为实现月面复杂操作,还需考虑器上自主和地面控制等不同飞控模式的应用。如何将两种方式与相关硬件产品的研制和飞行程序的设计实现相结合,并在研制和飞控实施过程中进行充分有效的验证,完成月面采样封装任务规划仿真、策略制定、物理验证与在轨实施工作也是一个重要的难点。

1.2.3 月面起飞上升

上升器以着陆器为起飞平台完成月面起飞上升任务,与地面运载火箭发射相比,虽具有起飞推力小、无大气环境影响的优点,却面临起飞初始姿态等状态不确定、发动机导流空间受限、月面起飞稳定性要求高和月面起飞过程自主性要求高等难点。

为了确保起飞上升的安全性和可靠性,全飞行过程一般包括起飞准备、垂直上升、姿态调整和轨道射入等阶段。

(1)起飞准备阶段主要完成起飞初始基准的自主确定、确保上升器稳定解锁。

(2)垂直上升阶段又分为两个阶段,第一阶段主要解决发动机羽流导流影响和月面稳定起飞等问题,确保上升器离开月球表面,并达到足够的安全高度;第二阶段解决空中对准问题,即在月面起飞至安全距离后,在空中调整至垂直姿态,从而实现所需的轨道倾角。

(3)姿态调整阶段主要完成上升器俯仰角调整,从而产生水平加速度,为后续的轨道射入阶段作准备。

(4)轨道射入阶段主要完成上升器入轨,按照一定的制导律,使上升器到达指定的位置和速度,并保证最终上升入轨的精度。

月面起飞上升过程的初始基准包括上升器起飞姿态、起飞时间、起飞点位置(主要用于装订惯导初值),还包括入轨点位置和速度目标等(用于计算起飞参数和上升过程控制)。起飞时间信息、上升器位置以及入轨目标点的位置和速度信息可以由地面形成,也可由探测器自主确定,或者二者结合,即探测器自主+地面注入共同提供初始基准。起飞姿态则需探测器自主确定。

初步分析,可选择的上升制导律包括重力转弯制导、摄动制导、显式制导。其中显式制导又可分为迭代制导、动力显式制导、直接制导等多种方式。选择上升制导律时,为使起飞上升过程的时间/推进剂消耗最少,应进行多方案比较分析,综合考虑敏感器配置、实现难度、安全性和可靠性等方面确定最终的制导律。

上升器起飞过程中的羽流导流对稳定起飞和安全性具有重大的影响。应通过合理优化的导流装置型面设计,解决发动机有限空间导流的难题,在确保导流空间满足发动机安全可靠工作的前提下,尽量减小发动机羽流导流的力、热效应影响,以减小羽流气动扰动力对起飞稳定性影响,减小羽流热效应对上升器相关设备的影响。为此,需要开展导流装置多方案的仿真分析、地面冷态吹风试验验证、缩比模型真空羽流试验的验证等,从而确认仿真模型和算法的正确性,最终确定导流装置的设计。

确定羽流导流方案后,还需开展全要素、多工况的发动机羽流导流仿真,并通过多工况仿真结果对上升器布局提出适应羽流导流特性的要求。针对真空羽流试验地面验证难的问题,还需开展羽流导流试验方案和试验系统设计,完成地面试验验证,确认导流设计等相关设计的正确性。

1.2.4 月球轨道交会对接和样品转移

在月面采样返回任务中,采用月球轨道交会对接方式可将用于地月飞行和月地飞行的推进剂留在环月轨道上,避免将其运送至月面和从月面加速上升返回月球轨道。当探测器达到一定规模时,这种方式有一定的优势。若采用月球轨道交会对接方式,返回器可留在环月轨道上,上升器着陆至月面并携带样品起飞,然后在环月轨道上对接,并将样品传递给返回器。采取这种方式能够减小着陆器的规模和质量,还能降低从环月轨道着陆至月面的推进剂需求,而节省下来的质量资源可用于留轨的轨道器和实现月球轨道交会对接。采用这种方式,难点是探测器系统复杂,增加了月球轨道交会对接环节,使得探测器系统的工作模式和器间接口复杂,分离次数增加,任务的风险增大。

和地球轨道交会对接相比,无人月球轨道交会对接和样品转移任务具有如下特点:

(1)测控条件有限,无导航卫星支持,自主性要求高;
(2)大追小,需要采用停靠抓捕交会对接方式,以避免轨道器对上升器产生过大的冲击;
(3)受能源及测控条件的约束,交会对接时间短、约束多;
(4)样品转移过程需要经过多个舱段,转移过程涉及多个机构,转移过程复杂、难度大。

在对接方式方面,交会对接从距离上讲是一个由远及近的过程,从精度上讲是一个由粗到精的过程。全过程分为交会段、对接段、组合体运行段,其中交会段又分为远程导引段和近程自主控制段。另外考虑对接敏感器布局的可实现性,采用主动飞行器位于目标飞行器的后下方,追赶目标飞行器的交会对接方式,对接过程中两个飞行器均采用对月定向姿态,保持对接面的方位相对固定。

在主动飞行器选择方面,考虑月面软着陆和月面起飞过程需要消耗较多的推进剂,因此应尽量减少从环月轨道落月并返回环月轨道的质量。也就是说,将较重的主动对接机构和主动相对测量设备配置到轨返组合体上,对于整个飞行任务的设计是有利的。

在对接捕获方式选择方面,为了尽量避免质量较大的探测器在对接过程中产生较大的冲击,可以考虑采用弱撞击式对接机构——这种机构和传统的锥杆式对接结构相比,质量更轻,所需的资源更少,还可以结合转移机构的设计,综合实现对接和转移一体化。

在完成月球轨道交会对接后,还需进行月球样品和密封封装装置的转移。为此,必须设计轻小型化、可靠性高和灵活性强的转移机构,并能适应探测器组合体之间的相对位置关系。在接收密封封装装置的一端,还应有样品容器舱和可靠完成密封封装装置的接收与固定的机构。

月球轨道交会对接和样品转移涉及飞行轨道设计、交会对接制导导航与控制、高可靠性复杂对接/转移/接收机构等技术难点。

1.2.5 月地高速再入返回

携带包含月球样品的密封封装装置的返回器到达地球附近后,进入地球大气,通过气动减速,降落至指定区域。这一过程可能的方案有两种:

(1)月球探测器返回地球的月地转移轨道与地球相交,以接近第二宇宙速度再入地球大气并实现返回;

(2)先主动减速进入地球停泊轨道,再择机从地球停泊轨道再入大气返回着陆。

若采样第二种方案,需将返回器从相对地球约11km/s的速度降低为约8km/s,代价太大。所以过去无人和载人的月球返回任务和深空返回任务均采用第一种直接再入方式。

直接再入意味着返回器以11km/s的速度再入大气,减速着陆并回收。可选择的再入方式包括弹道式、半弹道式和升力式。一般升力式再入仅用于航天飞机再入返回。月球无人采样返回一般采用弹道式再入,或者半弹道式再入,或者半弹道跳跃式再入。跳跃式再入是一种特殊的半弹道式再入。

无人采样返回再入过程过载限制较少,再入过程的最大过载主要取决于再入速度和再入角。例如,对于弹道式再入,当再入速度为10.9km/s、再入角为$-9°\sim -12°$时,初步分析最大过载的范围一般为$40\sim 60g$。除再入过载外,影响返回器设计的主要因素是防热设计,防热设计与气动外形选择关系密切。

从深空再入返回和有大气天体(火星等)进入任务选用的气动外形来看,为降低飞行过程的总加热量和驻点热流密度峰值,同时尽可能提高容积比,一般选择大钝头+倒锥的外形。需要注意的是,深空再入返回与近地轨道返回最大的不同,不仅是再入速度提高,再入过程也有一定的差异。近地轨道的航天器再入前,与航天器分离后很快就开始再入减速,而深空采样返回时,单独再入的返回器与探测器分离的位置一般高度均为数千米到数万千米,这样可以保证返回器单独再入不受干扰。为保证再入过程的安全性,一方面气动外形选择时应尽量避免倒向稳定,对于大钝头外形,小头向前飞行时应是气动不稳定的,或者在大攻角范围内,大头向前应是稳定的。此外,无论采用何种方式再入返回均需要保证再入前的姿态稳定。若弹道式再入返回器再入前自旋,选择气动外形和设计返回器外形时,应尽量使得飞行方向和自旋轴重合,同时自旋轴应为最大惯量主轴,从而保证自旋和姿态稳定。若采用半弹道式再入,返回器将具有一定的姿态调整能力,能够为再入前的姿态提供一定的保证。

返回器最终的回收方式有陆地回收和海上回收两种。海上回收最后阶段对返回器的冲击较小;还可选择纬度较低的区域实现返回器回收,对月地转移轨道设计较为有利,但对海上测控回收的能力要求很高。目前一般无人月球和深空采样返回均采用陆地着陆回收。对中国而言,可行的回收方式为陆地回收。

经过多方分析和比较,特别是考虑后续的发展,为减小再入过程过载,兼顾返回中国国内陆地着陆场的需求,"嫦娥"五号任务选择半弹道跳跃式再入方式,技术特点如下:

(1)返回器再入速度大。返回器以11km/s的速度再入地球大气,再入速度远远超过返回式卫星和神舟飞船,任务过程气动不确定性大,气动力热环境严酷,给返回器设计带来了很大的挑战。

（2）返回再入过程热流密度大，加热时间长，总加热量大，跳跃式再入使得返回器经历两次气动加热过程。严酷的气动热环境对防热结构设计、返回器热控设计及相应的地面分析和试验方法带来了很大困难，对返回器轻小型化设计带来了很大挑战。

（3）再入航程长。最长再入航程达到7100km，导致返回器与轨道器分离后自主飞行时间长，对返回器高精度导航建立和高精度自主控制提出了很高的要求。

对"嫦娥"五号而言，返回器体积小、质量轻。返回器在质量和外形方面受到严格限制，并且由于气动参数设计要求，返回器质心配置精度要求很高，对返回器构型布局设计和总装实施提出了很高的要求。

与此同时，还应在返回器设备轻小型化设计方面解决一系列技术难题。而器上设备的轻小型化给设备高密度集成设计、元器件和原材料选用、工艺研究和制造带来了新的技术挑战。

第 2 章

月面自动采样返回探测器总体技术

MOON

月面自动采样返回探测器技术

探测器总体技术包括系统设计和实现技术。系统设计以月面自动采样返回为目标,从任务分析开始,明确探测器研制的约束条件、技术指标,进而在此基础上,提出系统方案,制定研制流程,开展系统设计,包括轨道、飞行程序、构型布局设计等方面,识别关键技术、分解系统任务,提出分系统技术规范,制定试验验证项目。按照型号研制流程,研制阶段分为方案、初样、正样三个阶段,在方案阶段突破关键技术,做到技术见底;在初样阶段开展产品研制(包括系统、分系统、单机产品),做到产品见底;在正样阶段完成好产品研制,做到过程受控。通过这些工作,实现设计正确、验证充分、过程受控,确保系统实现任务目标。本章主要就系统实现月面自动采样返回任务目标的总体技术进行介绍,包括任务分析、系统方案、轨道设计、飞行程序设计、构型布局设计、电气设计、关键环节设计、总装设计、可靠性安全性设计等内容。

2.1 任务分析

2.1.1 系统约束分析

作为月面自动采样返回探测器,要实现月面自动采样返回,需要明确发射地点、月面采样地点、地球回收地点,明确运载火箭的能力以及测控条件。由于是采样返回任务,还需要明确样品的封装、采样量要求。这些作为设计指标,在设计开始时,考虑当时的运载能力,采用长征五号运载火箭发射月面自动采样返回探测器(即"嫦娥"五号探测器),发射质量为8200kg,在新建的海南文昌航天发射场发射。回收地点位于中国内蒙古四子王旗航向±95km、横向±55km的区域。基于样品的科学意义和工程实现相结合的考虑,采样地点选取月球正面风暴洋北纬43°±2°、西经59°±10°的区域。在地面测控支持方面,要充分考虑中国已有测站和新建测站的情况,采用中国深空测控网、近地航天测控网、再入返回测量链与VLBI测轨相结合的测量手段满足测控任务。在样品封装方面,提出了原位封装和真空度的要求。综合上述分析,对探测器的要求汇总如表2.1所示。

表2.1 探测器设计的主要技术要求

序号	项目	技术要求
1	发射地点	海南文昌航天发射场
2	运载火箭	长征五号
3	发射质量	≤8200kg
4	回收地点	内蒙古四子王旗 中心点位置北纬42.35°、东经111.433°

续表

序号	项目	技术要求
5	回收区范围	航向 ±95km × 横向 ±55km
6	采样地点	月球正面风暴洋地区
7	采样区范围	月球北纬 43°±2°、西经 59°±10°
8	采样量要求	约 2kg
9	样品封装要求	原位封装,漏率优于 $5 \times 10^{-9} Pa \cdot m^3/s$
10	测控体制	统一载波测控/抑制载波测控 + 干涉测量
11	测站资源	远 3 船、远 5 船、远 6 船、佳木斯深空站、阿根廷深空站、喀什站(18m 和 35m)、青岛站、纳米比亚站、卡拉奇站、阿里站等

由于是第一次实施月面自动采样返回,与以往任务不同,涉及月面的采样和起飞过程,采样受到月面地形和地质结构的影响,起飞不同于地面的运载火箭发射,与着陆的地形密切相关,因此对月面着陆区的分析非常重要,是后续任务设计的基础。针对这一情况,在已掌握的信息基础上对采样区的地形地貌进行了分析,提出了逆金字塔式安全着陆点选择方法[8],结合着陆落点精度和区域自主避障及地形坡度适应能力,建立了基于平整点、安全着陆点、可靠避障点和标称着陆点的月面地形安全性分析与定量搜索模型,该模型呈四层逆金字塔结构,每一层搜索的结果作为下一层搜索的输入,从弱约束到强约束逐步收敛至 100% 地形安全着陆区。分析结果表明,从大范围来讲,任务是可行的,同时对探测器的着陆能力和起飞能力提出了要求,具体如表 2.2 所示。

表 2.2 "嫦娥"五号探测器着陆与起飞要求

序号	项目	技术要求
1	坡度	着陆区域与当地参考面的夹角不大于 8°
2	避障范围	100m × 100m
3	着陆落点精度	6km
4	月表自主定位精度	参考平面内位置优于 2km
5	上升器上升目标轨道精度	与上升目标轨道共面度优于 0.8° 半长轴误差小于 10km 偏心率误差小于 0.01

2.1.2 环境分析

探测器在执行任务的过程中,必定会受到多种环境的影响,这种影响是探测器设计时必须考虑的,包括力学环境、空间环境、电磁环境、发射场环境、月面环境、回收着陆场环境等方面,为探测器设计提供依据(输入条件)。

1. 空间带电粒子辐射环境

"嫦娥"五号探测器在整个任务过程中,需考虑的空间带电粒子辐射环境包括地球辐射带捕获电子和质子环境、银河宇宙线环境、太阳宇宙线环境、太阳风的影响。

探测器系统所遭遇的空间电离总剂量,主要来自地月转移段位于磁层顶之内的约5h内。由于任务期内不会发生太阳耀斑,因此电离总剂量不会增加,且不会产生太阳电池辐射损伤效应。探测器在环月及月面工作期间时,所遭遇的太阳风粒子也可对其表面产生充电效应,但影响轻微,且不会遭遇能够引发内带电效应的高能、高通量、长时间存在的电子环境,因此在工程设计中表面充放电效应和内带电效应可不予考虑。

因此,探测器系统重点需考虑单粒子效应。引发单粒子效应的辐射源,来自地球辐射带高能质子、银河宇宙线和太阳宇宙线高能重离子和质子。探测器系统在环月期间面临的银河宇宙线环境,与环月飞行的"嫦娥"一号卫星类似。电子元器件是否发生单粒子效应,不但与所遭遇的高能粒子线性能量传输(LET)值及通量有关系,而且与其自身耐受单粒子效应的能力密切相关。因此,需通过采取相关的元器件控制措施、系统级抗单粒子设计措施等,以确保其不受单粒子效应的影响。

2. 热环境

探测器在环月轨道或月面上,所面临的自然热环境主要包括太阳辐射、环月轨道和月面的热环境等。

1) 太阳辐射

太阳辐射主要来源于可见光、红外光、X射线等。通常,用太阳常数 S 来描述太阳直接辐射。由于地月距离远小于1AU(即地日平均距离,约为 1.5×10^8 km),因此开展太阳辐射分析时,可以将月球与太阳的平均距离近似为1AU。同时,由于月球表面大气极其稀薄,与运行于地球大气层之外的地球航天器类似,月球大气对太阳辐射能的衰减作用基本可以忽略。

"嫦娥"五号探测器执行月面采样返回任务期间,太阳辐射能采用与运行于地球大气层之外的地球航天器所采用的设计值相同,平均日地距离为1个太阳常数 $S = (1353 \pm 21)$ W/m^2。

2) 环月轨道和月面的热环境

环月轨道和月面热环境的主要特征为:

(1) 可以认为月球没有大气;

(2) 环月轨道和月面的太阳总辐照度与近地球空间相同;

(3) 月球表面平均反照比约为0.073;

(4) 月球表面红外发射率平均值约为0.92;

(5) 日照区和背阳区的月表温度差别很大,日照区日下点的月表温度最高,不同经纬度处月表温度变化非常大,应考虑月表红外辐射出射度随经纬度的变化;

(6) 月壤的热导率很低,小于0.02W/(m·K);

(7) 月球高地和山脉对月球着陆器热影响不可忽略;

(8) 探测器着陆月面、发动机工作、较大的流星体撞击月面等都会扬起月尘,附着在光学表面或热控表面上的月尘将影响它们的热辐射性能。

3. 运载火箭环境要求

"嫦娥"五号探测器由长征五号运载火箭实施发射。探测器需承受运载火箭主动段力学环境和电磁环境。

1）主动段力学环境

在器箭分离面刚性支撑下，探测器整体结构的频率必须满足以下要求：横向模态的基本频率必须大于6Hz，纵向模态的基本频率必须大于20Hz，扭转模态的基本频率必须大于12Hz。

探测器在结构设计时，还应考虑表2.3所示的载荷条件。

表2.3　探测器质心处载荷条件（单位：g）

飞行工况		跨声速和最大动压状态	助推器关机前	助推器关机后
纵向过载	静态	+2.1	+5.5	+0.5
	动态	±0.8	±1.0	±3.5
	组合	+2.9/+1.3	+6.5/+4.5	+4.0/-3.0
横向过载		±2.0	±1.0	±1.5

2）电磁环境

探测器在设计时，需要考虑运载火箭遥测发射机的发射频段及发射功率。同时，运载火箭脉冲相参应答机、相控阵天线、安全指令接收机等也是探测器在电磁兼容性设计中需要考虑的因素。

4. 发射场盐雾环境

"嫦娥"五号探测器在海南文昌航天发射场实施发射，由于发射场近海，大气中存在盐雾环境（主要成分为NaCl），氯离子绝大部分分布或沉降在距海岸线数千米范围内，以400～500m区域沉降量最大。文昌地区距海岸线约400m，其氯离子质量浓度为0.03～0.05mg/m^3，沉降速率为0.5～1.4mg/(100cm^3·d)，因此必须考虑盐雾环境对探测器的影响。

发射场盐雾环境对探测器主要造成腐蚀效应、电气效应以及物理效应等影响。腐蚀效应是由于盐在水中电离形成酸性或碱性溶液，产生电化学反应，导致设备产生腐蚀。电气效应是由于盐沉积物在绝缘材料及金属表面产生导电的覆盖层，导致电气设备的损坏。物理效应是指盐雾环境由于电解作用而导致机械设备的涂层起泡，使其活动阻塞或卡死。

"嫦娥"五号探测器为适应发射场盐雾环境，要求探测器在设计中采取以下措施：通过适当的保护措施保证探测器及器上设备在总装、测试、试验、运输、贮存和发射期间不受盐雾环境影响；若探测器设备必须暴露于盐雾环境中，则按照国军标GJB 150.11A—2009《军用装备实验室环境试验方法第11部分：盐雾试验》要求进行组件鉴定盐雾试验。

5. 回收着陆场环境

"嫦娥"五号返回器在内蒙古四子王旗着陆场实施着陆，着陆场的温度环境及土壤力学参数直接影响返回器的设计状态。

着陆场温度环境范围为-40～+50℃，返回器着陆后仍处于工作状态的设备需开展温度适应性分析,并进行验证试验。

着陆场地区主要为土壤地面,其地质构造主要分为地表土、基层土和黏土三层,其中黏土层位于最底层,对返回器着陆冲击的影响可忽略不计。返回器着陆冲击环境仿真分析及整器着陆冲击试验重点需要对地表土和基层土特性进行研究并开展试验验证,内蒙古四子王旗着陆场的土壤具体参数如表2.4所示。

表2.4 着陆场的土壤特性参数指标

地表部位	含水量	厚度/m	干密度/(g/cm³)	变形模量 E_0/MPa	泊松比 μ	剪切波速/(m/s)
地表土	4.5%	1	1.56	23	0.3	221
基层土	4.5%	2.4	2.02	60	0.25	290

6. 月面环境

"嫦娥"五号探测器设计过程中重点考虑的月面环境因素主要包括月面地形地貌、月面温度、月壤/月尘、低重力及月面静电环境。

1) 月面地形地貌

整个月球表面总体上可分为月海和高地两大地貌单元。月海是月面上宽广的平原,约占月球表面积的17%;高地是指月球表面高出月海的地区,一般高出月球参考面2~3km,面积约占月球表面积的83%。月海和高地均覆盖有不同尺寸和形状的石块和撞击坑。

月表地形的斜坡、石块、撞击坑都可能会对软着陆造成影响。月面斜坡分布有两个主要特点:平均坡度的标准偏差一般为平均坡度的30%;最大坡度一般不会超过平均坡度的4倍。

在撞击坑的不同位置,石块的分布也不同,根据不同地貌条件下的累计分布,月表撞击坑边的石块数量要多于撞击坑外的石块数量。"嫦娥"五号着陆上升组合体具备地形识别能力,因此仅考虑直径大于0.4m的石块。

撞击坑按照不同年龄可以分为新鲜坑、年轻坑、成熟坑和老年坑四种类型。由于老年坑比较平坦,可以忽略其对"嫦娥"五号着陆上升组合体的影响,这里只考虑其他三种类型。

"嫦娥"五号着陆上升组合体选择采样区为平坦的月海,结合上述月表地形的斜坡、石块、撞击坑的分布特点,选择的采样区地形特征分析见表2.5。

表2.5 预选采样区地形特征分析

分类		分析结果	备注
斜坡		平均坡度2°,最大坡度4.8°(99.73%)/8°(100%)	基线为10m
石块	在撞击坑边(R~$2R$环形区域)[①]	3个	在100m²内,直径大于0.4m(即高度大于0.2m)石块的平均个数
	在撞击坑外(R圆区域外)	0.4个	

续表

分类		分析结果	备注
撞击坑	新鲜坑	0.3 个	取置信区间最大值。在 100m² 内,深度大于 0.2m 的撞击坑平均个数
	年轻坑	2.5 个	
	成熟坑	5 个	

注:① R 表示撞击坑的半径,"$R \sim 2R$ 环形区域"表示以撞击坑中心为圆心,分别以 R 和 $2R$ 为半径的圆环内部。

2)月面温度

月面工作期间,探测器直接受到月面的红外辐射加热作用,着陆区月表的温度分布直接影响探测器的热控设计;此外,由于钻取机构将直接钻透一定深度的月壤,月壤内部的温度分布也是钻取采样特有的、必须考虑的温度因素。

"嫦娥"五号选择的采样区位于 45°纬度附近,月夜期间最低温度可达 -170℃,月昼期间随着太阳高度角的增加月表温度升高,正午时刻月表温度最高可升至约 86℃。在一个完整的月昼月夜期间,不同深度处的月壤温度分布规律与表面温度的变化相似,但由于月壤导热系数较小,最高温度出现的时间随深度的增加而出现明显滞后。昼夜期间,月表的温度变化最大,随深度的增加月壤温度的变化范围不断减小,在 0.5m 的深度处,月壤温度几乎不再变化,即可认为该处已是月壤的恒温层。因此,钻取采样过程中,随钻取深度的不同,钻杆会直接接触到不同温度的月壤层,此外由于月壤导热性较差,钻取过程中的摩擦热量不能通过月壤扩散,只能依靠排出钻屑的方式带走。

3)月壤/月尘

(1)月壤。

月壤是指由月面岩石碎屑、粉末、角砾、撞击熔融玻璃物质组成的、结构松散的混合物,覆盖在月球表面。月壤具有松散、非固结、细颗粒等特点,一般呈现为淡褐、暗灰色。月壤的颗粒组成、干密度、孔隙比、内聚力、内摩擦角、承载力等物理特性,在着陆稳定性分析、着陆缓冲特性分析及采样机构设计过程中必须予以考虑。

由于月壤的物理力学参数在不同的月面区域存在一定的差异性,因此在探测器设计及地面试验时,本着保守的设计原则,应分别选择最不利的月壤参数及组合。对于着陆稳定性分析,主要考虑探测器在月面的滑移和沉陷特性,应选择承载强度偏小的模拟月壤,以达到加严考核的目的;对于缓冲性能分析,月壤的物理力学特性参数主要影响着陆缓冲机构的能量吸收,通过选择模拟承载强度偏大的月壤特性可以达到加严考核的目的;对于钻取机构设计,月壤力学特性参数影响钻取驱动力设计,应选择密度及颗粒级配较大的月壤参数以确保有足够的设计余量。

(2)月尘。

月尘是月壤中颗粒较小的部分(直径小于 1mm),且较为松散,在一定的外力作用条件下会产生扬尘,因此其基本理化特性与月壤相同。

月尘对探测器的潜在影响主要体现在四个方面:一是月尘覆盖在太阳电池阵表面,导致其发电能力降低;二是月尘吸附在光学设备表面,影响其正常工作;三是月尘黏附在热控涂层表面,改变涂层的表面特性参数,从而影响探测器的温度分布;四是月尘进入活动部件内部,导致机构卡死,失去运动能力。因此,必须考虑月尘的影响。

对于"嫦娥"五号探测器可能经历的月尘环境,主要有以下四方面因素:

① 月面软着陆过程中,7500N 变推力发动机工作时羽流作用至月面;
② 软着陆过程中,缓冲足垫冲击月面;
③ 月面工作期间,微流星撞击月面或晨昏交界处月面静电;
④ 月面起飞上升,3000N 发动机工作时羽流。

经分析,由于月面工作时间不超过 48h,且全部为着陆区的月昼,因此经历微流星撞击及晨昏交界导致的月尘环境概率很小;而起飞上升时发动机的羽流不直接作用至月面,且向上飞行运动不容易导致月尘的黏附。因此,重点考虑月面软着陆过程中 7500N 变推力发动机及着陆冲击导致的月尘激扬环境。

4) 低重力

月面的重力加速度约为地球表面重力加速度的 1/6,研制过程应考虑的影响有:着陆稳定性设计及仿真分析中考虑月球重力环境,并在验证试验中对月面低重力环境进行模拟;在相关的驱动机构(采样机构、太阳翼驱动机构、定向天线驱动机构、全景相机转台、国旗展示机构等)的设计中,考虑月面重力产生的力矩,在地面试验中需要对低重力进行补偿。由于热控设计采用泵驱动流体回路散热,月面低重力环境对其工作性能无明显的影响。

5) 月面静电

一般认为,太阳辐射的紫外线和 X 射线照射至月球表面,导致月尘发生光电子发射,从而使月尘带正电。但由于光电子能量通常很低,仅有几电子伏特到 10eV,因此这种情况下,月面月尘带的正电位量级约为正几伏到正几十伏(通常此电位约在 +20V)。

着陆时处于月球的光照区,期间由于光电子发射,探测器也将带上光电子量级的正电位。因此着陆瞬间,探测器与月面之间的电位基本相同,不会发生具有危害性的高电位差。

2.2 技术方案和主要技术指标

2.2.1 系统方案

为实现月面自动采样返回的目标,在任务分析的基础上,考虑一次任务尽可能获得更多的技术突破、获得更多的采样量和不同样品种类,以及返回落区的要求,在统筹考虑可行性、可靠性和安全性的情况下,分析比较了不同的方案,确立了钻表结合、月球轨道交会对接与样品转移、高速跳跃式再入返回的总体方案,且探测器作为一个整体发射。在这个方案中,为实现月面自动采样返回功能,探测器要经历运载发射、地月转移、近月制动、环月飞行、月面软着陆、月面采样及探测、起飞上升、交会对接与样品转移、环月等待、月地入射、月地转移、高速再入返回、回收等过程,这就是说探测器要能到达并进入月球轨道,要能降落月面、采样并起飞上升,要能在月球轨道实施交会对接与样品转移,要能进入月地转移轨道,要能返回地球。

要实现这些功能,采用四器方案,两个组合体模式,即轨道器、返回器、着陆器、上升器,轨道器与返回器构成轨返组合体,着陆器与上升器构成着陆上升组合体,轨返组合体的主要功能是负责探测器到达月球轨道、环月飞行接收样品、进入月地转移轨道并返回地球,着陆上升组合体的主要功能是负责动力下降并降落月面、完成采样封装和月面原位探测,并携带样品起飞上升到达环月轨道。

具体各器的主要功能为:

(1) 轨道器主要负责承载各器进入地月转移轨道,完成近月制动后环月飞行,并与着陆上升组合体分离;在环月轨道上与上升器完成交会对接,将上升器上的月球样品转移至返回器内;在到达月地入射窗口时执行月地转移入射,携带返回器进入月地转移轨道,在距离地球高度5000km时将返回器分离,之后,完成规避机动操作,确保返回器返回过程安全。

(2) 返回器主要负责接收来自上升器的月球样品;由轨道器承载进入月地转移轨道,在距离地球高度为5000km时与轨道器分离;与轨道器分离后,以半弹道跳跃式飞行的方式再入返回地球,在着陆场着陆,并由地面人员进行回收。

(3) 着陆器主要负责携带上升器实现月面软着陆,在月球表面完成月球土壤的钻取采样、表取采样与密封封装,并开展月面原位探测;任务完成后,作为起飞平台,为上升器的月面起飞提供支持。

(4) 上升器主要负责与着陆器配合,完成月面软着陆和月面采样封装任务;携带月球样品完成月面起飞上升,进入环月飞行轨道;在环月轨道上与轨道器完成交会对接,并将月球样品转移至返回器;完成样品转移后,与轨返组合体进行分离。

探测器整体构型如图2.1所示。

为了实现探测器、各组合体、各器的功能,探测器设置了15个分系统,分别是结构分系统、机构分系统、分离机构分系统、热控分系统、供配电分系统、数管分系统、测控数传分系统、天线分系统、制导导航与控制(GNC)分系统、推进分系统、采样封装分系统、对接机构与样品转移分系统、有效载荷分系统、工程参数测量分系统和回收分系统,探测器各分系统在四器中的分布情况如表2.6所示。

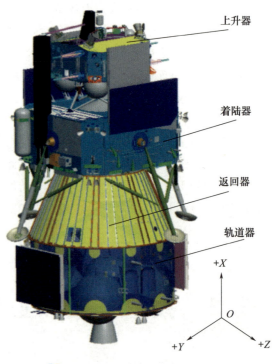

图2.1 探测器整体构型示意图

表2.6 各分系统在四器中的分布情况

分系统名称	轨道器	返回器	着陆器	上升器
结构分系统	√	√	√	√
机构分系统	√	√	√	√

续表

分系统名称	轨道器	返回器	着陆器	上升器
分离机构分系统	√	—	—	—
热控分系统	√	√	√	√
供配电分系统	√	√	√	√
数管分系统	√	√	√	√
测控数传分系统	√	√	√	√
天线分系统	√	√	√	—
GNC分系统	√	√	√	√
推进分系统	√	—	√	√
采样封装分系统	—	—	√	√
对接机构与样品转移分系统	√	—	—	√
有效载荷分系统	—	—	√	—
工程参数测量分系统	√	√	√	√
回收分系统	—	√	—	—

概括起来,"嫦娥"五号探测器的主要功能为:

(1)与运载火箭分离后,完成地月转移段、近月制动段及环月段的飞行过程;

(2)组合体分离后,完成变轨及着陆准备后,在着陆下降段实施动力下降,在预选区域以要求的速度、姿态和精度安全着陆;

(3)完成月球样品的采集和封装,并携带样品实现月面起飞,进入环月轨道;

(4)完成环月轨道的交会对接,并将月球样品转移至返回器;

(5)完成月地转移飞行,返回器以半弹道跳跃式再入返回并落至地面回收着陆场,保证月球样品安全、顺利交接至地面应用系统。

为实现上述功能,"嫦娥"五号探测器的飞行过程共划分为11个飞行阶段,如图2.2所示。

(1)运载发射段:从运载火箭点火起飞开始,探测器系统与运载火箭分离为止;

(2)地月转移段:从器箭分离开始,至探测器到达近月点为止;

(3)近月制动段:从近月制动开始,至进入环月圆轨道为止;

(4)环月飞行段:从探测器系统进入环月圆轨道开始,至着陆上升组合体动力下降之前为止;

(5)着陆下降段:从环月轨道动力下降开始,直至软着陆到月面为止;

(6)月面工作段:从着陆月面开始,至上升器起飞上升点火之前为止;

(7)月面上升段:从上升器点火起飞开始,至上升器到达月面上升目标轨道为止;

(8)交会对接与样品转移段:从上升器进入月面上升目标轨道开始,至上升器与轨返组合体完成分离过程为止;

(9)环月等待段:从上升器与轨返组合体分离后开始,至轨返组合体到达月地转移轨道入口点为止;

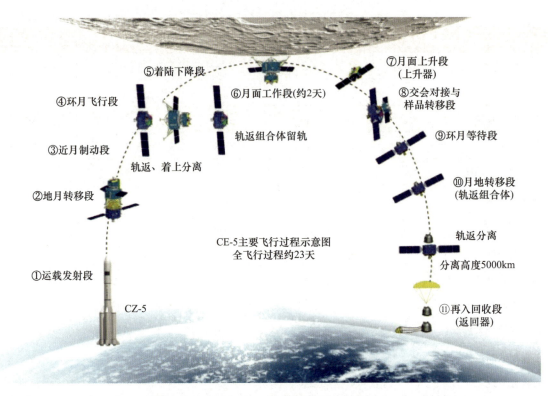

图 2.2 "嫦娥"五号探测器飞行过程示意图

(10) 月地转移段:从月地转移轨道入口点开始,至轨道器与返回器分离为止;
(11) 再入回收段:从返回器与轨道器分离开始,到完成返回器回收为止。

2.2.2 主要技术指标

"嫦娥"五号探测器的主要技术指标如表 2.7 所示。

表 2.7 "嫦娥"五号探测器主要技术指标

序号	项目	技术指标要求
1	发射质量	≤8200kg
2	发射收拢状态包络	≤ϕ4500mm×7200mm
3	基频	整器横向基频≥6Hz,纵向基频≥20Hz
4	可靠度	≥0.65
5	设计寿命	≥3 个月
6	月面工作时间	约 2 天

续表

序号	项目	技术指标要求
7	一次电源	轨道器、着陆器、上升器不调节母线电压范围为23～29V；返回器不调节母线电压为25～31V 轨道器、上升器全调节母线电压范围为29V±1V 着陆器全调节母线电压范围为30V±1V
8	测控频段	S/X
9	遥控码速率	轨道器：500b/s 上升器、返回器：1000b/s
10	遥测码速率（编码后）	轨道器：512b/s、4096b/s 着陆上升组合体/上升器：1024b/s、2048b/s 返回器：4000b/s、32000b/s
11	数传码速率（编码后）	轨道器：2.5Mb/s、5Mb/s（器地距离小于8000km采用5Mb/s） 着陆器：数传码速率为2.5Mb/s、5Mb/s，中增益速率为500kb/s
12	在轨姿态控制精度	巡航期间对日定向姿态指向精度：优于6°（3σ） 变轨期间三轴稳态姿控精度：优于1°（3σ） 分离时刻姿态控制精度：优于1°（3σ）
13	器间连接解锁性能	解锁同步性≤10ms
14	分离要求	分离速度0.4～0.8m/s 分离后三轴姿态角速度偏差： 　着陆上升组合体分离后不超过1(°)/s(3σ) 　轨道器与其支撑舱分离后不超过2(°)/s(3σ) 　轨道器与对接舱及上升器组合体分离后不超过2(°)/s(3σ) 　轨道器与返回器分离后不超过2.5(°)/s(3σ)
15	着陆月面速度	水平速度≤0.7m/s 垂直速度≤3.5m/s
16	着陆缓冲性能要求	着陆后着陆上升组合体沿X轴转角≤7° 组合体顶板相对月面夹角≤6°
17	获取样品总质量	约2kg
18	样品封装漏率	优于$5×10^{-9}Pa·m^3/s$
19	月面上升控制要求	相对月表自主定位精度水平参考平面位置≤2km，在定位误差优于1km的情况下，俯仰、偏航和滚动方向初始对准精度优于0.05°（相对导航坐标系） 与上升目标轨道共面度优于0.8°，半长轴误差小于10km，偏心率误差小于0.01

续表

序号	项目	技术指标要求
20	交会对接指标要求	交会对接飞行时间≤4h
21	交会对接指标要求	完成对接准备状态时，GNC分系统指标要求如下： 轴向相对距离：$0.441\text{m} \pm 0.05\text{m}(3\sigma)$ 横向相对位移：$\sqrt{\Delta Y^2 + \Delta Z^2} \leq 0.06\text{m}(3\sigma)$ 轴向相对速度：$0 \leq \Delta V_x \leq 0.05\text{m/s}(3\sigma)$ 横向相对速度：$\sqrt{\Delta V_Y^2 + \Delta V_Z^2} \leq 0.03\text{m/s}(3\sigma)$ 相对姿态角：$1.0°(3\sigma)$ 相对姿态角速度：$0.2(°)/\text{s}(3\sigma)$
22	交会对接指标要求	对接机构与样品转移分系统的捕获能力要求如下： 横向相对位移：$(0 \pm 0.1)\text{m}(3\sigma)$ 横向相对速度：$(0 \pm 0.06)\text{m/s}(3\sigma)$ 轴向相对位移：$441\text{mm} \pm 50\text{mm}(3\sigma)$ 轴向相对速度：$0 \sim 0.05\text{mm/s}(3\sigma)$ 三方向相对姿态角（各向）：$0° \pm 1.5°(3\sigma)$ 三方向相对姿态角速度（各向）：$(0 \pm 0.5)(°)/\text{s}(3\sigma)$
23	返回着陆速度	垂直着陆速度≤13m/s
24	返回落点范围	四子王旗，航向±95km、横向±55km

2.3 坐标系与姿态定义

2.3.1 坐标系定义

"嫦娥"五号探测器使用的坐标系主要包括两类：一类是描述探测器空间运动位置的轨道相关坐标系；另一类是描述探测器空间姿态和自身设备安装方位的探测器坐标系，包括机械坐标系和质心坐标系。

1. 轨道相关坐标系

"嫦娥"五号探测器轨道坐标系主要采用以地球和月球为参考的两类坐标系，包括地心惯性坐标系、地心固连坐标系、地理坐标系、月心惯性坐标系、月心固连坐标系和月理坐标系。

1) 地心惯性坐标系

地心惯性坐标系又称 J2000.0 地心平赤道坐标系,坐标原点在地心,基本平面为 J2000.0 地球平赤道面,X 轴在基本平面内指向 J2000.0 平春分点,Z 轴垂直基本平面指向地球北极方向,Y 轴与 Z 轴、X 轴垂直并构成右手直角坐标系,如图 2.3 所示。

2) 地心固连坐标系

坐标原点为地心,Z 轴从地心指向 CIO(国际习用原点),X 轴在赤道平面内指向格林尼治子午圈,Y 轴与 Z 轴、X 轴构成右手直角坐标系,如图 2.4 所示。

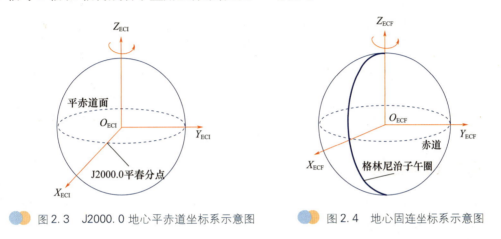

图 2.3　J2000.0 地心平赤道坐标系示意图　　图 2.4　地心固连坐标系示意图

3) 地理坐标系

坐标原点为地球表面 O_E 点;X 轴在过 O_E 的当地水平面内,指向正北;Y 轴垂直于当地水平面,指向上;Z 轴垂直于 X 轴、Y 轴构成右手直角坐标系,如图 2.5 所示。

4) 月心惯性坐标系

坐标原点为月心,三个坐标轴指向分别平行于 J2000.0 地心平赤道坐标系,如图 2.6 所示。

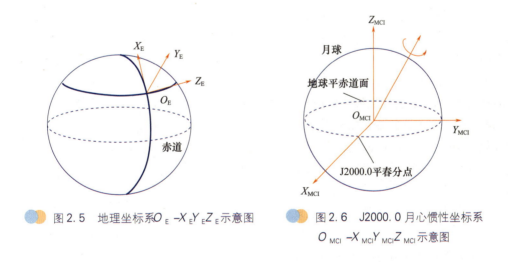

图 2.5　地理坐标系 O_E-$X_E Y_E Z_E$ 示意图　　图 2.6　J2000.0 月心惯性坐标系 O_{MCI}-$X_{MCI} Y_{MCI} Z_{MCI}$ 示意图

5) 月心固连坐标系

坐标原点为月心,Z 轴指向月球北天极方向(即月球自转轴方向);X 轴指向经度零点方向(月球赤道面内指向平均地球方向);Y 轴与 Z 轴、X 轴构成右手直角坐标系,如图 2.7 所示。

6）月理坐标系

坐标原点 O_M 为月球表面着陆点；X 轴垂直于当地参考平面，指向上；Y 轴在过 O_M 的当地参考平面内，指向正东；Z 轴垂直于 X、Y 轴构成右手直角坐标系，如图 2.8 所示。

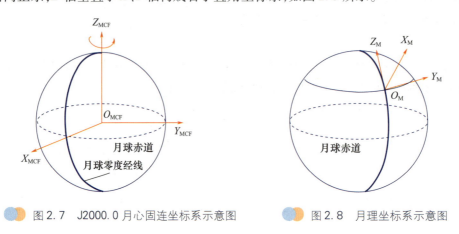

图 2.7　J2000.0 月心固连坐标系示意图　　　　图 2.8　月理坐标系示意图

2. 探测器相关坐标系

"嫦娥"五号探测器是多器组合探测器，其坐标系包括探测器及其各器、各组合体机械坐标系、质心坐标系和交会对接相关坐标系。

1）机械坐标系

机械坐标系主要用于定义"嫦娥"五号探测器设备安装方位，按照不同飞行阶段探测器构型状态，机械坐标系包括探测器机械坐标系、轨返组合体机械坐标系、着陆上升组合体机械坐标系、轨道器机械坐标系、返回器机械坐标系、着陆器机械坐标系和上升器机械坐标系，各机械坐标系关系如图 2.9 所示。

（1）探测器机械坐标系。

与轨返组合体机械坐标系、轨道器机械坐标系重合，探测器机械坐标系用于四器组合状态，轨返组合体机械坐标系用于轨返组合体状态，轨道器机械坐标系用于轨道器单器状态。

坐标原点位于探测器系统与运载火箭对接端面的几何中心；X 轴沿探测器纵轴，由轨道器指向上升器方向为正；Z 轴位于探测器系统与运载火箭对接面内，垂直于 $+X$ 轴，垂直于轨道器太阳翼展开方向，指向轨道器对月面

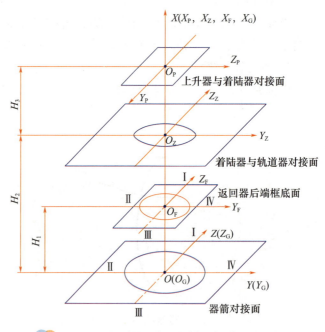

图 2.9　探测器及各器机械坐标系关系示意图

（Ⅰ象限）为正；Y 轴与 Z 轴、X 轴构成右手直角坐标系。轨道器基准线是指确定在轨道器结构上的相距张角为 90° 的四条子午线，通过象限线表征。轨道器从与运载火箭对接端面沿纵轴（轨道器壳体的

纵向几何轴线)向前看(指向返回器),按顺时针方向的象限变化为Ⅰ、Ⅱ、Ⅲ、Ⅳ,各象限间隔90°。

探测器发射状态,$+X$轴与运载火箭$+X$向一致,$+Z$轴与运载火箭射向一致。

(2)返回器机械坐标系。

用于返回器单器状态,在四器组合状态及轨返组合状态下,三轴指向分别与探测器机械坐标系三轴指向平行,坐标原点平移,如图2.9中所示,图中$H_1=1125\mathrm{mm}$。

坐标原点位于返回器后端框底面几何中心点;X_F轴沿返回器纵轴,由大底指向前端方向为正;$+Z_F$轴垂直于X_F轴,指向返回器Ⅰ象限线方向为正;$+Y_F$轴与$+Z_F$轴、$+X_F$轴构成右手直角坐标系。返回器基准线是指确定在返回器结构上的相距张角为90°的四条子午线,通过象限线表征。返回器从其大底沿纵轴(返回器壳体的纵向几何轴线)向前(前端)看,按顺时针方向的象限变化为Ⅰ、Ⅱ、Ⅲ、Ⅳ,各象限间隔90°。$Y_FO_FZ_F$平面距离返回器大底顶点230mm,$Y_FO_FZ_F$平面距离返回器分离面(底部4根钛管底面组成的平面)160mm。

(3)着陆器机械坐标系。

与着陆上升组合体机械坐标系重合,用于着陆上升组合体状态和着陆器单器状态,在四器组合状态下,三轴指向分别与探测器机械坐标系三轴指向平行,坐标原点平移,如图2.9中所示,图中$H_2=2825\mathrm{mm}$。

坐标原点位于着陆器下框与轨道器对接面的几何中心;$+X_Z$轴垂直于着陆器下框端面,指向着陆器顶板方向为正;$+Y_Z$轴垂直于$+X_Z$轴,垂直于气瓶安装平面,指向钻取采样装置一侧为正;$+Z_Z$轴与轴$+X_Z$、$+Y_Z$轴构成右手直角坐标系。

(4)上升器机械坐标系。

用于上升器单器状态,在四器组合状态及着陆上升组合体状态下,$+X_P$轴与探测器机械坐标系$+X$轴、着陆器机械坐标系$+X_Z$轴平行,$+Y_P$轴由探测器机械坐标系$+Y$轴、着陆器机械坐标系$+Y_Z$轴分别绕$+X$、X_Z轴旋转$-90°$,Z_P轴由探测器机械坐标系Z轴、着陆器机械坐标系$+Z_Z$轴分别绕$+X$、$+X_Z$轴旋转$-90°$,坐标原点平移,如图2.9中所示,图中$H_3=1883.5\mathrm{mm}$。

坐标原点位于上升器底面与上升器连接解锁装置过渡锥套连接面的几何中心;$+X_P$轴垂直于上升器底面,指向对接机构被动部分组件方向为正;$+Z_P$轴与$+X_P$轴垂直,垂直于测控天线安装面,指向交会对接近场目标标志器为正;$+Y_P$轴与$+Z_P$轴、$+X_P$轴构成右手直角坐标系。月球轨道交会对接阶段对月定向飞行时,$+Z_P$轴指向月球。

2)质心坐标系

质心坐标系主要用于描述探测器姿态运动,按照不同飞行阶段探测器构型状态,质心坐标系包括探测器质心坐标系、轨返组合体质心坐标系、着陆上升组合体质心坐标系、轨道器质心坐标系、返回器质心坐标系、着陆器质心坐标系和上升器质心坐标系。

(1)探测器质心坐标系。

用于定义四器组合体状态飞行姿态,原点为探测器系统质心,坐标系三轴分别与探测器机械系三轴平行。

(2)轨返组合体质心坐标系。

用于定义轨返组合体飞行姿态,原点为轨返组合体质心,坐标系三轴分别与探测器质心系三轴平行。

(3)轨道器质心坐标系。

用于定义轨道器单独飞行姿态,原点为轨道器单器质心,坐标系三轴分别与探测器质心系三轴平行。

(4) 返回器质心坐标系。

用于定义返回器单独飞行姿态，原点为返回器单器质心；$+X_{FC}$轴沿返回器轴线指向返回器大底方向；$+Y_{FC}$轴垂直于$+X_{FC}$轴，指向返回器Ⅲ象限线方向；$+Z_{FC}$轴与$+Y_{FC}$轴、$+X_{FC}$轴构成右手直角坐标系。它与返回器机械坐标系关系如图2.10所示。

(5) 着陆上升组合体质心坐标系。

用于定义着陆上升组合体飞行姿态，原点为着陆上升组合体质心；$+X_{ZC}$轴垂直于着陆器下框端面，指向着陆器顶板；$+Y_{ZC}$轴垂直于$+X_{ZC}$轴，由机械坐标系$+Y_Z$轴绕$+X_Z$轴旋转$-45°$；$+Z_{ZC}$轴与$+X_{ZC}$、$+Y_{ZC}$轴构成右手直角坐标系。

着陆器质心坐标系三轴分别与着陆上升组合体质心坐标系三轴平行，只是坐标原点位于着陆器单器质心，着陆器质心坐标系与机械坐标系关系如图2.11所示。

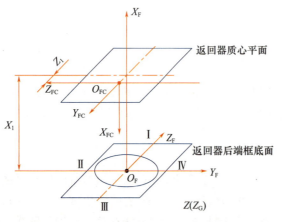

图2.10 返回器质心坐标系与机械坐标系关系示意图

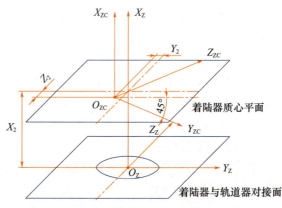

图2.11 着陆器质心坐标系与机械坐标系关系示意图

(6) 上升器质心坐标系。

用于定义上升器单独飞行姿态，原点为上升器单器质心，$+X_{PC}$轴指向交会对接机构被动部分组件方向；$+Z_{PC}$轴与$+X_{PC}$轴垂直，由机械坐标系的$+Z_P$轴绕$+X_P$轴旋转$45°$；$+Y_{PC}$轴与$+Z_{PC}$、$+X_{PC}$轴构成右手直角坐标系。上升器质心坐标系与机械坐标系关系如图2.12所示。

3) 交会对接坐标系

"嫦娥"五号探测器上升器与轨返组合体在月球轨道完成交会对接和样品转移任务，使用的坐标系主要包括对接机械坐标系和对接坐标系，分别用于定义对接机构及相关交会敏感器安装、表征对接状态。交会对接坐标系定义如图2.13所示。

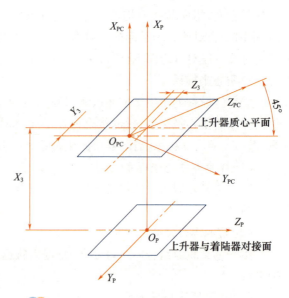

图2.12 上升器质心坐标系与机械坐标系关系示意图

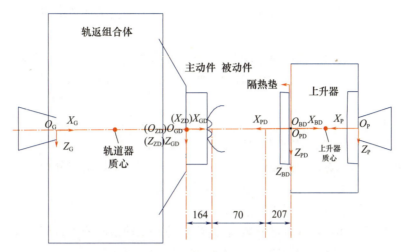

注：由于Y轴垂直于由Z轴和X轴构成的平面，故Y_{GD}，Y_{PD}，Y_{BD}不在图中显示。

图 2.13 交会对接坐标系定义示意图(单位：mm)

(1)轨返组合体对接机械坐标系。

原点 O_{GD} 位于轨道器对接机构主动件与轨道器的机械安装面几何中心；$+X_{GD}$ 轴垂直于对接机构主动部分与轨道器的机械安装面，指向与轨道器机械坐标系 $+X_G$ 轴相同；$+Z_{GD}$ 轴与 $+X_{GD}$ 轴垂直，指向与轨道器机械坐标系的 $+Z_G$ 轴相同，交会对接对月定向时 $+Z_{GD}$ 轴指向月球；$+Y_{GD}$ 轴与 $+Z_{GD}$ 轴、$+X_{GD}$ 轴构成右手直角坐标系。此坐标系用于轨道器上对接机构主动部分、交会对接测量敏感器主动部分的安装，坐标原点相对轨道器机械系位置(2197mm,0mm,0mm)。

(2)上升器对接机械坐标系。

原点 O_{PD} 位于上升器对接机构被动部分组件与上升器的机械安装面几何中心；$+X_{PD}$ 轴垂直于对接机构被动件与上升器的机械安装面，指向上升器对接机构被动部分组件；$+Z_{PD}$ 轴与 $+X_{PD}$ 轴垂直，指向与上升器机械坐标系的 $+Z_P$ 轴相同，交会对接对月定向时 $+Z_{PD}$ 轴指向月球；$+Y_{PD}$ 轴与 $+Z_{PD}$ 轴、$+X_{PD}$ 轴构成右手直角坐标系。此坐标系用于上升器上对接机构被动部分、交会对接测量敏感器被动部分的安装，坐标原点相对上升器机械系位置(855.5mm,0mm,0mm)。

(3)轨返组合体对接坐标系。

与轨返组合体对接机械坐标系重合。

(4)上升器对接坐标系。

原点 O_{BD} 位于被动部分组件与上升器的机械安装面几何中心(上升器顶板上)；$+X_{BD}$ 轴垂直于被动件与上升器的机械安装面，指向上升器底板方向；$+Z_{BD}$ 轴与 $+X_{BD}$ 轴垂直，指向与上升器机械坐标系的 $+Z_P$ 轴相同，交会对接对月定向时 $+Z_{BD}$ 轴指向月球；$+Y_{BD}$ 轴与 $+Z_{BD}$ 轴、$+X_{BD}$ 轴构成右手直角坐标系。

2.3.2 探测器飞行姿态定义

"嫦娥"五号探测器飞行任务复杂，共有 11 个飞行阶段，依据每个飞行阶段任务要求，综合考虑能源、测控、GNC、热控等设计约束，探测器典型的飞行姿态包括分离姿态、各阶段巡航飞行姿态、变轨和对地数传姿态、惯性测量单元(IMU)标定姿态和关键环节的飞行姿态。

1) 分离姿态设计

分离姿态设计应与分离后飞行姿态接近，以减少分离后的姿态机动，并考虑分离姿态建立后太阳翼指向、天线指向和姿态确定星敏感器杂光抑制等约束，分离姿态设计结果如下：

(1) 器箭分离姿态。

探测器 $+X$ 轴指向太阳。

(2) 着陆上升组合体与轨返组合体分离姿态(分离面Ⅰ)。

着陆上升组合体与轨返组合体在环月轨道分离，探测器 $-X$ 轴指向分离时刻的飞行方向，在满足敏感器约束的前提下，$-Z$ 轴与太阳矢量方向夹角最小。

(3) 支撑舱分离姿态(分离面Ⅱ)。

支撑舱与轨返组合体在环月轨道分离，轨返组合体 $-X$ 轴指向分离时刻的飞行方向，在满足敏感器约束的前提下，$-Z$ 轴与太阳矢量方向夹角最小。

(4) 上升器和对接舱组合体与轨返组合体分离姿态(分离面Ⅳ)。

完成交会对接任务后，上升器和对接舱组合体与轨返组合体在环月轨道分离，姿态设计考虑因素与支撑舱分离相同，轨返组合体 $-X$ 轴沿分离时刻的飞行方向，在满足敏感器约束的前提下，$-Z$ 轴与太阳矢量方向夹角最小。

(5) 轨返分离姿态。

轨返组合体 $+X$ 轴与分离时刻飞行方向的反方向夹角为 30°，如图 2.14 所示，$+Z$ 轴位于轨道平面内，并指向地面一侧。在此姿态的基础上绕 $+X$ 轴转动 $-120°$ 获得轨返分离姿态。

2) 巡航飞行姿态设计

在探测器四器组合体地月转移及轨返组合体月地转移飞行过程中，主要任务是巡航飞行，考虑的主要因素是满足能源要求，兼顾热控要求。探测器环月巡航时，$+X$ 轴指向太阳，着陆器和轨道器太阳翼法向均平行于 $+X$ 轴；轨返组合体环月巡航时，$+X_G$ 轴对日会带来返回器温度高的问题，因此选择 $-Z_G$ 轴指向太阳，太阳翼法线与 $-Z_G$ 轴平行。

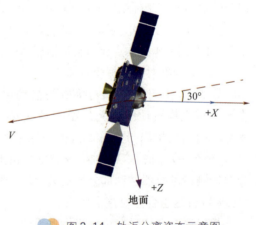

图2.14 轨返分离姿态示意图

环月巡航飞行过程中，在保证能源最优的前提下，兼顾飞行过程测控天线的对地指向，同时还需考虑热控要求，使探测器控温面所受月球红外辐射热流最小。探测器、轨返组合体环月段 $-Z_G$ 对日，固定 $+Y_G$ 轴与北天极成一定夹角，使组合体 $+Y_G$ 面指向月球低温区。着陆上升组合体环月段 $+X_Z$ 对日，固定 $-Y_Z$ 轴与北天极成一定夹角，使着陆上升组合体 $-Y_Z$ 面指向月球低温区；交会对接远程导引段上升器惯性定向，即 $-Z_P$ 对日，固定 $+X_P$ 轴与北天极成一定夹角，使上升器 $+X_P$ 面指向月球低温区。

3) 变轨姿态设计

变轨姿态为惯性空间定向姿态，探测器 $+X$ 轴与轨控矢量同向，姿态设计时考虑轨控姿态建立时能源最优和姿态确定星敏感器杂光抑制等约束，典型变轨姿态包括探测器变轨姿态、轨返组合体变轨姿态、着陆上升组合体变轨姿态和上升器变轨姿态，设计结果如下：

(1) 探测器变轨姿态。

探测器 +X 轴指向变轨所需指定方向,在满足星敏感器约束的前提下,$-Z$ 轴与太阳矢量方向夹角最小。

(2) 轨返组合体变轨姿态。

轨返组合体 $+X_G$ 轴指向变轨所需指定方向,在满足星敏感器约束的前提下,$-Z_G$ 轴与太阳矢量方向夹角最小。

(3) 着陆上升组合体变轨姿态。

着陆上升组合体 $+X_Z$ 轴指向变轨所需指定方向,Y_Z、Z_Z 轴方向根据星敏感器约束确定。

(4) 上升器变轨姿态。

上升器 $+X_P$ 轴指向变轨所需指定方向,Y_P、Z_P 轴方向根据星敏感器约束确定。

4) 对地数传姿态设计

对地数传姿态也是惯性空间唯一确定的姿态,主要由探测器方位、地球测站方位和能源需求决定,典型对地数传姿态包括探测器地月转移飞行数传姿态、轨返组合体环月飞行和月地转移飞行数传姿态,设计结果如下:

(1) 探测器地月转移飞行数传姿态。

探测器 +X 轴指向数传开始时刻的太阳方向,$-Z$ 轴与数传开始时刻的探测器到地球中心矢量的夹角最小。以此姿态为基准姿态,绕 +Z 轴转动 +20°。

(2) 轨返组合体环月飞行数传姿态。

定义单位矢量 V_1,其起点为轨返组合体质心,方向与月球自转轴指向平行;定义 SPE 角为轨返组合体到太阳和到地球两个矢量的夹角。

当 SPE 角 <90°时,数传姿态与轨返组合体环月巡航姿态一致;当 SPE 角 >90°时,轨返组合体环月段数传姿态为 $+Z_G$ 轴指向数传开始时刻的太阳方向,轨道器太阳翼法线指向 $+Z_G$ 轴,轨返组合体 $+X_G$ 轴与数传开始时刻的矢量 V_1 夹角最小。

(3) 轨返组合体月地转移段数传姿态。

轨返组合体 $+Z_G$ 轴指向数传开始时刻的太阳方向,$+X_G$ 轴与数传开始时刻的轨返组合体到地球中心矢量的夹角最小。

5) IMU 标定姿态设计

"嫦娥"五号探测器在轨需完成三次 IMU 标定,包括地月转移过程四器组合体状态下标定上升器 IMU 零偏及安装偏差、着陆上升组合体环月巡航飞行状态下标定上升器 IMU 零偏及安装偏差和月地转移过程轨返组合体状态下标定返回器 IMU 零偏及安装偏差。IMU 标定姿态采用惯性空间定向、轴向恒角速度旋转姿态。

(1) 地月转移段上升器 IMU 标定姿态。

标定初始姿态探测器 +X 轴指向太阳,Y、Z 轴指向根据星敏感器约束确定。标定期间,探测器依次绕 $+Y$ 轴、$-Y$ 轴、$+X$ 轴、$-X$ 轴、$+Z$ 轴、$-Z$ 轴匀速旋转 120°,旋转角速度为 0.1(°)/s,每次旋转 1200s。

(2) 环月段上升器 IMU 标定姿态。

以着陆上升组合体环月巡航姿态为标定初始姿态。标定期间,着陆上升组合体分别绕 $+Y_Z$ 轴、$-Y_Z$ 轴、$+X_Z$ 轴、$-X_Z$ 轴、$+Z_Z$ 轴、$-Z_Z$ 轴匀速旋转 60°,旋转角速度 0.1(°)/s,每次旋转 600s。

(3)月地转移段返回前标定模式姿态。

标定初始姿态轨返组合体 $-Z_G$ 轴指向太阳,轨道器太阳翼法线指向 $-Z_G$ 轴, X_G、Y_G 轴指向根据敏感器约束确定。标定期间,轨返组合体分别绕 $+X_G$ 轴、$-X_G$ 轴、$+Z_G$ 轴、$-Z_G$ 轴、$+Y_G$ 轴、$-Y_G$ 轴匀速旋转 120°,旋转角速度 0.1(°)/s,每次旋转 1200s。

6)动力下降、月面工作及起飞上升姿态设计

动力下降及月面起飞上升过程主要由探测器自主完成,飞行姿态设计主要考虑初始姿态,过程中姿态按照制导律由探测器制导导航与控制(GNC)系统自主确定。月面工作姿态取决于着陆上升组合体实际着陆姿态,设计时按照标称姿态考虑。

着陆上升组合体动力下降初始姿态:着陆上升组合体 $-X_Z$ 轴指向飞行方向, $+Z_Z$ 轴指向月心。

月面工作标称姿态:着陆上升组合体 $+X_Z$ 轴指向当地天顶, $-Y_Z$ 轴指向月球赤道方向。

上升器月面起飞初始姿态:与月面工作标称姿态一致,上升器 $+X_P$ 轴指向当地天顶, $-Z_P$ 轴指向月球赤道方向。

7)交会对接姿态设计

交会对接及样品转移过程主要包括交会段远程导引段、交会段近程导引段和对接组合体运行段,涉及 5 种飞行姿态设计。

上升器交会对接远程导引段姿态:定义单位矢量 V_1,其起点为上升器质心,方向与月球自转轴指向平行。上升器 $-Z_P$ 轴指向太阳,上升器 $+X_P$ 轴与矢量 V_1 夹角最小。

上升器交会对接近程导引段姿态:上升器 $-X_P$ 轴指向飞行方向, $+Z_P$ 轴对月。

轨返组合体远程导引段:即轨返组合体环月巡航姿态。

轨返组合体交会对接近程导引段姿态:轨返组合体 $+X_G$ 轴指向飞行方向, $+Z_G$ 在轨道面内指向月心方向。

对接组合体运行段:即轨返组合体环月巡航姿态。

8)再入返回姿态设计

返回器再入返回姿态包括滑行姿态、再入前配平姿态、再入倾侧角控制姿态、开伞姿态和着陆姿态,设计结果如下:

(1)返回器滑行姿态。

返回器机械系 $+Z_F$ 轴指向地心方向, $+X_F$ 轴在轨道面内,并指向速度反方向。

(2)返回器再入前配平姿态。

返回器 $-X_F$ 轴与速度方向之间夹角为配平姿态角, Z_F 轴指向地球一侧,保持倾侧角为零。

(3)返回器再入倾侧角控制姿态。

返回器 $-X_F$ 轴与速度方向之间夹角为配平姿态角, $+Z_F$ 轴根据倾侧角控制指令要求指向。

(4)返回器开伞姿态。

返回器 $-X_F$ 轴与速度方向之间夹角为配平姿态角, $+Z_F$ 轴指向地球一侧,保持倾侧角为零。

(5)返回器着陆姿态。

返回器机械坐标系 $-X_F$ 轴指向地面一侧。

注:以上内容提到的坐标系具体参见图 2.9。

2.4 轨道设计

"嫦娥"五号任务具有飞行阶段多、工程约束多、资源受限等特点。因此,"嫦娥"五号任务的轨道设计面临全新的挑战。轨道设计采用"自顶向下,逐级分解"的系统工程方法,对各阶段的轨道飞行方案进行了优化设计;采用接口参数状态转移控制方法,对各阶段进行拼接,获得全飞行过程的轨道方案;对工程约束进行定量化描述,进行发射窗口搜索,获得了最终的轨道设计结果。

轨道设计是指在充分分析航天器任务要求的基础上,建立相应的数学模型,采用航天器轨道动力学理论、方法和工具,获得满足各大系统约束和探测器设计约束的航天器时空状态(时间、位置、速度、质量等)序列的过程。

无论是自由飞行过程还是动力飞行过程,从数学角度看,轨道设计都是求解一系列在约束条件下的常微分方程边值问题。对于边值问题的解的描述如下:

(1) 对于自由飞行过程,就是给出初值(标称轨道参数);

(2) 对于动力飞行过程,就是给出轨控制导律(变轨控制策略)。

在以上两个状态确定后,探测器的飞行轨道将被唯一确定,这对应一条完整的全过程飞行轨道。除此之外,还要基于轨道设计结果,给出探测器的各种空间几何参数分析结果。

这些计算结果均可作为总体对指标分解和各分系统开展设计的重要依据。在具体计算时,不但要根据标称轨道参数给出参数分析结果,还要考虑在误差条件下的参数变化范围,以及由于发射窗口变化对参数范围的影响。下面将按上述思路对"嫦娥"五号任务的轨道开展分析与设计工作。

2.4.1 轨道设计任务分析

1. 飞行时序分析

"嫦娥"五号探测器轨道受到月球轨道交会对接任务的约束,环月轨道面在惯性空间近似保持不变(在环月飞行期间,月球引力场摄动每天对升交点赤经的影响约为 0.7°)。受到探测器发射质量的限制,目前地月和月地转移轨道均选择了转移时间 5 天左右的入射能量最优轨道。对于此类轨道,近月捕获时和月地转移入射时的轨道面节线(轨道面与赤道面的交线)近似与捕获和入射时的地月连线垂直,如图 2.15 所示。

由于环月轨道面在惯性空间近似不变,捕获时刻和入射时刻的间隔时间近似为半个恒星月(1 个恒星月约 27.3 天)的整数倍。即:半个月,1 个月,1 个半月,依此类推。为了尽可能缩短任务周期,目前选择的间隔时间为半个月。

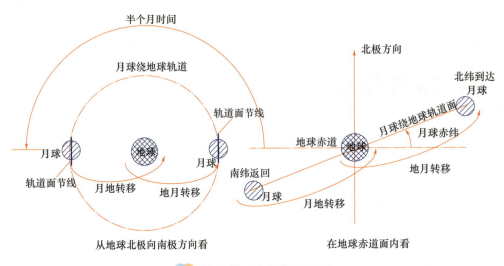

图 2.15　飞行时序示意图

由于返回着陆场位于北半球,为了尽可能减小对再入航程的需求,月地转移入射机会选择在月球相对地球赤纬为最南纬的前后几天。因此,近月捕获时刻月球处于最北纬的前后几天。

根据以上分析,"嫦娥"五号飞行任务的总时间约为 5 天(地月转移)+ 14 天(半个恒星月)+ 5 天(月地转移)+ 2 天(再入回收)= 26 天。即整个飞行任务周期约为 1 个月。

2. 光照条件的要求分析

1）月面工作光照条件分析

月面工作的光照条件不但影响探测器各个分系统设计,特别是热控和供配电分系统的设计,还影响探测器系统整个飞行任务的发射机会。月面光照条件分析的目的是确定月面工作期间的太阳高度角范围。

根据探测器系统方案设计,对采样点当地太阳高度角的要求如下:

(1) 月面工作太阳高度角小于 50°时热控分系统能满足探测器热控要求。

(2) 月面工作太阳高度角大于 30°时供配电分系统能满足探测器供电要求。

因此,月面太阳高度角的范围为 30°~50°。

2）转移段光照条件分析

根据目前对飞行任务的分析,探测器系统在地月/月地转移段需要满足以下光照条件:

(1) 探测器在地月和月地转移段的最长阴影时间应不大于 60min;

(2) 为了实施轨道器和返回器分离点的图像监视任务,在分离点前后应处于光照区;

(3) 再入前为尽可能降低温度,分离点至再入点飞行过程中最好处于阴影区。

对于"嫦娥"五号任务,轨道相对于地 – 月的位置关系是相对固定的,而太阳相对地 – 月的位置关系随发射窗口不同变化很大,这就造成了不同的发射机会对应的光照条件有很大的差异。因此,通过对发射机会进行筛选,满足上述对轨道光照条件的约束。

3）环月段光照条件分析

对于供配电分系统,为了有利于太阳电池阵发电,对环月段的光照条件有如下要求:环月段的轨道高度尽可能高,这使得星食因子尽可能小;同时要求 β 角尽可能小。

而对于热控分系统,为了更好地对探测器进行温度控制,对环月段的光照条件有如下要求:环月段的轨道高度尽可能高,这使得月球红外辐射尽可能小;同时 β 角尽可能大,可以使得探测器具有良好的低温散热能力。

环月轨道的 β 角主要由环月轨道倾角决定,而环月轨道倾角由采样点纬度唯一确定。采样点纬度越低,β 角绝对值越小,因此,对于 β 角的选择需要权衡考虑热控和供配电分系统的实现难度,合理选择采样点纬度。

4) 交会对接与样品转移段光照条件分析

对于交会对接近程导引段,GNC 分系统的光学敏感器对阳光的入射角度有特定要求:相对导航设备工作时要求 $|\beta|\geqslant 31°$。这一约束条件可以通过适当选择地月转移发射窗口、环月轨道的轨道面方位,以及远程导引结束时刻来满足。

另外,供配电系统希望变轨尽可能在阴影区进行,以便光照区充电,这涉及变轨位置纬度幅角的选择,需要和其他约束条件综合考虑。

5) 小结

通过以上对光照条件的分析,得到了各阶段光照条件的要求:

(1) 月面工作期间太阳高度角范围为 30°~50°;

(2) 探测器在地月和月地转移的最长阴影时间应不大于 60min;

(3) 交会对接远程导引段变轨尽可能在阴影区执行;

(4) 交会对接近程导引段,相对导航设备工作时要求 $|\beta|\geqslant 31°$;

(5) 轨返分离点前后处于光照区,分离后至再入点飞行过程中最好处于阴影区。

3. 关键轨道参数选择

1) 环月轨道高度选择

环月轨道高度与变轨的速度增量需求、月面对探测器的红外辐射热流以及环月轨道的星食因子密切相关。

根据初步的轨道方案设计,针对环月轨道高度对发射总质量和供配电、热控分系统设计的影响进行了分析。通过分析可知:

(1) 对于高度为 100~500km 的环月圆轨道,随着环月轨道高度的升高,发射质量按近似线性的关系单调递增;

(2) 轨道高度越低,星食因子越大,对供配电分系统的供电能力要求越高;

(3) 轨道高度越低,探测器受到的月球红外辐射外热流显著增强,探测器器内及器表设备温度相应增加,对热控分系统温控能力要求越高。

综上所述,在探测器推进剂余量满足任务要求的前提下,综合考虑各方面的影响,折中选择 200km 高度作为环月轨道高度设计值。

2) 环月轨道倾角的确定

由于交会对接任务的约束,采样点纬度和月面工作时间直接决定了环月轨道倾角(月固系)。

图 2.16 给出了环月轨道倾角设计的示意图,将环月轨道倾角设计成略高于采样点纬度,随着月球自转,采样点 S 在惯性空间纬度圈上自西向东运动,过程中将有两次机会与轨道面共面(A 点和 B 点),这两次共面的机会将分别进行动力下降(A 点)和动力上升(B 点)。根据探测器动力下降和起飞上升的时间间隔和采样点的纬度,可以设计出满足要求的环月轨道倾角。

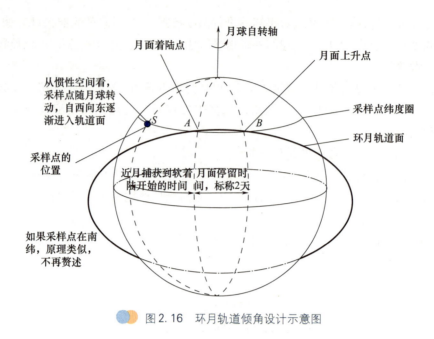

图 2.16　环月轨道倾角设计示意图

图 2.17 给出了采样点纬度为 43°时,采用二体模型计算得到的月面工作时间与环月轨道倾角的关系。

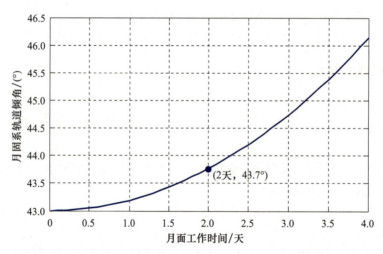

图 2.17　采样点纬度为 43°时,月面工作时间与环月轨道倾角的关系

从图 2.17 可以看出:对于同一个采样点,随着月面工作时间的增加,相比采样点纬度,环月轨道的倾角也相应地增加,两天的月面工作时间,轨道倾角增加不到 1°,对纬度为 43°的采样点,2 天月面工作时间对应的轨道倾角为 43.7°。由于环月轨道倾角在月球非球形引力场摄动影响下会产生一定的变化,变化量主要受轨道高度和升交点经度的影响。因此,精确的环月轨道倾角需要采用高精度数值模型预报,通过迭代计算获得。

3) 再入轨道倾角的确定

再入轨道倾角越小,再入航程需求越大;对于位于北纬 42.35°的回收着陆点,再入轨道倾角减小 1°,再入航程需求增加约 300km,而再入航程需求过大对保证落点精度不利。当再入轨道倾角小于 44°时,最小再入航程超过 7500km,返回器实现难度较大。

权衡测控弧段和再入航程的需求，标称再入轨道倾角按45°进行设计。

4）再入角范围分析

再入角范围的确定需要综合考虑气动力、气动热和再入航程控制裕度，月地转移中途修正控制精度和测定轨预报精度，轨返分离前定轨精度等多个方面的情况，是一个非常复杂的过程。经过多方多轮的迭代设计，最终确定的再入角范围为 $-5.8°±0.2°$。

5）再入航程需求范围分析

为尽量减少再入航程，需要选择月球赤纬处于最南纬附近的时候返回。为了增加整个任务的弹性和不同发射年份的适应能力，将最南纬和前后几天的航程范围定义为可达的再入航程需求。"嫦娥"五号任务确定的再入航程范围为 5600~7100km。

2.4.2 各飞行阶段轨道设计

"嫦娥"五号共经历11个飞行阶段，其中有四个飞行阶段靠主动控制完成，分别为运载发射段、着陆下降段、月面上升段和再入回收段。

其中，运载发射段的弹道由运载火箭系统给出。其他三个阶段的弹道由GNC分系统给出。在这四个飞行阶段中，总体轨道方案设计需要解决的问题是确定其他飞行阶段与拼接点标称轨道参数和误差允许范围，使得这四个飞行阶段可以与其他飞行阶段有效拼接。

下面将按照飞行阶段的顺序对各阶段的轨道方案逐一进行阐述。

1. 运载发射段

运载发射段是指从运载火箭起飞直至器箭分离时的飞行阶段。"嫦娥"五号探测器系统选择使用运载火箭直接将探测器送入地月转移轨道，并与运载火箭安全分离。

运载火箭发射方案确定采用变射向多弹道装订发射方式。目前已经确定发射前装订5条弹道，每条弹道发射时间间隔约10min，总发射窗口宽度不超过50min。实际发射时，首条弹道前沿发射为按零窗口发射，五条弹道的时序安排如图2.18所示。按照这种方式安排发射弹道，每条弹道的发射窗口宽度为±5min。

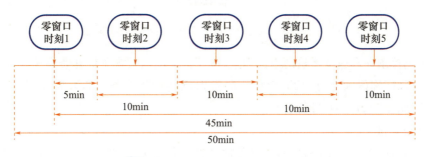

图 2.18　发射窗口宽度示意图

一般来说，运载火箭的发射弹道与探测器的轨道是分别开展设计工作的，二者在设计阶段需要完成双方轨道和弹道参数在器箭分离点的匹配，这个过程称为"弹道拼接"。"拼接"时，运载火箭和探测器双方通过分别以对方的设计结果作为输入开展各自的设计工作，经过多轮的数值迭代计算,使双方的设计结果在器箭分离点参数达到一致,获得满足任务要求的全飞行过程的弹道和轨道设计结果。

2. 地月转移段

地月转移段指的是探测器在与运载火箭安全分离后,沿地月转移轨道飞向月球,直至到达近月点的飞行阶段。在此阶段中,探测器将沿着转移能量接近最优的转移轨道运行,以最大限度利用运载发射能力并减小探测器执行近月制动的速度增量需求。地月转移时间为4~5天,其间将安排3次中途修正。

1)转移时间的确定

地月转移时间的确定主要考虑以下两点因素:近月制动速度增量需求小;近月制动时在国内共视弧段内。

图2.19给出了不同月份近月制动速度增量随转移时间的变化曲线。

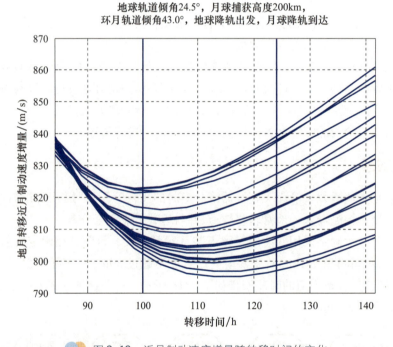

图2.19 近月制动速度增量随转移时间的变化

综合考虑测控条件和速度增量两方面因素,按照保证国内共视条件并兼顾速度增量较小的原则,地月转移时间标称值确定为112h,考虑不同发射机会对测控条件的影响,以及后续可能的微调,地月转移时间按112h±1h进行设计。

2)中途修正安排

地月转移轨道中途修正策略是:通过调整探测器在修正时刻的速度矢量的三个方向分量,从而满足在标称近月点时刻的近月点高度、倾角和近月点的要求。这是一种不改变地月转移时间的"3对3"修正策略。

地月转移安排3次中途修正,分别在器箭分离后的第一天、第二天和到达近月点前的一天。确定地月转移具体的中途修正时刻主要考虑以下几个因素:

(1) 保证修正前累计有足够的测控弧段用于定轨；
(2) 修正时刻尽可能安排在国内站共视弧段内；
(3) 修正速度增量尽可能小。

综合各项因素,并考虑后续可能的微调,地月转移中途修正时机安排如表 2.8 所示。

表 2.8 地月转移中途修正时机安排

修正次数	修正时机	备注
第一次中途修正	转移入射后 17h ± 1h	修正运载入轨偏差
第二次中途修正	转移入射后 41h ± 1h	修正第一次修正后的执行误差和定轨误差的扩散
第三次中途修正	到达近月点前 24h ± 1h	修正第二次修正后的执行误差和定轨误差的扩散,并满足近月点精度要求

3. 近月制动段

探测器在近月点进行两次减速制动,采用 3000N 发动机,第一次近月制动为惯性定向,控后进入近月点高度为 217km,轨道周期为 8h 的环月椭圆轨道；在环月椭圆轨道运行 3 圈后,实施第二次近月制动,采用轨道定向方式,进入平均高度约 190km、轨道倾角约 43.7°、轨道周期约 127min 的环月圆轨道。近月制动过程飞行时间约 1 天。近月制动过程示意如图 2.20 所示。

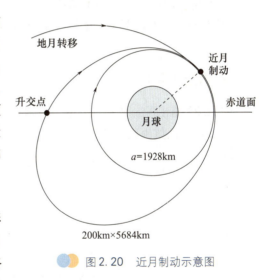

图 2.20 近月制动示意图

1) 近月点高度预偏置

由于月球引力摄动的影响,第一次近月制动后形成的大椭圆轨道的近月点高度会发生变化。若地月转移阶段瞄准近月点高度为 200km,且近月制动策略不调整近月点高度,则第二次近月制动前后的近月点高度将会低于 200km。为保证近月制动结束时探测器进入轨道高度约 200km 的环月近圆轨道,需要对地月转移段瞄准的近月点高度进行预偏置,不同发射窗口偏置量不同,对于"嫦娥"五号任务,偏置量为正值,在 10~20km 范围内。

2) 目标半长轴的确定

近月制动的控后轨道目标半长轴影响后续的轨道器调相,选择合适的目标半长轴可以减少轨道器调相的初始相位差,有效降低调相速度增量需求。对第二次近月制动完成后的轨道半长轴开展优化工作,使得近月制动与轨道器调相的总速度增量需求最小。根据"嫦娥"五号任务飞行过程联合优化结果,第二次近月制动目标轨道半长轴选择为 1928km(环月轨道高度约 190km),在实际飞行中可根据实施情况进行微调。

4. 环月飞行段

探测器在进入环月圆轨道后将首先进行测定轨,随后着陆上升组合体与轨返组合体分离。分离后,轨返组合体在环月轨道上继续飞行,直至交会对接;在完成测定轨后着陆上升组合体进行两次轨道机动,进入 15km×200km 的环月椭圆轨道,完成动力下降前的准备,直至到达动力下降起始点。

考虑到在探测器组合体分离前,着陆上升组合体的 7500N 变推力发动机没有工作的机会,为了在动力下降前确认 7500N 变推力发动机的可用性,并对发动机的推力和比冲进行标定,从而提高着陆精度,因此,降轨变轨采用两脉冲方案。其中,第一次降轨采用 7500N 发动机试喷 15s,适当降低近月点高度并初步瞄准动力下降起点位置,第二次降轨采用 8×150N 或 4×150N 推力实施,降低近月点高度至 15km 并精确瞄准动力下降起点位置,两次机动之间安排一圈环月飞行用于测轨。

图 2.21 给出了 15km 降轨变轨方案示意图。

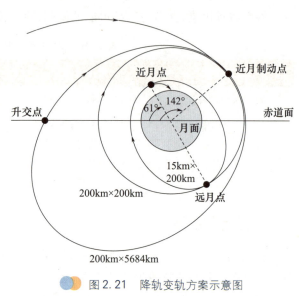

图 2.21 降轨变轨方案示意图

5. 着陆下降段

图 2.22 给出了一条典型着陆下降段弹道的高度和速度的变化曲线。整个动力下降过程需要 840s±25s,月面航程约 600km。

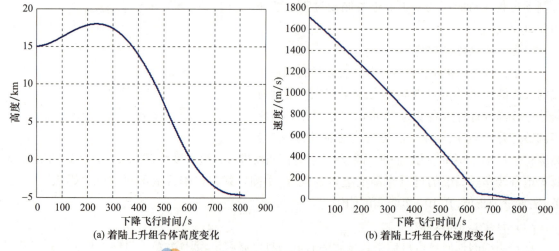

(a) 着陆上升组合体高度变化　　(b) 着陆上升组合体速度变化

图 2.22 着陆下降段高度及速度变化曲线

6. 月面工作段

在月面工作段,着陆上升组合体在月面完成采样等工作,轨返组合体在轨绕月飞行。为了给后续的交会对接任务创造良好的初始条件,轨返组合体在环月的 2 天时间内需要完成轨道形状和相位的调整,从而保证在远程导引初始时刻与上升器具有较好的初始相位差,以及近程导引段轨返组合体轨道具有尽可能小的偏心率。

轨返组合体在环月段的轨道调整策略将在交会对接与样品转移段中进行详细介绍。

7. 月面上升段

图2.23给出了一条典型动力上升弹道的高度和速度变化曲线,整个动力上升过程需要350s±25s,月面航程约250km。

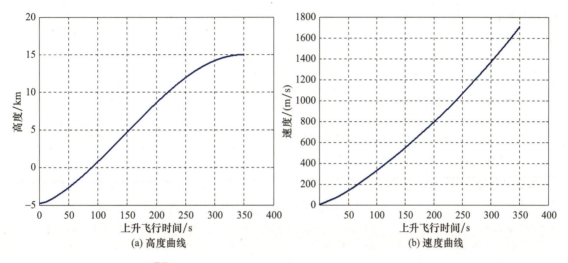

图2.23 月面上升段高度、速度随时间变化曲线

8. 交会对接与样品转移段

交会对接与样品转移段指从上升器进入月面上升目标轨道开始,至上升器与轨返组合体完成交会对接、样品转移的飞行阶段。交会对接段包括远程导引段、近程导引段和对接段三个子飞行阶段。轨道设计的主要任务是给出远程导引段的变轨策略,保证与近程导引段的交接班条件,并确定近程导引和分离的飞行时序。

上升器远程导引在月面上升后约2天内实施,通过4次变轨,将上升器导引到轨返组合体所在的高度210km环月圆轨道指定位置,大致位于轨返组合体前方50km、上方10km左右。其中第一次变轨的目的是调整上升器在预定交班点时刻的相位角,第二次变轨的目的是修正轨道平面,第三次变轨的目的是调整远月点高度,第四次变轨的目的是进行轨道圆化[9]。图2.24给出了上升器远程导引过程示意。

1) 轨返组合体调相标称变轨策略

在月面工作段需完成在轨调相,根据对轨返组合体变轨次数、变轨点纬度幅角的分析,轨返组合体调相标称变轨策略如表2.9所示。

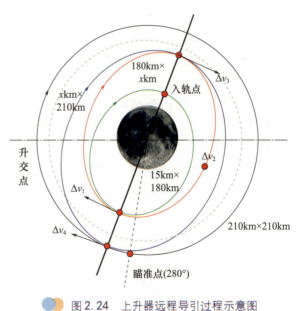

图2.24 上升器远程导引过程示意图

表 2.9　轨返组合体调相标称变轨策略

关键事件	圈次	纬度幅角/(°)
着陆上升组合体动力下降	0	—
调相第一次变轨	−8	[45,265]
调相第二次变轨	2	[55,280]
调相第三次变轨	12	[60,285]
支撑舱分离	14	246
调相第四次变轨	18	72
月面上升	24	—
交班点	49	280 ± 14

2）上升器远程导引标称变轨策略

根据对远程导引段变轨次数、变轨点纬度幅角的分析，远程导引段标称变轨策略如表 2.10 所示。

表 2.10　上升器远程导引标称变轨策略

关键事件	圈次	纬度幅角/(°)
入轨	1	109 ± 4
远程导引第一次调相	4	282 ± 1
远程导引第二次调相	9	75 ~ 290
远程导引第三次调相	15	87 ± 10
远程导引第四次调相	22	286 ± 13
交班点	25	280 ± 14

3）交班点精度指标分析

交班点是远程导引转自主近程导引的分界点，在交班点时刻，上升器飞至轨返组合体前方 50km、上方 10km 的位置，且轨道共面。这里的 50km 指沿飞行方向相距 50km 即月心张角对应 1937.4km 圆轨道弧长，上方 10km 指轨道高度差为 10km，轨返组合体和上升器分别位于 200km 和 210km 高度圆轨道，如图 2.25 所示。

轨返组合体和上升器在交班点的预定目标轨道参数如表 2.11 所示。

4）月面上升机会分析

对于月面上升窗口设计，必须考虑"嫦娥"五号的实际测控条件，需要从平面窗口、测控窗口、相角窗口三方面综合确定上升器月面上升机会和上升窗口。

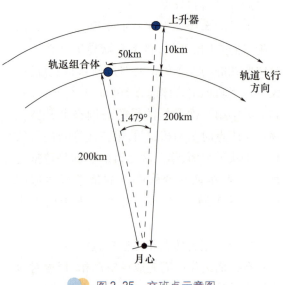

图 2.25　交班点示意图

表 2.11 交班点目标轨道参数

飞行器	半长轴/km	偏心率	纬度幅角/(°)
轨返组合体	1937.4	0.0	280
上升器	1947.4	0.0	281.479

综合考虑平面窗口、测控窗口、相角窗口三方面对上升窗口的要求,月面上升机会的次数为3次,其中后2次为处置应急情况的备选机会。标称情况下每次机会上升窗口宽度为0~5min,按零窗口前沿起飞。故障情况下可根据上升器和轨道器推进剂剩余量适当扩大窗口宽度范围。

5)速度增量需求

以下基于标称轨道变轨策略,对远程导引段的速度增量需求进行分析。

(1)上升器速度增量预算。

远程导引段上升器变轨机动所需的速度增量的预算包括面内和面外两个方面。

① 面内参数修正速度增量预算。

上升器远程导引轨道设计成半长轴逐渐增加,而且每次变轨位置在特殊点附近实施,平面内速度增量通过二体公式估算约为53m/s。

根据入轨的近月点高度误差(约2.4km,3σ)和入轨远月点高度误差(约14.8km,3σ),令入轨近月点高度在(15±2.5)km范围内变化,同时令入轨远月点高度在(180±15)km范围内变化,采用二体公式计算总的平面内速度增量,得到总的平面内速度增量变化范围为49~57m/s。

考虑修正误差的变化范围,远程导引平面内速度增量需求按照57m/s进行设计。

② 面外修正速度增量预算。

着陆上升组合体在月面着陆后,在不同的时间上升,对上升器非共面度修正速度增量需求不同。理想情况下,上升器在轨返组合体轨道面第二次过采样点时起飞,所需的非共面度修正速度增量为零。根据 GNC 分系统提供的月面上升入轨精度,非共面度为0.8°,对应的非共面修正速度增量需求为23m/s。

(2)轨返组合体速度增量预算。

为估计轨返组合体调相所需总的速度增量,先考虑200km圆轨道上实施调相脉冲。设调相轨道和目标轨道的轨道速率差为 Δn,调相时间为18圈约 $T=36h$,需要调整的相角差为 $\Delta\varphi=180°$,有 $\Delta n \cdot T = \Delta\varphi$。

由 $n=\sqrt{\mu_{\text{moon}}/a^3}$,可以得到

$$\Delta n = -1.5\sqrt{\mu_{\text{moon}}/a^5}\Delta a \tag{2.1}$$

对于200km圆轨道,在18圈内调相180°,所需的半长轴差 Δa 为38.2km。

根据能量公式

$$\frac{v^2}{2}-\frac{\mu_{\text{moon}}}{r}=-\frac{\mu_{\text{moon}}}{2a} \tag{2.2}$$

可计算得调相脉冲大小为

$$\Delta v_1 = \frac{\mu_{\text{moon}}}{2va^2}\Delta a \tag{2.3}$$

考虑到目前近月制动策略,控后轨道半长轴标称为1928km,偏离200km圆轨道半长轴10km,且近月制动完成后轨道半长轴最大误差12km。保守考虑,在极端情况下调相脉冲对应的半长轴变化量为 $\Delta a = 38.2 + 10 + 12 = 60.2$ km。代入上述公式计算得调相脉冲大小约为 $\Delta v_1 = 25$ m/s。

平面内 (a, e, ω) 的调整通过两个横向脉冲即可实现,可采用双脉冲公式计算 Δv_2 和 Δv_3:

① 若 $\left(\dfrac{\Delta a}{a}\right)^2 > \Delta e_x^2 + \Delta e_y^2$,总速度增量为

$$\Delta v_2 + \Delta v_3 = \frac{v \Delta a}{2a} \tag{2.4}$$

由于目标轨道为200km圆轨道,考虑需要调整的相角差为 $\Delta \varphi = 180°$ 时应取 $\Delta a = 38.2$ km 进行估算,得 Δv_2 和 Δv_3 之和为15.7m/s。

② 若 $\left(\dfrac{\Delta a}{a}\right)^2 < \Delta e_x^2 + \Delta e_y^2$,总速度增量为

$$\Delta v_2 + \Delta v_3 = \frac{V}{2}\sqrt{\Delta e^2 + e^2 \Delta \omega^2} \approx \frac{V}{2} \Delta e \tag{2.5}$$

保守考虑,假定偏心率修正量为环月轨道演化最大可能值0.02,则由上式计算得到总的速度增量为15.9m/s。

根据上述计算结果,取三脉冲之和,月面工作期间轨返组合体轨道机动所需总的速度增量约41m/s。综合考虑误差分析结果,调相速度增量预算按42m/s开展设计。

9. 环月等待段

环月等待段主要进行环月轨道调相,为月地转移入射提供有利条件。上升器与轨返组合体分离后,轨返组合体携带样品在环月轨道上继续运行,并完成必要的轨道形状和相位调整工作。当轨返组合体所在的轨道面逐渐接近月地转移入射所需轨道面时,准备进行月地转移轨道入射。

调相方案安排为一次独立的切向单脉冲变轨,变轨策略是通过调整切向速度大小瞄准轨返组合体在月地转移入射时刻的纬度幅角要求。调相时机安排在上升器与轨返组合体分离并安全处置后,考虑到推进剂消耗应尽早实施,目前安排在上升器分离后的3天左右实施。

轨道调相执行的具体时刻可根据实际飞控时的测控弧段、轨道形状和修正速度增量进行灵活安排。

10. 月地转移段

月地转移段包括月地转移入射段和月地转移飞行段两个子飞行段。月地转移入射段的主要任务是通过两次变轨机动,使轨返组合体脱离月球引力场,进入月地转移轨道;在月地转移飞行段,轨返组合体沿月地转移轨道飞向地球,在到达轨返分离点(地面高度约5000km)时,轨道器与返回器分离,轨道器完成规避机动,返回器惯性飞行。在此过程中需要安排3次中途修正,从而保证再入点参数满足要求[10-11]。

1)月地转移入射

综合考虑发动机推力和控制实施难度,月地转移入射采用双脉冲方案。第一次脉冲在月地转移入口点前1天实施,采用 4×150N 发动机、惯性定向方式在指定纬度幅角位置加速变轨,使轨返组合体进入近月点200km、周期约8h的椭圆轨道;在大椭圆轨道飞行3圈后实施第二次脉冲,轨返组合体采用 4×150N 发动机、惯性定向方式加速,瞄准再入点目标状态,进入月地转移轨道。月

地转移入射双脉冲变轨方案见图2.26。

受环月轨道和月地转移入口点状态约束,月地转移入射一般为非共面入射,加速过程中存在法向分量,因而比共面入射消耗更多的推进剂。为了节约推进剂,可通过选取最优月地转移时机,使两次入射均位于国内共视弧段内实施,且非共面度最大不超过7°。

2)月地转移飞行

(1)转移时间的确定。

月地转移时间的确定原则与地月转移一样,同样需要保证以下两点要求:月地转移入射速度增量尽可能小;月地转移入射时在国内共视弧段内。

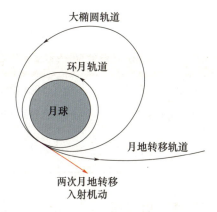

图2.26 月地转移入射双脉冲变轨方案

图2.27给出了不同月份月地转移入射速度增量随转移时间的变化曲线。

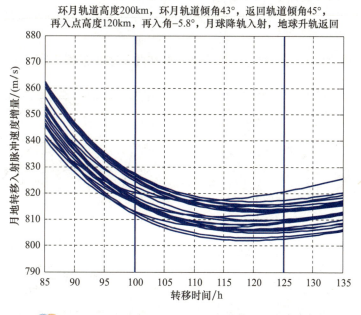

图2.27 月地转移入射速度增量随转移时间的变化

综合考虑测控条件和速度增量两方面因素,月地转移时间按88h和111h两种方案进行考虑。由于不同发射机会对测控条件的影响,以及后续可能的微调,月地转移时间按88h±1h和111h±1h进行设计。

(2)中途修正安排。

目前月地转移中途修正确定为4对4的中途修正策略:通过调整探测器的速度三分量的大小以及剩余转移时间,从而满足再入点的高度、再入角、再入轨道倾角和升交点经度要求。前三个参数是再入点的状态约束,升交点经度不变保证落点四子王旗在再入弹道平面内。

月地转移安排三次中途修正,将月地转移的三次中途修正分别称为第四、第五、第六次中途修正。第四次中途修正主要用于修正月地转移入射误差,第五次和第六次中途修正用于修正上一次修正的残差,用以确保再入点的状态参数满足要求,精确瞄准。

综合考虑测控条件、速度增量以及对再入角范围的影响,将月地转移三次中途修正的时机安排如表 2.12 所示。

表 2.12 月地转移中途修正时机

修正次数	修正时机	备注
第四次中途修正	转移入射后 25h ± 1h	修正月地转移入射偏差
第五次中途修正	转移入射后 73h ± 1h	修正第四次修正后的执行误差和定轨误差的扩散
第六次中途修正	再入前 5h	修正第五次修正后的执行误差和定轨误差的扩散，满足再入点精度要求

11. 再入回收段

再入回收段采用升轨返回方式，再入航程需求范围为 5600 ~ 7100km。受航程需求范围约束，采用半弹道跳跃式再入弹道方案，基本航迹示意如图 2.28 所示。

从图 2.28 中可以看出，对于整个再入轨迹的特性，可分为三段：初次再入段、开普勒段和二次再入段。

图 2.29 ~ 图 2.31 给出了一条典型弹道的飞行高度和再入时间、航程，以及飞行速度和时间的曲线。

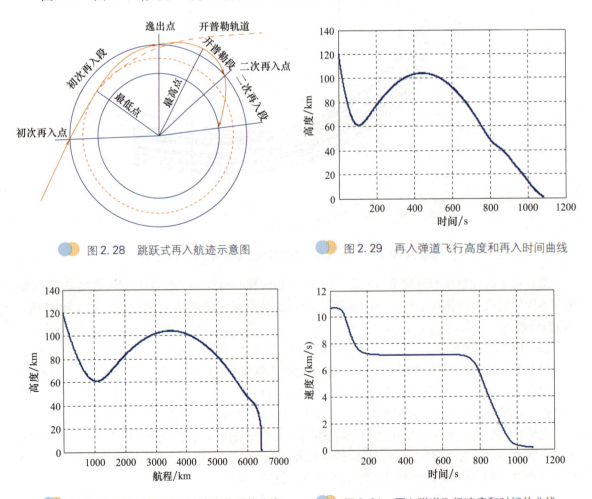

图 2.28 跳跃式再入航迹示意图

图 2.29 再入弹道飞行高度和再入时间曲线

图 2.30 再入弹道飞行高度和航程的曲线

图 2.31 再入弹道飞行速度和时间的曲线

2.4.3 发射窗口设计

发射窗口的约束条件主要包括:
(1) 运载火箭首条弹道对应的器箭分离点轨道倾角约为 21.1°;
(2) 再入航程范围为 5600~7100km;
(3) 月地转移入射非共面度小于 7°;
(4) 月面工作期间太阳高度角范围为 30°~50°;
(5) 在可发射的月份有连续 2 天的发射窗口;
(6) 对接与样品转移飞行过程所在弧段国内深空站共视,时长不少于 76min;
(7) 飞行任务在 1 个月内完成。

针对前述的轨道方案,利用以上约束条件进行筛选,在 2020 年下半年的发射机会如表 2.13 所示。

表 2.13　2020 年下半年窗口搜索结果

发射月份	发射日期 (北京时间)	采样点 经度 /(°)	最小太阳 高度角 /(°)	下降太阳 高度角 /(°)	起飞太阳 高度角 /(°)	再入航程 /km	对接点共视 时长 /min
2020-10	2020-10-27	-51.3	46.5	46.5	48.1	6907	81.4
	2020-10-28	-53.5	44.0	48.2	44.0	6684	81.4
2020-11	2020-11-24	-51.4	37.4	39.1	38.5	6619	81.4
	2020-11-25	-55.1	42.2	42.0	41.9	6298	81.4
2020-12	2020-12-23	-55.1	30.4	35.4	34.3	6688	81.4
	2020-12-24	-59.1	36.2	39.6	38.9	5936	81.4

注:表中最小太阳高度角是指月面工作段期间采样点的最小太阳高度角,下降太阳高度角是指动力下降结束时刻采样点的太阳高度角,起飞太阳高度角是指月面上升起始时刻采样点的太阳高度角;再入航程是指从初次再入点到着陆点四子王旗着陆场中心点的再入航程;对接点共视时长是指对接点当圈的国内深空站共视时长。

2.4.4 轨控策略设计

在实际飞行中,由于存在各类误差,探测器的实际轨道会偏离标称设计轨道,需根据测定轨的结果对变轨量和变轨时间进行调整,所以需要设计一套系统的轨控策略来应对实际飞行状态偏差,保证飞行任务的完成。

各次变轨的轨控策略设计结果如表 2.14 所示,包括变轨时序以及变轨控制策略的设计与目标变量,作为误差分析输入及飞控实施依据。

表 2.14 变轨控制策略设计

飞行阶段	变轨事件	设计变量	目标变量	执行时刻
地月转移	第一次中途修正	开机时长、推力方向偏航角、推力方位角	近月点高度约 $h_p = 217\text{km}$，轨道倾角 $i = 43.7°$（月固系标称值，第二次和第三次中途修正计算时调整倾角值，使得采样点在起飞时刻过轨返组合体轨道面），真近点角 $f = 0.0°$	器箭分离后第 17h±1h
	第二次中途修正			器箭分离后第 41h±1h
	第三次中途修正			近月点前 24h±1h
近月制动	第一次近月制动	开机时长、推力方向偏航角；优化变量：开机时刻	第二次近月制动进站时间（周期约 8h 的环月轨道），落点经度	第一次飞至近月点
	第二次近月制动	开机时长、推力方向偏航角；优化变量：开机时刻	半长轴为 1928km 的环月圆轨道，落点经度	第四次飞至近月点
环月轨道	第一次降轨变轨	第二次降轨变轨纬度幅角和开机时长；第一次降轨变轨优化纬度幅角	动力下降起始高度约 15km 和落点纬度（纬度幅角约 62°）	近月制动后约 1 天，纬度幅角约 62°
	第二次降轨变轨	变轨纬度幅角和开机时长；推力方向偏航角	动力下降起始高度约 15km 和落点纬度（纬度幅角约 62°）	第一次降轨变轨后同隔 1 圈后，纬度幅角约 62°
轨道器调相	第一次变轨	$\Delta v_1^t, \Delta v_2^t, u_3$	$a_f^d, e_x^d, e_y^d, u_f^d$	第二次降轨变轨后约 2h，纬度幅角 80°
	第二次变轨	$\Delta v_2^t, u_2, \Delta v_3^t, u_3$	$a_f^d, e_x^d, e_y^d, u_f^d$ 或采用优化算法 $\min J(\Delta v_2^t, u_2, \Delta v_3^t, u_3)$	着陆后约 6h，纬度幅角约 260°
	第三次变轨	$\Delta v_3^t, u_3$	a_f^d, e_f^d；迭代难以收敛时采用优化算法 $\min J(\Delta v_3^t, u_3)$	着陆后约 25h
	第四次变轨	$\Delta v_4^t, u_4$	误差较小时，瞄准轨道面内 2 个状态量 $[a_f^d, e_f^d]$；误差较大时，采用优化算法：$\min J(\Delta v_4^t, u_4)$	着陆后约 39h

续表

飞行阶段	变轨事件	设计变量	目标变量	执行时刻
远程导引	第一次变轨	$\Delta V_1^t, \Delta V_2^n, u_2, \Delta V_3^t, \Delta V_4^t, u_4$	$x_r, y_r, z_r, v_{rx}, v_{ry}, v_{rz}$	入轨后约8h，第4圈纬度幅角282°处实施
	第二次变轨	$\Delta V_2^n, u_2, \Delta V_3^t, \Delta V_4^t, u_4$	$x_r, y_r, z_r, v_{rx}, v_{ry}, v_{rz}$ 或采用优化算法: $\min J = \|\Delta x_r\| + \|\Delta y_r\| + k_1 \|\Delta v_{rx}\| + k_2 \|\Delta v_{ry}\|$	入轨后19h 第9圈实施
	第三次变轨	$\Delta V_3^t, u_3, \Delta V_4^t, u_4$	$x_r, y_r, z_r, v_{rx}, v_{ry}, v_{rz}$ 或采用优化算法: $\min J = \|\Delta x_r\| + \|\Delta y_r\| + k_1 \|\Delta v_{rx}\| + k_2 \|\Delta v_{ry}\|$	入轨后约32h 第15圈纬度幅角87°处实施
	第四次变轨	$\Delta V_4^t, u_4$		入轨后约46h 第22圈实施
月地转移	第一次月地转移入射	开机时长，推力高度角，推力方位角，再入射点时刻；优化变量：第一次入射的推力高度幅角，推力方位角和第二次入射的纬度幅角	再入点高度120km，再入轨道倾角45°（地固系），再入角−5.8°，再入轨道面经过四子王旗	第二次月地转移入射前24h
	第二次月地转移入射	开机时长，推力高度角，推力方位角，再入射点时刻；优化变量：第二次入射的纬度幅角	再入点高度120km，再入轨道倾角45°（地固系），再入角−5.8°，再入轨道面经过四子王旗	非共面最小且最优纬度幅角
	第四次中途修正	变轨速度增量三方向分量，再入点时间	再入角−5.8°	入射后25h±1h
	第五次中途修正	变轨速度增量三方向分量	再入角−5.8°	入射后71h±1h
	第六次中途修正	变轨速度增量，垂直速度方向分量		再入前5h

注：1. 表中 Δv 表示速度增量，u 表示纬度幅角，上标或下标中的字母 t 表示横向，r 表示径向，n 表示法向，d 表示理想值，f 表示终端值；2. 对于月地转移时长为88h的轨道，第五次中途修正的时机为71h±1h；对于月地转移时长为111h的轨道，第五次中途修正的时机为73h±1h。

2.4.5 速度增量预算

根据前面飞行过程各个阶段的轨道设计结果和相关轨道控制策略与误差分析结果,统计得到速度增量需求如表2.15所示。

表2.15 速度增量需求

序号	飞行阶段	参与的探测器	轨道机动事件	速度增量/(m/s)	
1	发射段	四器组合体	运载直接发射进入地月转移轨道	—	
2	地月转移	四器组合体	第一次中途修正	51.9	60.7
			第二次中途修正	3.1	
			第三次中途修正	5.7	
3	近月制动	四器组合体	捕获成环月轨道	819	
4	环月飞行	着陆上升组合体	降轨到15km×200km椭圆轨道	42	
5	着陆下降	着陆上升组合体	主减速(至2km高度)	1818.6	
			快速调整与接近	274.3	
			悬停、避障与缓速下降	120.4	
6	月面工作	轨返组合体	轨返组合体调相	42	
7	月面上升	上升器	上升进入15km×180km的椭圆轨道	1856.4(含姿态控制)	
8	交会对接与样品转移	上升器	入轨偏差	23	
			远程导引	57	
		轨返组合体	近程导引+姿态控制	100	
9	环月等待	轨返组合体	轨道保持+相位调整	6	
10	月地转移	轨返组合体	进入月地转移轨道	953	
			第一次中途修正	27.0	35.7
			第二次中途修正	4.1	
			第三次中途修正	4.6	
11	5000km分离	轨返组合体	分离规避机动	10	
12	再入回收	返回器	直接大气减速	—	

2.4.6 小结

轨道设计以完成月面无人自动采样返回任务为目标,将其逐级分解,分为11个飞行阶段,确定了各阶段的飞行时序关系以及关键轨道参数。以此为依据,针对11个飞行阶段,分别开展了标称轨道详细设计,得到了全飞行过程的标称轨道参数;制定了所有变轨的控制策略,开展了全飞行过程误差分析,搜索了可行的发射机会,获得了满足约束的发射日期、全飞行过程的速度增量预算以及关键点精度指标。轨道设计结果可作为总体及相关分系统开展设计的依据。

2.5 飞行程序设计

2.5.1 特点分析

"嫦娥"五号任务与以往的近地轨道航天器和深空探测航天器相比,其飞行程序设计上具有以下特点:

(1)飞行阶段多、协同环节多、过程复杂。

"嫦娥"五号探测器从发射入轨至再入回收,需经历11个飞行阶段。飞行程序设计时不仅需要考虑四器组合体状态、对接组合体状态、轨返组合体状态、返回器状态,还需要考虑轨返组合体与着陆上升组合体并行、轨返组合体与上升器并行飞行状态。

特别是交会对接阶段还需要考虑返回器、轨道器、上升器等多探测器、多信道条件下的协同配合,过程复杂、耦合性强。

(2)程序复杂、分支多、失效模式多。

"嫦娥"五号探测器飞行过程衔接紧密,发生在关键飞行过程的失效模式可能导致关键动作无法顺利实施,进而影响后续任务的实施。因此,需要重点考虑失效模式影响分析的全面性,以及飞行程序设计的正确性。

"嫦娥"五号探测器在轨飞行过程是一个复杂的系统应用过程,其中既包含了对探测器进行实时控制和监控的连续动态子系统,同时也包含了由事件驱动的离散事件动态子系统。对于这种混杂系统可通过有限状态机(FSM)来进行系统描述,有限状态机就是对有限个系统状态以及在这些状态之间的转移和动作等行为进行描述的数学模型。该模型对探测器飞行程序的描述具有一定的借鉴意义,但采用常规单一的有限状态机描述"嫦娥"五号飞行过程这样庞大的系统难度较大,如探测器系统状态输入参数多,涉及15个分系统、655台/套仪器设备、6000余个遥测参数。因此"嫦娥"五号探测器飞行程序采用了层次化的模块状态机的建模方法,从探测器系统方案设计入手,通过任务分解将整个探测器的运行过程划分为若干个模块状态机,通过模块状态机内部的状态转移描述具体任务的实现过程,通过模块状态机间的衔接描述任务间及整个系统的实现过程,从而在设计方法上保证了系统的完备性和关键环节的正确性[12]。具体建模方法如图2.32所示。

针对"嫦娥"五号探测器任务特点及飞行程序过程中需要重点关注的关键环节,对探测器在轨全周期工作进行任务分解,具体如图2.33所示。

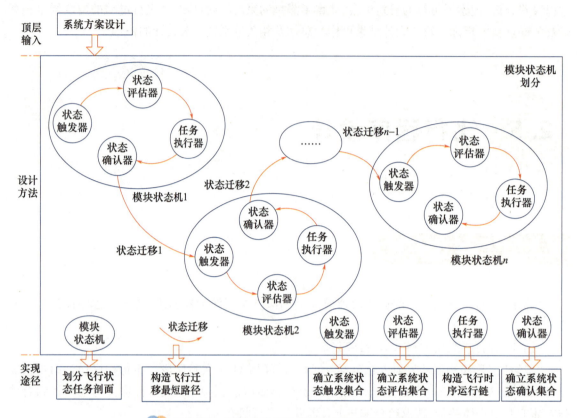

图 2.32 "嫦娥"五号探测器飞行程序系统建模方法

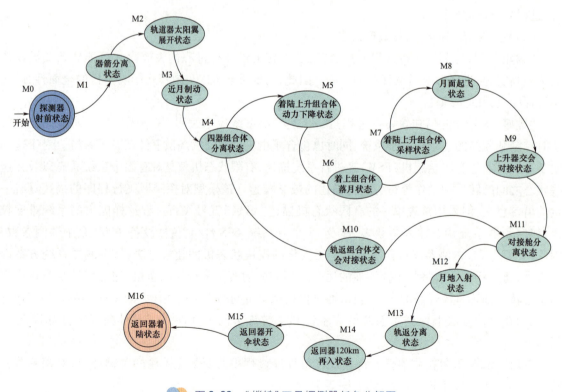

图 2.33 "嫦娥"五号探测器任务分解图

2.5.2 程序设计

探测器主要飞行过程如下：

1. 运载发射段

运载发射段是指从运载火箭起飞开始到器箭分离为止的飞行阶段。"嫦娥"五号探测器在海南文昌航天发射场发射，由运载火箭直接送入地月转移轨道。"嫦娥"五号探测器的发射时刻为北京时间 2020 年 11 月 24 日，发射窗口宽度为 45min，发射入轨段飞行时间大约 34min，探测器在发射入轨段主要完成轨道器推进管路排气和贮箱增压。

运载发射段中涉及的模块状态机为初始状态探测器射前状态 M0，探测器在临射前 15h 开始，通过完成各类仪器设备的加电及其状态设置、各类在轨程序的注入以及发射入轨段所需的各类延时指令注入，使探测器具备发射条件。

2. 地月转移段

地月转移段是指从器箭分离开始到探测器到达近月点的飞行阶段。探测器在地月转移轨道上飞行约 5 天，在此期间安排约 3 次中途修正，分别在器箭分离后的第 1 天内、第 2 天内和到达近月点前的最后 1 天内。地月转移段飞行时间约 112h，地月转移段飞行过程示意如图 2.34 所示。

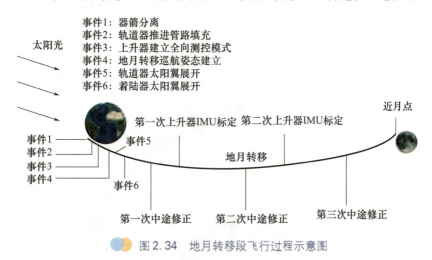

图 2.34 地月转移段飞行过程示意图

探测器在该阶段主要完成对日定向、轨道器和着陆器太阳翼展开、上升器 IMU 标定和中途修正，最终到达距离月面高度约 200km 的近月点。

地月转移段中涉及的模块状态机包括器箭分离状态 M1、轨道器太阳翼展开状态 M2。探测器接收器箭分离信号，开始轨道器姿控管路充填，消除分离冲击对探测器的初始姿态的干扰，继而建立对日定向姿态；之后，轨道器、着陆器太阳翼依次展开，探测器建立能源保障供给。

3. 近月制动段

近月制动段是指探测器从到达近月点开始到进入目标环月飞行轨道为止的飞行阶段。探测器在该阶段完成2次近月点减速制动,第一次制动后进入近月点高度约200km、周期8h的椭圆轨道,运行3圈后进行第二次近月制动,最终进入轨道高度约200km、周期127min、倾角43.7°的环月圆轨道,近月制动段时长1天,近月制动段飞行过程示意如图2.35所示。

近月制动段中涉及的模块状态机为近月制动状态M3,若第一次近月制动失败,则探测器无法捕获月球,将造成任务终止。

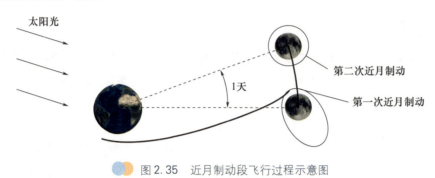

图2.35 近月制动段飞行过程示意图

4. 环月飞行段

环月飞行段是指探测器从进入环月轨道开始到着陆上升组合体运行至动力下降初始点的飞行阶段。环月飞行过程中,轨返组合体和着陆上升组合体分离,分离后着陆上升组合体通过两次减速机动调整轨道高度,进入15km×200km的环月轨道,建立动力下降初始状态;轨返组合体继续在约200km高度的环月轨道飞行,并进行调相机动。环月飞行段时长约2天,环月飞行段飞行过程示意如图2.36所示。

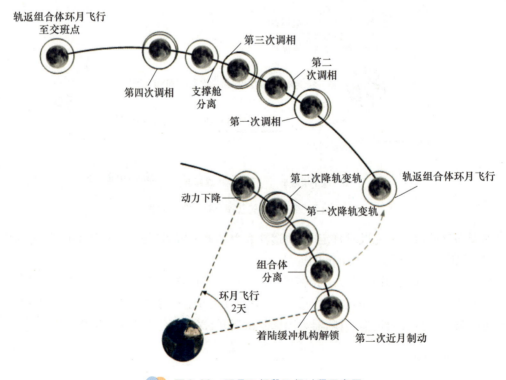

图2.36 环月飞行段飞行过程示意图

该阶段主要完成着陆缓冲机构解锁、上升器推进姿控管路排气和充填、着陆器推进管路排气、轨返组合体与着陆上升组合体分离、上升器星敏感器和 IMU 标定、着陆上升组合体两次环月降轨。

环月飞行段中涉及的模块状态机为四器组合体分离状态 M4。组合体分离后探测器将进入并行协同控制阶段，需要综合评估两组合体资源的分配与调度。

5. 着陆下降段

着陆下降段是指着陆上升组合体从 15km 高度动力下降初始点开始至月面软着陆为止的飞行阶段。着陆下降过程约 15min，着陆下降段飞行过程示意如图 2.37 所示。

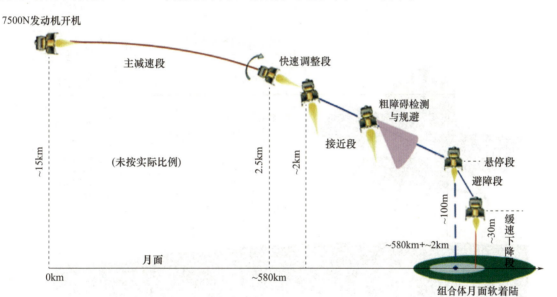

图 2.37 着陆下降段飞行过程示意图

着陆下降段主要由着陆上升组合体 GNC 子系统自主完成，期间其他分系统配合完成着陆上升组合体数传信道建立、图像数据存储及下传、7500N 变推力发动机绕组位置设置等工作。

着陆下降段中涉及的模块状态机为着陆上升组合体动力下降状态 M5。"嫦娥"五号任务由于其环月轨道倾角状态的特点，所有着陆导航敏感器等设备状态设置均在月球背面非测控弧段进行；进入测控弧段后到动力下降初始点间的最长时间仅 8min，需快速完成主发动机点火前的状态确认。

6. 月面工作段

月面工作段是指着陆上升组合体月面软着陆开始至上升器点火起飞为止的飞行阶段。着陆上升组合体在月面工作过程中完成月面样品的钻取、表取和密封封装，有效载荷相关设备开展就位探测，并完成起飞前状态准备。着陆上升组合体月面工作过程中，轨返组合体完成 4 次环月轨道调相，并在第 3 次和第 4 次调相变轨之间实施支撑舱分离，为月球轨道交会对接和样品转移做好准备。月面工作段时间约 2 天，月面工作段飞行过程示意如图 2.38 所示。

该阶段主要完成落月后状态恢复及月面工作的初始化，通过相机图像对月表采样区域地形进行确认,之后采用钻取和表取两种方式完成月球样品的采集与封装。期间,有效载荷开机工作,对月壤结构、光谱特性等进行探测,并在全景相机的监视下完成国旗展开。在起飞前8h,开始进行上升器起飞准备,完成程序注入、星敏感器标定、上升器推进管路排气及充填等工作。

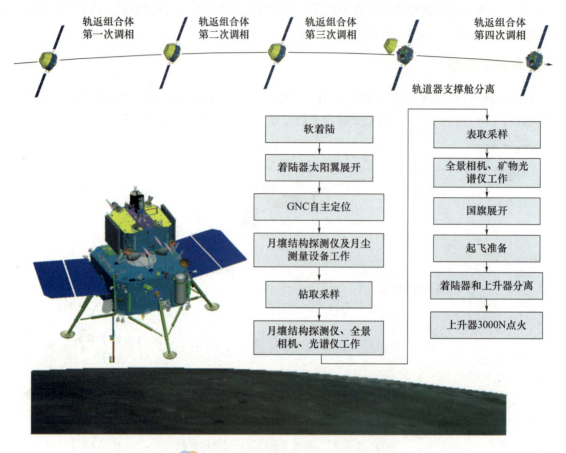

图2.38 月面工作段飞行过程示意图

月面工作段中涉及的模块状态机包括着陆上升组合体落月状态M6、采样状态M7。落月状态的确认是建立月面工作的前提条件,要求对发动机关机状态、着陆姿态安全性、着陆上升组合体信道链路等进行确认。采样过程时序紧张、机构动作多、不确定因素多、器地协同交互复杂。

7. 月面上升段

月面上升段是指上升器月面起飞开始至进入高度15km×180km环月轨道的飞行阶段,起飞上升过程包括垂直上升、姿态调整和轨道射入三个阶段。上升器入轨时长约6min,月面上升段飞行过程示意如图2.39所示。

该阶段主要由上升器GNC子系统自主完成,在上升器自主建立对日定向姿态后,完成上升器太阳翼展开。

月面上升段中涉及的模块状态机为月面起飞状态M8。该过程起飞入轨之后,入轨状态判断和故障处置决策的时间相对较短,若起飞推迟,将造成交会对接任务重构。

第 2 章 月面自动采样返回探测器总体技术

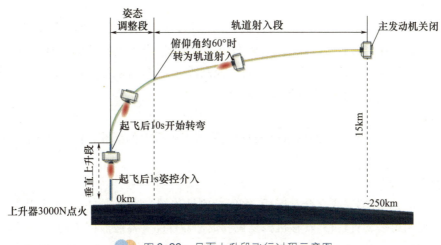

图 2.39 月面上升段飞行过程示意图

8. 交会对接与样品转移段

交会对接与样品转移段是指上升器进入环月轨道至轨道器与对接舱分离为止的飞行阶段。上升器完成四次远程导引后,由轨返组合体自主完成近程交会过程,满足对接条件后,两组合体对接并实施样品转移,轨返组合体择机与上升器连同对接舱分离。交会对接与样品转移段时间约 2 天,交会对接与样品转移段飞行过程示意如图 2.40 所示。

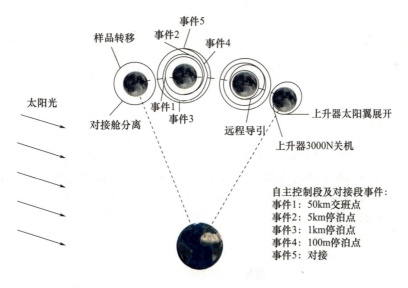

图 2.40 交会对接与样品转移段飞行过程示意图

月球轨道交会对接与样品转移分为五个子阶段:

1) 远程导引段

在远程导引段,地面测控站对上升器和轨返组合体进行轨道确定,地面根据飞行轨道参数计算上升器变轨参数,注入上升器,上升器实施变轨,分别进行提高近月点高度、修正轨道面偏差、圆化轨道等动作,最终导引到与轨返组合体共面同心的圆轨道,位于轨返组合体前上方。轨返组合体作为主动飞行器自由漂移逼近上升器,此时微波雷达开机,轨返组合体逐渐捕获上升器,转入自主控制段。

2）自主控制段

在自主控制段，轨返组合体为主动飞行器，上升器为目标飞行器。轨返组合体利用相对测量设备，获得两飞行器相对位置、速度、姿态、姿态角速度信息，由轨道器上的 GNC 子系统控制发动机工作，分段控制轨返组合体逼近上升器。自主控制段分为寻的段、接近段、最后平移靠拢段。设置 3 个停泊点，每个停泊点有一定的停留时间。

3）对接段

在具备对接条件后，轨道器的抱爪机构收拢，完成对上升器的捕获，并建立两个飞行器的初始连接和刚性连接。

4）组合体运行段

轨返组合体与上升器完成交会对接后，在保持刚性连接状态下，先后完成上升器与密封封装装置的解锁、密封封装装置转移、转移机构复位和返回器样品容器舱舱门机构关闭等动作，并在地面控制或器上自主控制下，完成对接组合体的对日定向。组合体飞行过程中，轨道器完成组合体的姿态控制，原则上组合体飞行阶段不进行轨道控制操作。

5）分离段

当地面确定样品转移成功后，轨返组合体择机与上升器和对接舱分离。

交会对接与样品转移段中涉及的模块状态机包括上升器交会对接状态 M10、轨返组合体交会对接状态 M11 以及对接舱分离状态 M12。上升器和轨返组合体要求在预定时间到达预定交班点位置，并满足预定的相对位置和速度关系时，方可具备开展自主交会对接的条件。一旦出现故障，将造成交会任务重构，对任务影响重大。

9. 环月等待段

环月等待段是指轨返组合体从分离对接舱开始至月地入射点为止的飞行阶段。该阶段轨返组合体进行一次轨道维持并等待月地转移窗口。环月等待段飞行时间为 5～6 天。

10. 月地转移段

月地转移段是指探测器从月地入射点开始到轨道器和返回器分离的飞行阶段。该阶段完成两次月地入射，控制轨返组合体进入月地转移轨道。月地转移过程中完成返回器 IMU 标定和轨道中途修正，同时完成返回器与轨道器分离的准备工作，全过程飞行时间约 88h，月地转移段飞行过程示意如图 2.41 所示。

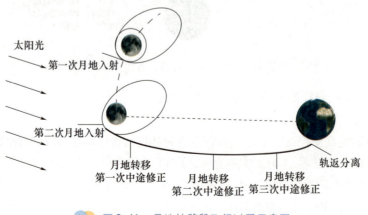

图 2.41　月地转移段飞行过程示意图

月地转移段中涉及的模块状态机包括月地入射状态M12、轨返分离状态M13。月地入射窗口严格,错过后将造成月地转移轨道方案重构。

11. 再入回收段

再入回收段是指轨返组合体从轨道器和返回器分离开始到返回器在地面着陆为止的飞行阶段。返回器在该阶段首先滑行飞行,并以再入姿态进入地球大气层。其后采用半弹道跳跃式飞行,经过一次再入、跳出和二次再入过程,到达开伞高度时自主开伞,之后返回器通过降落伞减速后着陆地面。全过程飞行时间约50min。再入回收段飞行过程示意如图2.42所示。

再入回收段中涉及的模块状态机包括返回器120km再入状态M14、返回器开伞状态M15、返回器着陆状态M16。返回器进入120km后正常再入大气直至重新跳出后二次再入,通过升力控制保证返回器开伞点经度,最终返回器携带月球样品实现按预定速度在预定区域安全着陆。

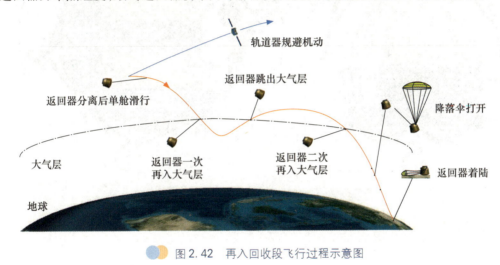

图2.42　再入回收段飞行过程示意图

2.6 构型布局设计

2.6.1 构型与布局设计

1. 系统构型设计

根据探测器飞行任务和程序,探测器构型采用轨道器、返回器、着陆器、上升器四器串联设计。轨道器位于探测器系统最下端,与运载火箭对接,返回器安装于轨道器内的返回器转接环上,着陆器安装在轨道器支撑舱结构上端，着陆器顶部通过上升器支架支撑上升器。

探测器总高为 7155mm，在发射状态下的包络直径为 ϕ4414mm，其中器箭对接面以上高度为 6310mm，以下为 845mm，整器发射质量为 8200kg。探测器系统在发射状态下如图 2.43 所示。

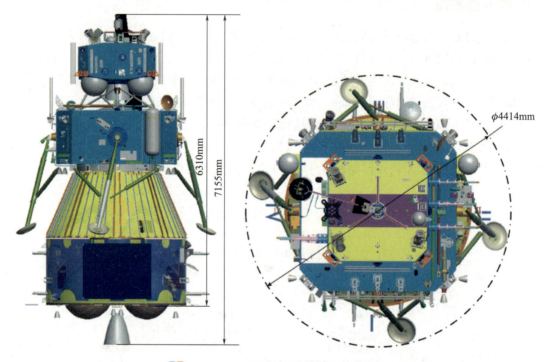

图 2.43　探测器发射状态构型示意图

2. 轨道器构型与布局设计

轨道器采用外承力筒、贮箱平铺下探、双太阳翼的构型设计方案，自上而下由支撑舱、对接舱、推进仪器舱组成，分为截锥段和筒段。筒段结构外径为 ϕ3174mm，高度为 1420mm，截锥段高度为 1405mm。轨道器构型分解示意如图 2.44 所示。

支撑舱是由上、下端框、桁条与隔框骨架、铝蒙皮组成的锥筒式结构，主要用来承载着陆上升组合体的质量。对接舱为中空的框架式舱板结构，包括 4 个三角形盒形结构和 1 个正方形盒形结构，主要用于实现交会对接和样品转移功能。推进仪器舱主要安装各类设备和推进产品，内部设置有仪器安装盘。轨道器太阳翼采用三块板设计，±Y 侧各有一个驱动机构以实现一维转动。

支撑舱主要安装有分离螺母、弹簧分离装置、分离电连接器、分离行程开关和力学传感器等设备，并布置部分热敏电阻和电缆。对接舱主要安装有对接机构主件、样品转移机构、交会对接敏感器、交会对接监视相机等相关设备，用于完成月球轨道交会对接和样品转移。推进仪器舱仪器圆盘是电子设备的主要承载结构。

推进子系统的设备主要安装在筒段结构侧壁以及推进仪器舱的 −X 面上。四个气瓶安装在推进仪器舱筒段内壁上，推进仪器舱底部安装有贮箱、3000N 发动机、10N 发动机、25N 发动机、150N 发动机等。

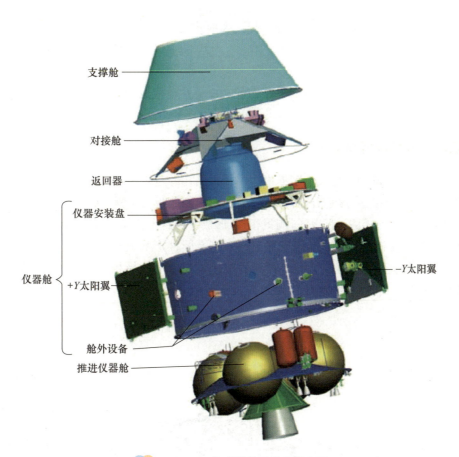

图 2.44　轨道器构型分解示意图

3. 返回器构型与布局设计

根据气动外形设计结果，返回器为钟罩形侧壁 + 球冠大底的构型。返回器舱体可分解为前端、侧壁、大梁和大底四部分，如图 2.45 所示。前端是接收、固定密封封装装置的部位，布置有样品容器舱与舱盖机构等设备；侧壁是布置天线、推进部件以及伞系的部位；大梁是安装器内电子设备的部位；大底是缓冲回收着陆冲击载荷的部位。前端结构、侧壁结构和大底结构由防热结构和金属承力结构组成，从外向内依次为防热结构和金属承力结构；大梁结构安装在返回器内部，为"井"字形金属承力结构。

返回器前端主要布置舱盖机构、样品容器舱，样品容器舱安装在前端盖法兰上，舱壁上安装有舱盖驱动机构、舱盖锁紧机构、密封封装装置锁紧机构，发射时舱盖处于开启状态。

返回器侧壁安装有回收、天线、GNC 等分系统的

图 2.45　返回器纵向分解示意图

设备,内部侧壁设备包括伞舱、压力高度控制器、弹射式信标天线、回收信标机、国际救援示位标、GPS接收机、S频段测控天线、GPS天线和贮箱等。大梁设备均布局在大梁上端面,主要包括蓄电池、电源控制器等。

返回器采用单组元推进系统,包括2个贮箱、12个发动机以及相应的管阀件,全部安装在侧壁内表面。

4. 着陆器构型与布局设计

着陆器为八棱柱式构型,是以十字隔板为主传力结构的舱板式结构。中心舱内四块隔板与下框、底板以及顶板相连接,支撑起着陆器的主结构,四块斜侧板与顶板、底板相连。中心舱外,四块侧板分别与中心舱隔板、顶板、底板、斜侧板相连,形成一个封闭整体。四块侧板外安装支撑筒,与着陆缓冲机构的主支柱连接。$+Y$侧板靠近$-Z$侧有圆柱形的避让空间,用以安装钻取采样装置。上升器支架通过安装在顶板上下两侧的搭接接头与十字隔板相连,作为上升器的主传力路径。太阳翼布置在$\pm Z$侧板上,落月后太阳翼位于着陆器东西两侧。着陆器总体布局如图2.46所示。

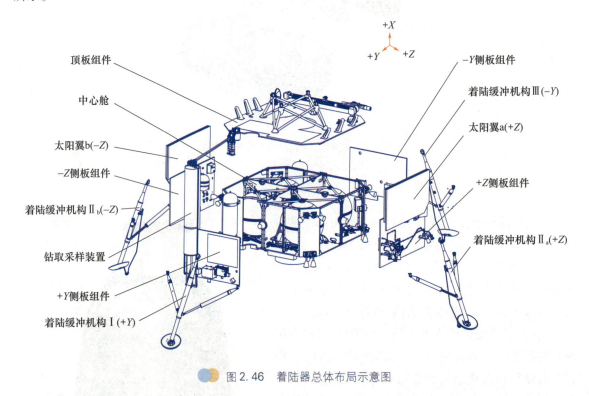

图2.46 着陆器总体布局示意图

着陆器舱内主要安装各类电子设备。舱外安装有着陆缓冲机构、表取采样初级封装装置、定向天线、推进高压气瓶、国旗展示系统、钻取采样装置和表取采样机械臂等设备。

推进子系统的主要设备包括1台7500N变推力发动机、4个500L贮箱、2个80L气瓶、16台150N发动机、管路和阀等设备。4个贮箱按照氧箱、燃箱中心对称方式布置,2个气瓶对称布置;7500N变推力发动机安装在十字支撑结构的中心接头上,发动机外围安装隔热屏,16台150N发动机均安装在斜侧板上。

5. 上升器构型与布局设计

上升器为八棱柱式构型、以十字隔板为主传力结构的舱板式结构。上升器顶面安装 GNC 姿态测量敏感器和交会对接敏感器被动件（标志器），为了避免杂光对交会对接敏感器产生干扰，上升器顶面散热面呈侧倾 10°设计。上升器配置两套可展开式太阳翼，分别布置在 ±Y 侧两侧，展开后太阳翼指向 −Z 向，每套太阳翼采用两折半的构型设计，上升器构型分解如图 2.47 所示。

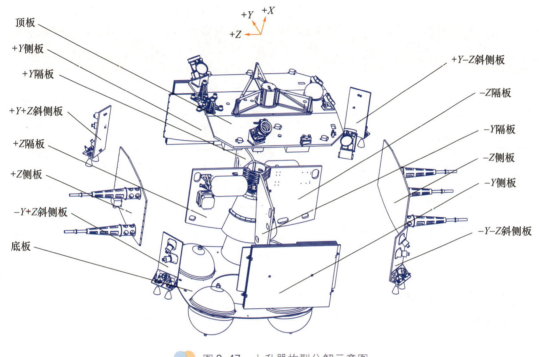

图 2.47　上升器构型分解示意图

上升器的舱内设备主要安装在顶板下表面和隔板上。上升器舱外安装设备包括交会对接光学成像敏感器（CRDS）合作目标标志器、微波雷达应答机天线、激光雷达合作目标、采样过程监视相机 D、样品容器连接解锁装置、密封封装装置、对接机构被动件、数字太阳敏感器组件、星敏感器、太阳翼、X 频段全向天线、钻取整形机构等。

上升器推进子系统采用 4 个金属膜片贮箱，按照氧箱、燃箱中心对称方式布置；贮箱腰部的法兰盘与结构底板相连。上升器器内安装有两个高压气瓶，气瓶通过支架安装在隔板上。3000N 发动机直接安装在中心连接角盒上。上升器还装有 12 台 10N 发动机和 8 台 120N 发动机，均布置在上升器的四块斜侧板上，其中 120N 发动机的推力方向为上升器 −X 向。

2.6.2　羽流角干涉分析

羽流是发动机从喷管喷出的形状如羽毛状的高温高速燃气流，在一定角度范围内会对器上设备产生气流和热冲击，甚至造成污染。为了避免发动机工作时羽流影响其他设备，在进行布局时应该避免其他设备出现在羽流角影响范围内。

结合探测器在轨飞行任务,分别对四器组合体状态、轨返组合体状态、着陆上升组合体状态、上升器单器状态、交会对接过程及返回器单器状态开展了羽流干涉分析。构型布局设计时避免了探测器的结构和设备出现在羽流角范围内,即羽流角与探测器不出现几何干涉。设计过程中,综合考虑不同发动机羽流的特征、器上周边环境及影响程度等多种因素,针对不同的发动机设定了相应的羽流角,具体分析情况如表 2.16 所示,典型发动机羽流干涉分析结果如图 2.48 所示,分析结果显示所有发动机的羽流角范围内均没有设备。

表 2.16 探测器羽流角干涉分析情况

序号	名称	羽流角	四器组合体	轨返组合体	着陆上升组合体	上升器	交会对接	返回器
1	轨道器 10N 发动机	±35°	√	√				
2	轨道器 25N 发动机	±35°	√	√			√	
3	轨道器 150N 发动机	±45°	√	√				
4	轨道器 3000N 发动机	±60°	√	√				
5	着陆器 150N 发动机	±45°			√			
6	着陆器 7500N 变推力发动机	±60°			√			
7	上升器 10N 发动机	±35°			√	√		
8	上升器 120N 发动机	±40°				√		
9	上升器 3000N 发动机	±60°				√		
10	返回器 5N 发动机	±15°						√
11	返回器 20N 发动机	±15°						√

注:返回器发动机布置于发动机舱内,发动机喷口羽流将通过特殊设计的导流结构排导至发动机舱外,羽流角范围从返回器器表开口分析。

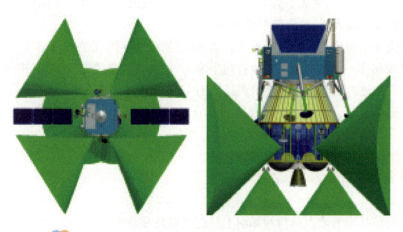

图 2.48 典型发动机羽流场视图(轨道器 10N 发动机)

2.6.3 视场干涉分析

探测器配置有相机、敏感器等光学设备和天线等射频设备,布局设计时需保证光学设备在一定的角度范围内无光线遮挡情况,射频设备在一定的波束角范围无遮挡情况,统称视场角。"嫦娥"五号探测器需进行视场遮挡分析的设备共计64台/套,分为6大类:GNC常规敏感器、交会对接类敏感器、着陆下降类敏感器、状态监视类敏感器、天线和有效载荷。根据探测器飞行任务,分别在四器组合体状态、轨返组合体状态、着陆上升组合体状态、上升器单器状态、交会对接过程及返回器单器状态下开展了视场分析,分析结果显示所有设备的视场均满足使用要求。

图2.49给出了着陆器降落相机的视场分析情况。

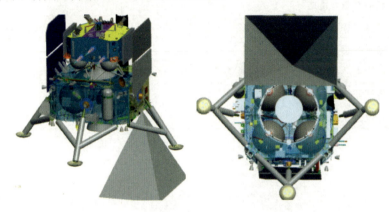

图2.49 典型敏感器视场分析图(着陆器降落相机)

2.6.4 活动部件分析

探测器上的活动部件主要包括太阳翼、着陆缓冲机构等各类机构产品,机构产品在运动过程中不能与周边结构和设备发生干涉。结合探测器飞行任务,分别在四器组合体状态、着陆上升组合体状态、上升器单器状态、交会对接及样品转移过程和轨返组合体状态开展了运动干涉分析,分析情况如表2.17所示,分析结果显示探测器在整个飞行过程期间活动部件均无运动干涉。

表2.17 探测器活动部件干涉分析情况

序号	名称	四器组合体	轨返组合体	着陆上升组合体	上升器	交会对接
1	轨道器定向天线	√				
2	轨道器太阳翼	√				
3	着陆器着陆缓冲装置	√				
4	着陆器太阳翼	√		√		

续表

序号	名称	四器组合体	轨返组合体	着陆上升组合体	上升器	交会对接
5	着陆器定向天线			√		
6	着陆器国旗展示机构			√		
7	钻取采样装置			√		
8	表取采样装置			√		
9	全景相机转台			√		
10	上升器太阳翼				√	
11	轨道器微波雷达b天线					√
12	轨道器激光雷达					√
13	密封封装装置				√	√
14	上升器星敏感器防尘机构				√	
15	主动件					√
16	返回器舱盖机构		√			
17	电分离摆杆		√			

2.7 供配电与信息总体设计

供配电系统是为探测器提供电能的一个重要系统，涉及电能的产生、贮存和分配等多个方面。供配电系统的问题或损坏，直接威胁到探测器的寿命与安全。供配电总体设计主要针对探测器系统供电体制、供电模式、系统接地网络和功率预算进行系统顶层设计与规划。

2.7.1 供配电总体设计

1. 系统供电体制设计

探测器系统采用多母线拓扑形式，各器配置单一母线或多条母线，通过配电器完成各器的功率分配；各器根据需求，配置火工品母线，火工品母线从蓄电池组引出。

探测器系统供配电体制如下：

1）一次电源供配电体制

（1）轨道器：采用双母线体制，一次电源提供一条全调节母线和一条不调节母线。全调节母线电压额定值为+29V,从最小负载到最大负载变化时,全调节母线稳态电压变化范围为(29±1)V;不调节母线的电压受蓄电池电量影响,不同电量下电压变化范围为23~29V。

(2)着陆器:采用双母线体制,一次电源提供一条全调节母线和一条不调节母线。考虑到着陆上升组合体工作模式下,着陆器需要给上升器供电,避免此时上升器蓄电池放电,将着陆器全调节母线电压的额定值设置为+30V,从最小负载到最大负载变化时,全调节母线稳态电压变化范围为(30±1)V;不调节母线的电压变化范围为23~29V。

(3)上升器:采用双母线体制,一次电源提供一条全调节母线和一条不调节母线。全调节母线电压额定值为+29V,从最小负载到最大负载变化时,全调节母线稳态电压变化范围为(29±1)V;不调节母线的电压变化范围为23~29V。

(4)返回器:采用单母线体制,返回器转内电前,返回器采用轨道器提供的全调节母线供电,电压变化范围为(29±1)V,转内电后返回器采用锌-氧化银蓄电池组供电,电池组额定电压为+28V,稳态电压变化范围为25~31V。

2)二次电源供配电体制

二次电源供电采用集中和分散相结合的供电体制,各器根据需求设置配电器进行二次配电。指令母线采用集中供电方式,由各器配电控制单元统一变换得到。

3)火工品母线

各器根据需要,从蓄电池组引出独立的火工品母线,以保证火工装置起爆的可靠性。

2. 系统供电设计

根据飞行过程中探测器系统组合体工作状态共分为7种供电模式,分别为四器组合体供电模式、轨返组合体供电模式、着陆上升组合体供电模式、上升器单器供电模式、着陆器单器供电模式、返回器单器供电模式、轨道器单器供电模式。

1)四器组合体供电模式

轨返组合体和着陆上升组合体之间采用并网供电方式,可实现双向供电;轨返组合体采用太阳电池阵+蓄电池组联合供电方式,实现为轨道器和返回器用电设备供电;着陆上升组合体工作期间,采用太阳电池阵+蓄电池组联合供电方式,为着陆上升组合体用电设备供电。

2)轨道器和返回器供电模式

轨道器配置一组120A·h锂离子蓄电池组,返回器配置一组40A·h锌-氧化银电池组(一次性电池)。在轨返组合体联合飞行期间,轨道器为返回器内负载供电。在轨返组合体分离前10min,通过切换开关转为返回器锌-氧化银电池组供电。

3)着陆器与上升器供电模式

着陆上升组合体联合供电,复用锂离子蓄电池组,锂离子蓄电池组位于上升器内,容量为95A·h。着陆器与上升器分离前,由着陆器太阳电池阵+上升器蓄电池组组成联合电源,为组合体用电设备供电,月面工作段,由于上升器太阳电池阵一翼外板会受到光照,将上升器太阳电池阵外板设置为充电阵;着陆器与上升器分离后,着陆器无蓄电池组,只能依靠太阳电池阵供电。在上升器太阳翼展开前,上升器由蓄电池供电,当上升器进入环月轨道,太阳翼展开,这时上升器采用太阳电池阵+蓄电池组联合供电方式,为上升器用电设备供电。

所有7种供电模式均包含在上述三个方面之中。

3. 系统接地设计

探测器系统接口关系复杂、飞行阶段多，且在整个飞行过程中经历多次器-器分离和交会对接过程，探测器系统接地设计影响到整器电磁兼容性，因此，需要对探测器系统接地网络进行规划和设计。

1) 探测器接地系统设计方案

探测器系统一次电源接地示意如图 2.50 所示。接地设计要点如下：

（1）轨道器、返回器、着陆器和上升器各器分别设置单点接地点。

（2）在四器组合体飞行阶段，轨返组合体在轨道器内采用单点接地，着陆上升组合体在着陆器内采用单点接地。

（3）轨返组合体与着陆上升组合体分离后，将着陆器接地开关接通，着陆上升组合体一次电源回线在着陆器单点接地。

（4）着陆器与上升器分离后，将上升器接地开关接通，上升器一次电源回线单点接地。

（5）轨道器与返回器分离后，将返回器接地开关接通，返回器一次电源回线在返回器单点接地。

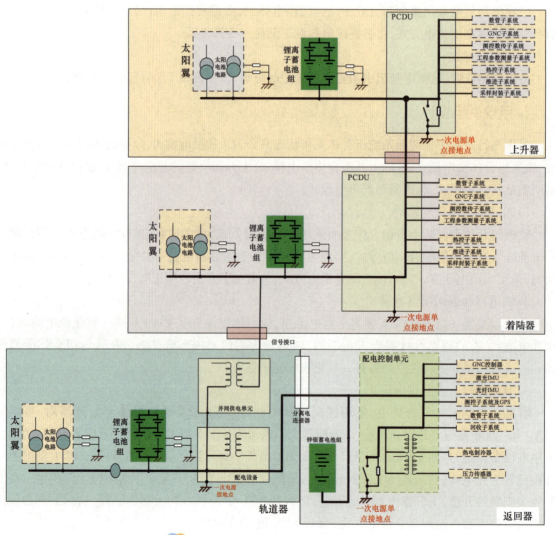

图 2.50 探测器一次电源接地示意图

2)探测器交会对接放电控制方案

上升器从月面上升后与轨返组合体交会对接时,上升器与轨返组合体所经历的空间环境不同,由于表面带电效应,可能存在上升器结构与轨返组合体结构之间的电位不一致。如果上升器与轨返组合体之间直接进行对接,由于两器之间电势差会导致对接机构瞬间通过较大的电流,可能使上升器和轨返组合体"零"电位发生波动,影响探测器飞行安全。

为此,采用被动放电措施,即在轨返组合体的对接结构与地之间接一电阻 R,这样在交会对接过程时,上升器与轨返组合体所带的电荷经过电阻 R 才流到上升器和轨道器结构,能够大大降低瞬间接触引起的电压波动,从而保证探测器安全,具体如图 2.51 所示。

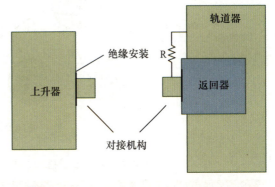

图 2.51 交会对接放电控制方案示意图

对接机构主动件与轨道器结构绝缘安装,对接机构主动件通过 10~20kΩ 电阻接到轨道器结构。

4. 功率预算

"嫦娥"五号探测器由于质量资源受限,其功率预算不能按照传统航天器对所有供电仪器设备的供电需求进行累加的方式,而必须依据仪器设备实际在轨使用方式进行预算,方可向供配电分系统提出合理的供电要求。另外,由于探测器含多个具备供电能力的舱段,其功率预算也需分别开展分析。

探测器各仪器设备按工作时间的长短可分为长期、短期和大电流脉冲等几种负载。"嫦娥"五号探测器在功率预算时,需要遵循以下原则:

(1)探测器应按轨返组合体、着陆上升组合体、轨道器、上升器、返回器分别开展功率预算;

(2)探测器各舱段中分系统的长期负载需要根据在轨实际飞行过程,分阶段进行统计;

(3)将大电流脉冲负载(如分离爆炸螺栓、推进电爆阀等)直接引到蓄电池组供电,这些负载尽管负载电流大,但时间段,消耗电池容量小;

(4)将短期负载按时间顺序尽量错开,降低用电高峰;

(5)探测器功率分配设计应留用一定余量。

基于上述原则,"嫦娥"五号在轨返组合体模式下最大长期功率约为1345W,着陆上升组合体模式下最大长期功率约为1490W,轨道器单器模式下最大长期功率约为920W,上升器单器模式下最大长期功率约为532W,返回器单器模式下最大长期功率约为190W。

2.7.2 信息总体设计

根据探测器飞行过程组合方式、信息传递/管理方式的不同,探测器信息交互需求可划分为以下 8 种工作模式,分别为四器组合体工作模式、轨返组合体工作模式(含对接舱)、着陆上升组合体工作模式、上升器独立工作模式、交会对接工作模式、轨返组合体工作模式(不含对接舱)、返回器独立工作模式、轨道器独立工作模式,具体如图 2.52 所示。探测器各飞行阶段与信息流工作模式间的对应关系如表 2.18 所示。

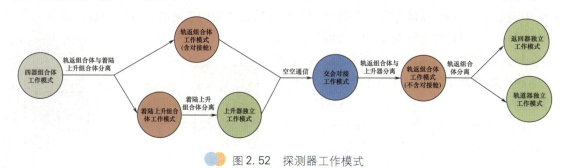

图 2.52 探测器工作模式

表 2.18 探测器飞行阶段与信息流工作模式对应关系

飞行阶段	信息流工作模式
运载发射段	四器组合体工作模式
地月转移段	
近月制动段	
环月飞行段	四器组合体工作模式 轨返组合体工作模式(含对接舱) 着陆上升组合体工作模式
着陆下降段	着陆上升组合体工作模式
月面工作段	
月面上升段	上升器独立工作模式
交会对接与样品转移段	交会对接工作模式
环月等待段	轨返组合体工作模式(不含对接舱)
月地转移段	轨返组合体工作模式(不含对接舱) 轨道器独立工作模式 返回器独立工作模式
再入回收段	返回器独立工作模式

1. 四器组合体信息管理设计

1)系统构架

探测器信息总体构架以两层 1553B 总线为信息通道,以数管多台计算机为信息中心节点,实现探测器系统数据的统一管理与信息传递。

四器组合体的工作模式经历运载发射、地月转移、近月制动阶段。此工作模式下,由于着陆器和轨道器太阳翼遮挡影响,无论是轨返组合体还是着陆上升组合体都无法独立完成全空间上行遥控和下行遥测任务。在探测器信息流设计上,将轨返组合体和着陆上升组合体组合成一个一体化的信息网络,共有 4 个上行遥控通道、4 个下行遥测通道,四器的所有遥测数据均可从轨道器、上升器两器的测控信道下行;从轨道器或上升器信道注入的遥控指令均能有效执行。

(1)探测器系统的上行遥控采用分包遥控体制,四器组合体工作模式下,通过轨道器或上升器测控通道遥控上行。

(2)探测器系统的下行遥测采用分包遥测体制,四器组合体工作模式下,采用轨道器或上升器测控通道遥测下行,轨道器数传信道同时下传遥测数据。

(3)四器组合体模式下,轨道器综合管理单元(SMU)和返回器数据安全记录器进行数据存储。轨道器图像数据通过低电压差分信号(LVDS)接口输出到轨道器SMU,存储在大容量存储模块中,并通过轨道器数传信道下传。数传信道可作为遥测数据的备份下传信道。

四器组合体在环月轨道上进行分离,分为轨返组合体及着陆上升组合体,原本一体化的探测器信息流网络也分离为着陆上升组合体和轨返组合体两个独立信息流网络,均具备独立的遥测、遥控和数传功能。

着陆上升组合体信息流网络以上升器为核心,实现着陆上升组合体信息流的一体化。着陆上升组合体通过上升器测控信道进行遥测遥控,通过着陆器数传通道完成探测图像、有效载荷数据信息下传,上升器携带月球样品起飞后,形成独立的信息流网络,具备独立的遥测、遥控功能。

轨返组合体在分离前主要通过轨道器测控信道进行遥测遥控,另外通过返回器上行信道也可以实现轨道器遥控数据的注入、形成上行通道的冗余备份。轨返分离后,返回器和轨道器分别形成独立的信息流网络,分离后返回器通过自身测控信道对地遥测遥控。轨道器进行轨道规避机动,通过自身的测控信道对地遥测遥控。

在交会对接阶段,探测器专门设计了空空通信的信息流通道,上升器可通过空空通信信道向轨返组合体发送指令并下传遥测信息,同样轨道器也可向上升器发送指令,并下传相关遥测数据。

2)遥控上行信息流

"嫦娥"五号探测器遥控上行采用分包遥控体制,测控应答机接收地面发送的遥控视频信号后,经数管SMU的调制解调模块对遥控视频信号进行解调译码。探测器遥控信息流如图2.53所示。

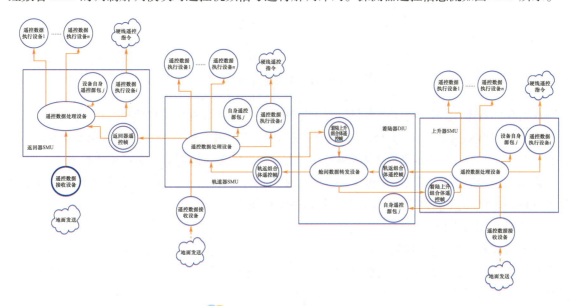

图2.53 探测器遥控信息流

对于直接指令,直接指令译码驱动输出到相关设备执行,上升器上行的直接指令分别传输至着陆器和轨道器译码执行。

对于间接指令或数据注入,数管 SMU 对遥控帧进行解析,如果是发送给本器的间接指令或数据注入,则 SMU 译码后输出执行或通过 1553B 总线将遥控包输出给相关设备执行;如果是发送给其他器(舱段)的间接指令或数据注入,则将遥控帧转发给其他器对遥控帧进行解析,解析后由其他器(舱段)译码后输出执行或通过 1553B 总线将遥控包输出给相关智能单元,智能单元(如中心控制单元(CCU)、推进线路盒、配电控制单元等)接收到遥控数据包后进一步解析后执行。

采用分包遥控方案,探测器可通过遥控包头标识采用多信道上行方式,如通过上升器信道可以发送轨道器相关遥控指令、返回器上行也可对轨道器进行控制,提高了系统信息流的鲁棒性。

3)遥测下行信息流

"嫦娥"五号探测器遥测下行采用分包遥测体制,探测器上各个智能单元(如 CCU、推进线路盒、配电控制单元等)采集遥测数据形成遥测源包,上升器、轨道器、返回器分别对着陆上升组合体、轨道器和返回器的遥测源包进行组织和调度。探测器遥测信息流如图 2.54 所示。

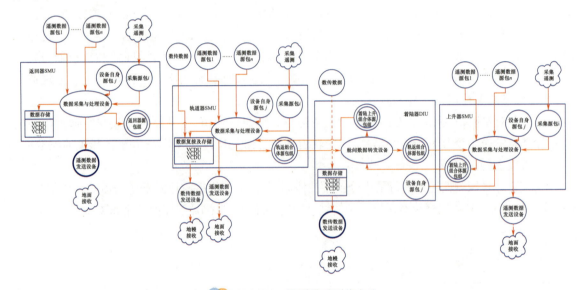

图 2.54 探测器遥测信息流

在组合体状态,返回器将遥测参数组织为遥测数据源包后与返回器智能单元的遥测数据源包一起合成返回器遥测源包,通过 1553B 总线转发给轨道器 SMU,统一调度。在四器组合体状态、轨道器 SMU 和上升器 SMU 交换遥测数据,分别通过各自的测控信道下传四器遥测数据。

采用分包遥测方案,以遥测源包为基本调度单位,可以按照任务需求,灵活选择下传的遥测源包,调整遥测源包的下传周期,实现有限测控信道的优化应用。

4)数据存储与下传

探测器在轨道器、返回器和上升器 SMU 内设计了 3 个信息存储中心,通过总线和 LVDS 接口采集并集中存储工程和载荷数据,此外 CCU 也具有少量数据存储能力。上述存储数据在轨任务过程中可根据需要延时下传。

四器组合体模式下,轨道器 SMU 和返回器数据安全记录器进行数据存储。轨道器图像数据通过 LVDS 接口输出到轨道器 SMU,存储在大容量存储模块中。返回器安全数据记录器开机,记录 GNC 的工程数据和工程参数测量的热电偶、热敏电阻和力学传感器数据。返回器和轨道器数据统一通过轨道器数传信道下传。数传信道可作为遥测数据的备份下传信道，如图 2.55 所示。

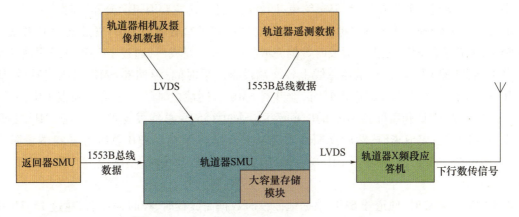

图 2.55　四器组合体状态下数传信道信息流图

轨返组合体模式和轨道器单独工作模式下，数据存储方式与四器组合体模式下相同。返回器单独工作模式下，将工程参数测量分系统和 GNC 分系统产生的工程参数数据存储在安全数据记录器中。待着陆地面后，通过地面设备读出，如图 2.56 所示。

着陆上升组合体模式下，着陆器综合接口单元（DIU）大容量存储复接模块进行数据存储。工程参数测量（含上升器采

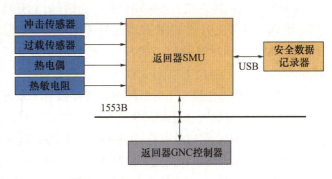

图 2.56　返回器数据记录信息流

样封装监视相机 D 通过穿舱 RS422 传输的相机数据）、采样封装和有效载荷的相机数据都存储在着陆器大容量存储复接模块，通过着陆器数传信道下传。着陆器数传信道可作为着陆上升组合体遥测数据的备份下传信道。上升器单独工作模式下，无数据存储功能，如图 2.57 所示。

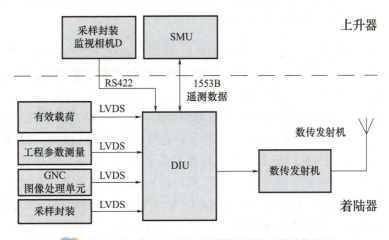

图 2.57　着陆上升组合体着陆器数传信道信息流

5）时间系统

四器组合体工作模式下的时间由轨道器数管子系统的 SMU 建立，不仅可以通过轨道器进行校时，而且可以通过上升器校时；受姿态约束，四器组合体状态主要通过上升器校时。

如通过上升器校时，上升器将地面注入的校时数据转发给着陆器 DIU，着陆器 DIU 转发给轨道器 SMU，由轨道器 SMU 根据地面校时数据完成校时，校时完成后，通过 1553B 总线周期性对返回器 SMU、着陆器 DIU 以及轨道器总线上各终端设备广播时间；返回器 SMU 完成校时后，周期性对返回器总线上各终端设备广播时间；上升器 SMU 周期性把时间发送给着陆器 DIU，着陆器 DIU 计算上升器 SMU 和着陆器 DIU 的时间差后，通过 1553B 总线发送给上升器 SMU，上升器 SMU 得到时间差后完成校时，然后周期性对着陆上升组合体的 1553B 总线上各终端设备广播时间（四器组合体状态下，着陆器 DIU 响应轨道器 SMU 的广播校时，不响应上升器 SMU 的广播校时）。

如通过轨道器校时，轨道器 SMU 根据地面校时数据完成校时，校时完成后，通过 1553B 总线周期性对返回器 SMU、着陆器 DIU 以及轨道器总线上各终端设备广播时间；返回器 SMU 完成校时后，周期性对返回器总线上各终端设备广播时间；上升器 SMU 周期性把时间发送给着陆器 DIU，着陆器 DIU 计算上升器 SMU 和着陆器 DIU 的时间差后，通过 1553B 总线发送给上升器 SMU，上升器 SMU 得到时间差后完成校时，然后周期性对上升器 1553B 总线上的各终端设备广播时间。

轨返组合体工作模式下的时间由轨道器数管子系统建立。由轨道器 SMU 根据地面校时数据完成校时，校时完成后通过 1553B 总线周期性对返回器 SMU 以及轨道器总线上各终端设备广播时间。返回器 SMU 完成校时后，周期性对返回器总线上各终端设备广播时间。

着陆上升组合体工作模式下的时间由上升器数管子系统建立。上升器 SMU 根据地面上注的校时信息完成校时，然后周期性对着陆上升组合体 1553B 总线上的各终端设备广播时间。

轨道器单独工作模式下的时间由轨道器数管子系统建立。轨道器 SMU 根据地面上注的校时信息完成校时，然后周期性对轨道器 1553B 总线上的各终端设备广播时间。

上升器单独工作模式下的时间由上升器数管子系统建立。上升器 SMU 根据地面上注的校时信息完成校时，然后周期性对上升器 1553B 总线上的各终端设备广播时间。

2. 交会对接工作信息管理设计

微波雷达作为一种交会对接用相对测量敏感器，除具有捕获、跟踪和测量功能外，还具有空空通信功能，交会对接模式下，轨返组合体和上升器分别通过微波雷达建立空空通信链路，进行交会对接段的数据传输[13]，具体如图 2.58 所示。

其中，地面站对上升器、轨返组合体发送遥控信号定义为上行链路，上升器、轨返组合体向地面站发送遥测信号定义为下行链路；对于上升器和轨返组合体之间的通信，飞行器 A 向飞行器 B 发送遥控信号定义为前向链路，飞行器 A 向飞行器 B 发送遥测信号定义为返向链路。

通过交会对接敏感器建立的空空通信链路，通过遥控和遥测信息流的有效管理与调度，实现了轨返组合体和上升器遥控与遥测信息的中继与转发，有效提高月球轨道交会对接期间探测器与地面站上下行测控链路的灵活性和鲁棒性。

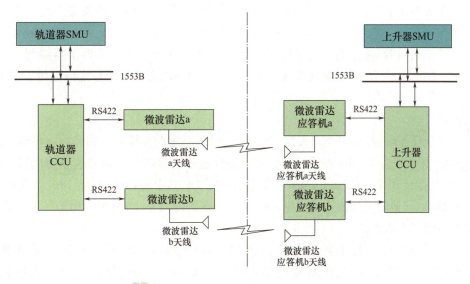

图 2.58 交会对接段空空通信信息流

3. 遥测遥控通道分配设计

"嫦娥"五号探测器的遥测、遥控接口遵循国家军用标准 GJB 1198.8A—2004《航天器测控和数据管理 第 8 部分：数据管理接口》相关要求。其中，遥测信号输入通道类型包括双端模拟通道、热敏电阻通道和数字双电平通道；遥控开/关指令类型包括直接开/关指令和间接开/关指令。

探测器遥测参数和遥控指令设计时，需要遵循以下原则：

（1）要以探测器总体飞行任务为目标，确保探测器在轨能够按照地面指令要求完成指定动作，且关键仪器设备的必要参数能得以监视；

（2）关键指令如设备加电指令、火工品解锁指令、测控模式切换指令等应设计有冗余备份手段；

（3）遥测参数、遥控指令设计不能盲目增多，否则遥控、遥测电路设计过于庞大，电缆网也会相应增加，增加不必要的质量和电源功耗等资源需求。

探测器分配各类遥测参数通道共计 1245 路，其中轨道器 485 路、返回器 169 路、着陆器 299 路、上升器 292 路。探测器共分配各类遥控指令 977 条，其中轨道器 423 条、返回器 109 条、着陆器 224 条、上升器 221 条。

4. 信道预算设计

信道预算是确认到达接收端的信号功率和噪声功率之比（信噪比）或信号功率和噪声谱密度之比（信噪谱密度比）是否在接收端的阈值以上，并留有适当的余量。通过开展信道预算，可以了解测控链路的总体情况，并为参数的调整和部分硬件设备的选取提供理论数据。

1）上升器/着陆上升组合体

上升器/着陆上升组合体在全任务阶段，采用上升器全向天线完成上下行测控、着陆器中增益/定向天线完成数传数据传输，任务实施时，地面采用深空站支持。

根据深空站的技术指标和大系统接口约定,上升器/着陆上升组合体按遥控速率1000b/s、遥测速率2048b/s(信道编码后)、中增益数传速率500kb/s(信道编码后)、定向数传速率2.5Mb/s(信道编码后)进行计算,上升器上行遥控信道链路余量约16.89dB,上升器下行遥测信道链路余量约3.10dB,着陆器下行中增益数传信道链路余量约3.31dB,着陆器下行定向数传信道链路余量约3.83dB。

2) 轨道器

轨道器在全任务阶段,采用全向天线完成上下行测控、定向天线完成数传数据传输,任务实施时,地面分别采用深空站和18m站支持。轨道器遥控速率为1000b/s,遥测速率为(512/4096)b/s(信道编码后),数传速率为(2.5/5)Mb/s(信道编码后)。其中,当地面使用18m站支持时,遥测速率使用512b/s,其他阶段遥测速率使用4096b/s;当器地距离小于8000km时数传速率为5Mb/s,其他阶段数传速率为2.5Mb/s。

当地面站为35m站时,上行遥控信道链路预算约24.40dB,下行遥测信道链路余量约3.20dB;当地面站为18m站时,上行遥控信道链路预算约3.40dB,下行遥测信道链路余量约4.39dB。当数传速率为2.5Mb/s时,数传信道链路余量约3.83dB;当数传速率为5Mb/s时,数传信道链路余量约27.9dB。

3) 返回器

返回器在轨返分离前、返回再入阶段,采用全向天线完成上下行测控,地面分别采用9m站和多波束站支持。返回器遥控速率1000b/s,遥测速率(4000/32000)b/s(信道编码后),当器地距离小于1500km以下时,遥测速率为32000b/s,其他阶段遥测速率为4000b/s。

返回器再入前测控最大工作距离小于7000km,上行遥控信道链路预算约14.10dB,下行遥测信道链路余量约3.61dB。当返回器在距离地面高度小于1500km时,切换到32000b/s遥测码率,上行遥控信道链路预算约27.48dB,下行遥测信道链路余量约8.01dB。返回器再入的测控将由多个测站接力完成,整个过程中最大工作距离为1000km,地面采用多波束站支持时是最恶劣情况,此时上行遥控信道链路余量约11.40dB,下行遥测信道链路余量约6.09dB。

返回器落区范围为(±95km)×(±55km),考虑信标与搜索直升机最大10km的高度差,可得出回收区内的最大作用距离约为220km,回收信标信道链路余量约5.88dB。

2.8 飞行过程关键环节设计

探测器在轨期间飞行过程复杂,影响任务成败的关键环节多,技术难度大,需多学科多专业共同进行攻关,依据飞行任务需求,针对月面自动采样返回任务特有的关键环节开展了专项设计,以确保关键任务过程的顺利实施。

2.8.1 探测器分离设计

探测器在轨飞行过程中共有 6 次分离,其中 5 次为器(舱)间分离,按照飞行时序分别为:着陆上升组合体与轨返组合体分离(分离面Ⅰ);轨道器支撑舱与轨道器推进仪器舱分离(分离面Ⅱ);上升器与着陆器分离(分离面Ⅲ);上升器、轨道器对接舱组合体与轨返组合体分离(分离面Ⅳ);轨道器推进仪器舱与返回器分离(分离面Ⅴ),另 1 次分离为密封封装装置与上升器分离(分离面Ⅵ),每个分离面的连接均包括机械连接和电连接两个方面。探测器连接分离面如图 2.59 所示。

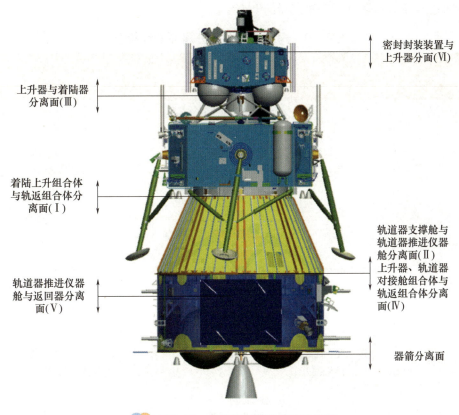

图 2.59　探测器连接分离面示意图

1. 器间连接与分离设计

1)机械连接设计

航天器器间/舱间连接一般有包带式连接或爆炸螺栓点式连接两种方式,包带连接相比点式连接所需的质量较大、占用空间较多。由于在质量和空间方面受到严格的限制,探测器各分离面统一采用爆炸螺栓点式连接方式。由于各分离面所连接的器(舱)质量不同,依据力学载荷分析结果,经综合设计与分析,各分离面采用了不同的连接解锁产品类型和数量。

2)器间分离设计

除着陆器与上升器解锁后由上升器起飞实现分离外,其余各器/舱间分离面均采用分离弹簧提供分离力,为避免分离后发生碰撞,要求分离后具有一定的相对速度,并通过仿真分析和试验验证,保证分离速度、分离姿态和分离角速度满足设计要求[14]。

3)电连接器分离设计

探测器各器间设置有供电与信息接口,采用不同型号的电分离连接器进行连接,器间分离面上同时为GNC分系统、数管分系统设置了相应的分离信号装置。探测器各器间分离面的电连接设计状态如表2.19所示。由于返回器与其他器所经历环境不同,需要承受返回大气高速再入时高热流密度的影响,采用了电分离摆杆机构形式。发射状态,电分离摆杆下端通过螺钉安装在返回器转接环组件上,上端通过压紧释放装置压紧于返回器侧壁上,保证返回器和轨道器之间电连接插头的可靠连接。在返回准备阶段,压紧释放装置根据指令解锁,在弹簧推杆的弹力作用下,插头与插座分离,从而切断返回器和轨道器的电连接。

表2.19 探测器各器间分离面设计状态

序号	分离面	连接与解锁形式	分离形式	分离要求及分析结果	电分离形式	分离信号装置
1	分离面Ⅰ	8个分离螺母	4个分离弹簧	分离速度(0.6±0.2)m/s 设计结果 0.519m/s 分离姿态角速度≤1(°)/s 分析结果: 着陆器 0.236(°)/s 轨道器 0.976(°)/s	2个YF8-64型电分离连接器	6个分离开关(轨道器,着陆器)
2	分离面Ⅱ	12个分离螺母	4个分离弹簧	分离速度(0.6±0.2)m/s 设计结果 0.620m/s 分离姿态角速度≤2(°)/s 分析结果: 支撑舱 1.268(°)/s 轨道器 0.091(°)/s	2个YF8-64型电分离连接器	2个分离开关(轨道器)
3	分离面Ⅲ	4个分离螺母	起飞时发动机推力	—	2个YF8-94型电分离连接器	2个分离开关(上升器)
4	分离面Ⅳ	4个分离螺母	4个分离弹簧	分离速度(0.6±0.2)m/s 设计结果 0.562m/s 分离姿态角速度≤2(°)/s 分析结果: 对接舱 1761(°)/s 轨道器 0.330(°)/s	2个YF5-127型电分离连接器	2个分离开关(轨道器)
5	分离面Ⅴ	4个返回器连接解锁装置	4个分离弹簧	分离速度(0.6±0.1)m/s 设计结果 0.656m/s 分离姿态角速度≤2.5(°)/s 分离姿态角≤3° 分析结果: 姿态角速度≤0.644(°)/s 姿态角≤0.002°	2个Y35-2255型分离连接器	2个分离信号装置(返回器,轨道器)

2. 密封封装装置与上升器分离设计

上升器上的密封封装装置通过 4 个 M4 的螺钉与样品容器连接解锁装置进行连接(分离面Ⅵ)。样品容器连接解锁装置利用火工切割器实现密封封装装置与上升器的解锁、分离。密封封装装置与上升器之间的 1 个 YF17-36 型电分离连接器通过遥控指令驱动实现分离。

2.8.2 月面软着陆设计

月面软着陆设计主要包括着陆上升组合体着陆下降过程的制导导航与控制、着陆稳定性、定向天线对地指向及着陆过程月尘的影响分析与防护等设计。

1. 着陆稳定性分析

为验证着陆上升组合体缓冲设计及着陆稳定性,通过建立组合体分析模型,进行了着陆动力学仿真和稳定性分析。分析过程中,根据着陆初始条件,对月面坡度、足垫在月面的摩擦系数进行组合,完成了蒙特卡洛打靶仿真,各初始状态的分布如表 2.20 所示。

表 2.20 仿真初始状态分布

着陆上升组合体工况参数	分布规律	参数值	
竖直速度/(m/s)	正态分布	$\mu=3.35$	$\sigma=0.04$
+Y 水平速度/(m/s)	正态分布	$\mu=0.04$	$\sigma=0.14$
+Z 水平速度/(m/s)	正态分布	$\mu=-0.01$	$\sigma=0.13$
X 偏航角/(°)	均匀分布	min = 0	max = 360
Y 俯仰角/(°)	正态分布	$\mu=0.24$	$\sigma=0.40$
Z 滚动角/(°)	正态分布	$\mu=0.02$	$\sigma=0.42$
X 偏航角速度/((°)/s)	正态分布	$\mu=0$	$\sigma=0.04$
Y 俯仰角速度/((°)/s)	正态分布	$\mu=0.03$	$\sigma=0.10$
Z 滚动角速度/((°)/s)	正态分布	$\mu=-0.04$	$\sigma=0.17$
月面坡度/(°)	威布尔分布	$k=3$	$\lambda=1.4$
足垫与月面摩擦系数	正态分布	$\mu=0.4$	$\sigma=0.033$

对仿真结果进行了统计分析,结果表明:着陆缓冲机构主支柱最大压缩行程不超过 253mm,辅助支柱最大压缩行程不超过 6mm,辅助支柱最大拉伸行程不超过 93mm,着陆上升组合体姿态角变化不超过 5.71°,满足姿态变化不大于 6°的要求。

2. 定向天线对地指向分析

着陆上升组合体定向天线对地指向采用月面着陆区当地参考平面的俯仰角和方位角来描述。

考虑着陆上升组合体着陆姿态、位置分布和不同发射窗口的影响,定向天线对地指向需求如表2.21所示,着陆器定向天线双轴转动范围大于定向天线对地指向需求,满足月面工作数据传输要求,具体如表2.21所示。

表2.21 考虑着陆姿态后着陆上升组合体对地指向包络

对地指向	最小值	最大值	定向天线运动范围	满足程度
俯仰角/(°)	-4	45	-5~90	满足
方位角/(°)	85	141	55~170	满足

3. 中增益天线对地指向分析

在着陆上升组合体动力下降过程中,中增益天线(波束范围±23°)对地指向覆盖情况如图2.60所示。中增益天线波束中心指向可覆盖着陆区地形拍照、避障等关键过程,能够实现上述关键环节的有效监视。

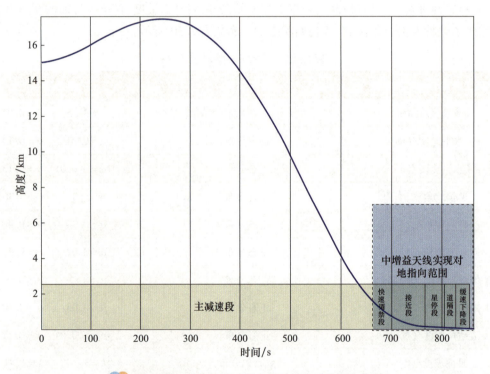

图2.60 动力下降过程中增益天线对地指向范围

4. 着陆过程月尘的影响分析与防护设计

着陆过程中7500N发动机羽流、着陆缓冲足垫与月面接触时的冲击会导致月尘激扬。通过对月尘激扬的特征分析,明确了月尘对着陆上升组合体的影响结果。通过针对性防护设计,可以确保月尘不会对着陆上升组合体产生影响。

1)发动机羽流导致的月尘激扬仿真分析

按着陆上升组合体月面软着陆过程中真实的推力输出、速度及姿态的变化,分别建立了发动

机羽流及平坦月面月尘的物理计算模型,对软着陆过程中发动机羽流与月尘的相互作用进行了数学仿真,主要分析结果如下:

(1)软着陆过程中探测器在距月面高度20m以上时,发动机羽流对月面作用较小,不会导致月尘的激扬。

(2)探测器距月面高度小于20m时,随着其高度的降低,发动机羽流对月尘的影响作用逐渐增强,羽流气体作用至月面后其流线分布由贴月面四周扩散逐渐变为反向上扬,探测器高度越低,流线的上扬角越大。

(3)随着探测器距月面高度及发动机羽流流线的变化,羽流的携带作用导致着陆区月尘颗粒浓度分布增大,但不会出现连续的月尘大颗粒流直接作用至探测器表面的情况。

(4)在月壤组成比较松散的情况下,由于软着陆过程中发动机羽流的持续吹扫作用,探测器正下方的月面上会形成新的"月坑",最大直径为6~7m,深度约0.4m,但不会影响着陆安全及采样任务,如图2.61所示。

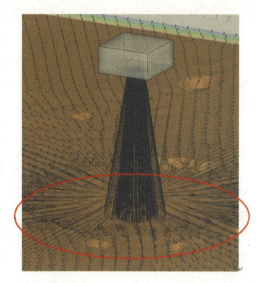

图2.61 吹扫坑区域示意图

2)着陆冲击导致的月尘激扬试验

针对着陆冲击导致的月尘激扬现象,在真空度低于0.1Pa的真空罐中进行了验证试验,在最恶劣的工况下月尘激扬高度为0.09m。经过分析得到着陆上升组合体月面着陆过程缓冲足垫冲击作用导致月尘的激扬高度不超过0.6m,可忽略月尘对着陆上升组合体月面采样和起飞上升任务的影响。月尘激扬验证试验模型如图2.62所示。

3)针对性防护设计

为进一步确保月尘不会对任务过程产生影响,在着陆上升组合体的设计上仍采取了以下防护措施:

(1)着陆上升组合体太阳翼。

着陆器太阳翼在着陆过程处于垂直状态,上升器太阳翼在着陆过程中呈收拢状态以减少月尘的附着,且大多数太阳电池片朝向舱板侧,对月面环境不可见。

图2.62 月尘激扬验证试验模型示意图

(2)GNC设备。

星敏感器自身具有一定的抗月尘能力,根据试验结果,当月尘等效厚度不超过0.033mm(分布较为稀疏)时,对星敏感器正常工作没有影响。为防止月尘堆积量超过0.033mm,为上升器上的两个星敏感器设置了星敏感器防尘机构,能够有效防止月尘污染星敏感器。对于其他上升器上的GNC设备如微波雷达天线采取了非金属材料防尘罩的措施,可有效避免月尘污染,并通过了抗月尘专项试验。

(3)采样封装设备。

对钻取采样装置、表取采样装置等运动机构进行了密封设计,可以有效地避免月尘影响。

2.8.3 月面采样封装设计

月球样品采样封装采用"钻表功能独立、月面真空密封"方案。在月面工作时,先后完成钻取采样和表取采样,并将钻取样品和表取样品先后转移至密封封装装置内部,然后由密封封装装置完成样品密封[15]。

1. 工作模式设计

采用交互操作的方式完成采样封装任务:通过遥测和数传图像数据获取月面的状态和环境信息,经过一定的处理,分析采样封装设备的工作状况,规划下一步工作,生成采样、封装、转移等动作的控制指令序列;通过地面支持系统对其进行仿真、验证与确认等操作,在限定时间内生成优化的控制指令,通过遥控上行,支持月面的采样、封装、转移等工作过程。采样封装工作模式流程如图2.63所示。

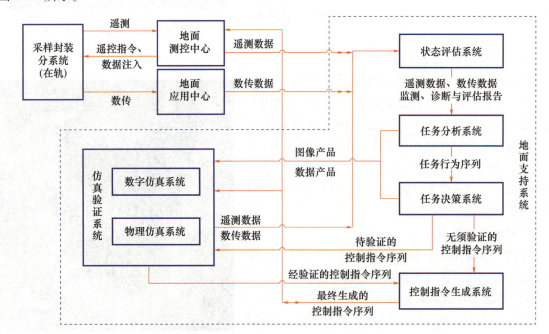

图2.63 采样封装交互操作示意图

采样封装任务共设计了三种工作模式:遥控工作模式、预编程工作模式和半自主工作模式,其中遥控工作模式为默认工作模式。

1)遥控工作模式

根据现场信息,制定采样封装设备工作参数,完成样品采集、初级封装、样品转移、样品密封、机构避让等工作。在此模式下,地面人员根据遥测参数、月壤特征、现场图像等信息,现场确定工作参数,通过上行遥控指令,控制采样封装设备完成各项工作。

2) 预编程工作模式

采样封装设备按预定的工作参数或自动调整工作参数,完成样品采集、初级封装、样品转移、样品密封、机构避让等动作。在此工作模式下,不需要地面人员根据现场信息制定新的工作参数,直接上行预定遥控指令,控制采样封装设备完成各项工作。

3) 半自主工作模式

根据现场信息更新采样封装设备部分预定工作参数,完成样品采集、初级封装、样品转移、样品密封、机构避让等动作。在此模式下,地面人员根据遥测参数、月壤特征、现场图像等信息,现场更新部分预定的工作参数,通过上行遥控指令,控制采样封装设备完成各项工作。

2. 工作程序设计

月球样品采样封装工作程序如下所述:

(1) 月面着陆后,首先实施钻取钻进机构解锁、表取采样机械臂解锁。

(2) 进行钻进取芯、提芯整形、分离转移,将获取的钻取样品进行初级封装并转移至密封封装装置内,之后钻取采样装置的整形机构解锁,展开机构驱动整形机构避让至预定位置。

(3) 进行表取采样,表取采样机械臂携带采样器甲/乙,在采样监视相机 A/B/C/D、全景相机、表取采样机械臂远、近摄相机的引导下,实施多点采样,将每次采集的样品转送至位于着陆器顶面的表取初级封装装置内。

(4) 表取采样完成后,初级封装装置合盖,机械臂将表取初级封装容器转移至密封封装装置内。

(5) 密封封装装置对两种样品进行密封。

3. 可达性分析

按照设计状态,在极限着陆条件下,钻取装置最大可钻取 2376mm,最小可钻取 700mm;标称着陆状态下,钻取装置可钻取 2009.5mm,满足标称条件下钻进 2000mm 的要求。

在标称着陆条件下,表取采样装置可对月面或月面以下 0.4m 的区域进行采样。

4. 密封效果

为确保密封封装装置的密封效果,采用金属挤压密封为主、橡胶圈密封为辅的密封方案。金属挤压密封方案是通过刀口刃入软金属(铟银合金)保持密封漏率,辅助密封方案是采用橡胶圈密封方案,通过采用金属挤压+橡胶圈联合密封方案,经试验测试,综合密封漏率可达到 $3.6 \times 10^{-10} \mathrm{Pa} \cdot \mathrm{m}^3/\mathrm{s}$,满足密封漏率 $5 \times 10^{-9} \mathrm{Pa} \cdot \mathrm{m}^3/\mathrm{s}$ 要求。

2.8.4 月面起飞上升设计

上升器月面起飞上升过程主要包括起飞准备、垂直上升、姿态调整和轨道射入等阶段[16],如图 2.64 所示。

1. 初始基准设计

上升器月面起飞上升初始基准包括初始定位和初始对准。

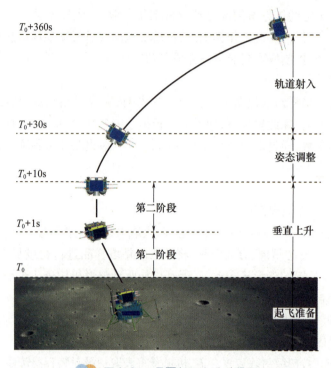

图 2.64 月面起飞上升过程图

初始定位采用地面测控定位作为月面定位的主方案,上升器自主定位作为备份手段。上升器自主定位包括惯性姿态估计、惯性位置解算、月固系位置平滑、月固系下位置校正四个步骤,经计算,上升器月面定位误差在水平面内不超过 1900m。

月面起飞前,上升器需建立惯性导航的姿态基准,即惯性对准。采用星敏感器双矢量定姿的方法进行惯性姿态初值确定,采用陀螺预估+星敏感器滤波修正的算法进行惯性姿态外推,同时标定陀螺零偏。根据地面测控对上升器的定位信息,可进一步将上升器的惯性姿态换算成月理天东北系的姿态。按照产品的安装布局及性能指标,并考虑起飞前 5min 关闭星敏感器防尘机构,可以得到起飞时刻的定姿误差:相对于惯性系 3 个姿态角估值都优于 $0.02°$,相对于当地天东北系的 3 个姿态角估值都优于 $0.03°$。

2. 起飞上升 GNC 设计

上升器月面起飞时采用惯性测量设备提供导航信息。在垂直上升段和姿态调整段,按照预定指令飞行,使得上升器在预定的高度达到预定的姿态,满足轨道射入的初始条件。轨道射入段采用动力显式制导,根据当前的状态(位置、速度)以及目标入轨点的状态(位置、速度),实时计算制导指令(发动机推力方向),然后由 GNC 分系统跟踪发动机推力方向,将上升器引导到预定速度和高度,进入目标轨道后关机。

在考虑引入姿控时刻的扰动力矩、GNC 的控制能力、上升器与着陆器是否发生物理干涉因素的情况下,上升器选择 3000N 发动机点火后 1s 引入姿控。上升器的姿态控制采用三轴解耦 PID+PWM 控制,其中俯仰和偏航通道采用 120N+10N 发动机组合控制,滚动通道采用 10N 发动机控制。

根据飞行过程仿真结果,上升器从月面起飞到入轨整个过程的飞行轨迹如图 2.65 所示。

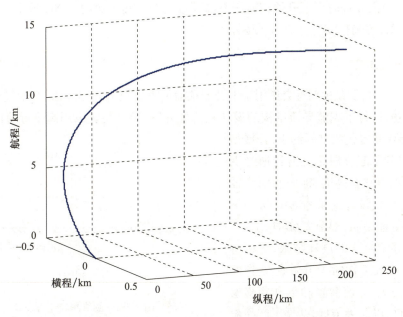

图 2.65　上升器月面起飞到入轨飞行轨迹

通过蒙特卡洛仿真分析结果,获得了上升器入轨点轨道根数散布结果,经统计,半长轴偏差的最大值为 7km、偏心率偏差最大为 0.004、轨道平面偏差最大为 0.32°,满足入轨半长轴偏差 10km、偏心率偏差 0.01 和轨道平面偏差 0.8°的指标要求。对应的近月点高度误差不大于 1km,满足入轨安全性要求。

3. 上升器解锁方式设计

为保证上升器在连接解锁装置解锁时的稳定性,根据上升器解锁冲击试验获取的解锁冲击特性分析结果,对上升器支架采取了 3mm 凹槽的设计。在此基础上,开展了以下 3 项分析:

1)解锁后停放稳定性极限条件分析

着陆上升组合体器间连接装置解锁后,上升器和着陆器由刚性连接变为上升器依靠重力停放在着陆器上,根据稳定性分析结果,着陆上升组合体在倾斜 39.5°条件下,解锁后上升器不会倾覆,大于极限工况条件下倾斜 14°的着陆姿态偏差,可以确保上升器在与着陆器机械解锁后的停放稳定性。

2)点火启动过程适应能力分析

考虑 3000N 发动机启动过程推力脉动影响,对上升器和着陆器解锁后分别在倾斜 0°、15°、20°和 25°的条件下开展仿真分析,仿真分析结果表明:在 3000N 发动机启动过程推力载荷作用下,随着倾角的增加,安装点的响应增大,最大为 0.00516mm。上升器支架采用了 3mm 凹槽的设计,可确保在 3000N 发动机启动过程推力脉动影响下不会影响起飞稳定性。

3)控制能力适应性分析

对上升器月面起飞的最恶劣工况进行仿真分析,引入姿控时刻,上升器相对于着陆器姿态角和姿态角速度不大于 5°和 5(°)/s,按上升器 GNC 子系统引入姿控时刻的稳定性判据 $\theta_0 + \theta_1 + \frac{1}{3}\omega_1^2 < 30°$(其中,$\theta_0$ 为着陆上升组合体着陆后等效起飞倾斜角度,θ_1 为引入姿控时刻上升器相对于着陆

器姿态角，ω_1 为引入姿控时刻上升器相对于着陆器姿态角速度），小于 GNC 子系统 40°的姿控能力，留有一定余量，可确保安全可靠引入姿控。

4. 羽流导流设计

在上升器起飞时，发动机羽流会作用于上升器顶面后返流至上升器表面，产生气动力及干扰力矩。针对此问题，进行了羽流导流结构的设计和仿真分析，导流装置采用圆锥导流面作为导流型面方案，根据导流装置包络空间约束，开展型面优化设计，得到了起飞时刻上升器所受羽流扰动力和力矩随锥面高度、锥面底面直径变化的关系，经优化设计结果为 $\phi1000\text{mm} \times 180\text{mm}$ 的圆锥导流型面，如图 2.66 所示。

根据羽流导流装置的设计结果，分析得到了 3000N 发动机工作时上升器所受到的干扰力和干扰力矩、导流装置和上升器支架处的热环境条件，以此为依据，开展了产品设计并通过了试验验证，满足任务要求。

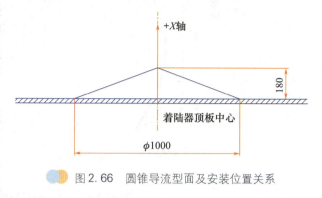

图 2.66　圆锥导流型面及安装位置关系

2.8.5　月球轨道交会对接与样品转移设计

1. 交会对接 GNC 设计

1）相对测量敏感器配置方案

远程导引段初始瞄准点为 50km（斜距 51km），轨道高度差为 10km。从相对测量敏感器的配置看，要求在交会对接段有备份测量敏感器，为保证系统的可靠性，选择 2 台微波雷达、1 台光学成像敏感器和 1 台激光雷达，实现整个交会对接段的相对测量。此外系统还配置了 2 组 IMU 用于惯性测量，并配置了 3 台星敏感器实现姿态确定[17]。

交会对接各阶段划分和敏感器配置如图 2.67 所示。

2）发动机配置与使用策略

轨道器共有 1 台 3000N 轨控发动机和 38 台姿控发动机，其中 150N 发动机 8 台、25N 发动机 18 台、10N 发动机 12 台，分别与 3 条相互独立的推进管路分支进行连接，可以实现轨返组合体 6 个自由度的位置和姿态调整。

上升器装有 3000N 主发动机和 20 台姿控发动机。其中 8 台 120N 发动机既可用于上升器的轨道控制，也用于 3000N 发动机工作时的姿态控制；12 台 10N 发动机用于着陆上升组合体和上升器的姿态控制。在交会对接过程中，由于采用 3000N 进行轨控干扰力矩较大，采用底部 120N 发动机进行远程导引的轨控。

考虑不同初始条件，对交会对接全过程进行打靶仿真，仿真结果如表 2.22 所示。仿真结果表明，停控点相对状态满足对接初始条件指标要求。

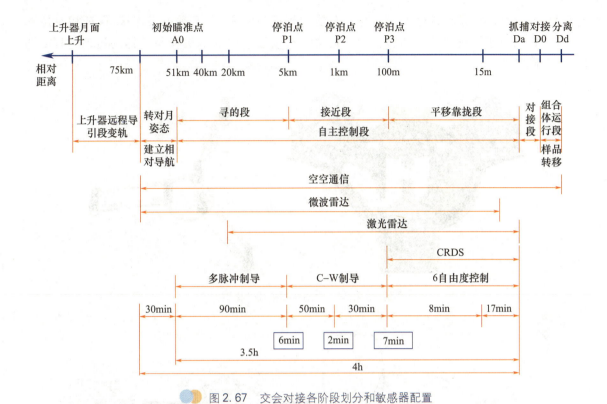

图 2.67 交会对接各阶段划分和敏感器配置

表 2.22 交会对接时刻控制精度仿真结果

参数说明	指标要求	仿真结果
轴向相对距离(3σ)/m	0.441 ± 0.05	0.441 ± 0.05
横向相对位移(3σ)/m	$\leqslant 0.06$	$\leqslant 0.06$
轴向相对速度(3σ)/(m/s)	$0 \leqslant \Delta V_x \leqslant 0.05$	$0.02 \leqslant \Delta V_x \leqslant 0.04$
横向相对速度(3σ)/(m/s)	$\leqslant 0.03$	$\leqslant 0.02$
相对姿态角(3σ)/(°)	$\leqslant 1.0$	$\leqslant 0.5$
相对姿态角速度(3σ)/((°)/s)	$\leqslant 0.2$	$\leqslant 0.1$

2. 捕获对接设计

轨返组合体与上升器的捕获对接通过对接机构与样品转移分系统的主动件和被动件来实现，如图 2.68 所示。主动件采用三套相同的抱爪机构，均布在轨道器对接舱上端面上，被动件采用三套锁柄组件，在上升器端面上相隔 120° 安装。

在轨返组合体向上升器的逼近过程中，主动件的抱爪机构处于张开状态。在轨返组合体与上升器的相对位置和姿态满足对接初始条件后，对接机构与样品转移分系统接收 GNC 分系统的对接捕获指令，三套抱爪机构快速收拢，形成包围锁柄的闭合空间，实现对上升器的捕获。随后，抱爪机构继续收拢,完成轨返组合体与上升器的校正与锁紧,并实现可靠连接,保证相对位置的中心对正,为密封封装装置的转移建立通道。对接过程中抱爪机构与锁柄的运动过程如图2.69所示。

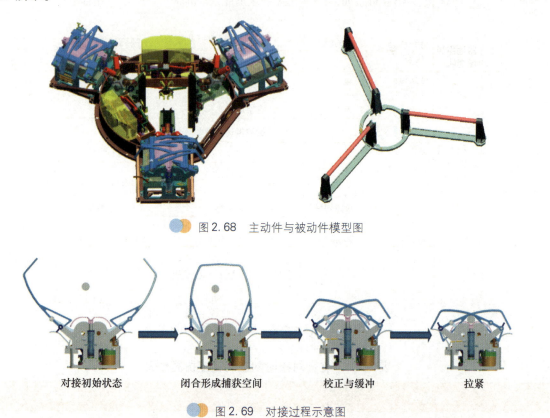

图2.68 主动件与被动件模型图

图2.69 对接过程示意图

为实现在月球轨道上的可靠对接,对接机构需在GNC所能实现的交会对接姿态和位置精度条件下实现抱爪机构对锁柄组件的捕获,仿真分析结果表明,对接机构能够有效捕获上升器并实现锁定。

3. 样品转移设计

轨返组合体和上升器建立可靠连接后,开始进行转移准备,总的转移行程为626mm,由轨道器、上升器、返回器共同完成。

样品转移动作通过主动件上的两套独立且互为备份的转移机构来实现,整个转移时间不大于15min。密封封装装置在上升器、轨道器与返回器中的运动过程如图2.70所示。

返回器样品容器舱的任务是实现密封封装装置的接收与固定。为保证可靠接收与固定,样品容器舱内设置了3个导向条、2套止回装置、3套固定装置和2个到位开关。止回装置的作用是保证密封封装装置在转移过程中的单向运动,导向条的作用是在密封封装装置进入返回器样品容器舱后不发生偏转。密封封装装置到位后,样品容器舱内的固定装置负责将密封封装装置进行可靠的固定与锁紧,如图2.71所示。密封封装装置运动到位并锁紧后,主动件转移机构复位,将延长段导轨收回,随后返回器关闭样品容器舱舱门,完成样品转移任务。

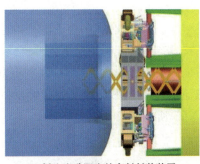
(a) 抓取上升器上的密封封装装置

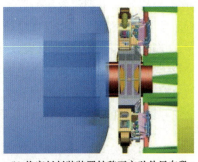
(b) 将密封封装装置转移至主动件导向段

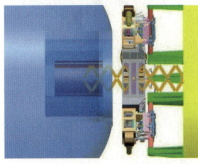
(c) 密封封装装置进入返回器样品容器舱

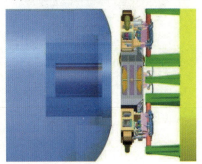
(d) 转移机构复位

图 2.70　密封封装装置转移过程示意图

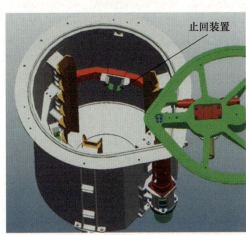

图 2.71　止回装置和导向条在样品容器舱内位置示意图

2.8.6　再入返回设计

1. 气动外形设计

返回器采用钟罩侧壁+球冠大底的气动外形,如图 2.72 所示。为保证返回器在再入过程中良好的气动特性,开展了气动外形优化研究、静态气动特性研究、动稳定性研究、气动热环境研究、气动剪力环境研究、姿控发动机羽流效率研究等工作[18]。

经气动分析计算与试验验证,返回器在全速域/空域下均具有唯一稳定配平特性和俯仰/偏航方向的静稳定性;在超声速、高超声速下具有较好的动稳定性,亚跨声速下俯仰方向存在动不稳定情况(经 GNC 分系统分析,可保证攻角振荡范围满足约束条件);配平攻角、配平阻力系数、配平升阻比满足再入制导控制要求;防热结构按照最大热流密度和总加热量开展设计,可保证返回器再入过程中的安全性。返回器的主要气动特性如表 2.23 所示。

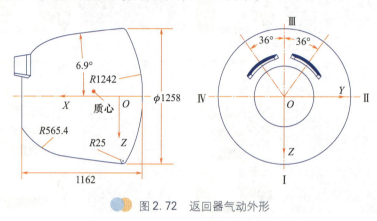

图 2.72　返回器气动外形

表 2.23　返回器主要气动特性

项目	特征性质
气动力性能	主要制导控制区($Ma_\infty \geq 3$、飞行高度 $H \leq 80\text{km}$)配平攻角为 $-21.32° \sim -22.16°$,平均配平阻力系数约为 1.267,平均配平升阻比约为 0.246;配平特性偏差沿再入弹道不同时段呈非对称分布。第一次进入并跳起区,配平攻角绝对值主要呈负偏差,最大不确定度不超过 4°;配平阻力系数主要呈正偏差,最大不超过 10%。而配平升阻比主要为负偏差,最大不超过 15%;考虑数据不确定度后,返回器再入过程中主要控制区段的最小配平升阻比约为 0.209,满足 GNC 分系统对最小升阻比的要求(最小升阻比要求为 0.2)
静稳定性	全速域/空域下 $0° \sim -180°$ 攻角范围内具有唯一稳定配平点;俯仰、偏航静稳定导数 ≤ -0.002,有较好的静稳定裕度;滚转方向静稳定裕度较小,跨声速以下有轻微不稳定出现
动稳定性	高超声速范围,俯仰、偏航、滚转动稳定;亚跨超声速范围,俯仰:亚跨声速 $Ma \leq 1.5$ 时俯仰存在动不稳定,最大阻尼导数 0.2 左右;偏航:动态稳定;滚转:动导数值很小(绝对值约为 0.02),接近中立稳定
气动热环境	再入走廊($-5.6° \sim -6.0°$ 再入角)内标称参数弹道下返回器表面最大热流密度不高于 4.8MW/m^2,最大总加热量不高于 615MJ/m^2,考虑最大摄动参数组合后,再入走廊($-5.6° \sim -6.0°$ 再入角)内返回器表面最大热流密度不高于 5.2MW/m^2,最大总加热量不高于 715MJ/m^2;考虑弹道式故障模式,返回器表面最大热流密度约为 9.8MW/m^2;考虑最大升力故障模式,返回器表面最大总加热量约为 730MJ/m^2

在考虑最小升阻比和热环境约束下,通过建立攻角 $-21°$ 和 $-24°$ 的质心配置线,可得到返回器高超声速主要控制区间($40\text{km} \leq H \leq 80\text{km}$)满足升阻比和热环境约束的质心区域,再考虑静/动稳定性约束,可得质心配置区域。另外,根据返回器的配重能力,预计质心纵向偏置 $X_{cg} \geq 450\text{mm}$、横向偏置 $|Y_{cg}| \leq 50\text{mm}$。针对月球样品重量的不确定性,开展了再入返回全过程的动态质心分析,返回器能够适应 $0 \sim 4.2\text{kg}$ 不同采样重量的月球样品。

2. 防热结构设计

返回器防热设计采用烧蚀防热技术。返回器防热结构主要包括前端防热结构、侧壁防热结构和大底防热结构。为减轻返回器防热结构的重量，完成了 FG4、FG5、HC5、FG7、SPQ9、SPQ10 等新型轻质防热材料的研制。

1）前端防热盖

前端防热盖由前端盖金属内衬、前端盖内防热环、前端盖外防热环和大面积防热层组成。金属内衬采用铝合金材料。防热环采用 SPQ9 材料，大面积防热层采用 FG4 材料。

2）侧壁防热结构

侧壁防热结构包括大面积防热层、开口边缘防热环、伞舱盖、发动机舱舱盖、天线舱舱盖、操作窗口盖、稳定翼等。侧壁大面积防热层分成两个区域，靠近迎风面的锥段采用了密度较高的 FG5 材料，迎风面的球段和背风面的锥段与球段均采用密度较低的 FG4 材料，伞舱盖边缘防热环采用 SPQ9 材料，伞舱盖大面积防热层采用 FG5 材料。侧壁防热结构示意如图 2.73 所示。

图 2.73　侧壁防热结构

3）大底防热结构

大底结构由金属大底和防热大底组成，防热大底直接在金属大底上成型。防热大底主要包括拐角环（SPQ10 材料）、过渡区结构（FG7 材料）、大面积区结构（HC5 材料）。为了减重，防热大底采用了偏轴设计方案，如图 2.74 所示。

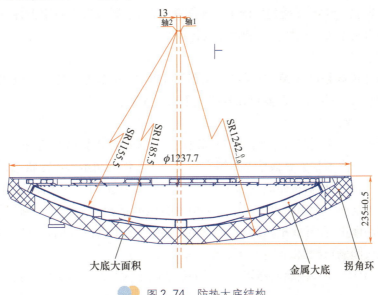

图 2.74　防热大底结构

4）防热结构密封设计

返回器在环月轨道接收装有月球样品的密封封装装置后关闭舱盖机构，样品舱的舱盖部位存在缝隙，为了防止高热气流在再入过程中通过舱盖缝隙进入样品舱威胁返回器的安全，在样品容器舱舱体与舱盖搭接部位设计了 S 形的"迷宫式"热密封设计方案，可以有效地将热流耗散和阻断，结构形式如图 2.75 所示。

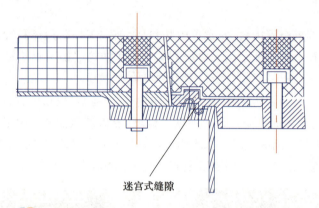

图 2.75　样品舱舱盖处的 S 形"迷宫式"热密封设计

返回器所用防热材料在初样阶段开展了结构烧蚀试验，在正样阶段开展了验收烧蚀试验，试验结果表明防热材料功能性能均满足任务要求。

3. 再入 GNC 设计

返回器与轨道器分离后，进行制导、导航与控制的目的是消除分离姿态干扰，建立配平姿态，在再入大气层后通过控制返回器的升力实现半弹道跳跃式飞行，并满足返回器的过载、气动热环境和开伞点精度等要求。

1）自主导航方案

在 GPS 可用弧段，采用 GPS 和 SINS（全球定位系统—捷联惯性导航系统）组成的"松耦合"导航系统，将 GPS 系统得到的返回器位置与速度解算结果对导航结果进行滤波修正。在 GPS 不可用时，采用 SINS 导航。SINS 导航使用四子样导航算法，以陀螺输出为数字惯性平台基准，利用加速度计和地球引力模型进行惯性位置和速度的计算。

2）制导方案

为了提高落点控制精度，GNC 分系统使用预测－校正法，对返回器落点位置进行预测，从而进行实时弹道调整，最终引导返回器跟踪合理弹道到达开伞点。

（1）纵向制导方案。

滑行段制导律设计主要解决初始倾侧角剖面规划和提高校正频率的问题。

在滑行段的一个主要任务是根据返回器实际飞行状态预测初始再入点状态，在线规划一个可行的倾侧角剖面，使得返回器按照此剖面精确到达落点，并且将相应的倾侧角序列作为实际再入过程的参考倾侧角剖面。利用跳出大气层后自由滑行段的预测－迭代校正制导律对二次再入标准弹道进行规划和修正：制导律根据返回器飞行状态预报开伞点位置偏差，同时调用迭代校正程序修正二次再入段倾侧角剖面。

初次再入段的任务是控制返回器按照期望的状态跃出大气层，并保证经过自由飞行后可实现再入航程需求。初次再入过程中,通过对升阻比、大气密度等影响返回器实际再入状态的物理量进行估计并引入预测方程,及时调整倾侧角剖面,重新规划剩余飞行弹道。通过预测校正的方法保证再入航程满足要求。

二次再入段再入制导律与初次再入段相似,通过调用预测-校正程序修正标准弹道,从而提高开伞点的落点精度。

(2)横向制导方案。

初次再入段选择射向控制作为主要横向控制目标的横向制导方式,目的是控制返回器速度的期望方向:在速度方向偏离期望速度方向达到给定值后,改变倾侧角的符号,以减小速度方向偏差。

二次再入段横向制导采用近似固定漏斗形式,为使侧向航程的误差渐近地收敛到一个允许的误差范围内,在再入纵平面的两侧,选择一个恰当的"漏斗","漏斗"的小头在期望的开伞点处,使返回器的运动保持在"漏斗"的边界之内。一旦返回器横向参数超出"漏斗"边界,则倾侧角符号改变,使返回器向"漏斗"内运动。

(3)控制方案。

返回器的姿态控制包括姿态机动控制和姿态稳定控制,在滚转方向配置了2台20N和2台5N发动机,偏航和俯仰方向分别配置4台5N发动机。

返回器再入前,姿态控制采用相平面控制方式。再入段采用滚动通道姿态控制,俯仰、偏航通道采用速率阻尼控制。再入段姿态控制与速率阻尼的目的是保持返回器姿态在实际配平攻角附近,保证返回器防热结构安全,同时实现升力控制对弹道倾侧角的需求,保证返回器着陆点精度和过载要求。由于再入段,尤其是初次再入段的倾侧角变号过程会影响返回器再入速度和落点精度,因此为了加快倾侧指令角的跟踪速度,选用20N发动机工作,在需要倾侧角变号的机动过程中,将跟踪角速度放开;在进入跟踪死区后,转为使用5N发动机持续跟踪。在二次再入飞行高度低于30km时,返回器升力控制结束。

4. 回收着陆设计

返回器采用二级降落伞系统实现进一步气动减速。减速伞组件和主伞组件用于实现返回器的一级减速和二级减速,其组成如图2.76所示。

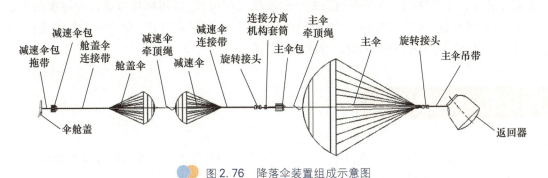

图2.76 降落伞装置组成示意图

1)回收程序设计

返回器下降到开伞点高度时,器上的压力高度控制器启动回收控制器,回收控制器发出弹盖指令,拉出减速伞,随后,减速伞打开;经过延时16s发出开信标机指令,回收信标机开始工作;减速伞工作15s达到稳定状态后,回收控制器发出脱减速伞指令,脱掉减速伞,同时拉出主伞;主伞收口工作

8s后解除收口状态,主伞完全充气进一步减速;最后返回器乘主伞以小于13m/s速度安全着陆。

2) 开伞控制方案设计

返回器采用压力高度控制器控制的开伞方案。压力高度控制器取压孔位置位于返回器背风面的舱壁上,压力高度控制器安装在取压孔处返回器内,与取压孔连通,两个取压孔直径均为$\phi10mm$。通过分析,取压孔位置和大小可以满足取压孔内压力及时与外压力平衡的要求,可以确保返回器在特定高度开伞。

3) 着陆安全性设计

返回器着陆姿态为倾斜31°角,着陆瞬间大底拐角局部着地,为了保证返回器着陆安全,返回器采用一体化的结构设计方案,提高着陆点处结构的局部刚度,以充分利用土壤的缓冲功能,从而避免了主结构破坏。另外,通过着陆姿态设计和样品容器舱布局设计,将样品容器舱远离着陆点,有效降低了着陆冲击载荷对密封封装装置的影响。

4) 地面回收设计

返回器利用国内外返回式航天器普遍采用的回收标位装置,在下降过程及着陆后进行无线电标位,引导地面人员进行搜索回收。返回器采用伞绳式回收信标天线,随着降落伞打开而拉出;回收信标机发送243MHz的单音调幅信号,向装有测向装置的搜索飞机或车辆提供信标。此外,返回器上还配置有国际救援示位标,进一步提高了返回器回收任务的可靠度。

2.9 器间接口设计

探测器在轨经历5次舱段分离,器间接口设计既要实现多器、多舱段间的可靠机械连接与解锁、分离功能,又要实现器间相关电连接器的可靠连接与解锁、分离,从而保证器间电气信号的可靠传输与隔离。对于"嫦娥"五号探测器复杂的在轨飞行模式,器间热接口设计除传统的隔热设计方法外,针对月面工作阶段高温环境的影响,着陆器与上升器采用了一体化主动热控设计,器间热接口需满足系统的可靠连接与解锁、分离功能要求。

2.9.1 机械接口

探测器器间机械接口主要包括着陆器与轨道器接口、轨道器支撑舱与推进仪器舱接口、轨道器对接舱与推进仪器舱接口、着陆器与上升器接口、返回器与轨道器接口。

1) 着陆器与轨道器接口

着陆器与轨道器通过位于$\phi1750mm$分度圆均匀分布的8个分离螺母连接固定。轨道器分离弹簧有4处,安装在分度圆为$\phi1730mm$、$\pm Y$、$\pm Z$象限线绕$+X$轴旋转51°角的位置上。着陆器提供分离弹簧支撑面,支撑面为两器分离面上$\phi20mm$的圆形区域。

着轨分离面共配置4个分离开关。着陆器配置2个分离开关,安装在分度圆为 $\phi1710\text{mm}$、±Y 象限线偏 30° 的位置上,由轨道器提供分离开关压紧面,压紧面为两器分离面上 $\phi10\text{mm}$ 的圆形区域。轨道器配置2个分离开关,安装在分度圆为 $\phi1750\text{mm}$、±Z 象限线绕 +X 轴旋转 37° 角的位置上,着陆器提供分离开关压紧面,压紧面为两器分离面上 $\phi10\text{mm}$ 的圆形区域。

2)轨道器支撑舱与推进仪器舱接口

支撑舱分离面位于支撑舱结构后端框与推进仪器舱结构前端框对接面,分离面上设备包括 12 个连接解锁装置、4 个弹簧分离装置、2 个分离电连接器和 2 个分离行程开关。推进仪器舱结构前端框设置 12 个均布分离螺母安装孔,分离螺母分布圆 $\phi3122\text{mm}$;支撑舱结构后端框上对应位置处设置 12 个抗剪锥套锥孔及分离螺母收集器安装孔。推进仪器舱与支撑舱通过 4 个均布弹簧分离装置分离,分布圆 $\phi3122\text{mm}$,支撑舱后端框设置 4 个弹簧分离装置推杆压紧面。

3)轨道器对接舱与推进仪器舱接口

对接舱分离面设备包括 4 个分离螺母、4 个弹簧分离装置、2 个分离电连接器和 2 个分离行程开关。推进仪器舱与对接舱通过 4 个分离螺母连接,4 个连接点位于象限线上。推进仪器舱的对接舱安装支架设置 4 个分离螺母安装孔,分布圆为 $\phi2880\text{mm}$;对接舱接头对应位置处设置抗剪锥套锥孔和收集盒安装接口。对接舱安装支架上设置四处弹簧分离装置安装孔,分布圆 $\phi2760\text{mm}$,对接舱接头上设置 4 个弹簧分离装置分离压紧面。

4)着陆器与上升器接口

着陆器与上升器通过 4 个器间连接解锁装置实现连接、解锁。两器对接面位于器间连接解锁装置过渡套上锥台的下端面,两器的器间分离界面位于过渡套下锥台的上端面,两器分离后过渡套随上升器起飞。上升器底板的器间对接法兰为两器连接解锁装置提供安装接口。

5)返回器与轨道器接口

返回器通过 4 套连接解锁装置与返回器转接环组件连接,在返回器大底底部设置 4 根钛管,其分布圆直径为 $\phi1120\text{mm}$,钛管端部设置 M48 螺纹。返回器通过 4 套弹簧分离推杆实现与返回器转接环组件的分离,在返回器大底上设置 4 个弹簧推杆作用点垫块,垫块的分布圆直径为 $\phi1120\text{mm}$。

返回器与轨道器间电分离通过电分离摆杆机构实现,电分离摆杆机构安装于返回器和返回器转接环Ⅰ偏Ⅳ象限 23° 处。

2.9.2 电接口

探测器器间电接口主要包括着陆器与轨道器电接口、轨道器支撑舱与推进仪器舱电接口、轨道器对接舱与推进仪器舱电接口、着陆器与上升器电接口、返回器与轨道器电接口。

1. 着陆器与轨道器电接口

1)供电接口

在探测器四器联合飞行阶段,为了提高整器供电安全和可靠性,轨道器和着陆上升组合体具备相互供电功率 300W,在轨道器内和着陆上升组合体内分别设置配电开关。

2）信息接口

四器组合体状态下，探测器以上升器和轨道器测控信道实现与地面通信。为进一步增加系统可靠性、简化器间接口设计、减少器间电接口所需资源，轨道器可通过脉冲编码调制（PCM）码流接收来自上升器测控信道接收的地面直接指令；四器组合体状态下遥控数据注入、遥测信息、时间信息、器间交换数据等均通过穿舱1553B总线进行传输。

3）分离信号

电分离信号通过分离电连接器跨线设计，由轨道器SMU采集电分离状态遥测。机械分离信号采用分离开关形式，在着轨分离面设置4个分离开关，分别用于轨道器SMU、着陆器DIU、轨道器CCU、上升器CCU采集机械分离状态遥测。

4）分离电连接器

轨道器与着陆器之间通过2个YF8-94分离电连接器实现电气信号的传输与隔离。

2. 轨道器支撑舱与推进仪器舱电接口

轨道器支撑舱为连接着陆器和轨道器的过渡结构，其上安装火工品起爆电缆和加热回路。电分离信号通过分离电连接器跨线设计，由轨道器SMU采集电分离状态遥测。机械分离信号采用分离开关形式，在支撑舱分离面设置2个分离开关，用于轨道器SMU、轨道器CCU采集机械分离状态遥测。

轨道器支撑舱与推进仪器舱之间通过2个YF8-94分离电连接器实现电气信号的传输与隔离。

3. 轨道器对接舱与推进仪器舱电接口

1）供电接口

对接舱供电及相关设备配电，主要包括轨道器对接机构与样品转移综合管理单元供/配电、交会对接敏感器供电、样品转移机构电机供电和双谱段相机供电等。

2）信息接口

轨道器直接指令、GNC分系统内总线、器间分离信号、图像数据、GNC、对接机构与样品转移综合管理单元之间硬线指令等。

3）分离信号

电分离信号通过分离电连接器跨线设计，由轨道器SMU采集电分离状态遥测。机械分离信号采用分离开关形式，在对接舱分离面设置2个分离开关，用于轨道器SMU、轨道器CCU采集机械分离状态遥测。

4）分离电连接器

轨道器对接舱与推进仪器舱之间通过2只YF5-127分离电连接器实现电气信号的传输与隔离。

4. 着陆器与上升器电接口

1）供电接口

在着陆上升组合体联合飞行阶段，着陆器、上升器采用联合供电设计，复用上升器蓄电池组。

环月飞行段，上升器太阳翼无光照，由着陆器太阳电池阵供电，一方面为着陆器、上升器的用电负载供电，另一方面通过器间电缆为蓄电池组充电。在环月飞行段阴影期间或在着陆下降段，由于太阳电池阵不工作，由上升器内蓄电池组供电，通过器间电缆为着陆器负载供电，同时为上升器负载供电。

月面工作段时,由着陆器太阳电池阵和上升器蓄电池组联合为着陆上升组合体的用电负载供电。着陆上升组合体电分离后,上升器由蓄电池组和上升器太阳翼供电。

2）信息接口

着陆上升组合状态下,利用上升器测控信道实现与地面通信,着陆器的间接遥控指令、数据注入、遥测信息、时间信息、器间交换数据等均通过穿舱1553B总线由上升器进行传输;着陆器的直接指令通过穿舱的PCM码流进行传输。

着陆器和上升器的GNC分系统采用一体化设计(着陆下降敏感器安装在着陆器上,CCU安装在上升器上),因此着陆器和上升器通过穿舱电缆实现着陆器导航敏感器/推进线路盒与CCU之间的指令和信息交换。

采样监视相机D通过穿舱RS422实现与着陆器DIU传输图像数据,通过数传通道下传地面,上升器分离后即不再工作。

3）分离信号

由于上升器与着陆器分离后,着陆器原则上不再工作,因此分离信号(电分离信号和机械分离信号)仅引入上升器。电分离信号通过分离电连接器跨线设计,由上升器SMU采集电分离状态遥测。机械分离信号采用分离开关形式,在上升器与着陆器分离面设置两个分离开关,用于上升器SMU、上升器CCU采集机械分离状态遥测。

4）分离电连接器

着陆器与上升器之间通过2只YF8-94分离电连接器实现电气信号的传输与隔离。

5. 返回器与轨道器电接口

1）供电接口

在轨返组合体联合飞行阶段,轨道器为返回器供电,供电功率不小于300W。在轨返组合体分离前10min,通过切换开关转为返回器自带锌-氧化银电池组供电。

2）信息接口

轨道器与返回器组合状态下,组合体利用轨道器测控信道实现与地面通信,返回器的间接遥控指令、数据注入、遥测信息、时间信息、器间交换数据等均通过穿舱总线由轨道器进行传输;返回器的部分重要指令通过穿舱线缆实现传输。

轨道器与返回器电分离摆杆摆开指令通过轨道器发出,因此轨道器和返回器之间的信息接口还包括电分离摆杆火工品起爆控制。

返回器位于轨道器与着陆器之间,四器组合状态下对返回器进行器表操作较为困难,因此将返回器火工品保护插头通过穿舱电缆引至轨道器表面,以便于射前操作。

3）分离信号

电分离信号通过分离电连接器跨线设计,分别向轨道器SMU和返回器SMU引入两路电分离信号。机械分离信号采用分离信号装置形式,分别向轨道器SMU和返回器SMU引入两路机械分离信号。轨道器通过电分离摆杆的展开信号采集轨返电分离信号。

4）电连接器

轨道器与返回器之间的电接口通过2个Y35-2255电连接器实现电气连接,电连接器通过电分离摆杆机构实现分离。

2.9.3 热接口

除着陆器和上升器采用联合热控设计外,轨道器、返回器分别单独进行热设计。

1. 轨道器与返回器热接口

返回器位于轨道器内,与轨道器通过钛管隔热安装,轨道器支撑舱外表面大部分包覆多层,部分区域开设散热面为返回器散热,仪器安装盘外围布置多层隔热材料隔热屏,最外层为单面镀铝聚酰亚胺膜,返回器外表面喷涂 SR-2 热控白漆。

2. 轨道器与着陆器热接口

轨道器与着陆器之间采用干接触热接口设计。

3. 着陆器与上升器热接口

着陆器与上升器共用一套流体回路系统,主散热面布置在上升器上,着陆器与上升器安装面之间采用干接触设计,上升器月面起飞前断开器间流体回路。

4. 交会对接与样品转移段轨返组合体及上升器接口

轨道器对接机构主动件与上升器对接机构被动件之间采用干接触热接口设计。

2.10 总体参数分配

通过对"嫦娥"五号探测器开展总体设计,经分析和计算,对总体性能指标,包括质量、推进剂和可靠性等性能指标进行分配,以此作为开展后续设计的输入条件。

2.10.1 质量预算

"嫦娥"五号探测器质量分配需要遵循以下原则:
(1)探测器质量要和运载火箭的运载能力、发射弹道要求相适应;
(2)在探测器各研制阶段,严格控制探测器质量,采用类比法、估算法和称重法等手段逐渐逼近,获取精确质量;
(3)探测器质量分配设计应留有一定余量。

基于上述原则,"嫦娥"五号探测器系统发射质量预算为 8200kg,其中:轨道器分配质量为

4110kg、干质量1190kg;着陆器分配质量为2982kg,干质量917kg;上升器分配质量为783kg,干质量383kg;返回器分配质量为325kg,干质量312kg。

2.10.2 推进剂计算

"嫦娥"五号探测器进行推进剂预算时,除了常规航天器需考虑的轨道控制、姿态控制、混合比偏差、挤出效率和管路残余等因素外,需重点分析着陆过程、月面起飞上升以及交会对接所需的推进剂。

着陆动力下降过程消耗的推进剂量,与地面测定轨误差、动力下降初始质量、动力下降初始点高度与速度、着陆航迹下地形变化情况、导航敏感器测量精度、着陆过程高度和速度控制精度、主发动机在变推力过程中的推力和比冲等因素有关,需要对各项因素对推进剂消耗的影响进行分析,最终确定所需的推进剂量。"嫦娥"五号着陆上升组合体相比以往任务而言推进剂消耗有所增大,为此提出了将主减速段结束时的目标高度由3km降低至2.5km的设计,相应地其进入接近段的速度也可以降低,由此推进剂的消耗也有所降低。

月面起飞上升过程消耗的推进剂量,与月面初始定位精度、起飞上升初始质量、主发动机推力和比冲、制导精度、控制精度、目标轨道参数等因素相关,同样需要通过蒙特卡洛打靶算法,对各项因素的误差范围及影响进行综合评估,最终确定月面起飞上升的推进剂消耗量。

交会对接过程消耗的推进剂量,与初始质量、初始轨道和目标轨道参数、发动机推力和比冲、入轨精度、测定轨精度、制导精度、控制精度等因素相关。在分析过程中,需要考虑各项误差因素,采用规划仿真与蒙特卡洛打靶相结合的方法,评估各次变轨所需推进剂的最大包络,并考虑一定的工程设计余量,最终确定交会对接的总推进剂消耗。

推进剂余量的设计,对于"嫦娥"五号探测器来说也是一个必须权衡的问题。对于需要实施月面着陆的着陆上升组合体来说,在着陆前保留一定的推进剂余量有利于提高着陆过程的安全性;但为携带这些推进剂"余量"着陆月面,需要消耗两倍于这个余量的推进剂。而着陆后,为保证着陆上升组合体的设备安全,还必须对剩余推进剂进行钝化处理。因此,推进剂余量的设计需要综合权衡,合理确定。

"嫦娥"五号探测器推进剂预算按发射窗口最大包络进行推进剂预算,经计算:轨道器推进剂剩余量63.7kg,占推进剂加注量的2.2%;着陆器推进剂剩余量25.1kg,占推进剂加注量的1.2%;上升器推进剂剩余量9.1kg,占推进剂加注量的2.2%。满足任务实施要求。

2.10.3 可靠性指标分配

航天器任务的可靠度反映了航天器在规定的任务时间内、在规定的条件下完成规定任务的能力。根据"嫦娥"五号探测器系统成功判据要求,提出了探测器寿命末期(约687h)的可靠性指标为0.65。可靠性指标分配是将探测器可靠性总指标向下分配给每个分系统,作为分系统的可靠性设计指标要求。

在工程实施时,可靠性指标分配通常采用"综合评分"的分配模型,通过系统的复杂度、技术成熟度、环境严酷度以及运行时间比率等,得到分系统的功能分。然后将可靠性总体指标按各分系统所得功能分之比例,以串联系统形式进行各分系统的可靠性指标分配。

"嫦娥"五号探测器可靠性指标分配在基于上述方法的基础上,考虑到探测器全周期在轨飞行过程,不是所有的分系统都直接参与所有的飞行过程,因此,有必要进行进一步细化和分析。全阶段可靠性指标划分为发射至月面软着陆段、月面工作段和月面起飞至回收着陆段共三个阶段,全任务的可靠性指标为三个阶段可靠性指标之积。其中,发射至月面软着陆段可靠度指标为0.9185,月面工作段可靠度指标为0.9537,月面起飞至回收着陆段可靠度指标为0.8633,整器可靠度指标按0.75分配,留有15.3%的余量。三个阶段的探测器系统可靠性框图如图2.77所示,由此得到各个分系统的可靠性指标。

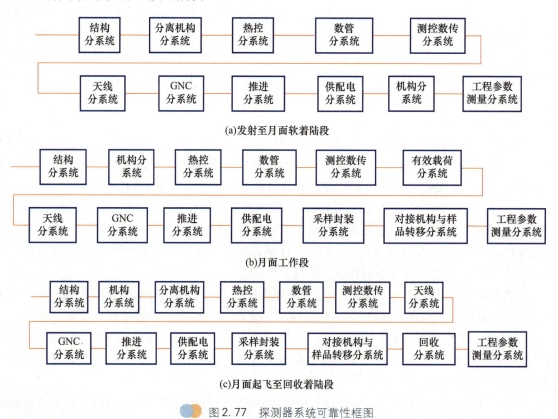

图2.77 探测器系统可靠性框图

2.11 力学分析

"嫦娥"五号探测器经历的飞行过程复杂、存在多器组合体或单器运行状态,对器上组件的设计有更加复杂的力学环境适应性要求。"嫦娥"五号探测器既要经历传统航天器必须经历的发射主动段(与运载火箭分离前的飞行时间段)力学环境之外,还要经历一些特殊的力学环境,包括着陆上升组合体在月面软着陆过程中经历的着陆冲击环境和返回器返回地球着陆场所经历的着陆冲击环境。为了研究这些力学环境对探测器设计的影响，需要开展相关的力学分析。

2.11.1 主动段力学环境分析

"嫦娥"五号探测器采用长征五号运载火箭在海南文昌航天发射场发射。运载火箭方给出的探测器与运载火箭对接面（简称器箭对接面）正弦振动试验条件如表2.24所示。

表2.24 探测器正弦振动试验条件

方向	频率范围/Hz	考核内容	验收级试验条件	鉴定级试验条件
纵向（X向）	2~8	振幅/mm	3.10	4.66
	8~100	加速度/g	0.8	1.2
横向（Y向、Z向）	2~8	振幅/mm	2.33	3.49
	8~100	加速度/g	0.6	0.9

注：在保证探测器不欠试验的条件下，为了使探测器不因过试验而导致损坏，允许进行"带谷"试验。"带谷"试验条件由探测器制造者确定，但是必须考虑到耦合载荷分析结果，有足够的安全余量（运载火箭系统要求安全系数≥1.25），并与运载火箭系统协商后确定。

据表2.24运载火箭方给出的条件，建立了探测器发射状态有限元模型并开展了频率响应分析。发射状态下探测器由下至上依次为轨道器、返回器、着陆器和上升器，轨道器太阳翼、着陆器太阳翼、上升器太阳翼和着陆器着陆缓冲机构等均处于收拢状态。探测器有限元模型如图2.78所示，模型共有341803个单元、351115个节点。器箭对接面通过刚性单元固支。

按照表2.24的鉴定级正弦振动试验条件，开展整器频率响应分析。根据以上建立的整器有限元模型和频响分析输入条件，分别沿X、Y和Z方向进行加载分析，载荷施加于器箭对接面。频率响应分析采用模态法，模态临界阻尼系数取0.04，模态截断频率为200Hz。

频率响应分析结果表明：轨道器贮箱、着陆器钻取采样装置、着陆器着陆缓冲机构、着陆器贮箱和上升器贮箱等组件的加速度响应较大，出现在探测器主频和组件局部模态频率处，需要在整器正弦振动试验中予以关注，必要时进行适当的控制下凹。

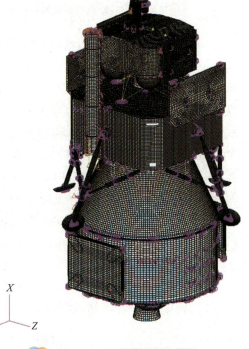

图2.78 探测器有限元模型

2.11.2 着陆上升组合体月面缓冲着陆响应分析

着陆上升组合体的月面着陆冲击过程,是"嫦娥"五号探测器任务成功与否的关键环节之一,因此需要进行"嫦娥"五号着陆上升组合体的着陆冲击力学分析。

分析模型及坐标系示意如图 2.79 所示。建模内容包括着陆状态的着陆上升组合体、月壤以及接触关系。

建立着陆上升组合体着陆状态有限元网格模型如图 2.80 所示,模型单元尺寸约 4cm,共包含 53457 个节点、52583 个单元。

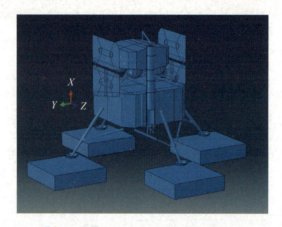

图 2.79 分析模型及坐标系示意图

图 2.80 有限元网格模型

采用帽盖德鲁克-普拉格(CDP)模型作为月壤本构模型用于着陆器着陆冲击仿真分析。CDP 模型主要用于具有压力相关屈服特性的黏性岩土介质的建模,它是在子午线为线性的德鲁克-普拉格(DP)模型上加上一个帽盖屈服面形成的。CDP 模型的屈服面主要由一个压力相关的剪切破坏面、一个帽盖屈服面和一个过渡面组成,详见图 2.81。剪切破坏面是一个理想塑性屈服面,在这面上的塑性流会产生非弹性体积膨胀;在帽盖面上塑性流会使材料产生塑性压缩;两者交界的过渡面为无体积变形的常剪应力状态。

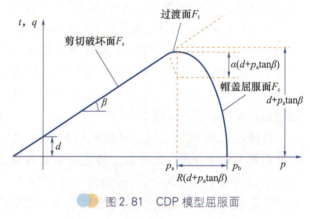

图 2.81 CDP 模型屈服面

图 2.81 中的参数 d、β、R、α 以及初始屈服面位置 $\varepsilon_{vol}^{in}|_0$ 和三轴拉伸/压缩强度之比 K 参见文献[19],模拟月壤本构模型参数选取值见表 2.25。

表 2.25 模拟月壤本构模型参数

d	β	R	$\varepsilon_{vol}^{in}\|_0$	α	K
2252Pa	58.44°	0.4	0	0.05	1

建立着陆缓冲机构足垫与土壤接触包含法向行为和切向行为。法向行为:硬接触,即主从接触面之间不会穿透;切向行为:库仑摩擦,摩擦系数为0.4。

在完成着陆上升组合体、月壤和接触模型的建模之后,开展了着陆冲击力学分析。分析工况如表2.26所示。

表2.26 工况描述

工况编号	工况描述
1	水平面着陆,下落速度3.8m/s,月球加速度1.63m/s²
2	水平面着陆,水平速度1m/s,下落速度3.8m/s,月球加速度1.63m/s²
3	15°斜坡2-2着陆,下落速度3.8m/s,水平速度(背离斜坡)1m/s,月球加速度1.63m/s²
4	15°斜坡1-2-1着陆,下落速度3.8m/s,水平速度(背离斜坡)1m/s,月球加速度1.63m/s²
5	15°斜坡1-2-3-4着陆,下落速度3.8m/s,水平速度(背离斜坡)1m/s,月球加速度1.63m/s²

分析结果表明:在 X 方向上,加速度冲击响应谱($Q=10$)峰值出现在1-2-3-4着陆工况,峰值出现的位置为着陆器顶板,大小为1315.0m/s²;在 Y 方向上,冲击响应谱峰值出现在四腿同时着陆(无水平速度)工况,峰值出现的位置为着陆器 $-Y$ 隔板,大小为899.8m/s²;在 Z 方向上,冲击响应谱峰值出现在四腿同时着陆(无水平速度)工况,峰值出现的位置为着陆器 $+Z$ 侧板,大小为890.9m/s²。

通过仿真组合体着陆冲击的整个过程,获取了各种着陆工况下的着陆冲击响应数据,为着陆上升组合体着陆冲击力学环境试验条件制定、着陆缓冲机构和结构设计与改进等提供了依据。

2.11.3 返回器着陆冲击响应分析

为了验证返回器结构的抗冲击性能,获取返回器内关键设备和密封封装装置的着陆冲击环境,开展了返回器着陆冲击动力学仿真分析,得到返回器主结构所受的冲击载荷、冲击变形和着陆后的姿态和关键设备的冲击响应。

返回器有限元模型的建立步骤如下:

(1)将返回器CAD模型转化为中间文件——igs或stp文件,导入Hypermesh中,模型单位系统选用kg,ms,mm。

(2)根据不同部件自身结构特征,选择相应有限元单元——壳和体单元,厚度超过5mm的部件选用体单元,小于5mm的部件选用壳单元。单元大小选用5mm和20mm,对于重点分析的部件如大梁、后端框、拐角环等这些部件选用5mm大小单元对其划分,其他一些不重要的部件选用20mm的单元划分网格。这样不但可以保证所分析部件的计算精度,而且不会因为整个模型的单元数过多而增加计算时间。

(3)部件网格划分完成后,给所有的部件赋予材料属性和单元类型并检查。

(4)因为模型简化,模型质量与实际质量存在误差,需要对模型进行配重以达到实际质量,并通过配重调节模型质心位置。

(5) 对部件之间存在的严重穿透等进行调整,将穿透处进行处理,使部件之间无重合,无穿插。

(6) 根据各个部件的位置,通过焊点和共节点的方式将各个部件连接起来。

(7) 设定边界条件——加入土壤模型,设定模型计算时间和返回器下降初速度。模型计算时间为40ms,返回器是以竖直速度13m/s、水平速度8m/s下落的,并且返回器垂直着陆时,降落伞吊点与返回器质心连线垂直于水平地面,返回器大梁平面与水平面夹角为27°(倾斜姿态着陆工况),如图2.82所示。

通过以上步骤,建立的返回器有限元模型如图2.83所示,整个模型的单元数为563684,节点数为551896,焊点数为3336。

在垂直速度13m/s、水平速度8m/s的着陆工况下,模型整体变形情况如图2.84所示。

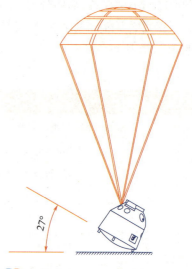

图2.82 返回器着陆角度示意图

图2.83 返回器有限元模型

图2.84 着陆后返回器模型整体变形情况

根据分析结果对大底及后端承力结构进行了优化设计,制定了针对着陆冲击环境的组件冲击试验条件,为返回器总体、结构和回收分系统的设计改进和相关试验提供了依据。

2.12 热分析

热分析是验证探测器热控设计正确性的重要手段,其旨在根据探测器内外受热状况及热控措施来确定探测器各部分的温度变化规律,以检验热设计是否将温度控制在所要求的范围内,以及在给定的运行条件下预示探测器的实际温度。

在设计阶段,热分析是确定技术状态的重要技术手段。在设计验证阶段,用地面热平衡试验修正热模型并进一步预示飞行性能。由于月球探测器飞行过程复杂,存在发射窗口、着陆姿态及热控涂层退化等不确定因素,热平衡试验工况无法覆盖全部飞行事件,只能根据有限的试验工况修正热分析模型,然后对各种飞行阶段、飞行任务进行温度预示。

热分析工作一般要贯穿探测器研制的全过程,探测器发射后在轨飞行阶段根据飞控需要通过热分析计算结果提供在轨事件处理依据,着陆月面后需要根据实际姿态预示后续温度情况。此外,在轨道器拓展任务期间,只能开展热分析推演温度演变趋势从而为寿命预示提供参考。因此热分析计算是月球探测器热控分系统研制的重要工作内容。

"嫦娥"五号探测器主要采用热网络分析方法,在现有热分析软件(Thermal Desktop)[20]基础上,进行了月球热模型及主动热控系统模型的再开发,完成了各阶段的热分析计算。

2.12.1 任务分析

1. 热分析难点

"嫦娥"五号探测器相较常规航天器热分析有以下难点:

1)探测器构型、飞行姿态及工作模式复杂

"嫦娥"五号探测器在全任务过程中经历多种探测器构型,工作模式复杂,姿态变化多,不同工作模式下设备工作及能源供给状态差别大。热分析模型中需要针对所有设备,仔细分析工作模式的差异,逐一按真实工作状态设置设备热耗。

不同发射窗口条件下探测器环月轨道 β 角(太阳矢量与轨道面夹角)变化范围可达[-20°,-45.7°],即使在相同环月轨道 β 角条件下,随环月轨道 θ 角(太阳矢量月球赤道面投影与月心-升交点连线间的夹角,90°~180°为上午落月轨道,0°~90°为下午落月轨道)不同,探测器月球红外热流亦有所变化。热分析中需要对不同环月轨道 β 角及 θ 角条件下外热流进行包络分析。

2)月球红外辐射模拟

月球红外辐射外热流辐射强度接近太阳辐射,并且无法采用热控涂层进行选择性吸收,大致可分为环月飞行段月球红外辐射及月面工作段月球红外辐射。

环月飞行段月球红外辐射热流主要取决于轨道条件及月面温度。环月段月球红外辐射与飞行姿态、太阳辐射强度、β 角及热控涂层参数退化取值密切相关,实际分析中必须通过外热流分析计算分析多个 β 角、多个姿态的空间外热流,经过比较来确定吸收外热流的极端工况。

月面工作段,探测器受到的月球红外辐射主要来源于落月点周边月面,需要建立"探测器+周边月面"的联合热分析模型,实际分析不同太阳高度角、方位角及探测器姿态(倾斜角度、朝向等)条件下的外热流,通过比较确定极端外热流工况。

3)"泵驱单相流体回路+水升华器"主动热控系统模拟

着陆上升组合体采用泵驱单相流体回路作为"热总线"系统,将电子设备热耗、散热面热沉及水升华器热沉串联,其热模型准确性对系统热模型的精度影响至关重要。同时流体回路为单向闭式循环系统,其沿程传热温差不可忽略,无法采用类似传统热管的等温化热模型。其建模主要难度在于如何将复杂管路合理简化,既保证传热效果与实际一致,又避免因节点网络过于复杂造成模型不收敛。

水升华器"点"热沉,其内部升华换热机理极为复杂,且热沉能力具有随流体回路工质入口温度变化的特点。水升华器热分析模型需要重点解决水升华器-流体回路耦合换热模拟。

2. 工况分析

根据探测器飞行过程及工作模式,热分析工况可分为以下 8 种类型:

1) 四器组合体工况

四器组合体主要经历主动段、地月转移、近月制动及四器环月等飞行阶段。

根据"嫦娥"五号飞行程序,发射 1830s 后器箭分离,流体回路启动距离发射时间间隔不大于 60min。期间 GNC、测控上行、推进、数管、供配电设备加电。根据"嫦娥"五号探测器初步热分析结果,流体回路启动前整器平均温升不超过 10℃,可以满足温度指标要求。对主动段可不进行详细热分析。

地月转移阶段,着陆上升组合体器内 GNC 设备不开机,内热耗较小;同时探测器只有 +X 散热面能被太阳照射到,地球红外和月球红外很小,探测器主要面临低温问题,定义为低温稳态工况。

近月制动段及四器环月段,探测器设备工作模式与奔月阶段相同,内热耗较小;轨道外热流(太阳辐射+月球红外)高于奔月阶段,但不如后续组合体环月阶段恶劣。可见近月制动/四器环月阶段探测器内热耗及外热流均非极端情况,基于地月转移段及组合体环月段的热控设计可满足任务需求,可不进行详细热分析。

综上所述,四器组合体主要分析地月转移阶段低温稳态工况。

2) 着陆上升组合体环月工况

着陆上升组合体环月主要经历 200km×200km 轨道环月及 15km×200km 轨道环月两个飞行阶段。两个飞行阶段内组合体设备内热耗相同,外热流条件 15km×200km 轨道更为恶劣。可定义着陆上升组合体 200km×200km 轨道阶段为环月低温周期瞬态工况;15km×200km 轨道为环月高温周期瞬态工况。

3) 轨返组合体环月工况

轨返组合体环月主要经历三个阶段:环月等待段飞行阶段,即交会对接前为 −Z 对日姿态,交会对接设备不开机,内热耗及外热流均较小;交会对接近程导引段转为三轴稳定姿态,交会对接设备开机,内热耗及外热流均较大;交会对接后阶段,交会对接后恢复 −Z 对日姿态,对接舱抛掉,返回器完全暴露,内热耗及外热流最小。可定义环月等待阶段为轨返组合体环月低温周期瞬态工况;交会对接近程导引段 210km×210km 轨道为轨返组合体环月高温周期瞬态工况。

4) 动力下降及月面上升工况

着陆上升组合体运行到 15km 近月点附近,开始进入月面动力下降程序,直至软着陆到月面采样区域,不超过 15min。本阶段着陆器 GNC 设备全部开机,设备短时热耗很高。同时着陆上升组合体受到着陆姿态与月面红外的影响,散热能力有限。对于热控分系统,本阶段属于短期高温瞬态工况,关键是通过环月段热控设计使动力下降起始点设备处于较低的初始温度,依靠设备热容承受完成本阶段热控任务。动力下降阶段设定为高温瞬态工况。

根据"嫦娥"五号探测器飞行程序,月面上升持续6min,上升初期上升器$-X$对月、$-Z$对月球赤道,上升末期上升器$+X$对飞行方向、$+Y$对月。上升器采用纯被动热控设计,上升过程器内热耗较大,设定为高温瞬态工况。上升段初始条件为月面工况结束点。

5) 月面工况

在月面工作段,着陆上升组合体有效载荷进行就位探测,采样封装分系统采用钻取和表取两种采样方式,完成对月壤的取样和封装。本阶段采样封装分系统全部设备开机,内热耗很大;同时着陆上升组合体受到太阳辐射及月面红外影响,外热流环境恶劣。着陆上升组合体面临极端高温瞬态问题。

6) 上升器单器环月工况

上升器单器环月主要经历远程导引和近程导引两种环月飞行阶段。其中远程导引段初期为15km×180km椭圆轨道,经历多次变轨后末期为210km×210km圆轨道;近程导引段始终保持210km×210km圆轨道。

对于远程导引段,上升器$-Z$对日定向,所有散热面均无太阳热流;同时$+X$主散热面指向月球北天极,受月球红外影响较小;此外远程导引段交会对接敏感器未开机,整器设备内热耗相对较小;综上所述,远程导引段上升器主要面临低温问题,可定义为上升器单器环月低温周期瞬态工况。

近程导引段上升器三轴稳定、对月定向,主散热面及$\pm Y$辅助散热面同时受到月面红外及太阳辐射的影响,外热流较为恶劣;此外近程导引段交会对接敏感器开机,内热耗亦较为恶劣;可定义为上升器单器环月高温周期瞬态工况。

考虑到不同θ角条件下外热流区别,在高低温工况设置中均考虑上、下午轨道条件。

7) 轨返组合体月地转移工况

月地转移阶段,轨返组合体保持$-Z$对日定向姿态,此阶段轨返组合体仅受到太阳辐射影响,外热流较为简单。返回器仅$-Z$侧在$+X$方向高于仪器圆盘部分受太阳辐射。

月地转移阶段返回器 GNC 标定阶段内热耗较大,可设定为高温瞬态工况。巡航阶段可视为低温稳态工况。

8) 返回再入工况

返回再入阶段,返回器单器飞行,GNC 设备开机,返回器内壁面受气动加热效应影响,面临极端高温问题,可定义为返回器瞬态高温工况。

2.12.2 外热流分析

探测器热控设计中,外热流分析不仅是热分析工作的重要组成部分,更是极端工况选择的基础。通过外热流分析,可以找出外热流变化的规律,以便确定探测器最大吸收外热流工况和最小吸收外热流工况,为探测器高低温工况确定和计算提供相关设计依据。

"嫦娥"五号探测器飞行阶段多、飞行任务复杂、飞行过程约束相关性强,不同过程中探测器姿态变化很大,同时在上升器$+X/\pm Y$、着陆器$+X/+Y$及轨道器$+X/$周向均设置有散热面,不同姿态下系统总外热流变化规律非常复杂。

1. 地月转移段

地月转移段,组合体处于 +X 对日定向巡航姿态。根据总体飞行程序,地月转移阶段组合体设备工作热负荷较小,探测器处于低温工作模式,探测器姿态较为简单,除各器 +X 面外,其他面基本没有外热流,外热流分析时太阳常数取 1317W/m², 涂层参数取初期值。

2. 着陆上升组合体环月段

着陆上升组合体在 200km×200km 环月段及 15km×200km 环月段,飞行姿态为 "+X 对日、+Y 指向北天极、绕 +X 转 45°"。

着陆上升组合体环月段,着陆器顶板散热面不受遮挡,均受太阳辐射外热流影响,因此组合体散热面总外热流受太阳辐射影响权重相对较大。根据外热流分析结果,组合体环月阶段 β 角范围不超过 $[-45.7°, -20°]$, $\beta = -45.7°$ 为着陆上升组合体环月阶段极端高温外热流工况, $\beta = -20°$ 为着陆上升组合体环月阶段极端低温外热流工况。

在相同 β 角条件下,可能存在 $\theta = [0°, 90°]$ 及 $[90°, 180°]$ 两种环月轨道,两种轨道面上升器 ±Y 侧散热面外热流有一定差异。在组合体环月段,由于流体回路持续工作,上升器 ±Y 侧散热面由流体回路耦合,上升器 ±Y 侧外热流差异对设备温度水平影响很小,因此仅考虑 β 角对高低温工况影响即可。

高温工况太阳常数取 1419W/m², 15km×200km 环月, 涂层参数取末期值; 低温工况太阳常数取 1317W/m², 200km×200km 环月, 涂层参数取初期值。

3. 着陆下降段

着陆下降段,着陆上升组合体处于高温工作模式,内热耗较大;组合体散热面同时受太阳辐射及月球红外影响,可视为高温工况。外热流分析时太阳常数取 1419W/m², 涂层参数取末期值。

4. 月面工作段

月面工作段,着陆上升组合体 +X 轴与当地法线可能存在最大 14° 夹角;同时月面 48h 内,太阳高度角可能变化范围 $[30°, 50°]$, 对应太阳方位角可能变化范围 $[-54.7°, +54.7°]$(定义正午方位角为 0°, 上午方位角负值, 下午方位角正值), 外热流瞬态效应较强。

表 2.27 中列出了探测器相对月面南倾 6°、月面相对于当地参考平面南倾 8° 姿态下,不同太阳方位角条件下散热面外热流变化数据。可见上升器散热面外热流在月昼正午时达到最大,着陆器散热面外热流在下午时达到最大,组合体散热面总吸收外热流在正午时达到极值。

表 2.27 月面工作段组合体散热面外热流分析

等效太阳高度角 /(°)	太阳方位角 /(°)	上升器散热面吸收热流/W	着陆器散热面吸收热流/W	组合体散热面合计吸收热流/W
64	0	410	124	534
64	−54.7	317	75	392
64	+54.7	317	186	503

考虑到月面需工作 48h,月面工作段高温工况定义如下:月昼正午前 24h 落月,月昼正午后 24h 起飞上升。外热流分析时太阳常数取 1419W/m²,涂层参数取月面值(有一定退化)。

5. 月面上升段

月面上升段时间相对较短,且随轨道高度增加,月球红外影响逐渐减小。考虑到月面上升段器内设备内热耗较大,定义为高温工况。外热流分析时太阳常数取 1419W/m²,涂层参数取值同月面工作段。

6. 上升器交会对接段

远程导引段,上升器 $-Z$ 对日定向,上升器 $+X$ 及 $\pm Y$ 散热面均不受太阳辐射热流影响,仅受月面红外热流的影响,环月轨道由 15km×180km 逐渐变轨至 210km×210km;近程导引段保持 210km×210km 环月圆轨道不变,飞行姿态调整为"三轴稳定、$+Z$ 对月、$-X$ 指飞行方向",同时受太阳辐射及月面红外影响。

根据当前轨道设计结果,考虑各种因素后,上升器交会对接远程导引段 β 角范围不会超过 $[-45.7°,-25°]$。根据外热流分析结果,确定 $\beta=-25°$ 为交会对接段极端高温外热流工况,太阳常数 1419W/m²,涂层参数取末期值;$\beta=-45.7°$ 为交会对接段极端低温外热流工况,太阳常数 1317W/m²,涂层参数取初期值。

必须指出,由于上升器 $\pm Y$ 开设辅助散热面,在上午动力下降及下午动力下降两种不同 θ 角轨道条件下,远程导引段 $\pm Y$ 侧散热面月球红外热流有所差异。上午动力下降及下午动力下降轨道外热流图示参见图 2.85。根据分析,相同轨道 β 角条件下,上午动力下降轨道,即 θ 范围(90°,180°],远程导引段 $-Y$ 侧外热流较高;下午动力下降轨道,即 θ 范围[0°,90°],远程导引段 $+Y$ 侧外热流较高。因此对于交会对接远程导引段 $\beta=-25°$,$+Y$ 舱设备高温工况出现于下午动力下降轨道,而 $-Y$ 舱设备高温工况出现于上午动力下降轨道。远程低温工况出现在 $\beta=-45.7°$,此时上午动力下降及下午动力下降轨道重合,因此低温工况分析中不必区别上、下午轨道。

近程导引段,上升器为三轴稳定姿态。由图 2.85 可知,在 β 角为负的条件下,无论 θ 处于何种范围,近程导引段均为上升器 $-Y$ 侧指向月球高温区方向,因此近程导引段相同 β 角、不同 θ 角轨道外热流基本一致。

7. 轨返组合体环月等待段

轨返组合体环月等待段抛掉对接舱,为环月低温周期瞬态工况,$\beta=-45.7°$,太阳常数 1317W/m²,涂层参数取初期参数。交会对接近程导引段,轨返组合体三轴稳定姿态,为环月高温瞬态工况,$\beta=-20°$,太阳常数 1419W/m²,涂层参数取末期值。

8. 月地转移段

月地转移段返回器 GNC 标定阶段为高温瞬态工况,太阳常数 1419W/m²,取涂层参数末期值。巡航阶段为低温稳态工况,太阳常数 1317W/m²,涂层参数取初期参数。

9. 再入回收段

再入回收段为高温瞬态工况,太阳常数 1419W/m²,取涂层参数末期值。

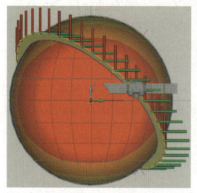

(a) 上午动力下降轨道，远程导引，$\beta=-25°$　　(b) 下午动力下降轨道，远程导引，$\beta=-25°$

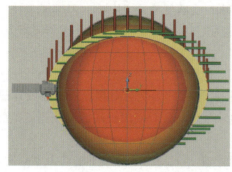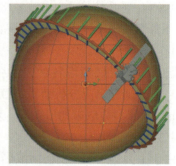

(c) 远程导引，$\beta=-45.7°$　　(d) 上午动力下降轨道，近程导引，$\beta=-25°$

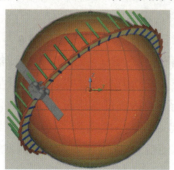

(e) 下午动力下降轨道，近程导引，$\beta=-25°$

图 2.85　交会对接段环月轨道外热流对比

2.12.3　热分析模型

1. 模型简化

"嫦娥"五号探测器结构复杂，在不影响热分析目的前提下，对模型进行合理简化：
(1) 对复杂连接进行简化，以等价的导热关系进行代替；
(2) 与散热面之间无辐射关系的舱外设备简化建模；
(3) 月面假设为黑体；

(4)器内仪器设备简化为单节点,忽略仪器设备内部温度不均匀性。

2. 月球热模型

1)月球基本物理参数

(1)平均半径:1738km;

(2)赤道面与黄道面夹角:1.53°;

(3)月面温度:在阳光照射下,月球赤道日下点的月表温度可超过120℃,对应的月表红外辐射出射度平均值约为1268W/m²,随着距离日下点的角度增加,月表温度和红外辐射出射度逐渐下降。月夜区域日出前的月表温度可达-180℃,对应的月表红外辐射平均值约为5.2W/m²。不同经纬度处月表温度变化非常大,必须考虑月表红外辐射随经纬度的变化。月球赤道附近表面温度随经度的变化规律见图2.86。

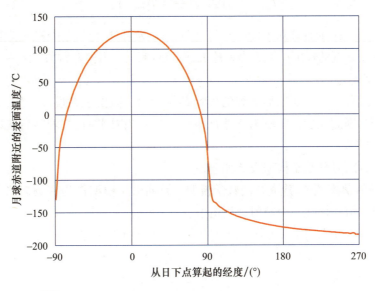

图2.86 月球赤道附近的表面温度随经度的变化规律

2)环月热模型

着陆上升组合体环月轨道高度均大于或等于15km,在建立数学模型时,可把月球作为一个整体考虑,忽略月球表面的地形地貌影响,这一假设在"嫦娥"一号至"嫦娥"四号环月飞行中已得到验证。

对于绕月探测器,月球数学模型设置如下:

(1)月球全球平均反照率:0.073;

(2)月球全球平均红外发射率:0.92;

(3)月球全球红外辐射:按照经纬度输入各节点的温度值(单位:K)。输入的纬度值必须跨越-90°(S,南纬)~+90°(N,北纬),经度值必须跨越-180°(W,西经)~+180°(E,东经)。

月球表面红外辐射出射度按式(2.6)计算:

$$E(\phi,\varphi) = \varepsilon\sigma T^4(\phi,\varphi) \tag{2.6}$$

式中:E 为月球表面红外辐射出射度(W/m²);ϕ 为离开日下点的经度(°);φ 为纬度(°);T 为月球表面温度(K);ε 为月球表面红外发射率。

其中 $T(\phi,\varphi)$ 按式(2.7)计算：

$$T(\phi,\varphi) = \cos^{\frac{1}{4}}\varphi \cdot T(\phi,0) \tag{2.7}$$

式中：

$$T(\phi,0) = \begin{cases} [T_{ss}^9 \cos\phi + T_{270}^9]^{\frac{1}{9}} & (\phi \in [-90,0)) \\ [T_{ss}^7 \cos\varphi + T_{90}^7]^{\frac{1}{7}} & (\phi \in [0,90)) \\ \left[\dfrac{3\sigma\varepsilon}{C}(\phi-270) + T_{270}^{-3}\right]^{-\frac{1}{3}} & (\phi \in [90,270)) \end{cases}$$

$$T_{ss} = \left[\frac{S(1-\rho)}{\sigma\varepsilon}\right]^{\frac{1}{4}}$$

$$T_{90} = \left[-180 \times \frac{3\sigma\varepsilon}{C} + T_{270}^{-3}\right]^{-\frac{1}{3}}$$

S 为太阳常数(W/m^2)；r 为月球对太阳的平均反照比；ε 为月球红外发射率；σ 为斯特藩-玻耳兹曼常数；ϕ 为离开日下点的经度(°)；T 为月球表面温度(K)；C 为拟合常数。

3) 月面热模型

对于月面探测器，月球表面地形地貌的影响必须考虑。但由于在设计阶段，无法详细获得月面的地形地貌数据，因此在设计阶段仍然把月面简化为一绝对平面，在着陆后获取当地的地形地貌数据后再进行复核。

对于月面探测器，月球数学模型设置如下：

(1) 在探测器数学模型中，建立月面数学模型。月面数学模型作为探测器热分析模型的组成部分，且与计算外热流表面在一个辐射分析组中。

(2) 月面数学模型的尺寸：月面数学模型的直径不能小于探测器特征尺寸(最大轮廓尺寸)的5倍；若想获取更为准确的结果，可增大月面数学模型的直径；周向网格划分时建议采用非均匀划分，靠近探测器部分网格细化。

(3) 月面数学模型的厚度：不小于80cm(距离月表深度大于80cm时，其温度受月表温度变化的影响可忽略)。沿深度方向网格划分时建议采用非均匀划分，靠近月面部分网格细化。

(4) 月面数学模型底面边界条件：定热流边界 $q = 5.2 W/m^2$，底面不参与辐射分析计算。

(5) 月壤热物性参数设置：

① 比热容 c：单位 $J/(kg \cdot K)$，适用温度范围 90~350K。

$$c = -23.173 + 2.127T + 1.5009 \times 10^{-2}T^2 - 7.3699 \times 10^{-5}T^3 + 9.6552 \times 10^{-8}T^4 \tag{2.8}$$

② 密度 ρ：单位 kg/m^3。

$$\rho = 1.92(Z + 12.2)/(Z + 18) \times 1000 \tag{2.9}$$

式中：Z 为距月表的深度(取值范围 0~80cm，$Z \geq 60cm$ 时密度随深度增加不明显)。

③ 热导率 K：单位 $W/(m \cdot K)$。

$$K = 1.66 \times 10^{-2} \times (Z/100)^{3/5} + 8.4 \times 10^{-11} \times T^3 \tag{2.10}$$

式中：Z 为距月表的深度(取值范围 0~80cm)，T 为温度(K)。

④ 月面光学属性：太阳吸收率及红外发射率均取1，即把月面简化为黑体面。月面热模型示例如图2.87所示。

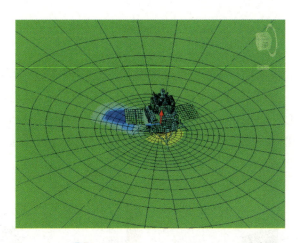

图2.87　月面热模型示例

4)动力下降热模型

探测器在着陆或上升过程中,当探测器轨道高度高于30m时,按照环月热模型分析;低于30m时,按照月面热模型分析,同时考虑探测器着陆过程中发动机工作对月面的加热影响,可根据探测器轨道高度分步计算。

需要特别指出,动力下降月球热模型中同样需要按照经纬度不同设置月表温度场分布,以准确模拟月球红外辐射影响。动力下降热模型示意如图2.88所示。

3. 主动热控系统热模型

泵驱单相流体回路+水升华器系统,按照以下原则建立热分析模型:

(1)采用单向线性热导连接节点模拟工质流动换热,流体回路管路简化为基于多个等温节点的单向热导串联网络;

(2)为避免模型不收敛,流体回路网络节点不采取传统几何模型等分方式划分,而是根据流体回路管路沿程温度变化程度占总温升的比例来划分节点,其中沿程温度变化低于流体回路总温差5%的管路均可视为等温段;

(3)集成泵阀组件及水升华换热器a/b按集总节点建模;

(4)预埋管路与蒙皮间预埋热阻参照预埋热管取值;

(5)预埋管路与流体回路工质间热阻按照管内对流换热系数取值,忽略工质周向温度不均匀性;

(6)流体回路工作模式下,根据系统流容设置流体回路节点间传热热导H;

(7)流体回路存储模式下,流体回路节点间传热热导H设置为1×10^{-5} W/K,流体回路热分析模型如图2.89所示。

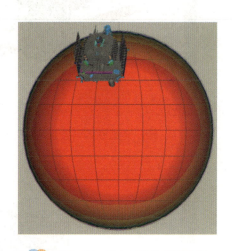

图2.88　动力下降热模型示例

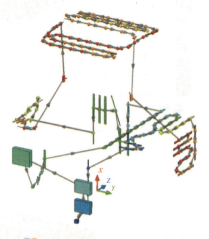

图2.89　流体回路热分析模型

4. 模型构建

采用 Thermal Desktop 软件建立探测器热分析模型。根据不同飞行阶段构型，分别建立了探测器热分析模型（地月转移－组合体分离阶段）、组合体环月热分析模型（着陆上升组合体环月及轨返组合体环月阶段）、动力下降热分析模型（动力下降阶段）、月面工作热分析模型（月面采样及起飞准备阶段）、月面上升热分析模型（月面上升阶段）、月地转移热分析模型及再入回收热分析模型。具体如图 2.90～图 2.96 所示。

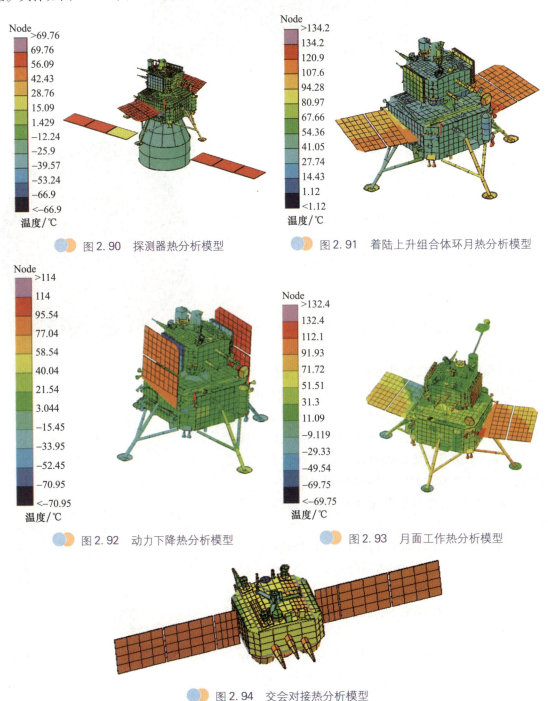

图 2.90　探测器热分析模型

图 2.91　着陆上升组合体环月热分析模型

图 2.92　动力下降热分析模型

图 2.93　月面工作热分析模型

图 2.94　交会对接热分析模型

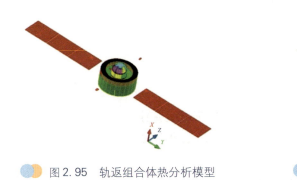
图 2.95 轨返组合体热分析模型

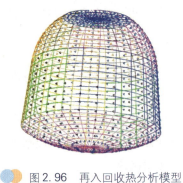
图 2.96 再入回收热分析模型

2.12.4 热分析结果

1. 上升器热分析结果

上升器主要设备各飞行阶段的温度分析结果如下：

1）高温工况结果

月面工况是各设备的最高温工况，高温余量均在10℃以上，其中最高温设备为固态放大器A，为43.7℃。

2）低温工况结果

低温阶段出现在上升器单器远程导引低温工况，星敏感器b最低-19.1℃，距离-30℃指标仍有10℃以上余量。舱内设备中余量最小的是动量轮a，为3.2℃，距离指标下限-5℃有8.2℃余量。

2. 着陆器热分析结果

着陆器主要设备各飞行阶段的温度分析结果如下：

1）高温工况结果

各个飞行阶段中，月面工况是各设备的最高温工况，温度最高的是数传发射机44.7℃，但其短期高温温度指标为60℃，其他设备高温均具有10℃以上余量；推进设备月面着陆后无温度指标要求。

2）低温工况结果

低温工况为地月转移段低温工况，无控温设备最低为钻取控制单元-1.9℃（此时处于存储状态，温度指标-50℃），所有设备低温均有15℃以上余量。

3. 返回器热分析结果

返回器主要设备各飞行阶段的温度分析结果如下：

1）高温工况结果

各个飞行阶段中，轨返组合体（有/无支撑舱）环月高温与月地转移高温是各设备的高温工况，不同设备并不完全一致，返回器SMU最高28.2℃，高温余量超过20℃。

2）低温工况结果

在所有低温工况中月地转移低温最低，常规设备中开机的配电控制器（3.1℃）最低，不开机设备中回收信标机(-14.2℃)最低,但所有设备距离低温下限均有15℃以上余量。

4. 轨道器热分析结果

轨道器主要设备各飞行阶段的温度汇总分析结果如下:
1) 高温工况结果

各个飞行阶段中,推进仪器舱设备高温工况出现在轨返组合体(有/无支撑舱)环月高温,舱内设备中温度最高的设备为电源控制器36.4℃,轨道器其他舱内设备高温具有10℃以上的余量。

2) 低温工况结果

各个飞行阶段中,设备低温工况则主要出现在月地转移低温状态,舱内设备中温度最低的设备为数据综合接口单元-5.0℃,动量轮低温余量最小(最低-2.9℃),距离工作温度指标-5℃仅有2.1℃余量。

2.12.5 热分析结论

根据总体和其他分系统提供的输入条件和技术要求,对"嫦娥"五号探测器开展热分析,根据热分析结果可得到以下结论:

(1) 在全任务周期、所有工作姿态和模式下,"嫦娥"五号探测器热分析结果均满足指标要求,表明探测器热设计合理可行,具有足够的设计裕度;

(2) 基于"泵驱单相流体回路+水升华器"的着陆上升组合体主动热控系统方案,可满足月面工作段苛刻任务需求;

(3) 基于异构式环路热管的返回器主动热控方案,可同时满足月地转移 IMU 标定阶段大功耗散热需求及返回再入阶段隔热需求。

2.13 羽流影响分析

"嫦娥"五号探测器配置7500N双组元发动机,3000N双组元发动机和10N、25N、120N、150N双组元发动机及5N、20N单组元发动机,发动机数量多、安装复杂,真空环境下工作产生的羽流膨胀效应显著,羽流力、热效应对探测器的飞行控制和器表设备热控措施有一定的影响。羽流影响分析工作一般分为两个阶段,第一阶段在探测器构型布局设计阶段,依据发动机自由空间点火工作条件下定义的羽流角对布局结果进行分析,确保羽流角内无设备,详见2.6.2节;第二阶段在探测器构型布局方案确定后,依据探测器系统的发动机典型的工作模式开展发动机羽流力、热效应等影响专项分析。依据探测器飞行过程,主要开展了着陆上升组合体复用姿控发动机的羽流影响、动力下降及月面起飞特殊过程的发动机羽流影响、上升器独立飞行状态下发动机羽流影响以及返回器再入飞行状态下内嵌式发动机羽流影响的专项分析[21]。

羽流分析的方法主要有半经验法和分析法、数值模拟方法,在计算机技术还不发达的情况下,半经验法与分析法发挥了很大的作用。随着计算机技术的发展及计算流体动力学的不断发展,数值模拟方法应用越来越广,数值模拟方法可以更准确地模拟发动机实际工作情况的羽流场及其效应。数值模拟研究常采用N-S方程和直接模拟蒙特卡洛(DSMC)耦合求解的方法。发动机在真空环境下工作时,其流场涵盖了气体流动的连续流区、过渡区域流和自由分子流三大领域,领域划分的依据是克努森数Kn,连续流区通常采用N-S方程求解,稀薄气体流动通常采用DSMC方法求解。具体求解过程通常是先依据发动机工作参数和喷管型面尺寸建模,采用N-S方程求解器计算发动机内流场,并为DSMC计算提供所需入口边界,然后采用DSMC方法建立稀薄气体动力学仿真模型,求解稀薄流区羽流(简称发动机外流场)对流场范围内设备的力、热等效应。对于发动机羽流角范围内无阻挡情况,工程上可在内流场分析基础上,用点源法求解发动机羽流力、热效应。

2.13.1 着陆上升组合体飞行状态羽流影响分析

1. 上升器10N发动机羽流影响分析

依据"嫦娥"五号着陆上升组合体发动机复用的布局设计,上升器10N发动机在着陆上升组合体环月飞行、动力下降飞行状态下用作小扰动下姿控。经分析,上升器10N发动机羽流角范围无阻挡,发动机喷管外部压强等值线分析结果如图2.97(a)所示,图中横坐标为喷管出口截面距离与发动机喉径比值,纵坐标为距离喷管中心轴径向距离与发动机喉径比值;距离着陆器钻取采样装置的筒状结构较近的10N发动机,羽流产生的热流密度最大值为2.916kW/m²,如图2.97(b)所示;距离收拢状态的着陆器太阳翼较近的10N发动机,羽流产生的热流密度最大值为3.208kW/m²,如图2.97(c)所示。

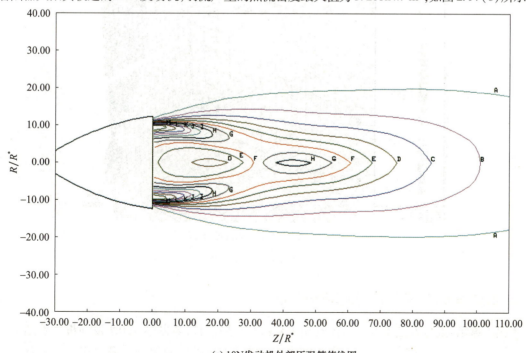

(a) 10N发动机外部压强等值线图

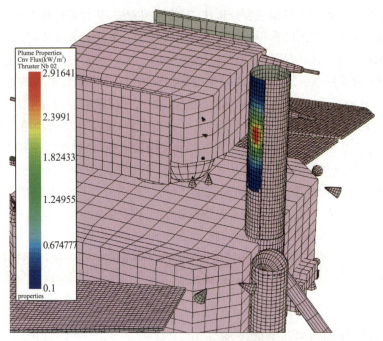

(b) 发动机羽流热效应结果图1

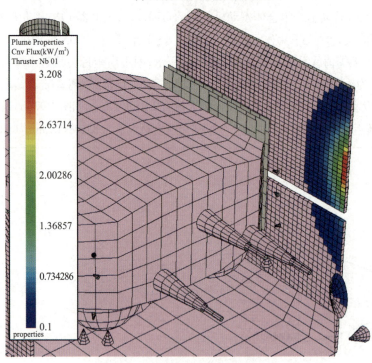

(c) 发动机羽流热效应结果图2

图 2.97　10N 发动机羽流热效应结果图

2. 着陆器 150N 发动机羽流影响分析

依据"嫦娥"五号着陆上升组合体发动机复用的布局设计,着陆器 150N 发动机在着陆上升组合体环月飞行、动力下降飞行状态下用作轨控、大扰动下姿控以及组合体悬停避障段平移。经分析,150N 发动机羽流角范围无阻挡,发动机喷管外部压强等值线分析结果如图 2.98 所示。距离着陆器气瓶和着陆器太阳翼及着陆器缓冲机构较近的发动机需开展羽流热效应影响分析。

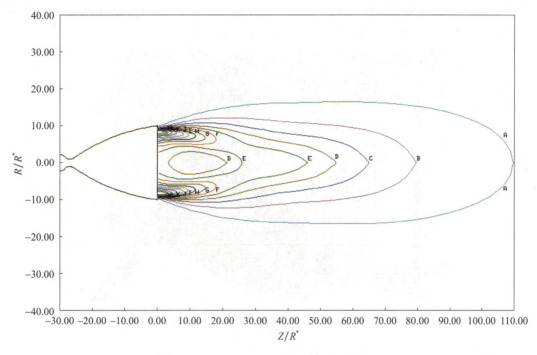

图 2.98　150N 发动机外部压强等值线图

1) 发动机羽流对气瓶影响分析

靠近着陆器气瓶附近的 150N 发动机,其羽流对气瓶的热流密度最大值为 $19.16 kW/m^2$,如图 2.99 所示。

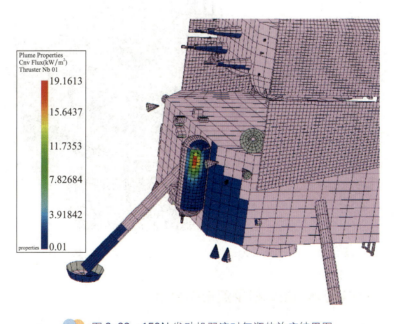

图 2.99　150N 发动机羽流对气瓶热效应结果图

2）发动机羽流对太阳翼影响分析

着陆上升组合体动力下降时着陆器太阳翼处于收拢状态，安装在其附近的一台发动机羽流对太阳翼的热流密度最大值为 $0.89kW/m^2$，如图 2.100 所示。考虑探测器结构和发动机、太阳翼布局的对称性，附近其他发动机羽流的影响作用与该发动机相当。

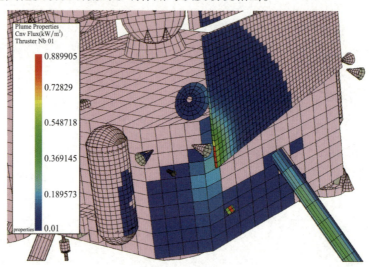

图 2.100　150N 发动机羽流对太阳翼热效应结果图

3）发动机羽流对着陆器缓冲机构影响分析

安装位置靠近着陆器缓冲机构的发动机，其中一台发动机羽流对着陆缓冲机构的热流密度最大值为 $0.436kW/m^2$，如图 2.101 所示。由于探测器结构和发动机、着陆缓冲机构布局的对称性，附近其他发动机羽流的影响作用与该发动机相当。

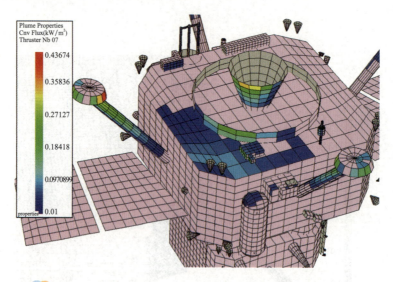

图 2.101　150N 发动机羽流对着陆器缓冲机构热效应结果图

3. 着陆器 7500N 变推力发动机羽流影响分析

7500N 变推力发动机无阻挡状态下羽流主要影响着陆器结构底板及着陆缓冲机构，发动机喷管外部压强等值线分析结果如图 2.102(a)所示;发动机羽流对着陆缓冲机构的热流密度最大值为 2.652kW/m², 如图 2.102(b)所示。

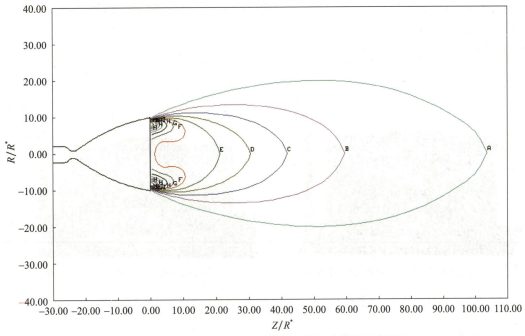

(a) 7500N变推力发动机推力7500N状态外部压强等值线图

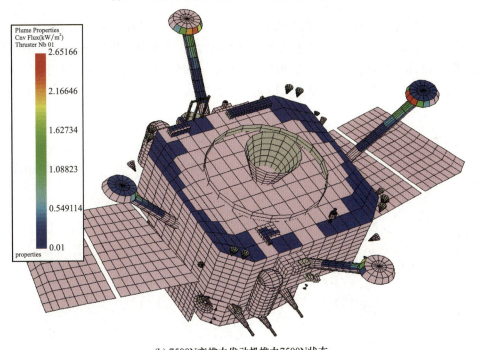

(b) 7500N变推力发动机推力7500N状态

图 2.102 7500N 变推力发动机推力输出时的热流密度分布

对于软着陆过程 7500N 变推力发动机羽流效应分析,涉及发动机羽流受月面的阻挡情况,因此采用差分求解 N-S 方程和 DSMC 相结合的方法进行分析。着陆上升组合体状态软着陆分析工况下,7500N 变推力发动机工作在变推力 3000N 工况,对 3000N 工况开展了无阻挡状态、从距离月面 10m 高度至 1m 高度的羽流力、热效应影响分析。标称状态下伽马关机敏感器在距离月面 2.88m 下触发关机信号,7500N 变推力发动机关机,从发动机喷管出口距离月面 3m、2.481m 两个工况的发动机羽流场压强分布如图 2.103 所示,羽流对着陆缓冲机构最大压强从 3.5Pa 增至 13Pa,发动机羽流对着陆缓冲机构热流密度最大值从约 5 kW/m² 增至约 15 kW/m²。

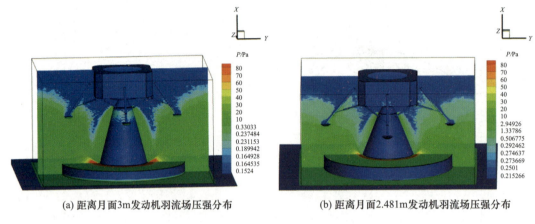

(a) 距离月面3m发动机羽流场压强分布　　(b) 距离月面2.481m发动机羽流场压强分布

图 2.103　着陆器 7500N 变推力发动机软着陆过程典型羽流场压强分布图

4. 上升器 3000N 发动机羽流影响分析

由于上升器与着陆器之间空间有限,上升器起飞过程中 3000N 发动机羽流受着陆器顶板及设备阻挡作用产生返流,对上升器产生气动扰动力和力矩,带来羽流热效应,影响上升器的起飞稳定性及热防护设计。经分析,月面起飞 3000N 发动机羽流的影响作用与其喷管出口距离着陆器顶板的距离和姿态偏转的角度相关,仿真工况定义的参数如图 2.104 所示,N-S 方程和 DSMC 方程计算域的选取如图 2.105 所示。

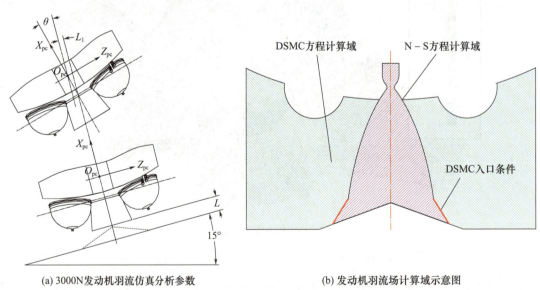

(a) 3000N发动机羽流仿真分析参数　　(b) 发动机羽流场计算域示意图

图 2.104　月面起飞 3000N 发动机羽流仿真分析示意图

月面起飞过程中，从 3000N 发动机喷管出口距离着陆器顶板初始距离 213~1000mm，发动机羽流最大扰动力矩 20.84N·m，对上升器贮箱的热流密度最大值为 422kW/m²，对上升器底板的热流密度最大值为 153kW/m²，对着陆器导流锥的热流密度最大值为 1690kW/m²，对着陆器顶板的热流密度最大值为 321kW/m²。

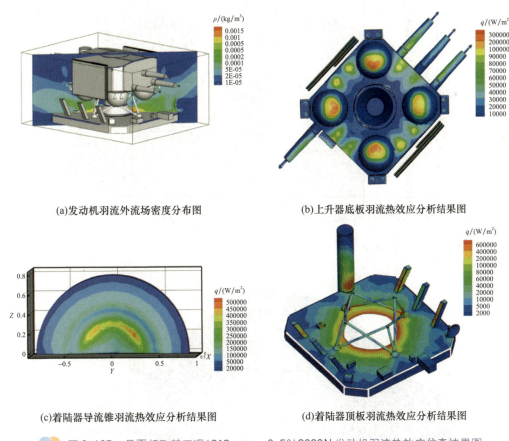

(a) 发动机羽流外流场密度分布图　　(b) 上升器底板羽流热效应分析结果图

(c) 着陆器导流锥羽流热效应分析结果图　　(d) 着陆器顶板羽流热效应分析结果图

图 2.105　月面起飞某工况 (213mm，-0.5°) 3000N 发动机羽流热效应仿真结果图

2.13.2　上升器飞行状态羽流影响分析

1. 上升器 10N 发动机羽流影响分析

经分析，10N 发动机用于上升器单独飞行阶段的姿控时，上升器 10N 发动机羽流角范围无阻挡，单器飞行状态下受腰部发动机羽流影响的设备是上升器测控天线，如图 2.106 所示，其中羽流对测控天线的热流密度最大值为 0.669kW/m²。

2. 上升器 120N 发动机羽流影响分析

120N 发动机主要用于上升器单独飞行阶段的姿控和交会对接远程导引段轨控。120N 发动机羽流影响的设备是上升器贮箱，且在双机工作模式下羽流交叠区域的影响更严酷，如图 2.107

所示,120N 发动机双机工作模式下,羽流对贮箱热流密度最大值为 40kW/m²,120N 发动机单机工作模式下,羽流对贮箱热流密度最大值为 18.5kW/m²。

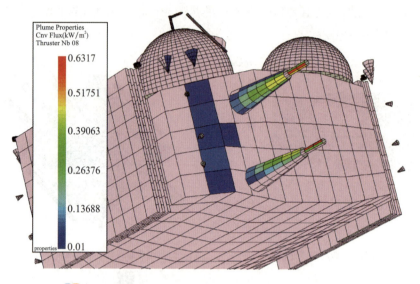

图 2.106　上升器 10N 发动机羽流热效应仿真结果图

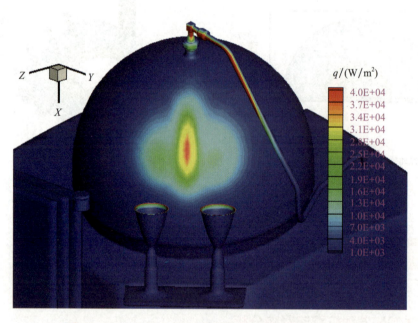

图 2.107　上升器 120N 发动机羽流热效应仿真结果图

2.13.3　返回器再入飞行状态羽流影响分析

因为再入大气飞行阶段气动和防热的要求,返回器发动机布置在舱内,导致发动机羽流在经过舱盖导流管时形成一个复杂的流场,对返回器产生气动扰动力和力矩,带来羽流热效应影响。返回器发动机羽流分析针对返回器自主飞行阶段,该飞行阶段距离地面高度为 5000～120km,按照无阻挡状态进行分析。

返回器共配置20N发动机2台和5N发动机10台。20N发动机对导流管壁的热影响大致相同,热流分布为140~3880kW/m²。5N发动机工作时对导流管壁的热影响大致相同,导流管壁的热流分布为100~600kW/m²。20N羽流热效应仿真结果如图2.108所示。

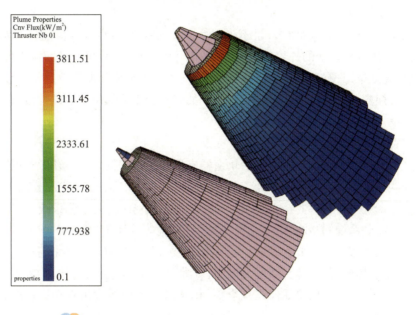

图2.108 返回器20N发动机羽流热效应仿真结果图

2.14 可靠性安全性设计

从航天器研制的经验看,实施较为全面的可靠性、安全性工作项目,能够有效保证航天器完成任务,长期以来航天器总体研制单位形成了一套较为行之有效的可靠性、安全性工作体系,从可靠性安全性管理、可靠性安全性设计、可靠性安全性分析、可靠性安全性验证与评估等多个方面,从系统级、分系统级、单机级等产品维度实施可靠性安全性工作项目。根据"嫦娥"五号探测器任务特点,制定了系统的可靠性和安全性工作策略,并在不同研制阶段进行迭代完善。

2.14.1 可靠性安全性工作特点

"嫦娥"五号探测器任务实施过程中,由于分离、对接等带来了单器、两器、三器和四器等不同组合体状态。任务极其复杂,带来的可靠性安全性难点主要体现为:

(1)单点故障模式多,故障模式识别的充分性和过程控制有效性带来新的挑战。

在飞行任务期间存在大量需要一次成功的不可逆事件,如近月制动、月面软着陆、采样机械臂避让、样品转移封装、上升器起飞、交会对接、轨返组合体分离等关键事件,飞行事件中的关键动作中涉及的单点故障模式较多,如何确保单点故障模式识别全面、单点故障涉及的产品工作可靠,是探测器可靠性工作的主要难点之一。

(2)飞行阶段多,环境影响因素多,且不确定性大,产品可靠性设计和保证难度大。

探测器需要经历复杂多变的外界环境,还要考虑月面低重力、月尘等月面特殊环境的影响、在轨采样阶段热环境复杂,只有探测器各产品可靠工作,才能保证任务能够按照预先设计流程可靠、安全地完成工作,探测器产品可靠性设计难点在于如何开展充分的环境适应性设计、裕度设计、过程控制,以确保设计可靠性的实现。

(3)关键产品众多、产品可靠性评价难。

单点故障模式涉及的关键产品多,包括轨道器支撑舱连接解锁装置、着陆缓冲机构、样品舱与舱盖机构、上升器3000N发动机和着陆器7500N变推力发动机等产品,涉及分离机构分系统、机构分系统、推进分系统、对接机构与样品转移分系统、回收分系统、热控分系统、采样封装分系统、供配电分系统、天线分系统、有效载荷分系统、GNC分系统等共计35类产品。

(4)安全性相关涉及面广,风险识别及验证难,需要开展的仿真和试验验证难。

由于探测器组合体状态多,并且涉及分离、软着陆、月面起飞、交会对接,均存在大量的安全性风险点,探测器系统的安全性风险如何识别全面、相关风险如何通过仿真和试验验证都是需要解决的工程难题。

基于以上任务特点及难点,探测器实施以风险为核心的可靠性安全性设计和控制工作,在探测器研制阶段实施可靠性安全性设计,并在研制过程中实施可靠性安全性过程控制,确保系统任务可靠性最优、产品可靠性设计无漏项,是保证探测器任务圆满完成的重要手段。具体体现在,在研制早期实施可靠性设计分析可以进行系统级产品设计方案比较和优化,识别系统设计的薄弱环节,对系统的冗余设计、余量设计进行分析和评价;在系统和产品设计详细设计阶段识别系统和产品的关键特性、识别过程控制关键点;在产品生产过程中,实施过程工艺可靠性保证、落实各项可靠性安全性设计措施,能够有效保证产品制造过程中的可靠性。

在探测器研制早期,从探测器系统角度确定了可靠性安全性设计原则,覆盖系统、分系统、单机各个产品层级,主要包括:

(1)"可靠性安全性工作前移"原则。要求探测器各级产品可靠性工作重心前移,可靠性工作的重要阶段为方案阶段。

(2)"可靠性安全性工作一次做好"原则。要求方案阶段可靠性工作一次做实、做到位,初样阶段、正样阶段根据设计更改情况进行补充完善,减少重复性工作。

(3)"强化继承性分析"原则。在探测器方案阶段充分开展A、B类单机的继承性分析工作,确保A、B类单机能够满足探测器的要求。

(4)"充分实施工艺可靠性工作"原则。在探测器研制过程中开展工艺可靠性工作,确保探测器可靠性的实现。

(5)"充分开展可靠性验证"原则。在探测器研制过程中开展充分的试验、仿真和分析等可靠性验证工作。

(6)"综合权衡可靠性、安全性、维修性、测试性、保障性、环境适应性"原则。确保通用质量特

性充分、有效落实到探测器研制中,包括:

① 在研制过程中充分识别安全性相关风险并进行过程控制,安全性工作的重点在于识别、分析、控制、跟踪在设计、生产、试验、发射、运行过程中可能存在的危险及其风险,并对探测器的安全性进行验证与评估。

② 维修性设计准则,包含在可靠性设计准则内,同时在设计中考虑在轨维修策略,如硬件冗余、软件重组等设计措施,与可靠性设计一并考虑,纳入到可靠性相关报告中。

③ 测试性工作要求主要包括遥测参数的设置、在轨不可检测故障模式的识别、测试覆盖性分析、测试覆盖性检查等工作,并重点关注各级产品的不可测试项目,并加强分析。测试性分析和测试覆盖性检查的工作完成专题报告,不纳入可靠性相关报告中。

④ 保障性工作要求主要包括资源、物资的综合保障工作,保障性的工作落实到相关专项报告中。

⑤ 环境适应性是探测器的重点工作,在可靠性设计准则中提出设计原则。对整个任务阶段的空间环境进行分析,探测器各级产品根据环境分析结果,与"6"要素设计(降额设计、抗力学设计、电磁兼容性设计、热设计、抗辐射设计、防静电设计)相结合,开展环境适应性工作,并落实到设计及可靠性相关报告中。

(7)"按产品类别分类实施可靠性安全性设计验证"原则。对于不同状态单机产品的可靠性设计、分析、验证工作具体要求是:

① 对于 A 类产品,方案阶段必须开展继承分析工作,针对探测器新的任务阶段和需求,分析产品能否满足探测器需求,并根据工作时间开展可靠性预计工作,开展单机产品的可靠性定量或定性验证工作,其他可靠性设计、分析工作可继承现有结果。

② 对于 B 类产品,方案阶段必须开展继承分析工作,针对探测器新的任务阶段和需求,分析产品能否满足探测器需求,并分析设计更改对可靠性的影响,无影响的可同 A 类产品的原则,有影响的必须开展可靠性设计、分析、验证工作。

③ C、D 类产品对于探测器系统规定的可靠性工作项目不可剪裁。

④ 鉴定产品的可靠性工作项目同 C、D 类产品要求。

探测器的可靠性安全性工作的实施采用"面和点"相结合的原则,"面"是指可靠性安全性工作项目的全覆盖原则,探测器共实施 32 项可靠性安全性工作项目,覆盖了所有的通用可靠性安全性工作项目。"点"指实施的以风险为核心可靠性的重点工作,包括了基于飞行事件的系统级 FMEA 工作、覆盖不可逆事件的系统级 FTA 工作、影响任务成败的产品可靠性试验和评估工作、安全性风险识别工作、安全性设计与验证工作。

2.14.2 可靠性技术风险识别与控制

探测器系统的可靠性技术风险,主要通过功能分析、任务剖面分析、失效模式及后果分析(FMEA)、故障树分析(FTA)等可靠性分析手段识别,探测器采用 FMEA 与 FTA 相结合的方法识别技术风险,并贯穿于研制各阶段,随各级产品研制状态不断进行完善,识别设计和过程控制关键环节,并针对关键环节进行过程控制和设计确认。

1. 基于飞行事件的系统级 FMEA

探测器系统级 FMEA 工作,根据探测器关键环节关联性强,且多个任务阶段存在一次性成功完成的特点,采用了以飞行事件为分析对象的事件 FMEA 方法,对影响探测器任务成败的事件从上到下进行功能分析,分析了典型飞行事件的故障模式,重点清理各飞行事件中的单点故障模式,以确定薄弱环节,并对薄弱环节进行控制。采用基于事件的系统级 FMEA 方法能反映故障模式对关键事件的影响,以及对探测器任务的影响。基于飞行事件的 FMEA 有如下几方面特点:

1)细化任务剖面

传统的系统级 FMEA 的任务剖面按轨道阶段进行划分,如将任务阶段划分为转移轨道和同步轨道段;基于事件的系统级 FMEA 方法对任务剖面进行了细化,将飞行阶段划分为若干个关键事件,每个关键事件均为一个任务剖面。通过任务剖面的细化使得系统级 FMEA 更加详细,基于事件的系统级 FMEA 的故障模式、故障影响、故障检测方法均是针对当前分析的事件提出,使得分析更加细致和有针对性,并且分析的任务剖面以飞行程序为基础,关键事件的分析过程与飞行程序相一致,针对故障模式采取的设计措施和在轨补偿措施更有效,基于事件的系统级 FMEA 结果可以为在轨故障对策的制定打下良好基础。

2)加强功能分析

基于事件的系统级 FMEA 对功能分析进行了加强,在传统的系统级 FMEA 明确系统组成、功能定义及系统级可靠性框图的基础上,增加了如下信息作为基于事件的系统级 FMEA 功能分析的一部分:首先对事件进行定义,对事件将要完成的规定任务进行详细定义,列出每个事件的关键动作,整理参与关键动作的单机及单机的工作模式,同时分析事件中各关键动作的信息传递关系、时序关系以及各动作的系统保障等环节,并且明确了系统、分系统及单机冗余设计措施及措施的有效性。与传统的系统级硬件 FMEA 相比,系统级的功能分析更加细致,打破了分系统之间的界限,使得开展的 FMEA 工作条理较为清晰,并且分析的内容也较为全面。

3)细化故障影响

基于事件的系统级 FMEA 将故障影响细化到对事件的影响及对整星任务的影响,包括故障对后续事件的影响,依据对整星任务的影响程度确定故障概率等级,同时考虑在轨采取的补偿措施的情况,确定单点故障,确定各事件薄弱环节。对故障影响的细化,使得故障模式与飞行任务紧密相连,同一故障模式在不同任务剖面内的故障影响不同,受到的关注程度不同,解决方案也有所不同,因此能够较为方便地确定各事件中的关键环节。

4)从上到下开展分析

基于事件的系统级 FMEA 采用了从上到下进行分析的工作思路,这种方法比较适合于开展系统级 FMEA 工作。从上到下的分析方式,便于从系统级考虑问题,与探测器的飞行任务相匹配,较为方便地开展系统级的功能分析工作;从上到下考虑的故障模式直接定位到单机级,故障模式考虑得较为全面,能够充分发挥系统级 FMEA 的优势。

基于飞行事件的系统级 FMEA 流程如图 2.109 所示,主要包括:

(1)确定系统级 FMEA 的分析方法;

(2)定义系统,划分探测器全任务阶段的主要事件,明确输入条件;

(3)明确假设条件,定义严重性等级、故障概率等级及故障判据;

(4)分析各事件中涉及的分系统、设备及接口,分析相关设备在此事件中需完成的主要功能;

(5) 依据归纳出的功能定义,提出相应的单机或模块级故障模式,完成分析表格;
(6) 给出分析结论,判断是否进行设计更改,进行设计确认。

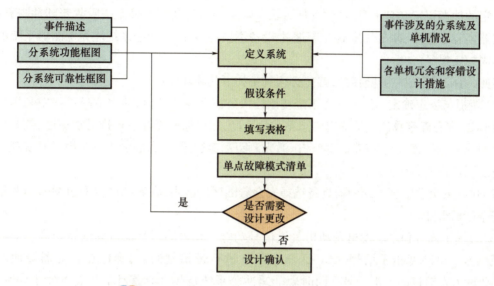

图 2.109　基于飞行事件的系统级 FMEA 流程

通过分析,形成探测器系统Ⅰ、Ⅱ类单点故障模式清单、不可检测故障模式清单、探测器系统故障模式清单,并在研制过程中对Ⅰ、Ⅱ类单点故障模式采取的控制措施进行逐一落实、审查和认证:

(1)"嫦娥"五号探测器共有Ⅰ、Ⅱ类单点故障模式 30 个,其中不可检不可测项目 5 项,这些均为飞行任务的薄弱环节,在设计过程中进行了重点关注和控制;

(2) 通过分析可以看出Ⅰ、Ⅱ类故障模式和单点故障的发生可能性很低,并提出了预防/纠正措施;

(3) 探测器设置的关键及强制检验点对Ⅰ、Ⅱ类单点故障项目均有所覆盖,以降低Ⅰ、Ⅱ类故障模式的发生概率,降低技术风险;

(4) 探测器对Ⅰ、Ⅱ类的单点故障模式涉及的火工品、大推力发动机和活动部件类产品进行重点控制;

(5) 对探测器使用的全部火工品、大推力发动机和活动部件均需开展可靠性评估工作。

2. 关键任务环节 FTA

FTA 通过演绎法逐级分析,寻找导致某种故障事件(顶事件)的各种可能故障原因或原因组合,从而识别出设计中的薄弱环节和关键项目,并为评价和改进产品的可靠性、安全性设计提供参考和依据。

探测器开展了近月制动、软着陆任务、采样封装任务、起飞上升任务、交会对接任务、再入回收任务 6 个关键事件的故障树分析工作。对关键事件的失败进行定义,开展关键事件的功能分析工作,形成功能树图,在明确分析范围和相关假设条件的前提下,开展故障树建立和分析,得到顶事件的一阶最小割集、二阶最小割集,一阶和二阶最小割集对应的单机设备作为关键项目进行控制。下面以软着陆任务为例,阐述利用 FTA 识别关键任务环节风险的过程。

1) 软着陆任务分析和功能组成

该阶段主要涉及 GNC、推进等分系统的相互配合,实现着陆下降段的自主制导、导航与控制,以及一定的地形识别和自主避障能力;月面软着陆主要是着陆缓冲分系统吸收着陆冲击载荷,保证探测器姿态不超差、冲击载荷不超差、器上设备不损害、着陆缓冲分系统能为探测器系统的工作提供牢固的支撑等。

因此,着陆器完成软着陆任务,首先必须具备如下几项功能:

(1)轨道与姿态确定功能。动力下降初始注入姿态和轨道初值,动力下降过程中利用陀螺测量值由 CCU 姿态确定算法预估确定姿态角和角速度,利用加速度计获得推力加速度,依据惯性导航方程积分进行位置、速度确定,期间辅以激光测距测速敏感器、微波测距测速敏感器实现对月距离和速度测量值的导航修正。

(2)选择安全着陆区。探测器具备选择安全着陆区的能力,在着陆区内通过粗避障和精避障选择安全区域着陆。

(3)缓速下降过程中的发出发动机关机信号功能。在着陆器月面着陆前特定高度时由伽马关机敏感器给出高度指示信号,CCU 采集信号并进行逻辑判断后,确保在着陆器着地前发出 7500N 变推力发动机的关机信号。同时着陆缓冲分系统足垫设有落月信号装置发出触月信号,CCU 采集信号并进行逻辑判断后,同样可发出 7500N 变推力发动机的关机信号。

(4)着陆缓冲与稳定着陆功能。通过缓冲器的吸能作用降低探测器的着陆冲击载荷,保护探测器上设备的安全;在规定的探测器着陆速度和月球着陆面坡度下着陆,通过着陆缓冲分系统的作用,防止探测器倾倒或翻转。

"嫦娥"五号探测器软着陆任务的功能框图详见图 2.110(部分)。故障树中涉及的相关设备的冗余情况见表 2.28(部分)。

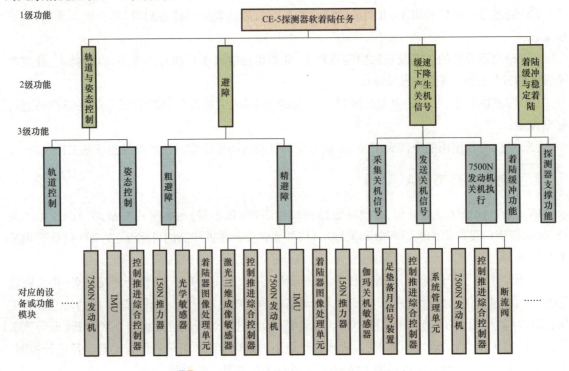

图 2.110 软着陆任务功能树图(部分)

"嫦娥"五号探测器软着陆任务除保证着陆器正常运行外,直接执行软着陆任务的单机设备主要包括 GNC 分系统、推进分系统、机构分系统中着陆缓冲机构、数管分系统的相关单机设备。因此故障树分析的重点就是围绕上述 3 个分系统的单机设备开展的。

表2.28 设备的冗余情况表

分系统	单机/设备	冗余/备份设计情况
机构分系统着陆缓冲机构	着陆缓冲机构（Ⅰa/Ⅰb/Ⅱa/Ⅱb）	压紧释放装置的火工锁具备双起爆器,只要一个起爆器发火,压紧释放装置即可动作
	着陆缓冲机构（Ⅰa/Ⅰb/Ⅱa/Ⅱb）足垫探针	在着陆下降段的末期提供关机触发信号,由伽马关机敏感器启动关闭发动机信号作为主分,探针触地关机信号作为备份。着陆缓冲机构（Ⅰa/Ⅰb/Ⅱa/Ⅱb）3 个足垫底部分别安装一个落月信号装置,提供 GNC 落月信号,落月信号采取 3 取 2 判别后,控制 7500N 变推力发动机关机

2) 分析假设

进行"嫦娥"五号探测器软着陆任务失败故障树分析的假设条件如下:

(1) 软着陆任务故障树分析只考虑着陆下降段的工作过程,在着陆下降段前的各任务阶段假设探测器工作正常,无任何故障。

(2) 故障原因只考虑软着陆任务的各相关分系统,包括 GNC、推进、着陆缓冲、数管等分系统的设备故障。虽然在软着陆任务过程中工作,但不是专门用于软着陆的其他保障设备(如电源分系统、热控分系统、测控数传分系统的设备等),假设工作正常。

(3) 在分析着陆缓冲分系统的部件故障时,只考虑产品设计类故障,着陆速度等其他条件对分系统的影响在整个软着陆任务时统一考虑。

(4) 不考虑突发的空间环境的影响(如空间碎片等)。

(5) 故障模式的应急对策在此不做考虑。

(6) 推进分系统除 7500N 变推力发动机相关阀门外,其他阀门均假设无故障,其余过程假设阀等设备无故障。

(7) 本次故障树分析的底事件电子产品分析到单机内部冗余模块级,机械产品分析到部件级。本次故障树分析只做定性分析。

3) 故障树分析

(1) 故障树顶事件定义。

根据对探测器软着陆任务的分析,软着陆任务失败表现为如下 4 个后果事件:

① 着陆姿态超差;

② 着陆时冲击载荷过大;

③ 7500N 变推力发动机不能关机;

④ 不能满足上升器的起飞条件。

导致上述 4 个事件的任意一个事件发生即定义为软着陆任务失败,在进行故障原因分解时,根据软着陆任务功能分析的各功能逐个分解故障原因,具体表现为轨道与姿态确定、避障(确定安全着陆区域)、缓速下降产生关机信号和着陆缓冲与稳定着陆等出现异常时该顶事件发生。

(2) 分析方法。

故障树分析自上而下做,先由总体从顶事件开始建立故障树,按照事件的逻辑关系往下找故障直接的发生原因,直到找到故障最根本的原因:机械产品到部件层次,电子设备到单机层次,如有模块冗余则分析到模块级。然后对所建的故障树做定性分析,找出一阶最小割集和二阶最小割集,得到影响软着陆任务成败的关键故障事件和事件组合。

(3) 分析结果。

整个"软着陆任务失败"故障树包括55个门事件和99个底事件。通过分析得到故障树的最小割集,其中一阶最小割集24个,涉及了9个设备;二阶最小割集19个,涉及9个设备。

一阶最小割集是指该割集中的故障发生,顶事件就发生。

二阶最小割集是指该割集中的两个故障同时发生,顶事件就发生。

由此可以看出,在故障发生可能性相差不大的情况下,一阶最小割集中出现的故障事件最重要,这些都是"单点失效"环节,危害最大;在二阶最小割集中出现次数越多的故障也越重要,也应予以重视。

"软着陆任务失败"故障树一阶最小割集清单详见表2.29,二阶最小割集清单见表2.30,三阶以上割集组合清单见表2.31。

"软着陆任务失败"所有中间门事件清单及在故障树中的出现次数见表2.32,底事件清单及各基本事件出现在故障树中的次数统计见表2.33。故障树图(部分)见图2.111。

表2.29 "软着陆任务失败"故障树一阶最小割集清单(部分)

序号	底事件号及名称	故障描述	所属设备	所属分系统
1	E4:7500N变推力发动机	7500N变推力发动机故障	7500N变推力发动机	推进
2	E23:推进剂贮箱	推进剂贮箱失效	推进剂贮箱	推进
3	E25:减压阀	减压阀失效	减压阀	推进

表2.30 "软着陆任务失败"故障树二阶最小割集清单(部分)

序号	底事件号及名称	故障描述	所属设备	所属分系统
1	E21:惯性测量单元处理线路1	惯性测量单元处理线路1失效	惯性测量单元处理线路	GNC
	E22:惯性测量单元处理线路2	惯性测量单元处理线路2失效	惯性测量单元处理线路	GNC
2	E8:小流量自锁阀PVZ4	小流量自锁阀PVZ4失效	小流量自锁阀	推进
	E26:小流量自锁阀PVZ6	小流量自锁阀PVZ6失效	小流量自锁阀	推进

表2.31 "软着陆任务失败"故障树三阶以上最小割集清单(部分)

序号	最小割集组合	割集阶数
1	E01:CCU-A机 E02:CCU-B机 E03:CCU-C机	3

表2.32 "软着陆任务失败"中间门事件清单

序号	中间门事件	在故障树中出现次数
1	G1:轨道、姿态控制	1
2	G2:安全着陆	1
3	G3:缓速下降至落月过程发动机关机	1
4	G4:着陆缓冲	1
5	G5:探测器轨道控制	1
6	G6:探测器姿态控制	1
7	G7:控制单元	8

表2.33 "软着陆任务失败"故障树底事件清单(部分)

序号	底事件序号及名称	故障描述	相关分系统	树中出现次数
1	E1:CCU-A机	CCU-A机失效	GNC	8
2	E2:CCU-B机	CCU-B机失效	GNC	8
3	E3:CCU-C机	CCU-C机失效	GNC	8

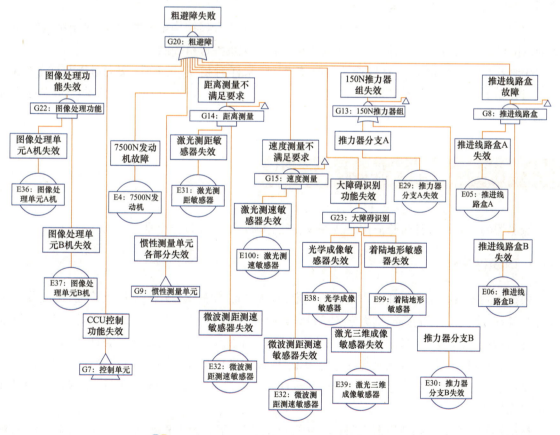

图2.111 "软着陆任务失败"故障树图(部分)

3. 基于飞行事件的系统级 FMEA 与 FTA 结果的综合应用

"嫦娥"五号探测器由于可靠性安全性要求高,采用了基于飞行事件的系统级 FMEA 与 FTA 联合应用进行风险识别,确保风险识别全面。FMEA 和 FTA 各有特点,二者不能互相替代,更适合综合应用,FTA 在 FMEA 基础上开展分析,对 FMEA 进行有效补充和扩展。二者的主要区别如下:

(1) FMEA 多数情况是单因素的分析,FMEA 通过表格的方式记录设计过程或者进行设计复核,文字量大,便于将故障影响、故障原因、控制措施等描述全面。FMEA 按照穷举的方式来开展,保证人机料法环测等环节分析全面。FMEA 是进行风险识别的首要工具手段。FTA 是多因素的分析方法,可以明确表示各个事件之间的逻辑关系,冗余环节更易于分析和体现。

(2) FMEA 为归纳的方法,强调产品分析的约定层次,FMEA 一般可以同时反映 3 个产品层级的故障影响和传递关系;FTA 一般选取关键事件通过树状表现故障的演绎过程,产品层次可以按照需求开展,并且可以针对关键环节进行详细分析。

(3) FMEA 能够反映产品的关键程度和发生可能性,给出风险矩阵,识别单点故障模式,给出关键风险环节;FTA 不能直接给出故障的严酷度等级,可以通过一阶割集识别单点故障模式,FTA 可以通过多阶割集给出会引起不期望事件的故障组合。

(4) FMEA 和 FTA 的分析结果在型号中落实,并做到闭环管理,探测器的单点故障模式和一阶割集对应的设备均作为关键项目进行控制。

(5) FMEA 是定性的分析方法,FTA 在完成建模后可以开展结构重要度计算,对于结构重要度高的故障模式对应的设备或者部件应作为关键项目和关键件进行控制。

探测器在完成 FMEA 后,选取近月制动、软着陆、采样封装、起飞上升、交会对接与样品转移、再入回收 6 个关键事件开展 FTA,FMEA 的单点故障模式和 FTA 的一阶割集对应的产品进行了对比,确保了风险环节识别的全面。

2.14.3 可靠性设计与验证

探测器的可靠性设计与验证按产品等级、产品类型、工作项目三个维度开展。

1. 可靠性设计

根据探测器系统级可靠性工作计划的规定,各级产品均需开展冗余设计及验证、裕度及余量设计与验证、降额设计与验证、抗力学环境设计与验证、热设计与验证、电磁兼容设计与验证、抗辐射设计与验证、静电防护设计与验证等工作。电子产品重点通过降额设计与验证、抗力学环境设计与验证、热设计与验证、电磁兼容设计与验证、抗辐射设计与验证、静电防护设计与验证保证电子产品可靠性。机构产品通过冗余、裕度、热设计和抗力学设计及机构润滑设计,确保产品满足规定的可靠性要求。

探测器机构产品包括轨道器太阳翼驱动机构,轨道器定向天线驱动机构,对接机构主动件,对接舱、支撑舱连接解锁装置,对接舱、支撑舱弹簧分离装置,返回器连接解锁装置和分离装置,样品舱与舱盖机构,电分离摆杆机构,着陆器着陆缓冲机构,定向天线双轴驱动机构,钻取采样装置,表取采样机械臂,表取初级封装装置,有效载荷全景相机转台,上升器连接解锁装置,电连接器强脱装置,样品容器连接解锁装置,着陆上升组合体连接解锁装置,着陆上升组合体弹簧分离装置等产品。上述机构产品多为探测器单点故障模式对应的硬件产品。

1)冗余设计

探测器系统中火工装置均为单点故障产品,采用双点火器冗余设计,任一点火器工作均能保证火工装置的可靠工作,避免火工装置不能解锁故障的发生。

返回器分离装置采用两对插针/插孔分别向返回器和轨道器提供返回器分离信号,在器内信号及器间信号采集上均实现了冗余设计。

舱盖驱动机构电机/定向天线双轴驱动机构电机均采用双绕组备份设计,任一绕组工作都可实现驱动组件的可靠运动。

钻取采样装置、表取采样装置及密封封装装置中选用的各类驱动电机均采用单电机双绕组或双电机形式进行备份。

密封封装装置采用金属挤压密封和密封圈密封的冗余设计。

2)裕度设计

产品的结构强度裕度均通过静力试验或鉴定级振动试验考核,确保产品经历主动段飞行过程中,结构强度满足要求。对于具有展开功能的电分离摆杆机构、着陆缓冲机构、样品舱与舱盖机构产品,在产品设计最小静力矩裕度基础上,对展开阻力(或力矩)进行了测试,结合驱动力(或力矩)实测值进行了静力矩裕度的复核,确认了展开的可靠性。

3)热设计

采用的原材料均为航天器常用原材料,能够承受所预示的空间温度与环境温度,火工装置的环境适应性以药剂在给定的环境温度外扩+30℃条件下性能稳定为前提,结合环境温度要求开展相关鉴定试验,相互运动的部件采用相同的材料或热膨胀系数相近的材料制造,保证机构运动必需的间隙。

采样封装表取采样装置机械臂上的高温直流电机表面均贴上温度传感器,进行温度监测,确保电机在指定的温度范围内工作;钻取采样装置的钻头基体材料采用40Cr,切削具采用硬质合金YG6x,取芯软袋采用凯芙拉,以满足工作温度的要求。

4)抗力学设计

抗力学设计体现为产品对给定力学环境的适应性,将在产品设计时,结合给定的力学环境条件,进行频响分析,从设计上确认产品对力学环境的适应性,并通过产品鉴定试验验证力学环境适应性。

5)润滑设计

机构运动副采用的润滑方式需综合考虑所经历的各种环境条件、工作载荷大小、工作寿命、零部件材料和润滑剂的相容性等要求。运动机构采用空间润滑最为成熟的固体MOS_2润滑膜润滑方案,MOS_2固体润滑膜涂层及工艺已经十分成熟,已广泛应用于各类空间机构产品。

上述设计均在探测器研制过程中经过相关试验进行验证。

2. 可靠性验证

根据FTA、FMEA结果,对单点故障模式涉及的关键产品实施可靠性评估工作,具体产品包括轨道器支撑舱连接解锁装置、着陆缓冲机构、样品舱与舱盖机构、轨道器/上升器3000N发动机、对接机构主动件、减速伞脱伞器、水升华器、表取采样机械臂、太阳翼压紧释放装置、定向天线驱动机构、全景相机转台、微波雷达天线等产品，涉及分离机构分系统、机构分系统、推进分系统、对接机构与样品转移分系统、回收分系统、热控分系统、采样封装分系统、供配电分系统、天线分系统、有效载荷分系统、GNC分系统等共计35类产品。

在开展可靠性评估中，火工品的可靠性评估按置信度0.95考虑，严重性等级为Ⅰ、Ⅱ类的单点故障对应的机构类产品，给出整个机构的可靠性评估结果，置信度按0.7考虑；大推力发动机置信度按0.7考虑。

2.14.4 安全性风险分析

1. 整器风险识别与控制

探测器开展了危险源识别、危险分析、安全性关键项目制定及控制等工作，重点在于识别、分析、控制、跟踪在各研制阶段和在轨运行过程中可能存在的危险及其风险，对安全性关键环节进行控制，确保正样产品的安全及人员安全。

1) 危险源识别

危险源指可能引发危险的因素(包括环境介质、故障和人为差错等)，分为一般危险源和故障危险源。将具有固有危险特性的材料和产品(包括易燃易爆、含能及有毒物品、承压系统、激光、微波等)以及与环境有关的危险因素(如空间碎片等)统称为一般危险源，故障危险源指引发危险的系统功能故障因素(包括软、硬件故障及人为差错等)。

针对探测器产品配套情况和整器设计状态，经危险分析和可靠性安全性复查，识别出探测器一般危险源21项，故障危险源7项。

2) 危险分析

针对识别出的一般危险源和故障危险源，开展了危险分析工作，包括识别危险发生的任务阶段，评价这些危险的危害性，提出消除或控制危险的措施建议，降低危险风险。探测器危险分析工作贯穿于系统整个寿命周期。在工程研制的不同阶段，由于可获取的数据及信息的不同，危险分析的重点也有所不同。在初样阶段前期，危险分析的重点在于方案中可能存在的危险源以及危险的后果；并重点对分系统设计中存在的各类危险源进行识别和分析、各分系统之间接口部分的危险源进行识别和分析；正样阶段除了对上述分析进一步完善外，重点对与使用、环境、人员操作及工作规程等有关的危险进行分析。

探测器用风险评价危险，即通过综合考虑危险发生的可能性和严重性来评价危险风险。危险风险指数1~5，为不可接受危险项目；危险风险指数6~9，为不希望危险项目，需管理者决策；危险风险指数10~17，为可接受危险项目，但需管理者评审；危险风险指数18~20，为可接受危险项目，不需要评审。

通过分析，探测器危险风险指数12为7项；危险风险指数15为2项；危险风险指数17为7项；危险风险指数20为12项。探测器针对危险分析结果，提出了安全性控制措施，并在研制过程中落实。

3) 安全性关键项目控制措施及落实情况

根据探测器安全性关键功能和危险分析结果,共识别出 6 项安全性关键项目,其中包括返回器气动烧蚀、环路热管排气、剩余推进剂安全、月面着陆与起飞安全、月面采样封装安全、交会对接与样品转移安全。研制过程中采取了相应的控制措施,并开展了试验验证,控制措施合理有效。

2. 关键环节安全性分析

探测器在研制过程中开展了各分离面的安全性分析。经过分析,5 个分离面在分离过程中均无碰撞风险,安全性满足要求。

1) 轨返组合体与着陆上升组合体分离安全分析

轨返组合体与着陆上升组合体分离在第二次近月制动结束后的第 4 圈国内深空站可见弧段内进行,分离后两组合体相对距离单调增加,至着陆上升组合体第一次降轨变轨前相距约 110km,在轨返组合体第一次调相变轨后约 4h 相对距离达到最大,约 3800km,随后两组合体距离逐渐减小,至动力下降前两组合体相对距离不小于 450km,分析结果表明,轨返组合体与着陆上升组合体分离后无碰撞风险。分离过程仿真表明分离相对速度、分离角速度均满足指标要求,分离过程无干涉。

2) 轨返组合体支撑舱分离安全分析

轨返组合体支撑舱分离安排在轨返组合体第三次调相和第四次调相之间;经分析,支撑舱在分离后至交会对接段之前,与轨返组合体相对距离不断增大,无碰撞风险。在交会对接至月地转移入射开始前,支撑舱与轨返组合体、上升器之间始终保持安全的相角差,无碰撞风险。在两次月地转移入射机动之间,轨返组合体运行在 8h 大椭圆轨道上,与支撑舱的轨道不会发生交叉,无碰撞风险。综上所述,经分离安全性及环月轨道演化分析,支撑舱分离后至月地转移入射完成全过程中,支撑舱与上升器、轨返组合体均无碰撞风险。分离过程仿真表明,分离相对速度、分离角速度均满足指标要求,分离过程无干涉。

3) 上升器与着陆器分离安全分析

上升器与着陆器月面分离后,上升器 3000N 发动机点火,点火 1s 后,上升器 GNC 启控,消除两器分离和 3000N 发动机点火导致的角度和角速度偏差。

综合考虑各种扰动的影响进行了分析,结果表明,GNC 启控时,上升器最大角度偏差 2°,角速度偏差 4(°)/s,满足 GNC 角度偏差 5°和角速度偏差 5(°)/s 的要求,分离过程相对运动安全,无干涉。

4) 轨返组合体与上升器分离安全分析

轨返组合体与上升器分离安排在交会对接与样品转移段样品转移完成后;分离后两器相对距离不断增大。分析结果表明,至上升器落月前,轨返组合体与上升器分离无碰撞风险。分离过程仿真表明,分离相对速度、分离角速度均满足指标要求,分离过程无干涉。

5) 轨道器与返回器分离安全分析

轨返分离安排在月地转移到达距地约 5000km 高度处;分析表明,轨道器与返回器分离后相对距离不断增大,分离后约 2.5min,轨道器进行规避机动,此时两器相对距离约 75m。规避机动后两器相对距离迅速增大,返回器再入时刻,轨道器与返回器距离超过 9km,无碰撞风险。分离过程仿真表明,分离相对速度、分离角速度均满足指标要求,分离过程无干涉。

2.14.5 安全性设计与验证

1. 指令安全性设计与验证

为了防止冒指令可能对整器安全构成的威胁,在指令模块设计中,采取低电压监测电路,当电压下降到一定阈值时禁止指令发出,确保在设备加电、复位、断电时,指令输出端无异常输出。

遥控指令译码方案设计中,采取汉明编码进行检错,防止误指令的发生;指令译码和驱动电路设计中,采取独立的两路信号控制指令输出,驱动管串联使用,保证在发生单点故障时也不会产生冒指令。

软件对程控触发信号判别设有使能禁止功能,且硬件上连续采集方判为有效,避免误判导致提前发出指令。

研制过程中对相关单机及数管分系统验证无冒指令发生。

2. 供配电安全性设计与验证

探测器系统从设计上采取了多项措施以确保整器的供电安全性:

(1)所有一次电源的负载均在供电输入端采取限流保护措施,防止由于冲击电流过大造成母线电压过度下凹影响其他设备的正常工作。

(2)设备内部供电安全间距严格按照相关标准规范执行。

(3)一次母线功率电缆均采取二次绝缘安全保护措施,防止母线与探测器结构、一次电源回线及其他连接线间出现短路故障。

(4)火工品控制采取3道安全防护开关,其中任意2个同时出现误动作,均不能对火工品误引爆。

(5)器表插头和分离插头通过电接口设计、安全间距、绝缘保护等方式消除短路风险等。

探测器系统按照以上措施开展了产品研制工作。单机产品验收过程中,对供配电安全性措施的落实情况进行了检查,确认了研制结果满足要求;产品上器安装后,随整器经历了各阶段电性能测试、EMC试验、力学试验和热试验考核,供电安全性满足要求。

为确保探测器的供配电可靠性和安全性,查找供配电薄弱环节,探测器整器进行了供配电可靠性安全性设计和实物检查工作,包括供电接口保护措施复查、电源拉偏试验检查、接地设计复查、指令电源设计复查、功率继电器实物复查、功率电连接器和功率线束设计复查、供电接口中电容使用情况复查、CMOS器件防锁定检查、工艺安全措施、安全间距复查等,经复查,探测器供配电可靠性和安全性设计、实物各项指标均符合要求。针对钽电容、二极管、三极管、继电器等极性器件各单机开展全面复查,经复查,各单机极性器件的安装和使用均正确,符合要求。对整器能源安全性开展了全面复查,包括器表接口、分离接口、帆板驱动机构供电安全性、主功率通路产品裸露导体绝缘防护及生产过程质量控制情况、供电链路安全性、一次母线负载设备安全间距、指令链路安全性、整器故障容限设计及安全策略分析等,经实物检查和确认,各环节供电可靠性和安全性均得到了有效控制,满足探测器使用需求,无供电安全隐患。

3. 测控数传安全性设计与验证

测控数传分系统各单机产品的安全性设计措施包括：

（1）充分考虑设备之间接口的安全性，电源电路中的钽电容采用钽电容加保险丝或两只钽电容和电阻串联的保护措施。

（2）单机的信号接口采用隔离器、滤波器设计措施，减小信号的干扰，增强产品的适应性。

（3）对大功率发热器件，采用散热设计措施，以防止器件过热导致失效。

（4）单机设计中采取电连接器的防误插措施，每台单机选用的电连接器是唯一的；两个同规格的连接器，用连接器（座）的针和孔进行区别，以防误插。

（5）进行设备输入电压的拉偏设计，增强设备的适应性。

（6）单机的结构设计进行力学计算和分析，印制板的电装工艺采用工艺安全措施，以防止器件管脚的断裂，单机产品通过鉴定级振动试验的验证。

测控数传分系统在安全性设计上采取的各项措施，通过了单机各项试验验证及测试验证，结果均满足要求。并根据各单机产品的特点提出了产品操作、存放、运输、总装和测试中的要求，各单机产品在型号研制过程中无危及产品安全和人员安全的事件发生，保证了研制过程的顺利进行。

测控数传分系统在进行微波开关切换时，输入端要求无射频信号输入；X频段固态放大器在开机或关机时，输入端要求无射频信号输入，上述要求在各阶段测试大纲注意事项中均进行了说明，所有测试细则均按照上述要求进行指令发送，在分系统验收及整器综合测试过程中，均按要求进行指令发送，确保了产品安全可靠。

4. GNC 安全性设计与验证

探测器 GNC 分系统各单机产品的安全性控制措施包括：

（1）单机设备二次电源中设计了输入短路保护电路、输出过压和过流保护电路，保证供电安全性。

（2）严格控制原材料的选择，消除已识别的危险或减少相关的风险。

（3）电路设计过程中，严格控制安全间距，保证输入正线与回线之间、输入正线与壳地之间以及输入回线与壳地之间的间距满足安全间距要求。

（4）采取联锁、冗余、故障-安全设计、系统防护等安全性设计措施，尽可能降低单个故障导致系统功能失效的风险。

（5）采用物理隔离或屏蔽的方法，任务过程中如果发生故障，能够及时与其他电气部件隔离开。

（6）对于有辐射源、激光光源、微波器件、火工品等特殊部件的产品，按相关要求进行防护设计。

GNC 分系统单机在研制过程中，严格落实了上述安全性控制措施，按照技术流程完成了部装、测试、试验等工作，结果均满足要求，未发生危及产品安全和人员安全的事件；并按要求进行了产品的存放、运输，产品交付总装后，随整器顺利完成了电性能综合测试、EMC 试验、力学试验和热试验等工作，产品功能、性能满足要求。

对于返回器推进子系统加注任务环节，已经按要求制定了安全控制措施，并在发射场合练中进行了验证，可以保证返回器加注任务的顺利完成。

5. 推进安全性设计与验证

推进分系统采取了多项安全性设计措施以确保探测器系统安全性,各项安全性设计及验证情况如下:

(1)推进系统所有承压产品严格要求开展了强度设计与验证。通过对同批次的贮箱、气瓶的批抽检测试和爆破试验,验证了产品的结构安全系数满足要求。除贮箱、气瓶外的推进系统组件在交付验收前都进行了严格的安全验证压力试验,确认组件耐压特性满足要求。

(2)针对推进分系统选用的2种未经飞行验证的新材料,均通过了材料认定,满足型号飞行任务要求,选用的其他金属和非金属材料都经过相关任务的飞行试验验证,推进系统所有与推进剂接触的材料均满足相容性要求。

(3)推进分系统通过膜片和单向阀设计实现了推进分系统氧燃隔离,确保系统安全性。单向阀采用双密封冗余结构设计,研制过程中通过单机产品漏率测试确保产品密封性能,能够确保氧燃安全隔离。正样研制阶段各次检漏过程中,在系统放气末期,轨道器、着陆器开展了气路膜片泄漏检查,上升器开展了贮箱金属膜片泄漏检查,膜片均未泄漏,能够确保发射场推进剂加注后,氧化剂与燃料可靠安全隔离。

(4)推进系统采用焊接、双道密封设计等措施保证系统及各级产品的密封性能。各组件产品在交付验收前均进行了氦检漏,部件材料和焊缝均按要求进行了无损探伤检验,因结构限制无法进行无损探伤的焊缝均按照工艺要求通过试件剖切检查熔深、氦质谱检漏、液/气强度试验以及外观检查等方式确认焊缝质量,符合标准要求。

(5)推进分系统通过开展地面的多次阀门特性单检测试,确保器上阀门产品性能和安全性。探测器系统开展了推进阀门单检测试安全性分析,通过对单检测试时连接关系、供电及接地分析,可确认地面综合测试设备遥控及遥测采集模块、RS422通信模块、1553B通信模块、电流采集模块均与220V保护地隔离;地面电源供给推进线路盒使用的全调节电源地、不调节电源地、指令电源地与220V保护地隔离;推进线路盒一次地与二次地在线路盒内部连接并浮地,均与220V保护地之间隔离,无潜在回路,推进阀门单检测试不会对整器造成安全性风险。

探测器正样研制阶段开展了6次推进检漏,所有实测数据均满足指标要求。检漏充气及放气过程中,均实时监测了气瓶外壁的温度,保证充气过程中气瓶不超温,放气过程中不结露,确保器上产品安全。

针对发射场加注,完成了安全性控制措施的制定,具体包括:氧化剂、燃料加注罐严格分开存放,确保氧化剂和燃料在加注间不接触;加注设备的结构安全系数均不小于4,对加注设备及管路的洁净度严格控制,通过漏率检测确保加注设备密封性能满足要求;加注过程及加注后24h内,每隔4h定时用手提式毒性气体浓度测试仪监测探测器周围推进剂泄漏蒸发浓度,当推进剂浓度大于5×10^{-6}时,及时上报并采取相应措施;通过发射场合练和加注演练,固化了加注操作流程、操作口令,确保了加注操作的安全性;严格控制加注人员,选用有加注经验的人员完成加注,通过落实以上控制措施,可以保证发射场加注过程中的安全性。

针对采用隔膜泵加注的新方案,开展了隔膜泵材料相容性试验及680L表面张力贮箱的加注试验,结果表明,隔膜泵材料与推进剂相容,680L表面张力贮箱加注全过程未出现夹气,满足使用要求。加注方案中采用两台隔膜泵实现备份冗余,正常情况下,全程只采用主份泵工作,故障下可切换至备份路。

6. 机电产品安全性控制

探测器有 9 个分系统使用了电机，整器共有 56 台电机。电机类型包含步进电机、直流无刷电机、直流力矩电机、磁滞电机、超声电机、永磁同步电机共 6 种，这些电机涉及飞行任务过程中各个关键环节。

针对此情况，探测器完成了对机电产品的安全性设计、分析与验证工作。针对探测器系统使用活动部件和电机驱动机构多的特点，探测器系统完成了全系统电机的使用情况统计和复查工作，针对电机控制电路的设计情况组织了审查与确认，进一步确认了电机驱动部件设计安全性满足要求。

7. 火工装置安全性控制

探测器上火工装置共计 119 个，为保证安全性，探测器完成了对火工装置的安全性设计、分析与验证工作，对火工装置产品状态和使用状态进行了全面清理，汇总了各类火工装置的使用环境条件，确保产品满足使用要求。同时，在正样阶段安排了火工装置产品复查，对火工装置选用合理性、设计正确性、环境使用条件、试验验证充分性完成了复查。

探测器回收分系统的 5 类火工装置在飞行试验器中已经完成攻关、研制和验证，其余火工装置均在探测器系统的初样及正样阶段试验中完成了验证。

第 3 章

月面自动采样返回探测器专业技术

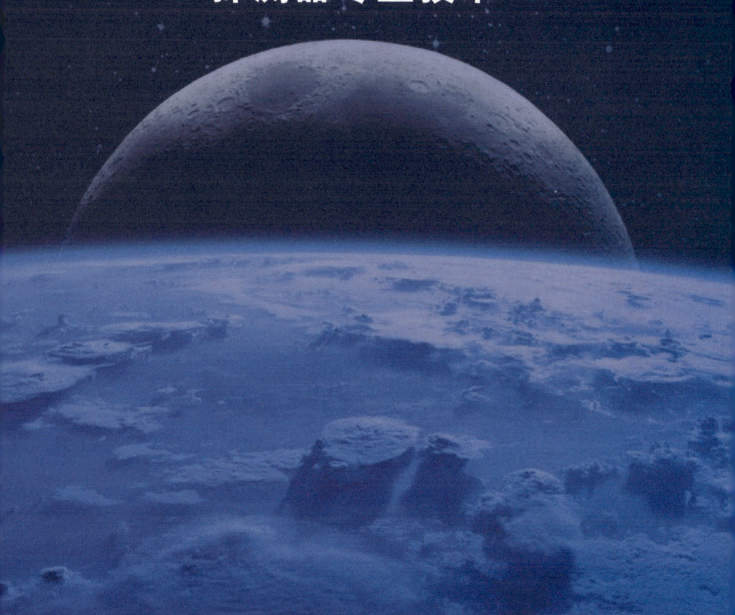

月面自动采样返回探测器技术

3.1 结构技术

3.1.1 技术要求与特点

探测器结构是探测器分系统组成之一,是实现探测器构型,为仪器设备安装、器箭连接、器间连接、总装操作等提供接口,传递和承受探测器各阶段载荷的平台[22]。

1. 功能要求

探测器结构在探测器制造、储存、运输、吊装、测试、试验、发射、在轨运行、月面工作和返回等阶段需具备以下功能:

(1)保持探测器各状态下的构型,并满足强度、刚度要求,在规定的各种力学及热载荷环境条件下,结构产品不产生永久变形或破坏;

(2)为探测器设备安装提供机械接口,满足安装强度、刚度要求,对有精度要求的设备提供安装基准;

(3)为探测器各器之间、与运载火箭之间提供机械接口,并保证安装精度;

(4)为探测器各状态下的停放、吊装、翻转、运输等操作提供机械接口;

(5)能够维持返回器的气动外形,为返回器再入过程提供全面热防护,确保器内温度环境满足要求,确保器体不蹿火、不漏热;

(6)为返回器器表、舱壁上设备提供热防护,确保其储存、工作温度满足要求;

(7)在返回器正常状态着陆时,承受着陆冲击载荷,为返回器着陆提供缓冲功能,保障返回器载荷及关键设备安全;

(8)为返回器姿控发动机提供隔热和导流功能;

(9)返回器伞舱盖、天线舱盖应能适应舱盖的压紧、弹抛功能;

(10)为上升器月面起飞提供羽流导流功能。

2. 性能要求

探测器结构分系统具有以下性能要求:

(1)探测器结构质量不大于836kg;

(2)探测器结构强度应在除返回器着陆冲击载荷之外的其他载荷条件下不发生破坏(断裂、断开、挠曲、坍塌等),不产生影响使用的变形,结构设计安全裕度应符合《探测器设计与建造规范》的要求;

(3) 探测器结构刚度应保证在探测器器箭连接面固支状态下探测器整器横向基频大于 6Hz，整器纵向基频大于 20Hz，整器扭转基频大于 16Hz；

(4) 返回器大梁结构刚度应保证从轨返分离至开伞前，两台 IMU 安装面的相对精度变化量不大于 6′；

(5) 返回器结构着陆缓冲性能应保证着陆后返回器承力结构的完整性，维持大梁、侧壁、前端结构基本构型，保持密封封装装置不发生有害变形；

(6) 返回器伞舱法兰结构在开伞冲击载荷下不能发生断裂破坏，塑性变形量不大于 10mm；

(7) 从初始再入至着陆地面，返回器防热结构烧蚀后退量不大于 10mm，金属结构内壁温度不大于 200℃，舱壁上所有火工品温度不大于 95℃；

(8) 着陆器顶板上导流装置及上升器支架应能承受月面起飞时的空间环境和羽流环境，结构不发生坍塌。

3. 特点分析

探测器飞行阶段多、任务目标多，导致探测器结构在经历多阶段飞行多次力热环境后仍要继续承担支撑和承载功能。在经历了发射段力学环境、在轨段空间环境、月面着陆冲击环境后，着陆器结构仍需为月面采样、月面起飞提供稳定支撑；上升器结构仍能月面起飞，仍具有足够的精度保证上升器与轨返组合体的交会对接与样品转移。在经历了发射段力学环境、在轨段空间环境后，轨道器结构仍需具有足够的精度保证与上升器交会对接并将密封封装容器转移到返回器，返回器结构仍能承受高速跳跃式再入气动力热载荷并保持返回器气动外形和保证器内结构温度水平，仍能承受开伞载荷和着陆冲击载荷并保证密封封装容器的安全。同时，探测器的质量受到运载能力的严格限制，探测器结构质量仅占整器发射质量的 10.2%，对探测器结构的轻量化要求高。此外，探测器发射由 2017 年调整到 2020 年，探测器结构产品地面贮存时间超过 5 年，探测器结构必须关注解决结构产品的腐蚀、变形和材料老化问题。

3.1.2 系统组成

探测器结构由轨道器结构、返回器结构、着陆器结构和上升器结构四部分组成。

1. 轨道器结构

轨道器结构（图 3.1）由支撑舱结构、对接舱结构、推进仪器舱结构三部分组成，支撑舱结构与推进仪器舱结构连接构成轨道器结构的外形，对接舱结构被容纳在内部并仅与推进仪器舱结构连接。支撑舱结构主要用来承载着陆上升组合体的质量，为截锥体构型结构，由前端框、后端框、蒙皮及加强筋组成。对接舱结构采用空间框架式结构形式，由 4 个三角形框架和 1 个正方形框架组成。推进仪器舱结构是探测器结构的基座，由前端框、中间框、后端框和蜂窝夹层筒壳组成的筒段结构构成推进仪器舱结构的圆筒外形，承力球冠、安装倒锥、返回器转接环、十字隔板和仪器圆盘等被容纳在圆筒内部并与圆筒连接，承力球冠主要承载 4 个贮箱，返回器转接环主要承载返回器，仪器圆盘主要承载其他设备。

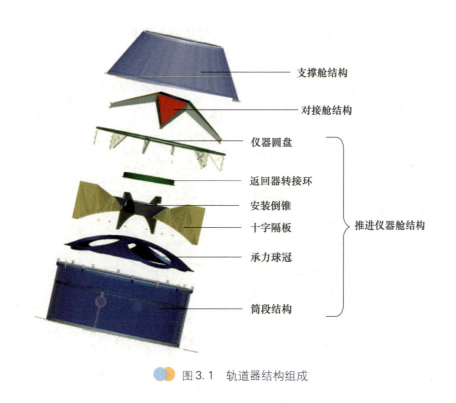

图 3.1 轨道器结构组成

2. 返回器结构

返回器结构（图 3.2）由前端结构、侧壁结构、大梁、大底结构及其他五部分组成。前端结构包括前端盖、舱门防热盖、样品容器舱拉杆，侧壁结构包括侧壁金属壳体和侧壁防热结构。侧壁金属壳体由前端框、后端框、蒙皮、桁条、隔框等组成，侧壁防热结构由前端防热环、后端防热环、各开口边缘防热环、大面积防热层、各开口舱盖、稳定翼等组成。大梁是返回器仪器设备的主要承载部件，由 2 根横梁和 4 根纵梁组成。大底结构包括金属大底和防热大底。金属大底由端框、内外蒙皮和加强筋等组成，防热大底由拐角环、大面积防热层、4 根钛管、4 个舱间分离垫块等组成。其他结构包括防火填料、发动机包覆材料等。

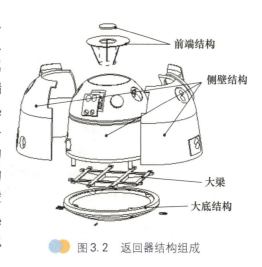

图 3.2 返回器结构组成

3. 着陆器结构

着陆器结构（图 3.3）由舱体结构、上升器支架、导流装置三部分组成。舱体结构由下框、十字支撑结构、侧板、斜侧板、底板、顶板、辅缓支撑结构、主缓支撑筒等组成。4 个主缓支撑筒与 4 套着陆缓冲机构主支柱连接，+Y 侧板留出避让空间以安装钻取采样机构。

4. 上升器结构

上升器结构（图 3.4）由顶板、底板、侧板、斜侧板、隔板和中心角盒等组成。底板安装 4 个贮箱、提供与着陆器的连接接口,顶板上表面安装交会对接敏感器和对接机构被动件,中心角盒为3000N发动机及样品容器连接解锁机构提供安装接口。

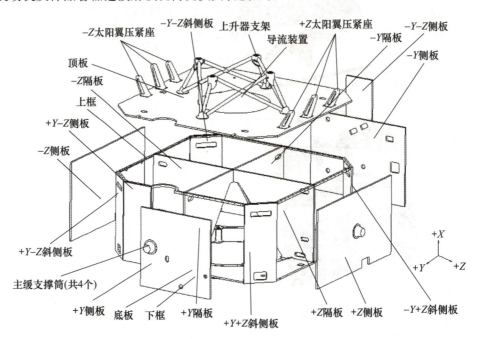

图3.3 着陆器结构组成

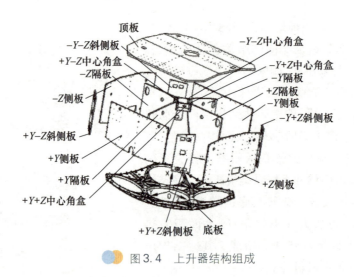

图3.4 上升器结构组成

3.1.3 设计技术

1. 探测器传力路径设计技术

探测器任务复杂,存在多种飞行状态,探测器结构需要满足各种状态下的不同力热承载要求。运载发射段、地月转移段和近月制动段探测器为四器组合体状态,结构承受发射段力学载荷;环月飞行段探测器分解为轨返组合体和着陆上升组合体；着陆下降段着陆上升组合体结构承受月面着陆载荷；月面工作段着陆上升组合体结构为月面采样提供稳定支撑。与此同时，轨返组合体分离支撑舱，为月球轨道交会对接做准备；月面上升段上升器以着陆器为起飞平台，着陆器结构承受上升器3000N发动机的羽流力热耦合载荷；交会对接段上升器与轨返组合体对接并将密封封装装置转移到返回器，然后上升器、轨道器对接舱组合体与轨道器推进仪器舱分离；再入回收段返回器与轨道器分离，返回器再入大气层、着陆地面，返回器结构承受再入段力学载荷、气动加热载荷、开伞载荷和着陆载荷，返回器结构需保证密封封装装置的安全。

通过对各种不同状态的传力路径分析，按照最短传力路径，对探测器结构构型进行优化。轨道器结构位于探测器的最底端，采用大直径圆筒构型，刚度高，承载能力强，发射时着陆上升组合体、返回器的载荷均通过轨道器结构传递。轨道器圆筒与着陆上升组合体之间通过圆锥形"蒙皮+桁条式"支撑舱连接，将"十字隔板"式着陆器传递的大集中载荷分散到圆筒形轨道器。返回器质量较轻，主要考虑再入返回段载荷，结构构型受到气动外形限制，只能承受自身的载荷。按照最短传力路径，返回器安装在轨道器内部，可以将发射段载荷直接传递给轨道器。返回器和轨道器之间通过圆柱形转接环连接，可以将返回器载荷"点对点"地传递到轨道器结构，同时还能提高轨返组合体的横向刚度。着陆器结构除承受发射段载荷外，还要承受月面着陆载荷，着陆器结构采用八棱柱、箱板式结构形式，十字隔板为主传力结构。着陆器构型为类似桁架式结构，点式传力路径最短最直接，着陆器与轨道器采用8点连接。为了实现着陆上升组合体的传力路径最短，上升器结构采用与着陆器结构相同的八棱柱外形箱板式结构构型，十字隔板为主传力结构。上升器与着陆器直接采用4处"点对点"连接方式，通过12根杆件组成的上升器支架把上升器载荷直接传递到着陆器隔板上。上升器结构顶部设计与轨道器交会对接接口，实现与轨道器交会对接及与返回器的样品转移。着陆器结构顶面、上升器支架内部，设置3000N发动机羽流导流装置。优化后探测器结构构型如图3.5所示。

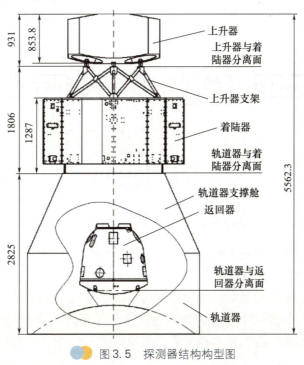

图3.5 探测器结构构型图

在发射段,运载提供的力学载荷通过轨道器下端框传到轨道器结构,其中一路通过返回器转接环传到返回器结构,另一路通过支撑舱上端框传到着陆器结构,再通过上升器支架传到上升器结构。在月面着陆下降段,着陆冲击载荷通过着陆缓冲机构传到着陆器主缓支撑筒和辅缓支撑结构,然后传到着陆器舱体结构,最后通过上升器支架传递给上升器结构。在月面上升段,起飞力学载荷通过上升器底板传到上升器隔板,再传到上升器顶板,3000N发动机羽流力热载荷直接作用在上升器支架和导流装置上。在再入返回段,气动外压载荷直接作用在返回器壳体结构上;开伞载荷通过伞舱传到伞舱法兰、伞舱连接座、侧壁壳体结构;着陆冲击载荷通过大底拐角传到金属大底、侧壁后端框、大梁,再传到侧壁壳体结构、样品容器舱。对于探测器整器结构,在全寿命周期内,发射段所经受的力学载荷最严酷。以器箭连接面固支为边界条件,发射段探测器纵向传力路径如图3.6所示,横向传力路径如图3.7所示。对于着陆上升组合体结构,月面着陆载荷为最严酷工况。以着陆器主缓支撑筒固支和辅缓接头固支为边界条件,月面着陆段着陆上升组合体纵向传力路径如图3.8所示,横向传力路径如图3.9所示。

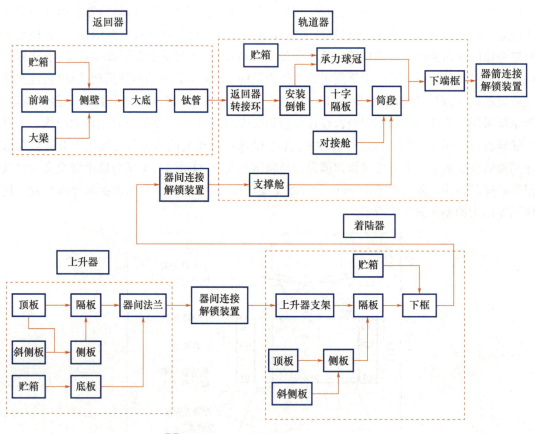

图3.6 发射段探测器纵向传力路径

除了飞行载荷,探测器结构还要承受地面总装测试过程中的停放、起吊、运输、质测等载荷,尤以起吊载荷最为严酷,而且地面载荷传力路径与飞行状态也有所不同。探测器整器起吊,起吊工装与轨道器支撑舱前端框、支撑舱后端框和筒段前端框相连,起吊载荷传力路径如图3.10所示,着陆上升组合体传力路径与发射段相同。轨返组合体起吊、轨道器起吊,起吊工装均是与轨道器支撑舱后端框和筒段前端框相连,起吊载荷传力路径如图3.11所示。返回器与返回器转接环组

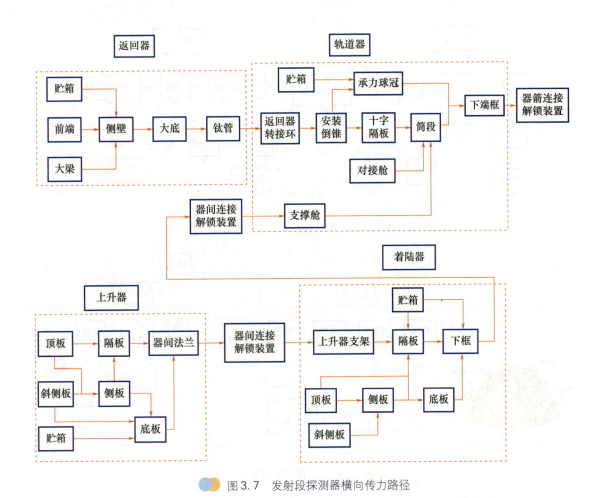

图 3.7　发射段探测器横向传力路径

图 3.8　月面着陆时着陆上升组合体纵向传力路径

合体起吊、返回器起吊，起吊工装均是与返回器前端框相连，起吊载荷传力路径如图 3.12 所示。着陆器、上升器与轨道器支撑舱组合体起吊、着陆上升组合体起吊、着陆器起吊，起吊工装均是与着陆器 4 个主缓支撑筒相连，起吊载荷传力路径与月面着陆时传递至主缓支撑筒的传力路径一致。上升器与上升器支架组合体起吊、上升器起吊，起吊工装均是与上升器 4 个隔板与顶板连接处相连，起吊载荷通过上升器隔板传到上升器底板，再传到上升器支架。

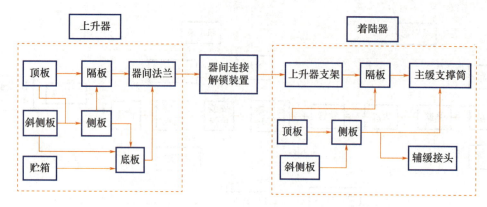

图 3.9　月面着陆时着陆上升组合体横向传力路径

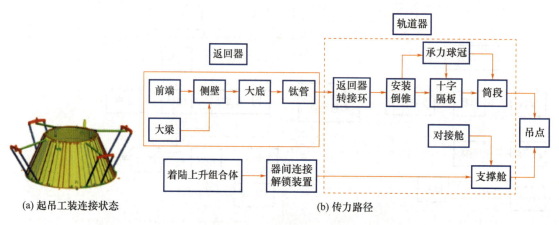

图 3.10　探测器整器起吊

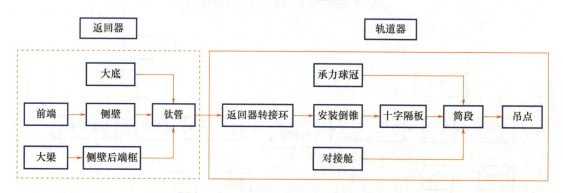

图 3.11　轨返组合体起吊时传力路径

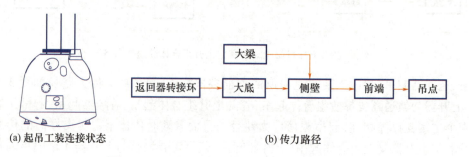

图 3.12　返回器与返回器转接环组合体起吊

2. 连接分离面结构设计技术

器箭、器间、舱段间连接分离面共有 6 个,均采用集中点连接分离方式。探测器与运载连接的爆炸螺栓数量直接影响探测器基频,爆炸螺栓数量越多,探测器基频越大,同时越有利于连接载荷分散从而降低连接面结构的局部受力。但是较多的爆炸螺栓数量使得器箭解锁可靠性降低。综合考虑探测器基频和器箭解锁可靠性,器箭采用 12 个爆炸螺栓连接解锁。轨道器推进仪器舱下端框提供探测器与运载的连接分离面,上端框提供与支撑舱的连接分离面。推进仪器舱采用圆筒构型,按照传力路径最短,推进仪器舱与支撑舱连接分离面也采用 12 点(12 个分离螺母)连接解锁且 12 个点的周向位置与运载 12 个爆炸螺栓的周向位置一一对应。支撑舱上端支撑着陆上升组合体,考虑到着陆上升组合体的发射质量仅占探测器发射质量的 46% 且支撑舱上端面直径(ϕ1834mm)明显小于支撑舱下端面直径(ϕ3166mm),支撑舱与着陆上升组合体采用 8 点(8 个分离螺母)连接解锁。同样的道理,轨道器推进仪器舱与对接舱采用 4 点(4 个分离螺母)连接解锁,轨道器与返回器采用 4 点(4 个火工锁)连接解锁,着陆器与上升器采用 4 点(4 个分离螺母)连接解锁。

集中点连接分离方式使得连接分离面结构同时承受轴向载荷和横向载荷,并要求机械接口同时兼具连接与定位功能,连接分离面结构必须具有足够的强度、刚度以及尺寸和位置精度,才能保证可靠的连接与分离。六个连接分离面结构采用了三种实现方式:①器箭、轨返组合体与着陆上升组合体、轨道器推进仪器舱与支撑舱、推进仪器舱与对接舱连接分离面,设计抗剪锥套承受横向载荷并保证顺利对接与分离(图 3.13(a));②着陆器与上升器对接面设计成锥面配合以承受横向载荷并保证顺利对接与分离(图 3.13(b));③轨道器与返回器对接面,返回器钛管对接段为球面,返回器转接环开孔为锥面加柱面,锥面起导向作用,柱面为接触面,钛管与法兰开孔为环向线接触且轴向分离行程控制在 2mm,钛管同时承担导向、定位、承受并传递横向载荷和轴向载荷的功能(图 3.13(c))。

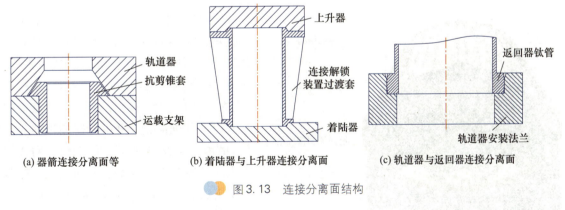

图 3.13 连接分离面结构

在地面装配过程中,6 个连接分离面结构对接孔轴之间不可避免地会存在局部挤压变形。在器箭、器间、舱段分离时刻,温度环境变化产生的结构热变形也可能造成对接孔轴之间局部挤压。局部挤压引起摩擦力,有可能影响分离,对此结构采取了如表 3.1 所示的设计措施。

表 3.1　降低分离阻力结构设计措施

序号	连接分离面	降低分离阻力结构设计措施
1	器箭	（1）连接分离面结构采用同种材料，线膨胀系数相同，在轨温度环境引起的相对变形较小； （2）结构采用锥面配合防自锁设计，一方面保证地面顺利装配，另一方面保证局部挤压对分离无影响
2	轨返组合体与着陆上升组合体	
3	轨道器推进仪器舱与支撑舱	
4	轨道器推进仪器舱与对接舱	（1）连接分离面结构采用不同种材料，线膨胀系数不同，在轨温度环境引起的相对变形有可能造成对接孔轴之间局部挤压； （2）结构采用锥面配合防自锁设计，一方面保证地面顺利装配，另一方面保证局部挤压对分离无影响
5	轨道器与返回器	（1）连接分离面结构采用不同种材料，线膨胀系数不同，在轨温度环境引起的相对变形有可能造成对接孔轴之间局部挤压； （2）钛管球面与安装孔为环向线接触且分离行程控制在 2mm，一方面保证地面顺利装配，另一方面保证局部挤压对分离的影响较小
6	着陆器与上升器	（1）上升器底板与上升器支架均采用碳纤维材料，结构变形对温度环境不敏感； （2）与连接解锁装置接触的局部结构件均采用钛合金材料，线膨胀系数相同，在轨温度引起的相对变形较小； （3）结构采用锥面配合防自锁设计，一方面保证地面顺利装配，另一方面保证局部挤压对分离无影响

此外，连接分离面结构通过接触和接地线实现电导通要求；通过采用异种材料或在同种材料表面涂覆氧化物涂层进行隔离，同时控制结构压紧区域不产生塑性变形实现防真空冷焊要求。

3. 大承载、复杂接口约束下的轻质轨道器结构技术

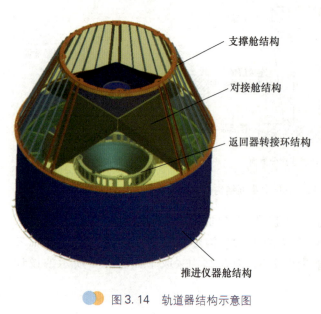

图 3.14　轨道器结构示意图

轨道器结构位于探测器的最底端，顶部承载着陆上升组合体，内部承载返回器，6 个连接分离面中有 5 个与轨道器结构相关。轨道器结构采用圆筒（推进仪器舱）+圆锥（支撑舱）构型，将与运载连接的 12 点集中载荷转化为与着陆上升组合体连接的 8 点集中载荷。支撑舱内部容纳对接舱，对接舱上表面安装对接与样品转移机构。支撑舱与推进仪器舱采用 12 点连接分离，对接舱与推进仪器舱采用 4 点连接分离。推进仪器舱内部设计承力球冠安装 4 个贮箱，球冠凸面连接安装倒锥和返回器转接环承载返回器，返回器转接环与返回器采用 4 点连接分离。轨道器结构如图 3.14 所示。

为了实现轻量化,轨道器结构大量采用复合材料。

推进仪器舱采用外承力筒式结构构型,主要由筒段结构、中间框、仪器圆盘、承力球冠、安装倒锥、十字隔板等组成(图3.15),舱体总高为1420mm,最大外圆包络尺寸为ϕ3174mm。筒段结构采用蜂窝夹层壳预埋承力梁结构形式(图3.16),蜂窝夹层壳维持结构刚度,承力梁承受并传递集中载荷。主承力梁布置在与运载连接的12点爆炸螺栓左右各3°位置,共24根,用于承载支撑舱传递下来的载荷以及轴拉工况下分离螺母位置的集中载荷;辅承力梁布置在4个象限左右各3°位置,共8根,用于承受轴压工况下4个象限位置支撑舱传递下来的集中载荷。蜂窝夹层壳与预埋梁共同承载,并为舱上设备提供安装面。

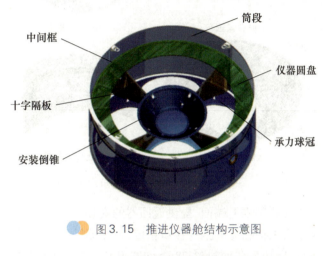

图3.15 推进仪器舱结构示意图

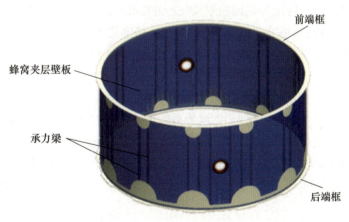

图3.16 筒段结构示意图

中间框采用L构型,由4段碳纤维框环通过铝合金板螺接而成。仪器圆盘采用铝合金蜂窝夹层结构,内埋热管,如图3.17(a)所示。为了保证连接刚度和安装精度,仪器圆盘与中间框多点连接并在4个象限位置与十字隔板连接,在每个象限区间通过3个三角撑与筒段内壁连接。承力球冠跨度为3m,需要承载4个直径1m的大质量贮箱(推进剂总质量约3000kg)和返回器(质量325kg)。为了降低推进仪器舱质心,承力球冠布置在推进仪器舱底部。承力球冠如果采用常规的平板设计,付出的质量代价是不可接受的。为此提出了全碳纤维变厚度球冠设计方案,球冠与贮箱法兰一体化设计,通过分区域刚度梯度设计实现结构高承载效率,如图3.17(b)所示。承力球冠的首件产品经无损检测发现多处缺陷,主要是气孔和分层,大部分集中在变厚度区域,分析原因为预浸料挥发分含量高同时辅助气路堵塞。后续产品改进了工艺,改用热熔法预浸料,同时减少铺层数量并优化辅助层,将缺陷控制到了指标要求的 1% 以下。安装倒锥采用全碳纤维壳体结构,如图 3.17(c)所示。十字隔板采用铝合金蜂窝夹层结构,通过碳纤维角条与筒段内壁连接,同时通过螺钉与安装倒锥、承力球冠连接,如图 3.17(d)所示。

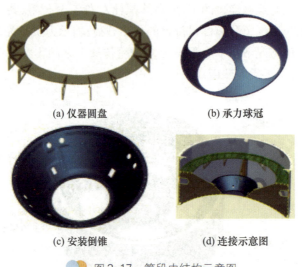

(a) 仪器圆盘　　(b) 承力球冠

(c) 安装倒锥　　(d) 连接示意图

图 3.17　筒段内结构示意图

返回器转接环安装于安装倒锥上端面,提供返回器的安装机械接口并承载返回器载荷。为了满足结构承载要求并保证火工锁和分离推杆接口精度,返回器转接环采用铝合金锻件整体机加成型。同时为了实现轻量化,转接环侧面机铣 28 个椭圆形减重孔,如图 3.18 所示。对接舱结构主要用来安装交会对接机构及相关的敏感器部件,安装精度要求高且需要多次拆装,为此对接舱采用盒形结构、铝合金蜂窝夹层板,如图 3.19 所示。支撑舱结构是着陆器与轨道器之间的过渡结构,舱体半锥角为 23.8°,上端与着陆器 8 点连接,下端与轨道器筒段 12 点连接,如此大锥角的壳体且传力路径由 8 点变为 12 点,设计难度很大。初期方案为蜂窝夹层结构壳,虽然刚度较大耐受轴压载荷能力较强,但是 8 点传力变为 12 点传力增加的局部加强结构使得支撑舱结构质量超标。为了实现结构轻量化,支撑舱结构改为 0.8mm 厚度薄蒙皮加隔框维形、多根桁条变换传力路径的蒙皮加筋结构,如图 3.20 所示。支撑舱上端 8 个连接点位置布置 8 组铝锂合金主承载 T 桁,每组 2 根,相对连接点对称分布。连接点之间布置 8 组共 32 根铝锂合金 L 桁,将轴向载荷分散到下端的 12 个连接点。

图 3.18　返回器转接环　　图 3.19　对接舱结构　　图 3.20　支撑舱结构

4. 月面采样与月面起飞稳定平台结构技术

作为月面采样与月面起飞平台，着陆器结构采用桁架结构与板结构相结合的结构形式，舱体结构近似八棱柱形，承载4个大质量贮箱（共计2204kg）。舱体结构上表面安装上升器支架和导流装置，上升器支架上端4个接头与上升器底板4个器间法兰通过分离螺母连接，上升器支架采用桁架式结构为上升器3000N发动机提供羽流扩散空间，导流装置采用尖锥薄壳结构为上升器3000N发动机提供羽流导流功能。

舱体结构由下框、底板、十字支撑结构、侧板、斜侧板、顶板、主缓支撑筒等组成，下框与轨道器通过8个分离螺母连接。为了保证着陆上升组合体与轨道器可靠连接与分离，下框采用工字梁构型并采用整体铝锻环机加成型，下框在8个连接点位置设计连接筒提高局部强度。底板、$-Y$侧板、斜侧板、顶板无热控要求，均采用碳面板铝蜂窝夹层板，其余三块侧板均采用铝面板蜂窝夹层板内埋热管。十字支撑结构由4块隔板和中心接头组成，中心部分为7500N变推力发动机预留开口。隔板为梁板复合结构，梁为高模量碳纤维缠绕的矩形梁，预埋于隔板内侧位置，起主要的承力作用，板为碳纤维蒙皮铝蜂窝板，起辅助支撑作用，并用于设备和管路安装。十字支撑结构与下框、底板、侧板以及顶板相连，支撑起着陆器的主结构。4块斜侧板与顶板、底板、侧板相连，形成着陆器封闭箱体结构，并用于安装姿控发动机。4个碳纤维主缓支撑筒安装在4块侧板外面，与4套着陆缓冲机构主支柱连接。$+Y$侧板靠近$-Z$侧留出避让空间，用以安装钻取采样机构，钻取采样机构的内半筒与结构共用。

"嫦娥"五号探测器月面着陆质量为1715kg左右，月面着陆缓冲机构主支柱缓冲器的极限输出载荷达到48kN，且载荷作用点距离舱体表面160mm，着陆器板式结构需要承受面外悬臂集中大载荷。结构设计采用锥形支撑筒形式，支撑筒承受并传递全部的主缓冲支柱传来的着陆载荷。支撑筒采用高强碳纤维三维编织结构，应用树脂传递模塑（RTM）成型制造，较传统模压结构具有更好的抗冲击性能。支撑筒通过侧板与连接在舱内隔板两侧的2个半圆锥角盒螺接，主缓冲支柱传来的着陆集中大载荷通过支撑筒较均匀地扩散到侧板

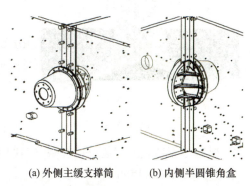

(a) 外侧主缓支撑筒　(b) 内侧半圆锥角盒

图 3.21　着陆主缓冲支撑结构示意图

较大的环形区域，附加弯矩则由侧板和隔板共同承担，2个半圆锥角盒起到将载荷传递到隔板的作用。半圆锥角盒采用薄壳加筋结构，通过半圆锥角盒增大了隔板的承载面积。为了增强承受面外载荷的能力，侧板和隔板承载区域使用梯度内贴加强面板的方式进行了加强。着陆器主缓冲支撑结构示意图如图3.21所示。

上升器支架采用桁架式构型将上升器3000N发动机的羽流尽可能扩散到周围环境。上升器支架由12根圆杆、4个上接头、4个下接头、4个交叉接头组成，每一个上接头和每一个下接头均有3根圆杆支撑，整个上升器支架呈4个交错的4面体构型，这一构型保证了每一个接头（器间连接点）的空间位置稳定性和结构精度。上升器支架全部采用碳纤维材料以减重。12根圆杆采用高模碳纤维杆以保证较高的强度刚度，上接头、交叉接头和下接头采用高强碳纤维编织材料RTM成形以保证较高的装配精度并最大限度地减小空间环境温度交变载荷（$-65 \sim +130\text{℃}$）带来的热应力，使构件能够适应较大的温度范围。上升器支架与接头设计如图3.22所示。

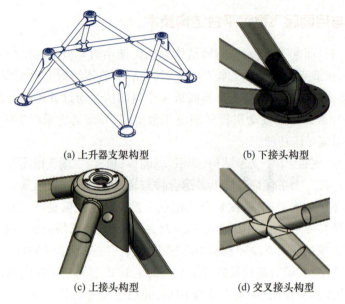

(a) 上升器支架构型　　(b) 下接头构型

(c) 上接头构型　　(d) 交叉接头构型

图 3.22　上升器支架与接头设计

图 3.23　圆锥形导流装置羽流流场仿真分析

导流装置作为上升器 3000N 发动机羽流导流结构，开展设计前，全面调研了国内外发动机羽流导流结构形式。具体设计时，结合真空羽流的特点，提出了平板、半球、圆拱及尖锥 4 种构型导流装置进行方案筛选。通过发动机羽流流场仿真分析（图 3.23）和缩比模型冷态吹风试验，发现平板、半球、圆拱导流构型羽流对上升器的扰动力矩绝对值较大，尖锥导流型面的扰动力矩绝对值较小，平板、半球、圆拱导流构型羽流对上升器的热效应（热流密度）较大，尖锥导流型面的热效应较小。因此确定导流装置选择尖锥构型。在此基础上，根据导流装置的安装位置包络空间约束进一步优化尖锥锥面参数，最终选择导流装置外形尺寸为 $\phi 1000\text{mm} \times 180\text{mm}$[23]。

但是这样的构型，对结构设计提出了难题。发动机在点火过程中，导流装置在引导羽流扩散的同时，自身要承受分布不均的冲击压力及高热流密度力热耦合环境，在这种环境条件下，薄壳结构极易发生局部烧穿和失稳变形。首先通过开展羽流加热环境下导流装置烧蚀传热分析，同时考虑羽流热流密度峰值，确定导流装置壳体采用 SPQ9 防热材料。然后通过 SPQ9 材料壳体下端与着陆器顶板多点连接，并在壳体内部设计辅助支撑结构承载羽流冲击载荷。辅助支撑结构初期设计方案为泡沫圆筒，如图 3.24 所示。受泡沫原材料厚度限制，泡沫圆筒采用 4 层泡沫通过黏合剂粘接在一起。泡沫圆筒支撑导流装置开展了常压热循环试验，试验温度 -70 ~ +130℃，循环次数 6.5 次，试验后泡沫圆筒从两层泡沫材料胶接位置起始开裂。分析原因为高温工况下泡沫圆筒产生了不可恢复的收缩变形，导致在低温工况下泡沫受到较大的拉应力而开裂。同时泡沫材料胶接位置吸胶造成泡沫局部硬化，进一步加大了低温工况下泡沫受到的拉应力。改进措施为取消泡沫圆筒，辅助支撑结构改为 3 条 SPQ9 材料的环框。环框单独成型，然后与壳体胶接。环框支撑导流装置如图 3.25 所示。

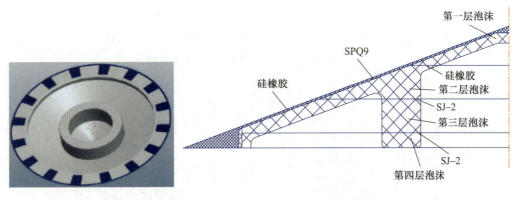

图 3.24 泡沫圆筒支撑导流装置

图 3.25 环框支撑导流装置

5. 月面起飞上升轻量化上升器结构技术

上升器发射质量 779kg,结构质量指标要求为 51kg,结构质量占比仅为 6.5%。针对上升器结构轻量化要求高的难题,从结构构型、贮箱安装底板、结构连接方式、蜂窝夹层结构板预埋件等方面进行了减重优化设计[24]。

首先在结构构型上提出了贮箱安装法兰位于贮箱中部偏上、贮箱大部分暴露在器外的方案。这样的方案较贮箱被结构板完全包围方式,能够更好地利用器内空间,减小结构板面积,从而减小结构质量。此外,在结构底板的形状上提出了球冠形底板方案。通过综合比较球冠下凸和球冠上凸对设备安装空间和结构受力以及结构轻量化的影响,确定了底板采用球冠下凸方案。球冠形底板下凸与上凸方案比较如图 3.26 所示。

其次,提出了底板全碳纤维蒙皮+米字形加强筋的一体结构方案,并通过综合运用拓扑优化、形貌优化、尺寸优化等设计手段将底板质量由 16.9kg 减至 11.8kg,减重量达 30%。底板蒙皮按照承载载荷分成 A、B、C、D 4 个区域采用变厚度设计,米字形加强筋采用帽形截面,开口加强筋由蒙皮上翻得到,底板结构如图 3.27 所示。考虑工艺可行性,采用碳纤维增强氰酸酯无纬布整体铺覆蒙皮和米字形加强筋一体固化成型底板主体结构,中心开口加强筋和贮箱开口加强筋采用常温胶与主体结构后粘。

再次,在结构连接方式上提出了减少结构连接环节和取消角条连接的轻量化设计措施。折线型顶板初期方案采用 3 块结构板拼接,存在 2 条拼接棱,每条棱 15 个连接点。通过取消 2 条拼接棱,顶板质量减轻了 0.9kg。侧板和斜侧板夹角为 135°,初期方案通过角条连接。通过在侧板上

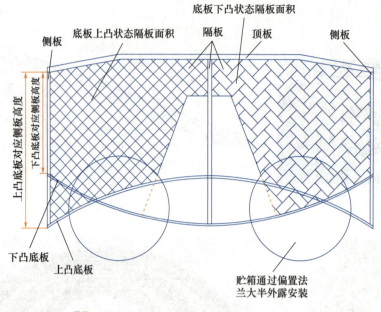

图 3.26　球冠形底板下凸与上凸方式比较

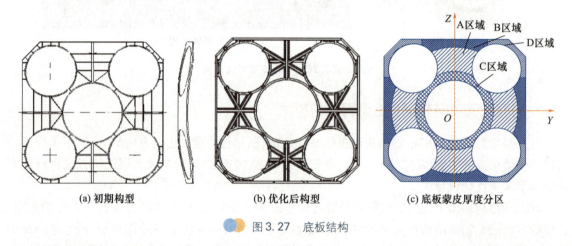

图 3.27　底板结构

设计 45°角的特殊孔套,取消连接角条,侧板质量减轻了 1.2 kg。以往的卫星结构连接普遍采用 M5 螺钉,通过详细力学分析,改为 M4 螺钉,螺钉质量减轻了 1 kg。

最后,在埋件上也采取了轻量化措施。结合已有通用埋件承载能力试验数据,对设备安装用 M3、M4 和 M5 螺纹埋件及其发泡胶填充方式进行了优化减重设计。以 M5 螺纹连接为例,优化后轻型埋件仅能容纳螺纹孔的圆柱体和加强翻边与翅片,翅片数量根据蜂窝芯格大小匹配设计,确保每个翅片都能顺利落在一个完整的蜂窝芯格中,这样的设计可以将设备载荷直接传递到翅片端部。发泡胶填充采用最少量的发泡胶,将埋件传递的设备载荷分散到更大范围的蜂窝芯格,从而实现轻量化设计,如图 3.28 所示。对于少量有更大承载要求的埋件,在翅片端部所在圆周往外沿着翅片方向的蜂窝芯格增加发泡胶,让更多的蜂窝芯格参与承载,从而提高埋件的整体承载能力。相比通用埋件,上升器结构采用轻型埋件并优化发泡胶填充减轻了 2.1 kg 的结构质量。

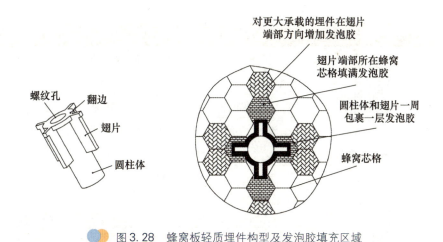

图3.28 蜂窝板轻质埋件构型及发泡胶填充区域

6. 返回器轻质防热结构技术

"嫦娥"五号返回器以11km/s的第二宇宙速度再入地球大气层,热流密度高(最大5.2MW/m²),气流冲刷严重(最大气动剪力438Pa)。跳跃式再入方式加热时间长(1050s),总加热量大(最大715MJ/m²),而且防热结构要经受跳出段的深空冷却热冲击。同时,返回器外形尺度小,为了保证气动外形,不允许防热结构有超过10mm的烧蚀后退。同时满足高热流密度、强气流冲刷、长时间加热、低烧蚀速率、轻质结构是"嫦娥"五号返回器防热设计面临的难题[25-26]。

1) 防热结构方案设计

烧蚀防热可以适应热流密度的较宽范围的变化和突变,安全性可靠性高,烧蚀防热结构是解决再入高热流密度峰值、大总加热量的首选。为了减轻结构质量,同时考虑到每一种防热材料均有其最佳的应用温度范围,提出了根据返回器表面各处热流环境不同采用分区域、变材料、变厚度的防热设计方案。大底采用密度较高的材料,且防热层较厚;侧壁采用密度较低的材料,且防热层较薄。迎风面采用密度较高的材料,且防热层较厚;背风面采用密度较低的材料,且防热层较薄。这样的设计方案,一方面符合热环境的要求,另一方面符合返回器质心配置在靠近大底的迎风面一侧的要求。多种防热材料铺覆在返回器表面,要求不同材料在交接处的烧蚀性能匹配,以保证在再入过程中无烧蚀台阶出现,保证返回器的光滑气动外形;同时要求不同材料在交接处的隔热性能匹配,以保证金属内壁的温升基本相当,以达到最优的减重效果。大底拐角区域,是返回器气动加热和气动冲刷最严重的部位,为了实现低烧蚀速率,防热设计采用连续纤维增强、顺气流排布铺覆的中密度拐角环方案。在地面成型过程中和在轨运行时,热环境将导致不同材料组成的结构发生热变形,热变形可能导致防热结构自身开裂以及防热结构与金属结构的胶层脱粘,为此从防热材料的组分上进行了对应性设计,并对防热材料的线膨胀系数进行了调控,对防热结构的成型温度等关键要素进行严格控制,同时采用弹性较好的硅橡胶进行防热结构与金属结构的粘接并严格控制胶层厚度。返回器防热结构设计结果如表3.2所示。

表 3.2　防热结构设计结果

部位	部件	结构形式		防热层厚度
前端	前端盖	SPQ9 边缘防热环 + FG4 大面积防热层		等厚度设计
侧壁	大面积	迎风面 120°~240°范围	FG5 材料	轴向变厚度设计
		其他范围	FG4 材料	
	伞舱盖	SPQ9 边缘防热环 + FG5 大面积防热层		
	防热环及舱盖	SPQ9 材料		
	稳定翼	MDQ 材料		
大底	拐角	SPQ10 材料		整体变厚度设计
	大面积	迎风 180°区域	FG7 材料	
		背风 180°区域	HC5 材料	

2）新型防热材料研制

大底大面积防热材料,采用硅碳混合的材料设计方法,碳基起到高温抗烧蚀以及增加碳层强度的作用,硅基起到高温下发生熔融,吸收部分热量,同时减少碳基与氧气的接触,降低碳基氧化后退和收缩的作用。大底迎风面防热材料采用以碳基为主的 FG7,碳基含量较侧壁材料高 22%[27],以此来保证材料在高热流下的耐烧蚀性能。大底背风面防热材料 HC5 的碳基含量高达 83%,可以保证材料密度降低的同时仍可获得良好的耐烧蚀性能和隔热性能。

在侧壁 $1MW/m^2$ 热流密度环境下,防热主要利用硅基材料热解吸收热量以及热解气体溢出防热层表面对气动加热形成阻塞效应,同时硅基材料具有较强的抗氧化和隔热特性,在长时间加热过程中可以有效抑制由于氧化作用造成的烧蚀后退量过大。侧壁防热材料的轻质化主要通过添加空心填料实现,侧壁迎风面防热材料 FG5 添加的空心填料略少,所以密度稍高。侧壁背风面防热材料 FG4 添加的空心填料略多,所以密度更低。

大底拐角环、侧壁舱盖及边缘防热环,均采用连续纤维增强烧蚀材料以提高局部结构的强度与刚度。纤维增强体由石英纤维、玻璃纤维和可分解纤维组成,其中石英纤维耐高温,作为支撑骨架用于抵御第一次再入时的短时高热流冲刷;玻璃纤维熔点低,作为熔融黏合剂用以维持第二次再入长时间低热流密度加热下的碳层稳定;可分解纤维参与整个烧蚀过程中的复合材料分解,提高复合材料的烧蚀分解防热效率。通过在连续纤维增强的预浸料中添加轻质填料以降低材料密度,在工艺上解决了高含量轻质填料添加困难以及添加高含量轻质填料后材料性能急剧下降的问题,实现了能够同时耐受短时高热流冲刷和长时低热流加热的轻质防热材料。

侧壁稳定翼结构除具有防热作用外,还需具有承载功能。为了减轻结构质量,稳定翼材料在 MD2 材料基础上进行了改进,通过增加熔点较高的空心硅基纤维并添加空心填料,在提高材料烧蚀性能的同时进一步降低了材料密度,并避免了由于氧化反应造成的碳化收缩。

3）局部防热设计

局部防热问题关系到返回器整器防热的成败,需要防热设计重点关注,必须保证所有局部位置的烧蚀状态不会影响返回器气动外形,不会产生明显的力热扰动,必须保证缝隙和凸起位置不出现过热、窜火等问题。大底钛管位于高热流区,突出大底外形面,采取在再入段初期尽早烧去的设计方案将对气动加热和气动力的扰动降至最低。大底分离垫块位于高热流区,凹陷于周围结构,设计上将凹坑深度较浅的一侧设置在迎风面以减少其对气动加热的扰动。其他突起物和开口通过构型布局设计放置在热流较低、气动压力较小的位置以减小其对局部流场的干扰,因为烧不掉,所以需要对突起物和开口采取防隔热措施。安装缝隙处的防热采用防火填料进行处理,保证热气不会从缝隙处进入返回器内。对于需要弹抛的伞舱盖,装配缝隙不能采用防火填料封堵,为了实现热密封,采取密封圈设计方案,需要通过防热设计保证密封圈位置的温度不超过密封圈材料的使用温度。需要弹抛的天线舱盖,装配缝隙不能采用防火填料封堵,设计上采取控制装配缝隙宽度、控制缝隙为闭口缝以及用硅橡胶封堵天线舱内的设备安装缝隙的热密封措施。

7. "嫦娥"五号飞行试验器返回器泄压与防热耦合设计技术

"嫦娥"五号探测器在执行飞行任务之前,为了突破高速半弹道跳跃返回再入技术,开展了飞行试验。与"嫦娥"五号返回器舱门发射段和在轨段均处于开敞状态不同,飞行试验器返回器舱门始终处于关闭状态。由于返回器承力结构采用铝合金焊接结构,同时防热结构的缝隙处填充了防火填料,使得返回器结构具有一定的气密性。在发射段,整流罩内的压力迅速降低(图 3.29),返回器内的空气不能及时排出,使得返回器结构承受一定的内压载荷。为了将内压载荷控制在结构能够承受的范围内,在飞行试验器上设置了机械式单向泄压阀。

单向泄压阀的工作原理是:当返回器内压 <17kPa 时,活塞在弹簧压紧力作用下与阀体可靠接触,保证不漏气;在发射段,当返回器内压 ≥17kPa 时,活塞在内压作用下被顶开,与阀体脱离,返回器内的空气从阀体与活塞之间的空隙流出到器外;在再入段,活塞在弹簧预紧力、惯性过载以及器表静压的共同作用下,与阀体可靠接触,保证高温气体不会灌入器内。单向泄压阀安装在结构上,结构需要设计通气孔保证发射段空气顺利流出。通气孔在再入段将成为热气的进入通道,为了保证再入段防热安全,提出了将单向泄压阀布置在气动力热均较小的返回器前端的设计方案(图 3.30)。通过计算和试验,单向泄压阀在前端结构上的开孔直径为 15mm。

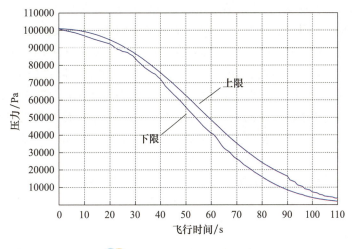

图 3.29　整流罩内压力

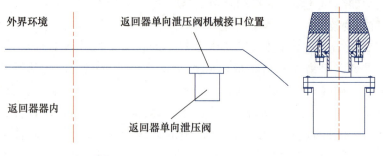

图 3.30　单向泄压阀安装示意图

返回器内壁采用热控多层的隔热方式,热控多层的隔热性能与返回器内的真空度密切相关,要求入轨后 10h 内器内压强需小于 10Pa,而单向泄压阀仅能实现在发射段将返回器内压降到 17kPa 以下。为了满足热控多层的泄压要求,提出了在返回器气动力热均较小的前端开通气孔的设计方案,通气孔实现单向泄压阀泄压后的 10h 内器内压强降到 10Pa 以下的要求。通气孔在再入段仍保持畅通,为了降低穿过通气孔进入器内的热气温度,提出了采用多个小直径通气孔的设计方案。通过分析与试验,在舱门防热盖上开了 2 个直径 6mm 的通气孔(图 3.31)。

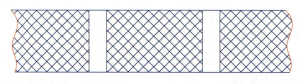

图 3.31　舱门防热盖上的 2 个通气孔

8. 适应斜落着陆冲击的返回器结构技术

返回器落地时,着陆姿态为返回器倾斜 31°角,大底拐角局部着地(图 3.32)。大底拐角与大梁上设备的最小间距只有 10mm,为了保证设备安全,大底结构的变形吸能空间受限,因此提出了返回器结构抗着陆冲击一体化设计方案。首先通过着陆冲击能量分配分析,得到返回器结构承受着陆冲击的关键部件为大底结构、侧壁后端框和大梁。其次,对大底结构、侧壁后端框和大梁开展一体化设计[28]:①大底采用双层结构,外层防热大底密度较低、强度较小,是承受着陆冲击的第一道防线,通过防热大底变形可以吸收一部分冲击能量;内层金属大底采用两层蒙皮内部焊接辐射状加强筋的结构形式,可在小缓冲行程的约束下最大程度地吸收着陆冲击能量;②大底与侧壁采用多点连接设计,侧壁后端框与金属大底端框合成一个口字形封闭框架,在金属大底端框轻量化的同时,提高返回器结构着陆区域的局部刚度,将着陆地面土壤的吸收能量提高到 55% 以上;③大梁采用比模量高和抗冲击性能好的变形镁合金材料整体机加,局部位置进行加强以改善设备变形。返回器着陆吸能结构设计如图 3.33 所示。

为了实现结构轻量化,以大梁上设备不相互挤压为约束条件,分别从构型、尺寸、局部优化三个方面对大底结构、侧壁后端框和大梁开展了组合优化设计。通过优化,返回器结构质量减轻了 8.4%。

9. 地面长期贮存对探测器结构的影响

探测器结构大量采用金属材料,返回器承力结构采用焊接结构,在地面长期贮存的空气温湿

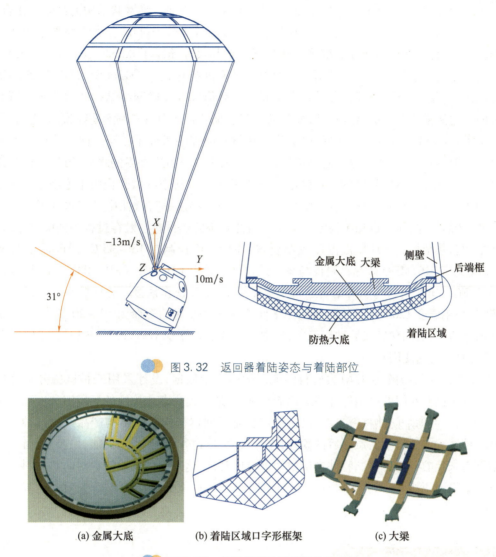

图 3.32 返回器着陆姿态与着陆部位

(a) 金属大底　　(b) 着陆区域口字形框架　　(c) 大梁

图 3.33 返回器着陆吸能结构示意图

度环境下,有可能发生腐蚀,为此结构采取了在金属结构表面涂覆防腐漆的设计措施。考虑到探测器在总装过程中反复拆装,结构防腐漆有可能受磨损减薄,进一步提出了每隔 6 个月检查一次结构表面状态的设计要求。同时提出了腐蚀问题处理措施:局部打磨腐蚀区域,重新涂覆防腐漆。"嫦娥"五号探测器结构在地面贮存了 5 年,多次检查均未发现腐蚀问题。

探测器结构大量采用复合材料,在地面长期贮存的空气温湿度环境下,复合材料结构有可能发生尺寸变化。同时,复合材料与金属结构的吸湿情况和线膨胀系数不一致,还有可能引起结构塑性变形,影响到机械接口精度。为此结构提出了严格控制贮存环境温湿度的要求,要求环境温度控制在 15~35℃,环境湿度控制在 30%~60%。"嫦娥"五号探测器结构在地面贮存了 5 年,多次检查确认结构精度稳定。

返回器防热材料为多种组分组成的复合材料,在地面长期贮存的空气温湿度环境下,材料吸湿、老化,有可能导致防热性能下降,为此提出了防热材料在地面贮存环境下性能长期稳定的技术要求。SPQ9、SPQ10 以及 MDQ 材料均为酚醛树脂基复合材料,材料的固化过程主要是酚醛树脂基体发生缩聚反应,有机分子单体相互交叉连接,形成具有空间三维网状结构的高分子化合物,同时生成水分子的过程。为了将产品内部水分子及挥发分等小分子排出,工艺上采取了固化过程中全程抽真空、固化后进行热处理的措施。热处理后产品尺寸缩减了 0.2% ~ 0.4%,失重为 2% ~ 3%,说明产品内部小分子基本被排出。蜂窝增强低密度防热材料 FG4、FG5、FG7、HC5 的主要成分均为硅橡胶,除有小分子扩散外,材料在交联固化后形成的交联网络结构非常稳定。所有防热材料表面均需涂覆热控涂层,热控涂层兼具防热材料防水胶的作用。喷涂热控涂层之前,需要对防热结构进行 110℃/4h 的除湿处理,保证将防热材料内部的水分子排空。热控涂层一方面可以阻碍材料内部的水分子、挥发分等向外扩散,另一方面也可以阻碍外界的水分子进入,但是无法实现完全隔绝。在防热结构交付后的贮存过程中,材料内部已排空的微孔会由于毛细作用逐渐吸附环境中的水分子,吸湿到一定程度后,微孔从环境中的吸湿速率与微孔中已有水分子的挥发速率逐渐平衡,产品尺寸、质量也趋于稳定。为了尽可能减小防热材料在贮存过程中的吸湿量,设计提出了严格的防热结构贮存环境温湿度控制要求,环境温度控制在 15 ~ 35℃,湿度控制在 30% ~ 60%。SPQ9、SPQ10、MDQ 防热材料件与承力结构之间采用 KH - CL - SP - RTV - 1 硅橡胶粘接。FG4、FG5、FG7、HC5 材料与承力结构之间采用环氧 J - 317 胶膜粘接。硅橡胶在空气环境中性能较为稳定,使用温度 120℃下硅橡胶保持原来伸长率的 50% 时的寿命为 10 ~ 20 年[29]。J - 317 胶膜属热固性树脂,其固化完成后性能稳定,根据厂家技术条件 Q/HSY 205 - 2013,J - 317 胶膜可在 - 55 ~ 200℃下长期使用。

为了获得长期地面贮存对防热材料性能影响的定量数据,设计采用三种试验方法开展了研究。第一种是制作专门的试验件开展地面老化试验,通过提高老化炉内的环境温湿度加速试验时间;第二种是产品随炉防热材料自然存放;第三种是返回器初样防热结构产品经历各种力热试验后。对三种试验方法得到的贮存后试验件,进行尺寸、热物理性能、力学性能,以及烧蚀性能测试,测试结果与未经贮存的对照试验件测试数据进行比对,以此来评估长期贮存对防热材料性能的影响。研究结果:"嫦娥"五号探测器防热材料及防热结构在地面贮存 6 年后各项性能基本没有变化,仍然满足指标要求。

3.1.4 验证技术

1. 分析仿真技术

1)探测器模态分析

探测器发射状态有限元模型如图 3.34(a)所示,结构大部分采用梁元和壳元模拟,大设备采用单机有限元模型,其余设备作为非结构质量附在结构板(壳)上。轨道器与着陆器之间用 Bush 元连接,模拟爆炸螺栓连接形式,Bush 元的拉压刚度为 $1 \times 10^9 N/m$,弯曲刚度为 $1 \times 10^6 N \cdot m/rad$。着陆器与上升器之间用钛合金梁元模拟分离螺母连接。

模态分析在方案阶段用于确定结构构型和主传力路径,并将整器刚度指标分解到 4 个单器,供 4 个单器并行开展设计。在方案设计完成后,开展了探测器结构工程样机振动试验,根据试验结果对模态分析的有限元模型进行了修正,修正后的模型分析值与试验值吻合良好。模态分析在初样阶段用于检验结构详细设计的正确性和合理性,在初样探测器结构器振动试验后,对探测器整器有限元模型进行了校验,模型分析值与试验值吻合良好。模态分析在正样阶段用于检验结构正样设计的正确性和合理性,通过比对确认,正样分析结果与探测器正样空箱振动试验结果以及初样结构器空箱振动试验结果均吻合良好,说明结构正样设计与初样结构器一致。正样模态分析结果如图3.34(b)～图3.34(e)及表3.3所示,探测器纵向基频为25.66Hz>20Hz,横向基频为10.34Hz>6Hz,扭转基频为18.01Hz>16Hz,满足指标要求。

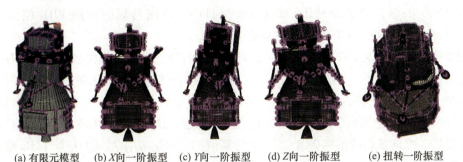

(a) 有限元模型　(b) X向一阶振型　(c) Y向一阶振型　(d) Z向一阶振型　(e) 扭转一阶振型

图3.34　探测器正样发射状态模态分析

表3.3　探测器正样发射状态模态分析结果

模态阶数	频率/Hz	模态有效质量						模态振型
		X	Y	Z	XX	YY	ZZ	
1	10.34	0	20%	16%	0	37%	47%	Y向一阶
2	10.47	0	16%	20%	0	47%	38%	Z向一阶
21	18.01	0	0	0	20%	0	0	扭转一阶
23	18.45	8%	0	0	0	0	0	轨道器氧箱
24	18.55	0	1%	7%	0	5%	0	Z向二阶
25	18.95	0	3%	0	0	0	2%	Y向二阶
28	20.27	0	1%	0	0	1%	1%	返回器Y向一阶
29	20.30	0	1%	1%	0	0	0	返回器Z向一阶
33	21.93	12%	0	0	0	0	0	轨道器燃箱
45	25.66	27%	0	0	0	0	0	X向一阶
95	40.77	4%	0	0	0	0	0	返回器X向一阶

2) 探测器刚度指标分解

探测器由轨道器、返回器、着陆器、上升器四器串并联组成,各器刚度直接影响探测器整器刚度。探测器系统复杂,各单器结构并行开展设计,需首先分解出各单器结构的刚度指标要求。刚度指标分解的方法为:①首先根据初步确定的结构构型和结构设计方案建立有限元模型,分析得出探测器发射状态的基频;然后根据分析结果对影响刚度的结构关键部件进行加强,修改有限元模型,再次分析探测器基频;如此反复迭代,直至探测器基频满足刚度要求并有一定的余量;②对各单器进行模态分析,根据分析结果提出对各单器的刚度指标要求。

经过反复迭代,满足要求的探测器发射状态模态分析结果为:纵向基频为22.14Hz>

22Hz,横向基频为8.22Hz>7Hz,扭转基频为20.18Hz>16Hz,基频均满足要求且有一定的余量。

在器箭连接界面固支状态下,计算轨道器(含着陆上升组合体和返回器)的基频,纵向一阶频率29.66Hz,横向一阶频率10.92Hz。由于轨道器位于探测器的底部,对探测器整器的刚度影响很大,而探测器的纵向基频余量较小(22.14Hz>22Hz),因此制定轨道器(含着陆上升组合体和返回器)的刚度指标为:纵向基频≥30Hz,横向基频≥11Hz。纵向基频的指标30Hz略大于计算值29.66Hz,横向基频的指标11Hz略大于计算值10.92Hz。

上升器质量较轻且位于着陆器的上部,因此只需对着陆上升组合体提刚度要求。在着陆器与轨道器连接界面固支状态下,计算着陆上升组合体的基频。计算结果:纵向一阶频率31.59Hz,横向一阶频率14.31Hz。考虑到着陆上升组合体位于探测器的上部,对探测器刚度影响较小,为了尽可能减轻着陆上升组合体的结构质量,制定着陆上升组合体的刚度指标为:纵向基频≥28Hz,横向基频≥13Hz。纵向基频的指标28Hz略小于计算值31.59Hz,横向基频的指标13Hz略小于计算值14.31Hz。

返回器质量为325kg,仅占探测器总质量的4%,同时返回器直接作用在轨道器上,处于传力路径的最顶端,因此返回器对探测器整器刚度影响很小,对返回器的刚度要求只需不与整器的基频耦合。制定返回器的刚度指标为:纵向基频≥35Hz,横向基频≥20Hz。纵向基频的指标35Hz大于整器纵向基频指标22Hz,大于轨道器的纵向基频指标30Hz,大于着陆上升组合体的纵向基频指标28Hz。横向基频的指标20Hz,大于整器横向基频指标7Hz,大于轨道器的横向基频指标11Hz,大于着陆上升组合体的横向基频指标13Hz。

探测器发射状态模态分析与试验结果如表3.4所示,空箱状态模态分析与试验结果如表3.5所示。可以看出,方案阶段制定的各单器刚度指标合理,探测器刚度满足要求。

表3.4 探测器发射状态模态分析与试验结果(单位:Hz)

阶段	整器纵向一阶			整器横向(Y向)一阶			整器横向(Z向)一阶			整器扭转一阶		
	指标	试验值	计算值	指标	试验值	计算值	指标	试验值	计算值	指标	试验值	计算值
方案	≥22	25.1	22.14	≥7	9.5	8.22	≥7	9.5	8.26	>16	—	20.18
初样	>20	25.1	24.41	>6	10.4	8.91	>6	10.5	8.95	>16	—	19.98
正样	>20	—	25.66	>6	—	10.34	>6	—	10.47	>16	—	18.01

表3.5 探测器空箱状态模态分析与试验结果(单位:Hz)

阶段	整器纵向一阶		整器横向(Y向)一阶		整器横向(Z向)一阶	
	试验值	计算值	试验值	计算值	试验值	计算值
方案	33.3	30.0	11.9	11.0	11.9	11.0
初样	35.0	—	12.8	—	12.6	—
正样	35.8	34.15	12.8	13.16	12.8	13.24

3）安全系数及安全裕度选取

由于结构自身特点，探测器结构可靠性通过裕度设计保证。按照《探测器设计与建造规范》的要求，"嫦娥"五号探测器结构设计安全系数及安全裕度的选取如表3.6所示。使用载荷乘以安全系数得到结构设计载荷，结构设计载荷下的计算应力σ_j需小于结构许用应力$[\sigma]$并留有一定的余量，安全裕度 M.S. = $[\sigma]/\sigma_j - 1$。为了保持探测器各状态下的构型、保证安装精度，探测器结构不允许产生永久变形，因此金属结构许用应力$[\sigma]$选取材料的屈服强度，金属结构的屈服强度安全裕度只要不小于0即可。对于无构型和精度保持要求的承载情况，为了结构轻量化，金属结构许用应力$[\sigma]$选取材料的极限强度。金属结构的极限强度安全裕度不允许为0，必须保留一定的余量，以避免结构破坏。对于非金属结构，考虑到材料和成型工艺的波动，首层失效安全裕度和承载强度安全裕度都不允许为0，必须保留一定的余量，以避免结构破坏。受压失稳情况的结构许用应力$[\sigma]$根据经验公式计算得到，需考虑一定的不确定度，因此结构稳定性安全裕度不允许为0，必须保留一定的余量，以避免结构失稳破坏。

表3.6 结构设计安全系数及安全裕度

载荷工况	结构部件	安全系数	金属材料安全裕度	非金属材料安全裕度
地面载荷	探测器结构	2.0	屈服强度 M.S. ≥0 极限强度 M.S. ≥0.15 稳定性 M.S. ≥0.25	首层失效 M.S. ≥0.25 承载强度 M.S. ≥0.25 稳定性 M.S. ≥0.3
飞行惯性载荷	探测器结构	1.5		
月面着陆冲击载荷	着陆上升组合体结构	1.5		
月面起飞羽流载荷	羽流导流装置	1.35		
再入气动加热载荷	返回器结构	1.35		
地面着陆冲击载荷	返回器结构	1.0		

4）发射段力学载荷确定及结构强度分析

与常规卫星结构设计只需满足运载准静态过载条件不同，"嫦娥"五号探测器由四器串联组成，位于探测器上端的上升器、着陆器和返回器在振动环境中将产生更大的加速度响应，仅考虑准静态过载是不充分的，探测器结构设计需要同时考虑准静态过载和振动环境下的等效过载。

根据运载给出的探测器准静态过载，安全系数取1.5，得到各单器结构的准静态设计载荷（表3.7），据此计算得到探测器根部和各器之间单个连接点的最大连接载荷，如表3.8所示。

表3.7 探测器结构发射段设计载荷——准静态过载（单位：g）

工况	X向	Y向和Z向
1	-4.35	3.0
2	-9.75	1.5
3	-6.0	2.25
4	4.5	2.25

注：+为拉，-为压。

表 3.8　准静态载荷下探测器根部和器间单个连接点的最大载荷(单位:kN)

部位	轴力	剪力
探测器根部	-101.0	—
轨道器与返回器之间	-8.1	3.8
轨道器与着陆器之间	-73.5	22.8
着陆器与上升器之间	-21.3	7.2

注：+为拉，-为压。

器箭连接面低频正弦振动环境条件如表 3.9 所示，按照鉴定级试验条件，X 向临界阻尼取 0.04，Y 向和 Z 向临界阻尼取 0.06，对探测器发射状态进行频率响应分析。由于探测器是一个对称结构，Y 向和 Z 向的动力学特性基本一致，因此只对探测器进行 X 向和 Z 向的正弦振动响应分析。重点关注了器箭、器间、舱段连接点、贮箱安装点、太阳翼压紧点、密封封装装置安装点、气瓶安装点、钻取采样装置安装点、表取采样机械臂安装点、发动机安装点等关键部位的最大加速度响应，探测器根部及各器之间单个连接点的最大载荷响应分析结果如表 3.10 所示。

表 3.9　探测器正弦振动环境条件

方向	频率范围/Hz	鉴定级
横向(Y、Z)	2~8	3.49mm
	8~100	0.9g
纵向(X)	2~8	4.66mm
	8~100	1.2g
扫描率要求		2.0oct/min

表 3.10　振动环境下探测器根部和器间单个连接点的最大载荷(单位:kN)

部位	X 向激励		Z 向激励			
	轴力(22.1Hz)	轴力(35.0Hz)	轴力(22.1Hz)	剪力(22.1Hz)	轴力(35.0Hz)	剪力(35.0Hz)
探测器根部	47.0	—	162.0	46.6	—	—
轨道器与返回器之间	—	12.9	—	—	10.8	12.9
轨道器与着陆器之间	80.8	—	241.0	76.9	—	—
着陆器与上升器之间	28.6	—	40.9	32.6	—	—

比较表 3.8、表 3.10 可知，振动环境下探测器根部的连接力大于准静态载荷下探测器根部的连接力，为了避免振动试验时探测器结构因谐振放大而导致不必要的损伤，需要对振动试验条件进行下凹控制。下凹控制需遵循如下准则[30]：①振动量级不小于 1.25 倍的器箭耦合分析结果；②振动试验中主承力结构受力不大于准静态载荷下的受力；③振动试验中关键设备连接处及关键设备的响应不超过设备力学环境条件。以探测器根部单个连接点的轴力为参照进行振动试验下凹预示分析，分析结果如表 3.11 所示。按照下凹后振动试验条件计算探测器根部及各器之间单

个连接点的最大载荷,计算结果如表 3.12 所示。按照表 3.12 中单个连接点的最大轴力计算各器结构的等效过载,计算结果如表 3.13 所示。

表 3.11 探测器鉴定级振动试验条件下凹预示分析结果

部位	准静态载荷	正弦振动载荷		下凹预示分析结果
		X 向激励	Z 向激励	
探测器根部单个连接点最大轴力	101.0kN	47.0kN/22.1Hz	162.0kN/8.2Hz	X 向激励下不需下凹 Z 向激励下,横向主频 8.2Hz 处应下凹至 ≤0.9g×101÷162=0.56g,暂定下凹 1/2,至 0.45g
上升器	—	贮箱安装点最大 17.5g/22.1Hz	—	X 向激励下,考虑到探测器纵向主频 22.1Hz 处上升器贮箱响应较大,暂定在 22.1Hz 处下凹至 2/3(0.8g)
返回器	—	样品容器安装点 25.1g/35Hz	大梁上设备安装点 15.2g/17.8Hz	X 向激励下,考虑到返回器纵向基频 35Hz 处返回器样品容器响应较大,暂定在 35Hz 处下凹至 2/3(0.8g) Z 向激励下考虑到返回器横向基频 17.8Hz 处返回器大梁响应较大,暂定在 17.8Hz 处下凹至 2/3(0.8g)

表 3.12 下凹后探测器根部和器间单个连接点的最大载荷(单位:kN)

部位	X 向激励	Z 向激励			
	轴力(22.1Hz)	轴力(8.2Hz)	剪力(8.2Hz)	轴力(8.2Hz)	剪力(8.2Hz)
探测器根部	30.6	24.4	23.3	80.5	8.4
轨道器与着陆器之间	53.9	120.5	38.3	120.0	38.5
着陆器与上升器之间	19.1	1.0	16.3	20.5	13.5
轨道器与返回器之间	轴力(35.0Hz) 8.6	轴力(17.8Hz) 4.6	剪力(17.8Hz) 8.6	轴力(17.8Hz) 7.2	剪力(17.8Hz) 7.4

表 3.13 振动试验(下凹后)探测器结构等效过载

部位	X 向激励		Z 向激励	
返回器	单个连接点的最大轴力	8.6kN	单个连接点的最大轴力	7.2kN
	返回器结构的 4 个连接点固支,X 向施加 1g 的载荷,单个连接点的最大轴力	0.93kN	返回器结构的 4 个连接点固支,Z 向施加 1g 载荷,单个连接点的最大轴力	0.67kN
	等效过载	8.6/0.93=9.2g	等效过载	7.2/0.67=10.7g

续表

部位	X向激励		Z向激励	
着陆上升组合体	单个连接点的最大轴力	53.9kN	单个连接点的最大轴力	120.5kN
	着陆器结构的8个连接点固支,X向施加1g的载荷,单个连接点的最大轴力	6.8kN	着陆器结构的8个连接点固支,Z向施加1g载荷,单个连接点的最大轴力	20.6kN
	等效过载	53.9/6.8=7.9g	等效过载	120.5/20.6=5.8g
上升器	单个连接点的最大轴力	19.1kN	单个连接点的最大轴力	20.5kN
	上升器结构的4个连接点固支,X向施加1g的载荷,单个连接点的最大轴力	1.9kN	上升器结构的4个连接点固支,Z向施加1g载荷,单个连接点的最大轴力	2.1kN
	等效过载	19.1/1.9=10.1g	等效过载	20.5/2.1=9.8g

将探测器鉴定级正弦振动试验时的结构等效过载与探测器准静态设计载荷进行比较,将大于准静态设计载荷的工况补充作为各单器结构的设计载荷,如表3.14所示。

表3.14　探测器结构发射段设计载荷——振动试验等效过载(单位:g)

部位	工况	X向	Y向和Z向
轨道器支撑舱、着陆上升组合体结构	5	—	5.8
	6	7.9	—
返回器转接环、返回器结构	5	9.2	—
	6	—	10.7
上升器结构	5	—	9.8
	6	±10.1	—

注:轨道器支撑舱是轨道器与着陆器的过渡结构,需根据着陆上升组合体的过载设计。返回器转接环是轨道器与返回器的过渡结构,需根据返回器的过载设计。

探测器结构方案设计按照以上载荷条件进行。在探测器结构工程样机振动试验时,预示分析暂定的下凹条件结合器箭耦合分析结果进行了修正,振动试验等效过载根据实际试验条件和实测结构加速度响应进行了修改,如表3.15所示,探测器初样结构详细设计按照修改后载荷进行。同时考虑准静态过载和振动试验等效过载,探测器初样结构器发射段强度计算结果如表3.16所示,满足设计要求。探测器正样结构技术状态与初样结构器相同,正样结构发射段强度与初样结构器相同,满足设计要求。

表3.15　探测器结构发射段设计载荷——修改后振动试验等效过载(单位:g)

部位	工况	X向	Y向和Z向
轨道器支撑舱、着陆上升组合体结构	5	—	3.6
上升器结构	5	—	6.0

续表

部位	工况	X 向	Y 向和 Z 向
返回器转接环、返回器结构	5	±11.0	—
	6	—	9.0

表 3.16　探测器初样结构发射段强度计算结果

指标要求		最小设计安全裕度 M.S.			
		轨道器结构	返回器结构	着陆器结构	上升器结构
稳定性裕度	M.S. ≥0.25（金属材料）	0.33	—	—	—
	M.S. ≥0.3（非金属材料）	0.66	—	—	—
屈服强度裕度	M.S. ≥0（金属材料）	0.16	0.51	0.72	0.3
首层失效裕度	M.S. ≥0.25（非金属材料）	0.31	—	0.65	0.50

5）连接分离面结构力学分析

根据发射段准静态载荷条件、正弦振动试验条件（下凹后）以及月面着陆载荷条件，采用探测器有限元模型，分析 6 个连接分离面结构单个连接点局部所受的最大载荷并与连接解锁装置（爆炸螺栓、火工锁、分离螺母）的设计载荷相比较，同时分析结构单个连接点局部的强度，计算结果如表 3.17 所示。可以看出，连接解锁装置的设计载荷大于结构单个连接点的最大载荷，连接解锁装置能够起到对结构的可靠连接作用。结构单个连接点局部的屈服强度安全裕度 M.S. ≥0.16＞0，结构局部设计满足强度要求。

表 3.17　连接分离面单个连接点的最大载荷及局部结构强度分析结果

序号	连接分离面	连接点最大载荷/kN	连接解锁装置设计要求/kN	屈服强度安全裕度（安全系数取 1.5）
1	器箭	单点轴力:67.3 单点剪力:57.6	—	轨道器 M.S. ≥0.16
2	轨道器与返回器	单点轴力:6.7 单点剪力:4.9	单点轴力:13.2	返回器 M.S. ≥0.74 轨道器 M.S. ≥1.18
3	轨返组合体与着陆上升组合体	单点轴力:49.1 单点剪力:16.5	单点轴力:49.1 单点剪力:16.5	着陆器 M.S. ≥0.72 轨道器 M.S. ≥0.38
4	着陆器与上升器	单点轴力:14.2 单点剪力:7.6	单点轴力:14.5 单点剪力:7.6	上升器 M.S. ≥0.50 着陆器 M.S. ≥0.69
5	轨道器推进仪器舱与支撑舱	单点轴力:23.4 单点剪力:9.5	单点轴力:23.4 单点剪力:9.5	支撑舱 M.S. ≥0.35 推进仪器舱 M.S. ≥0.18
6	轨道器推进仪器舱与对接舱	单点轴力:2.6 单点剪力:1.4	单点轴力:8.1 单点剪力:8.1	对接舱 M.S. ≥2.71 推进仪器舱 M.S. ≥0.30

6）连接分离面结构局部变形对分离影响分析

地面装配过程造成的连接分离面结构局部挤压变形，以及在轨温度环境引起的连接分离面结构热变形，在分离时均会产生摩擦力，有可能带来分离阻力。器箭、轨返组合体与着陆上升组合体、轨道器推进仪器舱与支撑舱、推进仪器舱与对接舱连接分离面，分离阻力分析模型如图 3.35 所示。设局部挤压力为 F，锥面上产生的摩擦力为 μF，μ 是摩擦系数。偏恶劣考虑，取 $\mu = 0.3$。挤压力 F 和摩擦力 μF 在分离方向（X 向）上的合力 $F_x = F \cdot \sin35° - \mu F \cdot \cos35° = 0.32F \geq 0$，说明结构局部挤压变形对分离无影响。同理，计算着陆器与上升器连接分离面的挤压力 F 和摩擦力 μF 在分离方向上的合力，$F_x = F \cdot \sin30° - \mu F \cdot \cos30° = 0.24F \geq 0$，说明结构局部挤压变形对着陆器与上升器的分离无影响。

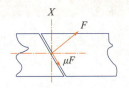

图 3.35　分离阻力分析模型

轨道器与返回器连接分离面，多次地面装配的情况均是返回器 4 个钛管与返回器转接环 4 个安装孔外侧干涉，内侧间隙均大于 0.4mm。按照设计状态计算地面装配的最大分离阻力。设计状态单个钛管与返回器转接环安装孔的最大单边干涉量为 0.175mm。对返回器钛管和返回器转接环各自施加朝向返回器轴线方向的 1000N 载荷进行分析。在 1000N 载荷作用下，返回器钛管最大变形为 0.112mm，返回器转接环变形为 0.149mm，总干涉量为 0.261mm，如图 3.36 所示。由此进行换算，总干涉量为 0.175mm 时，钛管与转接环之间的挤压力为 670N。钛管与铝合金安装孔之间的摩擦系数按 0.2 考虑，计算得到单个钛管与安装孔的摩擦力为 $0.2 \times 670\text{N} = 134\text{N}$，4 个钛管的总摩擦力为 $4 \times 134\text{N} = 536\text{N}$。

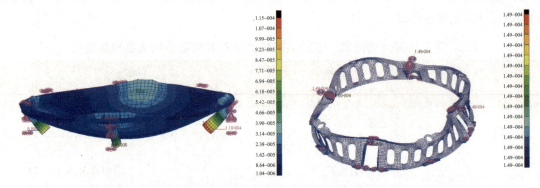

图 3.36　1000N 载荷作用下结构变形分析

按照轨返分离时刻的返回器结构和返回器转接环温度场（表 3.18），计算分离时刻的结构热变形。有限元模型如图 3.37 所示，返回器钛管采用壳单元模拟，通过 MPC 与返回器上下端连接，返回器转接环采用壳单元模拟。将温度场赋予结构分析模型，结构热变形分析结果如表 3.19 所示，在轨热变形引起的钛管与安装孔的干涉在内侧，间隙在外侧。

表 3.18　轨返分离时刻结构温度场（单位：℃）

结构	工况 1	工况 2	工况 3
返回器侧壁	−51.4 ~ 25.3	−50.7 ~ 22.7	−51.4 ~ 25.3
返回器大底	−53 ~ 3.7	−52 ~ 8.2	−53 ~ 3.7

续表

结构	工况1	工况2	工况3
返回器钛管	2.7、-38.9、-32、-34.3	-0.1、-45、-32、-34.6	-6.1、-48.2、-32.9、-36.9
返回器转接环	-9、-8、-4.5、-6.3	-9.3、-9、-4.2、-5.4	-9.7、-9.2、-4、-4.9

(a) 有限元模型

(b) 工况2结构热变形分析结果

图3.37 轨返分离时刻结构热变形分析

表3.19 轨返分离时刻结构热变形分析结果(单位:mm)

结构	工况1	工况2	工况3
返回器	收缩变形0.719	收缩变形0.695	收缩变形0.714
返回器转接环	收缩变形0.311	收缩变形0.311	收缩变形0.321
钛管内侧干涉量	0.408	0.384	0.393

综合考虑地面装配和在轨热变形,钛管内侧干涉量最大为 0.408 - 0.4 = 0.008(mm)。按照上面的计算方法,钛管内侧干涉量为 0.008mm 时,钛管与安装孔之间的挤压力为 30.7N。摩擦系数按 0.2 考虑,计算得到单个钛管与安装孔的摩擦力为 0.2×30.7N = 6.14N,4个钛管的总摩擦力为 4×6.14N = 24.56N。

偏安全考虑,总摩擦力取 536N 和 24.56N 的较大值,按 536N 考虑。536N 的总摩擦力远远小于两器分离装置的推力(2200~3300N),地面装配和在轨热变形不会对轨返分离造成影响。

7)"嫦娥"五号飞行试验器发射段及在轨段返回器泄压效率分析

与"嫦娥"五号返回器舱门处于打开状态发射不同,飞行试验器的舱门处于关闭状态发射。为了满足发射段和在轨段返回器泄压要求,飞行试验器设置了单向泄压阀和通气孔。

单向泄压阀安装在前端结构上,前端结构上的开孔通气效率需要满足单向泄压阀 100s 内将返回器内压降到 17kPa 以下的泄压要求。开孔通气效率采用一维等熵流理论[31]进行计算。返回器内空气通过开孔流往器外,已知器内外压强即可求出开孔中气流的马赫数,进而求出开孔中的温度、密度,最后求出孔中的流速和流量。开孔通气效率计算模型如图3.38所示,器内空气速度 $U_i = 0$,温度为 T_i,压强为 P_i;整流罩内空气速度 $U_e = 0$,温度为 T_e,压强为 P_e。返回器被整流罩包裹,热容较大,假设 100s 内整流罩内和返回器内温度均不发生变化,均为初始温度 T_0,即 $T_i = T_e = T_0$。泄压过程简化为空气由返回器内(T_i, $U_i = 0$, P_i)等熵加速进入前端结构开孔内(U_v, P_v, T_v),而后又等熵地滞止于整流罩内部($U_e = 0$, P_e, T_e)。计算初始条件为 $P_i = P_e$, $\rho_i = \rho_e$, $T_i = T_e$,返回器

内空气体积为 V，质量为 m，通过计算求出开孔内的速度 U_v、密度 ρ_v 和温度 T_v。在不考虑摩擦且只有一个通气孔的情况下对不同管径进行了模拟分析，首先计算流出返回器的空气质量 $d_m = \rho_v U_v A$，其中 $A = \pi d^2/4$；接着计算返回器内的剩余空气质量 $m_i = m - d_m$，剩余空气密度 $\rho_i = m_i/V$；最后计算返回器内的压强 $P_i = \rho_i R T_i$。不同孔径的计算结果如图 3.39 所示。由图 3.39 可见，为使发射段返回器内压小于 17kPa，通气孔直径应大于 13mm，通气孔面积大于 132.8mm²。

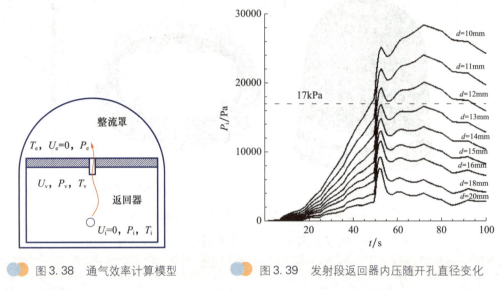

图 3.38　通气效率计算模型　　　图 3.39　发射段返回器内压随开孔直径变化

以最小通气面积 132.8mm² 除以不同孔径的截面面积，得到不同孔径下所需的最少通气孔个数。以该个数为基础，计算开孔的边界层厚度 δ 和有效通气面积 $A = n\pi(d-2\delta)^2/4$，其中 n 为通气孔个数，d 为通气孔直径。计及射流损失和摩擦损失，计算流出返回器的空气质量 $d_m = C_D \rho_v U_v A$，其中 C_D 为考虑损失后的修正系数。返回器内的剩余空气质量 $m_i = m - d_m$，剩余空气密度 $\rho_i = m_i/V$，返回器内的压强 $P_i = \rho_i R T_i$。检查 P_i 是否小于 17kPa，如果不是，增加通气孔个数 n 重新计算，直至 P_i 小于 17kPa，计算结束。满足要求的计算结果如图 3.40、表 3.20 所示，设计选取 1 个直径 15mm 的通气孔作为单向泄压阀在前端结构上的开孔。

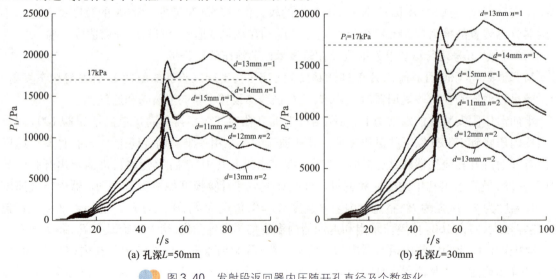

图 3.40　发射段返回器内压随开孔直径及个数变化

表 3.20 不同孔径下所需的最少通气孔个数

开孔直径 d/mm	5	6	7	8	9	10	11	12	13	14	15
通气孔个数 $n(L=50\text{mm})$	11	7	5	4	3	3	2	2	2	1	1
通气孔个数 $n(L=30\text{mm})$	10	7	5	4	3	2	2	2	2	1	1

返回器结构器(安装单向泄压阀、涂覆防火填料)发射段泄压试验结果显示,返回器内压最大为 9kPa,小于 17kPa 的指标要求。同时,在试验时间 16min 时,返回器内压开始小于 1kPa。因此,用于热控多层泄压要求的通气孔只需满足 9 小时 44 分内将返回器内压由 1kPa 降到 10Pa 以下即可。通气孔泄压效率计算模型为:返回器为 1 个体积为 V 的密封容器,器内空气温度 20℃,初始压强 1kPa;器外为高真空环境,真空度为 $10^{-2} \sim 10^{-3}$ Pa;器内外通过直径 d、长度 L 的管道贯通。依据经典流体力学中的管道内气体流动状态判据:当压力从 1kPa 变化至 223Pa 时,气体状态为黏滞流,压降耗时为 t_1;当压力从 223Pa 变化至 10Pa 时,气体状态为黏滞 - 分子流,压降耗时为 t_2。总时间 $t = t_1 + t_2$。限定 t 小于 9 小时 44 分,得到通气孔直径 $d = 6$mm、长度 $L = 21$mm 时的开孔个数为 2 个。

8) 月面着陆下降段力热耦合分析

月面着陆过程中,着陆器质心处的纵向过载不大于 $6g$,横向过载不大于 $2g$;上升器质心处的纵向过载不大于 $4g$,横向过载不大于 $3g$。着陆时刻上升器结构的温度在 10~46℃,着陆器辅缓支撑附近的侧板和底板的温度为 14~41℃,其他着陆器结构的温度在 10~20℃。将温度场附加到有限元模型上,对着陆上升组合体结构开展力热耦合分析,计算结果如表 3.21 所示。由表可知,结构强度满足设计要求。

表 3.21 月面着陆下降段探测器结构强度计算结果

项目	指标要求	最小设计安全裕度 M.S.	
		上升器结构	着陆器结构
屈服强度裕度	>0(金属材料)	0.23/中心角盒	0.1/侧板铝面板
首层失效裕度	>0.25(非金属材料)	0.79/碳纤维底板	0.27/侧板主缓支撑区域碳纤维面板

9) 月面上升段力热耦合分析

上升器月面起飞发动机羽流环境如图 3.41 所示。发动机工作时导流装置受到的 $-X$ 轴方向冲击力不大于 6kN,热流密度不大于 1691kW/m²,持续时间 1.2s,导流装置 $\phi500 \sim 700$mm 区域受到的压强为 10~20kPa,其他区域压强小于 10kPa。首先进行羽流加热环境下的烧蚀与传热分析,得到导流装置的剩余原始材料层厚度。偏恶劣考虑,只有剩余原始材料层承受羽流冲击力,计算导流装置的强度。计算时需同时考虑空间温度环境(-65 ~ +130℃)对导流装置承载的影响。

计算热流密度取最大热流密度 1691kW/m² 乘以 1.35 倍的安全系数,加热时间按照实际发动机羽流作用时间 1.2s,结构初始温度取空间环境最高温度 130℃,采用 SPQ9 材料烧蚀传热分析模型,开展一维烧蚀传热计算。计算结果为:由于加热时间很短,表面受到的羽流加热不能充分传递,停止加热时结构背壁基本没有温升,材料表面没有烧蚀后退,材料碳层厚度为 0.9mm,剩余原始材料层厚度为 2.1mm。计算结果与烧蚀试验结果比较如表 3.22 所示,计算结果可信。

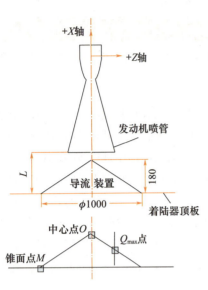
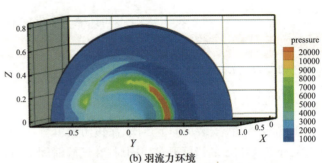

(a) 月面起飞发动机羽流与导流装置的相对关系

(b) 羽流力环境

时间/s	热流密度/(kW/m²)		
	中心点O处	锥面点M处	最大值点Q_{max}
0.2	93	425	1309
0.5	97	1168	1691
1.0	61	682	973

(c) 羽流热环境

图 3.41 上升器月面起飞发动机羽流环境

表 3.22 导流装置 SPQ9 材料烧蚀计算结果与试验结果比较

项目	热流密度/(kW/m²)	加热时间/s	停车时温升/℃	碳层厚度/mm	剩余原始材料层厚度/mm
分析计算	2283	1.2	0	0.9	2.1
地面试验	1900	1.9	0.5	1.2	1.8
地面试验	1900	2.5	0.8	1.5	1.6

计算 2.1mm 厚度剩余原始材料层承受羽流冲击力的能力,安全系数取 1.5,采用 Ansys/Workbench 软件进行分析,结构采用壳单元建立,结构温度按 130℃,结构破坏应力取材料 200℃下的极限强度,计算结果如图 3.42 所示。导流装置应力最大为 12.1MPa,M.S. ≥0.47 >0.25;加强筋与蒙皮间胶层剪切力最大为 1.32MPa,M.S. ≥8.19 >0.25;导流装置受压稳定性系数为 2.8,M.S. =1.8 >0.3;结构强度满足设计要求。

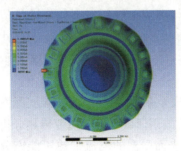
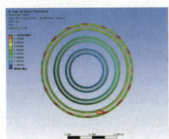
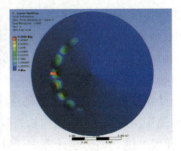

图 3.42 导流装置承受羽流冲击力计算结果

10) 在轨段结构热变形分析

探测器结构采用不同的材料和结构形式,在空间温度环境下,结构产生热变形,有可能对机构动作等产生影响,需要开展关键时刻的结构热变形分析。

表取采样机械臂安装在着陆器顶板上,不同部位存在较明显的温度梯度,奔月段温度梯度最大(超过60℃),其热变形可能导致表取采样机械臂的初始安装精度发生偏差。将地月转移段表取采样机械臂温度梯度最大时刻的表取采样机械臂及结构舱板的温度数据(单位:℃,下同)映射到有限元模型上,如图3.43所示,分析表取采样机械臂的安装精度。计算结果为:表取采样机械臂热变形最大为0.43mm,导致表取采样机械臂安装平面变化2′46″,满足小于等于3′的安装精度要求。

图3.43 奔月段机械臂热分析模型

将月面最高温工况的温度场映射到上升器结构和钻取整形机构的有限元模型上,如图3.44所示。计算钻取初级封装装置转移至密封封装装置时刻,密封封装装置的轴线和钻取初级封装装置轴线的同轴度。同轴度的定义为密封封装装置中心点和钻取初级封装装置中心点在整器 YZ 平面法向内投影的距离。计算结果为:结构热变形引起的同轴度最大变化为0.01mm,满足总体要求。

图3.44 钻取初级封装装置转移时刻上升器结构热分析模型

将交会对接时刻最高温工况的温度场映射到返回器结构和返回器转接环有限元模型上,如图3.45(a)所示。分析返回器前端样品舱轴线与返回器4个钛管组成的基准轴线的同轴度。同轴度的定义为以返回器4个钛管安装面作为基准面,基准面的中心法线作为基准轴线,前端样品舱中心点在基准面的法向的投影与基准轴线的距离作为所求同轴度值。计算结果为:结构热变形引起的前端样品舱平面转角最大变化为19″,前端样品舱轴线与返回器4个钛管组成的基准轴线的同轴度最大变化为0.04mm,满足总体要求。

将交会对接时刻最高温工况的温度场映射到上升器结构和关键设备的有限元模型上,如图3.45(b)所示。计算密封封装装置中心轴线与上升器被动件顶部中心轴线的最大位移,计算结果为0.014mm;计算上升器顶板上安装的GNC姿态测量敏感器和交会对接敏感器的最大位移和转角,计算结果为最大位移0.218mm、最大转角2.131′;计算结果满足总体要求。

将交会对接时刻最高温工况的温度场映射到轨道器结构的有限元模型上,如图3.45(c)所示,计算返回器转接环中心点的最大位移,计算结果为0.36mm;计算对接舱上端面的最大角度变化,计算结果为2.586′;计算返回器转接环上端面的最大角度变化,计算结果为1.056′;计算结果满足总体要求。

(a) 返回器结构

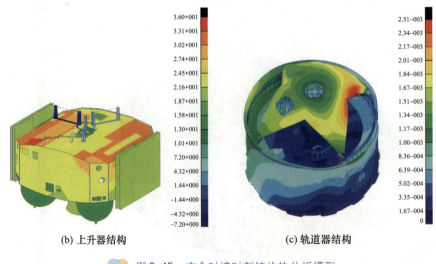

(b) 上升器结构　　　　　　　(c) 轨道器结构

图3.45　交会对接时刻结构热分析模型

11) 返回器大梁 IMU 安装面相对精度分析

从轨返分离至开伞前(0~1200s),返回器大梁上两台 IMU 安装面的相对精度变化量要求不大于6'。两台 IMU 在大梁上的安装位置如图 3.46 所示,节点1、2、3、4 构成激光 IMU 安装面,节点5、6、7、8 构成光纤 IMU 安装面。以激光 IMU 为例,通过计算 IMU 在载荷作用下4个节点在纵向(X 向)的位移,计算 IMU 安装面的偏转角度 $\alpha = \arctan(\Delta/L)$,$\Delta$ 为2个节点的位移差,L 为2个节点之间的距离,找出最大偏转角度作为激光 IMU 的偏转角。考虑到再入段载荷作用下大梁结构发生的是下凹变形,两台 IMU 安装面之间的相对偏转角 $\beta = \alpha_{激光} + \alpha_{光纤}$。

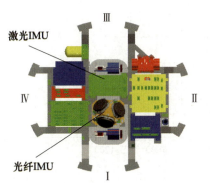
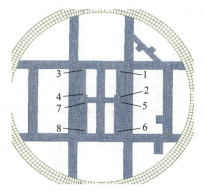

节点	Y/mm	Z/mm
1	106.5	-172.5
2	106.5	2.5
3	-106.5	-172.5
4	-106.5	2.5
5	103.5	34
6	103.5	20
7	-103.5	34
8	-103.5	20

图 3.46　IMU 设备在大梁上的安装

开展轨返分离时刻和再入段过载与温度条件下的力热耦合分析,建立返回器结构有限元模型,侧壁、后端框、大底采用壳单元模拟,大梁采用实体元模拟,大梁上设备采用集中质量点模拟,两台 IMU 采用刚性 MPC 模拟。材料采用非线性模型,温度场采用线性插值方法进行赋值。

大梁初期方案如图 3.47(a)所示,中部 IMU 设备安装区域构型为"日"字形,主要工字梁的截面尺寸为 4mm-3mm-3mm。通过仿真分析,2台 IMU 安装面的相对角度偏转量为 10.29',不满足6'的要求。对大梁结构进行了改进设计。考虑到在线弹性范围内力学载荷与温度载荷对大梁结构的变形影响存在一定的线性对应关系,因此首先对拟采用的12种改进措施进行了力学载荷下的仿真

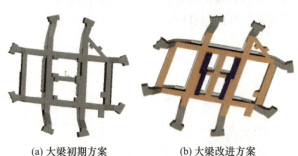

(a) 大梁初期方案　　(b) 大梁改进方案

图 3.47　大梁结构

分析,然后按照"精度保持能力好并且增重代价小"的原则从中找出改进效率较高的方法并通过组合得到更多可供选择的大梁结构改进方案,最后综合考虑结构质量代价与精度保持能力,确定大梁改为中部"田"字构型且"田"字形区域工字梁截面尺寸改为 6mm-4mm-6mm,同时在 IMU 安装凸台之间添加连接梁。大梁改进方案如图 3.47(b)所示。

分析大梁改进后轨返分离前两台 IMU 的相对精度。此时,返回器力学载荷为0,大梁温度在 -33.7~+14.8℃,侧壁后端框温度在 -57.3~-49.5℃,对温度载荷进行线性插值,计算两台 IMU 的相对精度,计算结果为 -4.81',负值表示大梁变形为凹形"⌣"。分析再入段纵向两台 IMU 的相对精度。再入段纵向过载如图 3.48 所示,再入段大梁温度在 -33.7~+33℃,侧壁后端框温度在 -57.3~89℃范围,对温度载荷进行线性插值,时间间隔取 20s,计算两台 IMU 的相对精

度。共有 61 个计算工况,计算结果为 -6.583′~0.808′。负值表示大梁变形为凹形"⌣",正值表示大梁变形为凸形"⌢"。

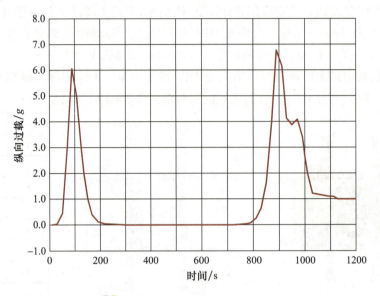

图 3.48 返回器再入纵向过载

将轨返分离前时刻两台 IMU 的相对精度 -4.81′作为初始值,计算两台 IMU 相对精度随时间的变化,如图 3.49 所示。在开伞时刻(1200s),两台 IMU 的相对精度最差,相对偏转角为 5.61′,满足 6′的指标要求。结合大梁与后端框温度差(图 3.50),可以看出,IMU 相对精度随时间变化情况与大梁与后端框温差随时间变化情况基本一致。在 100s 和 900s 时刻的两个向下凹的波动,是由于返回器纵向过载所致。

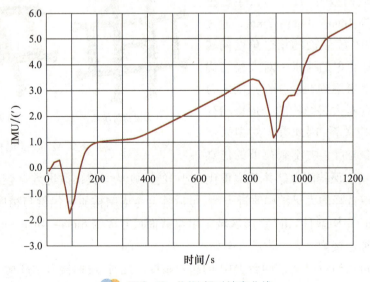

图 3.49 IMU 相对精度曲线

12)再入返回段返回器结构防热分析

首先针对新研防热材料开展高焓及二次加热环境下的烧蚀机理分析及防热性能预测评估。通过对不同防热材料在气动加热过程中的烧蚀响应、表面形貌状态和碳化层构成(图 3.51)开展

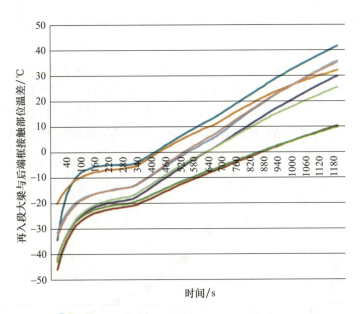

图3.50 再入段大梁与后端框接触部位温差

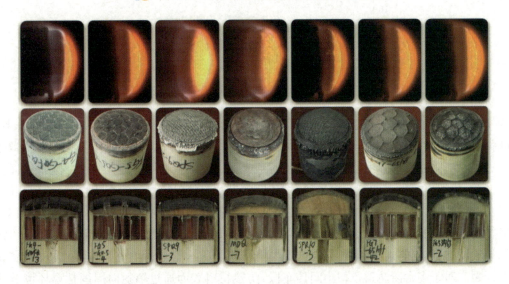

图3.51 材料烧蚀试验结果

烧蚀机理分析,发现碳硅复合蜂窝增强低密度防热材料(HC5、FG4、FG5、FG7)兼具碳化热解类材料与硅基材料的烧蚀行为,传热耦合模型必须考虑热解碳化反应对热响应的影响;而SPQ9、SPQ10和MDQ材料的烧蚀机理建模需要重点考虑液态层流失与树脂热解碳化对表面能量平衡及碳化层性质的影响。在烧蚀机理分析的基础上,发展了任意碳硅比例组分热化学烧蚀、液态产物流失与纤维剥蚀的通用烧蚀模型。对于烧蚀表面同时存在碳、二氧化硅及碳硅氧无定形产物的情况,考虑到两者共同占据材料烧蚀表面的事实,对于烧蚀表面的每个点来说,碳的氧化烧蚀符合碳基材料的烧蚀规律,而SiO_2的蒸发流失规律与纯SiO_2材料相符,即可采用碳基材料和硅基材料的烧蚀计算方法分别对碳-硅基材料烧蚀面的烧蚀速率进行计算。此外,由于碳的氧化产生的一氧化碳、原始材料热解产生的热解气体以及SiO_2蒸发产生的SiO_2蒸气三者共同作用于烧蚀表面,同时对烧蚀表面的热环境产生影响,因此在计算引射气体对来流热环境的影响时需要同时考虑这三部分的影响。对于材料平均烧蚀速率的计算,只有当烧蚀表面温度达到 SiO_2 熔点时,SiO_2 才会蒸发和流失。基于碳硅复合材料在高焓高热流密度环境下的表面复杂热效应,结合通用烧蚀模型,确定了防热材料烧蚀表面的能量平衡关系。碳化层考虑材料的热沉吸热与固体热传导,热解面考虑热解反应吸热、热沉吸热与固体热传导,由此建立碳硅基复合材料在高焓二次加热环境、多物理化学机制作用下的烧蚀传热耦合计算方法。编写相应的计算代码及程序后,进行综合计算平台软件化建设,形成了适应第二宇宙速度再入环境的防热结构性能预测与评估平台。高焓影响分析结果如图 3-52 所示。

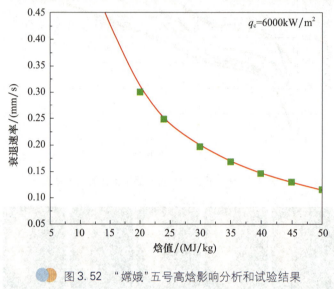

图 3.52 "嫦娥"五号高焓影响分析和试验结果

为了考核二次加热对防热系统的影响,防热材料筛选与研制过程中开展了材料热冲击考核试验,同时利用试验数据进行外推,对防热结构的二次加热影响进行了分析验证。针对返回器跳跃式再入、二次加热的气动热环境特点,设计了两种地面烧蚀试验考核方法:①首先开展材料的第一次烧蚀试验,模拟再入过程的第一次加热,试验后取出试验件观察材料的烧蚀状态;然后开展材料的第二次烧蚀试验,模拟再入过程的第二次加热,试验后再次检查材料的烧蚀状态;②采用多台阶轨道模拟的烧蚀试验方法,两次加热中间阶段电弧加热器停车,模拟返回器跳出大气层的状态。试验结果表明,防热材料通过两种形式的二次加热试验后,表面烧蚀状态均良好、碳层结实完整、未出现开裂。对于多台阶轨道模拟中间停车段,防热材料表面通过辐射向周围常温环境散热,由于防热材料表面温度仍能够达到 700 ℃ 量级,经计算表面向常温环境的辐射换热的热流密度,与真实再入向空间环境辐射换热的热流密度相当,说明试验可反映真实再入过程。

图 3.53 给出了再入过程驻点位置表面温度的分析曲线,在返回器跳出段,防热结构表面温度下降,但仍不低于 700 ℃,同时跳出段的降温速率低于第一次加热的升/降温速率。根据地面热冲击考核试验数据,可以确定返回器防热材料和防热结构能够满足跳跃式再入、二次加热的要求。

由于再入过程中迎风大底拐角附近存在较强的辐射加热,辐射加热对防热材料烧蚀性能的影响需要进行

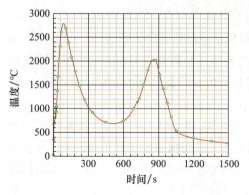

图 3.53 驻点表面温度分析结果

重点分析。采用将辐射加热项作为独立热源并入防热材料净热流能量平衡公式的方法,评估其对防热材料烧蚀性能及热响应的影响。通过对不同辐射加热条件下材料的烧蚀行为进行计算,发现辐射加热比例越高,材料烧蚀带走的热量越小,防热材料的背温略微升高。再入返回过程中,辐射热流比例较小且加热时间极短,计算结果表明,将辐射热流等效为对流热流的处理方法对烧蚀量评估的误差不高于2%,对背温热响应的误差不高于1%。因此,在返回器防热结构温度响应预测计算和地面试验时,可以将辐射加热合并到对流加热中统一考虑,无须单独考虑辐射加热。

研制过程中,用数值仿真手段对防热系统开展了详尽的分析验证工作,见表3.23。分析结果表明,返回器的防热设计满足结构背温指标要求。

表3.23 防热结构温度场分析

分析类型	分析目的
标称条件下的大面积防热层温度场分析	分析总加热量最大(含摄动)弹道条件下的背温水平
	分析最大航程再入、最大摄动返回轨道条件下的背温水平
故障条件下的大面积防热层温度场分析	分析弹道式返回轨道条件下的背温水平
气动参数变化条件下大面积防热层温度场分析	针对配平攻角变化所导致局部区域热环境变化进行背温评估计算
(局部关键部位)热解材料温度场及三维热传导温度场耦合影响分析	对弹抛天线舱体(含抛盖锁)防热设计进行分析验证
	对伞舱盖局部舱体结构(含弹射器)防热设计进行分析验证
	对耐烧蚀天线结构(含透波窗)防热设计进行分析验证
	对发动机舱盖(含导流管)防热设计进行分析验证
	对操作窗口防热设计进行分析验证
热气进入影响分析	返回器结构为非密封结构,存在安装缝隙和孔洞,再入过程中热气进入会造成结构温度升高。设计过程中对热气进入造成的影响进行了定量分析和试验验证

13)"嫦娥"五号飞行试验器再入返回段热气进入分析

"嫦娥"五号飞行试验器返回器前端开了2个通气孔,在再入段气动压力作用下,器外热气会穿过通气孔进入器内。热气进入效率采用一维等熵流理论进行计算。器外热气压强为 P_0,通过通气孔进入返回器的样品容器舱内,样品容器舱内的压强为 P。通过 P_0 和 P 可以求出通气孔内气流的马赫数,进而求出通气孔内的气流温度和密度,最后求出通气孔中的流速和流量。再入段通气孔进气示意如图3.54所示,假设器外进入通气孔的气体为边界层底层的气体,速度 U_e 为0,温度 T_e 为开孔处结构温度,压强 P_e 为开孔处器外压强。流动过程简化为气体由边界层底层($U_e=0, P_e, T_e$)等熵加速进入通气孔内(U_v, P_v, T_v),而后

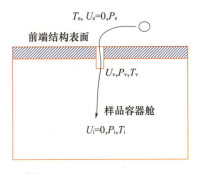

图3.54 再入段通气孔进行示意图

又绝热地滞止于样品容器舱内部($T_i, U_i=0, P_i$)。分析时需要对有效通气面积进行修正,但是由于高空空气密度较低,孔内边界层厚度 δ 较厚、很快与孔径相等,流动成为充分发展管流,如果按

照有效通气面积的定义,通气面积为0,流量为0,与实际情况不符。因此采用极端情况对再入段热气进入进行包络:①假设有效通气面积为0,完全不通气;②假设有效通气面积与通气孔截面积相等,完全通气。两种极端情况的计算结果如图3.55所示,气动加热结束时(1160s)样品容器舱内气体的温度、气体总能量和气体加热功率在两种极端情况下变化不大,假设气体总能量全部传递给样品容器舱,计算得到样品容器舱温升为14K,对结构的影响可以接受。

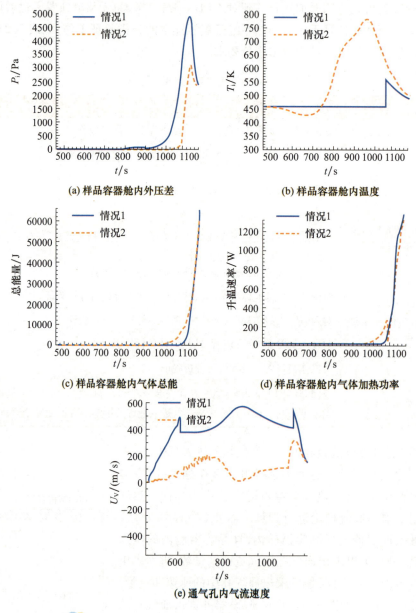

图3.55 再入段通气孔两种极端情况下的计算结果

14)再入返回段返回器地面着陆冲击分析

返回器落地质量为310kg,着陆垂直速度为13m/s,水平速度为8m/s,着陆场为内蒙古四子王旗。由于伞舱偏置且只有一个吊点,返回器落地时是大底拐角与地面接触。返回器着陆冲击的时间极短,冲击效应仅作用在着陆点局部区域,属于瞬态动力学问题。着陆时冲击力首先从大底拐角传递到侧壁后端框上,经过后端框的拉压变形吸能后再传递到大梁上。返回器大底、侧壁、大梁共同承受着陆冲击载荷。

返回器着陆冲击动力学分析采用 LS – DYNA 软件进行,返回器有限元模型如图 3.56 所示。首先,对冲击能量分配进行分析。由于土壤材料的本构非常复杂,目前还没有完善的描述冲击下的应力应变特征的本构关系模型,因此在应用典型的弹塑性模型和可以压溃的泡沫模型获得了参数的初始值之后,通过试验对模型中材料参数进行了标定。返回器不同下落速度下仿真与试验结果如表 3.24 所示,在垂直下落速度大于 8m/s 后,建立的土壤模型与真实土壤特性基本一致。

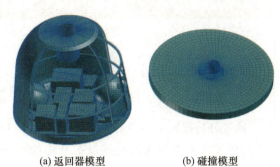

(a) 返回器模型　　(b) 碰撞模型

图 3.56　着陆冲击分析模型

表 3.24　不同下落速度下仿真与试验结果

垂直下落速度/(m/s)	峰值加速度/g		最大回弹速度/(m/s)	
	仿真结果	试验值	仿真结果	试验结果
$V = 3.5$	11.38	17.78	0.30	1.12
$V = 6.0$	30.14	27.41	0.52	1.32
$V = 8.0$	49.43	51.98	1.84	1.63
$V = 10.0$	69.20	66.40	2.52	1.64

针对返回器在不同速度工况下的着陆冲击过程进行了仿真计算,着陆姿态仿真结果如图 3.57 所示。返回器拐角部位先着地,之后有所反弹,在水平速度下向前方翻倒,着陆点与土壤碰撞区域吸收了着陆冲击大部分能量。不同工况下各部件能量吸收比例如表 3.25 所示。着陆冲击过程中,土壤是冲击能量吸收的主体,占到了总能量的 55% 以上。这是由于斜落落点区域结构刚度较大,缓冲空间有限,主要借助土壤缓冲。返回器大底和侧壁结构是吸收能量的主要部位,共占总能量的 25% 以上。大梁和侧壁后端框吸收能量较少,这是因为大梁和侧壁后端框是维持结构构型的主要部件,为了保证大梁上设备着陆后不发生挤压,需重点对大梁和侧壁后端框进行刚度设计。

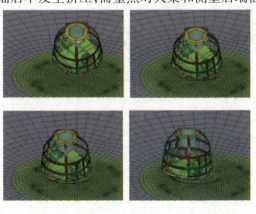

图 3.57　返回器着陆姿态变化情况

表 3.25　不同工况下各部件能量吸收比例

工况	X向速度/(m/s)	Y向速度/(m/s)	大底	大梁	后端框	侧壁	土壤	剩余	总能量
1	−13	0	17.8	1.5	2.3	8.8	63.2	6.4	100
2	−13	5	16.4	1.5	1.8	13.6	57.5	9.3	100
3	−13	10	12.2	1.0	1.0	13.1	60.4	12.3	100

通过分析提出了结构一体化设计思路：尽量提高着陆区域的局部刚度以充分利用土壤的吸能作用，在关注大梁和侧壁后端框抗变形能力的同时，对大底结构进行部分缓冲设计，共同保证仪器设备在着陆过程中的安全。着陆冲击仿真分析与结构设计方案反复迭代，分析模型与地面着陆冲击试验也进行了校验（表 3.26），飞行状态结构模型考虑了再入烧蚀引起的返回器结构高温和防热材料碳化引起的防热结构承载能力下降，分析结果为：着陆后返回器承力结构完整，大梁和前端结构无塑性变形，侧壁结构塑性变形较小，返回器结构设计满足着陆缓冲要求，如表 3.27 所示。

表 3.26　返回器着陆冲击分析模型与地面试验校验

部位	加速度响应分析值/g	加速度响应试验值/g	误差
着陆冲击处大梁接头测点	245	263	6.8%
前端框测点	111	105	5.7%

表 3.27　返回器结构着陆冲击分析结果

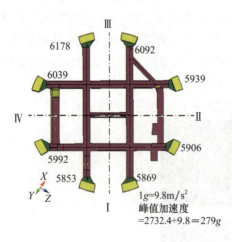
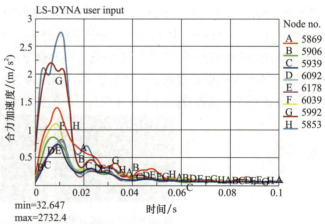

大梁上特征点的加速度响应，峰值为 279g

续表

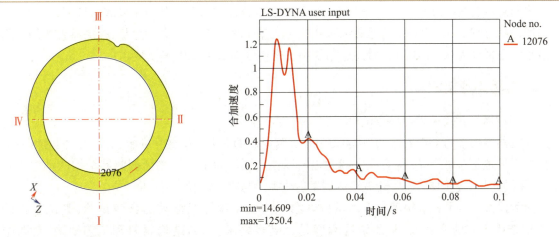

前端框上特征点的加速度响应,峰值为 127.6g　　　$1g = 9.8 \text{m/s}^2$

峰值加速度 $= 1250.4 \div 9.8 = 127.6g$

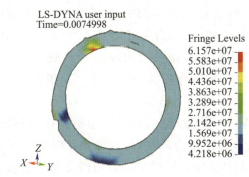

前端框应力云图(Pa)

应力较大区域主要分布在远离落点一侧与拉杆连接处附近,最大应力值为 61.57MPa,未达到材料的屈服极限

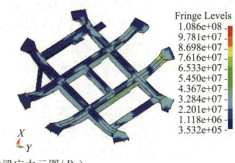

大梁应力云图(Pa)

应力较大区域主要分布在大梁与侧壁连接处及横纵梁交叉处附近,最大应力值为 108.60MPa,未达到材料的屈服极限

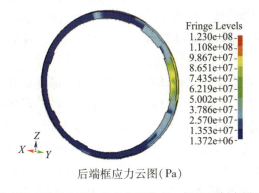

后端框应力云图(Pa)

应力较大区域主要分布在靠近落点一侧以及与大梁连接处附近,最大应力值为 123MPa,达到了材料的屈服极限

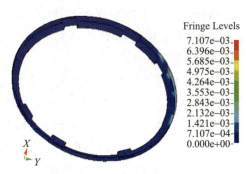

后端框塑性应变云图

后端框上靠近落点处的局部位置发生了塑性应变,最大值为 0.0071

15) 地面总装与测试过程结构力学分析

地面总装与测试过程,包括起吊、翻转、运输、质量特性测试等。其中尤以起吊载荷最为严酷。探测器起吊过载1.3g,设计安全系数取2.0,开展所有起吊工况下的力学分析,探测器整器加注起吊最小安全裕度为0.2>0,其他状态起吊最小安全裕度为0.48>0,满足要求。

2. 试验验证技术

1) 探测器发射段振动与噪声试验

探测器结构采用全新的设计,其动力学特性与以往的航天器结构存在较大差别。同时运载火箭长征五号也是新研产品,器箭耦合特性也与以往不同。为了考核验证探测器结构的动力学特性,暴露设计与工艺问题,需要开展探测器发射段振动与噪声试验。

探测器共开展了三次振动与噪声试验。第一次是工程样机振动与噪声试验,其试验目的是考核结构方案的合理性、验证结构刚度是否满足要求、暴露结构材料和工艺缺陷、获取结构关键部位的响应参数、为初样结构振动试验下凹条件的制定提供依据、为探测器结构模态分析有限元模型修正提供试验数据。试验工况包括空箱状态和加注(发射)状态,试验量级包括特征级、验收级(安全系数取1.0)、准鉴定级(安全系数取1.25)、鉴定级(安全系数取1.5)。首先在2136m^3混响室内开展噪声试验,然后在40t振动台上开展Z、Y、X三个方向的正弦振动试验。加注状态鉴定级试验条件及与器箭耦合分析结果的比较如图3.58所示,按照运载火箭的要求,试验条件不允许小于1.25倍的器箭耦合载荷分析结果。试验结果为:探测器结构经受住了发射段鉴定级力学环境的考核,实测探测器横向基频为9.5Hz,纵向基频为25.1Hz,满足要求。通过试验也暴露了一些问题:为了避免试验导致结构损坏,探测器横向振动试验时在20Hz(返回器主频处)试验量级未加载到运载要求,初样设计时需要对轨返组合体结构构型及返回器转接环进行改进,使其避开20Hz,同时提高轨道器支撑舱和返回器转接环的承载能力。

第二次试验是结构器振动与噪声试验,其试验目的是验证探测器结构初样设计的合理性、验证结构刚度是否满足要求、暴露结构材料和工艺缺陷、获取结构关键部位的响应参数、为正样结构振动试验下凹条件的制定提供依据、为探测器结构模态分析有限元模型修正提供试验数据。试验工况、试验量级、试验场地、试验顺序同工程样机试验,试验下凹条件结合探测器结构初样状态和初样器箭耦合载荷分析结果进行了修改。试验结果为:探测器结构经受住了发射段鉴定级力学环境的考核,实测探测器横向基频为10.4Hz,纵向基频为25.1Hz,满足要求。

第三次试验是正样探测器空箱状态准鉴定级噪声与正弦振动试验,其试验目的是确认探测器结构正样产品的动力学特性、暴露结构材料及工艺缺陷、检验探测器结构正样产品耐受发射段力学环境的能力。试验量级、试验场地、试验顺序同结构器空箱状态准鉴定级试验,试验下凹条件按照正样器箭耦合载荷分析结果进行了修改。试验结果为:探测器结构正样产品经受住了发射段力学环境的考核,实测探测器基频与初样空箱试验结果以及正样分析结果均吻合良好(表3.28),说明探测器结构正样产品的动力学特性与初样结构器一致。

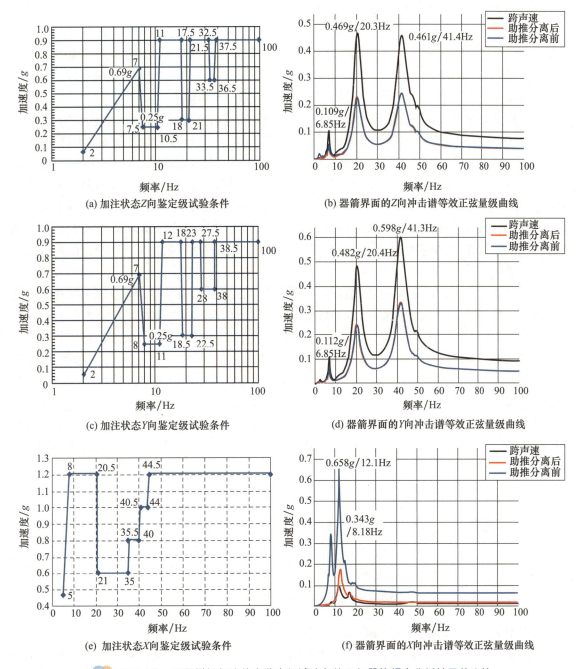

图 3.58 工程样机加注状态鉴定级试验条件及与器箭耦合分析结果的比较

表 3.28 探测器空箱状态基频比较

模态振型	结构器试验值/Hz	正样探测器试验值/Hz	正样探测器分析值/Hz
整器 Z 向一阶	12.6	12.8	13.24
整器 Y 向一阶	12.8	13.0	13.16
整器 X 向(纵向)一阶	35.0	35.8	34.15

2）探测器结构发射段载荷静力试验

探测器结构承受发射段力学载荷的能力通过发射段载荷静力试验进行考核验证。探测器结构发射段载荷静力试验分器、分舱段、分部件独立开展，试验条件和试验边界通过整器载荷分解获得，试验时加载量级覆盖准静态设计载荷和振动试验等效设计载荷。结构静力试验在探测器噪声与振动试验前完成，以确保探测器振动试验时结构不出现破坏等问题。

轨道器结构静力试验分舱段和关键部件开展，包括支撑舱、推进仪器舱、承力球壳、安装倒锥、返回器转接环。着陆器结构整舱开展静力试验，上升器结构与上升器支架组合体开展静力试验。上述静力试验均采用工装加载方式，结构需要设计试验加载通道并提供试验加载部位。试验工况包括轴拉、轴压、剪切的不同组合，试验中监测关键部位的位移和应变，试验后检查载荷－应变曲线是否呈线性变化趋势，检查结构材料应力水平是否达到屈服强度。试验后检查结构状态和尺寸精度，确认结构是否仍具有承载能力并找出结构设计薄弱环节。试验加载采取逐级加载方式，加载必须包括验收级（安全系数取1.0），一般需加载到鉴定级（安全系数取1.5），个别结构件加载到了破坏级载荷。

返回器结构静力试验无法采用工装加载方式。由于返回器结构整体封闭且表层结构为防热结构，为了保证返回器再入防热安全，返回器结构不允许打孔为静力试验加载工装提供通道，防热结构也不允许作为静力试验的加载部位。因此，考虑返回器的实际飞行状态，返回器结构静力试验采用返回器与返回器转接环组合体的结构形式在离心机上开展试验。试验原理如图3.59所示，通过离心机提供的离心力模拟返回器飞行过载。离心试验条件取飞行试验器和"嫦娥"五号探测器的载荷包络，纵向$11g$，横向$9g$。试验时按照X向、Y向、Z向依次进行，每一方向均按照准验收级→验收级→准鉴定级→鉴定级的加载顺序进行。试验加载速率要求不大于$5g/\min$，试验持续时间为达到规定量级后保持两分钟。试验结果为：试验后结构性能未发生改变，大梁精度变化在$1'$以内，返回器结构强度满足设计要求。

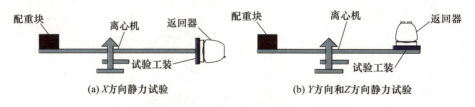

图3.59　返回器结构静力试验原理图

3）"嫦娥"五号飞行试验器发射段及在轨段返回器泄压试验

单向泄压阀验收试验，是为了检验单向泄压阀产品的泄压能力。测试系统主要包括模拟舱1、模拟舱2、真空泵、绝对压力传感器、数据采集系统等。其中模拟舱1用以模拟返回器外压强，模拟舱2用以模拟返回器内压强。试验时打开真空泵对模拟舱1进行抽气，试验结果如图3.60所示。单向泄压阀产品满足发射段返回器内外压差小于17kPa的指标要求。

返回器结构器无通气孔泄压试验，是为了检验返回器发射状态（缝隙防火涂覆实施到位）单向泄压阀的泄压能力。试验时将返回器放置在KM3空间模拟器内，利用真空泵对KM3抽真空，模拟发射段整流罩内压强下降状态。试验采集的返回器内外压差数据如图3.61所示，最大压差为9kPa＜17kPa，至试验结束（试验时间25h），器内压强仍为43Pa。采用2770s后（器外压强≤0.1Pa）的压差数据进行回归处理，压差的趋势预测在330h内始终大于10Pa。

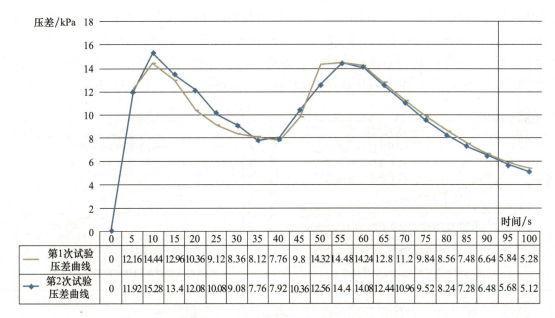

图 3.60　单向泄压阀验收试验曲线

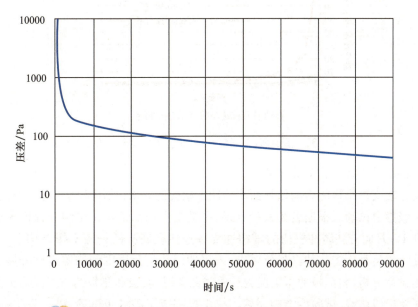

图 3.61　返回器(无通气孔)在真空罐内泄压试验压差数据

返回器结构器有通气孔泄压试验,是为了检验返回器发射状态(缝隙防火涂覆实施到位、单向泄压阀安装到位、2个 $\phi 6mm$ 通气孔实施到位)能否满足 10h 内返回器内压强降到 10Pa 以下的热控多层泄压要求。试验方法同无通气孔试验,试验采集的返回器内压强随时间变化如图 3.62(a)所示,2个 $\phi 6mm$ 的通气孔试验状态从 3.5h 以后返回器内压强小于 10Pa,满足 10h 降到 10Pa 以下的指标要求。根据试验数据计算返回器内压降速率随器内压强变化、压降速率随时间变化如图 3.62(b)、(c)所示。可以看出,有通气孔的器内压强下降速率明显大于无通气孔,通气孔面积越大压降效果越显著。随着器内压强下降,压降速率衰减很快,当器内压强降至 40Pa 以下时,$\phi 5mm$ 的通气孔的压降速率接近于 0,进入缓慢泄压阶段,$\phi 6mm$ 的通气孔还具有一定的压降速率,可以将器内压强降到10Pa以下。从时间上看,3h以后直径5mm的通气孔的压降速率与无通气孔一致,6h以后2个φ6mm的通气孔的压降速率与1个φ6mm的通气孔一致。通过试验说明,在初始压强和容积一定的条件下,器内压降绝对值以及压降速率与器内压强和通气孔的几何特征直接相关,因此若要在规定时间内将器内压强控制在接近于0,返回器通气孔的通气面积需要足够大。

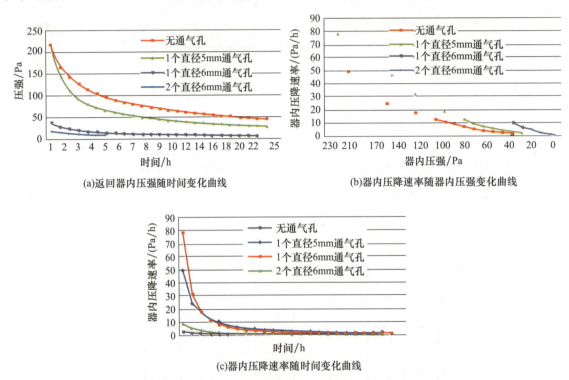

图3.62 返回器(有通气孔)在真空罐内泄压试验压差数据

4)月面着陆缓冲支撑结构静力试验

为了验证主缓支撑结构能否满足月面着陆冲击载荷的要求,采用主缓支撑筒及周围结构鉴定件开展了破坏级静力试验。根据破坏试验结果,主缓支撑局部结构是主缓支撑筒先行失效,强度安全裕度为0.1。月面着陆缓冲机构的辅缓冲支柱连接在底板的辅缓支撑结构上。为了验证辅缓支撑结构能否满足月面着陆冲击载荷要求,采用辅缓接头及周围结构鉴定件开展了静力试验。根据着陆冲击载荷分析,斜侧板的压工况为最恶劣的工况,底板和侧板的拉工况为最恶劣的工况。压工况完成了鉴定级试验,试验后结构完好。拉工况完成了破坏级试验,破坏发生在底板与斜侧板结合处。根据破坏试验结果,辅缓支撑结构强度安全裕度为0.28。

5)上升器结构热循环与静力连续试验

上升器结构采用复合材料结构,为了排除上升器结构在经历空间温度交变环境后,由于复合材料分层、开裂等缺陷以及胶接面破坏导致无法承受月面着陆载荷,连续开展了上升器结构常压热循环试验和静力试验。热循环试验条件为-86~+105℃,6.5次循环,试验后结构完好。鉴定级静力试验条件为X向为-9.75g,Y向为+1.5g,试验后结构完好。

6)上升器支架热循环与静力连续试验

上升器支架主承力结构连接采用J133胶接实现。为了排除上升器支架在经历高低温交变环境后,由于碳纤维增强树脂材料分层、开裂等缺陷以及J133胶接面破坏导致无法承受月面着陆荷,连续开展了上升器支架鉴定级常压热循环试验、月面着陆工况鉴定级静力试验及超载试验。常压热循环试验条件为 $-86 \sim +105$℃,循环测试6.5次,试验结束后外观检查未发现异常。静力试验鉴定级载荷条件为 $-X$ 向 $6g$/ $+Z$ 向 $4.5g$ 同时作用;超载条件为 $-X$ 向 $6.6g$/ $+Z$ 向 $4.95g$ 同时作用。超载试验的应变曲线线性良好,回零良好。试验结束后外观检查未发现异常。试验验证了上升器支架承载安全裕度小于等于0.15。

7)导流装置热循环与静力连续试验

导流装置采用全防热材料胶接结构,为了排除导流装置在经历高低温交变环境后,由于防热材料分层、开裂等缺陷以及加强筋胶接面破坏导致无法承受月面起飞发动机羽流载荷,连续开展了导流装置鉴定件常压热循环试验和静力试验。热循环试验条件为 $-70 \sim +130$℃,6.5次循环,试验后结构完好。静力试验条件为 $6kN$ 载荷均匀加载到导流装置顶部 $\phi 800mm$ 区域,试验后结构完好。

8)导流装置材料烧蚀试验

导流装置材料烧蚀试验情况如表 3.29、图 3.63 所示,停车时温升小于 1℃,表面无烧蚀后退,碳层厚度与试验时间相关。由于加热时间很短,试验时很难将加热时间准确控制在 $1.2s$,试验加热时间为 $1.9s$ 和 $2.5s$。按照碳层厚度随加热时间(试验时间)呈线性关系折算,发动机点火 $1.2s$ 带来的碳层厚度应为 $0.85mm$,剩余原始材料层厚度应为 $3-0.85=2.15(mm)$。

表 3.29 导流装置材料烧蚀试验情况

热流密度/(kW/m²)	加热时间/s	停车时温升/℃	碳层厚度/mm	剩余原始材料层厚度/mm
1900	1.9	0.5	1.2	1.8
1900	2.5	0.8	1.5	1.6

图 3.63 导流装置材料烧蚀试验前后照片

9)上升器支架与导流装置羽流导流试验

上升器支架与导流装置鉴定件参加并通过了上升器 $3000N$ 发动机羽流导流试验。试验时上升器支架和导流装置鉴定件固定在着陆器模拟件上表面,发动机点火 $0.5 \sim 3s$,试验前后产品状态如图 3.64 所示。试验后上升器支架在下接头位置局部区域表面发黄,其余位置表面状态与试验前一致;导流装置未发生烧蚀后退,锥壳中部的带状区域发生碳化,其余区域与试验前一致;导流装置表面完整,未出现塌陷。试验表明上升器支架与导流装置结构设计能够满足羽流导流功能。

10)轨道器推进仪器舱与对接舱高低温环境分离阻力测试

轨道器推进仪器舱与对接舱连接分离面结构采用不同种材料,线膨胀系数不同,在轨温度环

(a) 试验前　　　　　　　　　　　(b) 试验中

(c) 试验后

图 3.64　上升器 3000N 发动机羽流导流试验

境引起的相对变形有可能造成对接孔轴之间局部挤压。为了考核局部挤压对分离的影响，开展了轨道器推进仪器舱与对接舱高温、低温解锁分离试验。试验舱体、火工品起爆设备、分离插头和行程开关等产品均为真实产品，分离试验过程与飞行状态一致，连接分离面结构的温度按照在轨分离时刻的端框温度进行主动控制。试验工况包括 2 个：

（1）高温解锁分离，试验温差 76.3℃，高温 79.1℃，低温 2.8℃；

（2）低温解锁分离，试验温差 55.1℃，高温 -19.4℃，低温 -74.5℃。

两个试验工况均成功解锁分离，分离速度满足要求，试验结果表明连接分离面结构的局部挤压对分离无影响。解锁分离试验情况如图 3.65 所示。

(a) 分离前　　　　　　　　　　　(b) 分离后

图 3.65　轨道器推进仪器舱与对接舱解锁分离试验

11）轨道器与返回器地面装配分离阻力测试

返回器钛管球面与轨道器安装孔为环向线接触且分离行程控制在 2mm，为了考核地面装配过程必然产生的孔轴局部挤压对分离的影响,开展了返回器与返回器转接环分离阻力测试。测试方法:首先将返回器与返回器转接环装配在一起,在吊具上设置力传感器,然后起吊返回器,通过力传感器,可以得到返回器与返回器转接环分离时的最大拉力 F_1。待返回器起吊状态稳定后,通过力传感器得到拉力 F_2,地面装配分离阻力即为 $f = F_1 - F_2$。分离阻力测试原理图如图 3.66 所示。

为了准确掌握地面装配产生的分离阻力的规律,分不同时段开展了试验测试。"嫦娥"五号正样产品地面装配分离阻力测试结果如表 3.30 所示,不同时间的测试结果存在差异,但是相差不大,测试分离阻力的范围是 17.2~64.9N。多次测试的结果说明,地面装配状态较为一致,地面装配实测阻力均未超过分析最大值 536N。

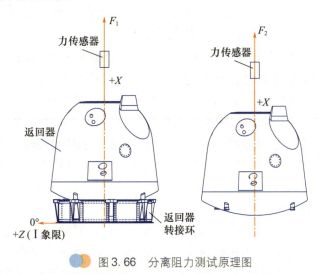

图 3.66 分离阻力测试原理图

表 3.30 "嫦娥"五号正样产品地面装配分离阻力测试结果

测试时机	测试次数	平均值/N
EMC 后	5	27.9
力学试验前	5	64.9
力学试验后	5	17.2
热改前	5	28.4
热改后	5	30.6
第一次贮存后	5	19.7
第二次贮存后	5	40.7
发射场轨返对接前	5	22.26

12) 新型防热材料筛选试验

新研防热材料的配方需通过防热材料筛选试验进行评定,筛选试验针对再入气动加热环境和空间温度交变及辐照环境进行。通过筛选试验,剔除掉一些材料配方,并提出材料的改进优化方向。针对再入气动加热环境的筛选试验为烧蚀试验,试验参数覆盖范围为:热流密度 $1.0 \sim 6.7 \mathrm{MW/m^2}$,焓值 $18.0 \sim 22.0 \mathrm{MJ/kg}$,驻点压力 $1.8 \sim 36.0 \mathrm{kPa}$,剪切力 $146 \sim 459 \mathrm{Pa}$(壁面压力 $10 \sim 230 \mathrm{kPa}$)。除焓值外,试验参数覆盖了再入气动加热热流、压力、剪切力等主要热环境参数。试验形式包括球头驻点烧蚀试验及平板剪切烧蚀试验,通过观察烧蚀现象和测量模型的温度响应数据,测量模型的质量烧蚀量和线烧蚀量,考察材料的峰值热流烧蚀性能、总加热量隔热性能、抗剪切剥蚀性能、二次加热碳层强度等,指导新研防热材料的配方筛选,并为烧蚀机理分析提供试验数据。针对空间温度交变环境的筛选试验为常压热循环试验和低温试验。常压热循环试验采用背靠背试验件,试验件尺寸为350mm×350mm×72mm,其中防热材料厚度35mm,铝合金背壁厚度2mm。试验温度为 -121 ~ +81℃,试验次数为40.5次,试验成功判据为防热材料无开裂、防热材料与金属背壁无脱粘。低温试验的试验条件为 -160℃环境下保温2h,试验前后进行无损检测,试验成功判据为材料无开裂、烧蚀材料与蜂窝格子壁之间无开裂。低温性能检测方法为在常温(约20℃)、-100℃、-120℃、-140℃、-160℃ 5个温度点下分别检测材料的拉伸模量和拉伸强度,合格判据为材料在低温下的拉伸强度和拉伸模量下降不明显。

在防热材料配方确定后,针对空间辐照环境,开展了防热材料辐照试验。试验采用 Co - 60γ 射线源,辐照时间为40h,辐照总剂量为 $2 \times 10^6 rad(Si)$。试验前后试验件形貌、拉伸强度、压缩强度、胶接强度均未发生明显变化。为了验证空间辐照对防热材料烧蚀性能的影响,在空间辐照试验后继续开展烧蚀试验,并与未开展辐照试验的同批次材料的烧蚀试验结果进行比对,试验前后防热材料的烧蚀性能未发生明显变化。对新研防热材料配方的热物理性能和力学性能进行测试,性能参数提供给烧蚀机理分析,计算温度场和烧蚀后退量,7种材料之间相互匹配性良好,满足设计要求。

13)防热结构热循环试验

防热结构耐受空间温度环境的能力,通过返回器结构真空热循环试验进行验证。试验条件为温度 -121 ~ +81℃,压力小于等于 $6.65 \times 10^{-3} Pa$,循环次数6.5次。试验后检查防热环粘接未发现脱粘缺陷,侧壁低密度修补材料与低密度材料或SPQ9防热环之间局部开裂且开裂仅发生在蜂窝格子6个边中的2~3个边。分析开裂的原因为金属壳体与防热材料的线膨胀系数不一致产生了热应力。线膨胀系数不一致是防热结构的固有特性,为准确了解返回器在轨段和再入段的热变形热应力情况,开展了返回器热应力分析。分析结果显示:在轨段返回器应力水平较低,变形量很小;再入段应力水平均较低,基本处于许用值范围以内,但在蜂窝增强低密度烧蚀材料的中低温交界区或开孔区,存在应力较大的个别点,这些高应力点很少,对整体防热无影响。针对蜂窝格子开裂,开展了地面缝隙烧蚀试验,试验结果表明蜂窝格子开裂对防热无影响。在飞行试验器和"嫦娥"五号圆满完成飞行试验后,检查返回器返回后的表面状态,大底和侧壁蜂窝增强低密度烧蚀材料均有几处裂纹,与热应力分析结果一致。

14)防热材料及防热结构烧蚀试验

在防热材料筛选结束后,防热材料烧蚀试验的目的是进一步提高烧蚀模型计算精度、提供地面试验数据、验收不同批次的防热材料(防热结构)、考核防热材料在故障工况下的行为特征;防热结构烧蚀试验的目的是考察不同材料之间的烧蚀匹配性、通过局部真实结构烧蚀验证设计是否正确。烧蚀试验设备主要包括:20MW、50MW、15MW电弧风洞,试验焓值最大可到20MJ/kg("嫦娥"五号探测器长时间飞行焓值约25MJ/kg,最大焓值57MJ/kg),试验件尺度可到400~500mm。

为了进一步提高烧蚀模型计算精度,开展了 $0.4MW/m^2$、$1.3MW/m^2$ 和 $3.5MW/m^2$ 工况驻点烧蚀试验,并将试验件直径增大到 $\phi 80mm$、$\phi 120mm$,以减小侧向传热的影响。为了探索高焓对材料烧蚀性能的影响趋势,进一步开展了 $6.0MW/m^2$ 工况对应不同焓值24MJ/kg、20MJ/kg、12MJ/kg 的驻点烧蚀试验。试验结果表明:按照地面低于飞行焓值的烧蚀试验建立的烧蚀传热模型略偏保守。为了考察防热材料耐受故障返回弹道高热流密度峰值的能力,进一步开展了 $3.5MW/m^2$、$5.0MW/m^2$、$9.0MW/m^2$ 及 $13.0MW/m^2$ 驻点烧蚀试验,试验结果表明 7 种防热材料均能满足故障弹道返回环境要求。为了考察不同批次防热材料的稳定性,结合研制过程中 3 个批次的验收烧蚀试验结果,确定了防热材料的烧蚀性能采用烧蚀热效率和有效烧蚀热 2 个指标进行验收的验收方法,通过高、低两种热流环境所得到的综合性能参数全面表征材料的耐烧蚀性能和防隔热性能。为了考核缝隙在正吹气流下的作用机制,开展了防热材料驻点烧蚀试验。试验结果表明:缝隙在正吹气流下背壁温度显著提高,在防热设计时应避免此类缝隙出现。为了考核缝隙在剪切气流下的作用机制,开展了剪切烧蚀试验。试验结果表明:在剪切气流下,闭口窄缝对局部防热影响不大,闭口宽缝对防热材料烧蚀及背壁温度均有显著影响。

局部真实结构烧蚀试验是为了验证局部结构防热设计是否满足设计要求。研制过程中,对局部真实结构烧蚀试验进行了统一策划,统筹试验项目,有针对性地选取大底拐角位置(热流加热最严重)、钛管连接部位(大底局部突出物)、伞舱盖(侧壁局部突出物)、前端压紧支座(前端局部突出物)、天线、滚动发动机舱盖、弹射器、抛盖锁等特征位置,根据试验设备能力制定了合理的烧蚀试验条件,试验与分析相结合,综合评估局部结构的防隔热性能以及几何不连续和材料不连续的影响。针对跳跃式再入气动加热环境,开展了轨道模拟试验方法研究,通过采用多台阶、中间停车的试验方法实现了跳跃式返回环境的有效可靠模拟,见图 3.67。为了确认试验验证的有效性,通过分析模型,分析了两个波峰的真实再入加热环境和多台阶的烧蚀试验环境条件下防热结构的热响应。分析结果表明,两种环境计算得到的烧蚀后退量和背壁温度结果一致,地面试验正确有效。

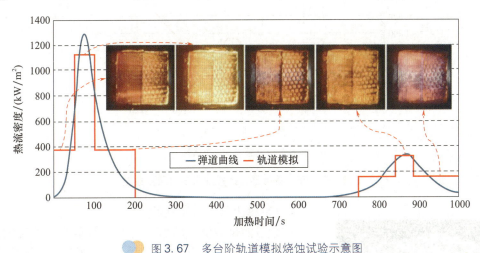

图 3.67　多台阶轨道模拟烧蚀试验示意图

15)"嫦娥"五号飞行试验器再入返回段热气进入返回器试验

返回器结构器泄压试验结束后,器内外压强均达到较高的真空度水平,为了考察再入段热气通过通气孔进入返回器内的影响,利用真空罐复压过程开展了返回器再入段外压试验。第一次外压试验,无通气孔,器外按照再入段大底外压进行加载(加载压强偏恶劣),试验结果如图 3.68(a)所示。试验结果说明,返回器缝隙防火涂覆对热气进入有显著的阻滞作用,并且由于防火涂覆不具有气密性,跳跃式再入过程中有少量的热气进出返回器。第二次外压试验,前端开 1 个 $\phi 5mm$ 的通气孔,试验加载同第一次试验,试验结果如图 3.68(b)所示,试验过程中器内压强滞后效应已不明显。第三次外压试验,前端开 2 个 $\phi 6mm$ 的通气孔,器外按照再入段前端外压进行加载(加载压强偏小),试验过程中已无器内压强滞后效应,器内压强与器外压强随动。试验结果说明通气孔越大、越多,再入段热气进入量越大。

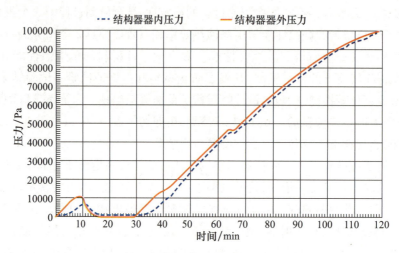

(a) 第一次外压试验

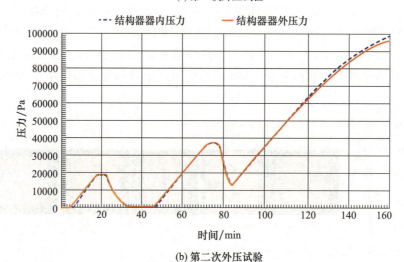

(b) 第二次外压试验

图 3.68　返回器再入段外压试验压强数据

图 3.69　返回器伞舱法兰试验件

16) 伞舱法兰高温静力试验

试验目的是验证气动加热后返回器伞舱法兰与蒙皮连接处承受开伞载荷的能力,暴露结构材料、制造工艺等缺陷,为改进设计提供依据。试验件包括伞舱法兰、与伞舱法兰连接的局部蒙皮(120°范围),前端框局部(120°范围)、前端盖局部(120°范围),伞舱法兰和加强连接座,如图3.69所示。试验鉴定级载荷为21kN,试验件温度需保持在(190±10)℃范围内。试验件完成了鉴定和破坏试验,当试验加载到鉴定级载荷时,试验件未破坏,且测点位移为4.1mm,小于总体要求的10mm。当试验加载到41.265N时试验件破坏,破坏形式为伞舱吊点处螺纹破坏,强度安全裕度为0.97。

17）返回器结构着陆冲击试验

返回器着陆冲击试验分为刚体模型试验和返回器结构工程样机试验(图3.70)。通过刚体模型试验积累加速度响应数据,并为工程样机试验做准备。工程样机的试验目的是对结构进行考核。试验条件为落地垂直速度13m/s,水平速度10m/s,质量300kg,返回器轴线与重力方向夹角为31°,着陆场坪模拟内蒙古四子王旗着陆场。试验采用平行四边形摆杆机构法,试验时需考虑由于摆杆旋转所引起的瞬态扰动以及空气阻力的影响。工程样机经历了两次试验。第一次着陆冲击试验,返回器轴线与重力方向夹角为40°。第二次试验,返回器轴线与水平面夹角为31°。两次试验情况一致,返回器落地后翻倒,翻转两周后撞在试验场边缘沙包上,停止翻转后立起。两次试验后检查返回器防热结构和金属结构均无损伤。

(a) 投放前　　(b) 投放瞬时

(c) 落地翻转　　(d) 翻转后立起

(e) 土壤凹坑

图3.70　返回器工程样机着陆冲击试验

18）探测器整器起吊局部结构静力试验

探测器整器起吊吊点周围局部结构开展了鉴定级静力试验,试验载荷为8200kg×1.3g×2.0。试验工况1：支撑舱上端框起吊点试验,试验最大应力为109.3MPa,试验屈服强度安全裕度 M.S. ≥1.47 >0。试验工况 2：支撑舱下端框和推进仪器舱上端框起吊点试验，试验最大应力为 61.3MPa，试验屈服强度安全裕度 M.S. ≥0.32 >0。两个试验工况结构均未出现屈服，试验安全裕度大于分析结果。通过计算，可以得出整器吊点最多可以起吊 8200kg ×1.32 = 10824kg 的质量。

19）防热结构地面长期贮存试验

为了定量评估长期贮存对防热材料的影响，采用同批次防热材料，开展了不同存贮时间的性能比对测试。比对测试有两种方法，一种为加速老化试验，一种为地面陪存试验。加速老化试验在加速老化箱内进行，通过提高试验温度创建一个高温高湿环境来缩短试验时间。地面贮存试验的存贮时间不能加速。地面加速老化试验后黏合剂的压剪强度变化不大，超声探伤未发现脱粘缺陷。根据范德霍夫规则，加速老化试验相当于温度 25℃、相对湿度 30%~60% 下贮存 2752 天（约 7.5 年）。同一批次 SPQ9、SPQ10 原材料在地面存贮 68 个月后复测材料的各项力热性能没有明显变化，仍满足设计要求。

为了定量评估长期贮存对防热结构的影响，对贮存 6 年并经历了一系列力学试验和热试验的返回器结构鉴定件进行了性能复测。在侧壁和大底低密度材料区取样，复测材料的密度未发生明显变化，复测防热结构内部质量未出现新增缺陷，复测材料的烧蚀性能没有明显变化，复测侧壁开口边缘防热环与内部金属壳体的粘接质量未发现脱粘缺陷，复测蜂窝增强低密度烧蚀材料与内部金属壳体的粘接质量仍然良好，复测大底钛管与拐角环的粘接质量钛管未松动。

3.1.5 实施结果

1. "嫦娥"五号飞行试验器实施结果

2014 年 10 月 24 日，"嫦娥"五号飞行试验器发射升空。10 月 28 日，分离监视相机拍摄的返回器照片（图 3.71）显示防热结构状态良好。11 月 1 日，返回器圆满完成了半弹道跳跃式再入返回并安全着陆于内蒙古四子王旗，着陆垂直速度为 11.7m/s。再入弹道与预期吻合良好，表明返回器烧蚀外形满足气动和导航控制要求。返回器着陆时大底拐角先着地，然后返回器翻倒，侧壁着地，着陆姿态和过程与预期分析结果一致。返回器着陆后结构完好，大梁上设备工作正常，防热系统的烧蚀状态与预期相符。防热大底烧蚀表面平整，侧壁无明显的烧蚀后退，前端无明显烧蚀，返回器表面开孔、凹坑、缝隙、凸起物等烧蚀状态良好，不同防热材料间未出现烧蚀台阶。返回器落地后状态如图 3.72 所示。安装在舱壁上的热电偶测温结果显示：整个再入过程至落地，返回器结构内壁最高温度为 27.6℃ <200℃，满足指标要求。伞舱盖弹射器和 2 个天线舱盖抛盖锁均按飞行程序顺利弹抛，说明火工品位置的局部防热设计满足要求。落地后检测大底迎风拐角最大烧蚀后退量 8.9mm，背风拐角最大烧蚀后退量 4.4mm，满足烧蚀后

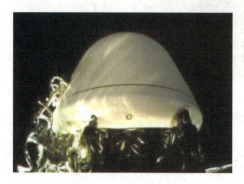

图 3.71　返回器照片

退量小于 10mm 的指标要求。同时为了校验分析模型,对热敏电阻测点位置的温度场和返回器对称面子午线烧蚀后退量进行了比对计算,计算结果与实测结果吻合较好。

(a) 返回器落地状态

(b) 侧壁迎风面

(c) 侧壁背风面

图 3.72　返回器落地后状态

2. "嫦娥"五号探测器实施结果

2020 年 11 月 24 日,"嫦娥"五号探测器成功发射,器箭顺利分离,探测器性能指标正常,探测器结构通过了发射段载荷考核。到达环月轨道后,着陆上升组合体和轨返组合体顺利分离,轨道器支撑舱顺利分离,着陆上升组合体安全着陆月球,探测器各项指标正常,探测器结构精度满足要求,着陆上升组合体结构通过了月面着陆载荷考核。落月后钻取采样子系统和表取采样子系统顺利完成了月球样品采集与封装工作,着陆上升组合体结构为月球采样提供了稳定的支撑。随后着陆器与上升器顺利分离,上升器月面起飞上升,按照预定程序进入月球轨道,着陆器结构为上升器月面起飞提供了稳定的平台支撑,上升器支架为上升器 3000N 发动机喷流提供了羽流扩散功能,导流装置为上升器起飞提供了导流功能,保证了上升器的起飞姿态。之后上升器与轨返组合体顺利对接,密封封装装置被顺利转移到返回器,返回器舱门可靠关闭,探测器结构精度满足要求。完成样品转移后,上升器与对接舱组合体和轨道器顺利分离,轨返组合体在环月轨道等待,然后月地转移,在地球附近高度 5000km 预定位置,轨道器和返回器顺利分离,探测器结构精度满足要求。

2020年12月17日凌晨返回器再入地球大气层,返回器圆满完成了半弹道跳跃式再入返回并安全着陆于内蒙古四子王旗,着陆垂直速度10.64 m/s。着陆后2个天线舱盖被顺利弹抛。经回收现场检查,返回器外形完好,前端样品舱舱门处热密封良好,回收信标天线露出舱体表面(图3.73)。17日晚间密封封装装置被从返回器中取出,检查密封封装装置完好。再入开始至落地,结构内壁最高温度为55.9℃,满足小于200℃的指标要求。返回器结构经受住了再入段气动力热环境考验,经受住了着陆冲击载荷考核,满足总体要求。

图3.73 返回器着陆现场照片

3.2 机构技术

3.2.1 技术要求与特点

"嫦娥"五号探测器系统由轨道器、返回器、着陆器及上升器四器组成,采用CZ-5运载火箭一次发射入轨,在环月轨道,轨返组合体与着陆上升组合体完成分离,轨返组合体在环月轨道飞行,并在交会对接前适时地分离支撑舱,等待上升器进行交会对接;着陆上升组合体实现月球软着陆并完成采样任务后,上升器与着陆器解锁,上升器月面上升后与轨返组合体在月球轨道交会对接,密封封装装置解锁后转移至轨返组合体,返回器关闭样品舱舱盖,随后轨返组合体与对接舱上升器组合体分离,轨返组合体进行月地转移,然后择机实施返回器解锁分离,最终返回器携带密封封装装置和月球样品通过跳跃式再入返回地球。

1. 功能要求

按探测器任务要求,机构分系统实现以下方面的任务需求:
(1)实现探测器器间及部件的连接、解锁与分离,包括:

① 着陆上升组合体与轨返组合体的连接、解锁与分离；
② 轨道器支撑舱与推进仪器舱连接、解锁与分离；
③ 上升器与着陆器的连接与解锁；
④ 轨道器对接舱与推进仪器舱连接、解锁与分离；
⑤ 轨道器与返回器的连接、解锁与分离；
⑥ 密封封装装置与上升器的连接与解锁。

（2）实现着陆上升组合体月面软着陆，并提供落月信号，保证着陆上升组合体稳定支撑。

（3）在上升器与着陆器分离电连接器电脱功能失效的情况下，实现电连接器与上升器机械分离。

（4）配合样品转移机构实现密封封装装置转移功能，对转移过程的密封封装装置进行导向和单向止回、固定；实现样品舱舱盖解锁与关闭，保持返回器气动外形的完整性。

（5）研制耐高温火工切割器，提高火工切割器环境适应能力，保证上升器太阳翼可靠解锁。

2. 性能要求

探测器机构分系统主要技术指标要求见表3.31。

表3.31 机构分系统主要技术指标

序号	项目	项目	指标要求
1	连接解锁	连接载荷	满足探测器过载条件
		解锁时间	≤30ms
		可靠性要求	0.9999(γ=0.95)
2	分离性能	分离速度	(0.6±0.2)m/s
		分离姿态角速度	≤3(°)/s(3σ)
3	返回器电分离	展开时间	≤1s
4		展开角度	≥30°
5		可靠度	0.9997(γ=0.7)
6	强脱性能	作用行程	≥5mm
7		拉绳松弛量	14～15mm
8		分离力	≥100N
9	着陆缓冲机构性能	展开时间	≤1s
10		缓冲最大载荷	≤48kN(主) ≤16kN(辅)
11		着陆稳定性	不倾倒
12		姿态角变化	≤6°
13		安全距离	≥450mm
14	舱盖机构性能	转移阻力	≤25N
15		关闭时间	≤120s
16		功耗	≤30W

续表

序号	项目		指标要求
17	质量	总重	≤125kg
18	可靠度	可靠性	0.99($\gamma=0.7$)
19	耐高温火工切割器	切割能力	ϕ4mm(TC4 R)
20		高温环境适应性	+100℃
21		可靠性	0.9999($\gamma=0.95$)

3. 特点分析

机构分系统承担了探测器连接分离任务及着陆缓冲机构、样品舱与舱盖机构的研制任务，机构产品均为系统单点失效项目，其工作可靠性直接关系到探测器任务的可靠实现，因此，高可靠性是机构产品的突出特点，另外，探测器对机构分系统的质量指标苛刻，机构产品轻量化设计要求突出，既要保证机构产品高可靠，又要满足轻量化，是机构分系统研制难点所在。另外，样品舱与舱盖机构接口多，空间包络狭小，运动过程复杂，需在交会对接状态保证密封封装装置转移低阻力条件下，实现密封封装装置止回、收纳及固定功能，并对样品舱完成封闭及表面热防护，高可靠、低阻力样品舱研制，轻量化复合运动舱盖机构研制同样是机构分系统研制的难点所在。

3.2.2 系统组成

结合探测器任务要求，机构分系统按功能需求配置连接分离机构、着陆缓冲机构、样品舱与舱盖机构三类机构产品。

轨着连接分离机构用于实现轨道器与着陆器的机械可靠连接与解锁、分离。按探测器构型状态，配置8台着陆器连接解锁装置产品，用于实现轨道器和着陆器的机械连接与解锁；配置4台着陆器分离装置用于实现分离。

轨道器连接分离机构用于实现轨道器支撑舱、对接舱与推进仪器舱连接、解锁与分离。其中支撑舱与推进仪器舱配置12台支撑舱连接解锁装置产品，用于实现机械连接与解锁；配置4台支撑舱分离装置，用于实现分离功能。对接舱与推进仪器舱配置4台对接舱连接解锁装置产品，用于实现机械连接与解锁功能；配置4台对接舱分离装置，用于实现分离功能。

轨返连接分离机构用于实现轨道器与返回器的机、电可靠连接与解锁、分离，并提供分离信号。按探测器构型状态配置4台返回器连接解锁装置产品，用于实现轨道器和返回器的机械连接与解锁；配置4台返回器分离装置用于实现返回器与轨道器分离；配置1套电分离摆杆机构，用于实现返回器与轨道器电连接器连接、解锁与分离；配置2套轨返分离信号装置，用于分别向轨道器和返回器提供分离信号。

着上连接分离机构用于实现上升器与着陆器的可靠连接与解锁；并在上升器与着陆器分离电

连接器电脱功能失效的情况下,实现电连接器与上升器机械分离。按探测器构型状态配置4台上升器连接解锁装置产品,用于实现上升器和着陆器的机械连接与解锁;配置2套上升器电连接器强脱装置,在上升器与着陆器电连接器电脱功能失效时,实现2个电连接器强制解锁与分离。

样品容器连接分离机构用于实现密封封装装置与上升器的连接与解锁,并提供解锁信号。配置1套样品容器连接解锁装置。

着陆缓冲机构用于实现着陆上升组合体月面软着陆,并提供落月信号,保证着陆上升组合体在月面稳定支撑。按探测器构型状态,配置4台着陆缓冲装置产品,因为收拢状态差异分为2种产品状态。

样品舱与舱盖机构用于密封封装装置接收,配合样品转移机构实现样品转移功能,对转移过程的密封封装装置进行导向和单向止回,并实现密封封装装置固定;实现样品舱舱盖解锁与关闭,保持返回器气动外形的完整性。配置1套样品舱与舱盖机构产品。

机构分系统产品组成共计63台/套,如表3.32所示,布局状态如图3.74所示。

表3.32 机构分系统产品配套表

序号	机构类别	产品名称	数量	所属器
1	轨着连接分离机构	着陆器连接解锁装置	8台	轨道器
2		着陆器分离装置	4台	轨道器
3	支撑舱连接分离机构	支撑舱连接解锁装置	12台	轨道器
4		支撑舱分离装置	4台	轨道器
5	对接舱连接分离机构	对接舱连接解锁装置	4台	轨道器
6		对接舱分离装置	4台	轨道器
7	轨返连接分离机构	返回器连接解锁装置	4台	轨道器
8		返回器分离装置	4台	轨道器
9		轨返分离信号装置A	1套	返回器
10		轨返分离信号装置B	1套	轨道器
11		电分离摆杆机构	1套	轨道器
12	着上连接分离机构	上升器连接解锁装置Ⅰ	2台	着陆器
13		上升器连接解锁装置Ⅱ	2台	着陆器
14		上升器电连接器强脱装置	2台	着陆器
15	样品容器连接分离机构	样品容器连接解锁装置	1套	上升器
16	着陆缓冲机构	着陆缓冲装置Ⅰ	2套	着陆器
17		着陆缓冲装置Ⅱ	2套	着陆器
18	样品舱与舱盖机构	样品舱与舱盖机构	1套	返回器
19	耐高温火工装置	耐高温火工切割器	4套	上升器

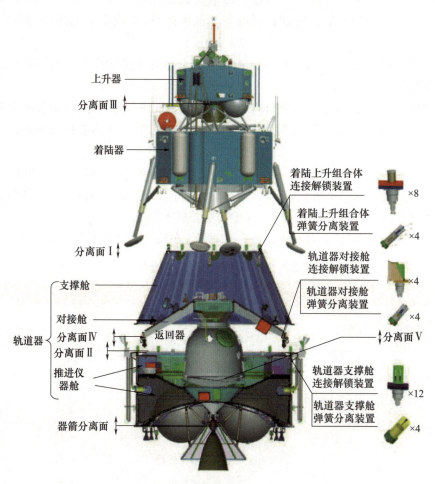

(a) 连接分离机构产品布局

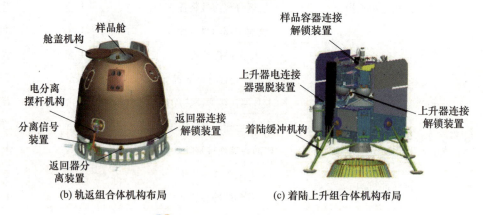

(b) 轨返组合体机构布局　　(c) 着陆上升组合体机构布局

图 3.74　机构分系统产品布局

3.2.3 设计技术

1. 连接分离机构设计

连接分离机构是机构分系统研制的重要工作内容,包括连接解锁装置和分离装置两部分,连接解锁装置一般采用火工装置作为连接解锁部件,具有比能量大、使用方便的特点,分离装置则采用弹簧分离推杆,具有简单可靠、易于实现的特点。

连接解锁装置设计以产品过载条件为输入,采用预紧连接设计方法计算连接点最小预紧载荷需求,在此基础上,结合强度裕度要求,确定连接解锁装置的强度需求,从而选用预紧载荷满足要求的火工装置,并开展强度裕度满足要求的连接结构件设计,必要时开展火工装置的新产品研制。

分离装置设计以分离对象的质量特性和分离速度要求为输入,根据动量守恒和动能守恒原理,在给定的结构约束条件下进行分离弹簧性能设计,结合分离对象的质量特性,对分离姿态进行仿真分析,确认分离速度和分离姿态角速度均能满足要求,分离对象的质心偏差较大时,需对个别分离弹簧设计进行调整,从而保证分离姿态角度满足要求。

1)轨着连接分离机构

轨着连接分离机构用于实现着陆上升组合体与轨道器的可靠连接,在环月飞行段实现着陆上升组合体与轨道器的解锁和分离。

轨着连接分离面结构设计为圆环对接结构,直径约为1750mm,着陆器结构本体采用箱板式复合结构,依据着陆器结构传力需求,轨着连接分离机构均布于 $\phi1750$mm 分度圆上,采用8点连接解锁装置与4个弹簧分离推杆组合,安装在轨道器支撑舱上,弹簧分离推杆作用于着陆器底面。

轨着连接分离机构设计布局见图 3.75。

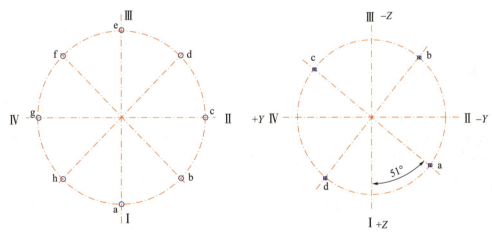

图 3.75 轨着连接分离机构布局图

2)轨道器支撑舱连接分离机构

轨道器支撑舱连接分离机构用于实现轨道器支撑舱与推进仪器舱的可靠连接,在环月飞行段实现轨道器支撑舱与轨返组合体解锁与分离。

轨道器支撑舱连接分离面结构设计为圆环对接结构,直径约为3100mm,轨道器支撑舱结构本体采用锥筒式桁条蒙皮结构,承载着陆上升组合体飞行过载,结合支撑舱结构传力,支撑舱连接分离机构均布于 ϕ3122mm 分度圆上,采用 12 点连接解锁装置与 4 个弹簧分离推杆组合,安装在轨道器仪器舱上,弹簧分离推杆作用于支撑舱底面。

轨道器支撑舱连接分离机构布局见图3.76。

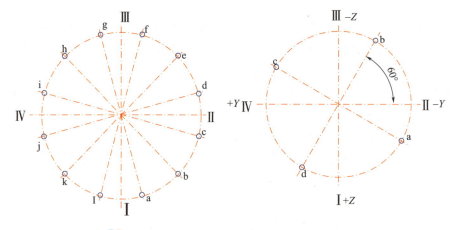

图 3.76　轨道器支撑舱连接分离机构布局图

3) 轨道器对接舱连接分离机构

轨道器对接舱连接分离机构用于实现轨道器对接舱与推进仪器舱的可靠连接,在环月飞行段交会对接完成后,实现轨返组合体与对接舱上升器组合体解锁与分离。

轨道器对接舱连接分离面结构设计为 4 点对接结构,分布圆为 ϕ2880mm,轨道器对接舱结构本体采用空间框架式舱板结构,主要承载交会对接机构及相关设备,结合对接舱结构传力,与对接结构设计相适应,采用 4 点连接解锁装置与 4 个弹簧分离推杆组合,安装在轨道器仪器舱上,弹簧分离推杆作用于对接舱底面。

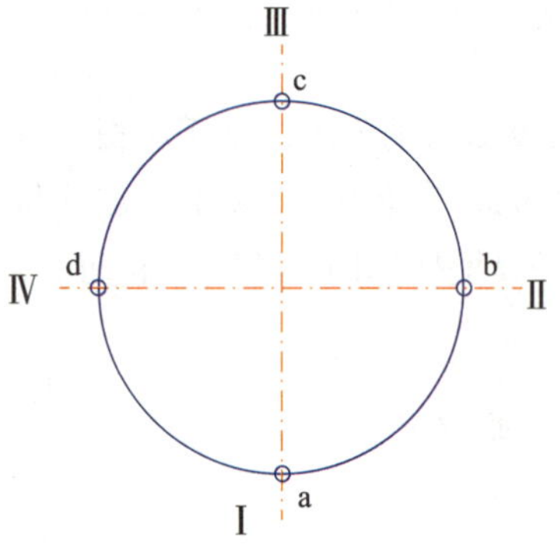

图 3.77　轨道器对接舱连接分离机构布局图

轨道器对接舱连接分离机构布局见图 3.77。

4) 轨返连接分离机构设计

轨返连接分离机构用于实现返回器与轨道器的可靠连接,在轨返组合体实施月地转移并进入预定高度后,实现返回器与轨道器的解锁与分离。

返回器连接分离面结构设计为 4 点对接结构,分布圆为 ϕ1120mm,返回器结构传力通过与大底连接的 4 个钛管结构实现,对应钛管传力设计,采用 4 点连接解锁装置,4 个弹簧分离推杆沿周向均布在连接解锁装置近旁,安装在返回器转接环上,弹簧分离推杆作用于返回器防热大底作用面。由于返回器质心偏离值较大,增大了其中一个分离弹簧输出力值,以保证分离姿态角速度要求。

轨返连接分离机构布局见图 3.78。

另外,因返回器结构防热需要,轨返连接分离需设计电分离摆杆机构和分离信号装置,分别用于轨返电连接器的连接与分离,获取轨返机械分离状态信号。

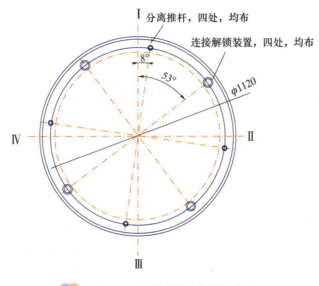

图 3.78 轨返连接分离机构布局图

5) 着上连接分离机构设计

着上连接分离机构用于实现上升器与着陆器的可靠连接,在着陆上升组合体完成月面采样任务后,实现上升器与着陆器的解锁,上升器分离由发动机工作实现,无分离机构需求。

上升器连接分离面结构设计为 4 点对接结构,分布圆为 $\phi1151$mm,上升器结构传力通过与底板的 4 个连接结构实现,对应设计 4 点连接解锁装置,保证上升器的可靠连接与解锁。

着上连接分离机构布局见图 3.79。

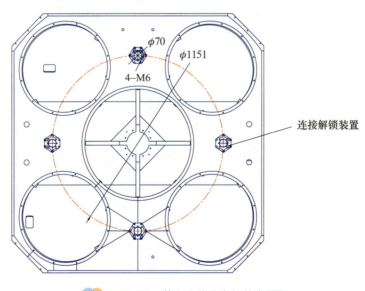

图 3.79 着上连接分离机构布局图

为了增加着上电连接器分离的可靠性,在着上分离面设计了电连接器强脱装置,作为备份措施,当着上电连接器分离故障时,可实现上升器电连接器的强制分离。

6) 样品容器连接分离机构设计

样品容器连接分离机构用于实现密封封装装置与上升器的可靠连接,在月球轨道交会对接后,实现密封封装装置与上升器的解锁,密封封装装置与上升器分离由转移机构工作实现,无分离机构需求。

样品容器连接分离面结构设计为圆环对接结构,直径约为300mm,密封封装装置结构传力通过与底板结构实现,连接解锁机构采用周向支撑中心连接设计,仅采用1点连接解锁装置,保证上升器的可靠连接与解锁。

7)连接分离机构产品设计

连接分离机构产品主要包括双作动火工分离螺母连接解锁装置、返回器火工锁、3T分离螺母连接解锁装置、切割器连接解锁装置、弹簧分离推杆、拔销式电连接器强脱装置、电分离摆杆机构、轨返分离信号装置,产品功能独立,无相互接口关系。

(1)双作动火工分离螺母连接解锁装置。

双作动火工分离螺母连接解锁装置是为适应轨道器相关分离面大预紧载荷需求研制的新型火工装置,产品应用于着陆器连接解锁、支撑舱连接解锁、对接舱连接解锁。

双作动火工分离螺母连接解锁装置由分离螺母(含连接螺栓)、抗剪锥套、加载螺母和螺栓收集器组成,双作动火工分离螺母是实现连接与解锁功能的关键部件,抗剪锥套用于承受分离面横向过载,通过加载螺母与连接螺栓实施预紧保证对接面可靠连接,螺栓收集器主要用于分离螺母的连接锁紧和解锁后对连接螺栓进行收集,避免产生多余物。

双作动火工分离螺母由螺栓、底座、滑块、钢丝弹簧、半螺母组件、销杆、点火器、壳体、堵盖等组成,如图3.80所示。装配状态下与螺栓连接的两个半螺母组件采用两个销杆锁定,使两个半螺母组形成完整的螺纹连接,从而实现连接功能。

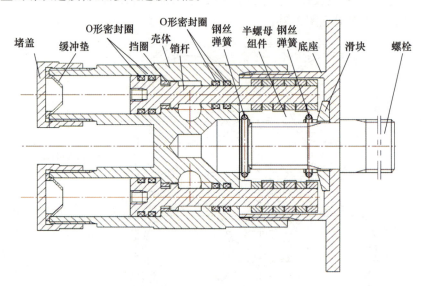

图3.80 双作动火工分离螺母结构示意图

分离面解锁时,火工分离螺母的两个点火器同时在供电激励下工作,产生高温高压燃气,推动销杆克服半螺母摩擦力、挡圈与壳体的摩擦力并拔销到位,半螺母组件被分成两瓣并在钢丝弹簧作用下向两边张开,从而实现对螺栓的释放,完成解锁功能。

当火工分离螺母中单个点火器工作时,产生高温高压燃气,推动销杆克服半螺母摩擦力、挡圈与壳体的摩擦力并拔销到位,解除半螺母组件单侧约束,半螺母组件在钢丝弹簧作用下,可绕未解锁的销杆(相当于转轴)转动张开并释放螺栓,完成解锁功能。

(2)返回器火工锁。

返回器火工锁是返回器与轨道器的机械连接解锁装置,实现连接解锁功能,产品由锁体(含爆炸螺栓及枢轴)、锁母、导套、解锁防护装置等组成,如图3.81所示。锁体是火工锁的关键部件,连接解锁功能均通过锁体实现,其中枢轴是主承力部件,枢轴一端为齿条,它被两个与爆炸螺栓相连的轴套齿形夹紧,形成类似连接螺栓结构。锁母安装在返回器钛管内,作为枢轴螺纹的连接端,锁体安装时通过螺纹拧紧施加预紧载荷实现被连接件的可靠连接,而导套是锁体与连接件结构的接口部件,锁体通过导套安装在过渡支架结构上,从而通过枢轴实现返回器和轨道器的连接。

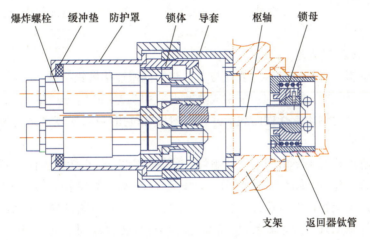

图3.81 返回器火工锁结构示意图

当连接件解锁时,火工锁点火器在供电激励下引燃爆炸螺栓内置装药,爆炸螺栓在内腔压力作用下从预置凹口处断裂,轴套齿形对枢轴齿条端的约束解除,被连接件之间的连接自然解除,火工锁解锁状态如图3.82所示。

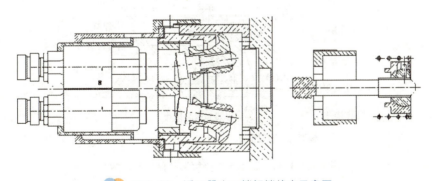

图3.82 返回器火工锁解锁状态示意图

火工锁采用双爆炸螺栓解锁冗余设计,其中一个爆炸螺栓断裂即可实现枢轴连接解锁,从而实现被连接件的解锁。

(3)3T分离螺母连接解锁装置。

3T分离螺母连接解锁装置是上升器与着陆器的机械连接解锁装置,火工装置采用成熟的低冲击3T分离螺母作为解锁动力源,并采用铝蜂窝缓冲进一步降低解锁冲击,分离面采用锥台结构

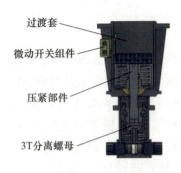

图 3.83 3T 分离螺母连接解锁装置结构示意图

承受横向载荷并避免解锁后上升器横向滑移。

3T 分离螺母连接解锁装置由 3T 分离螺母、压紧部件(压紧杆、球形垫、锁紧螺母、分离弹簧、弹簧盖、缓冲蜂窝)、过渡套和微动开关组件四部分组成,如图 3.83 所示。连接时,3T 分离螺母连接解锁装置的 3T 分离螺母安装于着陆器支架上,过渡套安装于上升器结构底板上,两者通过压紧杆实现可靠连接,压紧杆安装到位后需按要求进行预紧操作,从而实现上升器与着陆器可靠连接。

解锁时,解锁指令到达后,3T 分离螺母发火解除对压紧杆的约束,压紧杆在分离弹簧作用下快速脱出 3T 分离螺母,脱出到位后弹簧盖触压位于过渡套侧壁的微动开关组件悬臂,微动开关组件向上升器给出解锁到位信号。

(4)切割器连接解锁装置。

切割器连接解锁装置是密封封装装置与上升器的机械连接解锁装置,切割器连接解锁装置设计为周向支撑、中心压紧杆连接方案,采用成熟的火工切割器(简称切割器)切割压紧杆实现解锁功能。分离面采用锥台结构承受横向载荷并在周向设置抗扭结构,实现密封封装装置装配定位并承受横向及扭转载荷。

切割器连接解锁装置主要由固定支架组件、压紧杆、切割器、小缓冲组件、预紧螺母、压座组件和顶帽组件等几部分组成,如图 3.84 所示。装配状态下,火工切割器安装在固定支架组件上,密封封装装置与固定支架组件对接后,从固定支架组件下方安装压紧杆穿过切割器切刀位置,拧紧压紧螺母对压紧杆施加轴向预紧载荷,从而实现密封封装装置与固定支架组件的可靠连接,固定支架组件通过 3 个安装螺钉与上升器结构固连。

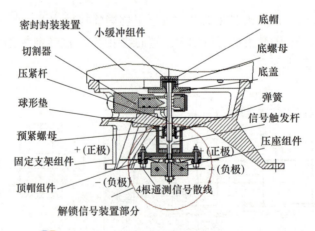

图 3.84 切割器连接解锁装置结构示意图

密封封装装置解锁时,火工切割器在供电激励下起爆并切断压紧杆,解除密封封装装置与固定支架组件的连接,从而实现密封封装装置与固定支架组件解锁。固定支架组件下端的压紧杆在压缩弹簧的作用下推动信号触发杆运动,并分离簧片开关,给出密封封装装置解锁信号。

(5)耐高温火工切割器设计。

耐高温火工切割器用于上升器太阳翼压紧释放装置,基于通用 P-HGP-3 型火工切割器产品开展研制,需满足 +100℃ 高温环境可靠工作要求,火工切割器结构如图 3.85 所示。

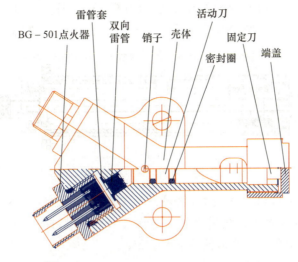

图 3.85 耐高温火工切割器结构示意图

耐高温火工切割器以 P-HGP-3 型火工切割器高温环境适应性分析为基础,全面开展了火工切割器药剂及非金属材料的高温环境适应性分析,并针对药剂进行了高温环境适应性验证,结果表明:

① 火工切割器中密封圈材料采用丁腈橡胶胶料,其耐受高温环境最高为 100℃,不能满足产品鉴定级 +115℃ 环境适应性要求,而 FM-1D 氟醚橡胶胶料可以满足 +200℃ 条件下长期使用要求,耐高温性能满足产品鉴定环境要求,因此。耐高温火工切割器的密封圈材料由丁腈橡胶改为 FM-1D 氟醚橡胶。

② 火工切割器 BG-501 点火器药剂为镁粉、二氧化碲、氮化硼与氟橡胶黏合剂混合配制而成,可耐受 10 天 180℃ 高温环境,能够满足药剂高温环境适应性 30℃ 余量要求,BG-501 点火器产品高温环境适应性满足要求。

③ 双向雷管装药由沥青钝化三硝基间苯二酚铅和羧甲基纤维素叠氮化铅压制而成,沥青钝化三硝基间苯二酚铅中在加热到 115℃/16h 时存在失去自身含有的结晶水现象,当温度达到 135~145℃ 时,结晶水脱水速度加快,进一步导致药剂物理安定性、化学安定性及爆炸性能变差;而羧甲基纤维素叠氮化铅在 330℃ 时分解开始加速,该温度之前药剂热安定性良好,但在高温环境下该药剂存在水解反应现象,双向雷管中沥青钝化三硝基间苯二酚铅脱水时,会导致羧甲基纤维素叠氮化铅发生水解,使得羧甲基纤维素叠氮化铅化学安定性发生改变,从而影响双向雷管做功特性。因此,双向雷管药剂需进行改进设计,碱式三硝基间苯二酚铅不含有结晶水,是替代沥青钝化三硝基间苯二酚铅的最佳选择,据此,双向雷管装药设计由沥青钝化三硝基间苯二酚铅和羧甲基纤维素叠氮化铅更改为碱式三硝基间苯二酚铅和羧甲基纤维素叠氮化铅,为进一步提高切割可靠性,羧甲基纤维素叠氮化铅药量按原火工切割器药量上限进行控制。

(6) 弹簧分离推杆。

弹簧分离推杆是实现探测器间(舱段间)分离的动力装置,按照分离对象质量特性及分离性能要求进行设计,探测器共计 4 种弹簧分离推杆,分别应用于着陆器分离、支撑舱分离、对接舱分离、返回器分离。

弹簧分离推杆产品结构如图3.86所示,主要由弹簧、导套、外壳、顶杆等组成,为减小推杆运动摩擦阻力,导套与外壳接触面喷涂润滑膜,另外,导套内表面及顶杆头球面也采用润滑处理。

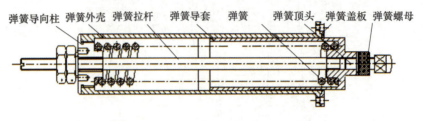

图3.86 弹簧分离推杆结构示意图

为保证弹簧工作输出性能相对稳定,弹簧最大工作载荷时压缩量均小于最大压缩量80%,最小工作载荷时压缩量均大于最大压缩量20%。为保证分离精度,同一分离面的四个分离弹簧通过力值筛选匹配,同种弹簧的输出力值偏差不大于2%。

(7) 拔销式电连接器强脱装置。

拔销式电连接器强脱装置是上升器与着陆器电连接器分离的备份装置,仅在电连接器电分离故障状态下工作,其安全性要求高于可靠性要求,在上升器与着陆器电连接器分离前,强脱装置应确保不会发生误动作,而导致上升器与着陆器电连接器意外分离;当上升器与着陆器电连接器需要强制分离时,强脱装置必须可靠实现电连接器的主动强制分离。

拔销式电连接器强脱装置采用钝感型拔销器作为强脱作用执行装置,其安全性满足探测器在轨飞行任务要求,拔销器与电连接器采用柔性绳索作为连接件,呈松弛状态安装,最小松弛量需满足两器结构相对变形安全距离要求,最大松弛量需满足拔销器对电连接器的拔脱行程要求。

拔销式电连接器强脱装置由拔销器和拉绳组件组成,如图3.87所示。其中,拔销器安装在着陆器顶板上,拉绳组件一端通过螺套与拔销器销杆连接,并通过六角薄螺母备紧防松;拉绳组件另一端通过转接环和销轴与电连接器插头拉杆连接,销轴通过开口销固定,拉绳组件与拔销器和电连接器插头连接后具有一定松弛量。当电连接器正常电分离时,拔销式电连接器强脱装置拉绳组件部分将随电分离插头一起脱落,不会影响电连接器的正常电分离。若上升器电连接器电分离故障时,拔销式电连接器强脱装置拔销器工作,拔销器销杆回缩首先将拉绳组件张紧,拉绳组件张紧后拉动电连接器插头拉杆一起运动并将电连接器插头内部钢球锁解锁,从而实现电连接器两端插头和插座的分离。

拔销器是实现电连接器可靠强脱的关键部件,由点火器和拔销机械组件两部分组成。拔销机械组件包括壳体、销杆、堵盖、缓冲垫和销钉等。结构组成如图3.88所示。点火器在供电激励下,产生高温高压燃气进入拔销器工作腔,作用在销杆工作面上,产生轴向拉力,剪断定位销钉,使销杆回缩,输出拔销力和拔销行程。

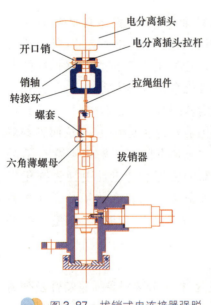

图3.87 拔销式电连接器强脱装置结构示意图

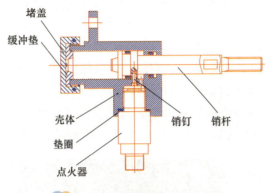

图 3.88　拔销器结构示意图

拉绳组件是实现电连接器可靠强脱的关键部件,电连接器安全性需要通过装配松弛量保证,拉绳组件由螺套、芳纶编织绳、转接环、柱销、销轴和开口销组成,如图 3.89 所示。其中,芳纶编织绳与螺套连接一端通过打结进行端部固定。拉绳组件的强度需要满足拔销器最大输出力的强度裕度要求,长度设计需要满足电连接器安全性的松弛量要求,且与拔销器行程相匹配,保证在拔销器输出行程下,可靠实现电连接器强制分离。

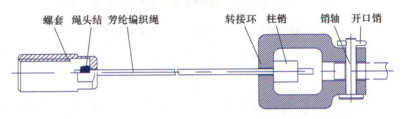

图 3.89　拉绳组件结构示意图

（8）电分离摆杆机构。

电分离摆杆机构是返回器与轨道器之间电连接器的连接、解锁与分离机构,器间电连接器布置在返回器侧壁,采用 2 对直插式 Y35 电路快速断接器,连接分离机构需实现电连接器压紧及分离功能。

电分离摆杆机构采用压紧杆 – 火工切割器实现电连接器的压紧连接与解锁,分离功能由预压的分离弹簧提供,机构展开运动采用自锁式摆杆机构,分为器表连接分离装置和分离摆杆组件（含展开信号装置）两个部件,构型设计如图 3.90 所示。

探测器发射及在轨运行时,器表连接分离装置通过压紧释放装置压紧杆将舱外板及连接在其上的 Y35 电路快速断接器舱外端、弹簧推杆等压紧在舱内结构上;返回分离时,通过火工切割器切割压紧杆解除压紧约束,舱外板及其上连接的部件在弹簧推杆推力作用下被推离舱内板,并在分离摆杆的导引下稳定在预定位置,满足返回器与轨道器的安全分离的空间要求。

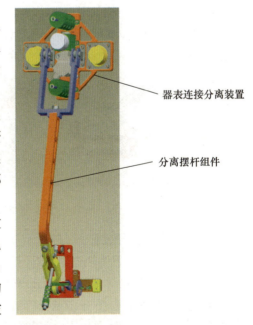

图 3.90　电分离摆杆机构构型示意图

分离摆杆组件具有反向自锁和缓冲功能,缓冲器设置在机构展开30°角位置,保证展开角度满足要求,缓冲器最大压缩后,通过结构实现电分离摆杆机构限位功能。

器表连接分离装置中提供对称的电连接器安装接口,采用双弹簧推杆作用实现分离,压紧设计为中心单点压紧方案,结构简洁。主要由舱外板、压紧释放装置及2套弹簧推杆组成,舱外板是Y35型电路快速断接器及2套弹簧推杆的安装结构,并通过压紧释放装置连接在返回器内壁结构上。2个Y35型电路快速断接器沿舱外板水平方向安装,弹簧推杆设置在上下两侧,压紧释放装置位于舱外板中心偏上方($+X$方向),构型状态如图3.91所示。

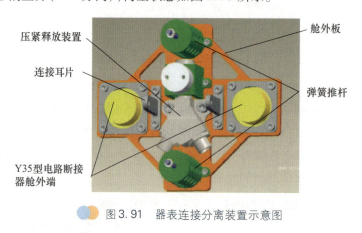

图3.91　器表连接分离装置示意图

压紧释放装置采用成熟可靠的火工切割器+压紧杆设计,火工切割器采用切割器连接解锁装置同型产品。

弹簧推杆设计与弹簧分离推杆相同,主要由压缩弹簧、端盖、顶头、拉杆等组成,弹簧预压后安装,工作时弹簧释放提供分离力。

分离摆杆组件是器表连接分离装置与轨道器结构的连接部件,采用反向自锁设计方案,并能实现阻尼缓冲功能,结构如图3.92所示,由U形杆、连杆、摆杆座、滑杆、滑套、缓冲器和支座等零件装配而成。U形杆端部与器表分离装置的舱外板上耳片连接,支座直接安装在轨道器结构上。当摆开角度大于30°时缓冲装置形成缓冲力,并自锁在平衡位置。

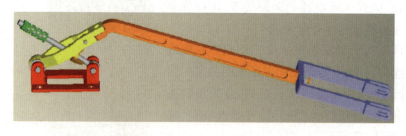

图3.92　分离摆杆组件示意图

(9)轨返分离信号装置。

轨返分离信号装置为轨道器和返回器提供机械连接分离信号,采用通用的电连接器插针/插孔结构形式,因接口设计不同,分为分离信号装置A和分离信号装置B,分别向返回器和轨道器提供分离信号。布置于Ⅰ、Ⅳ象限的分离信号装置通过引出插座向返回器提供分离信号接口,定义为分离信号装置A。Ⅱ、Ⅲ象限之间的分离信号装置通过导线为轨道器提供分离信号接口,定义为分离信号装置B。分离信号装置主要由固定夹、上分离插座(包括信号支架和信号板)、下分离插座及信号线等组成。轨返分离信号装置基本结构如图3.93所示。

分离信号装置的工作原理：轨返分离前，上、下分离插座对应节点连接，形成信号通路，轨返分离时，上、下分离插座之间的针孔分离，形成开路状态，通过遥测采集信号回路状态变化判断轨返是否成功分离。

分离信号装置 A 由引出插座（Y39-1204ZJH 插座及信号线）、上分离插座 A、固定夹和下分离插座 A 组成，下分离插座 A 做短路设计，信号由上分离插座 A 通过信号线连接至引出插座（Y39-1204ZJH）焊接并安装至返回器器表，固定夹则将上分离插座固定在返回器的钛管上。分离信号装置 B 与分离信号装置设计基本相同，上分离插座 B 做短路设计，信号线由插针组件通过下分离插座 B 直接引出与轨道器信号采集电路焊接，其他零部件设计与分离信号装置 A 结构相同。

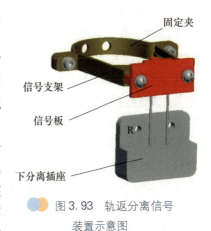

图 3.93　轨返分离信号装置示意图

分离信号装置中固定夹和信号支架安装在钛管结构上，具有烧蚀特性要求，材料选用钛合金，插针由黄铜丝制造，插孔采用锡青铜制造，插针/插孔表面镀硬金处理，装配前插针及插孔表面涂覆电接触保护剂，以避免真空冷焊的发生，其他结构材料均选用具有良好绝缘性能的聚酰亚胺。

2. 着陆缓冲机构设计

着陆缓冲机构是探测器实现月面软着陆的关键技术，构型设计与探测器总体设计状态的关系极为密切，"嫦娥"三号探测器已成功实现月球表面软着陆，与"嫦娥"三号探测器相比，由于"嫦娥"五号探测器着陆质量增大，质心增高，在着陆能量增大的同时，着陆稳定性显著变差，加之机构质量指标要求苛刻，给着陆缓冲机构设计带来极大困难。

着陆缓冲机构主要由主缓冲支柱（内置缓冲元件）、辅助缓冲支柱（内置缓冲元件）和足垫组成，基本构型如图3.94所示，主缓冲支柱通过接头安装于着陆器侧壁，辅助缓冲支柱通过接头安装于着陆器底板。着陆缓冲时足垫接触月面并将着陆冲击载荷传递至主缓冲支柱和辅助缓冲支柱，缓冲支柱通过内外筒相对运动挤压内置的缓冲元件变形吸收冲击能量，从而降低着陆冲击载荷，实现月面软着陆，着陆缓冲机构的构型设计及载荷匹配能够保证着陆上升组合体着陆月面的稳定性。

月面软着陆时，主缓冲支柱主要吸收垂直冲击载荷，辅助缓冲支柱主要吸收水平冲击载荷。铝蜂窝材料压溃载荷稳定，结构及压溃载荷具有很好的可设计性，因此，主、辅缓冲支柱内部均采用铝蜂窝材料的塑性变形来吸收冲击能量，所有铝蜂窝使用前均预压 5mm，以消除铝蜂窝初始压缩时突变载荷。主缓冲支柱具有单向缓冲功能，辅助缓冲支柱具有双向缓冲功能。足垫则用来增大着陆冲击作用面，防止着陆瞬时着陆器的过度下陷，在着陆水平着陆速度较大时具有侧向滑移功能，以提高着陆稳定性。

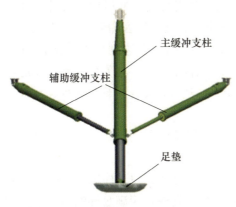

图 3.94　着陆缓冲机构构型示意图

着陆缓冲机构构型设计是着陆缓冲机构设计的根本，着陆缓冲机构最大跨距与着陆器质心高度之比（简称跨高比）直接决定着陆稳定性，而主缓冲支柱与着陆器结构夹角则直接影响缓冲特性，因此，跨高比和主缓冲支柱夹角是着陆缓冲机构构型的关键参数。根据着陆上升组合体的质心高度和着陆后发动机安全间距需求，以及初步确定的主缓冲行程（参照着陆缓冲能量需求和连接点最大载荷确定），按跨高比基本参数，确定满足稳定性要求的着陆缓冲机构的最大跨距。再结合主缓冲支柱夹角最小化设计原则，选定主缓冲支柱夹角，协调确定与主结构连接点，确保缓冲载荷可靠传递，按主辅支柱缓冲行程需要，确定主缓冲支柱与辅助缓冲支柱的连接点位置。

着陆缓冲机构缓冲设计需在给定的缓冲行程内，进行缓冲载荷设计，吸收着陆冲击能量，满足着陆冲击过载要求。按已有设计经验，着陆缓冲机构缓冲吸能约为最大初始着陆能量的50%，其中主缓冲支柱吸能占比按80%考虑，为了保证着陆缓冲的可靠性，单个主缓冲支柱的最大缓冲能力按最大着陆缓冲吸能设计。为了适应极端着陆缓冲状态，8个辅助缓冲支柱的拉伸缓冲能力应按最大初始着陆能量设计。

主缓冲支柱只具有单向压缩缓冲能力，主要用于吸收着陆冲击时着陆面的法向冲击能量，主缓冲采用三级缓冲设计方案，主缓冲支柱一级缓冲载荷参照探测器发射段着陆缓冲机构主缓冲支柱内筒最大轴向载荷确定，在满足发射状态力学过载前提下，采用承载力较小的缓冲蜂窝在着陆缓冲中快速缓冲，降低探测器质心高度，提高着陆稳定性。二级缓冲设计则作为过渡载荷，能够吸收一般工况下的着陆能量。三级缓冲设计用于应对恶劣工况，满足连接点最大载荷要求，总缓冲能量包络最大着陆缓冲能量需求。

辅助缓冲支柱具有压缩和拉伸双向缓冲能力，拉伸缓冲能力需与主缓冲设计相协调，既能吸收部分着陆缓冲能量，又能保证着陆缓冲构型状态，压缩缓冲能力主要用于吸收着陆冲击时水平方向冲击能量，辅助缓冲支柱拉伸一级缓冲载荷应结合主缓冲支柱一级和二级缓冲载荷选取，满足一般工况条件下，在主缓冲支柱一级缓冲工作后，能够有效发挥辅助缓冲作用，且高于足垫侧边变形区域的变形载荷，二级缓冲载荷应能包络缓冲机构对辅助缓冲支柱的最大吸能需求。压缩缓冲载荷与一级拉伸缓冲载荷相同，吸能能力不低于着陆缓冲水平方向总动能。

根据上述初步选定的构型和缓冲参数，在给定的着陆初始条件下，进行刚体动力学仿真分析，以着陆缓冲机构质量最小为目标，在着陆上升组合体能够安全、稳定着陆的前提下，基于主缓冲支柱夹角，吸能效率及着陆稳定性的综合优化设计方法，对构型参数和缓冲参数进行优化设计，形成着陆缓冲机构初步设计状态。

在特定结构刚度状态下，主缓冲支柱夹角直接影响着陆缓冲过程主缓冲吸能特性，因此，需开展着陆缓冲构型设计验证试验，试验采用不同的接口模拟工装改变着陆缓冲机构主缓冲支柱夹角，试验结果表明：随主缓冲支柱夹角增大，着陆缓冲机构缓冲吸能效率显著降低，在既有刚度特性条件下主缓冲支柱夹角不大于34.5°时，着陆缓冲机构缓冲吸能可以达到最大着陆能量的50%，主缓冲支柱吸能占比约为80%，该状态下能够充分发挥着陆缓冲机构缓冲效能。通过构型设计验证试验，确认着陆缓冲机构展开构型设计状态如图3.95所示，缓冲载荷－行程设计如图3.96所示。

由于着陆缓冲机构最大外包络已达到5528mm，超出运载火箭整流罩动态包络空间，因此，着陆缓冲机构需进行收拢设计，以满足包络空间要求。

着陆缓冲机构的收拢设计采用"偏置收拢"方案，沿其中一个辅助缓冲支柱轴向进行压缩收拢，展开锁定机构则内置于辅助缓冲支柱内，形成多功能辅助缓冲支柱。为满足探测器发射主动段过载环境要求，多功能辅助缓冲支柱需要通过压紧释放装置进行压紧。探测器发射时，着陆缓冲机构呈收拢状态压紧在着陆器四个侧面,探测器入轨并进入环月轨道后,着陆缓冲机构压紧释放装置解锁,多功能辅助缓冲支柱在展开锁定组件作用下展开并锁定,形成着陆缓冲构型状态,构型状态如图 3.97 所示。

"嫦娥"五号探测器共有 4 件着陆缓冲机构,为避免机构展开锁定过程对整器产生较大的干扰力矩作用,着陆缓冲机构装器设计为对称布局,因此,形成收拢方向不同的 2 个着陆缓冲机构产品状态。

1) 主缓冲支柱

主缓冲支柱组成结构如图 3.98 所示。主缓冲支柱是着陆缓冲机构的主要承载部件,在着陆冲击过程中吸收大部分动能,从而降低着陆器结构本体的冲击响应。它的工作原理如下:

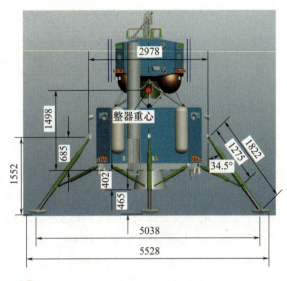

图 3.95　着陆缓冲机构展开构型设计示意图

足垫与月面发生冲击,载荷通过球接头传递到内筒上;当作用载荷超过铝蜂窝临界压溃载荷时,承载能力不同的铝蜂窝由弱到强依次发生压缩变形,冲击动能被转换为塑性变形能。为了减少摩擦阻力,防止空间环境的影响,所有零部件的活动、运动部位均采用 MoS_2 干膜润滑处理。

(a) 主缓冲载荷设计　　　　　　　(b) 辅助缓冲载荷设计

图 3.96　着陆缓冲机构缓冲载荷-行程设计图

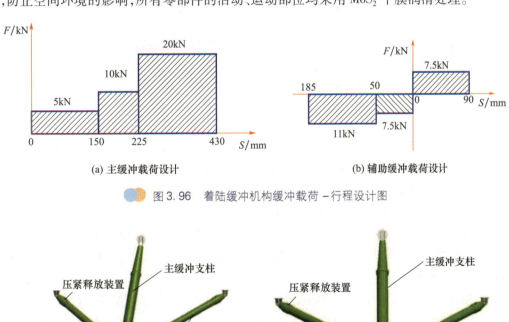

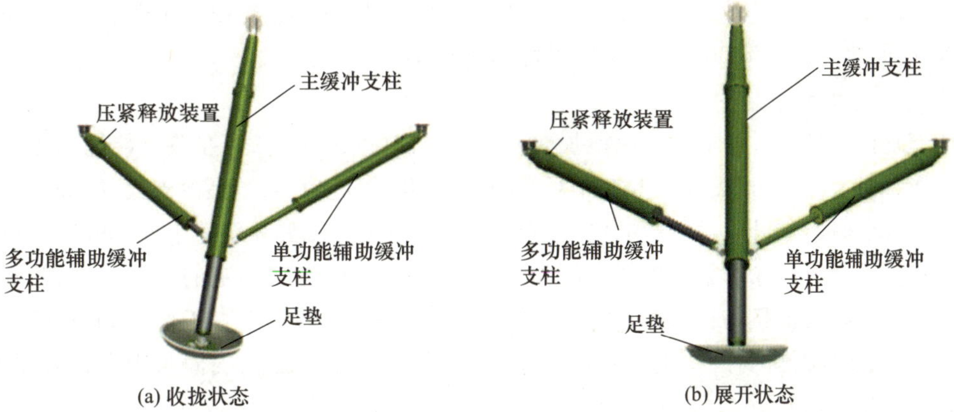

(a) 收拢状态　　　　　　　(b) 展开状态

图 3.97　着陆缓冲机构构型状态示意图

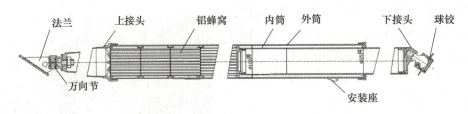

图 3.98　主缓冲支柱结构示意图

主缓冲支柱三级缓冲吸能元件由 6 段铝蜂窝串联而成,在每个铝蜂窝之间安装限位环,防止蜂窝发生局部失稳并保证载荷平稳。一级压缩缓冲采用 2 段铝蜂窝,压溃载荷 5kN,最大缓冲行程 150mm,最大缓冲能力约为 750J。二级压缩缓冲采用 1 段铝蜂窝,压溃载荷 10kN,最大压缩行程约 75mm,最大缓冲能力约为 750J。三级压缩缓冲采用 3 段铝蜂窝,压溃载荷 20kN,最大压缩行程约 205mm,最大缓冲能力约为 4100J。主缓冲支柱总缓冲行程 430mm,单个主缓冲支柱具有的最大缓冲能力为 5600J,约为最大初始着陆冲击能量(14012J)的 40%。

2) 单功能辅助缓冲支柱

单功能辅助缓冲支柱(简称辅助缓冲支柱)具有双向缓冲功能,主要由外筒、中筒、内筒、铝蜂窝吸能元件、万向节接头和球铰接头等部件组成,通过内外筒轴向相对运动压缩蜂窝实现缓冲功能,结构如图 3.99 所示。

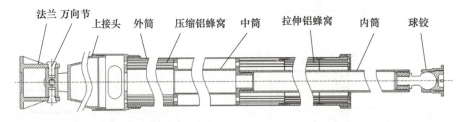

图 3.99　单功能辅助缓冲支柱结构示意图

辅助缓冲支柱拉压载荷均采用铝蜂窝进行缓冲,拉伸载荷采用两级铝蜂窝实现缓冲,一级拉伸缓冲采用 1 段外径 $\phi67$、内径 $\phi46$、高度 75mm 的铝蜂窝,压溃载荷约 7.5kN,最大缓冲行程约 50mm。二级拉伸缓冲采用 4 段外径 $\phi69$、内径 $\phi50$、高度 50mm 的铝蜂窝,压溃载荷约 11kN,最大缓冲行程约 135mm,最大缓冲能力约为 1860J。

辅助缓冲支柱压缩缓冲采用 1 段外径 $\phi70$mm、内径 $\phi40$mm、高度 125mm 的铝蜂窝,压溃载荷约 7.5kN,最大缓冲行程约 90mm,最大缓冲能力为 675J。

3) 多功能辅助缓冲支柱

多功能辅助缓冲支柱(与单功能辅助缓冲支柱统称辅助缓冲支柱)在单功能辅助缓冲支柱双向缓冲功能基础上,因收拢需求而增加压紧、释放及展开、锁定功能,产品由外筒、中筒、内筒、铝蜂窝吸能元件、钢球锁、展开弹簧、微动开关、万向节接头和球铰接头等部件组成,如图 3.100 所示。产品装配状态下通过压紧释放装置把内筒与外筒压紧在一起,形成稳定的结构,可以较好地承受发射载荷。当着陆缓冲机构在轨展开时,压紧释放装置中火工装置点火工作,释放外筒与内筒的压紧螺栓,内筒在展开弹簧的作用下,相对外筒向外伸长到预定位置,内筒与中筒相对锁定,并且触发展开锁定到位信号。

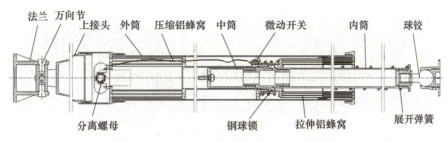

图 3.100　多功能辅助缓冲支柱结构示意图

为了保证结构的对称性,减少加工与装配的技术难度,多功能辅助缓冲支柱结构尺寸尽可能与单功能辅助缓冲支柱保持一致,且采用相同的缓冲设计状态,最大拉伸缓冲行程约 180mm,最大缓冲能力约为 1860J,最大压缩缓冲行程约 90mm,最大缓冲能力为 675J。

压紧释放装置采用压紧杆与分离螺母式连接的结构形式,分离螺母产品采用通用型 1.2T 分离螺母,安装于多功能辅助缓冲支柱的外筒底端,压紧状态时内筒与外筒由 M6 的压紧螺栓连接。当着陆缓冲机构展开时,分离螺母的电起爆器(冗余设计)点火,燃气在封闭壳体内腔产生压力,推动套筒与螺母瓣的相对运动,螺母瓣径向扩张,解除压紧螺栓的螺纹连接,从而释放内筒与外筒的机械连接。

展开锁定装置由展开弹簧和钢球锁组成,展开弹簧提供内筒展开的驱动力,由 $\phi 3.5\text{mm}$ 的弹簧钢丝制造,展开弹簧收拢状态长度为 256mm,工作行程为 410mm,最小作用力为 85.9N,能够满足多功能辅助缓冲支柱展开静力裕度要求,保证内筒展开到位。钢球锁设置在内筒展开到位后与中筒连接处,沿周向均布 8 个 $\phi 7\text{mm}$ 的钢球,当内筒运动到位后,锁簧轴向力推动锁环下压钢球进入内筒凹槽,实现内筒与中筒沿轴向的锁定状态,为了确保钢球锁的可靠锁定,在锁紧接头和锁舌上设有配合锥面。当钢球落入凹槽内时,该配合锥面起到限位作用。钢球锁设计如图 3.101 所示。

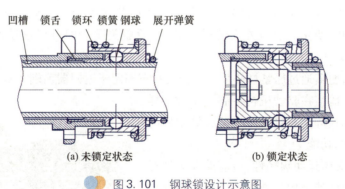

图 3.101　钢球锁设计示意图

4)足垫

足垫主要由盆体、法兰盘和落月信号装置、簧片等组成,如图 3.102 所示。法兰盘中心区域强度较高,承受并传递着陆冲击载荷。周边区域相对较弱,扩展了着陆接触面积,防止着陆器过度下陷;与坚硬岩石撞击时可产生塑性变形实现局部缓冲。倾斜盆沿在足垫滑移过程中可推动月壤,保证平稳滑移。

落月信号装置安装在足垫底部,通过每个足垫底部的簧片受压触发信号开关提供落月信号,考虑足垫与月面接触状态的不确定性,因此,落月信号触发采取冗余设计,在足垫底面圆周上布置

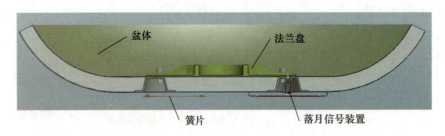

图 3.102　足垫结构设计示意图

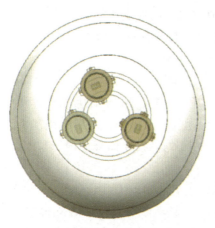

图 3.103　落月信号装置示意图

三个触发簧片，对应内置三个信号开关，如图 3.103 所示。信号由常开触点引出，并联后形成落月信号，四个足垫共 12 个触点中，只要有一个触点处于闭合状态就能给出落月信号，信号开关采用空间应用广泛的 1HM25 型微动开关。

3. 样品舱与舱盖机构设计

样品舱与舱盖机构是样品容器舱和舱盖机构的一体化集成产品，包括样品容器舱（简称样品舱）和舱盖机构两部分，其中，样品舱安装在返回器结构前端，是探测器密封封装装置的在轨接收和存放装置，需在探测器月球轨道交会对接后，配合样品转移机构实现密封封装装置从上升器顺利转移至返回器，并在样品舱内可靠固定。样品容器舱接收密封封装装置后，为保证返回过程密封封装装置安全性、返回器气动特性及防热特性满足要求，样品容器舱需设置可关闭并自锁的舱盖，样品转移完成后舱盖关闭，实现对样品舱的结构封闭，返回器形成气动外形连续的密闭性结构，满足返回器安全性及再入特性要求。

样品舱与舱盖机构由样品舱（含样品容器导向、止回及固定装置）、舱盖机构及压紧释放装置组成，构型如图 3.104 所示。舱外安装防热结构，舱盖关闭后即可保证返回器的防热结构连续性。

探测器发射时，舱盖通过压紧释放装置呈开启状态固定于返回器前端，完成样品转移任务后，压紧释放装置解锁，舱盖在驱动机构控制下实现对样品舱的封闭，舱盖通过周向布置的两处舱盖锁组件与驱动轴共同实现锁紧功能。

为了保证舱盖关闭运动顺畅性，适应舱盖旋转运动的位置偏差，舱盖防热结构与前端盖防热结构周向设计为 6°导向斜面，在舱盖间隙范围内对径向位置进行导向，保证舱盖关闭过程轴向运动无干涉。舱盖与样品舱锥角定位，保证间隙满足要求。为了保证舱盖关闭后，样品舱的密闭性，舱盖与样品舱法兰贴合面之间设计"⌒"形凹凸配合的环形槽，避免气流直接贯通，舱盖接口如图 3.105 所示。

图 3.104　样品舱与舱盖构型示意图

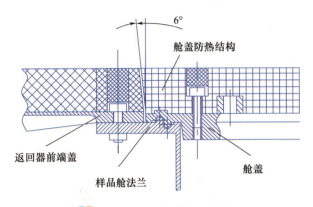

图 3.105　舱盖接口示意图

1）样品舱设计

样品舱是密封封装装置的接收与收纳装置，安装于返回器前端，需满足 $\phi183mm \times 260mm$ 的圆柱形密封封装装置（局部凸出物最大尺寸 226mm）转移及收纳固定。密封封装装置与样品舱对中定位，能够适应最大 6mm 的径向容差，转移过程最大阻力不大于 25N。

样品舱采用桁条和蒙皮结构设计。通过结构优化设计与分析，样品舱结构法兰和桁条材料选用轻质镁合金 AZ40M（MB2），样品舱底板和蒙皮材料选用铝合金，以满足轻量化要求。样品舱周向均布 3 套密封封装装置转移导向装置、对应密封封装装置齿条位置布置 2 套止回装置、底端设置 3 套密封封装装置固定装置，形成一体化设计，样品容器舱侧面预留舱盖机构的结构安装接口，结构如图 3.106 所示。

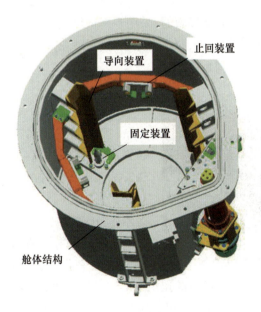

图 3.106　样品舱构型及布局示意图

密封封装装置转移时，样品舱内置导向装置为密封封装装置提供导向功能，适应转移过程单边最大 6mm 径向容差需求，并在导轨末端采用过渡结构将单边径向容差由 4.5mm 收缩至 3mm，以满足样品转移末段固定装置结构引导需求。浮动式止回装置保证密封封装装置在舱内实现"只进不出"的单向运动，到位后由"弹簧楔块 + 锁定锥孔"式固定装置将密封封装装置单边径向容差收缩至0.5mm,满足固定装置锁定需求,实现密封封装装置在样品容器舱内可靠固定。

(1)导向装置设计。

导向装置由三根导轨结构组成,导轨内表面形状及尺寸按照样品转移容差适应性要求设计,导轨结构如图3.107所示,表面进行 MoS_2 固体润滑以减小样品转移阻力,三根导轨120°均布在样品舱内,导轨背面的安装面与样品舱的3根支撑梁安装面相贴合,每根导轨通过7个螺钉进行固定,2个定位销进行定位。导轨材料选用轻质镁合金 AZ40M(MB2),实现轻量化设计。

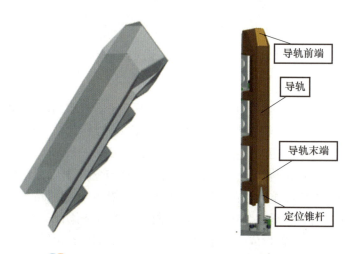

图3.107　样品转移导向装置导轨结构示意图

为了保证导轨的安装精度,安装导轨时,采用专用定位工装实现3个导轨的精确定位,导轨与样品舱安装面之间采用铝箔垫片调整,以保证导轨与舱体中心的距离。装配精度采用三坐标测量仪实时测量,保证导轨装配精度满足要求。

(2)止回装置设计。

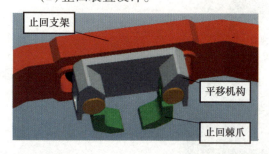

图3.108　止回装置设计示意图

止回装置设计采用棘爪机构约束密封封装装置齿条,实现"只进不出"的单向运动,为满足密封封装装置转移过程径向容差要求,止回装置通过平移机构安装在样品舱内止回支架结构上,实现浮动设计,止回装置由止回棘爪和平移机构两部分组成,构型如图3.108所示。

止回装置采用两个棘爪约束一个齿条,由扭转弹簧驱动,在齿条两侧产生对称的约束力。为了使齿条侧面始终与棘爪尖端接触,对棘爪的扭矩最大,对齿条的阻力最小,棘爪被设计成"J"字形,考虑密封封装装置的齿条宽度18mm,转移过程密封封装装置的最大姿态偏斜约4°,预留余量后棘爪入口宽度取为26mm。棘爪的转轴附近设置了导向面,导引齿条进入止回装置,棘爪根部设置限位结构,限制单侧棘爪的最大运动范围,避免转移过程单侧棘爪变形过大。平移机构设置在棘爪机构的背部安装面,由平移支架和滚轮组成,两个滚轮在止回装置安装架的槽内移动,垫片和挡圈的作用为约束止回装置整体以免从止回支架上脱出。

在密封封装装置转移对中偏差4.5mm时,密封封装装置的齿条单边横向位移约为5.6mm,为了使2个棘爪在齿条运动到极限位置时仍能同时约束齿条,且使齿条受到对称的约束力,平移机构的单侧运动范围设计为6.5mm,结构如图3.109所示。

(3)固定装置设计。

密封封装装置固定通过约束密封封装装置转移导向条实现,在导向条上设置"锁定锥孔"结构,采用"弹簧楔块"式固定装置实现被动固定,固定装置与密封封装装置转移导向条位置对应,在样品舱内设置3套密封封装装置固定装置,分别安装在返回器样品舱3个导向装置下端舱体底部结构上,密封封装装置转移对中偏差3mm时,考虑密封封装装置固定装置锥杆和导向条固定孔极限偏差,样品容

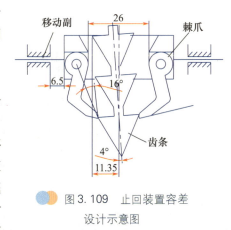

图3.109 止回装置容差设计示意图

器的导向条横向最大位移为3.9mm,固定装置的定位间隙为2.1mm,能够保证固定装置顺利插入密封封装装置导向条结构,从而实现密封封装装置固定功能,如图3.110所示。

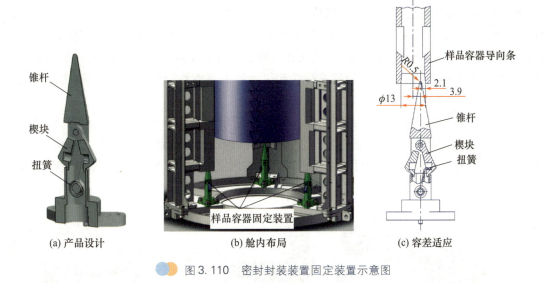

图3.110 密封封装装置固定装置示意图

密封封装装置转移时,在转移机构的推送下密封封装装置沿导向装置做近似直线运动,直至接近返回器样品舱底部,密封封装装置的位置偏差受导向装置约束收缩至固定装置锥杆与密封封装装置导向条定位容差范围内,随后固定装置锥杆进入密封封装装置导向条底部锥孔,密封封装装置在转移机构的推送下继续运动,导向条锥孔内壁接触固定装置的楔块,并在转移机构推送作用力下压缩楔块扭簧,克服楔块与导向条摩擦阻力直至密封封装装置转移到位,此时,固定装置的两个楔块进入导向条的锥孔卡槽中,在扭簧作用下恢复至张开状态,实现对密封封装装置导向条的锁定,3套密封封装装置固定装置共同配合实现密封封装装置的可靠固定。密封封装装置固定装置的工作过程如图3.111所示。

样品转移过程阻力来源包括止回装置和固定装置与样品容器的摩擦阻力,当表面摩擦状态确定时,该阻力值与各自的扭簧作用力值直接相关,对样品舱内转移阻力进行分析可知,样品转移过程阻力值不大于17.7N,满足系统对转移阻力小于25N的指标要求,能够适应样品转移运动的可靠性要求。

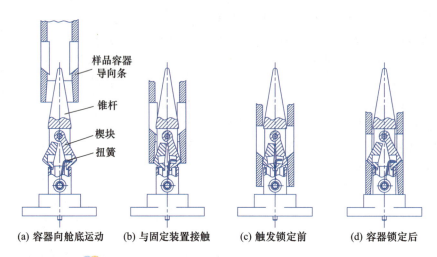

图 3.111　密封封装装置固定装置工作过程示意图

2）舱盖机构设计

舱盖机构是样品舱舱盖及其运动机构的合称,设置在返回器前端,舱盖上表面通过定位销及螺钉安装防热盖,质量约 1.7kg。密封封装装置转移前,呈开启状态压紧在前端结构上,密封封装装置转移完成后,需运动至样品舱舱口,实现样品舱舱口封闭并锁定,保证舱内密封封装装置的安全性,同时实现返回器前端防热结构的连续性和气动外形完整性,是保证返回器携带密封封装装置安全再入返回的关键产品。

探测器完成密封封装装置转移任务,样品舱舱盖关闭时,压紧释放装置首先解锁,随后运动机构带动舱盖由样品舱侧上方旋转至正上方,随后沿样品舱结构轴向做直线运动,直至关闭到位,舱盖通过周向布置的两处舱盖锁组件及驱动轴锁共同实现锁紧功能。舱盖机构工作过程如图 3.112 所示。

图 3.112　舱盖机构工作过程示意图

舱盖机构采用电机驱动复合传动组件实现舱盖关闭过程的旋转+平移复合运动,由舱盖(含舱盖锁、外侧面安装防热结构)、传动组件(舱盖轴、外套筒、导向销、联轴器、丝杠、螺母)、驱动组件等组成。

（1）舱盖设计。

舱盖直径需覆盖样品舱舱口,考虑舱内空间包络和运动机构的接口设计,舱盖设计外形如图 3.113 所示,舱盖预留压紧释放装置的安装接口,周向布置两个舱盖锁,当舱盖关闭时与舱盖旋转轴一起构成对舱盖的三点锁紧。

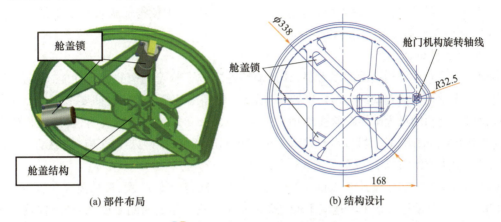

(a) 部件布局　　　　　　　　　(b) 结构设计

图 3.113　舱盖设计示意图

舱盖锁组件用于单向锁定舱盖,由锁体、锁舌、压缩弹簧(压簧)和后盖组成,如图 3.114 所示。组件通过锁体安装到舱盖结构上,锁孔设置在样品舱前端结构,舱盖运动到位后,锁体上的锁舌在压簧作用下进入样品舱结构预设的锁孔,实现对舱盖的锁定。为方便舱盖测试过程手动解锁,锁舌设置螺纹孔用于解锁工装的安装,利用工装拉动锁舌回缩脱离锁孔,实现舱盖锁组件的锁定解锁,便于舱盖机构开展运动测试。

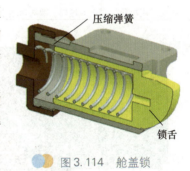

图 3.114　舱盖锁结构示意图

(2) 传动组件设计。

传动组件是舱盖实现旋转+平移复合运动的关键部件,上端连接舱盖结构,下端安装驱动组件,整体安装在样品舱结构侧壁。

传动组件采用"丝杠+螺母+双套筒"设计,沿丝杠运动的螺母上设计两个导向销,同时约束在舱盖轴(内套筒)上的螺旋滑道和外套筒倒"L"形导向槽竖直滑道内,舱盖轴上的导向销则被约束在外套筒上的倒"L"形导向槽内,结构如图 3.115 所示。

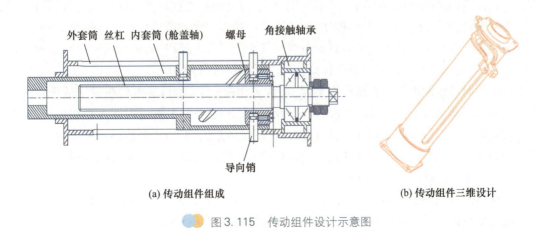

(a) 传动组件组成　　　　　　　　　(b) 传动组件三维设计

图 3.115　传动组件设计示意图

舱盖关闭时,传动组件中丝杠做旋转运动,螺母受丝杠驱动向下单向运动,此时,舱盖轴因导向销受外套筒导向槽水平滑道约束仅有旋转自由度,螺母对舱盖轴螺旋滑道的作用力使得舱盖轴形成旋转运动,舱盖随之做旋转运动;当舱盖轴上的导向销运动到外套筒倒"L"形导向槽竖直滑道后,舱盖轴仅有移动自由度,螺母对舱盖轴螺旋滑道的作用力使得舱盖轴沿竖直滑道做直线运动,从而实现舱盖平移运动,直至关闭到位。

(3)驱动组件设计。

驱动组件是舱盖机构运动的动力源,其运动特性决定了舱盖机构的运动性能,驱动组件设计时输出力矩需满足机构运动的力矩裕度要求,运动速度需满足舱盖关闭时间要求。

舱盖机构运动的最大阻力在舱盖锁锁舌弹簧最大压缩时产生,分析表明,机构运行的阻力矩最大值为 $0.6N \cdot m$,阻力矩设计取值 $0.8N \cdot m$,考虑温度环境对阻力矩的影响,按驱动力矩裕度不小于2,驱动组件的输出力矩应不小于 $3N \cdot m$。

传动组件中丝杠螺距设计为 3mm,舱盖关闭过程丝杠需运转37圈,按总体规定舱盖关闭时间小于120s要求,驱动组件输出转速应不低于20r/min,考虑一定的时间裕度,驱动组件输出端转速设计要求应不低于 28r/min。

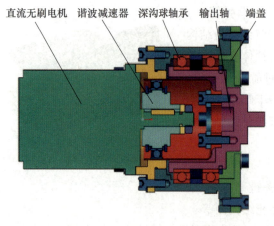

图3.116 驱动组件设计示意图

根据驱动力矩和运行转速需求,驱动组件采用直流无刷电机驱动谐波减速器减速输出,与电机一体化串装,减少安装结构,实现轻量化,驱动组件结构如图3.116所示。

直流无刷电机采用绕组冷备份冗余设计,由霍尔元件采集电机运行信息进行换向,驱动组件额定状态下输出力矩 $2.7N \cdot m$,限流工作条件下输出力矩 $3.22N \cdot m$,力矩裕度满足要求,额定转速 31.25r/min,能够在72s实现舱盖关闭,满足舱盖 120s 关闭时间要求。

(4)驱动控制设计。

舱盖机构运动采用无刷直流电机驱动,通过复合传动组件实现旋转+平移的复合运动,电机在给定指令下做连续旋转运动即可实现舱盖关闭,因此,舱盖机构的驱动控制等同于无刷直流电机运行控制,通过直流无刷电机运行即可实现舱盖关闭功能,直流电机运行采用开环控制,运动到位由舱盖关闭到位信号触发电机延时停机,保证舱盖关闭到位并锁紧。为避免电机运行中负载意外增大导致电机损坏,机构运行过程设置电流过流停机模式,当电机运行电流增大至设计阈值电流时,电机运行停止。

舱盖机构驱动控制由驱动控制模块实现,正常工作模式下,电机加电后在设定的阈值电流下按给定的方向运转,驱动控制模块对绕组电流和霍尔状态进行遥测,并适时改变绕组电流的相序,从而实现电机连续运转,输出力矩驱动传动组件并带动舱盖运动,舱盖到达预定锁定位置时,舱盖锁触发安装在样品舱上的到位开关,向驱动控制模块提供运动到位信号,驱动控制模块在延时后,对电机进行断电,完成舱盖关闭功能。

舱盖机构采用电机实现驱动,具有按给定指令运行的特性,加之绕组冗余设计,为舱盖机构故障工作模式设计提供了可能,结合机构运行的可能故障,故障工作模式如下:

① 电机反转模式。舱盖关闭过程中,绕组遥测电流异常增大并达到阈值电流使得机构停机时,表明机构运行阻力较大,机构不能正常运行。此时,可通过驱动控制模块控制电机反向运转,脱离阻力较大的机构运动位置。后续再重新进行正向运动进行舱盖关闭。

② 电机点动模式。舱盖关闭过程中,绕组遥测电流异常增大,并对电机进行反转模式操作后仍无法消除异常时,为避免电机在大电流状态下连续工作,电机控制可切换至点动工作模式,电机进行短时间段工作。在点动运行期间,电机阈值电流不参与停机控制,点动运行最大时长按电机堵转工作最大允许时间设定,避免电机在大电流情况下连续工作导致损坏。当确认通过阻力点后,需要切换回正常工作模式运行至舱盖关闭。

③ 电机主备绕组切换模式。电机的主备绕组分别由独立的控制电路进行控制,当电机的主绕组或主控制电路出现故障时,可通过指令切换到备用驱动控制电路驱动备绕组工作,实现舱盖机构关闭运动。

3) 压紧释放装置

压紧释放装置采用压紧杆连接分离螺母预紧设计方案,压紧分离面与舱盖运动方向垂直,避免产生额外的运动阻力,压紧杆组件通过压紧座固定在返回器前端结构上,预紧载荷按最大过载分析载荷确定并施加,分离螺母解锁后,压紧杆在弹簧作用下缩进压紧杆套内,完成释放,如图 3.117 所示。

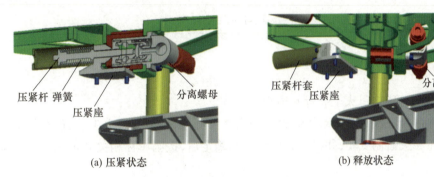

图 3.117 压紧释放装置结构示意图

轴锁组件安装在舱盖轴附近的样品舱上,采用弹簧楔块形式,结构如图 3.118 所示。当舱盖关闭后轴锁组件的锁舌锁住舱盖上的锁槽,防止由于丝杠螺母受振动松动后舱盖与样品舱出现分离缝隙,是传动组件对舱盖锁紧的冗余措施。其中,锁舌锁紧面相对旋转轴为偏心圆,可保证舱盖关闭后对锁槽锁定越锁越紧。

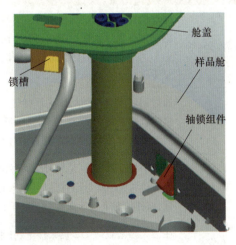

图 3.118 舱盖轴锁设计示意图

3.2.4 验证技术

按照功能与性能要求,机构分系统产品完成了产品测试及试验工作,全面验证了产品功能和性能的符合性。除产品环境适应性试验及参加整器试验外,产品专项验证情况如表 3.33 所示。

表 3.33 机构分系统专项验证项目汇总表

序号	产品名称	验证项目
1	连接分离机构	双作动火工分离螺母专项验证、上升器解锁稳定性测试、密封封装装置解锁冲击测试、电连接器强脱功能验证、电分离摆杆机构展开测试
2	着陆缓冲机构	构型设计验证、展开测试、缓冲测试、组合缓冲测试
3	样品舱与舱盖机构	转移阻力测试、关闭功能测试、样品转移专项测试
4	耐高温火工切割器	高温环境适应性验证、可靠性试验

1. 连接分离机构专项验证

1)双作动火工分离螺母火工装置专项验证

火工装置专项验证针对新研双作动火工分离螺母开展,作为新研火工装置,双作动火工分离螺母首先开展了相关研制试验,并在产品设计状态确定后,按国军标相关规定完成了火工装置设计验证工作。

双作动火工分离螺母的功能实现首先取决于销杆拔脱能力,其次,半螺母组件的解锁与钢丝弹簧性能直接相关,因此,双作动火工分离螺母研制试验主要针对销杆拔脱和钢丝弹簧性能进行验证,试验项目如表 3.34 所示。

表 3.34 双作动火工分离螺母专项验证项目

序号	试验项目	试验数量	验证情况
1	销杆拔脱测试	6 发/36 次	通过销杆拔脱测试获取了拔脱力数据,为点火器装药设计提供了数据支撑。通过销杆受损状态和不同加载状态拔脱测试,确认加载状态下,拔脱力对销杆受损状态不敏感,也就是说销杆表面状态对解锁拔销功能实现无影响
2	钢丝弹簧专项	50 件	通过钢丝弹簧性能测试确认弹簧力满足半螺母组件分离要求。开展钢丝弹簧疲劳测试,确认钢丝弹簧在强压 48h 和反复压缩 10 次后张力基本不变,满足半螺母组件分离要求
3	半螺母先后解锁分离验证	3 发/18 次	模拟销杆拔脱过程,半螺母组件解锁极端情况,手动控制销杆拔脱状态使得两个半螺母组件先后解锁,在不同加载状态进行螺栓分离测试,试验状态下钢丝弹簧均能张开半螺母组件,螺栓均可正常分离
4	单钢丝弹簧解锁验证	6 发	在最大预紧载荷 1.2 倍条件下,分别安装单个上钢丝弹簧和单个下钢丝弹簧进行电点火器点火试验,分离螺母均可靠实现解锁功能

在研制试验及设计验证基础上,双作动火工分离螺母按国军标规定完成了火工装置批鉴定检验,并按照最大熵试验方法进行了可靠性增长试验。经评估,产品的解锁可靠性达 0.99998(置信度 0.95),产品功能、性能指标满足要求。

2)耐高温火工切割器专项验证

耐高温火工切割器专项验证主要针对高温环境适应性及改进设计可靠性进行,其中高温环境适应性验证包括药剂高温环境适应性验证和实物高温环境适应性验证两部分。在产品应用的药剂高温环境适应性验证基础上,进行产品实物高温环境适应性验证。

(1)药剂高温环境适应性验证。

药剂高温环境适应性验证,选取产品应用药剂的安全用量,在给定高温环境(使用环境温度 100℃增加 +30℃余量)条件下贮存规定时间后,首先通过电子显微镜下观察药剂外观性状(包括色泽、颗粒形状等),随后进行药剂成分分析、DSC 安定性和 P-T 曲线分析,并与未经过高温贮存的药剂进行对比,确认药剂物理性能及化学性能是否发生变化,从而判断药剂对高温环境条件的适应性。

经验证,耐高温火工切割器点火药和双向雷管装药经高温环境贮存后,药剂物理性能及化学性能均未发生变化,满足高温环境使用要求。

(2)实物高温环境适应性验证。

在实物高温环境适应性验证中,分别针对点火器、双向雷管和火工切割器实物进行验证。

点火器主要进行高温贮存前后发火感度、发火作用时间、安全电流及工作输出性能测试,通过多个试验数据,综合评价高温贮存后点火器性能变化情况。

双向雷管主要进行高温贮存前后发火感度(模拟火焰感度)、发火作用时间及工作输出性能测试,通过多个试验数据,综合评价高温贮存后双向雷管性能变化情况。

火工切割器主要进行高、低温条件下,传火裕度试验、切割裕度试验、强度裕度试验、结构强度试验,试验数量按国军标相关火工装置设计验证要求确定,确认火工切割器产品能够适应高、低温环境条件,试验项目如表 3.35 所示。

表 3.35 双作动火工分离螺母专项验证项目

序号	试验类别	试验项目	试验目的	试验数量/发
1	点火器(镁点火药实物)高温适应性验证试验	点火器高温前后发火感度(电流)	通过点火器高温前后电流发火感度变化的情况判定点火器高温后的发火可靠性	70
2		点火器高温前后发火作用时间		20
3		点火器高温前后安全电流	通过点火器高温前后安全电流的情况判定点火器高温后的安全可靠性	10
4		点火器高温前后输出性能	通过点火器高温前后输出性能变化的情况判定点火器高温后的做功能力	20

续表

序号	试验类别	试验项目	试验目的	试验数量/发
5	双向雷管(羧甲基纤维素叠氮化铅)高温适应性验证试验	双向雷管(羧甲基纤维素叠氮化铅)高温前后电流发火感度(模拟火焰感度)	判定双向雷管(羧甲基纤维素叠氮化铅)高温后的发火可靠性	70
6		双向雷管(羧甲基纤维素叠氮化铅)高温前后发火作用时间		20
7		双向雷管(羧甲基纤维素叠氮化铅)高温前后输出性能	判定双向雷管(羧甲基纤维素叠氮化铅)高温后的做功能力	20

经验证,耐高温火工切割器点火器和双向雷管经高温环境贮存后,各项性能无显著变化,环境适应性满足要求,并通过火工切割器设计验证考核。

(3)可靠性验证。

火工切割器产品用于切割特定材料的压紧杆,当火工切割器输出能量大于压紧杆切割所需耗能时,切割功能能够可靠实现,而压紧杆切割耗能直接与压紧杆直径正相关,因此,火工切割器的可靠性特征量选定为压紧杆直径,产品可靠度即为火工切割器输出能量大于压紧杆切割耗能的概率。

在研制试验及设计验证基础上,耐高温火工切割器按国军标规定完成了火工装置批鉴定检验。可靠性验证采用"应力-强度"模型进行加严条件下可靠度试验,假定火工切割器工作时输出能量不变,将火工切割器切割对象压紧杆直径(与压紧杆切割耗能正相关)由 $\phi 4.0mm$ 加严至 $\phi 5mm$,共计进行 35 次可靠切割试验而无失效数,取置信度 $\gamma = 0.95$,在变差系数 $D = 0.12$ 时,火工切割器可靠切断 $\phi 4.0mm$ 直径压紧杆的可靠度不低于 0.99995,产品功能、性能指标满足要求。

3)上升器连接解锁装置解锁稳定性测试

上升器解锁稳定性试验的试验目的是验证上升器在火工装置解锁后的停放稳定性,并获取相关冲击特性。试验采用上升器模拟件模拟上升器月面重力及惯量,着陆器采用安装支架模拟,并可实现与水平面夹角0°和15°的姿态调节;测试系统采用4个压力传感器和4个冲击测量传感器分别测量对应位置的解锁冲击力和冲击响应数据;配置2台高速摄像和1台红外三维测量仪,对上升器模拟件受到冲击后的位移、速度、角度进行监测。试验按着陆姿态最大倾斜15°状态共完成3个极端工况解锁测试,其中倾斜15°状态下4点同步解锁时,上升器解锁冲击力曲线如图3.119所示。

测试结果表明,上升器解锁时对上升器的轴向作用力为 20.4 ~ 26.7N,满足不大于 50N 的指标要求,瞬态冲击加速度为 $413.5 \sim 463.5g$,最大位移量不超过 0.86mm,远低于技术指标 3mm 要求,上升器解锁冲击特性满足任务要求。

4)样品容器连接解锁装置解锁冲击测试

样品容器连接解锁装置解锁冲击测试的试验目的是获取密封封装装置在火工切割器解锁后的运动及冲击特性。试验采用水平吊挂状态模拟在轨零重力状态,密封封装装置模拟件吊挂在水平滑车下,可沿水平方向自由运动,测试系统包括冲击测量系统和高速摄影系统,分别测量解锁冲击特性和运动特性。首先用2根足够长吊挂绳索悬吊密封封装装置模拟件,使密封封装装置模拟件呈水平状态,且轴线高度与模拟墙试验件安装中心等高,试验件安装于固定台上,然后将上述装配体与模拟墙连接固定,并调整模拟墙至铅垂状态,进行火工切割器解锁试验,通过高速摄影测量,获取密封封装装置解锁前运动状态,密封封装装置模拟件的轴线运动速度曲线如图3.120所示。

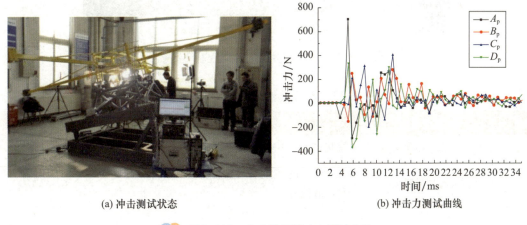

(a) 冲击测试状态　　　　　　　　(b) 冲击力测试曲线

图3.119　上升器解锁冲击测试曲线

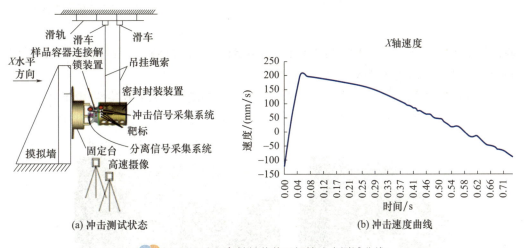

(a) 冲击测试状态　　　　　　　　(b) 冲击速度曲线

图3.120　密封封装装置解锁冲击测试曲线

测试结果表明:密封封装装置的最大运动速度为0.2m/s,根据动量守恒原理,密封封装装置解锁过程对密封封装装置产生的最大冲量仅为$0.72\text{N}\cdot\text{s}$,大幅小于国内外公认的低冲击指标$2\text{N}\cdot\text{s}$。

5) 电连接器强脱功能验证

电连接器强脱功能实现与电连接器拉脱载荷、拉绳组件松弛量、承载能力及拔销器输出特性相关,由于拔销器输出具有高速动态特性,静载荷分析与验证无法准确反映产品特性,因此,电连接器的强脱功能应采用产品实物,并结合拔销器产品设计验证开展。验证项目包括拔销器大药量、小药量强脱试验,拉绳组件松弛量验证试验,试验状态如图3.121所示,试验项目及数量如表3.36所示。

图3.121 电连接器强脱功能验证示意图

表3.36 电连接器强脱功能验证项目

序号	试验项目	试验目的	试验数量/发
1	拔销器小药量强脱试验	验证拔销器最小输出时,强脱功能可靠性	6
2	拔销器大药量强脱试验	验证拔销器最大输出时,强脱功能及拉绳组件承载能力	6
3	拉绳组件松弛量验证试验	验证拉绳组件不同松弛状态下,强脱功能可靠性	松弛量10.5mm(3次),14mm(2次),16mm(1次),17mm(2次),20mm(1次)

验证结果表明,电连接器强脱装置设计正确、功能正常,强度余量、拔脱行程余量均满足要求。

6)电分离摆杆机构展开测试

电分离摆杆机构展开测试的试验目的是验证机构展开功能并获取展开特性,由于电分离摆杆机构质量轻,竖直状态进行展开时,重力做功对展开性能影响较小,因此,电分离摆杆机构展开测试在重力场环境下进行,测试系统采用高速摄影系统,直接测量机构运动特性,试验状态如图3.122所示。

(a) 展开前

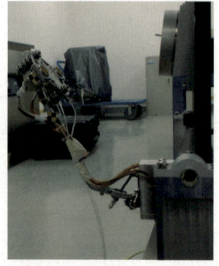
(b) 展开后

图3.122 电分离摆杆机构展开测试示意图

电分离摆杆机构产品先后在产品装配验收、力学环境试验前后以及热真空试验中高、低温条件下完成展开测试(试验中电连接器及电缆均采用地面试验产品模拟),展开测试中,电分离摆杆机构均顺利展开到位、可靠锁定,展开信号装置触发可靠,测试数据一致性良好。

2. 着陆缓冲机构专项验证

1）构型设计验证

着陆缓冲机构构型设计验证试验目的是确认构型设计状态是否满足缓冲机构吸能特性要求,从而确定构型设计状态。着陆缓冲机构构型设计验证采用不同构型状态的试验件在缓冲试验台进行,初始着陆能量采用落高法模拟,自由落体质量取着陆质量的1/4,自由落体高度按着陆初始能量进行计算。试验状态如图3.123所示,通过试验获得了不同构型角状态下,着陆缓冲机构缓冲吸能与总缓冲能量的占比数据、主缓冲支柱在着陆缓冲机构缓冲吸能中的占比数据。

试验数据表明:在特定结构刚度状态下,着陆缓冲机构吸能占总能量的百分比随主缓冲支柱夹角的增加显著减小;夹角30°时该比值平均值约为55.6%,夹角33°时该比值平均值约为50.4%,夹角36°时该比值平均值下降为40.3%;主缓冲支柱吸能占着陆缓冲机构吸能的百分比同样随主缓冲支柱夹角的增加显著减小,

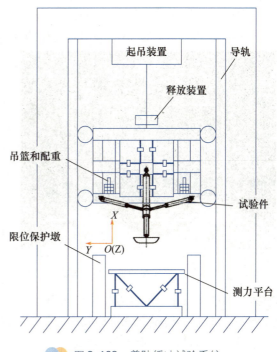

图3.123　着陆缓冲试验系统

辅助缓冲支柱吸能则缓慢增大,在30°~36°范围内主缓冲支柱缓冲吸能占比能够达到75%以上,而当主缓冲支柱夹角进一步增大时,主缓冲支柱缓冲吸能占比则迅速减小。

综合考虑着陆缓冲机构缓冲性能及着陆稳定性要求,确定着陆缓冲机构构型中主缓冲支柱夹角为34.5°,该状态下着陆缓冲机构吸能占总能量约50%,主缓冲支柱缓冲吸能占比能够达到80%以上,满足着陆缓冲机构缓冲设计准则。

2）着陆缓冲机构展开测试

着陆缓冲机构展开测试的试验目的是验证机构展开功能并获取展开特性。由于着陆缓冲机构刚度较大,水平进行展开时,重力作用导致的摩擦阻力对展开性能影响较小,因此,着陆缓冲机构展开测试在重力场环境下水平状态进行,测试系统采用高速摄影系统,直接测量机构运动特性。试验状态如图3.124所示。

着陆缓冲机构产品完成装配后均需进行展开测试,确认装配状态正确,展开功能正常。展开测试分别在产品装配后、力学试验前后、热真空环境试验后、装器测试中及长期贮存测试中进行,着陆缓冲机构经多次展开测试,压紧装置释放后,着陆

图3.124　着陆缓冲机构展开测试示意图

缓冲机构均能正常展开并可靠锁定,性能符合要求。

3) 着陆缓冲机构缓冲测试

缓冲性能是着陆缓冲机构的关键性能,在产品研制中需针对不同着陆工况进行测试,确认着陆缓冲机构缓冲性能满足要求。着陆缓冲机构缓冲测试在着陆缓冲试验台进行,初始着陆能量采用落高法模拟,试验工况针对主缓冲支柱最大压缩工况、辅助缓冲支柱最大拉伸工况、最大压缩工况分别进行。各试验工况中,最大着陆速度4.6m/s,主缓冲支柱最大压缩缓冲行程346mm,辅助缓冲支柱最大拉伸缓冲行程80mm,最大压缩缓冲行程27mm;着陆缓冲机构吸能占总着陆冲击能量的比例在39.9%~59.8%,表明着陆缓冲性能符合设计要求。

图3.125 着陆缓冲机构缓冲测试示意图

由于着陆缓冲机构的缓冲测试可能对产品带来潜在损伤,交付产品缓冲测试采用同批次产品抽检,抽检产品与交付产品同批生产完成并经历力学环境试验、热真空环境试验考核后进行缓冲测试。抽检产品的缓冲测试采用标准着陆工况,按最大着陆速度对应的初始着陆能量计算着陆质量495kg时落高为0.72m,着陆面为等效木板结构。着陆冲击过程中,主辅支柱缓冲工作正常,足垫底面的落月信号装置正常触发并给出了有效信号。试验后测得主缓冲支柱接头处合力峰值约28.63kN,多功能辅助缓冲支柱接头处合力峰值约10.3kN,单功能辅助缓冲支柱接头处合力峰值约9.9kN,试验状态如图3.125所示。结果表明,经历力学和热真空环境试验后,着陆缓冲机构缓冲功能正常,各项性能指标均满足设计要求。

4) 着陆缓冲机构组合缓冲测试

着陆缓冲机构组合缓冲测试的试验目的是:在自由边界状态下,验证典型着陆初始条件多个着陆缓冲机构协同工作特性。着陆缓冲机构组合缓冲测试在重力场环境下进行,试验中着陆体采用吊高偏摆后自由下落,以获得初始着陆速度并直接在模拟月面着陆。测试系统采用高速摄影系统测量目标运动状态,从而获取初始着陆速度特性。专用测力系统的传感器安装在着陆缓冲机构与结构连接处,可直接测量缓冲过程作用载荷。

着陆缓冲机构组合缓冲测试在着陆缓冲综合试验场进行,初始垂直着陆速度采用落高法模拟,水平速度模拟通过组合体斜拉后释放产生,测试状态如图3.126所示,试验工况结合仿真分析结果选取,涵盖一般典型着陆工况、极限着陆工况(包括主支柱压缩极限工况、辅助支柱拉伸极限工况、辅助支柱压缩极限工况及最小着陆间距工况)以及极端恶劣工况。

在各工况试验中,着陆上升组合体模拟结构安全、稳定着陆,着陆缓冲机构正常缓冲,主缓冲支柱最大压缩缓冲行程为321mm,辅助缓冲支柱最大拉伸缓冲行程为110mm,辅助缓冲支柱未产生压缩缓冲行程,主缓冲支柱万向节处合力最大值47.57kN,辅助缓冲支柱万向节处合力最大值15.44kN。缓冲性能符合技术指标要求,典型组合缓冲状态见图3.127。

3. 样品舱与舱盖机构专项测试

1) 样品舱与舱盖机构转移阻力测试

样品舱与舱盖机构需配合样品转移机构实现样品转移功能,样品舱中设置有导向装置、止回

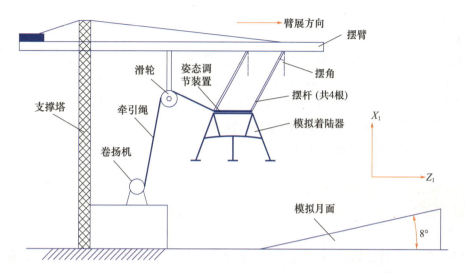

图3.126 着陆缓冲机构组合缓冲测试示意图

图3.127 着陆缓冲机构组合缓冲状态示意图

装置和固定装置,转移阻力是重要的性能参数,样品转移阻力测试采用密封封装装置模拟件通过材料试验机测试,分别在装配后和力学环境试验后各进行1次转移阻力测试。数据表明,止回装置的最大阻力范围为6.3~8.6N,止回装置与固定装置对转移运动的最大阻力范围为8.9~11.6N,均符合要求。

2) 样品舱与舱盖机构关闭功能测试

样品舱与舱盖机构关闭功能测试的试验目的是验证机构运动功能及性能。由于样品舱与舱盖机构舱盖及防热盖质量较轻,竖直状态进行测试时,重力附加阻力矩对运动性能影响较小,因此,样品舱与舱盖机构功能测试在重力场环境下进行,测试时舱盖机构转轴呈铅垂状态。测试数据通过地面控制器直接采集获取。

样品舱与舱盖机构产品装配后、力学试验后、热真空试验中分别完成舱盖机构关闭功能测试,测试中舱盖均顺利关闭并锁定,到位开关均可靠触发,电机运行电流稳定,关闭运行持续时间55~56s。

产品交付整器后先后完成B阶段、C阶段和整器力学试验前装器测试,各阶段测试中,舱盖机构功能正常,遥测数据正常。

3）样品转移专项验证试验

样品转移专项验证试验由对接机构与样品转移分系统具体实施，机构分系统配合完成，样品舱与舱盖机构参加了转移专项试验全部工况共计71次转移试验，其中正常工况17次试验，位置拉偏工况18次试验，载荷拉偏8次试验，故障模式及对策验证工况28次试验，密封封装装置均能顺利转移至样品容器舱内并可靠固定，转移过程无干涉。试验表明：样品舱与转移机构和密封封装装置的接口匹配良好、样品转移过程能够有效实现导向功能，止回装置和固定装置的止回和固定功能正常，转移到位开关触发正常。

3.2.5 实施结果

2020年11月24日，"嫦娥"五号探测器于海南文昌航天发射场发射升空，运载火箭主动段飞行时间2400余秒，器箭分离后整器遥测参数表明探测器各分离面连接状态正常。11月30日，经历地月转移后，着陆缓冲机构在环月轨道可靠展开并锁定，随后着陆上升组合体与轨返组合体成功分离，分离过程视频截图如图3.128所示。

12月1日，着陆上升组合体经历着陆下降段后，成功实现月面软着陆，并按计划完成了月面工作；12月3日，上升器连接解锁装置可靠解锁，上升器实现月面顺利起飞，耐高温火工切割可靠实现上升器太阳翼压紧解锁，同期，留轨的轨返组合体完成支撑舱可靠分离，分离过程视频截图如图3.129所示。

图3.128 着陆上升组合体与轨返组合体分离过程视频截图

图3.129 轨道器支撑舱分离过程视频截图

12月6日，上升器与轨返组合体在环月轨道完成交会对接后，样品容器连接解锁装置可靠解锁、密封封装装置顺利转移至样品容器舱内并可靠固定，随后舱盖机构顺利关闭并可靠锁定，随后，轨返组合体与对接舱上升器组合体成功分离，分离过程视频截图如图3.130所示。

12月17日，经历月地转移后，电分离摆杆机构、返回器连接解锁装置、返回器分离装置均可靠工作，成功实现返回器电分离和机械分离，分离过程视频截图如图3.131所示。

探测器整个飞行任务过程中，机构分系统的连接分离机构、着陆缓冲机构和样品舱与舱盖机构均可靠工作，顺利实现了各项预定功能。机构分系统在轨测试遥测以状态量为主，仅有样品舱与舱盖机构在轨运行测试数据，运行电流0.12~0.14A，转速2600~2659r/min。

图3.130 对接舱上升器组合体与轨返组合体分离过程视频截图

图3.131 返回器与轨道器分离过程视频截图

根据机构运行遥测数据,确定舱盖机构在轨关闭运行时间为62s,满足总体技术指标舱盖关闭时间不大于120s的要求,舱盖机构在轨运行性能符合要求。

依据探测器总体任务需要,机构分系统成功研制了器间连接分离机构、着陆缓冲机构及样品舱与舱盖机构产品,并结合产品特性完成了相关专项验证试验,确认产品功能与性能符合总体要求。探测器在轨飞行期间,器间连接分离机构、着陆缓冲机构及样品舱与舱盖机构均功能正常,工作可靠,性能满足要求,机构分系统的设计合理性和正确性得到了充分验证。机构分系统研制工作保证了"嫦娥"五号探测器飞行任务取得圆满成功。

3.3 热控技术

3.3.1 技术要求与特点

热控分系统是探测器的重要组成部分,其功能为:针对全寿命周期任务(包括动力下降、月面起飞以及再入返回等过程),分析和识别外部空间环境、任务特征及自身特性,在满足来自外部环境和"嫦娥"五号对热控技术约束的前提下,综合运用合理的热控技术,对热量的吸收、传输、排散等环节进行调节,在质量和功耗尽可能小的前提下,保证与热相关的参数满足"嫦娥"五号探测器可靠完成预定功能的要求。

1. 技术要求

热控分系统主要技术指标要求见表3.37。

表 3.37　热控分系统主要技术指标要求

序号	项目	技术指标要求
1	系统质量	≤174.6kg
2	可靠度	0.9714
3	设备温度	常规设备：-20~+55℃； 特殊设备： 蓄电池：返回器 15~45℃，上升器 0~50℃，轨道器 5~45℃； 惯性测量单元 IMU：-10~+50℃，工作期间温度波动尽量小
4	月面约束	工作约 48h，适应太阳高度角 30°~50°的热环境

2. 特点分析

月面自动采样返回探测任务具有非常大的技术跨越性，四个器之间既有各自独立的功能，又有很多的复用功能，整体任务存在以下特点：

1）探测器组合状态多，工作模式差异大

探测器不仅包括地月转移段、近月制动段与环月飞行段初期的四器组合状态，还包括轨返组合体与着陆上升组合体两个组合体状态，更有返回器与上升器的独立运行状态，不同阶段有联合、分离、对接等不同组合状态，边界条件复杂。热控分系统需要针对各器以及组合体特点进行全面的分析和讨论，选择合理、优化的热控方案开展设计，并以最大外包络模式作为热控设计和分析的依据。

2）热环境复杂多变，不确定因素大

探测器需要经历复杂、多变的外界热环境，外热流变化非常大，要适应环月月球强红外辐射以及月面短期高温环境（热分析预示值 110~140℃），并具有一定的不确定性。此外，不同任务阶段热排散负荷变化峰谷比超过 7:1，热控设计需要从能量优化与管理上协同考虑各阶段散热与保温之间的矛盾需求。同时还面临月面软着陆与上升器月面起飞时受限狭小空间内瞬态极高羽流热效应的热防护难题。

3）属于短期特定任务模式

探测器飞行阶段多、飞行任务复杂，飞行过程约束相关性强，使得任务中无论是月面采样工作，还是月面起飞以及环月轨道的交会对接任务，均具有明显的短期任务模式特征，任务周期内难以通过相关调整来实施第二次任务，特别是月面工作约 48h 成为强约束。鉴于此，热控分系统设计时需要更多地考虑瞬态效应，优先考虑短期消耗性热控手段的使用。

3.3.2　系统组成

针对面临的热控困难，在充分调研国内外相关技术研究现状的基础上，结合月面采样短期任务特征,提出一套"主动热控+被动热控"的新型高适应能力热控方案,由轨道器热控子系统、返回器热控子系统、着陆器热控子系统和上升器热控子系统组成,如图3.132所示,其中着陆上升组合体采用一体化热控设计,轨道器与返回器热控子系统则各自独立构建。

整套热控方案如图3.133所示,可以表述如下[32]:

(1)根据工作模式与组合状态,轨返组合体与着陆上升组合体分别进行热控设计。着陆器和上升器形成的组合体存在长期组合工作模式,且着陆器自身缺少有效散热通道,需要借助上升器进行散热,所以统一构建热控系统。返回器与轨道器任务模式上较为独立,所以各自独立构建热控系统。

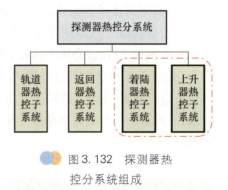

图3.132 探测器热控分系统组成

(2)轨道器利用构型布局、分区局部散热,采用预埋热管网络形成中心仪器圆盘等温化设计,提高散热效率,低温工况利用电加热器维持仪器设备处于合适的温度水平。

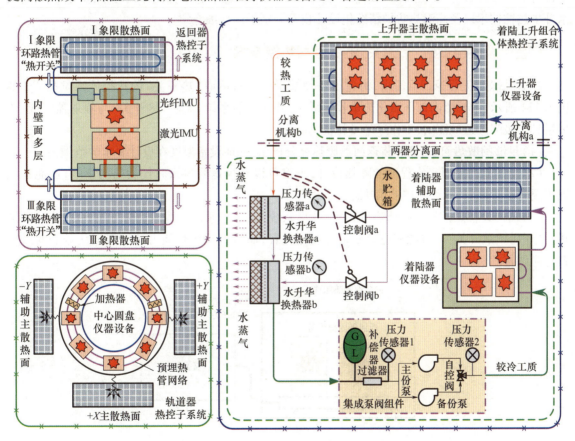

图3.133 "嫦娥"五号探测器热控分系统示意图

(3)针对返回器不同阶段多约束条件下的热控设计难题,构建出一种基于环路热管"热开关"的小型再入返回类航天器新型热控系统。即IMU工作时,通过三根预埋热管将产生的热量传递给环路热管,使得器内设备处于合适的温度水平。IMU存储时,利用环路热管的热二极管特性,阻断环路热管以减少舱内漏热量。

(4)针对月面采样短期任务特征,构建出一套以"轻量化泵驱单相流体回路+高温水升华器+轻质高温热防护"为核心的一体化热控方案。通过轻量化泵驱单相流体回路热总线实现组合体内部等温化,可在组合体小热耗工作模式时利用总线上部分开机设备提升不开机设备的温度水平。在组合体月面大热耗工作模式时,采用"固定辐射器+高温水升华器热沉"联合对整个组合体设备进行降温,实现了着陆上升组合体整体热量/热沉的总线收集、跨器调度传输以及动态重组排散,有效解决了着陆器自身缺乏有效散热通道与组合体月昼正午短期大热耗工作模式散热等技术难题。

3.3.3 设计技术

根据热控方案设计结果,鉴于轨道器热控主要以成熟热控技术为主,这里不再赘述。本节主要针对基于柔性自适应"热开关"的返回器热控技术、轻量化泵驱单相流体回路热总线技术、高温水升华热控技术以及高温热防护精准化设计技术分别予以详细介绍。

1. 基于柔性自适应"热开关"的返回器热控技术

针对"嫦娥"五号返回器需求,构建出一种基于柔性自适应"热开关"的热控体系结构[33],如图3.134所示,主要由内部等温化热量收集系统、外部隔热系统、柔性"热开关"与辐射器组成,该体系具有极强的适应能力,工作原理及特征为:

(1)足够的散热面积,能够将返回器废热充分排出,保证设备温度在设计要求的范围内。

(2)返回器内壁面最大程度的隔热设计,不仅可以减少返回再入时气动热的影响,还能在低温工况时减少漏热,降低热控补偿功耗。

(3)器内设备热耗先由内部热量收集、共享系统汇总后,通过柔性自适应"热开关"传输到散热面排散。"热开关"不仅能够适应复杂的传输路径,而且自身传热能力还能根据任务需要进行自适应调整。

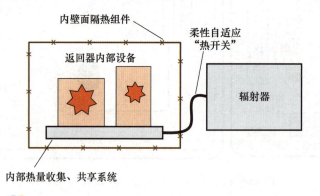

图3.134 基于柔性自适应"热开关"的新型热控体系

基于柔性自适应"热开关"的热控设计理念,返回器热控设计方案具体实现形式与途径为:

(1)选择整个返回器外表面作为散热面,如图3.135所示,使得返回器具有最大的热量排散能力,能够将返回器废热充分排出,保证设备温度在设计要求的范围内;此外,内壁面全部包覆多层隔热组件。

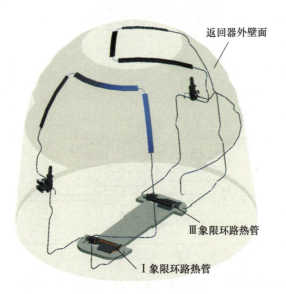

图 3.135 返回器散热面与环路热管布局示意

(2)鉴于环路热管(LHP)不仅具有很强的热二极管特性,还能够很好地调节自身的传热能力,允许复杂的布局和弯曲的传输路径,采用 LHP 作为柔性自适应"热开关",能够同时解决 IMU 不同阶段的热耦合矛盾与返回器狭小、局促空间内设备热量的收集、传输、排散与阻断难题。

(3)建立返回器热分析模型中设备→环路热管→内壁面多层→防热材料→外太空之间的热阻匹配关联式,开展散热面匹配性优化设计,得到一个优化的散热面涂层吸收-发射比,在此基础上使用一种具有防静电功能的低吸收-发射比热控白漆 SR-2 作为外部散热面涂层,可以得到一个优化的再入返回初始温度,很好地克服了近第二宇宙速度及长航程返回所带来的气动热影响。

返回器一体化柔性、高效热管理系统示意图见图 3.133 返回器部分。IMU 标定时产生的热耗通过三根预埋槽道热管形成的内部热量收集、共享系统汇总后,由导热路径传递给环路热管蒸发器,同时启动环路热管使得"热开关"处于导通状态,排散 IMU 产生的约 70W 热耗,使得器内设备处于合适的温度水平。IMU 设备不工作时,阻断环路热管运行使得"热开关"处于断开状态,IMU 设备仅能通过环路热管气体/液体管路向外漏热,而环路热管气体/液体管路直径通常在毫米级,漏热量非常小。气动返回前将环路热管内工质释放,使得环路热管不再具备工作能力,不仅可以最大程度地降低返回过程中气动热对器内设备的影响,还能避免环路热管在高温下的安全隐患。考虑到热控系统可靠性,采用两套环路热管冗余设计(一主一备)。

图 3.136 给出了环路热管的工作原理图,其包括一个蒸发器(也可称毛细泵)、冷凝器、储液器、气体/液体管路以及热电制冷器(TEC)。环路热管工作过程如下:①来自热源的热量通过蒸发器壳体进入环路热管;②工质蒸发后由气体管路输运至冷凝器,并在冷凝器中将热量排散,工质由气态重新变为液态;③冷却后的液体在毛细力的作用下重新回到蒸发器完成一个循环。

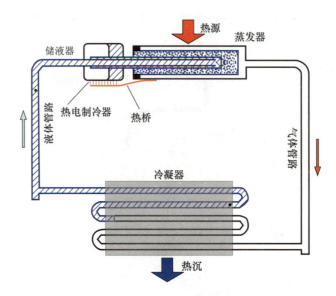

图 3.136　环路热管工作原理图

相对于常规环路热管,受到返回器外形与布局限制,返回器所使用的环路热管冷凝器只能采用二维异构式曲面形状,具体如图 3.137 所示,热控通过特殊设计解决了冷凝器的一体化成型与内壁面的低热阻耦合难题。

"嫦娥"五号探测器异构式环路热管单套质量不超过 1kg,主备份两套仅为 1.8kg。

图 3.137　返回器异构式环路热管

2. 轻量化泵驱单相流体回路热总线技术

1) 热总线方案

针对"嫦娥"五号着陆上升组合体月面无人自动采样任务热控技术挑战,提出一种"轻量化泵驱单相流体回路热总线 + 消耗型水升华散热"的热控系统概念,构建出如图 3.138 所示的轻量化泵驱单相流体回路热总线[34],以实现着陆器与上升器系统热量收集与热排散的综合管理。

等温热总线一般有对流通风、环路热管、泵驱单相/两相流体回路等,其中对流通风仅适用于密封舱结构,环路热管一般需要常规热管配合使用,而常规热管很难用于月面 1/6g 重力环境,泵驱两相流体回路技术相对不够成熟。

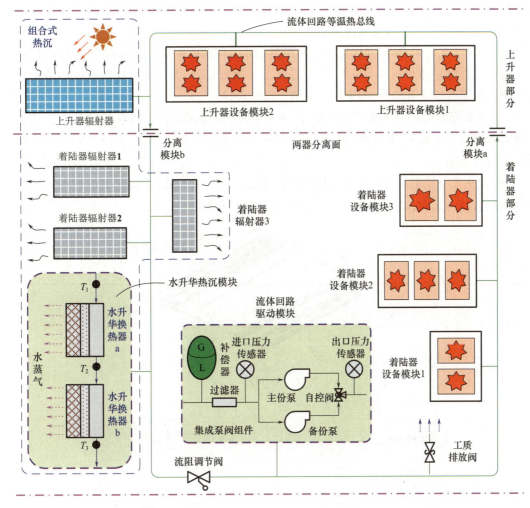

图 3.138　着陆上升组合体流体回路热总线示意

基于"嫦娥"五号月面任务需求,选择轻量化泵驱单相流体回路作为等温热总线的首选方案,具有结构简单、布置灵活、鲁棒性高,能适应不同重力场,允许复杂的布局和弯曲的传输路径等优点,主要由流体回路驱动模块(包括集成泵阀组件与泵控制器)、流阻调节阀、流体回路分离模块、工质排放阀及预埋管路辐射器、连接管路等组成,同时耦合了水升华热沉模块,系统示意见图3.138。等温热总线工作原理为:利用轻量化泵驱单相流体回路作为一条能量总线,将设备、固定辐射器与高温水升华器热沉都耦合至流体回路热总线上,从而实现整器热量、热沉耦合管理。

不同任务阶段,组合体需要排散的电子设备热量在250~450W,选取着陆器3处、上升器1处共4个区域布置结构板式固定辐射器(面积合计3.7m^2)作为主热沉,消耗型热排散装置水升华器作为辅助热沉。设计中将电子设备、辐射器与水升华器都串联耦合至流体回路热总线中,构建为一套基于热总线的热排散系统,其中固定辐射器与水升华器共同构成一套组合式热沉。

地月转移、环月飞行与动力下降阶段仅使用辐射器主热沉排散组合体废热。月面工作段,使用组合式热沉协同解决月面高温环境下短期大热耗散热难题。为尽量减少携水量,结合设备工作温度55℃需求,"嫦娥"五号探测器使用一种高温水升华器(详细见后文高温水升华热控技术),其工作模式为:当水升华换热器a入口处流体回路温度T_1高于设定阈值上限时,启动水升华热沉进行辅助散热;月面起飞任务准备开始时,强制联合开启水升华换热器a、b辅助热沉,尽量降低组合体温度水平,提供良好的起飞温度保障条件。

此外,在轻量化技术方面,除优化流体回路热总线结构功能配置、主要功能部件轻小型化高集成以及选用高性能轻质材料等手段外,还在系统上采用着陆器、上升器两器间热控功能复用来进一步优化热控系统质量和功耗,即采用如下两个特殊设计:

(1)为最大程度优化探测器质量分布,除部分管路外,将流体回路热总线设备中泵、阀、控制单元等都布置在着陆器上,着陆器与上升器之间配置2个回路分离模块,用于上升器月面起飞时热总线的分离重构。

(2)采用火工驱动的电爆阀增加流体回路热总线工质排放功能,月面起飞前利用其排空上升器流体回路管路内工质,以尽量减轻上升器月面起飞时刻质量。

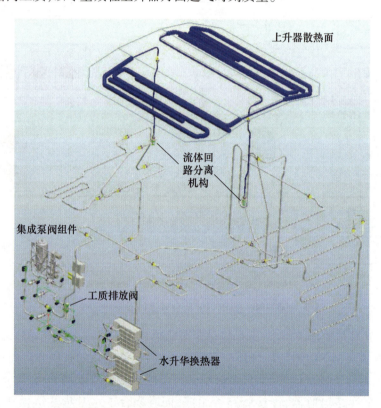

图3.139 着陆上升组合体流体回路三维布局

图3.139为"嫦娥"五号着陆上升组合体轻量化泵驱单相流体热总线系统三维布局。依据热控方案设计结果,轻量化泵驱单相流体回路热总线参数分配结果见表3.38。

表3.38 流体回路热总线参数分配

项目	技术指标要求
质量	≤16kg(不含工质)
设备最大热耗	450W
工质	全氟三乙胺
管路规格	铝合金,内径8mm,长约50m

2) 主要功能部件轻量化设计

"嫦娥"五号探测器流体回路热总线主要功能部件在设计中采用了单机轻小型化高集成和结构热控一体化等轻量化手段,使流体回路热总线在热控系统质量占比降至20%以下。这里重点介绍流体回路驱动模块、分离模块与结构热控一体化辐射器。对比较成熟的流阻调节阀、工质排放阀不再介绍。

(1) 流体回路驱动模块。

流体回路驱动模块包括集成泵阀组件和泵控制器。集成泵阀组件(图3.140)的功能是通过泵及各种阀门对流体工质在热总线内的循环流动进行调控,是流体回路热总线最关键的功能部件,其包括两台机械泵(主备份各1台)、1个自控阀(实现机械泵自主切换)、1个补偿器(对流体回路高低温变化时工质容积的变化以及自然泄漏损失的工质进行补偿)、1个过滤器、2个压力传感器及相关管路。

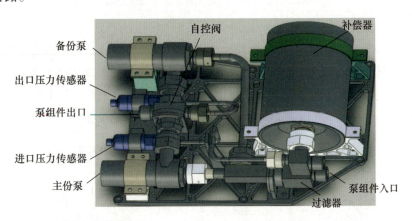

图3.140　集成泵阀组件三维模型

图3.141为"嫦娥"五号探测器研发的离心式机械泵,能在(100 ± 20) L/h 流量下产生不小于75kPa的驱动能力,采用工质自润滑的陶瓷球轴承。为提高可靠性,每台离心泵单独配置控制器实现供电及控制。

(2) 流体回路分离模块。

流体回路分离模块用于着陆器、上升器两器之间热总线的分离重构,上升器月面起飞前维持密封功能,确保回路正常运行,月面起飞时能够断开,保证着陆器、上升器顺利分离重构。

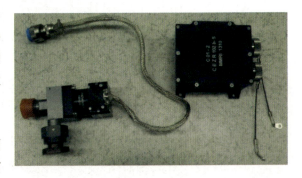

图3.141　机械泵(左为泵本体,右为控制器)

"嫦娥"五号探测器流体回路分离模块在设计上选择机械自适应式分离形式,与两器之间的连接解锁装置采用一体化复用设计,即利用其压紧状态实现密封功能,起飞时随连接解锁装置解锁释放预紧力,实现有效分离。

图3.142给出了流体回路分离模块组成示意,主要由密封端、分离端、密封圈等组成,在密封设计上采用特殊的"侧面+端面"形式,既可以在断开前有效保证密封功能,又能在断开时尽量减小分离过程中的阻力。

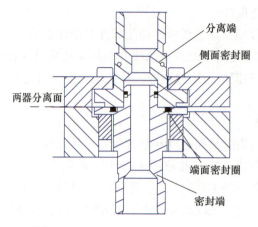

图3.142　流体回路分离机构组成

(3) 结构热控一体化辐射器。

为实现轻质化设计,"嫦娥"五号探测器热控设计使用一种结构热控一体化辐射器,即利用蜂窝板内预埋流体回路管路实现结构热控一体化,图3.143给出了上升器辐射器设计结果,采用流体回路预埋管路与热管耦合式结构,且流体回路管路还需要穿越上升器倾斜顶面,在着陆上升组合体热控系统4个一体化辐射器中,工艺实现最困难、技术状态最复杂。

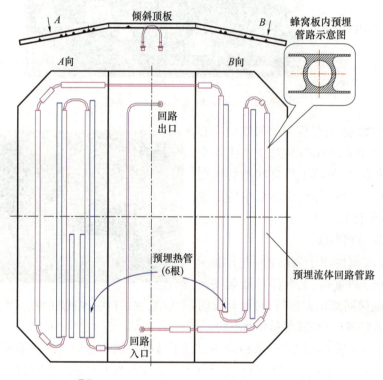

图3.143　上升器结构热控一体化辐射器

3) 流体回路系统设计

图3.144为流体回路系统详细设计流程。工质选择全氟三乙胺,管路材料选择铝合金,在此基础上开展系统参数迭代设计。系统参数主要包括流量、管路规格与系统阻力等。

在考虑热收集、热传输与热排散三方面约束条件下，流体回路系统体积流量应满足式(3.1)：
$$q_V \geq Q/(\rho c_p \Delta T_f) \quad (3.1)$$
式中：q_V 为系统体积流量(m^3/s)；Q 为系统热排散量(W)；ρ 为工质密度(kg/m^3)；c_p 为工质比定压热容($J/(kg \cdot K)$)；ΔT_f 为工质允许温升(K)。

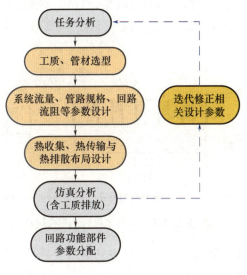

图 3.144 流体回路系统设计过程

根据设备工作温度安全裕度，流体回路温升取 8~12℃，根据式(3.1)可得系统流量应满足 (100±20)L/h。综合考虑质量、经济性、工艺性以及继承性等因素，管路规格选择内径为 8mm 的铝合金管材，与全氟三乙胺工质完全相容。

基于流体回路系统流量、管路规格设计结果，进行流体力学分析，得出流体回路流阻，包括管路流阻(含沿程阻力和局部阻力)与设备流阻，经分析得回路系统流阻约 75kPa。

在上述系统参数设计结果基础上，开展流体回路热总线的热收集、热传输与热排散布局设计，从而得出系统能量流的传输过程(图 3.138)。然后建立流体回路流动与传热综合评价模型[35]，即

$$Re = \frac{\rho u D}{\mu} \quad (3.2)$$

$$Nu = 0.16(Re^{2/3} - 125)Pr^{1/3} \times \left[1 + \left(\frac{D}{L}\right)^{2/3}\right]\left(\frac{\mu_f}{\mu_w}\right)^{0.14} \quad (3.3)$$

$$h = \frac{Nu\lambda}{D} \quad (3.4)$$

式中：Re 为雷诺数；ρ 为工质密度(kg/m^3)；u 为管内平均流速(m/s)；D 为流动特征长度(m，取圆管直径)；μ 为工质动力黏度($N \cdot s/m^2$)；Nu 为努塞尔数；Pr 为普朗特数；L 为换热管道长度(m)；μ_f、μ_w 分别取流体平均温度时的工质黏性和管壁面温度时的工质黏性，文中可取两者一致；λ 为导热系数($W/(m \cdot K)$)；h 为对流换热系数。

根据式(3.2)~式(3.4)，计算得出管内流动的对流换热系数不小于 $1200W/(m^2 \cdot K)$，经整器仿真分析，能够满足传热性能要求。

此外，为提高起飞安全性与可靠性，同时减轻月面起飞时刻上升器质量，起飞前需将流体回路

系统内工质排放至外部空间,需针对排放方式与时间开展设计。

3. 高温水升华热控技术

水升华器是一种利用水作为消耗性介质的相变散热装置,是空间短期任务散热理想的热控措施。在航天应用中,通常利用流体回路进行热量收集,回路工质流经冷板与水升华器进行热交换,由冷板传输至水升华器的热量通过水的相变排散至外太空。如图 3.145 所示,水升华器工作过程可分为三点典型阶段[36]。

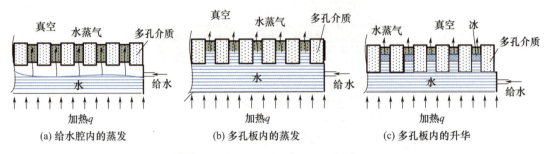

图 3.145 水升华器启动工作过程

(1)给水腔内的蒸发阶段。液态水进入水升华器给水腔之后,暴露在真空环境下,在给水腔内快速蒸发、降温,如图 3.145(a)所示。

(2)多孔板内的蒸发阶段。当给水充满给水腔时,若液态水的蒸发界面温度仍高于水的三相点温度,给水将进入多孔板,继续蒸发、降温,如图 3.145(b)所示。

(3)多孔板内的蒸发/升华交替工作阶段,如图 3.145(b)~图 3.145(c)所示。给水在多孔板内蒸发的同时向真空侧移动。当蒸发界面温度、压力降至水的三相点时,多孔板内的水将在蒸发表面结冰升华,给水暂停进入水升华器。在热负荷作用下,冰层消失,给水将再次进入多孔板开始蒸发相变过程,直至再次结冰,开始新的升华过程。水升华器内逐渐形成稳定地交替进行的蒸发/升华相变过程。

1)热沉能力设计

根据热控设计方案,高温水升华器主要作为辅助热沉协同解决月面高温环境下采样与上升起飞短期任务过程中的大热耗散热难题,热沉能力主要取决于着陆上升组合体月面工作模式以及散热面外热流条件,由式(3.5)确定:

$$Q_{Sub} \geq Q_{in} + Q_{吸} - Q_{散} \tag{3.5}$$

式中:Q_{Sub} 为高温水升华器辅助热沉散热能力(W);Q_{in} 为组合体内热耗(W);$Q_{吸}$ 为组合体散热面吸收外热流(W);$Q_{散}$ 为组合体散热面排散热负荷(W)。

Q_{in} 仅与工作模式有关,最大约 450W,$Q_{吸}$ 主要取决于空间热环境与散热面涂层性能参数,$Q_{散}$ 则更多地受散热面平均温度限制,和设备工作温度约束。

"嫦娥"五号探测器设备工作温度要求在 -20~+55℃,而散热面平均温度越高,对水升华器辅助热沉能力要求越小。考虑到探测器资源代价最小的目标,将设备高温温度目标控制到不超过50℃,此时散热面平均温度在40℃左右。基于此,结合空间外热流分析结果,从而计算得出水升华器辅助热沉散热能力月面采样阶段大于 300W@40℃,起飞准备阶段大于 400W@30℃。

根据高温水升华器散热量 $Q(W)$,工作时长 $t(s)$ 对水工质需求量 m 进行估算,见式(3.6):

$$m = \frac{Q \cdot t}{h_f} \tag{3.6}$$

(1) 高温水升华器系统构建。

水升华器工作温度越高越容易发生"击穿"现象,国内外已有水升华器工作温度一般在 5~15℃[37]。系统主要组成包括水贮箱、控制阀(2组)、液体减压阀、水升华换热器、压力传感器及温度传感器,其构成及布局如图 3.146 所示。

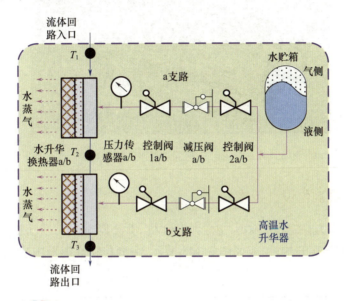

图 3.146 "嫦娥"五号探测器高温水升华器系统示意图

系统中工质贮箱释放的水工质通过液体减压阀对其压力进行调节,运用控制阀对所在支路流体的通断进行控制。压力传感器用于实时监测工质贮存装置气侧压力、流体压力,用于辅助判断各支路水升华换热器的运行状况和工质贮存装置状态,并判断水工质的消耗情况。水升华换热器 a/b 在互相并联的给水支路中,在使用时可通过流体回路串联起来,既可互相作为备份使用,又可以作为流体回路的一级、二级和多级热沉。整个系统根据布置在流体回路的温度传感器采集的温度数据进行系统运行性能的评估,根据控制点温度数据,通过上升器综合管理单元系统进行运行控制。

系统运行时,开启流体控制组件,贮存在贮存装置液侧的工质在贮存装置气侧高压的作用下排出,经过压力调节组件后,输出满足一定压力需求的工质,最后输送至升华散热装置完成相变,并随着蒸发/升华的工质转变为蒸气排入太空,从而实现流体回路收集到的热量的集中排散。表 3.39 给出了"嫦娥"五号探测器高温水升华器主要性能参数要求。

表 3.39 高温水升华器参数分配

项目	技术指标要求
质量	≤10kg(不含工质)
热排散能力	单个运行≥300W@40℃ 联合运行≥400W@30℃
工作温度	5~55℃
工作环境	适应 1g、1/6g 重力环境

(2) 水升华换热器构建。

水升华换热器是高温水升华系统的核心功能部件,三维设计结果及实物如图3.147所示,两个水升华换热器的升华冷板和换热冷板结构相同,结构形式均为平板型,各由一个流体回路冷板和两个升华冷板组成。

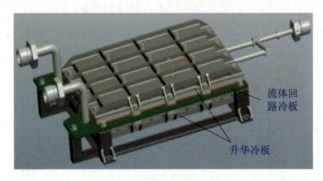

图3.147 "嫦娥"五号探测器水升华换热器三维示意

4. 高温热防护精准化设计技术

高温热防护装置作为着陆器7500N变推力发动机、上升器3000N发动机点火过程中的隔热屏障,区别于传统低温多层结构,组成如图3.148所示,主要包括高温覆盖层、反射屏、间隔层、常规多层等。

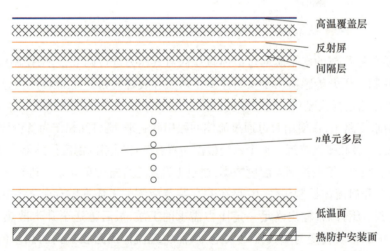

图3.148 多层结构的高温热防护隔热屏组成示意图

传统多层隔热组件传热特性一般使用等效系数法表征,热分析时不能准确模拟多层内部的真实瞬态传热过程。由于月面软着陆与月面起飞过程时间都比较短,高温隔热屏的热防护性能更多地体现瞬态过程特征。利用等效系数法分析高温隔热屏瞬态隔热性能时,会造成设计结果偏保守、产品质量偏大。

为满足"嫦娥"五号探测器轻量化要求,在热控设计中构建出一种层间瞬态传热仿真模型,即根据多层结构隔热屏的瞬态传热机理,建立多层结构数学模型,利用辐射和导热耦合数值模型,计算隔热屏各项特性对瞬态传热特性的影响,通过数值模拟的方法对隔热屏进行优化设计,从而实现一种瞬态高温热防护系统设计方法[38]。

此外,地面试验验证中提出一种基于瞬态热流控制的热防护系统性能验证装置及方法,具体见下文高温隔热屏真空热性能验证技术,通过该方法实现了高温热防护系统的精准设计与精确验证。

图3.149为7500N变推力发动机与3000N发动机高温隔热屏热防护组件实物图。从内(面向发动机侧)到外(面向防护侧)包括不锈钢箔、镍箔、硅酸铝布、铝箔、玻璃纤维布、双面镀铝聚酰亚胺膜与低温多层隔热组件,图中所示为高温隔热屏最外侧的低温多层面膜。此外,还采用新型耐高温高硅氧玻璃纤维布代替传统不锈钢箔,开发出轻质异型柔性热防护组件,形成"贴服合身"热防护衣,实现了热防护系统的精细实施。图3.150给出了上升器3000N发动机在轨月面起飞时的热防护状态。

(a) 7500N变推力发动机高温隔热热防护组件

(b) 3000N发动机高温隔热屏热防护组件

图3.149 高温隔热屏热防护组件

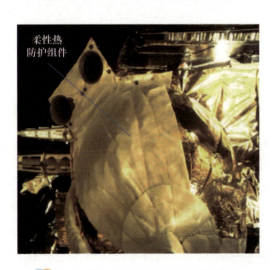

图3.150 轻质异型柔性热防护组件

3.3.4 验证技术

热控验证主要包括整器级热平衡试验技术、流体回路工质排放等效试验技术、高温水升华地面验证技术以及高温隔热屏真空热性能验证技术,下面分别予以介绍。

1. 整器级热平衡试验技术

1)试验目的

(1)通过热平衡试验获取温度等热参数数据,验证热控分系统满足探测器及其设备在规定的温度范围及其他热参数指标的能力,验证热设计的正确性。

(2)获取整器温度分布数据,为修正热分析模型提供试验数据。

(3)通过热平衡试验验证轻量化泵驱单相流体回路、高温水升华器、异构式环路热管、预埋热管以及电加热器等热控产品的功能,以及高温水升华器与轻量化泵驱单相流体回路的匹配性与协同控制策略,为总体月面工作程序确定提供数据支撑。

对于正样热平衡试验,还需要为探测器热真空试验提供试验温度参考数据。

2)试验方案

整器级热平衡试验[39]中,基本上都采用红外热流模拟(吸收热流模拟)技术,具体实现方式主要包括红外加热笼法、表面粘贴加热器法与红外灯阵法,或以上三种方法的组合。从技术原理上分析,红外热流模拟技术具有一个明显的不足,即当探测器构型非常复杂时,难以准确模拟它吸收的外热流,需要针对自身构型寻求适合自己特点的红外热流模拟途径。

对"嫦娥"五号探测器热平衡试验方案而言,需要讨论并确定以下 3 个问题。

(1)针对复杂探测器构型,采用何种方式模拟外热流,能够更为准确、真实地实现空间环境模拟;

(2)针对不同组合状态,如何安排典型试验工况,使得热平衡试验能够有效验证探测器热设计;

(3)如何安排试验技术流程,合理安排各个状态热平衡试验的先后顺序,使得整个探测器热试验技术流程优化。

下面针对以上 3 个问题分别进行讨论分析。

① 外热流模拟方式选择。

参考 GB/T 34515—2017《航天器热平衡试验方法》要求以及国内型号首发航天器研制经验,考虑到"嫦娥"五号探测器研制时中国尚无大型太阳模拟器,外热流模拟采用中国使用最为广泛的红外热流模拟(吸收热流模拟)技术,具体实现方式为"红外加热笼+加热器"。

在采用红外热流模拟方式的前提下,一般认为加热片能够更好、更准确地模拟复杂构型航天器的外热流,特别是瞬态外热流。考虑到这个因素,"嫦娥"五号探测器在初样热平衡试验中更多地采用这种实现方式,尤其是散热面区域。针对正样热平衡试验中散热面不可能使用加热片模拟外热流的情况,还在初样热平衡试验中专门安排了红外加热笼与加热片两种模拟方式的对比修正工况,提前为探测器正样热平衡试验提供数据与方法支撑。

此外,针对初样热平衡试验月面工况中着陆器 7500N 变推力发动机下方月面对发动机及隔热屏的辐射影响不能准确模拟,正样热平衡试验中提出一种定温板方式进行等效辐射模拟的方法(图 3.151),定温板面向探测器一面发黑处理,定温板在月面工况施加控温(不超过 120℃),其他工况中要

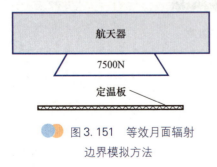

图 3.151 等效月面辐射边界模拟方法

求定温板温度低于 -80℃，尽量降低附加红外热流对探测器热平衡试验的影响。

② 典型试验工况设计。

根据飞行程序设计结果，"嫦娥"五号探测器有四器组合、着陆上升组合体、轨返组合体、交会对接组合体等多种组合体状态，以及上升器单器环月飞行与返回器单器再入返回两种独立状态。单纯从试验验证考虑，理论上只要在轨出现的状态均应开展热平衡试验进行验证。但从提高热平衡试验技术、优化试验流程、减少试验工况、降低研制时间与经费角度来说，在能充分验证热控设计的前提下，还需要对探测器试验状态进行讨论分析。

依据验证充分、有效与全面的原则，根据设计结果，探测器仅需要开展着陆上升组合体、轨返组合体以及上升器单器 3 种状态的热平衡试验，四器及其他组合体状态则可以通过分析或者等效验证的方法进行考核。

交会对接组合体属于短期瞬态工况，可以通过轨返组合体与上升器单器状态试验时利用等效外热流方法进行模拟验证，不需要开展对接组合体状态的热平衡试验。而再入返回过程无法模拟快速气动加热过程，主要依靠热分析验证，也可以取消此状态的热平衡试验。

而探测器取消四器真实状态热平衡试验则主要基于技术流程优化考虑，其可行性与对策如下：

a. 四器飞行状态是各器热控子系统中设计余量较大的一个状态，属于低温工况，并且此时探测器能源充足，可以通过电加热在很大程度上弥补低温风险。

b. 尽管取消了四器真实状态的热平衡试验，但可以在轨返组合体、着陆上升组合体两器状态下，以外热流等效验证方法开展四器状态的热平衡试验工况验证，且边界条件设计时可以更为恶劣，以便保证热控设计验证的有效性。

综上所述，取消四器真实状态的热平衡试验是完全可行的，且对策充分。对于着陆上升组合体、轨返组合体以及上升器单器 3 个独立构型状态的试验工况，结合外部环境（外热流）与探测器工作模式（内热耗），分析得出相应的高低温试验工况，这里不再详述。

此外，"嫦娥"五号探测器更加注重验证热分析模型，初样热平衡试验中还专门设计了热分析模型修正工况，并在试验后构建了含有红外笼、支架、真空罐等试验设施的相关性修正模型（图 3.152），开展了热分析模型相关性验证工作。

③ 试验技术流程设计及优化。

对于研制技术流程中热平衡试验的设计与优化，针对初样与正样的不同任务需求，采用了两种不同的技术流程，汇总如下：

a. 初样阶段：结合热控器与结构器两线并行特点，将三个构型热平衡试验按照上升器→着陆上升组合体→轨返组合体顺序串行开展，且设计的典型试验工况更多、更全面，使热控设计验证更加充分、到位。这种做法的优点是短期内能够集中研制团队全部技术与人力资源开展工作，有效规避了研制队伍中大多数未曾有过大型热试验经历所带来的技术风险，还在一定程度上缓解了研制团队人力资源紧张的局面。

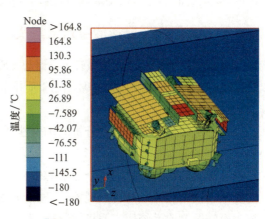

图 3.152　热平衡试验相关性修正热分析模型

b. 正样阶段：在试验顺序上，则考虑到正样研制需求,再加上热控设计师能力的进步,试验技术流程从初样阶段的串行改为着陆上升组合体与轨返组合体两支线并行开展,并在典型试验工况设置上进行了大幅优化,减少试验工况,同时结合探测器热真空试验同步进行,很大程度上优化了探测器研制技术流程,节省了研制经费与时间。

3)实施效果

表 3.40 给出了热平衡试验主要项目实现效果,再结合热平衡试验结果以及在轨飞行数据可以得到如下结论:

表 3.40 热平衡试验主要项目实现结果

序号	项目	实现结果
1	外热流模拟	外热流模拟造成的温度影响:<2℃ 两种外热流模拟方式对比:<3℃
2	技术流程优化	节省 32 天
3	热分析模型相关性	85% 温度测点:<3℃

(1)针对"嫦娥"五号探测器专门设计的红外吸收式外热流模拟装置能够有效完成热平衡试验任务,试验模拟条件有效、过程受控、试验数据可信,通过上升器单器、着陆上升组合体及轨返组合体 3 种状态的热平衡试验,能够有效验证探测器热控设计的正确性,专用红外吸收式外热流模拟装置偏差造成的组合体温度影响不超过 2℃,红外笼与加热片两种模拟方式之间最大差异小于 3℃。实测飞行数据表明:设备温度水平均处于热平衡试验高低温工况的包络之中,进一步验证了热平衡试验方案的正确性与合理性。

(2)针对不同研制阶段的需求和特点,构建出的热平衡试验技术流程优化、合理,考虑到验证的有效性、全面性与合理性,初样热平衡试验工况设置为 7 个阶段、28 个大工况(包括热分析模型相关性修正工况),正样热平衡试验工况则缩减至 5 个阶段、13 个大工况,真空容器内实际试验工况时间从初样阶段的 55 天缩减为正样阶段的 23 天,并行时间约 10 天。

(3)初样热平衡试验中专门开展了热分析模型的相关性验证工作,结果表明:在"嫦娥"五号复杂构型前提下,绝大部分工况中 85% 以上的温度测点热分析模型与试验结果的相关性在 ±3℃ 以内,修正后的热分析模型准确、可信,有力支撑了在轨飞控任务。

2. 流体回路工质排放等效试验技术

根据热总线设计结果,为减轻上升器起飞质量,同时提高起飞安全性,流体回路在月面起飞前要对流体回路工质进行排放,热控需要给出工质排空时间与残余量,作为总体评估上升起飞的设计依据。

1)试验目的

验证流体回路工质排放分析的正确性,同时对排放 15min 后上升器残余工质量进行摸底。

2)试验方案

月面工质排放过程是一个复杂的多相流、连续流、不连续流的混合过程,涉及闪蒸及闪蒸形成的复杂气液两相流动与传热现象,从理论上很难得出准确的工质残余量。地面关于工质排放的系统主要涉及制冷系统用工质排放装置,无不连续流的过程,一般只需要保证排放过程无工质凝固或凝华现象。此外,与地面工质排放相比,还面临月面 1/6g 重力与高真空条件两个特殊环境因素。

鉴于此，在月面工质排放分析模型和探测器实际构型布局的基础上，基于 bond 数相似准则，用等效 $1/6g$ 重力的回路工质排放方法，构建出流体回路工质 1∶1 地面排放试验方案，试验方案见图 3.153，试验系统包括流体回路 1∶1 等效模拟装置与真空排放容器，在地面 $1g$ 重力条件下实现了工质排放的试验验证。

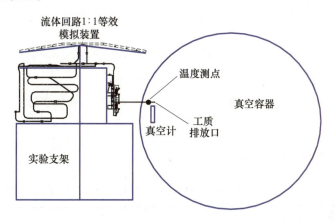

图 3.153　流体回路工质 1∶1 排放试验原理图

3) 试验工况

考虑到着陆上升组合体月面可能存在姿态倾斜，以及工质排放前的回路温度，设计 3 大类 7 个具体试验工况，每个工况的试验状态与工况目的见表 3.41。

表 3.41　工质排放工况的定义与试验目的

序号	工况名称	工质温度	工况描述	工况目的
工况 1a	低温倾斜 a	18℃	向 $-Z$ 方向倾斜 2.5°（$+Z$ 侧垫高 67mm）	考察 $-Z$ 方向倾斜时工质排放情况，经验证为最恶劣工况后，以此姿态重复开展了 4 次试验，探索了排放口温度对试验结果的影响，验证上升器工质残余量的随机性
工况 1b	低温倾斜 b	18℃	向 $+Z$ 方向倾斜 2.5°（$-Z$ 侧垫高 67mm）	考察 $+Z$ 方向倾斜时工质排放情况
工况 2	局部加热	控温	向 $-Z$ 方向倾斜 2.5°（$+Z$ 侧垫高 67mm）	考察局部管路加热的工质排放情况
工况 3	机动工况 1	18℃	向 $-Y$ 方向倾斜 2.5°（$+Y$ 侧垫高 67mm）	考察 $-Y$ 方向倾斜时工质排放情况
工况 3	机动工况 2	18℃	水平姿态，排放 15min 后，将上升器与着陆器分开，上升器残余工质继续排放，直至管内无可见工质或压力低于 2kPa	考察上升器残余工质排放所需时间，统计给出上升器排空工质所需时间包络
工况 3	机动工况 3	18℃	向 $+Y$ 方向倾斜 2.5°（$-Y$ 侧垫高 67mm）	考察 $+Y$ 方向倾斜时工质排放情况
工况 3	机动工况 4	18℃	水平姿态	考察水平姿态时工质排放情况

4)实施效果

根据试验结果,可得以下结论:

(1)根据压力趋势,打开排放阀的瞬间,回路压力骤降至工质饱和蒸汽压附近,排放 15min 后上升器残余工质量为 179~590g;

(2)起飞后,工质从上升器两处流体回路分离机构同时排放,排放迅速,综合考虑,上升器单器排空工质不超过 20min;

(3)水平姿态和朝 $-Y$ 方向倾斜时,工质残余量少,朝 $-Z$ 方向倾斜时,工质残余量最大;

(4)工质温度及工质排放口的温度对排放速率影响较小。

整体试验结果有效,获得了工质排放时间和残余工质量,为地外天体月面起飞工作程序设计提供了时序依据。

3. 高温水升华器地面验证技术

基于水升华器工作环境的特殊性,其性能测试系统是研制水升华器的必要条件,不仅可以为水升华器的研制提供试验测试结果,验证水升华器的散热性能,还可以对水升华器的研制提供充分的试验测试数据支持。

1)试验目的

验证水升华器设计的正确性,测试水升华器的功能、性能。

2)试验方案

"嫦娥"五号高温水升华器需要同时考虑月面高真空环境与 $1/6g$ 重力环境,其地面性能测试系统原理如图 3.154 所示,主要由小型真空室(不锈钢真空罐),真空机组,贮箱,流量测量装置,质量测量装置,数据采集与处理系统,程控电源组,压力调节装置和液氮冷阱等组成。

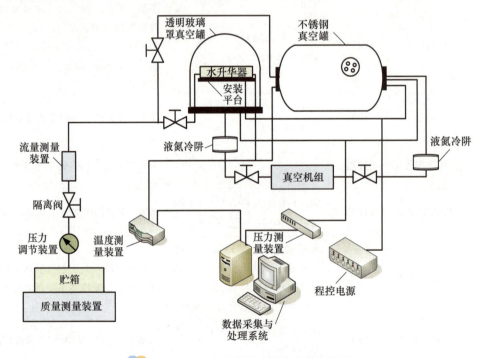

图 3.154 水升华器地面试验系统原理图

此外,热试验过程中高温水升华器产生的水蒸气不能直接排放到真空容器中,否则会对探测器热试验及真空容器造成风险。这种情况下,专门设计了一套水升华收集装置(图3.155),能及时捕获收集高温水升华器工作过程中排散出来的气态水,使容器真空度始终优于1.3×10^{-3}Pa,同时在最大排散流量下,高温水升华器出口的压力始终小于10Pa。

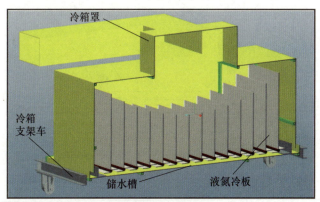

(a) 收集装置三维示意

(b) 冷箱障板、冷板构造

(c) 收集效果图

图3.155 "嫦娥"五号探测器水升华收集装置(热试验中)

3) 实施效果

以上两个设备为地面辅助试验装置,无特定试验工况,在每次单机性能测试中都达到了技术指标要求,很好地支撑了"嫦娥"五号高温水升华器研制。

4. 高温隔热屏真空热性能验证技术

高温隔热屏设计正确性需要通过地面热性能试验来验证。以往地面性能试验方法中,热源和试验件紧靠在一起,通过高温覆盖层的温度反馈值来模拟发动机点火过程中的温度变化,试验中升温段热流总量和时间很难控制,考虑到设计裕度,会导致加热结束后热回浸较真实状态严酷。尽管考核结果可以包络真实状态,但会造成热防护系统隔热能力大于任务需求值,即热防护系统占用质量资源大。

1) 试验目的

验证高温隔热屏设计的正确性与隔热性能。

2) 试验方案

针对"嫦娥"五号探测器轻量化要求,提出一种地面热防护性能验证中的极高瞬态热流控制方法,试验系统示意见图3.156,通过空间模拟器、控温热源、被防护件、电机装置、测控系统等,实时反馈热防护系统表面的瞬态热流,通过调节热源功率和移动装置调节试验件与隔热屏之间的距离的方式,达到控制热防护系统表面热流的目的,获得真实在轨条件下高温热防护系统的隔热性能。

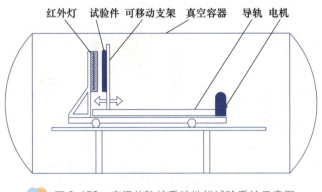

图3.156 高温热防护系统性能试验系统示意图

3)实施效果

该设备为地面辅助试验装置,无特定试验工况。高温隔热屏性能测试中热防护试验件表面瞬态热流控制精度优于5%(测试结果见图3.157),能够真实模拟发动机点火过程中对热防护系统表面的加热曲线,解决了以往热防护系统性能验证方法中边界条件不准确、试验前升温段和试验后热回浸段过考核的问题,试验结果和瞬态模型计算结果吻合度高,实现了高温热防护系统的精确验证。

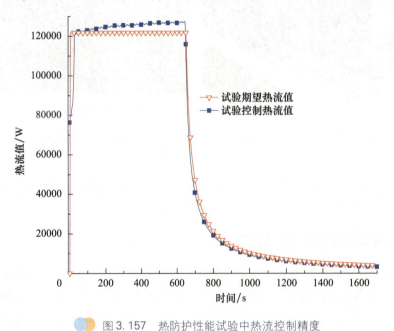

图3.157 热防护性能试验中热流控制精度

3.3.5 实施结果

全寿命周期内,热控分系统工作正常,异构式环路热管、轻量化泵驱单相流体回路热总线、高温水升华器以及高温热防护系统性能与预期一致,各个阶段探测器设备温度水平均优于指标要求。

表3.42给出了"嫦娥"五号探测器热控分系统关键性能实现结果,满足总体技术指标要求并有足够的裕度。

表3.42 热控分系统关键性能实现结果

序号	项目	技术指标实现情况
1	系统质量	171kg
2	流体回路热总线	热总线干重15kg 集成泵阀组件5.5kg 热总线温差<7℃
3	高温水升华器	干重9.5kg 单个运行≥316W@40℃ * 联合运行≥418W@30℃ *
4	器内设备温度	-7.7 ~ +39.6℃
5	可靠性	0.9901

注:*指地面测试结果,实际在轨工作温度低于指标值。

1. 异构式环路热管"热开关"技术

异构式环路热管在整个飞行过程中工作正常,启动顺利,工作状态良好,"热开关"特性与预期一致。其中I象限环路热管在环月等待段IMU标定阶段启动运行2次,在月地转移段返回器IMU预标定和IMU正式标定阶段先后启动运行2次,共计工作4次。Ⅲ象限环路热管在轨一直处于贮存阻断状态。图3.158给出了IMU标定时I象限异构式环路热管在轨工作温度曲线,从中可以看出:

(1) IMU标定时,启动过程中蒸发器温度短期内上升再下降,冷凝器入口温度快速上升,储液器入口温度迅速下降,冷凝器入口与蒸发器之间的温差从启动前的约60℃缩减至10℃以内,说明I象限异构式环路热管能够顺利启动。

(2) 处于贮存状态时,I、Ⅲ象限异构式环路热管能够很好地实现在轨阻断功能,蒸发器与冷凝器之间温差达30℃以上,且随着冷凝器温度不断下降,蒸发器、储液器温度变化很小,两者之间的温差不断增大。

(3) 异构式环路热管很好地实现了"热开关"功能,能够按照任务需要,通过在轨控温运行模式与阻断模式实现可逆切换,控温运行模式下实际传热能力超过65W,阻断模式下漏热量小于2W,使得热控系统广义上"热开关"的"热导开关比"大于30。

2. 轻量化泵驱单相流体回路热总线技术

全周期任务中流体回路热总线一直使用主份泵,转速7020~7080r/min,全程未启动备份泵。流体回路压力、泵控制器电压等遥测参数均处于正常范围内。

图3.159为集成泵阀组件进、出口压力以及压差变化曲线,结果表明:工作状态下泵压头77.0~89.6kPa,满足不小于75kPa要求;落月过程中机械泵关闭,月面着陆成功后机械泵重新启

动,泵转速、压力与压头等遥测参数重新恢复正常。由于流体回路为闭式系统,系统工作压力会随工质平均温度的升高而升高,因此着陆上升组合体落月后流体回路工作压力出现了相应升高。

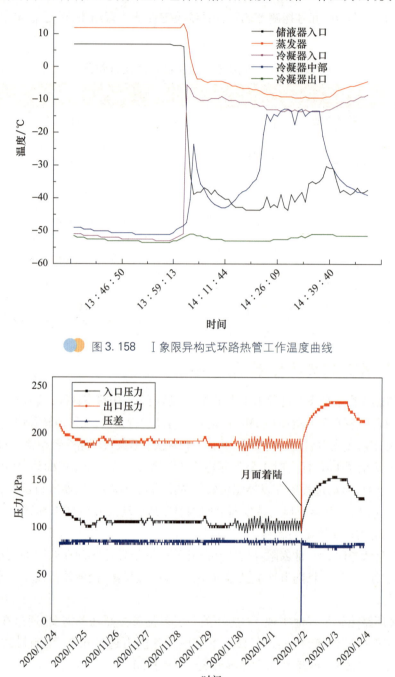

图3.158　Ⅰ象限异构式环路热管工作温度曲线

图3.159　集成泵阀组件进、出口压力与压差变化曲线

图3.160给出了上升器月面起飞前流体回路工质排放过程中的压力变化曲线,从中可以看出:在轨压力实测数据(图中红色实线)与地面1∶1等效验证结果(图中黑色虚线)趋势一致,工质排放8min后两者之间的误差小于5%,两者排放时间均在15min左右,从而可以判断流体回路月面工质排放达到预期,同时也验证了工质排放理论分析模型与地面等效验证方法的正确性、可信性。

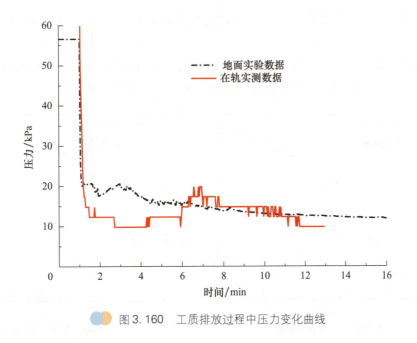

图 3.160 工质排放过程中压力变化曲线

3. 高温水升华热控技术

高温水升华器仅在月面阶段工作,其中水升华散热装置 a 运行约 13.1h,散热装置 b 运行约 7.56h,共消耗水工质约 5.25kg。水升华换热器对应流体回路进、出口温度曲线如图 3.161 所示,核算散热量变化如图 3.162 所示。从中可以看出:

(1) 水升华散热装置 a、b 散热量分别可达 200W@27.7℃、216W@21.2℃,联合散热量最大 398W@25.1℃,与地面相同温度下散热量数据一致。

(2) 通过水升华辅助散热,使着陆上升组合体系统温度在月面 110～140℃ 环境下降低了 5～10℃。

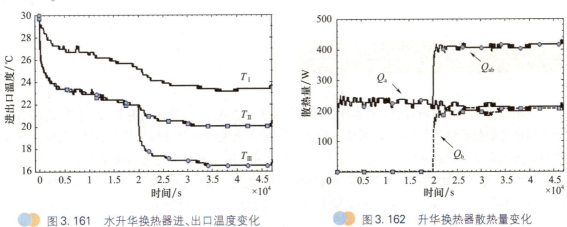

图 3.161 水升华换热器进、出口温度变化　　图 3.162 升华换热器散热量变化

4. 高温热防护技术

高温热防护技术在轨满足设计要求,图 3.163 为动力下降过程中 7500N 变推力发动机、月面起飞过程中 3000N 发动机高温隔热屏低温侧温度响应曲线,从中可以看出:

（1）无论是动力下降还是起飞过程，整体瞬态过程温度预示结果与在轨数据偏差在3℃以内，说明精细化层间传热模型准确、可信。

（2）与发动机点火后喷管温度几乎同步上升不同，受到高温隔热屏热容抑制，低温侧温度响应要滞后很多，进一步证明了层间瞬态传热仿真模型的正确性与适应性。

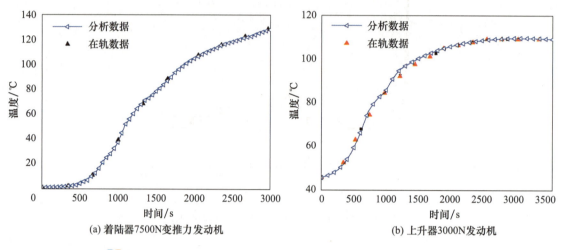

图3.163　月面着陆、月面起飞过程中高温隔热屏低温侧温度曲线

3.4　供配电技术

3.4.1　技术要求与特点

供配电分系统是月面自动采样返回探测器的关键分系统之一，它由轨道器、返回器、着陆器和上升器四器的供配电子系统组成，采用多器组合一体化供配电系统分析与设计方法，满足并确保了月面无人自动采样返回任务可靠实现[40]。供配电分系统主要任务是为探测器产生、贮存、调节和分配电能，以满足探测器在整个飞行过程中的一次电源供电、配电需求，指令母线的变换与分配，为探测器火工品提供电气接口和激励电路，为器箭分离信号、器间分离信号、太阳翼展开信号提供遥测匹配电路，提供探测器和运载火箭、器间的电气接口，并由电缆网实现功率和信息的传递，构成完整可靠的接地系统。

1. 功能要求

供配电分系统需具备以下功能：

1）能量产生和存储功能

在探测器各飞行阶段中的光照期利用太阳电池发电，为探测器供电，并通过蓄电池组储存能量；在太阳电池不工作（含阴影期、太阳翼收拢、变轨与动力下降、月面上升期间等）或电能不足时，通过蓄电池组为探测器提供电能；返回器着陆和回收过程中采用蓄电池组供电。

2）一次电源供电功能

（1）从发射前转内电开始至环月轨道段轨返组合体与着陆上升组合体分离前，轨道器和着陆上升组合体具备双向供电能力。

（2）从发射前转内电开始至月地转移段轨道器与返回器分离前，轨道器应具备向返回器供电的能力。

3）配电功能

供配电分系统应根据各分系统和单机供电需求，合理地进行一次电源配电切换控制。

4）火工品控制功能

供配电分系统应为整器火工品提供起爆电源，实现轨道器、返回器、着陆器和上升器所有火工品的可靠起爆控制。

5）二次电源变换功能

供配电分系统为整器提供指令电源。

6）信号变换功能

供配电分系统对器－箭、器间分离开关信号及太阳翼展开信号进行变换，并发送至相关分系统。

7）遥控遥测功能

供配电分系统具有接收并执行遥控指令和采集遥测参数并发送至数管分系统的功能。

8）信号传输及接地功能

供配电分系统为探测器提供信号传输通路；为探测器提供器－箭、器－器间、器－地低频信号传输通路，并保证实现器间段信号接口的可靠电分离；为各器供配电子系统提供一次电源单点接地点；针对对接放电现象设计静电泄放通路，稳定对接过程"零"电位波动范围，保障探测器供电安全。

9）太阳翼压紧、释放、锁定与运动功能

着陆器在整个飞行过程中要求太阳翼具有展收功能；上升器太阳翼从发射前至上升器从月面上升至目标轨道前处于压紧状态，到达目标轨道后展开并锁定；轨道器太阳翼发射前处于压紧状态，发射入轨后展开并锁定，具备一维转动运动功能。

2. 性能要求

供配电分系统性能指标很多，结合任务特点，这里重点需要关注母线体制、母线电压、太阳电池阵输出功率、蓄电池组容量、功率调节能力、配电能力、是否配备下位机、火工品路数及分组、双向并网供电能力、质量。

1）母线体制

"嫦娥"五号探测器除返回器外采用全调节母线＋不调节母线的方式，全调节母线用于给功率稳定的数管、测控、GNC等平台负载供电，不调节母线用于给采样封装、推进等大功率瞬态负载供电。

2）母线电压

各器负载功率小于 2kW，选用 28V 母线。

3）太阳电池阵输出功率

全任务阶段，太阳电池阵输出功率应在光照期满足负载功率需求，并且可为蓄电池组充电。

4）蓄电池组容量

在主动段、变轨段、环月阴影期、着陆下降段、月面上升段、交会对接与样品转移段、再入回收段等关键阶段由蓄电池组单独/联合供电。

5）功率调节

为了兼顾太阳电池阵的利用率和减重需求，采用 S3R + S4R 相结合的调节方式，在满足负载功率的前提下，尽可能多的为电池组充电；着陆上升组合体采用一体化设计，共用蓄电池组和放电调节器（BDR），进一步减重。

6）配电

在全任务阶段满足各分系统负载峰值用电需求，对于关键负载采用直通配电方式。

7）下位机

具有遥测、遥控、电量计、蓄电池组在轨故障诊断与处置功能。

8）火工品控制

选择蓄电池作为火工供电母线，选择继电器和 MOS 管作为起爆控制元件，既要保证正常起爆，还要防止误起爆。

9）双向并网供电能力

为了提高四器状态下的供电可靠性，在轨返组合体和着陆上升组合体间设计了双向并网供电单元，用于四器组合体故障情况下器间的应急供电。

10）质量

受运载发射能力制约，质量要求严苛，需从分系统方案和单机设计两方面入手进行减重设计。

3. 特点分析

从探测器系统供电状态分析，供电需求有如下特点：

1）供电需求复杂

"嫦娥"五号探测器复杂的任务过程决定了复杂的供电需求，给供配电设计带来了挑战。

（1）处于不同组合状态供电需求不同。

四器组合体状态以轨道器、着陆器为主完成整器供电，轨返组合体由轨道器负责组合体供电，着陆上升组合体状态以着陆器为主完成组合体供电，返回器单器状态由自身携带的一次性蓄电池组完成供电，上升器单器状态由自身的太阳翼和蓄电池完成供电。

（2）处于不同的任务阶段的供电需求不同。

① 探测器射前转内电至器箭分离太阳翼展开，由蓄电池组完成四器供电；近月制动段由于姿态调整，由蓄电池组完成供电；着陆上升组合体着陆下降段，由蓄电池组完成供电；轨返分离至落地后一段时间内，由返回器蓄电池完成供电。在任务期间各光照阶段，主要由太阳翼和蓄电池联合供电。

② 月面采样与封装过程功耗较大。根据负载功率统计，着陆上升组合体月面工作时，采样封

装分系统短期功耗高达1000W,因此需要对采样封装设备设置独立供电线路,确保采样任务顺利完成。

③ 交会对接过程时间长且光照条件复杂。交会对接近程引导段至对接完成,整个过程持续时间长达数小时,在此期间不能保证太阳翼对日定向,且会经历月影,因此轨道器、上升器供配电子系统必须满足该过程的供电需求。

2) 供配电接口复杂

探测器供配电接口包括各器内部供电接口、器间供电接口、器箭供电接口、器地供电接口等。由于供电、信息传递量多以及地面测试需求,在探测器质量制约的前提下,给器间、器箭、器地电接口设计带来较大的困难,因此,在设计阶段,需要对器箭、器间的电接口进行优化设计和充分验证。

3) 质量约束严格

探测器由于受到运载发射能力约束,对供配电分系统质量要求严酷,因此,一方面需要开展对高可靠、高功率质量比电源系统研究,包括高比能量蓄电池组设计、功率调节与配电单元轻小型化、集成化设计等;另一方面,需要考虑各器之间的功能复用。

4) 月面工作环境条件复杂

在月球北纬45°附近,太阳电池阵温度最高约为145℃。探测器月面工作期间,太阳方位变化范围大,使得着陆器太阳翼遮挡情况更为复杂,太阳翼构型难度大,因此太阳电池阵设计时应充分考虑该因素。

3.4.2 系统组成

供配电分系统包括着陆器供配电子系统、上升器供配电子系统、轨道器供配电子系统和返回器供配电子系统。组成框图如图3.164所示。

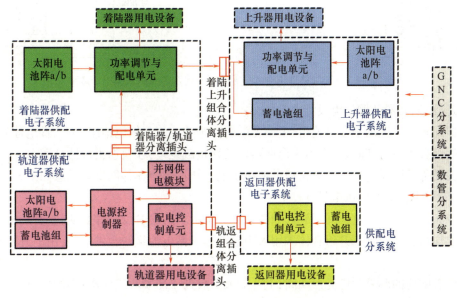

图 3.164 供配电分系统组成框图

3.4.3 设计技术

1. 探测器各器间并网供电设计技术

探测器由四器组成,工作模式多,器间接口复杂,在每个阶段探测器供电需求也不一致,为最大效率利用探测器供电能力,实现整器能源最优配置,需要对探测器开展并网供电设计。

1) 四器并网供电设计

根据探测器飞行程序,在发射段、地月转移段、近月制动段到环月段轨返组合体与着陆上升组合体分离前,探测器处于四器组合体飞行状态。在四器组合体飞行期间,轨道器主要设备均工作,而着陆上升组合体只有平台设备长期工作。

轨返组合体与着陆上升组合体之间采用各自独立供电的方式。为了便于地面测试和应对在轨飞行过程中可能出现的意外情况,轨返组合体与着陆上升组合体之间建立了供电通路,在轨道器设置并网供电单元,当轨返组合体或着陆上升组合体输出功率不足时,启动并网供电单元,可实现轨返组合体和着陆上升组合体不调节母线间的双向供电,如图 3.165 所示。

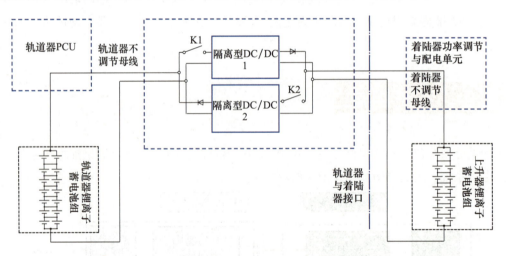

图 3.165　轨返组合体和着陆上升组合体间并网供电示意图

2) 轨道器/返回器并网供电设计

轨道器配置一组锂离子蓄电池组,返回器配置一组锌-氧化银电池组(一次性电池)。

在轨返组合体飞行期间,轨道器为返回器内长期负载供电,在轨返组合体分离前一段时间,通过切换开关转为返回器自带锌-氧化银电池组供电。轨返组合体并网供电示意如图 3.166 所示。

3) 着陆器/上升器并网供电设计

着陆器和上升器一次电源并网设计如图 3.167 所示。从发射段至月面期间,着陆上升组合体处于并网工作状态。着陆上升组合体采用太阳电池阵-蓄电池组联合供电、复用上升器蓄电池组的设计。

在月面着陆前的环月轨道光照期间,上升器太阳翼处于压紧收拢状态,不能发电,由着陆器太阳电池阵供电,一方面为着陆器、上升器用电负载供电,另一方面通过器间电缆为上升器蓄电池组

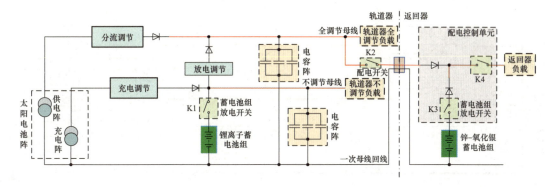

图 3.166 轨返组合体并网供电示意图

充电。其中,上升器全调节负载是通过器间电缆由着陆器全调节母线供电,上升器不调节负载直接通过上升器不调节母线供电。

在阴影期间或太阳电池阵不工作期间,由上升器蓄电池组供电,通过器间电缆为着陆器全调节母线和不调节母线负载供电,同时为上升器负载供电。

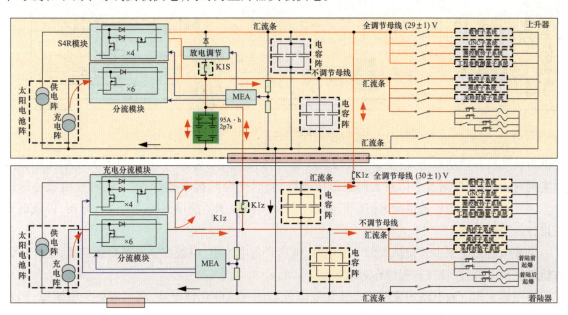

图 3.167 月面着陆前着陆上升组合体并网供电设计

在月面工作段,由于上升器太阳电池阵外板会受到光照,上升器太阳电池阵也会作为着陆器太阳电池阵的补充,为组合体用电负载供电和为上升器蓄电池组充电。

着陆上升组合体分离后,着陆器无蓄电池组,只能依靠太阳电池阵供电,供电关系如图 3.168 所示。上升器月面起飞,入轨后太阳翼展开,保持太阳电池阵 – 蓄电池组联合供电方式,供电关系如图 3.169 所示。

2. 探测器能量平衡仿真分析技术

探测器在轨经历 11 个飞行阶段,光照条件和负载功率需求及太阳翼展收状态不同,着陆下降段为确保着陆器太阳翼能够承受落月冲击载荷,需在落月前收拢太阳翼,落月敏感器开机,7500N

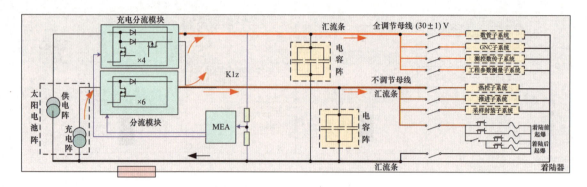

图 3.168　组合体分离后着陆器一次电源供电设计

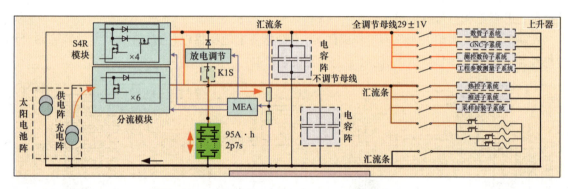

图 3.169　组合体分离后上升器一次电源供电设计

变推力发动机短期功率增大;交会对接段轨返组合体和上升器姿态为对月定向,光照期太阳翼难以实现对日正照,探测器本体对太阳翼形成遮挡,同时交会对接敏感器开机,蓄电池组放电深度大。因此需要建立精确的供配电链路模型对全任务阶段探测器能量平衡情况进行分析,以验证系统设计的正确性。

供配电链路模型主要包括太阳电池电路、锂离子蓄电池组、电源控制器和负载建模,此外还需以轨道光照条件、在轨飞行程序作为输入。

探测器太阳电池电路均采用能量转化效率较高的三结砷化镓电池,将其等效为电流源,则其产生的电流由下面的公式确定:

$$I = I_{ph} - I_{s1}\left[e^{\frac{q(V+IR_s)}{AkT}} - 1\right] - I_{s2}\left[e^{\frac{q(V+IR_s)}{AkT}} - 1\right] - I_{s3}\left[e^{\frac{q(V+IR_s)}{AkT}} - 1\right] - \frac{V+IR_s}{R_{sh}} \quad (3.7)$$

式中:I_{ph} 为光生电流;I_{s1} 为扩散机制饱和电流;I_{s2} 为空隙层饱和电流;I_{s3} 为扩散机制饱和电流;R_S 为串联内阻;R_{sh} 为并联内阻;A 为等效二极管质量因子;I 和 V 分别为端口电流和端口电压。

$$I_{ph} = I_{sc}\frac{G}{G_0}[1 + C_T(T - T_{ref})] \quad (3.8)$$

式中:I_{sc} 参考温度和光照下的光生电流;G 为光照强度;G_0 为参考光照强度;C_T 为温度变换系数。

锂离子蓄电池采用二阶线性化电路模型进行建模,由一个等效电压源、一个等效内阻、一个RC 电流、一个自放电电阻组成,另外根据蓄电池的充放电情况实时计算其容量、充放电循环次数等表征电池当前状态的物理量。其中,电阻 R_1 和 C_1 并联的组合可以反映电池的动态特性;电阻 R_2 可以反映电池的阻性;电动势 E_{batt} 来反映电池的平缓放电平台;输出端并联电阻 R_3 来反映电池自放电特性;温度对电池性能的影响,通过电阻和电容值与温度的关系来反映。

以着陆上升组合体为例,构建的能量平衡仿真模型如图 3.170 所示。模型的输入参数如表 3.43 所示,包括时间、全调节和不调节母线太阳翼输出电流和负载功率、太阳翼入射角系数、光照遮挡系数。

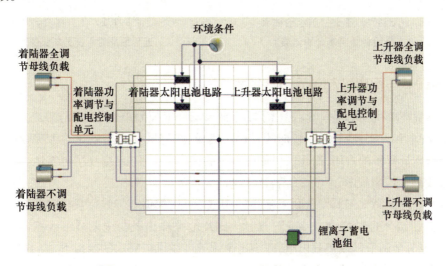

图 3.170　着陆上升组合体能量平衡仿真模型

表 3.43　能量平衡仿真模型输入参数

飞行事件	相对时间/min	全调节太阳翼电流/A	不调节太阳翼电流/A	入射角系数	遮挡系数	上升器全调节负载功率/W	上升器不调节负载功率/W
转对月定向	1.0	6.20	7.16	0.44	0.38	398.1	148.0
	1.0	5.03	5.81	0.357	0.38	398.1	148.0
	1.0	5.03	5.81	0.357	0.38	398.1	148.0
	1.0	5.03	5.81	0.357	0.38	398.1	148.0
	1.0	3.86	4.74	0.274	0.28	398.1	148.0
	1.0	3.86	4.74	0.274	0.28	398.1	148.0
	1.0	2.69	3.30	0.191	0.28	398.1	148.0
	……						

经仿真分析,着陆上升组合体着陆下降段和上升器交会对接近程段能量平衡分析结果如图 3.171、图 3.172 所示,最大放电深度达 83%,出现在交会对接近程段结束时刻,能源满足任务需求。

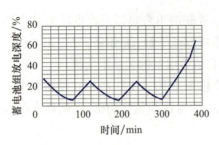

图 3.171 着陆上升组合体着陆下降段能量平衡分析结果

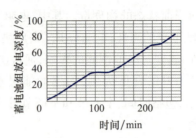

图 3.172 上升器交会对接近程段能量平衡分析结果

3. 功率调节与配电控制单元设计技术

为尽可能提高单机功率质量比,提出了功率调节与配电控制单元(PCDU)集成方法,实现了功率调节模块、配电和火工控制模块、智能接口模块集成化设计,功率质量比达157W/kg,极大程度减少了对整器质量资源的占用,简化了供配电系统的接口复杂程度,提高了可靠性。

1) 多母线融合控制技术

为了尽可能地提高太阳翼发电利用率,减少所需质量,根据双母线负载功率需求,采用S4R电路和S3R电路相结合的方式,如图3.173所示。S4R电路输出既与全调节母线相连,又与不调节母线相连,优先为全调节母线负载供电,在满足全调节母线供电需求的前提下,为不调节母线负载供电的同时为蓄电池供电,若太阳电池阵仍有剩余能量,则进行对地分流;S3R充电分流电路输出

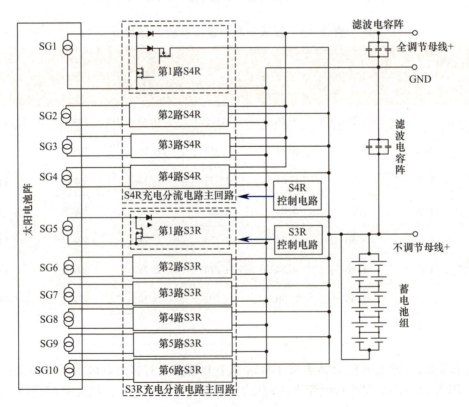

图 3.173 双母线融合控制原理图

仅与不调节母线相连,为不调节母线负载供电的同时为蓄电池供电,在满足不调节母线用电需求的前提下,若太阳电池阵仍有剩余功率,则进行对地分流。

为了避免全调节母线和不调节母线负载同时用电对 S4R 电路的竞争和干扰,S4R 电路和 S3R 采用逆向分流法,即当 S4R 电路为全调节母线供电时,分流顺序为 4 路至 1 路;当 S4R 电路为不调节母线供电时,分流顺序为 1 路至 4 路,在第 4 路分流后再对 S3R 电路的 1～6 路依次开始分流。这种方式在保证 S4R 电路优先为全调节母线供电的同时提高了对太阳电池阵发电的利用率。

S4R 控制电路包括全调节母线/不调节母线电压取样电路、充电调节控制电路、分流调节控制电路、主误差放大器(MEA)电路、蓄电池组误差放大器(BEA)电路和驱动电路等。全调节/不调节母线电压采样值与目标值做差后经 PI 调节电路处理形成 3 路误差信号,经 3 取 2 表决电路得到 MEA/BEA 信号,一方面送入 S4R 控制逻辑电路实现全调节母线优先供电控制,另一方面送入驱动电路与每路分阵分流基准值进行比较,通过对分流基准值进行设定即可控制每路分阵的调节顺序。其中,S4R 控制逻辑电路如图 3.174 所示。

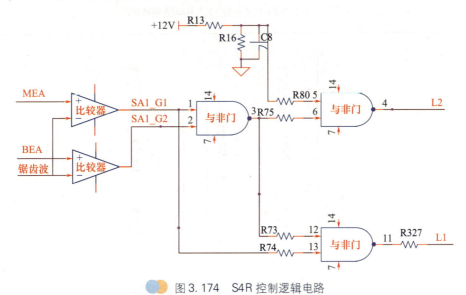

图 3.174　S4R 控制逻辑电路

2) 蓄电池组放电调节电路的系统设计

在功率调节单元中放电调节电路质量占比高,采用高功率质量比放电调节技术能够有效减少放电调节电路的体积、质量,这是 PCDU 产品实现轻量化的有效方法,同时应使产品电路工作过程中的功率均分至各路放电电路,使每路放电电路的工作均衡,保证放电调节电路的高可靠和高效率,对放电电路控制技术改进,保证多路放电电路高精度的均流效果,提高电路的动态响应,降低母线电路的纹波。因此,高效、轻量的放电电路拓扑结构和控制电路系统设计,是保证产品轻量化和产品性能的关键,也是 PCDU 的技术难点。

放电电路采用推挽叠加放电电路,推挽叠加放电电路原理如图 3.175 所示。推挽叠加电路大部分功率是直接取自蓄电池,变换效率几乎是 100%,大大减少了电路中的功率损耗,提高了放电电路的效率,也使得电路的输出能力相对较强,一定功率需求的条件下,使用元器件的数量相对较少,功率质量比相对较高。

为了能够实现 PCDU 放电电路的均流控制和轻量化、高功率质量比的特点,采用优化的双环控制方法,如图 3.176 所示。U_0 为电压采样信号,经过三路误差放大器运算,再经过三取二表决电路后,与各个电路的电流信号比较。所采用的双环控制方法既继承了主从设置法的高精度均流效果,又保证了电路的可靠性和稳定性。

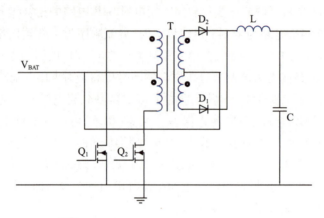

图3.175 推挽叠加放电电路原理图

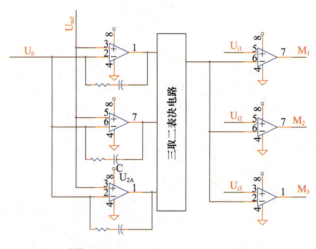

图3.176 双环控制方法原理图

3)高功率质量比的集成化技术

PCDU 是集功率调节模块、配电模块、火工控制模块、智能接口单元为一体的产品,各个模块之间需要功率互联、信号互联,同时为保证整个产品的尺寸尽量小、质量尽量轻,这对产品的机械结构和模块设计、模块间接口设计提出了更高的要求;轻量、紧凑的模块设计是提高 PCDU 高功率质量比的重要手段。

PCDU 的高度集成体现在以下4个方面:多个设备功能模块集成、印制板集成、电缆集成和二次电源集中供电。

多个设备功能模块集成的具体做法是:将各个模块进行功能划分,电源控制器(PCU)划分为充电分流模块、放电模块;配电控制单元和火工品管理器(PDU)划分为全调节配电模块、不调节配电模块和火工品模块;火工品模块根据功率的需求,划分为火工品模块1,火工品模块2;智能管理模块(PIU)功能划分 PIU1、PIU2 两个模块。同时在保证整个产品热性能和机械性能的基础上采用了镁合金的材料对结构进一步减重。

印制板集成的具体做法是:采用多层印制板和贴片的表贴元器件,大大缩小加工印制板的面积,提高使用率利用率。

电缆集成的具体做法是:信号部分采用全新的信号母板方式,功率部分采用设计足额的汇流条的结构方式,内外部接插采用与印制板无缝结合的方式,不但减少了电路中导线的使用数量,而且大大提升了整个模块的空间利用率;另外,此种设计方式对于整个电路的拆卸和调试提供了极大的方便,降低时间成本。

二次电源集中供电的具体做法是:采用统一的二次电源模块通过信号母板为各功能模块提供±12V、+5V、+30V,提高了二次电源的利用率。

4. 蓄电池组在轨保护、故障诊断与处置和容量实时评估技术

受质量资源限制,轨道器和上升器均采用一组高比能量锂离子蓄电池组作为储能单元,上升器锂离子蓄电池组在着陆上升组合体模式下与着陆器复用,因而电池组的工作状态直接影响探测器任务实施。在轨使用时,锂离子蓄电池组需避免产生过充电和过放电,过充和过放会导致锂电池内部形成锂枝晶,刺穿隔膜,造成内阻短路,导致蓄电池组失效,对蓄电池组的电性能和循环寿命均极为不利。

为了有效延长锂离子蓄电池组的使用寿命,提高供配电分系统的可靠性,需要制定蓄电池组在轨保护、故障诊断与处置策略,实现对电池组的过充过放保护,同时对蓄电池荷电状态进行实时评估,为后续飞控任务的制定和推演提供支撑。针对探测器/组合体状态多变、设备集成化程度高、在轨飞行程序复杂等特点,设计了蓄电池组充电切换控制、过放保护及恢复控制和容量实时评估策略,控制流程如图 3.177~图 3.179 所示。

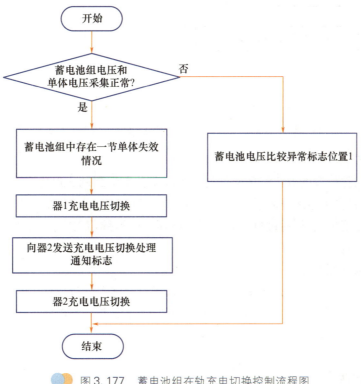

图 3.177 蓄电池组在轨充电切换控制流程图

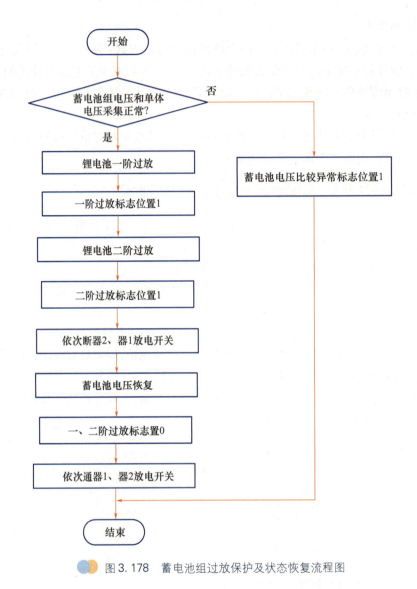

图 3.178　蓄电池组过放保护及状态恢复流程图

1）充电切换控制

由 PIU 采取软件控制的方式实现两器复用锂离子蓄电池组的充电电压自主切换控制。在轨工作中,通过下位机自主检测锂离子蓄电池单体和组电压,并与预设的单体电池电压阈值相比较,当某节单体电池出现失效时,通过自主调整充电终压点电压阈值的方法,实现各舱段给蓄电池组充电终压的切换控制。

2）过放保护及恢复控制

由 PIU 采用软件控制的方式实现两器复用锂离子蓄电池组的过放保护和自主恢复供电控制。在轨工作中,通过下位机自主检测蓄电池组电压和单体电压,并与预设的过放阈值相比较,采取不同舱段分级断电保护控制;当整器再次上电后,通过预设过放恢复电压阈值,自主接通放电开关,从而恢复供电。

3）容量实时评估

由 PIU 通过安时计实现两器复用锂离子蓄电池组的电量精细化计算。在轨工作中,通过连续采集、处理器内、器间蓄电池组的充电电流、放电电流,并根据充电电流、放电电流实时计算蓄电池组产生的充电电量值、放电电量值以及当前蓄电池组剩余电量值,实现多器复杂探测器能源系统的精细化计算和管理。

上述 3 种策略提升了探测器供配电分系统的自主管理能力,有效防止在轨一节单体故障情况下锂离子蓄电池组过充电,实现了蓄电池组过放保护和自主恢复供电控制,提升了多舱段探测器蓄电池组在轨状态的精细化评估和管理能力,延长了锂离子蓄电池的使用寿命,从而大大提高了探测器供配电分系统的可靠性。

5. 可重复展收太阳电池阵设计技术

探测器系统在执行整个任务期间共经历 11 个飞行阶段,着陆器太阳翼参与主动段~月面工作阶段的任务。其中运载发射段,着陆器太阳翼处于收拢压紧状态,其他阶段太阳翼解锁,展开工作,在地月转移段和近月制动段变轨、着陆下降段太阳翼承受较大载荷,需将太阳翼收拢。月面工作结束后,着陆器太阳翼的任务完成。着陆器太阳翼在轨经历多次展收,需开展针对性设计。

1)可重复展收太阳电池阵机构设计

着陆器太阳翼采用步进电机与谐波减速器组合的驱动方式(图 3.180),使太阳翼实现简单的旋转运动。在太阳翼转动时,驱动组件需要提供足够的驱动力矩,保证有足够的力矩裕度;太阳翼在月面上任意位置停机时,驱动组件为断电状态,还需要提供足够的定位力矩,以克服月球重力对太阳电池阵的影响。

太阳电池阵在轨工作期间需要承受发动机启停时的冲击;在着陆瞬间要承受着陆冲击,在这种工况下,需要限制太阳电池板绕电机轴线的转动,以避免太阳电池板及电机因载荷过大而受损。

2)高强度太阳电池阵结构设计

为了减轻太阳电池阵的质量,基板材料采用了高模量 M40JB-6k 碳纤维/环氧树脂复合材料,结合高温着陆冲击仿真分析、着陆羽流分析结果,完成基板不同区域面板铺层的最优化设计,实现了刚度、强度、质量资源的最大限度平衡利用,保证了高温条件下基板的强度裕度;探测器太

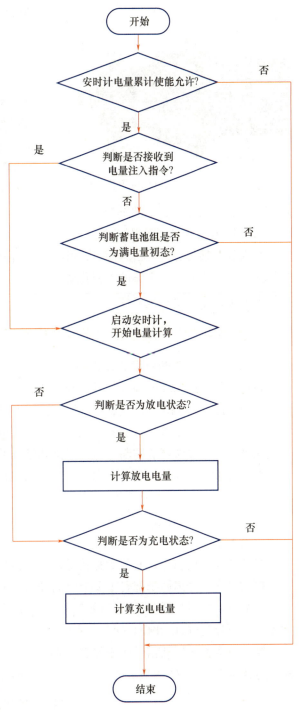

图 3.179　蓄电池组在轨容量实时评估流程图

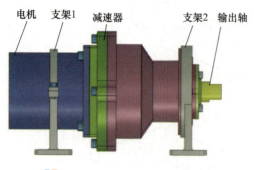

图3.180 驱动组件组成结构图

阳电池阵基板采用了超薄、超轻质蜂窝芯设计,更进一步为探测器节约质量资源。

3)异构式太阳电池电路设计

打破了传统的完全对称式太阳电池阵设计,在探测器太阳电池阵对称机械结构上实施不同研制单位、不同电池类型、不同电路布局、不同组件方式的异构太阳电池电路,大大降低了双翼耦合程度,有效限制了太阳电池阵产品失效因子的扩散,提升了供配电分系统异构度和容错能力。在进行异构式太阳电池电路布局设计时需考虑剩磁的影响。

4)太阳电池电路电阻焊技术

针对地月转移、月面工作等阶段太阳电池阵高低温温差范围大、热控措施有限的难题,采用电阻焊技术实现太阳电池电路的无锡化焊接,消除了焊点蠕变开路等失效模式,提高了宽温度范围下的太阳电池电路连接可靠性。

6. 多器可靠供电及数据传输设计技术

1)探测器在轨防断电设计方法

在运载发动段、着陆下降段、月面起飞段等关键阶段转内电过程中,如果蓄电池组放电开关异常断开,存在探测器断电并无法恢复的风险。为了消除上述风险,需考虑在轨防断电措施,确保探测器的不间断安全供电。探测器采用了在轨防断电设计方法,通过器上不间断发送蓄电池组放电开关接通指令和设置器表防断电保护通路相结合的手段,提升了能源系统的安全性。

探测器发射前在整器加电状态下,完成器表防断电短路保护插头的插接。在存在放电开关异常断开风险的飞行阶段,通过数管以一定频率不间断发送蓄电池放电开关接通指令。如果放电开关异常断开,可以通过数管遥控指令立即将其接通,确保整个探测器能源系统的正常供电,而不会造成整器掉电。

2)用于多器间供电和总线数据传输的通路设计方法

探测器多个分离面都配置了2个分离插头,为了确保单个分离电连接器意外分离时,后续飞行任务顺利实施,将器间供电和重要信号均布在两个分离电连接器,实现器间供电和各设备总线数据双向可靠传输,以此提高探测器系统的可靠性。

某一分离面的器间信号传输如表3.44所示,一次供电、总线、电分离信号、RS422信号均布在两个分离插头上,在轨如果出现单个插头意外分离的情况,不影响后续任务执行。

表3.44 器间信号传输设计

序号	主要传输信号	器间分离电连接器代号		备注
		X01F	X02F	
1	着陆器与上升器间的一次供电	√	√	
2	着陆器与上升器间的蓄电池功率	√	√	
3	1553B总线信号	√	√	

续表

序号	主要传输信号	器间分离电连接器代号 X01F	器间分离电连接器代号 X02F	备注
4	综合接口单元采集着陆器与上升器电分离信号	√	√	
5	着陆器推进线路盒与 CCU 间 RS422 信号（主份）	√		同着陆器推进线路盒与 CCU 间 RS422 信号（备份）功能互为备份
6	着陆器推进线路盒与 CCU 间 RS422 信号（备份）		√	与着陆器推进线路盒与 CCU 间 RS422 信号（主份）功能互为备份
7	CCU 到激光测距敏感器间 RS422 信号		√	与微波测距测速敏感器间 RS422 信号功能互为备份
8	CCU 与微波测距测速敏感器间 RS422 信号	√		与激光测距敏感器间 RS422 信号功能互为备份

3.4.4 验证技术

相比传统航天器，"嫦娥"五号供配电分系统在开展试验验证时，除常规的机电热性能测试验证外，还需要针对月面着陆、采样、月面上升、交会对接和器间分离等任务特点，进行针对性的试验验证，主要包括多器供电模式验证、太阳翼展开光照试验、太阳翼基板高温静力试验和分离电连接器分离控制功能验证。

1. 多器供电模式验证技术

在单机测试、分系统测试和整器总装集成测试过程中，均对探测器各器供电模式的可靠性、安全性进行了测试和验证。以着陆上升组合体并网供电为例，图3.181为试验平台框图，图3.182为试验平台实物照片。器上产品包括上升器锂离子蓄电池组、上升器 PCDU 和着陆器 PCDU；通过太阳电池阵模拟器（SAS）模拟着陆器和上升器太阳电池阵工作情况，通过多路电子负载模拟器上负载供电情况；供电控制监视台完成数据采集、指令输出和状态显示，通过1553B总线与着陆器 PCDU、上升器 PCDU 通信。

着陆器与上升器组合体并网供电母线电压特性良好，验证两器航天器复用蓄电池组和 BDR 模块并网供电方案的可行性。

2. 太阳翼基板高温静力试验验证技术

着陆器太阳翼基板在着陆月面时承受高温下的冲击载荷，为了获取基板承受高温着陆冲击载荷的能力，开展了太阳翼基板高温静力试验，试验流程如图3.183所示。具体验证方案为：

（1）开展太阳翼常温着陆冲击力学分析，根据分析结果选取着陆过程中基板强度裕度最低的区域，结合着陆过程预示温度、高温试验箱尺寸，确定局部试验件的大小，并提取局部试验件受到

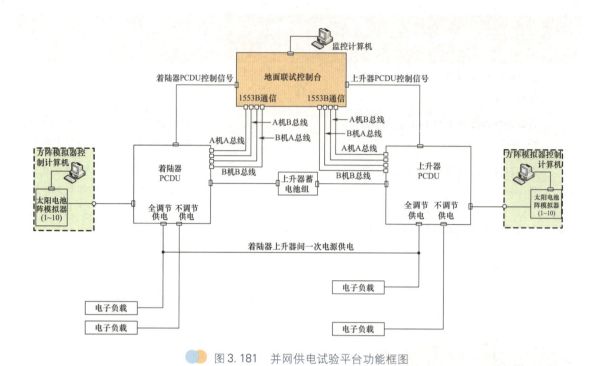

图 3.181 并网供电试验平台功能框图

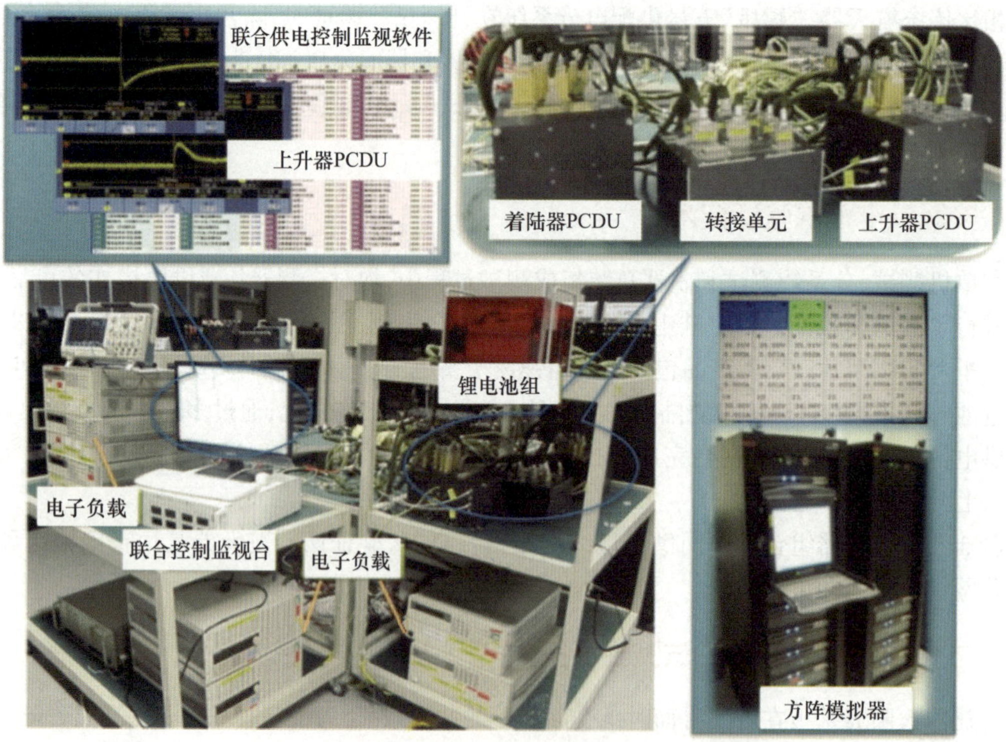

图 3.182 并网供电试验平台

的载荷。

（2）建立局部试验件的力学分析模型，设置边界条件，施加按照常温着陆冲击力学分析结果提取出的载荷，将试验件力学分析结果的弯矩云图与整翼着陆冲击力学分析结果的弯矩云图进行比较，若不一致，则要修改局部试验件的边界条件，进行迭代分析。

（3）由于加载设备只能单向加载，因此要结合加载设备的具体情况，借助加载工装对局部试验件的加载载荷进行转换，使单向加载力对试验件的作用效果与着陆冲击力学分析中提取出的载荷作用效果相同。

（4）进行试验件和工装加工，完成试验系统调试和试验验证，并对试验结果进行分析。

3. 分离电连接器分离控制功能验证技术

为验证分离电连接器分离控制功能，开展了电分离控制功能测试和机械分离测试。电分离控制功能测试时在分离控制输出端连接火工品等效器，模拟电分离瞬间产生的电流。测试功能正常后，连接真实的分离电连接器，测试接收指令后电连接器的分离情况。此外，还对分离电连接器的机械分离功能进行了验证。在拉杆处串联拉力计，沿拉杆轴向方向施加拉力，并记录分离时刻的拉力值。开展分离电连接器控制时需注意电连接器的保护。

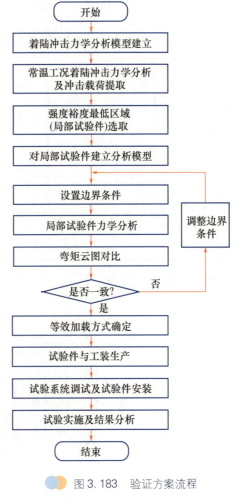

图 3.183　验证方案流程

3.4.5　实施结果

在探测器飞行任务过程中，供配电分系统工作正常，性能指标均满足要求，完成了整个飞行阶段和地面回收供配电任务。

探测器在轨飞行过程中，太阳电池阵的发电功率相比指标有不低于5%的裕度。以近月制动期间着陆器太阳电池阵的输出电流为例，在轨实测总输出电流53A，相比设计值47A具有一定裕度，如图3.184所示。

蓄电池组的放电深度变化趋势与能量平衡分析一致，以地月转移期间上升器锂离子蓄电池组放电深度为例，能量平衡仿真曲线和在轨遥测曲线对比情况如图3.185、图3.186所示。由于在轨工作时负载功率小于预期值，调姿过程中光照条件优于分析值，导致实际放电深度比能量平衡分析值小。

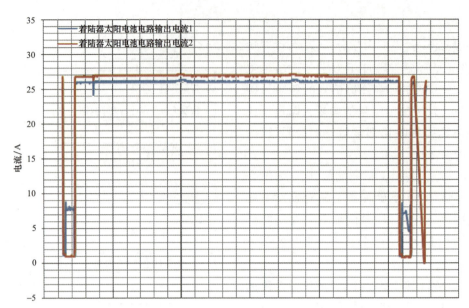

图 3.184　近月制动期间着陆器太阳电池的输出电流

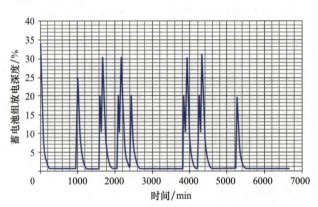

图 3.185　地月转移段上升器锂离子蓄电池组能量平衡仿真曲线

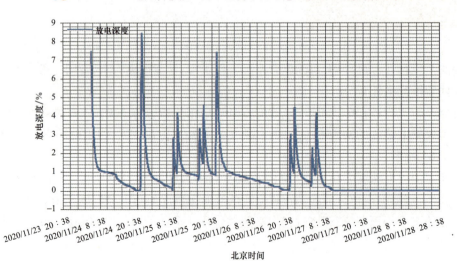

图 3.186　地月转移段上升器锂离子蓄电池组放电深度遥测曲线

3.5 数管技术

3.5.1 技术要求与特点

数据管理(简称数管)分系统是"嫦娥"五号探测器公用平台的重要分系统,它将航天器测控任务综合在一个以计算机系统为主的系统中,为探测器平台和有效载荷提供全面、综合的服务与管理。

1. 功能要求

"嫦娥"五号探测器数管分系统的主要功能包括上行数据处理、下行数据处理、热控管理、时间产生和管理、系统管理等几个方面。

1) 上行数据处理功能

接收来自测控分系统的上行遥控指令信息,处理后将指令或数据分配到探测器的相关分系统设备执行。处理三种类型的遥控指令,即直接开/关指令、间接遥控指令以及数据注入。

2) 下行数据处理功能

下行数据包括遥测数据、有效载荷探测数据和工程参数测量数据。下行遥测数据具备不同编码方式间、编码方式和非编码方式间切换的能力和以不同码速率下传的功能。

3) 热控管理功能

监测探测器系统温度的变化,按设定的温度控制规律发出控制指令,实施主动温度控制。具备控制轨道器、返回器、着陆器和上升器所有加热回路的功能,完成对着陆器流体回路和水升华器的控制和参数采编,流体回路机械泵和水升华器按设定的工作模式进行自主控制。具备对上升器和着陆器热控加热回路断电的功能。

4) 时间产生和管理功能

产生器上基准时间,建立器上时间系统,并将器上基准时间分配给用户,同时提供依据地面时钟集中校时和均匀校时的手段,确保器载时间的精度。

5) 系统管理功能

健康状态管理功能:监视探测器系统的工作状态,完成运行状态收集与判断,具有重要数据备份和恢复的能力。在设备发生故障时,收集故障信息,诊断故障,采取备份切换、安全关机等手段,实现容错管理及应急控制。

总线网络管理:管理探测器系统总线,完成器上数据交换。

程控管理:具有执行程控指令、指令组和延时遥控指令的功能。

内务管理:数管分系统内部具有自测试、自诊断和故障处理能力,可生成状态参数和事件报告及进行工作模式切换等,并具有软件在轨维护能力。

着陆后自主断电功能:返回器着陆后30min,数管子系统需进行自主断电。

6) 数据管理功能

数据采编管理:完成工程参数测量分系统力学参数传感器测量数据采编。

数据存储管理:采集有效载荷探测数据、工程参数测量数据并存储,通过数传信道下传。安全数据记录器在返回器出现灾难性事故(如坠毁)也应能完好保护所记录数据,不会由于断电、高温、高压或高力学环境影响而丢失数据。对于所存储的重要数据,在返回器着陆回收后应能够正确读出。

7) 机构控制管理功能

完成轨道器太阳翼转动的控制,完成着陆器太阳翼转动的控制,完成轨道器定向天线运动的控制,完成着陆器定向天线运动的控制,完成对返回器舱门机构运动的控制,完成上升器喷气转移高压自锁阀的控制。

8) 支持地面测试功能

具备与地面综合测试设备的接口,支持地面综合测试。

2. 性能要求

数管分系统性能指标很多,结合任务特点,重点关注遥控、遥测、数传、数据存储容量、控温回路要求。

1) 遥控性能

探测器采用分包遥控体制,分系统能正确接收、解调和处理来自射频信道的上行信号;分系统提供的直接指令、间接指令的条数、驱动电流的能力、驱动电流持续时间需满足探测器各分系统的要求,同时留有一定余量,具体遥控性能指标如下所述。

(1) 遥控码速率——轨道器:500b/s;上升器:1000b/s;返回器:1000b/s。

(2) 直接指令条数——轨道器:≥128路;着陆器:≥66路;上升器:≥128路;返回器:≥35路。

(3) 间接指令条数——轨道器:≥304路;着陆器:≥192路;上升器:≥192路;返回器:≥80路。

(4) 漏指令概率(上行误码率优于1×10^{-5}):$\leq 10^{-6}$。

(5) 虚指令概率:$\leq 10^{-6}$。

(6) 误指令概率(上行误码率优于1×10^{-5}):$\leq 10^{-8}$。

(7) 工作状态吸收电流能力:≥200mA。

(8) 开关指令驱动电流持续时间:80ms±10ms。

2) 遥测性能

探测器采用AOS遥测体制,遥测数据编码后下传,分系统提供的遥测采集的路数和精度需满足探测器各分系统的要求。具体遥测性能指标如下所述。

(1) 模拟/双电平量遥测通道——轨道器:≥300路;着陆器:≥176路;上升器:≥184路;返回器:≥76路。

(2) 热敏电阻通道——轨道器≥305路;着陆器≥222路;上升器≥192路;返回器≥101路。

(3) 工程参数测量通道——返回器:热敏电阻通道为12路、热电偶为22路、冲击传感器为2路、过载传感器为3路;轨道器:低频振动传感器为12路、冲击传感器信号为3路;着陆器:高频振动传感器为1路。

(4) 采集精度——模拟通道的采集精度:优于20mV;测温通道的采集精度:优于20mV;模拟

量编码精度：8位。

(5) 遥测码速率——轨道器：4096b/s 或 512b/s；上升器：2048b/s 或 1024b/s；返回器：4000b/s 或 32000b/s。

(6) 信道编码——轨道器、着陆上升组合体、上升器下行遥测信道编码采用"RS编码+卷积编码"方式，并采用序列伪随机化；返回器下行遥测信道编码采用"卷积编码"方式或非编码方式。

3) 数传性能

数传数据格式采用CCSDS AOS数据格式，下行数传采用RS编码+卷积级联码，并采用序列伪随机化，编码后下传。

数传码速率——轨道器：2.5Mb/s 或 5Mb/s；着陆器：500kb/s 或 2.5Mb/s 或 5Mb/s。

4) 数据存储要求

存储的容量和速率需满足探测器全任务阶段、所有工程数据和有效载荷数据的存储容量和存储速率要求。用于存储返回器重要数据的安全数据记录器具备着陆冲击、抗穿透、静态挤压、火烧和海水浸泡的防护要求。

数据存储容量——轨道器：≥64Gb；着陆器：≥120Gb；返回器：≥32Gb。

记录速率——轨道器：≥21Mb/s；着陆器：≥26Mb/s；返回器：≥1Mb/s。

5) 控温回路要求

轨道器：240路；着陆器：104路；上升器：66路；返回器：26路。

3. 特点分析

数管分系统是整器信息管理中心，与以往航天器相比，数管分系统任务主要特点如下所述：

1) 复杂的器间通信

探测器任务期间，根据不同的飞行阶段，各器之间有多种组合体形式。但受测控通道的限制，组合体只能有一个器对地遥测遥控。这就使得其他器只能与该器进行通信，以实现遥测遥控；而在分离后，又要具备与地面的遥测遥控功能。这就使得遥测遥控格式、器间通信、各器的数管子系统工作模式变得非常复杂。分系统分为四个子系统，子系统完成本器管理任务的同时，需要通过器间总线进行通信，且通信模式按组合体状态分多种模式；器间设计多条总线，遥测、遥控、业务数据转发次数多，数据流复杂，器间传输的数据复杂，数据格式类型多，数据量大。

2) 探测器内部时统

根据组合方式和与地面通信方式的不同，数管分系统的工作模式可分为7种。四器组合体状态下，由轨道器建立器上时间基准并分配给轨道器、返回器、着陆器和上升器相关设备；轨返组合体状态下，由轨道器建立器上时间基准并分配给轨道器和返回器相关设备；着陆上升组合体状态下，由上升器建立器上时间基准并分配给上升器和着陆器相关设备；轨道器、返回器、上升器独立工作状态下，建立轨道器、返回器、上升器各自器上时间基准并分配给相关设备。

多器组合体期间，为了统一器上时间，需由一个器对其他几个器进行校时，器间的校时与器内校时存在较大差异，被校时的设备位于另一套总线上，保证校时精度要困难得多，需要采取新的方法和手段，解决器间逐级接力式校时和时间传递误差控制问题，以满足总体任务需求。

3) 质量、功耗的严格限制

要最大可能地减少体积功耗和质量等，同时，满足总体任务的各项功能需求。数管分系统各单机其轻小型化要求更加苛刻。

3.5.2 系统组成

"嫦娥"五号探测器数管分系统由轨道器数管子系统、返回器数管子系统、着陆器数管子系统和上升器数管子系统组成。分系统分别为各器提供遥控、遥测、热控、机构控制、时间管理、自主管理、载荷数据传输等服务；同时，在组合体期间，各器的数管子系统之间通过总线、直接指令等方式通信，相互支持，联为一体。

返回器、着陆器、上升器数管子系统采用集中式拓扑结构进行设计，其中，返回器数管子系统由一台返回器综合管理单元（返回器 SMU）和一台安全数据记录器及子系统软件组成；上升器数管子系统由一台上升器综合管理单元（上升器 SMU）及子系统软件组成，着陆器数管子系统由一台着陆器综合接口单元（着陆器 DIU）及子系统软件组成。轨道器数管子系统采用分布式拓扑结构进行，由轨道器综合管理单元（轨道器 SMU）、轨道器综合接口单元（轨道器 DIU）、轨道器推进舱综合接口单元（轨道器 PEU）和轨道器对接机构与样品转移综合管理单元（轨道器 DMU），4 台设备及子系统软件组成。数管分系统组成如图 3.187 所示。

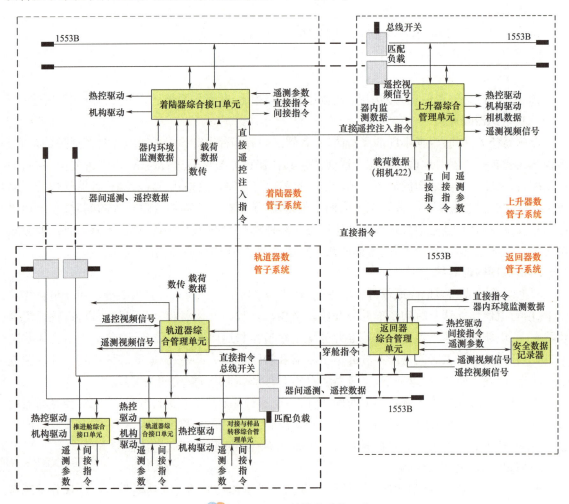

图 3.187　数管分系统组成

轨道器 SMU 是轨道器数管子系统的控制中心,以高性能计算机为核心,主要完成轨道器遥控、遥测、热控管理、器上时间管理、健康状态管理、内务管理、器上总线管理、程控管理、工程参数采编、数据复接存储下传、配电管理、总线网络管理的功能。

轨道器 DIU 主要完成轨道器遥测采集、间接指令输出、电机驱动控制、加热器驱动控制、力学传感器采集、配电、火工品控制的功能。

轨道器 PEU 主要完成轨道器遥测采集、推进指令输出和控制、配电、加热器驱动控制的功能。

轨道器 DMU 主要完成轨道器遥测采集、机构控制指令输出、直流无刷电机控制及驱动、配电、加热器驱动控制的功能。

返回器 SMU 是返回器数管子系统的控制中心,以高性能计算机为核心,主要完成返回器遥控、遥测、热控管理、器上时间管理、健康状态管理、内务管理、器上总线管理、工程参数采编、数据存储、舱门机构控制、自主断电、总线网络管理的功能。

返回器安全数据记录器主要完成数据存储、读出、擦除、对记录数据的保护功能。

着陆器 DIU 是着陆器数管子系统的控制中心,主要完成遥控、遥测、热控管理、工程参数采编、数据复接存储下传、机构控制、器间数据交换的功能。

上升器 SMU 是着陆上升组合体数管子系统的控制中心,以高性能计算机为核心,主要完成着陆上升组合体的遥控、遥测、热控管理、器上时间管理、健康状态管理、内务管理、器上总线管理、程控管理、总线网络管理的功能。

3.5.3 设计技术

本节主要针对多子网自识别路由技术、时间同步管理技术、自主管理技术、模块化综合电子设计技术以及轻小型安全数据记录技术分别予以详细论述。

1. 多子网自识别路由技术

"嫦娥"五号探测器各舱段间的组织方式复杂,针对探测器组合、分离、对接各阶段数据网络结构可变的传输难题,对子网间数据传输网络终端进行了优化设计,减少网络终端及穿舱总线的数量,实现整体减重目标,在多种组合下(四舱段组合体、三舱段组合体、两舱段组合体、单舱段独立工作)舱段内、舱段间信息传输高效、可靠。上升器 SMU、轨道器 SMU、返回器 SMU 分别是着陆上升组合体总线网络、轨返组合体总线网络和返回器总线网络上的总线控制器(BC)。返回器 SMU 作为返回器总线网络与轨返组合体总线网络的网关设备,在轨返组合体总线网络端工作在远程终端(RT)模式,在返回器总线网络端工作在 BC 模式。着陆器 DIU 作为着陆上升组合体总线网络与轨返组合体总线网络的网关设备,均工作在 RT 模式。

在"嫦娥"五号探测器上,轨道器、返回器、上升器等三个舱段有各自独立的测控链路。轨道器、返回器采用"主从式"连接,轨道器、上升器间通过着陆器实现"对等式"连接。针对"嫦娥"五号探测器复杂的器间通信,提出用于多子网数据传输的自识别路由技术方案。该方案中,任意子网从地面接收的遥控数据,可以通过子网选择和网络层路由机制转到其他子网的任意终端。任意子网自身产生的遥测数据,可以通过网络层路由机制和子网选择转到其他子网测控信道下行。为了能够兼容器内多子网路由,探测器各器上行遥控数据均采用分包遥控方案,同时为了兼顾可靠性,其直接指令采用PCM遥控格式。探测器遥测下行和数传下行数据格式均采用CCSDS AOS数据格式,其中遥测数据帧长256B,数传数据帧长1024B。

通过多子网自识别路由技术[41],实现了以下目的:

(1)轨道器子网、上升器(着陆上升组合体)子网、返回器子网的上行数据均可通过不同的上行通道接收数据,达到互为备份的目的。

(2)多子网网络数据传输协议实现了设计灵活的数据接口方式,为器上各分系统设备提供灵活的数据下行手段。

(3)便于组合态向更复杂子网拓扑结构扩充,适应后续任务。

"嫦娥"五号探测器网络示意图如图3.188所示。

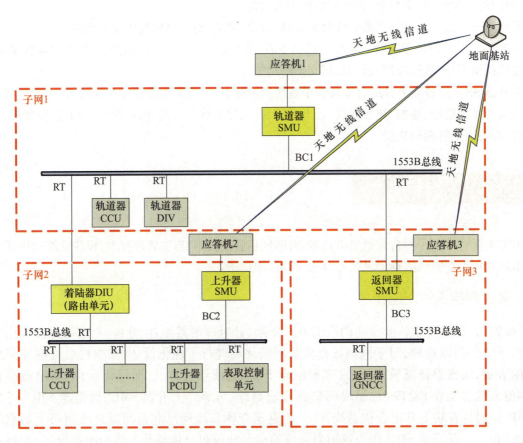

图3.188 探测器三个子网结构示意图

本节主要对典型的上行数据流转和下行数据流转进行介绍,以说明器内多子网自识别路由技术。由于这两个过程涵盖了器内终端自主产生的数据相互通信过程,因此不单独介绍器内终端间相互通信。

1)多子网自识别路由上行过程

上行数据多子网自识别路由如图3.189所示,具体过程如下:

(1) 链路层流转过程。

链路层链路选择控制在接收到完整的通信链路传输单元之后,将执行以下步骤:

① 根据帧头提取完整的数据帧,放入帧处理/转发队列;

② 对每个帧,并根据帧头中的航天器标识查找对应的子网;

③ 将该帧通过一级总线发送到对应子网的控制器;

④ 重复步骤②~步骤④。

(2) 网络层路由。

子网 BC 在接收到完整的数据帧之后,将执行以下步骤:

① 对数据帧进行正确性校验;

② 从正确的数据帧中提取出完整的空间包[42],放入路由包队列;

③ 从路由包队列队首提取空间包,并根据包头中的应用过程标识(APID)查找对应的子网终端;

④ 将该包通过二级总线发送到对应子网终端;

⑤ 重复步骤②~步骤④。

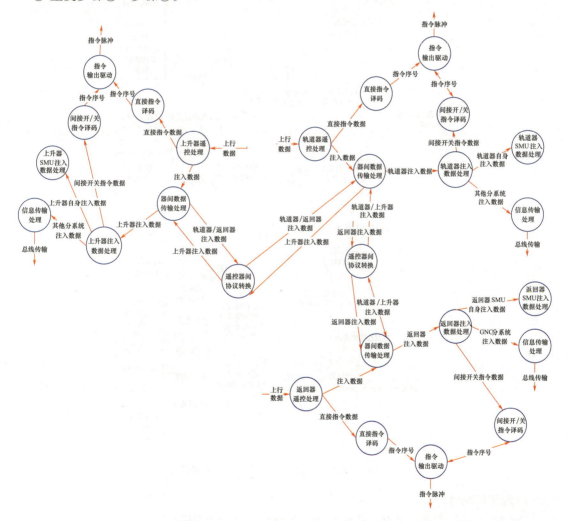

图 3.189　四器组合体上行数据流图

2）多子网自识别路由下行过程

下行数据多子网自识别路由过程如图 3.190 所示，具体如下：

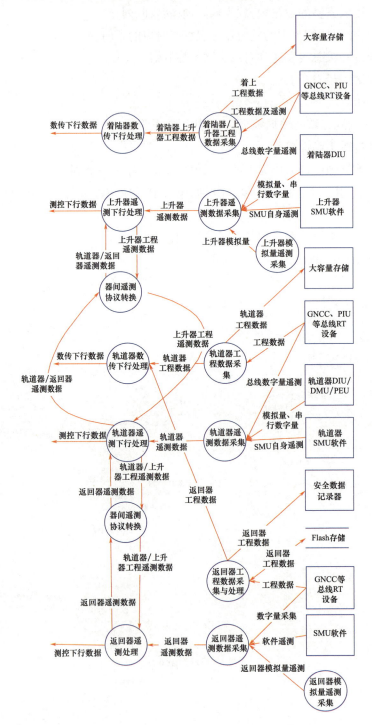

图 3.190　四器组合体下行数据流图

(1) 网络层路由。

子网 BC 在接收到完整的各个终端遥测数据之后，将执行以下步骤：

① 通过二级总线接收的数据组成空间包,放入包路由队列;
② 从包路由队列队首提取空间包,组成遥测帧,生成差错校验。

(2)链路层流转过程。

链路层链路选择控制在接收到完整的遥测帧之后:
① 将遥测帧队列提取遥测帧,通过一级总线发送到对应子网的器载子网控制器 BC;
② 将遥测帧放入帧下行队列,合路所有遥测帧下行。

另外,对于突发遥测数据具备应急通道方案:此类数据的特点是在探测器生命周期内,大部分时间都不会产生,但一旦产生,则应尽快完成下传。

探测器各子网内,突发下行数据传输的发起和回传过程相互独立,由不同的源端负责。其中传输发起指令可以由子网的主控终端或地面控制产生,而数据的回传由相应的远程终端负责,其一般流程如下:

① 主控终端在向对应的远程终端发出取数指令后,就不再等待数据回传,转而进行其他常规工作;
② 远程终端准备好数据后,向主控终端主动提出突发数据传输请求,完成该数据的回传;
③ 除此之外,远程终端也具备主动发起自身突发数据传输请求的能力。

图 3.191 为二级子网下行突发数据传输示意。

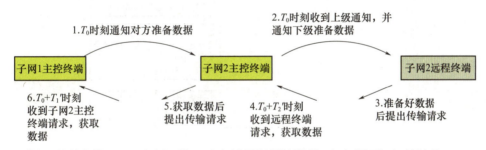

图 3.191　突发数据下行示意

2. 时间同步管理技术

"嫦娥"五号探测器的轨道器、返回器、上升器三个舱段有各自独立的测控链路。针对"嫦娥"五号多舱段具备测控能力的设计状态,为了优化操控、提升能力,为探测器设计了一套多舱段物理上行信道器内联通方案。通过网络层自识别路由协议,实现了通过任意具备测控能力舱段操控整器的能力,减轻了地面测控压力,减少了推进剂消耗,增加了整器冗余备份能力。在此基础上,通过探测器多舱段组合体信息网络,设计了舱段间的时间同步方案[43]。在该时间同步方案的实施过程中,需解决两方面的问题:一是时间信息跨舱段传输,二是传输过程中的误差控制。

针对时间信息跨舱段传输问题,提出组合体舱段间接力式时间传递方法[44],实现了器内信息网络上时间信息的自流动;提出基于飞行模式的时间基准设备检索方法,为各设备进行自主校时提供了时间信息筛选依据;针对传输过程中的误差控制问题,尤其是"对等式"组合舱段间传输误差控制,提出了一种分布式校时传递误差控制方法,实现对组合体内部端到端总误差的有效控制。

1) 组合体舱段间接力式时间传递方法

结合舱段间通信模式,为设备制定时间传递规范,将多舱段组合体校时过程分解为舱段间的接力动作。通过双向时间传递规范,实现了时间信息动态传递。

探测器内部网络上各设备按照自身在1553B总线上的工作模式,完成在该条总线上自身所需进行的时间传递动作。如图3.192所示,BC以时间广播方式发布时间,RT每接收一次BC的时间广播后,都在自身特定发送子地址更新时差。BC在时间广播后,间隔一段时间后按照协议从特定RT取回时差。通过与BC、RT工作模式绑定的传输操作,解决了网络内各设备如何获得时间信息的问题,将探测器内部网络中的时间信息流动问题分解、提炼为服务层的具体操作,按照此规范设计的设备可实现任意层级、连接方式的1553B总线网络内时间信息的接力式传递。

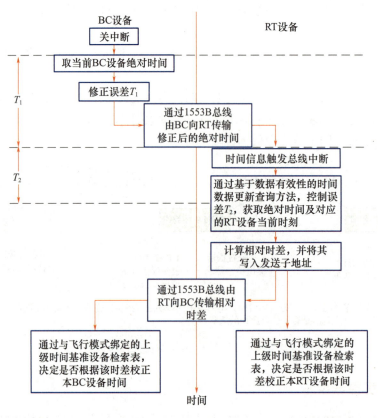

图3.192　接力式时间传递方法中相邻BC、RT设备间时间信息传输过程示意图

2) 基于飞行模式的时间基准设备检索方法

在多舱段组合体探测器中,设备可同时从多个方向获取到时间信息,此时需有一种方法确定依据从何处传来的时间信息对自身进行校时。为此,提出了基于飞行模式的时间基准设备检索方法,结合接力式时间传递过程,逐级定义时间基准设备,各设备根据本设备上一级时间基准设备发布的时间信息实施自主校时。探测器按照不同飞行模式下器内信息网络拓扑结构,综合设备位置、设备时钟稳定性和测控条件等,选定各飞行模式下唯一的时间基准设备,通过测控链路对该设备进行授时。优选位于网络中段、具备高稳时钟源和具备测控链路的设备作为整器的时间基准设备。该设备发布的时间信息可通过接力式校时方法实现在器内信息网络上的自流动,影响到整个

组合体的各个设备。

基于探测器可能的组合体飞行模式,建立时间基准设备检索表。将该表保存在组合体各设备上,在飞行模式转换时,多舱段组合体上的所有设备同步切换。通过基于飞行模式切换的时间流向控制和时间基准设备检索,解决了组合体内信息网络上具备多个时间信息来源的设备如何选择校时依据的问题,具体过程如图 3.192 所示。

3) 分布式校时传递误差控制方法

校时信息传递过程中的误差分别在信息传递的每个环节进行分布式修正。

若设备是 BC,则周期性取自身时间,将时间信息发布给该条总线上的各个 RT 设备。BC 端设计可通过关中断、取时间、发消息的方式,将取时间、组织总线消息、总线消息传输等动作引入的时间误差控制在固定范围内,并对该误差进行测量。在发送前,将误差修正到待发送时间信息中。修正后,在该信息传输完成、触发接收端总线中断信号时,信息中的绝对时间为此时 BC 端的准确时间。

若设备是 RT,则对接收时间信息的子地址进行特殊设置,为其绑定独立的数据块,通过中断方式尽快检测到时间信息更新。在对 RT 端软件中断进行分析的基础上,在总线中断服务程序及更高优先级的中断服务程序中,通过基于数据有效性的时间数据更新查询方法,减小 RT 端操作引入的误差。在总线中断服务程序中,采用基于数据有效性的时间数据更新查询方法优化 RT 端对更新的时间信息的查询方式,如图 3.193 所示。在数据有效且通过检验后,取 RT 设备当前的绝对时间,与 BC 发来的绝对时间成对保存,设置待处理标志。

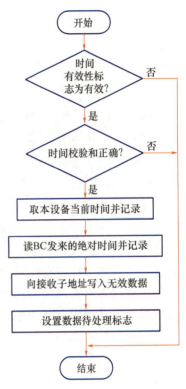

图 3.193 基于数据有效性的时间数据更新查询方法

以四舱段组合体轨道器主导校时飞行模式为例,时间传递过程中误差如图 3.194 所示。从图 3.194 中可见,接力式校时的时间传递误差主要包含两部分,ΔT_1、ΔT_3 为 BC 引入的误差,ΔT_2、ΔT_4 为 RT 引入的误差。BC 引入的误差可通过 BC 端操作加以修正,RT 引入的误差可通过 RT 中断服务程序设计加以修正。在 RT 中断服务程序中实施多次查询,实现对误差最大值的控制。

在四舱段组合体轨道器主导校时模式下,在轨道器总线一端,着陆器 DIU 计算出的与轨道器 SMU 间相对时差为

$$D_{\text{GSMU-DIU}} = T_{\text{G-SMU}} - (T_{\text{DIU\_G}} + \Delta T_2) \tag{3.9}$$

式中:$T_{\text{G-SMU}}$ 为轨道器 SMU 发送的修正了 ΔT_1 之后的时间;ΔT_2 为着陆器 DIU 自身处理引入的误差;$T_{\text{DIU\_G}}$ 为着陆器 DIU 与 $T_{\text{G-SMU}}$ 对应的准确接收时刻;$D_{\text{GSMU-DIU}}$ 为 DIU 根据轨道器绝对时间和自身记录的接收时刻计算出的与轨道器间的相对时差。依据此时差校时后,着陆器 DIU 与轨道器 SMU 间的时差为 $-\Delta T_2$,即着陆器 DIU 的时间比轨道器 SMU 的时间慢 ΔT_2。

在上升器总线一端,着陆器 DIU 计算出的与上升器 SMU 间相对时差为

$$D_{\text{DIU-SSMU}} = (T_{\text{DIU\_S}} + \Delta T_4) - T_{\text{S-SMU}} \tag{3.10}$$

式中:$T_{\text{S-SMU}}$ 为上升器 SMU 发送的修正了 ΔT_3 之后的时间;ΔT_4 为着陆器 DIU 自身处理引入的误

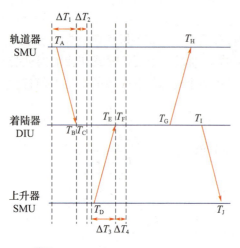

图 3.194　接力式校时过程中的时间传递误差

差；T_{DIU_S} 为着陆器 DIU 与 T_{S-SMU} 对应的准确接收时刻；$D_{DIU-SSMU}$ 为 DIU 根据上升器绝对时间和自身记录的接收时刻计算出的与上升器间的相对时差。依据此时差校时后，着陆器 DIU 与上升器 SMU 间的时差为 $-\Delta T_4$，即上升器 SMU 的时间比着陆器 DIU 的时间快 ΔT_4。

在接力式校时过程中，在每两台相互接力的设备里，同一时间只有一台设备需要进行校时。校时动作是由设备根据与飞行模式绑定的上级时间基准设备检索表自行确定的。在四舱段组合体轨道器主导校时模式下，轨道器 SMU 与着陆器 DIU 的接力过程中，着陆器 DIU 校时；着陆器 DIU 与上升器 SMU 的接力过程中，上升器 SMU 校时。基于上述两两接力校时的时差，进一步对四舱段组合体轨道器主导校时模式下接力校时源端（轨道器 SMU）与末端（上升器 SMU）之间的时差进行分析。轨道器 SMU 与上升器 SMU 之间的时差为

$$D_{GSMU-SSMU} = (T_{G-SMU} - \Delta T_2) - (T_{S-SMU} - \Delta T_4) \tag{3.11}$$

由上式变换得到

$$D_{GSMU-SSMU} = (T_{G-SMU} - T_{S-SMU}) + (\Delta T_4 - \Delta T_2) \tag{3.12}$$

可见，经过接力校时后，由于着陆器 DIU 引入的时差，上升器时间比轨道器时间慢 $\Delta T_2 - \Delta T_4$。通过对 ΔT_2 和 ΔT_4 进行控制，可实现对校时误差的有效控制。

可通过多次查询的方式实现对 ΔT_2 和 ΔT_4 最大值的控制，如图 3.195 所示。

图 3.195 中，T_0 为 BC 发布时间传输完成的时刻，T_1、T_2、T_3、T_4 分别为在中断服务程序中调用基于数据有效性的时间数据更新查询方法的时刻。

若不进行多次查询，则因中断嵌套引入的最大误差为

$$D_B = \sum_{i=1}^{N}(L_{MAX}(i) \times T_{MAX}(i)) \tag{3.13}$$

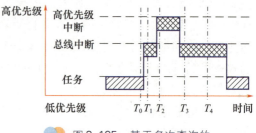

图 3.195　基于多次查询的时间传递误差控制

式中：D_B 为总线中断服务程序最大嵌套工况下的打断延时；N 为可能打断总线中断服务程序的高优先级中断服务程序总数；$L_{MAX}(i)$ 为第 i 个高优先级中断服务程序单次最大执行时间；$T_{MAX}(i)$ 为第 i 个高优先级中断服务程序最大嵌套次数。

在计算中断嵌套引起的总延时指标时，需要考虑到总线中断服务程序本身引起的延时。通过系统设计分配的校时传递误差指标和 RT 端中断最大嵌套延时，可将相邻两次调用查询间隔约束表述为

$$I_{CALL} \leqslant (D_T - D_B) \tag{3.14}$$

式中：I_{CALL} 为自 BC 发布的时间信息传输完成那一时刻到 RT 第一次查询到这一绝对时间并取自身当前时刻之间的时间延迟，该延迟以 ΔT_2 和 ΔT_4 体现在时差中；D_T 为校时传递误差指标；D_B 为总线中断服务程序最大嵌套工况下的打断延时。在 $I_{CALL} < D_B$ 时，可不在比总线中断服务程序优先级更高的中断服务程序中插入查询；在 $I_{CALL} \geqslant D_B$ 时，需要在比总线中断服务程序优先级更高的中

断服务程序中插入查询。

在系统设计完成误差指标分配后，D_T 就确定了。D_B 与 RT 端程序设计有关，可通过调整中断优先级、控制各级中断最大执行时间等手段加以调节。在 D_T 和 D_B 确定后，对 I_{CALL} 的最大值约束便建立了。而多次查询的目的，就是使

$$\max_{i=1}^{M}(T_{i+1} - T_i) \leq I_{CALL} \tag{3.15}$$

式中：M 为 RT 端最大中断嵌套场景下的查询总次数；T_i 为第 i 次时刻。从上式可见，多次查询中任意两次查询间的最大时间间隔不能大于 I_{CALL}。

上述方法通过中断优先级和触发方式设计，控制从 BC 发送的绝对时间信息到达至 RT 开始处理该信息之间的时间延迟误差；通过基于时间信息有效性校验的多次查询，控制由 RT 端高优先级中断和总线中断服务程序自身执行误差。通过综合使用总线中断优先级设计、中断触发方式设计和基于选择性主动查询的中断服务程序设计等多种手段，实现了对双 RT 模式网关校时传递误差的有效控制。

除高精度时间同步外，着陆器 DIU 软件还肩负着器间数据转发、机构控制、有效载荷数据复接存储、分离后自主运行等任务，因此在工程实现上按照指标要求对性能、代价进行平衡，在着陆器 DIU 软件中，综合考虑各项功能需求，将 DIU 中负责实现脉冲指令发送的定时器中断设为最高优先级中断，将总线中断优先级设为次高优先级，并对中断优先级和中断服务程序进行了针对性设计。

3. 自主管理技术

探测器的自主管理能力是数管分系统重要的功能之一，能自主维持探测器的正常运行，并在故障情况下自治地采取处理措施，提高了探测器的生存能力，增强了系统的可靠性。

数管分系统是探测器的信息中枢和管理中心，负责多项整器自主管理功能。以下就探测器的几项主要的自主管理技术进行介绍。

1）程控自主管理技术

探测器在器箭分离、轨道器/着陆器分离、着陆器/上升器分离、轨返分离等时刻，根据信号判断执行多段自主控制程序，为保证各阶段程控指令执行的可靠性，在计算机硬件故障复位或切机后，仍能继续执行未执行完成的程控指令，地面也可发送删除指令，终止程控指令的执行。

2）热控自主管理技术

探测器运行中的自动温度控制是普遍采用的典型的自主控制，由遥测通道探测被控部件的温度，当达到所设定的控制阈值，则由数管分系统发出接通或断开加热器供电的控制指令。对流体回路机械泵和水升华器按照热控分系统提出的分层策略进行特殊控制。

3）有限信道资源下的多条件航天器工程数据自动检索与下传技术

轨道器中存储的工程参数测量的数据（相机等数据），在分离、对接、样品转移等任务关键阶段，将图像信息实时下传，有效支持分离、对接、样品转移过程实时直播。

着陆器中存储的有效载荷、工程参数测量及采样封装分系统的工程数据，在月面工作时，在时间有限情况下，地面实时获取最有效数据，有效支持采样过程操作，保证采样过程高效顺利完成，动力下降段，降落相机图像低带宽下传，有效支持降落过程实时直播。

返回器中存储的 GNC 重要工程数据、工程参数测量数据（力参存储高速数据和热电偶数据），

月地转移段标定数据获取,有效支持在轨精确标定,为了在轨提前获取数据,避免回收失败丢失飞行数据的风险,根据在轨可利用信道情况和数据回放的需求,自动选取有效数据进行回放。

数据的存储和回放采取的主要设计措施包括：

(1)四器和轨返组合体期间,存储GNC重要工程数据和低速工程参数测量数据,可以通过轨道器数传通道将GNC重要工程数据全部下传或者抽帧下传。

(2)着陆上升组合体期间,存储降落相机图像低带宽下传,月面工作段采样过程存储各类相机图像,对不同格式、类型的多源数据,通过数据分类标记,建立索引信息,采用抢占算法分配存储、传输资源,选取时序、来源、类型、流量等多种条件从海量数据中检索最有效数据,确保采样关键过程重要操作可靠完成。

(3)在返回器独立工作期间,存储GNC重要工程数据、低速工程参数测量数据和高速工程参数测量数据,在返回器测控信道实时回放GNC重要工程数据和低速工程参数测量数据,能够按不同比例选取GNC重要工程数据和低速工程参数测量数据进行回放,适应由于测控信道资源紧张,不能回放全部数据的情况。

(4)实现数据类型筛选,多级抽取等多种数据自动选取方式,可通过预先设置,完成飞行过程和再入返回过程中数据的回放。

(5)具备自主容错能力,在故障引起回放中断情况下,可自主记录断点在故障恢复后自动进行断点续传,确保数据回放连续。在存储器失效情况下,可自动转入关键数据抽取,并实时下传模式,可最大限度获取有效数据。

4)自主断电管理技术

为了节省电源,以利于回收着陆后的搜索,在返回器着陆后30min左右,数管进行自主断电操作,自主断电后返回器SMU自身无法重新加电工作,因此带来误断电风险。采取的措施包括：

(1)在轨道器中设置返回器数管子系统一次电源加电指令,通过穿舱电缆连到返回器,使得万一出现误动作使返回器数管子系统断电后,仍能加电。

(2)加强返回器SMU自主断电指令的安全性设计,采用在本条指令的指令线上设置开关以及增加软件锁的方法,在软硬件两方面确保不会出现返回器数管子系统一次电源断电指令误执行的情况。

(3)硬件设计中,自主断电指令线没有接通前,自主断电指令无效。自主断电指令需要发送两条指令才能进行断电,自主断电指令才有效。

(4)软件设计上,增加软件开关,保证未使能情况下,不会因为软件故障造成误动作。

5)重要数据备份管理技术

数管分系统重要数据的备份设计:轨道器SMU的重要数据在轨道器DIU、轨道器CCU、轨道器PEU中进行备份及恢复。返回器SMU重要数据在轨道器SMU、返回器GNCC、返回器SMU内部进行备份及恢复。上升器SMU重要数据在上升器CCU和上升器PCDU中进行备份及恢复。

6)机构控制管理技术

数管分系统完成对轨道器太阳翼、轨道器定向天线、着陆器太阳翼、着陆器定向天线、和返回器舱门机构的驱动控制。具体包括：

(1)在飞行过程中,根据地面指令驱动轨道器两太阳翼在0°~360°内转动。

(2)在飞行过程中,根据地面指令驱动轨道器定向天线转动,指向地球。

(3)在飞行过程中和月面工作过程中,根据地面指令和程控控制着陆器的 +Z/−Z 太阳翼展开、收拢,并能够使其在运动范围内任意位置停止。

(4)着陆上升组合体着陆月面后,通过上行数据注入控制定向天线转动,指向地球。

(5)完成对返回器舱门机构的控制。

数管软件还支持在轨修改自主管理策略,可以在不停止器上相关软件任务运行的情况下直接注入修改自主管理策略,还可以按一定的算法对探测到的参数进行运算,根据对运算结果的判断确定指令的发送。

4. 模块化综合电子设计技术

数管分系统设备采用模块化综合电子设计技术,可重构模块化综合电子设计技术给"嫦娥"五号探测器数管系统减重设计提供了一个解决方案。与传统卫星数管分系统相比,探测器数管分系统做到了功能融合、接口统一、系统集成,大幅度降低了系统的质量和功耗。运用模块化、可重构的方法构建了一个灵活的电子系统,通过模块之间的组合,可以快速组成电子单机和电子系统。这种模块化综合电子设计技术对后续型号具有很好的借鉴意义。以下就以轨道器数管子系统为例,对模块化综合电子设计技术进行说明。

轨道器分为支撑舱、对接舱、仪器舱和推进仪器舱。按照大型航天器的电子设计思路,轨道器数管子系统采用分布式总线网络控制的架构,结合轨道器的构型与布局,数管子系统设计四台单机,分别是轨道器 SMU、轨道器 DIU、轨道器 PEU 和轨道器 DMU。其中,轨道器 SMU 和轨道器 DIU 放置于仪器舱,呈 180°布置,轨道器 DMU 放置于对接舱,轨道器 PEU 放置于推进仪器舱。轨道器 SMU 作为轨道器数管系统四台单机的核心,通过 1553B 总线对其他三台单机实施控制,共同实现轨道器电子信息系统的功能。

1)综合电子模块划分

对轨道器综合电子的功能需求进行详细梳理,并结合系统体系结构,按照模块化设计思路,保证模块之间易于集成、接口简单可靠、故障易于隔离,共规划了 18 种功能模块,然后通过各种模块的组合形成轨道器数管子系统的四台单机[45]。轨道器数管综合电子模块划分情况详见表 3.45 所示。

表 3.45 轨道器数管综合电子模块划分表

序号	模块名称	功能描述	冗余形式
1	高性能计算机模块	基于 TSC695F 的 CPU 板,配置存储器和 1553B 总线	单板单机
2	间接指令和遥测采集模块	间接指令输出和遥测采集	单板双机
3	遥测处理与频标模块	遥测数据存储、编码、PSK 调制输出和时间基准产生	单板双机
4	遥控处理模块	遥控 PSK 信号解调,产生 PCM 码流	单板双机
5	直接指令驱动模块	直接指令输出,遥控注数转发	单板双机
6	大容量固存及复接模块	数据存储、复接、编码	单板双机
7	二次电源模块	产生 +5V、±12V 电源,共 2 组	单板双机
8	步进电机驱动模块	驱动太阳翼和定向天线机构的步进电机	单板单机

续表

序号	模块名称	功能描述	冗余形式
9	加热器控制模块	加热器驱动	单板双机
10	双冗余智能处理器模块	基于80C32的CPU板,配置存储器和1553B总线	单板双机
11	二次电源与配电模块	产生+5V、+5.5V、±12V电源	单板双机
12	火工品控制a模块	火工品控制,含火工品母线、回线控制	局部冗余
13	火工品控制b模块	火工品控制	局部冗余
14	配电a模块	一次配电	局部冗余
15	配电b模块	一次配电、二次配电	局部冗余
16	直流无刷电机控制与驱动模块	对接机构与转移机构直流无刷电机控制与驱动	单板单机
17	力学环境检测模块	力学传感器供电和信号采集	单板单机
18	遥测采集模块	遥测采集	单板双机

2）综合电子通用化内总线设计

轨道器数管子系统各单机均采用层叠式（笼屉式）结构,使用内部互连插件连接单机内各个模块。模块间通过内总线进行电源、数据和控制信号的传输,并在CPU的统一控制下协调工作。轨道器数管子系统选用的CPU为TSC695F和80C32两款,分别针对复杂计算功能和一般控制两种应用场合。针对上述两款CPU的时序特点,同时考虑到一些通用模块要同时适应两种CPU内总线,对TSC695F内总线和80C32内总线进行了统一的定义,使通用模块可以兼容两种内总线。

内总线定义主要涉及信号定义、时序定义、供电和控制模式几个方面,其信号包含电源线及其回线、数据线、地址线、读写控制线、忙闲状态线、自定义信号线等。CPU产生的地址、数据和控制信号通过内总线接插件传送给各个I/O模块,进行内总线操作的时序控制。为保证可靠性,内总线信号均设计为双点双线,连接到内总线的信号使用隔离芯片进行驱动。

内总线时序定义规定了CPU模块对I/O模块进行操作的方式,以CPU芯片的时序为主,由CPU模块上的FPGA进行适应性改进,以达到对挂在内总线上I/O模块控制的目的。CPU对I/O模块的控制主要通过读和写两种时序来完成。

内总线供电指内总线为挂在其上的模块提供二次电源及回线的能力。二次电源及回线由电源模块产生,它为内总线提供A机5V、A机+12V、A机-12V、B机5V、B机+12V、B机-12V共6档电源,以及公用的模拟地、数字地。模块若需使用3.3V、2.5V等其他电源,可使用总线提供的5V电源自行转换。

内总线控制模式设计兼顾了冷/热备份工作模式。设计有控制权状态信号,用于热备份控制计算机进行输出信号控制;设计有自主开机信号,热备份单机连接开双机指令线,冷备份单机连接开B关A指令线;设计有复位信号,为模块提供上电复位和遥控复位能力;设计有5个时钟信号,由CPU模块上的同一个时钟源分频产生,便于I/O模块进行同步逻辑设计。

3）轨道器数管单机模块组成

轨道器数管子系统4台单机由18种模块共34块板组成。

轨道器SMU单机为主、备机热备份系统（可冷备使用）,由9种类别共11个功能模块组成,分别为高性能计算机模块 2 块、间接指令与遥测采集模块 2 块、遥控处理模块 1 块、直接指令驱动模块 1 块、遥测处理与频标模块 1 块、大容量固存及复接模块 1 块、二次电源模块 1 块、配电 b 模块 1 块、加热器控制模块 1 块。

轨道器 DIU 为主、备机冷备份系统,由 8 种类别共 11 个功能模块组成,分别为步进电机控制模块 2 块、加热器控制模块 1 块、间接指令与遥测采集模块 2 块、双冗余智能处理器模块 1 块、二次电源与配电模块 1 块、力学环境检测模块 1 块、火工品控制 a/b 模块共 2 块、配电 a 模块 1 块。

轨道器 DMU 为主、备机冷备份系统,由 5 种类别 7 个功能模块组成,包括双冗余智能处理器模块 1 块、二次电源与配电模块 1 块、加热器控制模块 1 块、直流无刷电机驱动模块 3 块、遥测采集模块 1 块。

轨道器 PEU 为主、备机冷备份系统,由 4 种类别共 5 个模块组成,包括二次电源与配电模块 1 块、双冗余智能处理器模块 1 块、遥测采集模块 1 块、加热器控制模块 2 块。

5. 轻小型安全数据记录技术

安全数据记录器的主要功能:全面记录存储从轨返分离开始的返回、回收、着陆期间返回器的重要数据(如工程测量参数、GNC 数据等)。即使返回器出现灾难性事故(坠毁)也能完好保护所记录数据,不会由于断电、高温、高压或高力学环境影响而丢失数据。对于所存储的重要数据,在返回器着陆回收后能够读出。

受返回器质量的限制,要求安全数据记录器的质量不大于 1kg,存储容量不小于 32Gb,记录速率不小于 1Mb/s,数据存储误码率小于 10^{-8}。

在进行安全数据记录器轻小型化方案设计方面,一方面,采取 USB 技术减小电路板尺寸,以减小保护壳体的办法;另一方面,在结构上进行轻小型化设计,提出并采用了多层柱形结构设计方案,解决了质量、功耗严苛受限时的抗毁伤安全数据记录器轻小型化技术难题,实现质量 0.9kg 的超轻安全数据记录器。采取的具体设计措施如下:

1)采用先进的存储芯片技术

"嫦娥"五号探测器上用到的存储芯片单芯片容量达到 32Gb,对整个安全数据记录器电路部分采取保护措施,不需进行存储芯片的备份,只需 1 片存储芯片,使得安全数据记录器的体积大大减小。

2)采用 USB 接口使电路体积更小

采用了 USB 接口技术,高度集成化的器件解决方案。使用工业级 USB 数据记录控制器件,该器件的使用极大地减小了设备体积,印制板缩小至 40mm×20mm×2mm,功耗降低到 0.36W,降低了安全数据记录器内部功耗,减小了防护的面积,减轻了设备质量。采用 USB 接口,实现与返回器 SMU 通信,USB 总线为民用总线,所有控制器及接口器件均为工业级器件,在"嫦娥"五号探测器上使用了工业级 USB FLASH 控制器器件和工业级 ARM 器件,这两种器件单粒子锁定阈值较低,为了确保使用的可靠性并满足"嫦娥"五号探测器工作环境,提出了一种物理层和软件层可靠性加固方法,解决 USB 技术在空间环境中应用的可靠性设计难题,将 USB 总线成功应用于在轨飞行,实现空间数据的高可靠存储。

物理层可靠性加固方法:对工业级 USB FLASH 控制器与 ARM 器件采取单独的电源限流保护措施,为了降低 ARM 器件与 USB 接口控制 FPGA 电源耦合程度,在设计中将 ARM 器件与 USB 接口控制 FPGA 的供电分开。这样即使在 ARM 器件或控制器器件出现锁定时,也不影响 USB 接口控制 FPGA 对返回器 SMU 中 USB 主控模块中的 FLASH 存储器数据的存储回放的控制。采用防锁定限流保护器限制工业级 USB FLASH 控制器与 ARM 器件总供电电流。安全数据记录器 USB 接口控制原理框图如图 3.196 所示。

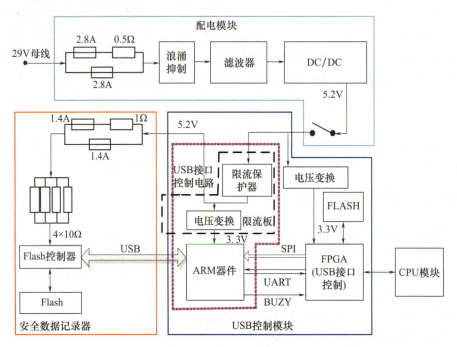

图 3.196　安全数据记录器 USB 接口控制原理框图

软件层可靠性加固方法:对安全数据记录器定期自检;并在返回器 SMU 的应用软件设计中,根据安全数据记录器的相关遥测进行故障判读,并采取自主的故障处理措施,确保安全数据记录器的正常工作。

3)使用了新型多层柱形结构设计,同时兼具隔热和缓冲双重功能

在机壳材料的选用中,复合材料防火能力好、硬度高但是韧性差,而钛合金防火能力差但是韧性和强度好。因此采用这两种材料的优化组合起到了功能互补的效果,既满足了防护要求又具备很小的质量。安全数据记录器结构设计从内到外分为五层:

第一层为硅凝胶层,起到减震、密封、防水的作用,该层采用特殊工装将 USB 存储板密封在 5mm 厚的硅凝胶中,一方面用于密封防水,另一方面方便工艺灌封实现。硅凝胶在很宽的温度范围都可以保持很好的弹性和密封性。因此,本层能够起到很好的减震作用,将冲击能量衰减到很小的量级,同时本层可以防止存储板掉进海水后,海水压力和盐分对存储板的破坏,工艺上容易实现。

第二层为气凝胶隔热材料层,起到隔热、缓冲的作用,该气凝胶材料为轻质耐高温隔热材料,具有极小的密度(空气的 3 倍),热导率 0.02W/(m·K),比热 1.7kJ/(kg·℃)。该材料还是一种具有弹性的材料,能够起到一定的减震作用。

第三层为钛合金层,起到抗冲击、密封的作用,钛合金具有较低的密度和很高的强度,能够耐 1500℃的高温。既可以起到密封、防冲击的功能又能够起到耐火烧作用。

第四层为气凝胶隔热材料层,起到隔热、缓冲的作用。防止高温对钛合金层的材料特性影响,保证安全数据记录器的抗穿透性能。

第五层为最外层,是碳纤维增强陶基复合材料层,起到防热、抗冲击、抗氧化的作用。该复合材料具有较小的密度(1.7g/cm^3)和很高的硬度,同时还能够承受1500℃的火烧,是理想的结构材料。

安全数据记录器的结构本体为圆柱形结构,圆柱形结构在垂直方向上具有所有外形中最好的抗弯曲强度,一般"黑匣子"的顶面是平面,本结构将顶面设计为球面,使其具有了和侧面相同的防护能力。本设计在穿透和抗冲击方面均比传统设计具有更好的防护效果。安全数据记录器结构剖面图如图3.197所示。

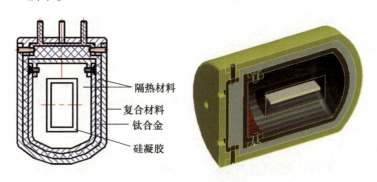

图3.197 安全数据记录器结构剖面图

通过上述方法,可将安全数据记录器做到1kg以内,且满足各项防损毁要求。

3.5.4 验证技术

数管分系统单机的试验测试验证、器间通信及信息流设计验证、子系统测试验证、分系统测试验证、分系统间联试验证、系统测试验证在此不再赘述,本节主要针对多器组合体器间接力式校时验证技术和安全数据记录器验证技术进行详细介绍。

1. 多舱段间接力式校时验证技术

在数管分系统测试、地面系统级测试中对提出的接力式校时和误差控制方法进行了验证。

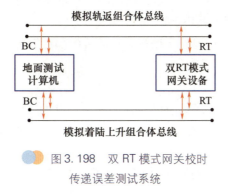

图3.198 双RT模式网关校时传递误差测试系统

在数管分系统测试中,通过具有2条1553B总线仿真能力的地面测试计算机和真实的飞行设备,搭建了双RT模式网关校时传递误差测试系统,如图3.198所示。利用总线仿真卡模拟轨道器和上升器通过着陆器进行数据交互的最大工况,轨道器、上升器开始总线通信的时机随机,各以30s周期向着陆器广播自身时间,并在广播绝对时间后指定间隔取回相对时差。运行长时间的强度测试,通过总线记录判读因着陆器引起的校时传递误差在[0,1.20]ms范围内,满足要求。

在地面系统级测试中,通过引入GPS时间,与轨道器、上升器下行的遥测帧的插入域中的时间码进行比较,检查在四器组合体模式下通过器内信息网络实现各器时统后各器时间波动是否满足探测器时间误差要求。经测试,在四器组合体模式下,通过地面对轨道器进行校时后,轨道器下行遥测帧内的时间与相应的GPS时间近乎同步,上升器下行遥测帧内的时间与相应GPS时间最大绝对误差为1.73ms,满足要求。

2. 安全数据记录器验证技术

针对安全数据记录器特殊的防护要求,投产了2台试验件,用于安全数据记录器防护设计的验证,2台试验件分别按不同的顺序开展专项试验验证。试验件1按顺序进行了力学、热真空、热循环、火烧试验、海水浸泡、着陆冲击试验。试验件2按顺序进行了静态挤压、火烧试验、抗穿透试验、着陆冲击试验。

以下就安全数据记录器的火烧、静态挤压、海水浸泡、抗穿透和着陆冲击试验的试验验证方法进行说明。

1)火烧试验

防护要求:安全数据记录器被置于1200℃的火焰中,壳体外表面积至少有50%被火焰包围,经受400s烧烤,存储器数据完整无损。

火烧试验过程:将试验件1放在支架上,调节火焰温度至1200℃及火焰直径能够包裹整个试件下表面,满足受烧面积50%以上,火焰温度1208.9℃。通过温度传感器接收设备监视记录试验件1腔体内温度,计时7min后,从支架上取下试验件1,继续记录试验件腔体内温度;将试验件2放在支架上,调节火焰温度至1200℃及火焰直径能够包裹整个试验件下表面,满足受烧面积50%以上,火焰温度1205.3℃,计时6分47秒后,从支架上取下试验件2,试验件2恢复到室温。

试验结果:读出试验1和试验件2的数据,与试验前写入数据进行比对,数据一致,试验通过。

根据安全数据记录器试验件1火烧内部温度曲线,在7min加热过程中,安全数据记录器试验件1内部温度无变化,加热结束后开始升温,直到29min时安全数据记录器内部温度达到最大值94℃,低于元器件的工作温度125℃的要求,火烧加热后,安全数据记录器外部温度约60min后降到室温,内部温度190min时降温到室温。

安全数据记录器试验件1、试验件2试验后对设备内部存储的数据进行了检验,数据无误,工作正常。

2)静态挤压试验

防护要求:使安全数据记录器在三个方向上分别受2300kg连续挤压的静态力作用5min。

试验过程:试验件2径向压缩至23kN,保持5min,试件挤压面轻微变形;轴向压缩至23kN,保持5min,试验件挤压面锥头变形。

试验结果:试验后对设备内部存储的数据进行了检验,数据无误,试验件2工作正常,通过了静态挤压试验。

3)海水浸泡试验

防护要求:安全数据记录器的保护存储器置于30m深海水中浸泡72h,存储器数据完整无损。

试验过程:采用30m缆绳将安全数据记录器试验件1和压载物放入海水中,浸泡96h后取回,进行了表面的清洗以去除泥沙。试验件1火烧后在海水浸泡中复合材料产生了氧化现象。

试验结果:海水浸泡试验后对设备内部存储的数据进行了检验,数据无误,安全数据记录器试验件1工作正常。

4)抗穿透试验

防护要求:安全数据记录器承受一个撞击力,相当于从3m高处垂直自由跌落的一根质量为230kg重的标准钢钎砸在保护存储器外壳的最薄弱面,触点面积小于0.32cm^2,存储器数据完整无损。

试验过程:从3m高处垂直自由跌落的一根230kg重的标准钢钎砸在安全数据记录器的外壳,试验过程中安全数据记录器试验件2外壳复合材料产生了破损,但内部钛合金层未穿透。

试验结果:试验件2经过抗穿透试验后,对设备内部存储的数据进行了检验,数据无误,工作正常。

5)着陆冲击试验

防护要求:安全数据记录器的保护存储器能承受不小于70m/s的速度落在水泥地面上的冲击载荷,存储器数据完整无损。

试验过程:试验件1从306m的高空,横向着陆冲击落至水泥地面;试验件2从290m的高空垂直着陆冲击至水泥地面,试验件外壳复合材料均产生了破损,但内部钛合金层未损坏。

试验结果:试验件1和试验件2经过着陆冲击试验后,进行数据检验,数据完整无损。

6)试验结论

试验件1按顺序完成所有试验后,进行了开盖检查。检查结果:着陆冲击试验造成安全数据记录器外部复合材料层、钛合金层外隔热整体损坏,钛合金层外观未损坏,但有一颗钛螺钉断裂。钛合金内部隔热材料未损坏,但在着陆冲击着地部位明显变形,表明隔热材料在着陆冲击过程中起到了缓冲作用。硅凝胶层外观无损坏,表明硅凝胶层的缓冲作用有效。打开硅凝胶后印制板表明无海水渗入痕迹,表明硅凝胶灌封防水有效。印制板焊点无开裂,表明整机防护措施有效。

安全数据记录器试验件1按顺序进行了力学试验、热真空试验、热循环试验、火烧试验、海水浸泡试验、着陆冲击试验,试验均通过。

安全数据记录器试验件2按顺序进行了静态挤压试验、火烧试验、抗穿透试验、着陆冲击试验,试验均通过。

各项试验结果表明安全数据记录器整机防护措施有效,符合总体要求。

3.5.5 实施结果

数管分系统参加了全过程的飞行任务,所有器上功能执行正确,功能和性能满足探测器任务要求;数管分系统按照飞行程序完成了各项在轨工作,器上各设备工作可靠,质量良好,所有设计已得到充分验证,数管分系统在轨飞行实施验证情况如表3.46所示。"嫦娥"五号探测器数管系统有力地保证了月面自动采样返回任务的顺利实施。

表3.46 数管分系统在轨飞行实施验证情况

序号	工作模式	飞行阶段	验证项目	验证结果
1	四器组合体轨道器测控工作模式	运载发射段、地月转移段、近月制动段、环月飞行段	(1)四器数管子系统均加电工作,其中,返回器的数管子系统由轨道器供电; (2)各器数管子系统完成本器的参数采集、指令发送、内务管理、时间管理、机构控制等功能; (3)轨道器数管子系统完成入轨段程控、太阳翼展开等任务,上升着陆器数管子系统完成着陆器太阳翼展开机构控制任务; (4)轨道器建立对地的遥测遥控通道,其他各器的数管子系统通过与轨道器通信实现与地面的遥测遥控数传; (5)四器的时间由轨道器数管子系统建立,轨道器SMU分别对返回器和着陆器广播时间,返回器和着陆器上升器组合体数管子系统均以轨道器的时间码修正自身的时间码	满足任务要求
2	四器组合体上升器测控工作模式		(1)四器数管子系统均加电工作,其中,返回器的数管子系统由轨道器供电; (2)各器数管子系统完成本器的参数采集、指令发送、内务管理、时间管理、机构控制等功能; (3)上升器建立对地的遥测遥控通道,其他各器的数管子系统通过与上升器通信实现与地面的遥测遥控; (4)环月飞行段,数管分系统完成轨返组合体与着陆器上升器组合体的分离程控操作,轨道器和着陆器间的1553B总线断开; (5)四器的时间由轨道器数管子系统建立,轨道器SMU分别对返回器和着陆器广播时间,返回器和着陆器上升器组合体数管子系统均以轨道器的时间码修正自身的时间码	满足任务要求
3	轨返组合体正常工作模式	环月飞行段、着陆下降段、月面工作段、月面上升段、交会对接和样品转移段、环月等待段、月地转移段	(1)返回器的数管子系统由轨道器供电; (2)各器数管子系统完成本器的参数采集、指令发送、内务管理、时间管理等功能; (3)轨道器数管子系统完成工程参数测量数据采集、存储、通过数传下传等任务; (4)对地的遥测遥控通过轨道器进行,返回器数管子系统通过与轨道器通信实现与地面的遥测遥控; (5)轨返组合体的时间由轨道器数管子系统建立,轨道器SMU对返回器广播时间,返回器数管子系统以轨道器的时间码修正自身的时间码; (6)月地转移段完成轨返分离程控操作	满足任务要求

续表

序号	工作模式	飞行阶段	验证项目	验证结果
4	着陆器上升器组合体工作模式	环月飞行段、着陆下降段、月面工作段	(1)上升器的数管子系统由着陆器供电； (2)各器数管子系统完成本器的参数采集、指令发送、内务管理、时间管理等功能； (3)着陆下降段，完成着陆器太阳翼收拢机构控制任务，着陆器数管子系统完成器内环境监测数据测量任务； (4)月面工作段，完成着陆器太阳翼展开机构控制任务、双轴机构控制任务、有效载荷数据复接存储下传任务； (5)对地的遥测遥控通过上升器进行，数传通过着陆器进行； (6)器上时间由上升器数管子系统建立	满足任务要求
5	上升器独立工作模式	月面上升段、交会对接与样品转移段、环月等待段	(1)上升器数管子系统由上升器供电； (2)完成本器的参数采集、指令发送、内务管理、时间管理等功能； (3)按照上升器着陆器分离飞行程序完成相关程控操作	满足任务要求
6	返回器独立工作模式	月地转移段和再入回收段	(1)返回器数管子系统由返回器供电； (2)完成本器的参数采集、指令发送、内务管理、时间管理等功能； (3)月地转移段，按照轨返分离飞行程序完成相关程控操作； (4)再入回收段完成器内环境监测数据采编任务； (5)再入回收段完成安全数据记录器数据记录任务； (6)再入回收段完成回收着陆程控任务； (7)着陆30min实施自主断电任务	满足任务要求
7	轨道器独立工作模式	拓展任务段	轨返组合体分离后，轨道器数管子系统参与实施轨道器规避机动	满足任务要求

3.6 测控数传技术

3.6.1 技术要求与特点

探测器测控数传分系统需与器上相关分系统及地面测控与回收系统、地面应用系统配合，完成探测器系统全任务阶段不同组合体状态在运载发射、地月转移、近月制动、环月飞行、着陆下降、月面工作、月面上升、交会对接与样品转移、环月等待、月地转移、再入回收等过程的跟踪测轨、遥测、遥控、数据下传及无线电回收标位任务。

1. 功能要求

测控数传分系统功能要求如下：
(1) 接收地面站发射的射频信号并解调出遥控信息传送至数管分系统。
(2) 接收、解调上行射频信号中的测距信号并在下行载波进行相干调制转发。
(3) 为地面测控站提供相干载波多普勒跟踪信标。
(4) 调制和发射来自数管分系统的遥测视频信号。
(5) 调制和发射数传信号，定向天线具有自身机构锁定和接收指令控制解锁展开功能，具有接收驱动控制实现二维指向调节功能。
(6) 在下行载波调制差分单向侧音，配合地面站进行精密测定轨。
(7) 返回器测控天线和GPS天线具有耐受再入段高温烧蚀的功能。
(8) 伞绳式回收信标天线在返回器开伞后能够顺利随伞拉出，发射回收信标信号，引导地面搜救人员搜寻返回器。
(9) 返回器着陆后弹射式回收信标天线在压紧机构释放后，具有自动弹出和伸展功能，发射国际救援示位标信号，通过国际卫星搜救系统确定返回器位置。

2. 主要性能要求

(1) 载波捕获阈值：≤ −125dBm（轨道器和上升器）；≤ −107dBm（返回器）。
(2) 载波跟踪阈值：≤ −128dBm（轨道器和上升器）；≤ −110dBm（返回器）。
(3) 接收机动态范围：≥70dB。
(4) 频率扫描范围：±460kHz。
(5) 最大扫描速率：15kHz/s。
(6) 杂散发射：≤ −50dBc。
(7) 主测距音时延稳定性：优于±70ns。
(8) 数传码速率（信道编码后）：轨道器2.5Mb/s或5Mb/s，着陆器500kb/s或2.5Mb/s或5Mb/s。
(9) 数传信道编码方式：RS+卷积级联码。
(10) 数传误码率：≤1×10^{-6}。
(11) 定向天线最大转动角速度：≥1(°)/s。
(12) 定向天线指向精度：优于±0.6°。
(13) S频段耐烧蚀天线峰值热流密度：592kW/m^2。

3. 特点分析

探测器测控数传分系统主要特点如下：
(1) 探测器构型复杂，工作模式多。整个探测器由轨道器、返回器、着陆器和上升器四器构成，除存在四器组合体状态、四器单独工作状态外，还存在着陆上升组合体、轨返组合体、交会对接等工作状态。需保证复杂构型、多工作模式条件下全空间测控功能。

(2) 工作频率多,电磁兼容设计难度大。探测器的工作模式决定了存在 X 频段多频率同时工作情况,最复杂模式下存在上行 2 路、下行 6 路同时工作状态,需解决受限带宽内多频率同时工作兼容性难题。

(3) 返回器再入过程具有超高速、高焓值、高热流密度、总加热时间长的特点,返回器天线要开展天线防隔热设计,以承受峰值热流密度为 592kW/m^2 的烧蚀环境。

(4) 探测器环境条件要求苛刻。着陆器反射面天线在小型化基础上,需在 -130 ~ +150℃ 的宽温度范围满足性能指标要求。

(5) 质量资源要求严苛。必须从分系统构架和单机设计两方面开展优化设计和减重工作,以满足质量约束。

3.6.2 系统组成

测控数传分系统由轨道器测控数传子系统、返回器测控子系统、着陆器数传子系统及上升器测控子系统组成,分系统原理框图见图 3.199。上升器和着陆器的测控数传功能复用,上升器为测控功能的主体,测控设备配置在上升器上;着陆器为数传功能的主体,数传设备配置在着陆器上。

测控数传分系统设备类型包括 S 频段测控应答机、X 频段测控应答机、X 频段数传发射机、X 频段固态放大器、X 频段接收滤波器、X 频段多工器、X 频段微波开关、X 频段全向测控天线、X 频段中增益天线、X 频段定向天线、S 频段耐烧蚀天线、信标天线、回收信标机、国际救援示位标、重力开关等。

3.6.3 设计技术

1. 功能复用技术

1) 复杂构型全空间测控分析

器箭分离后,着陆器太阳翼展开,受能源条件约束,着陆器太阳翼和轨道器太阳翼垂直安装,成十字交叉状态,以避免着陆器太阳翼对轨道器太阳翼的遮挡,测控天线和太阳翼在探测器上安装位置见图 3.200。

在探测器为四器组合体状态飞行阶段,根据飞行轨道分析,发射段 SPE 角(太阳—探测器—地球夹角)大于 90°,地月转移段及环月段 SPE 角小于 90°。在四器组合体状态下,采用轨道器或者上升器单器进行测控,其测控天线均可能会被另外一个器的太阳翼遮挡,无法满足全空间测控的需求,需着重对四器状态下全空间测控提出解决方案。

2) 多器组合一体化测控数传方案设计

(1) 四器组合测控设计。

为满足探测器复杂构型、多状态全空间测控需求,解决太阳翼对测控全向天线的遮挡,同时保证质量最优原则,设计了组合测控系统方案,通过上升器和轨道器组合测控方式完成四器组合状态下(着陆器太阳翼展开)测控功能[46]。组合测控方案示意图见图 3.201。轨道器和上升器均采用异频半空间组阵测控方式,四器模式下,通过轨道器和上升器组合测控实现探测器全空间测控,

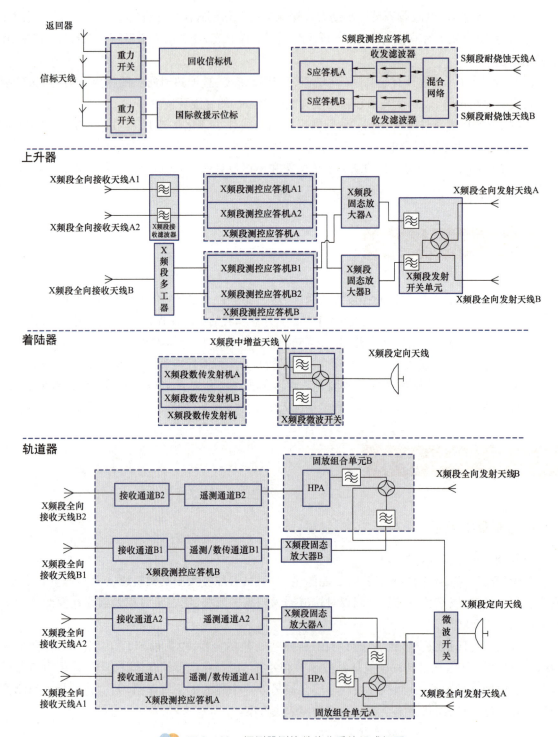

图 3.199　探测器测控数传分系统组成框图

上升器负责上半空间测控,轨道器负责下半空间测控。当地球出现在探测器 $+X$ 面,通过上升器完成测控功能,当地球出现在探测器 $-X$ 面,通过轨道器完成测控功能。

组合测控系统方案的设计,从系统设计角度出发,保证了四器组合模式全空间测控的可靠性,对地无凹点。同时,大大精简了对测控数传设备的需求。图 3.202 为地月转移过程中 SPE 角示意图,在器箭分离时刻,SPE 角大于 90°,轨道器对地,此时通过轨道器完成测控功能;在地月转移过程中,SPE 角小于 90°,上升器对地,此时通过上升器完成测控功能。

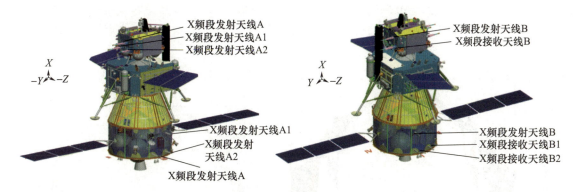

图 3.200　四器组合状态测控天线与太阳翼安装位置关系

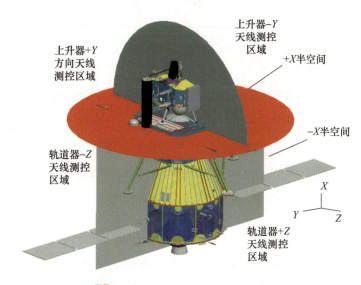

图 3.201　组合测控方案示意图

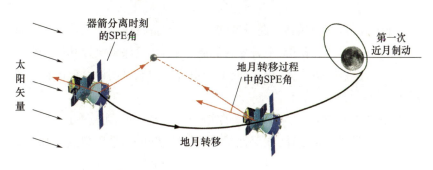

图 3.202　地月转移过程 SPE 角示意图

四器组合状态下,轨道器测控全向天线安装于探测器 ±Z 侧,±Z 天线各负责半空间测控任务。上升器测控全向天线安装于探测器 ±Y 侧,±Y 天线各负责半空间测控任务。上升器和轨道器均采用半空间异频组阵方式,以实现四器组合体、两器组合体以及单器状态下全空间测控。轨道器使用两个频点 f_1、f_2,上升器使用两个频点 f_3、f_4。

定义四器组合体 +X 轴与地心指向夹角为 β 角,+Z 轴与地心夹角为 γ 角,+Y 轴与地心夹角为 α 角。四器组合体状态下,β 角≤90°,选用 +X 半空间上升器射频通道进行测控,α 角≤90°,上升器 +Y 面测控设备工作,α 角>90°,上升器 -Y 面测控设备工作。β 角>90°,选用 -X 半空间轨道器射频通道进行测控,γ 角≤90°,轨道器 +Z 面测控设备工作,γ 角>90°,轨道器 -Z 面测控设备工作。

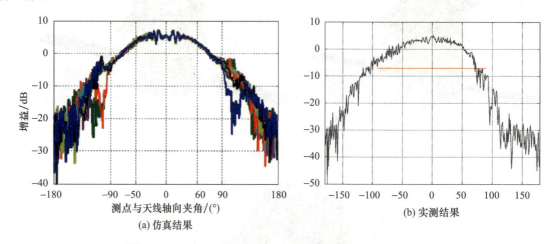

图 3.203　组合体状态上升器发射天线 A 天线方向图比对

对四器组合体状态下所有天线进行了仿真,结果均满足要求,并通过辐射模型(Radiation Model,RM)器测试,验证了仿真的正确性。上升器发射天线 A 在 f_3 频点的方向图如图 3.203 所示。图 3.203(a)为各切面的仿真结果,图 3.203(b)为组合体 0°面实测结果,对应图 3.203(a)中的蓝色曲线,实测结果与仿真结果一致性良好。

(2)着陆上升组合体功能复用。

根据任务需求分析,着陆器在上升器起飞前的测控任务可借助轨道器或上升器完成,而上升器起飞后,着陆器仅需传输上升器月面起飞图像,可通过程控预先设定。为了节省系统质量,着陆器和上升器采用测控和数传共用设计,上升器具备独立的测控功能,不具备数传功能,着陆器上只具备数传功能。当着陆上升组合体和轨返组合体分离后,着陆上升组合体通过上升器测控子系统实现测控功能;着陆上升组合体着陆后,通过着陆器数传设备将探测数据传输至地面,该数传通道也可作为月面工作段遥测通道的备份;上升器月面起飞之后,只保留测控功能,着陆器数传通道在下传月面起飞图像之后由延时指令关机。着陆上升组合体功能复用设计框图如图 3.204 所示。

(3)返回器测控子系统集成设计。

返回器采用 S 频段测控方式,为返回器提供实时遥控、遥测与测距通道[47]。

返回器测控系统进行了优化设计,在保证系统可靠性基础上,采用集成化和小型化设计思路,将两台独立的 S 频段测控应答机和与天线连接的 S 频段微波网络集成为一台产品,两台 S 频段测控应答机功能完全独立,通过集成化设计,大大减少了结构质量,如图 3.205 所示。S 频段测控天线为收发共用天线,每个天线通过微波网络与两个应答机连接,任意一个测控天线接收到的上行信号,通过微波网络同时传输给每个接收机,任意一个发射机输出信号通过微波网络同时传输给每个测控天线,实现天线与应答机的交叉备份,在保证系统高可靠度同时,大大减小了系统质量。

对于回收信标的设计,采用 243MHz 回收信标和 406MHz 国际救援信标结合方式,功能上互为

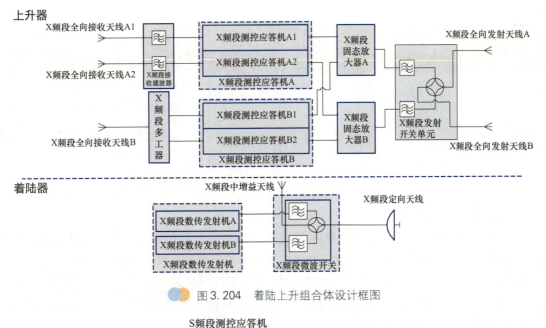

图 3.204 着陆上升组合体设计框图

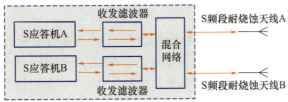

图 3.205 返回器 S 频段测控子系统组成框图

备份,信标机与天线之间通过重力开关选择朝天一侧的天线发送信标信号,重力开关也采用集成化设计思路,将两个开关从结构上合并为一台产品,减少结构质量。

2. 射频频率兼容技术

1）探测器频率设计

"嫦娥"五号探测器任务由四器组成,飞行过程中包括四器组合体飞行状态、着陆上升组合体飞行状态、轨返组合体飞行状态和四器独立飞行状态等多种飞行状态。四器的测控数传任务各有不同,轨道器同时包括测控任务和数传任务,上升器和返回器承担测控任务,着陆器承担数传任务,返回器除承担测控任务外,还需要发送信标信号,用于地面搜救。

探测器频率设计见表 3.47。

表 3.47 探测器频率设计

舱段	频率用途	频段	点频（代号） 上行	点频（代号） 下行	备注
返回器	器地测控	S	$f_{S上1}$	$f_{S下1}$	仅承担测控任务；考虑系统减重要求,采用单频收发共用设计
返回器	回收信标	VHF		f_{VHF}	仅承担测控任务；考虑系统减重要求,采用单频收发共用设计
返回器	国际救援示位标	UHF		f_{UHF}	仅承担测控任务；考虑系统减重要求,采用单频收发共用设计

续表

舱段	频率用途	频段	点频（代号） 上行	点频（代号） 下行	备注
轨道器	器地测控	X	$f_{X上1}$, $f_{X上2}$	$f_{X下1}$, $f_{X下2}$	同时承担测控任务和数传任务；为避免同频干扰，测控采用半空间异频组阵设计
轨道器	器地数传	X	—	$f_{XD下1}$	
上升器	器地测控	X	$f_{X上3}$, $f_{X上4}$	$f_{X下3}$, $f_{X下4}$	仅承担测控任务；为避免同频干扰，测控采用半空间异频组阵设计
着陆器	器地数传	X	—	$f_{XD下2}$	仅承担数传任务

2) X 频段频率兼容性设计

探测器 X 频段测控上行具有 4 个频点，相邻两个频点间间隔 6MHz，测控下行具有 4 个频点，同组上行频率与下行频率相干，上行频率与下行频率转发比为 749/880。数传下行具有 2 个频点。

最复杂工作模式下，上行同时 2 个测控频点工作，下行同时 6 个频点工作。如此复杂的工作频率，需对 X 频段频率兼容性进行针对性设计。通过 X 频段接收滤波及收发隔离综合设计，解决了不同频率同时工作的兼容性问题。

（1）X 频段接收滤波设计。

X 频段接收频率间隔最小为 6MHz，考虑地面测控 18m 站和深空站上行信号电平强度差异，X 频段接收机应满足中心频点 ±6MHz 带外抑制度优于 60dB，±80MHz 带外抑制度优于 80dB，以避免不同上行接收射频信号间相关干扰，并有效降低带外大功率发射对接收机的干扰。

X 频段测控应答机接收采用具有二阶环路的超外差型接收机实现，接收通道原理框图如图 3.206 所示。

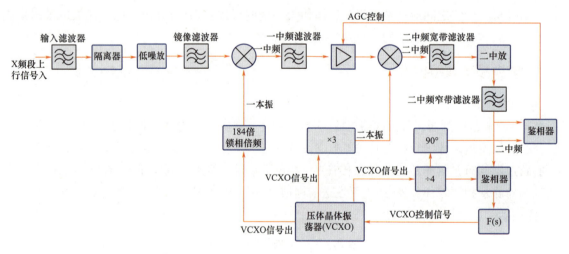

图 3.206 X 频段测控应答机接收通道原理框图

接收通道通过各级带通滤波器设计，提高接收通道抗干扰能力。具体设计如下：

① 接收机入口设计输入滤波器，中心频率为 X 频段接收中心频点，用于抑制有用带宽以外的频率成分，输入滤波器 ±6MHz 带外抑制度大于 13dB。

② 镜像滤波器主要功能为滤除低噪放镜像频点的噪声功率，由于低噪放为宽带放大器，其产

生的内部热噪声覆盖镜像频段,经一混频后,低噪放输出噪声将与输入频段信号叠加,使一中频信号的信噪比下降。镜像滤波器中心频率为接收中心频点,带宽约±30MHz,对镜像频段的抑制大于25dB。

③ 一中频滤波器作用是滤除一混频器产生的谐杂波信号,同时通过包括遥控副载波信号和各测距音信号,其中心频点为一中频标称频点,带宽为±8MHz。

④ 二中频宽带滤波器作用是滤除二混频器产生的谐杂波信号,同时通过包括遥控副载波信号和各测距音信号,其中心频点为二中频标称频点,带宽为±1.1MHz,±6MHz带外抑制度大于55dB。

⑤ 二中频窄带滤波器作用是压缩二中频通道带宽,进一步提高送环路中频信号信噪比,提高接收机捕获灵敏度,其中心频点为二中频标称频点,带宽为±290kHz。

⑥ 通过上述各级滤波器级联,实现X频段接收机带外抑制要求。满足地面同时发送多路上行射频信号时,X频段接收机能够对干扰信号进行有效滤除。

(2) X频段收发隔离设计。

为了保证下行射频信号进入接收频带的能量不影响接收机接收与解调,需要通过收发隔离设计,使进入接收频带的发射信号总噪声功率谱密度低于上行遥控信号噪声功率谱密度至少15dB(15dB对应遥控余量损失0.13dB)。经计算,X频段全向发射与接收总隔离度需大于216dB。

为了满足收发隔离设计要求,测控数传分系统利用天线极化隔离、空间隔离、频率隔离以及下行滤波隔离设计,实现不同发射接收通道间的隔离。

① 天线极化隔离设计:轨道器和上升器的全向接收天线采用左旋圆极化,全向发射天线均采用右旋圆极化。天线极化隔离度一般优于13dB。

② 空间隔离设计:轨道器和上升器全向收发天线布局间隔大于0.4m的空间间隔。对于X频段,由于信号无线传输自由空间损失,可以保证轨道器和上升器同器的全向收发天线之间空间隔离度大于41dB。

通过辐射模型器对全向收发天线间隔离度进行了测试,详见表3.48。测试工况包含了四器组合、交会对接及单器等状态,表中测试值为最小隔离度测试值,结果满足要求。

表3.48 探测器X频段收发天线RM器实测值

序号	全向接收天线	全向发射天线	隔离度
1	轨道器接收天线	轨道器发射天线	≥58.07dB
2		上升器发射天线	≥64.19dB
3	上升器接收天线	上升器发射天线	≥67.47dB
4		轨道器发射天线	≥67.59dB

③ 发射滤波隔离设计:经计算,通过天线极化隔离、空间隔离和频率隔离之后,进入接收频带的发射信号噪声功率谱密度仍不满足低于上行遥控信号噪声功率谱密度15dB的要求,在发射通道固态放大器输出端级联带通滤波器,进一步抑制发射信号带外功率,带通滤波器带外抑制度优于65dB。

通过上述收发隔离设计,结合X频段固态放大器在接收频段的隔离抑制度(优于153dB),确保了下行信号不会对上行信号产生干扰。

3. 抑制技术

1)数传频谱带外抑制设计

为提高频率兼容性,避免数传信号对测控信号的干扰,进行数传频谱带外抑制的设计。测控数传分系统调制和发射的数传数据为二进制相移键控(BPSK)调制信号,采用模拟调制,调制速率为 2.5Mb/s 或 5Mb/s。X 频段下行频率带宽仅为 50MHz,同时测控数传分系统自身还需输出单向差分测距音信号(DOR)(调制频率约 4MHz 和 20MHz)、遥测相移键控(Phase Shift Keying,PSK)信号和测距音信号,考虑到 BPSK 调制后输出频谱有一定带宽,为了减少对相邻频带以及其他有用信号的影响,对 BPSK 调制输出频谱进行带外抑制,综合考虑数传发射机射频信号输出经放大器放大后带外抑制度会恶化,数传发射机输出频谱抑制度需按照 30dB 进行设计。

按高码速率 5Mb/s 进行分析,数传频率与邻近测控频率最近相差 7.5MHz,抑制度按照与中心频点间隔 7.5MHz 进行设计与测试。

根据数传频谱特性,在码速率为 5Mb/s 的情况下,理论上 BPSK 调制信号频谱未经滤波的数传信号频谱在 7.5MHz 外抑制约 12dB,与 30dB 抑制度指标要求有一定差距,需要数传信号进行基带滤波或者中频滤波后上变频再输出。

采用基带成形滤波的方法进行数传频谱的带外抑制,在 X 频段直接进行 BPSK 调制。基带成形滤波 BPSK 调制的基本思路是在常规 BPSK 调制中增加 1 个脉冲成形基带滤波器,从而达到增大已调信号频谱滚降速度、减小带外辐射的目的,由于 BPSK 调制信息携带至相位上,幅度上的失真对调制性能基本无影响。工程上一般采用平方根升余弦(SRRC)滤波器进行基带滤波,如图 3.207 所示。

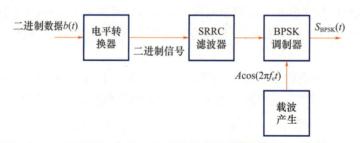

图 3.207 SRRC BPSK 调制原理

对于码元"1"和"-1"均匀分布的随机 PCM 比特流,BPSK 的功率谱可表示为

$$W_{BPSK}(t) = A^2 T \left[\frac{\sin(\omega - \omega_c)\frac{T}{2}}{(\omega - \omega_c)\frac{T}{2}} \right] \quad (3.16)$$

式中:A 为载波信号幅度;ω_c 为载波频率;T 为码元宽度。

SRRC BPSK 信号的数学表达式为:$S_{BPSK}(t) = [b(t) * h(t)]A\cos(2\pi f_c t)$,其中"$*$"为卷积运算,$h(t)$ 为 SRRC 滤波器的冲击响应。SRRC 滤波器是一种有限脉冲响应低通滤波器,其冲击响应 $h(t)$ 可以表示为

$$h(t) = \frac{4a\sqrt{R}}{\pi} \times \frac{\cos((1+a)R\pi t) + \frac{1}{4aRt}\sin((1-a)R\pi t)}{1 - (4aRt)^2} \quad (3.17)$$

式中：a 为滚降系数，取 $0 \sim 1$ 的实数；R 对应为数传调制速率。

采用基带成形滤波的方法，利用五阶的低通巴特沃斯滤波器进行仿真，数传输出频谱如图 3.208 所示。

由图 3.209 可以看出，采用基带成形的方法，利用五阶巴特沃斯滤波器，数传发射机输出频谱在 7.5MHz 外抑制度可达到 42dB，带外抑制可提高 30dB。

由于数传发射机内部滤波器与仿真滤波器频响特性上存在一定的差别，同时基带调制信号在发射机内部放大滤波过程中存在一定程度的非线性，数传发射机在 7.5MHz 外频谱抑制度实测结果大于 32dB，满足 30dB 的指标要求。

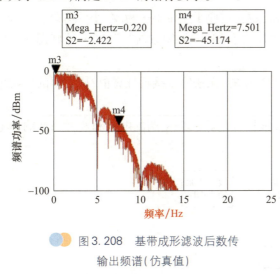

图 3.208　基带成形滤波后数传输出频谱（仿真值）

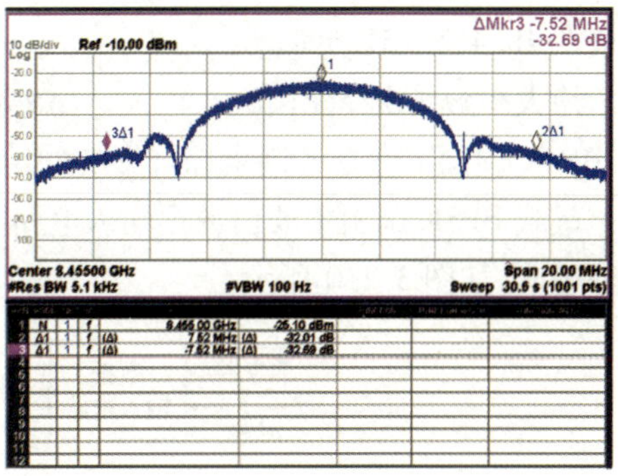

图 3.209　数传发射机输出频谱（7.5MHz 外抑制大于 32dB）

2）BPSK 调制载波抑制设计

理论上 BPSK 信号频谱具有载波抑制的特点，频谱中无载波分量。实际数传系统中基带信号波形中码元"1"与"-1"信号幅度和宽度（出现概率）可能有所不同，考虑此种情况，矩形脉冲周期信号可以由以下公式表示：

$$I_0(t) = E \times \text{rect}\left(\frac{t-t_0}{\tau}\right) = \begin{cases} E & \left(t_0 - \frac{\tau}{2} \leq t \leq t_0 + \frac{\tau}{2}\right) \\ 0 & \text{（其他）} \end{cases} \tag{3.18}$$

式中：E 表示矩形脉冲的幅度；t_0 为中心位置；τ 为脉冲宽度。

考虑工程实际应用中基带信号幅度将进行变换，为简化计算，设载波信号为 $f_c(t) = A e^{j\omega_c t}$，并取 $t_0 = 0$，则最终 BPSK 调制信号可表示为

$$S(t) = \sum_{n=-\infty}^{n=+\infty} \left[\frac{E_1 \tau_1}{T}\text{sinc}\left(\frac{n\Omega_0 \tau_1}{2}\right) - (-1)^n \frac{E_{-1} \tau_{-1}}{T} e^{j\Delta\theta} \text{sinc}\left(\frac{n\Omega_0 \tau_{-1}}{2}\right)\right] e^{jn\Omega_0 t + j\omega_c t} \tag{3.19}$$

式中：E_1 为幅度变换后"1"状态波形幅度；τ_1 为"1"状态波形宽度。其中 E_{-1} 为"-1"状态波形幅度，τ_{-1} 为"-1"状态波形宽度；$\Delta\theta$ 为相位偏移误差；$\text{sinc}(x)$ 为辛格函数；Ω_0 为脉冲角频率（$\Omega_0 = 2\pi/T$）。

载波抑制度计算公式为

$$B = \frac{A_1}{A_0} = \left|\frac{E_1 \tau_1 \text{sinc}\left(\frac{\Omega_0 \tau_1}{2}\right) + E_{-1} \tau_{-1} e^{j\Delta\theta} \text{sinc}\left(\frac{\Omega_0 \tau_{-1}}{2}\right)}{E_1 \tau_1 - E_{-1} \tau_{-1} e^{j\Delta\theta}}\right| \tag{3.20}$$

式中：A_1 为调制信号第一边带功率；A_0 为载波功率，结合工程应用，下面从几种常见情况对载波抑制度进行讨论计算。

（1）考虑理想情况，"1"和"-1"状态波形幅度和宽度都相同，且分别对应 0 和 π 状态，即 $E_1 = E_{-1}$、$\tau_1 = \tau_{-1}$、$\Delta\theta = 0$，此时 B 为无穷大，意味着 BPSK 调制信号载波频率分量消失，仅剩下双边带连续谱。

（2）当 $\tau_1 = \tau_{-1} = T/2$、$\Delta\theta = 0$ 时，若要求载波抑制度 B 大于 20dB，则要求"1"和"-1"状态波形幅度比（对应于幅度不平衡度）应小于 16.7/14.7（≈1.1dB）。

（3）当 $\tau_1 = \tau_{-1} = T/2$、$E_1 = E_{-1}$ 时，若要求载波抑制度 B 大于 20dB，在"1"和"-1"状态波形幅度和宽度都相同的情况下，则要求调制器自身移相误差（对应于相位不平衡度）小于 7.29°。

（4）当 $E_1 = E_{-1}$、$\Delta\theta = 0$ 时，若要求载波抑制度 B 大于 20dB，调制数据"1"和"-1"状态占空比要求在 48.4%～51.6%。

绝大多数情况下 E_1、E_{-1}、τ_1、τ_{-1}、$\Delta\theta$ 都是相对变化的，无法完全接近理想值，从上面的分析可知，BPSK 调制特性是各因素综合影响的结果。

星载 BPSK 调制主要由数据输入电路、调制载波输入电路、BPSK 调制电路和放大滤波输出电路等组成，如图 3.210 所示。

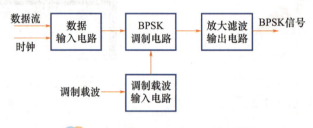

图 3.210　星载 BPSK 调制框图

BPSK 调制本质上是将基带信号频谱搬移至载波频率，原理上相当于进行混频，因此 BPSK 调制电路可由混频器（平衡混频器）实现。"嫦娥"五号探测器对调制特性要求较高，因而使用直流调制的方式，在高频段进行 BPSK 直接调制需适当调整双极性数据的幅度比值，以满足载波抑制度的要求。

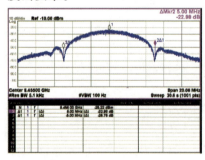

图 3.211　BPSK 直流调制输出频谱

图 3.211 为数传 5Mb/s 速率直流调制输出频谱，对于相同的调制数据，由于调制数据中存在适当的直流分量，可以"抵消"其他非理想情况，载波抑制度约 32dB，钟分量抑制可达到 22dB，实测幅度不平衡度约 0.3dB，相位不平衡度 0.2°，在数传归一化载噪比为 12.1dB/Hz 情况下，误码率优于 1×10^{-6}。

4. 着陆器定向天线轻量化设计

着陆器月面探测数据需通过高增益天线对地传输，工作时完全暴露在月表环境下，环境极为恶劣，存储温度要求 -130～150℃，工作温度要求 -50～150℃，同时对产品质量要求极为苛刻。为满足小型轻量化要求，反射面采用了网状结构，驱动机构采用了小模数谐波齿轮减速器，尺寸、体积质量均小于以往机构产品。

1) 网状反射面天线设计

选用前馈反射面天线,为提高天线辐射效率,馈源采用十字交叉振子作为天线馈源,这种馈源的优点是口面遮挡小、效率高、馈电简单、质量轻和机械复杂度小。

反射面天线口径尺寸为 $\phi 300\text{mm}$,内表面的型面精度优于 0.15mm(均方根误差)。反射面天线增益方向图实测结果如图 3.212 所示,天线峰值增益为 26.5dBi,口面效率达到 64%。

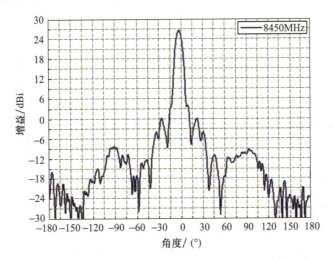

图 3.212　天线在 $f=8450\text{MHz}$ 的增益方向图

反射面结构设计采用网状结构设计状态,即碳纤维 TWF(三轴编织纤维)。主要考虑碳纤维 TWF 编织物具有质量轻、型面精度高和较好的环境适应性等优势。碳纤维 TWF 编织物的显著特点是单层织物即可实现近似的面内各向同性,使得面板层数得以减少,从而降低了反射面的质量;TWF 的六边形空洞使面层的面密度进一步降低,而且空洞可使太阳光投射过反射面,因而不会在反射面上产生过大的温度梯度,也使热控硬件的需求量显著降低,从而在降低反射面质量方面得到额外的好处。TWF 的透光性保证了在天线反射面上不产生过大的温度梯度,使得对反射面刚度的要求得到降低。

反射面天线的结构如图 3.213 所示。反射面采用 TWF 编织物,材料为碳纤维 T300。此外,反射面背面设计了六条背筋,背筋与反射面翻边之间平滑过渡。背筋的截面形状如图 3.214 所示,材料采用碳纤维 T300。背筋的应用大幅提高了反射面的刚性,同时可有效抑制反射面的翘曲变形,保证型面精度。经实测,反射面天线的总质量为 405g,达到了轻量化的设计目标。其中反射面仅重 101g,馈源重 145g,天线支架重 159g,反射面、馈源和天线支架通过一组螺钉螺母可靠连接。

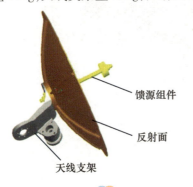

图 3.213　反射面天线结构图

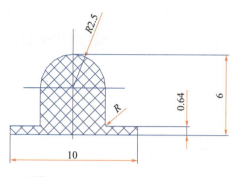

图 3.214 反射面背筋截面示意图

反射面采用 TWF 编织方式,相比传统蜂窝夹层结构,省掉了蜂窝芯、中心预埋件、一层面板和两层胶膜,保证整体性能的前提下达到轻量化的目的,质量仅为相同口径反射面天线的 24%,且最小基频提升 17%,使得结构可靠性大幅提高。

2) 双轴驱动机构设计

双轴驱动机构产品由方位轴驱动组件、俯仰轴驱动组件、底座、双轴连接支架 4 部分组成。为了满足轻质量的要求,双轴驱动机构在器上使用了微型谐波齿轮减速器,此种减速器的直径为 20mm,质量不到 100g,最大承载力矩可以达到 4N·m,且精度、回差、寿命等指标均优于前期探月型号双轴驱动机构应用的谐波齿轮。此种谐波齿轮模数为 0.1,其齿形结构在显微镜下才能清晰观察,设计、加工、检测难度大,采用此种谐波齿轮减速器,大幅度降低了驱动组件质量。

双轴驱动机构由两个相同的单轴组成,每个单轴驱动组件的设计,主要包括驱动及减速方案、测角方案和润滑方案的选取。驱动及减速方案选用 J36BH001 混合式步进电机和 XBS20-100 型谐波减速器,优势在于质量轻、体积小,传动精度高。测角方案选用电位器测角方案,其质量轻,线路简单。由于微型谐波齿轮啮合齿和柔性轴尺寸非常小,不适合固体润滑,因此采用油脂润滑,电机轴承、低速端支撑轴承选用固体润滑。通过上述措施,有效减小了双轴驱动机构质量,其质量为常规驱动机构质量的 1/3,各项性能指标保持不变。

双轴驱动机构最大外轮廓尺寸 ϕ52mm×117mm,如图 3.215 所示。经实测,双轴驱动机构质量不大于 1.35kg,驱动力矩不小于 3N·m,指向精度优于 ±0.2°,能耐受 -70 ~ +120℃ 的存储温度,能够在 -60 ~ +120℃ 的工作温度范围内正常工作,满足指标要求。

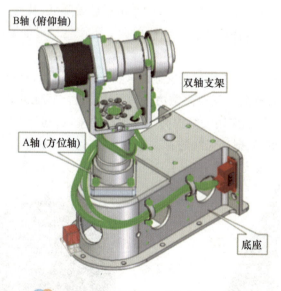

图 3.215 双轴驱动机构组成示意图

5. 耐烧蚀天线设计

1) 返回器再入热环境分析

"嫦娥"五号返回器天线布局位置的热流密度峰值约是神舟飞船的 2.6 倍, 气体总焓约是神舟飞船的 2 倍, 总加热量约是神舟飞船的 1.4 倍, 再入加热时间是神舟飞船的 2 倍。具体比较情况见表 3.49。因此,"嫦娥"五号返回器气动加热环境具有热流密度峰值高、比热焓高、总加热量大、加热时间长的特点。

表 3.49 神舟飞船天线、返回式卫星天线和"嫦娥"五号返回器热环境条件比较

型号	再入方式	热流密度峰值/(kW/m²)	总加热量/(MJ/m²)	加热时间/s
神舟飞船天线	半弹道直接再入	223.5	57	530
返回式卫星天线	弹道再入	294.4	21.4	160
"嫦娥"五号返回器天线	半弹道跳跃式再入	592	82.5	1075

2) 天线设计技术

近地轨道的耐烧蚀天线已在返回式卫星以及神舟飞船上得到长期应用, 拥有良好的气动结构外形。在充分继承前期成功型号的经验基础上, 采取与返回器共形的平装结构形式, 以减少再入段的强气流冲刷[48]。

返回器耐烧蚀 S 频段天线采用收发共用工作模式, 两副天线组阵形成近全空间覆盖。从返回器平台、飞行轨道、耐受更宽温度范围、天线波束覆盖、频率带宽以及轻小型化要求等因素综合考虑, 耐烧蚀天线采用平装腔体螺旋天线形式。耐烧蚀天线由天线本体和天线防热窗组成[49]。天线本体采用腔体结构形式, 由天线金属腔体、激励结构和高频插座组成, 天线的激励部分采用腔体螺旋形式, 天线腔体材料选用较低导热率的金属材料, 螺旋圈数为 2~4 圈, 螺旋半径为 $\lambda/8 \sim \lambda/6$(λ 为波长), 螺旋线间距为 $\lambda/8 \sim \lambda/6$, 腔体口径为 $\lambda/4 \sim \lambda/3$, 可实现宽频带、轻小型的设计要求。天线防热窗由透波窗和透波窗安装座两部分组成, 透波窗材料选用低导热率、高机械强度、介电性能稳定的二氧化硅复合材料, 解决了天线防热、透波和力学承载等问题。通过天线防隔热性能、电性能和机械性能的一体协同设计和仿真分析, 解决了透波辐射和流固耦合等复杂传热机理下的机电热多目标优化问题, 实现了天线总体性能的优化设计。天线增益及驻波比如图 3.216、图 3.217 所示。

耐烧蚀天线能够承受再入过程中气动加热载荷, 且能够保持天线结构完整, 天线电性能不发生改变。天线安装法兰背壁温度开伞前不大于 200℃、开伞后不大于 235℃, 天线表面可耐受 1800℃。

3) 耐烧蚀天线温度分析设计技术

(1) 控制方程。

描述固体瞬态传热行为的微分方程及其边界条件、

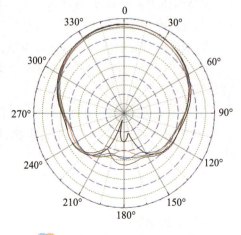

图 3.216 S 频段天线 1.9~2.3GHz 增益方向图

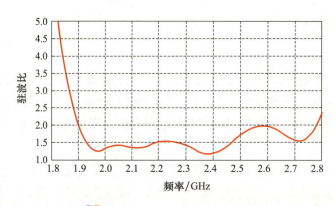

图 3.217 S 频段天线驻波比

初始条件在三维情形下表述如下:

$$\rho C \frac{\partial T}{\partial t} = \frac{\partial}{\partial x}\left(\lambda \frac{\partial T}{\partial x}\right) + \frac{\partial}{\partial y}\left(\lambda \frac{\partial T}{\partial y}\right) + \frac{\partial}{\partial z}\left(\lambda \frac{\partial T}{\partial z}\right)$$

$$\lambda \frac{\partial T}{\partial n}\bigg|_{\Gamma} = q_n \tag{3.21}$$

$$T(x,y,z,t_0) = T_0$$

式中:T 为温度;ρ 为材料密度;C 为材料比热;λ 为材料导热系数;q_n 为边界净热流;T_0 为初始温度。

(2) 热流边界条件。

热流边界条件共分为三种:在天线窗外表面采用气动对流加热和自然辐射换热;在腔内表面考虑天线窗内表面和其他表面之间的辐射换热;其余外表面采用绝热边界条件。

外表面换热计算方法:

对于外表面的对流和自然辐射换热,热流表达为

$$q_n = q_{or}(1 - h_w/h_r) - \varepsilon\sigma T_w^4 \tag{3.22}$$

式中:q_{or} 为冷壁热流;h_r 为恢复焓;h_w 为壁焓,它是紧贴壁面的气体温度(因而可认为即固壁温度 T_w)和壁面压力 p 的函数,可表示为 $h_w = f(p, T_w)$;ε 为材料辐射系数;σ 为玻耳兹曼常数。

内表面换热计算方法:

对于内腔表面的辐射热流计算模型,采用如下假设条件:

① 腔内介质为透明体,固体表面为非透明体,这意味着腔内气体不参与辐射换热,固体间辐射只发生在表面;

② 定向辐射强度为常数,即固体内表面为漫射表面;

③ 热辐射交换满足基尔霍夫定律,即对黑体投入辐射的吸收率等于同温度下该物体的发射率;

④ 黑体辐射强度满足斯特藩-玻耳兹曼定律,即黑体辐射强度正比于热力学温度四次方 $E_b = \sigma T^4$。

(3) 分析结果。

耐烧蚀天线的仿真分析结果经地面试验数据校核,得到如图 3.218 所示的各特征点的温度曲线和整体温度云图。返回器耐烧蚀天线单机再入过程的各处温度响应均满足指标要求。

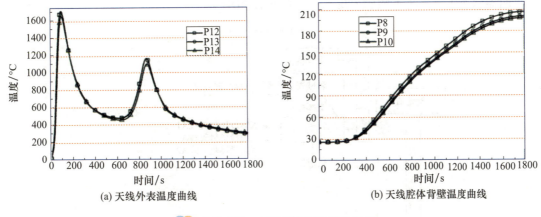

图 3.218 天线温度沿弹道的变化

耐烧蚀天线在再入典型时刻的温度云图如图 3.219 所示,其中 1075s 为气动加热结束时刻,1800s 为返回器落地时刻。可以看出,根据温度场分析预示的结果,耐烧蚀天线的背温最高时刻出现在落地状态,且小于指标要求,能够满足任务需求。

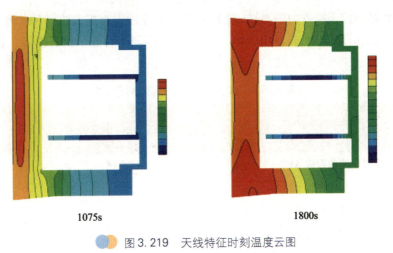

图 3.219 天线特征时刻温度云图

3.6.4 验证技术

1. 紧缩场试验

1)试验目的

通过典型剖面的测试,获取整器状态下测控天线的增益方向图,确认测控天线在整器安装状态下增益满足度,并用于支持后续探测器在轨程序制定与故障模式应对策略的制定。

2)试验方案

按照探测器真实表面状态,设计并研制辐射模型器(RM 器),并利用紧缩场进行测控天线在整器状体下增益方向图的测试。RM 器与紧缩场测试转台通过测试工装进行连接。图 3.220 为轨

道器在四器状态下 $-Z$ 面 X 频段天线方向图测试示意图。

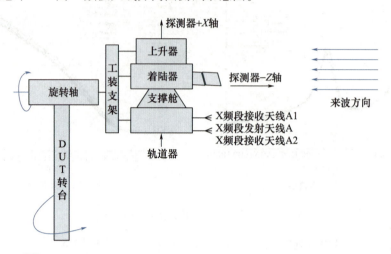

图 3.220　轨道器 $-Z$ 面 X 频段天线方向图测试示意图(四器状态)

3) 试验工况

探测器 RM 器测控天线方向图测试,覆盖了整个飞行过程测控天线各种状态组合模式,针对上升器单器、着陆上升组合体、轨返组合体、交会对接和四器组合五个状态进行。各个状态下参试天线见表 3.50。

表 3.50　探测器被测天线参试状态

序号	名称	测试状态				
		上升器单器	着陆上升组合体	轨返组合体	交会对接	四器组合
1	轨道器 X 频段接收天线 A1	—	—	△	△	△
2	轨道器 X 频段接收天线 A2	—	—	△	△	△
3	轨道器 X 频段接收天线 B1	—	—	△	△	△
4	轨道器 X 频段接收天线 B2	—	—	△	△	△
5	轨道器 X 频段发射天线 A	—	—	△	△	△
6	轨道器 X 频段发射天线 B	—	—	△	△	△
7	返回器 S 频段测控天线 a	—	—	△	—	—
8	返回器 S 频段测控天线 b	—	—	△	—	—
9	上升器 X 频段接收天线 A1	△	△	—	△	△
10	上升器 X 频段接收天线 A2	△	△	—	△	△
11	上升器 X 频段接收天线 B	△	△	—	△	△
12	上升器 X 频段发射天线 A	△	△	—	△	△
13	上升器 X 频段发射天线 B	△	△	—	△	△

注:"△"表示此天线参加此状态下试验,"—"表示此天线不参加此状态下试验。

探测器 RM 试验各工况测试状态见图 3.221～图 3.226。

图 3.221　上升器 RM 测试状态

图 3.222　着陆上升组合体 RM 测试状态

图 3.223　轨返组合体 RM 测试状态

图 3.224　交会对接组合体 RM 测试状态

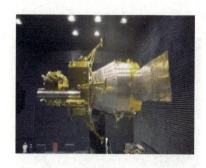 

图 3.225　四器组合体 RM 测试状态(上升器天线)

图 3.226　四器组合体 RM 测试状态(轨道器天线)

4)试验结果

各状态 X 频段测控天线 RM 器方向图测试结果见表 3.51。测控数传分系统测控天线装器状态下紧缩场测试中,所有状态下参试天线均满足指标要求。

表 3.51　X 频段测控天线 RM 器天线方向图测试结果

序号	天线	增益指标要求	实测结果		
			单器/两器组合体	交会对接	四器组合体
1	轨道器 X 接收天线	−5dBi,98% 范围	−5dBi,100% 范围	−5dBi,99.93% ~100% 范围	−5dBi,98.9% ~100% 范围
2	轨道器 X 发射天线	−5dBi,98% 范围	−5dBi,99.59% ~100% 范围	−5dBi,99.79% ~100% 范围	−5dBi,99.86% ~100% 范围
3	上升器 X 接收天线	−7dBi,98% 范围	−7dBi,99.24% ~100% 范围	−7dBi,99.65% ~100% 范围	−7dBi,98.59% ~100% 范围
4	上升器 X 发射天线	−7dBi,98% 范围	−7dBi,99.45% ~100% 范围	−7dBi,99.86% ~100% 范围	−7dBi,100% 范围

2. 天地对接试验

1)试验目的

"嫦娥"五号探测器通过与地面测控与回收系统、地面应用系统开展大系统间天地对接试验,验证探测器与地面测控站/船、VLBI 测站、回收搜救飞机/搜救车辆和地面应用地面站间的接口匹配性和工作协调性,确保天地大系统接口兼容。

2)试验方案

探测器系统利用与正样产品状态一致的器上电性或鉴定产品,通过有线对接和无线对接两种方式,同地面测控与回收系统和地面应用系统开展对接试验。有线对接方式下,探测器器上设备放置在测控站屏蔽笼或终端机房。射频有线方式的连接框图见图3.227。无线对接试验内容主要为天线极化测试。

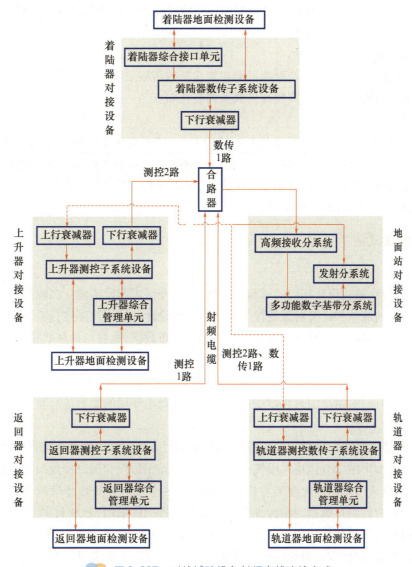

图3.227 对接试验设备射频有线连接方式

3)试验工况

(1)和地面测控与回收系统测控站/船对接试验。

探测器和地面测控与回收分系统测控站/船对接试验分为单器对接试验和多器同时工作对接试验。其中单器对接试验包括上行信道对接、下行信道对接、双向链路对接、数传对接和与北京航天飞行控制中心对接。多器同时工作对接试验为多器同时工作射频兼容性测试。

(2)和地面测控与回收系统 VLBI 测站对接试验。

探测器和地面测控与回收分系统 VLBI 测站对接试验主要包括：检查轨道器、着陆上升组合体和三器全部下行信号打开状态下的频谱和结构；检查轨道器和着陆上升组合体下行测控信号的长时间稳定度；VLBI 中心接收和处理天地对接数据。

(3)和地面测控与回收系统搜救飞机/搜救车辆对接试验。

探测器和地面测控与回收系统搜救飞机/搜救车辆间对接试验，主要是验证 243MHz 回收信标信号和 406MHz 国际救援信标的接口匹配性，同时验证由过境的国际救援卫星接收探测器发送的 406MHz 国际救援信标的匹配性。

(4)和地面应用系统对接试验。

探测器和地面应用系统地面站对接试验主要包括数传频点和功率测试、射频频谱和调制体制测试、固定数据传输测试、有效载荷数据格式及内容比对。

4) 试验结果

"嫦娥"五号探测器和地面测控系统与回收分系统、地面应用系统间天地对接试验，试验项目齐全，覆盖了接口控制文件中测控数传射频接口和数据格式等相关接口指标，对接试验测站覆盖齐全，验证了探测器与地面测控站/船、VLBI 测站、回收搜救飞机/搜救车辆和地面应用系统地面站间接口匹配性和工作协调性，满足任务要求。

3. 天线烧蚀试验

1) 试验目的

针对耐烧蚀天线结构设计相应的试验件模型，利用地面风洞设备建立高温和气流环境进行烧蚀试验，通过适当的测试和计算对耐烧蚀天线的防隔热设计和结构性能进行验证。

验证内容主要包括：获取耐烧蚀天线结构的温度分布数据，通过与计算数据的对比，验证分析计算模型的正确性，并进行必要的模型修正；通过试验前后试验件模型的状态对比，对耐烧蚀天线结构的材料、结构和生产工艺环节进行验证；对耐烧蚀天线结构的热应力破坏、烧蚀匹配，以及缝隙防热问题进行验证；对耐烧蚀天线耐受返回再入段气动热环境的能力进行验证。

2) 试验方案

耐烧蚀天线结构按照 1.35 倍安全系数进行防隔热设计，鉴定级试验量级按照 1.35 倍安全系数；为掌握耐烧蚀天线结构在 2.0 倍再入段气动环境下的防隔热性能，拉偏试验量级按照 2 倍安全系数。

试验件模型由天线单机和配套工装构成。配套工装主要包括防热环模拟件、舱体模拟件、玻璃钢衬套，以及相应的防热螺塞、胶、标准件等。防热环模拟件采用 SPQ9 材料，舱体模拟件采用铝合金；防热环模拟件与舱体模拟件采用螺接方式连接为一体，用于模拟耐烧蚀天线的布局环境。玻璃钢衬套采用内置埋件方式与舱体模拟件螺接，实现隔热、连接作用。由于耐烧蚀天线采用平装结构形式设于返回器侧壁上，其外表面与侧壁大面积防热结构基本共形，没有明显的突起物和凹陷区，因此在该热结构烧蚀试验中，采用超声速平板自由射流试验技术。在紧贴二维矩形喷管出口处，与气流有一定攻角地放置平板模型，试验布局示意见图 3.228。

3) 试验工况

耐烧蚀天线单机共两种，包括 GPS 耐烧蚀天线和 S 频段测控耐烧蚀天线。两种耐烧蚀天线均开展鉴定级耐烧蚀试验和拉偏工况耐烧蚀试验。

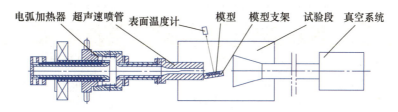

图 3.228　超声速平板试验示意图

4）试验结果

经过材料烧蚀试验考核,验证了天线表面选用材料耐烧蚀能力和隔热性能满足任务要求,天线能够耐受 1800℃,天线安装面温度不超过 200℃。烧蚀试验前后的天线状态如图 3.229 所示。

烧蚀试验后经检查,天线内部结构完好,未有蹿火、破坏、熔融现象,并在烧蚀试验后进行了耐烧蚀天线增益方向图及驻波比测试,各耐烧蚀天线均能够正常工作,烧蚀前后天线电性能一致,增益方向图如图 3.230 所示,满足总体指标要求。

(a) 天线烧蚀前

(b) 天线烧蚀后

图 3.229　烧蚀试验前后天线外表状态对比

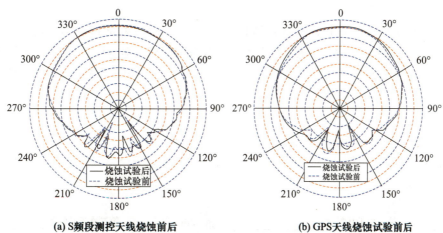

(a) S频段测控天线烧蚀前后　　　　(b) GPS天线烧蚀试验前后

图 3.230　烧蚀试验前后天线增益方向图对比

天线烧蚀试验结果表明:耐烧蚀天线能够承受再入段气动加热载荷,并为天线本体提供热防护功能。安装于返回器侧壁表面的耐烧蚀天线具备与周边防热层的烧蚀匹配性,能够耐受高速再入返回段的气动热环境。

3.6.5　实施结果

"嫦娥"五号探测器测控数传分系统主要指标的实测结果见表 3.52。

表 3.52 测控数传分系统主要指标测试结果

序号	工作项目	指标要求	实测结果
1	轨道器接收 G/T 值	≥ -33dB/K(98% 的范围)	-29.07dB/K(98.9%)
2	轨道器载波捕获阈值	≤ -125dBm	-129dBm
3	轨道器 EIRP	≥32dBm(98% 范围,高增益) ≥23dBm(98% 范围,低增益) ≥25dBW(数传)	32.75dBm(99.59% 的范围,高增益) 24.47dBm(99.59% 范围,低增益) 28.14dBW(数传)
4	上升器接收 G/T 值	≥ -39dB/K(98% 范围)	-34dB/K(99.24% 范围)
5	上升器载波捕获阈值	≤ -125dBm	-130 dBm
6	上升器 EIRP	≥ -3dBW(98% 范围)	0.11dBW(99.45% 范围)
7	着陆器 EIRP	≥25dBW(定向天线) ≥12dBW(中增益天线)	27.41dBW(定向天线) 14.15dBW(中增益天线)
8	返回器接收 G/T 值	≥ -53dB/K(95% 范围)	-46dB/K(99.40% 范围)
9	返回器载波捕获阈值	≤ -107dBm	-119dBm
10	返回器 EIRP	≥8dBm(95% 范围)	9.49dBm(99.40% 范围)

在"嫦娥"五号飞行任务过程中,测控数传分系统工作正常,性能指标均满足要求,圆满完成了整个飞行阶段测控数传任务,并成功配合地面回收系统完成了对返回器搜寻工作。探测器在整个飞行过程中,在地面站可见弧段内,应答机均在一个扫描周期内正常捕获,锁定正常,除探测器姿态调整运动过程外,应答机锁定信号稳定。整个任务期间,所有遥控指令执行正常,下行遥测解调正常,测定轨功能正常,数传信号解调正常,在轨验证了测控数传分系统设备工作正确性、多频率工作兼容性及测控信号对地覆盖性。

以近月制动期间轨道器 A2 应答机 AGC 为例,遥测曲线如图 3.231 所示。应答机上行锁定正常,接收功率稳定。

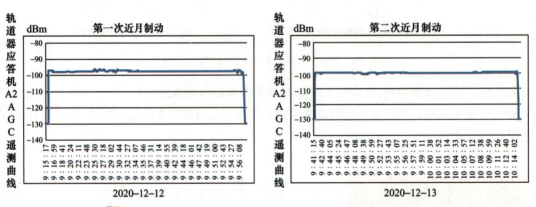

图 3.231 近月制动期间轨道器应答机 A2 的 AGC 遥测曲线

各应答机工作期间,上行锁定 AGC 电平遥测范围如表 3.53 所示,均在正常指标范围之内。

表 3.53　应答机接收通道 AGC 在轨遥测（单位：dBm）

序号	应答机	指标	在轨实测值
1	轨道器应答机 A1	≥ -118	-109.9 ~ -65.2
2	轨道器应答机 A2	≥ -118	-109.2 ~ -73.8
3	轨道器应答机 B1	≥ -118	-112.7 ~ -69.8
4	轨道器应答机 B2	≥ -118	-113.0 ~ -57.8
5	上升器应答机 A1	≥ -115	-113.7 ~ -83.2
6	上升器应答机 A2	≥ -115	-114.1 ~ -84.1
7	上升器应答机 B1	≥ -115	-114.2 ~ -65.8
8	上升器应答机 B2	≥ -115	-112.7 ~ -65.8
9	返回器应答机 a	≥ -107	-95.5 ~ -56.7
10	返回器应答机 b	≥ -107	-94.4 ~ -53.3

在"嫦娥"五号探测器整个任务阶段，测控数传分系统各设备工作均正常，圆满完成了任务要求的测控、数传以及回收信标引导工作，在轨验证了多器组合测控通信方案设计正确性，验证了多频率兼容性设计的正确性，实现了 S 频段/X 频段测控应答机、X 频段数传发射机（含放大器）、X 频段测控数传一体化应答机以及功率可变 X 频段固态放大器等产品轻小型化和集成化设计，进一步推进了测控数传关键产品小型化及性能提升。

测控数传分系统在轨取得了大量宝贵的数据，所属成果可继续应用于后续探月四期等复杂航天器及其他地外天体返回任务测控数传分系统设计及产品研制，为后续中国深空探测的深入开展提供了技术保障和宝贵经验。小型化产品也可继续推广至其他领域相关型号使用。

3.7 制导导航与控制技术

3.7.1 技术要求与特点

GNC 分系统的功能是为探测器提供制导、导航以及姿/轨态控制，以满足探测器系统不同组合体状态在各飞行阶段中的姿态需求和轨道控制需求。GNC 分系统由轨返组合体 GNC 子系统、着陆上升组合体 GNC 子系统组成。

1. 功能及性能要求

1)动力下降过程

(1)着陆区域和着陆精度。

目标着陆区域为月球正面风暴洋地区,设计标称着陆点位于经度51.420°W,纬度43.11°N处,着陆精度为6km。

(2)液体晃动约束。

"嫦娥"五号着陆器贮箱为表面张力贮箱,在轨飞行和动力下降过程存在液体晃动问题。动力下降过程的晃动特性会随剩余推进剂量及过载大小变化,一阶晃动频率在3.152~2.483rad/s。

(3)质量特性约束。

质量比"嫦娥"三号探测器和"嫦娥"四号探测器增加了约37%,质心位置也显著高于"嫦娥"三号探测器和"嫦娥"四号探测器。

(4)触月运动状态。

① 水平速度不大于0.7m/s,垂直速度不大于3.5m/s;

② 三轴角速度均优于1(°)/s;

③ 组合体$+X$轴与当地重力垂线方向夹角小于4°;$-Y$轴指向赤道方向,并与当地纬度方向垂直,误差小于4°。

(5)安全着陆区识别。

具备一定程度上的安全着陆区域自主优选和自主避障能力。

2)起飞上升过程

(1)平台约束。

上升器以着陆器为平台进行起飞上升。起飞平台不能进行水平和方位调整。起飞前着陆器和上升器解锁分离,点火后1s,GNC子系统开始实施控制,此时飞行姿态和角速度相对起飞前变化量不超过5°和5(°)/s。上升器采用金属膜贮箱,太阳翼收拢。

(2)上升器对准与定位精度。

① 相对月表自主定位精度:水平位置优于2km;

② 初始对准精度:在定位误差优于1km的情况下,俯仰、偏航和滚动方向优于0.05°(相对导航坐标系)。

(3)上升器上升目标轨道精度。

① 与上升目标轨道共面度优于0.8°;

② 半长轴误差:小于10km;

③ 偏心率误差:小于0.01。

3)交会对接过程

(1)远程导引。

交会对接段远程导引巡航飞行期间,上升器$-Z$轴与太阳矢量之间的夹角不大于6°(3σ)。

交会对接段远程导引期间轨控时三轴姿态控制精度:优于1°(3σ)。

远程导引变轨控制精度要求(包括姿态调整的影响):

① 速度增量不大于10m/s时,推力方向不大于0.05m/s;

② 速度增量大于10m/s时,推力方向不大于0.1m/s。

(2)近程交会。

轨道器需自主进行轨返组合体和上升器间相对导航计算,根据相对导航结果自主规划接近过程制导脉冲策略,控制轨返组合体完成相对距离 50km 至对接飞行全过程[17]。具体要求包括:

① 满足初始对接条件时,轨返组合体停控(包括停止太阳翼和定向天线对地跟踪控制),同时向对接机构发送对接抓捕指令;

② 相对 50km 交班点至停控的自主飞行时间小于 3.5h。飞行时间长度固定不受交班点误差的影响,并可依据地面指令延长飞行时间;

③ 对接准备状态控制指标,如表 3.54 所示。

表 3.54 轨返组合体 GNC 对接准备状态控制指标

序号	项目	指标要求
1	轴向距离	$0.441\text{m} \pm 0.05\text{m}(3\sigma)$
2	横向位移	$\sqrt{\Delta Y^2 + \Delta Z^2} \leq 0.06\text{m}(3\sigma)$
3	轴向速度	$0 \leq \Delta V_X \leq 0.05\text{m/s}(3\sigma)$
4	横向速度	$\sqrt{\Delta V_Y^2 + \Delta V_Z^2} \leq 0.03\text{m/s}(3\sigma)$
5	相对姿态角	$1°$
6	相对姿态角速度	$0.2(°)/\text{s}$

上升器由对日定向转为对月定向姿态,近程导引期间对月定向三轴稳定姿态(相对于轨道坐标系)控制要求:

① 姿态控制精度:优于 $0.1°(3\sigma)$;

② 姿态稳定度:优于 $0.001(°)/\text{s}(3\sigma)$。

4)返回再入过程

返回器根据惯性组合件等的测量数据,计算返回器在导航基准坐标系中的姿态和位置,结合导航信息进行自主制导计算,给出返回器制导指令并实现质心转动机动控制与稳定控制[50]。具体要求包括:

(1)轨返分离后,返回器 GNC 子系统进行自主导航,消除分离扰动后进行惯性姿态控制,保持返回器惯性飞行。

(2)初次再入段和二次再入段,返回器根据制导律形成的指令倾侧角进行初次再入和二次再入倾侧角跟随控制。在二次再入过程到达一定高度后,建立开伞姿态,在约 25km 高度处接通回收主开关。

(3)在降落回收过程中,返回器根据数管指令进行推进剂排放。

(4)返回器再入控制要求如表 3.55 所示。

表 3.55 轨返 GNC 返回再入控制指标

序号	项目	指标要求
1	再入航程	5600~7100km
2	再入轴向过载峰值	不大于 7g

续表

序号	项目		指标要求
3	开伞点精度		航向±30km,横向±20km
4	开伞姿态控制	攻角范围	$\alpha_T \pm 5°$(α_T为实际配平攻角)
5		侧滑角范围	$0 \pm 5°$

2. 特点分析

GNC分系统为完成探测器相关任务,重点要完成包括动力下降、起飞上升、交会对接及返回再入相关过程的制导、导航与控制。其任务特点包括以下方面:

1) 动力下降任务分析

动力下降过程,适应有可能的崎岖着陆航程,并提高系统测速功能的可靠性,避免对微波单一体制产品的依赖,增配激光测速敏感器。此外,需要在已有型号的基础上开发快速图像处理系统,压缩悬停避障时间以节约推进剂。

在新增功能和产品的同时,系统的轻小化和高可靠设计是着陆上升组合体GNC系统设计的要点。

2) 起飞上升任务分析

从对国外相似型号的上升及月面任务的产品配置的调研情况来看,动力上升和月面定姿(定位)使用陀螺、加速度计和星敏感器可以完成任务,不需要增配新的敏感器。但考虑到着陆过程中存在月尘污染,需要对星敏感器进行防尘保护,需增配星敏感器防尘机构。以着陆器为平台进行起飞,考虑到着陆器本身着陆月面姿态的偏斜,需要迅速调整上升器姿态,需要较大角速度的陀螺。动力上升过程与着陆过程可复用动力显式制导律。考虑到入轨后仍有机会通过轨道调整来保证交会对接远程导引精度,因此上升过程仅依靠惯导系统进行导航,不需要引入其他测量敏感器。除产品新增配置需求外,还需要开发月面定姿定位算法和上升入轨算法。

3) 交会对接任务分析

"嫦娥"五号探测器交会对接任务归结为近月近圆轨道自主自动交会对接任务。选择轨返组合体从上升器后下方,经多个稳定停泊点间转移逐渐接近上升器,近距离通过直线逼近方式完成最后接近和对接操作的飞行策略。

(1) 相对导航方式设计。

综合考虑中国所具备的相对测量敏感器研制水平和"嫦娥"五号探测器交会对接任务的特点,选择由激光雷达、微波雷达、CRDS构成由远到近的相对测量系统。设计基于激光雷达、微波雷达、CRDS的相对导航算法,以及相应的敏感器使用策略,构成从相距75km直至对接的相对导航系统。

(2) 自主制导和控制能力设计。

基于"嫦娥"五号探测器任务的特点,选择从上升器后下方经多个停泊点间转移,逐步靠近上升器的方式完成整个交会对接任务。

4) 返回再入任务分析

(1) 高精度导航系统设计。

返回器再入航程及导航时间较神舟飞船任务更长,因此导航系统应具有更高的导航精度。引起导航误差的主要原因来自于惯性器件测量误差及稳定性和系统初始对准误差。此外返回器与轨道器为两舱结构,安装基准面精度难以保证且精测手段有限,返回初始瞄准点姿态基准建立困难。

(2)高动态环境下制导律设计。

再入过程中由于制导律的存在,不仅为了纵向航程一直在进行倾侧角的调整,由于侧向控制的要求,倾侧角还会经历倾侧角变号的过程,这个过程如果处于高动态的环境下会造成能量变化,忽视其动态过程将对最终落点产生影响,并随着倾侧角调整次数的增加,不可避免地会带来预报的常值偏差。此外,初次再入段时间短,速度阻尼剧烈,而其终端条件对之后的弹道形态有直接的决定作用,因此不仅要确保能够满足航程和地球最终捕获的能量要求,还应尽可能提高初次再入段的终端状态精度,从而减小二次再入的调整压力。

3.7.2 系统组成

"嫦娥"五号探测器 GNC 分系统由着陆上升组合体 GNC 子系统、轨返组合体 GNC 子系统组成。轨返组合体 GNC 子系统硬件单机分布在轨道器、返回器和上升器中。着陆上升组合体 GNC 子系统硬件单机分布在上升器和着陆器中,GNC 分系统产品配置包括敏感器、执行机构和控制器三类,其组成框图如图 3.232 所示。

1. 轨返组合体 GNC 子系统

1)敏感器

敏感器包括模拟太阳敏感器、数字太阳敏感器、星敏感器、陀螺组合体、加速度计组合体、惯性测量单元(安装在返回器上,光纤 IMU 和激光 IMU 两套互为冗余,每套 IMU 内含 3 个陀螺和 3 个石英加速度计)、GPS 接收机(安装在返回器上)、GNSS 接收机、相对测量敏感器(包括微波雷达、激光雷达、交会对接光学成像敏感器及与其对应的安装在上升器上面的合作目标)。

2)执行机构

轨道器配备 4 个动量轮和一套双组元推进系统(属推进分系统,包括一台 3000N 发动机、12 台 10N 发动机、18 台 25N 发动机和 8 台 150N 发动机)。返回器配备一套单组元推进系统(采用了 A、B 双分支结构,共配备 2 台 20N 发动机和 10 台 5N 发动机)。

3)控制器

控制器包括轨道器中心控制单元和返回器 GNC 控制器(GNCC)。

另外,轨返组合体 GNC 子系统还需为太阳翼驱动机构、定向天线提供控制指令。

由于"嫦娥"五号探测器在任务执行过程中存在多种可能构型(包括四器组合体、轨返组合体、轨道器和返回器单器)。轨道器和返回器既需要具备独立的制导、导航和控制功能,又要求在特定飞行过程中进行器间的敏感器数据交互。因此,轨返组合体 GNC 子系统架构和信息流设计在各自器中采用星形结构(以星载计算机为信息交互的核心,按固定的时序采集各种敏感器的测量信息,经过计算生成相应的控制律后,向执行机构发出控制指令),同时利用器间多级 1553B 总线拓扑进行必要的数据交换。按照层次可分为系统外部信息流、器间信息流和系统内部信息流三层,如图 3.233 所示。

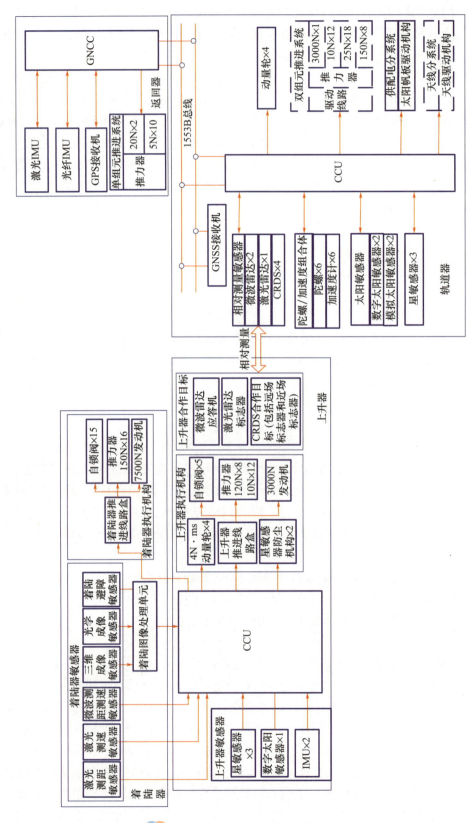

图 3.232 GNC 分系统结构框图

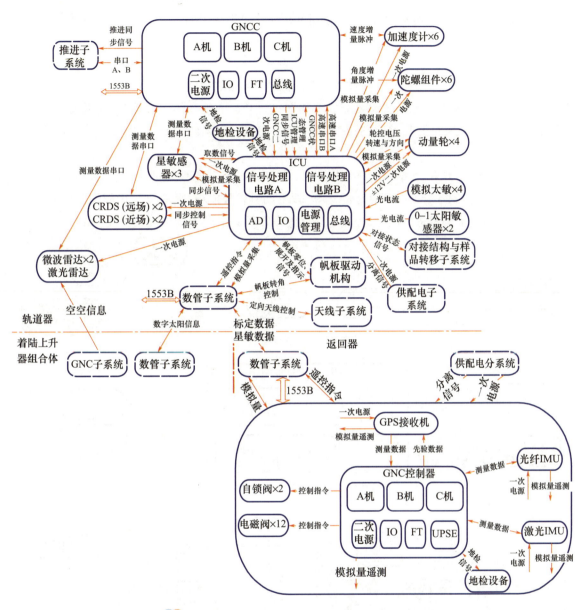

图 3.233 轨返组合体 GNC 子系统的信息流图

2. 着陆上升组合体 GNC 子系统

1）敏感器

敏感器包括数字太阳敏感器组件、星敏感器3个、激光 IMU、光纤 IMU、微波测距测速敏感器、激光测距敏感器、激光测速敏感器、激光三维成像敏感器、光学成像敏感器、着陆地形敏感器和伽马关机敏感器，此外安装在着陆缓冲足垫上的落月信号装置也为 GNC 提供关机信号。

2）执行机构

上升器配置一台 3000N 发动机用于轨道控制；8 台 120N 发动机用于大干扰下的姿态控制，小干扰下的姿态控制使用 12 台 10N 发动机。着陆器配置一台 7500N 的变推力发动机用于轨道控制；8 台 150 N 发动机用于水平机动控制和 8 台 150N 发动机用于大姿态干扰下的姿态控制，小姿控发动机复用上升器的 10N 发动机。4 个动量轮用于交会时姿态控制,2 个防尘机构用于星敏感器遮蔽月尘。

3) 控制器

控制器包括上升器中心控制单元和着陆器图像处理单元(IPU)。

着陆上升组合体 GNC 子系统需要完成着陆器+上升器的组合体状态控制,还需要完成上升器的单器控制;且在月面上升时,会分离部分产品。因此,在系统设计上采用了一体化的设计思路[51]。

着陆上升组合体 GNC 子系统信息流如图 3.234 所示。上升器 CCU 直接采集并处理上升器上的敏感器信息,进行制导导航控制算法的运算,输出动量轮控制电压,驱动星敏感器防尘机构,通过着陆器和上升器上的推进线路盒,控制着陆器的发动机和上升器的发动机开关。IPU 接收上升

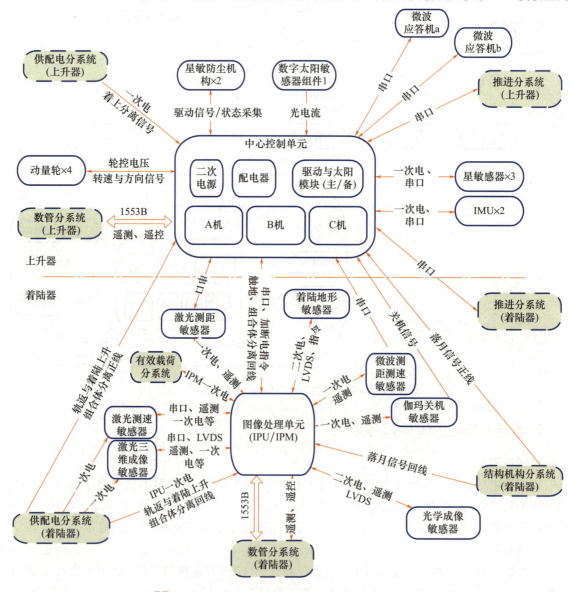

图 3.234　着陆上升组合体 GNC 子系统信息流图

器 CCU 发送的安全点识别所需的辅助数据、着陆导航敏感器的加断电控制指令,根据上升器 CCU 指令信息控制着陆导航敏感器的加断电,对光学图像数据与激光地形数据进行处理,产生着陆安全点信息,根据指令将安全点信息提交给上升器 CCU。此外,上升器 CCU 还是上升器上 GNC 产品的供配电及遥测遥控管理中心,IPU 也是着陆器上 GNC 产品的供配电及遥测遥控管理中心。

3.7.3 设计技术

1. 月球自主交会对接 GNC 技术

1) 相对运动坐标系(RVD 坐标系)定义

相对运动坐标系(RVD 坐标系)定义为:其原点 O_t 为上升器的质心,O_tZ 轴指向月球的质心,O_tY 轴垂直于 O_tZ 轴,指向轨道角速度方向,O_tX 轴与 O_tZ、O_tY 轴构成右手系。

2) 交会对接过程划分设计和轨道设计

交会对接过程可划分为远程导引段和近程导引段。远程导引段由地面测控系统引导上升器进行轨道调整;在近程导引段,轨返组合体作为追踪器,上升器作为目标器,由轨返组合体依靠 GNC 分系统自主完成向上升器的接近飞行操作。近程导引段可细分为四个子阶段:寻的段、接近段、平移靠拢段、组合体运行段,具体划分如图 3.235 所示(图中的距离均为 RVD 坐标系质心间的相对距离)。

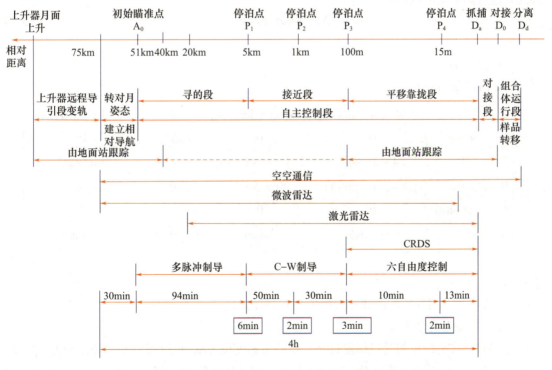

图 3.235 交会对接各阶段划分和敏感器配置

与上升器相距 75km 左右,地面注入指令使轨返组合体和上升器由太阳定向模式转入对月定向模式;注入两航天器的轨道数据和地面转移脉冲;与上升器相距 100m 至对接的全过程,要求在测控区以内;样品转移以及组合体分离过程要求在测控区以内。

3) 远程导引段与自主控制段的切换

远程导引段的终点,即初始瞄准点 A_0 是交会对接地面导引与自主控制的交接位置,其选择主要取决于相对导航敏感器的作用范围、地面导引控制精度以及自主控制段对初始位置和速度的要求。地面导引必须将上升器导引到相对导航敏感器的作用范围之内,并保证在地面导引存在控制误差的情况下,仍能满足相对测量敏感器的捕获时间、相对位置和相对速度测量范围的要求,同时为自主控制段创造较好的初始条件,即构建共面圆轨道,轨返组合体轨道略低于上升器轨道,且上升器领先轨返组合体一定相位。

4) 交会对接制导和控制方案

(1) 相对平动动力学方程(C-W 方程)。

在相对运动坐标系下,采用重力场一阶近似的 C-W 方程为

$$\begin{cases} \ddot{x} + 2\omega_{ot}\dot{z} = a_x \\ \ddot{y} + \omega_{ot}^2 y = a_y \\ \ddot{z} - \omega_{ot}\dot{x} - 3\omega_{ot}^2 z = a_z \end{cases} \quad (3.23)$$

式中:ω_{ot} 为上升器轨道角速度;a_x、a_y 和 a_z 为作用在轨道器上的推力加速度在 RVD 坐标系下的表示。

设状态矢量为 $X = [x \ y \ z \ \dot{x} \ \dot{y} \ \dot{z}]^T$,控制矢量为 $U = [a_x \ a_y \ a_z]^T$,将上式写成状态空间形式并进行离散化可以得到

$$X(t_f) = \boldsymbol{\phi}(t)X(t_0) \quad (3.24)$$

式中:$t = t_f - t_0$。

$$\boldsymbol{\phi}(t) = \begin{pmatrix} \boldsymbol{\phi}_{rr}(t) & \boldsymbol{\phi}_{rv}(t) \\ \boldsymbol{\phi}_{vr}(t) & \boldsymbol{\phi}_{vv}(t) \end{pmatrix}$$

$$= \begin{pmatrix} 1 & 0 & 6(\sin\phi - \phi) & (4\sin\phi - 3\phi)/\omega_{ot} & 0 & -2(1-\cos\phi)/\omega_{ot} \\ 0 & \cos\phi & 0 & 0 & \sin\phi/\omega_{ot} & 0 \\ 0 & 0 & 4 - 3\cos\phi & 2(1-\cos\phi)/\omega_{ot} & 0 & \sin\phi/\omega_{ot} \\ 0 & 0 & -6\omega_{ot}(1-\cos\phi) & 4\cos\phi - 3 & 0 & -2\sin\phi \\ 0 & -\omega_{ot}\sin\phi & 0 & 0 & \cos\phi & 0 \\ 0 & 0 & 3\omega_{ot}\sin\phi & 2\sin\phi & 0 & \cos\phi \end{pmatrix}$$

(3.25)

式中:$\phi = \omega_{ot}t$。

C-W 方程主要用作寻的段和接近段的相对制导律设计。

(2) 相对姿态动力学方程。

追踪器对接口坐标系相对目标器对接口系的角速度设为 $\boldsymbol{\omega}_r$,可以得到相对姿态动力学模型为

$$I_c \dot{\boldsymbol{\omega}}_r = T_c + D_c - \boldsymbol{\omega}_c \times (I_c \boldsymbol{\omega}_c) + I_c (\boldsymbol{\omega}_r \times C_{ct}) \boldsymbol{\omega}_t - I_c C_{ct} \dot{\boldsymbol{\omega}}_t \quad (3.26)$$

式中:I_c 为追踪航天器转动惯量;D_c 为外扰力矩;T_c 为控制力矩;$\boldsymbol{\omega}_c$ 为追踪器惯性角速度;$\boldsymbol{\omega}_t$ 为

目标器惯性角速度;C_{ct}为目标器本体系到追踪器本体系的转换阵。

相对姿态控制器设计中即采用以上模型。

(3) 相对姿态运动学方程。

设$\boldsymbol{\omega}_r = \dot{\boldsymbol{\psi}}_r + \dot{\boldsymbol{\varphi}}_r + \dot{\boldsymbol{\theta}}_r$,$\dot{\boldsymbol{\psi}}_r$、$\dot{\boldsymbol{\varphi}}_r$、$\dot{\boldsymbol{\theta}}_r$分别为关于相对滚动角速度矢量,偏航角速度矢量和俯仰角速度矢量,按照3-1-2转序,舍去三阶小量,并认为目标器始终保持对地定向,可以得到相对姿态运动方程。

追踪器相对于目标器的姿态角(3-1-2转序)为$[\varphi_r \quad \theta_r \quad \psi_r]^T$,满足:

$$\begin{cases} \dot{\varphi}_r = \omega_{rx}\cos\theta_r + \omega_{rz}\sin\theta_r \\ \dot{\theta}_r = (\omega_{rx}\sin\theta_r\sin\varphi_r - \cos\theta_r\sin\varphi_r\omega_{rz})/\cos\varphi_r + \omega_{ry} \\ \dot{\psi}_r = (-\omega_{rx}\sin\theta_r + \omega_{rz}\cos\theta_r)/\cos\varphi_r \end{cases} \quad (3.27)$$

姿态运动学方程主要用于相对姿态估计滤波器设计。

(4) $C-W$制导。

以RVD坐标系下的$C-W$方程为基础,若已知初始相对位置和速度$[\boldsymbol{\rho}(t_0),\dot{\boldsymbol{\rho}}(t_0)]$,使得在给定时间$t = t_f - t_0$内,相对位置和速度达到$[\boldsymbol{\rho}(t_f),\dot{\boldsymbol{\rho}}(t_f)]$,双脉冲机动对应的首脉冲速度增量为

$$\Delta\boldsymbol{v}(t_0) = \boldsymbol{\phi}_{rv}(t)^{-1}[\boldsymbol{\rho}(t_f) - \boldsymbol{\phi}_{rr}(t)\boldsymbol{\rho}(t_0)] - \dot{\boldsymbol{\rho}}(t_0) \quad (3.28)$$

(5) 相平面控制。

在5km位置保持、1km位置保持、100m位置保持控制采用相平面控制率。

(6) PID + 改进PRM调制喷气控制算法。

平移靠拢段的相对位置和姿态控制使用比例积分微分(PID) + 改进脉冲宽度调制(PRM)喷气控制算法。采用连续控制方法设计控制器,而需要利用开关工作方式的常推力发动机实现控制作用,为此必须对控制量进行调制。方案设计中采用喷气脉宽等效于PRM的脉宽调制方法。PRM框图如图3.236所示。

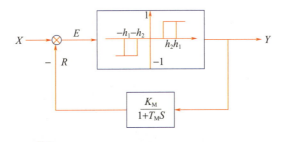

图3.236 伪速率调制器(PRM)框图

5) 相对轨道/姿态控制方案

(1) 寻的段。

交会对接寻的段是从轨返组合体与上升器相距大约50km开始,直到轨返组合体到达上升器后方5km处的停泊点P_1,并进行必要的停泊保持后结束。

寻的段采用五脉冲制导策略,如图3.237所示。

考虑到环月轨道确定精度较近地轨道差,上升器远程导引段轨道控制会具有较大误差,从而造成自主控制初始相对轨道的变化范围大,在继承神舟飞船寻的段以时间触发制导脉冲控制策略的基础上,增设视线角触发首脉冲的判据,其中:

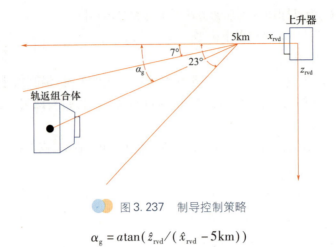

图 3.237 制导控制策略

$$\alpha_g = a\tan(\hat{z}_{rvd}/(\hat{x}_{rvd}-5\text{km})) \tag{3.29}$$

$\hat{z}_{rvd}$、$\hat{x}_{rvd}$ 为相对导航得到相对位置估计值。为防止出现由于上升器偏心率较大，而使初始 $\pm z$ 方向相对速度大，设置了两条触发线。

（2）接近段。

P_2 停泊点设置于 1km。在制导律设计方面，考虑到由于视线制导律基于球坐标系状态变量进行设计，相对状态间的耦合比较强，解耦设计时的控制参数选取比较烦琐，所以整个接近过程中均采用 C-W 制导进行制导律设计。

（3）平移靠拢段。

平移靠拢段的任务是为对接提供初始条件。

① 接近方向相对速度控制器设计。

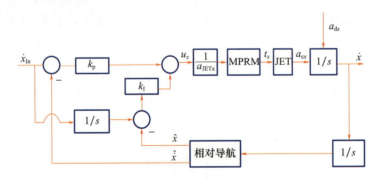

图 3.238 接近方向相对速度控制器设计

如图 3.238 所示的闭环系统传递函数为

$$G_{\text{close}}(s) = \frac{k_p s + k_I}{s^2 + k_p s + k_I} \tag{3.30}$$

控制器参数设计为

$$k_p = \frac{H_1 a_{x\text{JET}}}{D_{v_x}}, k_I = \left(\frac{k_p}{2\zeta}\right)^2 \tag{3.31}$$

其中，D_{v_x} 为控制死区，取值应略大于相对导航误差范围，并小于控制精度指标要求；$a_{x\text{JET}}$ 为 X 方向的发动机推力加速度；H_1 为脉宽调制参数；ζ 为系统的阻尼比。

② 横向相对位置控制器设计。

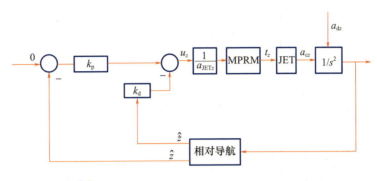

图 3.239　横向相对位置控制控制器设计

为保证以恒定相对速度直线接近目标器，横向位置（Y/Z 方向）的控制目标为保持零状态。

如图 3.239 所示的闭环系统传递函数为

$$G_{\text{close}}(s) = \frac{k_d s + k_p}{s^2 + k_d s + k_p} \tag{3.32}$$

控制器参数设计为

$$k_p = \frac{H_1 a_{zJET}}{D_z}, k_d = 2\zeta \sqrt{k_p} \tag{3.33}$$

其中，D_z 为控制死区，取值应略大于相对导航误差范围，并小于控制精度指标要求；a_{zJET} 为 Z 方向的加速度；H_1 为脉宽调制参数；ζ 为系统的阻尼比。

6) 相对导航方案

以微波雷达为例，利用微波雷达原始测量输出 ρ、α、β，根据雷达测量几何、坐标系变换关系等可计算得到 RVD 坐标系下的相对位置 $z_{WR} = [x_{WR} \quad y_{WR} \quad z_{WR}]^T$，以此作为间接测量量。所涉及的坐标系有微波雷达测量坐标系、轨返组合体的惯性姿态、上升器的轨道坐标系。

选择相对位置和相对速度作为状态量，以 C-W 方程作为状态方程，控制输入由加速度计测量得到。以微波雷达测量值计算得到相对位置作为间接测量量构建测量方程，采用卡尔曼滤波设计滤波器。

基于微波雷达测量的相对导航算法如下：

输入：测量数据 $z_{WR} = [x_{WR} \quad y_{WR} \quad z_{WR}]^T$；状态量 $\boldsymbol{x} = [x \quad y \quad z \quad \dot{x} \quad \dot{y} \quad \dot{z}]^T$；控制量 $\boldsymbol{u}(k)$（由加速度计测量得到）；上升器的轨道角速度 ω_{ot}；滤波周期：$\Delta t = 0.16$。

输出：滤波后的状态量 $\boldsymbol{x}(k+1) = [x \quad y \quad z \quad \dot{x} \quad \dot{y} \quad \dot{z}]^T$

公式：$\boldsymbol{x}(k+1,k) = \boldsymbol{\phi}(k+1,k)\boldsymbol{x}(k) + \boldsymbol{G}(k)\boldsymbol{u}(k)$

$$x(k+1) = x(k+1,k) + \boldsymbol{K}_{WR}[z_{WR} - \boldsymbol{H}x(k+1,k)] \tag{3.34}$$

其中，$\boldsymbol{H} = (\boldsymbol{I}_3 \quad \boldsymbol{0}_3)$，$\boldsymbol{K}_{WR}$ 为常增益滤波阵。

2. 跳跃式再入返回 GNC 技术

1) 动力学模型

返回器动力学使用标准的六自由度再入动力学模型：

$$\begin{cases}
\begin{bmatrix} \dot{V}_x \\ \dot{V}_y \\ \dot{V}_z \end{bmatrix} = \boldsymbol{C}_{\text{al}}^{\text{ar}} \begin{bmatrix} \dot{W}_x \\ \dot{W}_y \\ \dot{W}_z \end{bmatrix} + \boldsymbol{C}_{\text{al}}^{\text{ar}} \begin{bmatrix} \dot{W}_{xw} \\ \dot{W}_{yw} \\ \dot{W}_{zw} \end{bmatrix} + \boldsymbol{A}_1 \begin{bmatrix} x \\ y+r_0 \\ z \end{bmatrix} + \boldsymbol{B}_1 \begin{bmatrix} V_x \\ V_y \\ V_z \end{bmatrix} + \begin{bmatrix} g_x \\ g_y \\ g_z \end{bmatrix} \\
\begin{bmatrix} \dot{x} \\ \dot{y} \\ \dot{z} \end{bmatrix} = \begin{bmatrix} V_x \\ V_y \\ V_z \end{bmatrix} \\
\begin{bmatrix} \dot{\omega}_x \\ \dot{\omega}_y \\ \dot{\omega}_z \end{bmatrix} = \begin{bmatrix} d_1 \\ d_2 \\ d_3 \end{bmatrix} \\
\begin{bmatrix} \dot{q}_0 \\ \dot{q}_1 \\ \dot{q}_2 \\ \dot{q}_3 \end{bmatrix} = \frac{1}{2} [\boldsymbol{\Omega}] \begin{bmatrix} q_0 \\ q_1 \\ q_2 \\ q_3 \end{bmatrix} \\
\dot{m} = -f(F_X, F_Y, F_Z, F_x, F_y, F_z)
\end{cases} \quad (3.35)$$

其中,$\begin{bmatrix} \dot{W}_x \\ \dot{W}_y \\ \dot{W}_z \end{bmatrix}$ 为返回器坐标系 $O_1 x_1 y_1 z_1$ 三个轴上所受到的视加速度;$\boldsymbol{C}_{\text{al}}^{\text{ar}}$ 为返回器坐标系 $O_1 x_1 y_1 z_1$ 相对返回坐标系 $Oxyz$ 的方向余弦阵;$\begin{bmatrix} \dot{W}_{xw} \\ \dot{W}_{yw} \\ \dot{W}_{zw} \end{bmatrix}$ 为风场干扰产生的加速度项;$\boldsymbol{A}_1$、$\boldsymbol{B}_1$ 分别为与离心加速度和科里奥利加速度有关的矩阵;g_x、g_y、g_z 为地心引力加速度在返回坐标系 $Oxyz$ 的投影。

2) 导航方案

(1) SINS 导航方案。

捷联惯性导航系统(SINS)导航使用四子样导航算法,以陀螺输出为数字惯性平台基准,利用加速度计和地球引力模型进行惯性位置以及速度计算。

(2) GPS + INS 导航方案

考虑如下形式的导航系统模型:

$$X_{k+1} = \boldsymbol{A} X_k + \boldsymbol{B} \delta u_k + \boldsymbol{C} g_k \quad (3.36)$$

其中 $\boldsymbol{\delta}u = \begin{bmatrix} \delta\theta \\ \delta w \end{bmatrix}$,分别为陀螺和加速度计的测量;$X = \begin{bmatrix} Q \\ W \end{bmatrix}$ 为姿态和加速度状态;$\boldsymbol{A}$、$\boldsymbol{B}$、$\boldsymbol{C}$ 为状态矩阵。

利用 GPS 测量模型:$Z(k+1) = HX(k+1) + V(k+1)$,利用推广的卡尔曼滤波方法,构造如下的状态方程和观测方程:

$$\bar{X}(k+1) = A_2 \bar{X}(k) + B_2 \bar{u}(k) + C_2 g(k) + B_2 W(k)$$
$$Z(k+1) = H\bar{X}(k+1) + V(k+1)$$

构解卡尔曼滤波方程：

$$P(k+1|k) = \boldsymbol{\phi}(k+1|k)P(k|k)\boldsymbol{\phi}^{\mathrm{T}}(k+1|k) + \boldsymbol{\Gamma}[\hat{x}(k|k),k]Q_k\boldsymbol{\Gamma}^{\mathrm{T}}[\hat{x}(k|k),k]$$

$$K(k+1) = P(k+1|k)H^{\mathrm{T}}(k+1)\{H(k+1)P(k+1|k)H^{\mathrm{T}}(k+1) + R_{k+1}\}^{-1}$$

$$P(k+1|k+1) = [I - K(k+1)H(k+1)]P(k+1|k)[I - K(k+1)H(k+1)]^{\mathrm{T}} + K(k+1)R_kK^{\mathrm{T}}(k+1)$$

$$\hat{\bar{X}}(k+1|k) = A_2\bar{X}(k|k) + B_2\delta w_k + \frac{1}{2}C_2(g_k + g_{k+1})$$

$$\hat{\bar{X}}(k+1|k+1) = \hat{\bar{X}}(k+1|k) + K(k+1)\{z(k+1) - \hat{\bar{X}}(k+1|k),k+1\} \tag{3.37}$$

3) IMU 基准偏差及姿态在轨估计方案

(1) 姿态基准偏差及陀螺零偏估计。

考虑构建 IMU 坐标系，其三个正交轴平行于理论的陀螺敏感轴方向。这三个陀螺分别记为 G_x、G_y 和 G_z。理论上 G_x 的敏感轴在 IMU 坐标系坐标应为 $[1\ 0\ 0]^{\mathrm{T}}$。但是由于存在安装误差，因此 G_x 的敏感轴并不与 X_G 重合，假定该轴在 G 系中的指向为 $\boldsymbol{p}_{Gx}^G$，那么有 $\boldsymbol{p}_{Gx}^G \approx \begin{bmatrix} 1 \\ \Delta_{Gxy} \\ \Delta_{Gxz} \end{bmatrix}$，其中 Δ_{Gxy} 和 Δ_{Gxz} 是两个小偏差量。如此

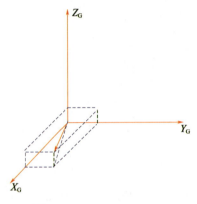

图 3.240 IMU 平台偏差示意图

设定的 IMU 平台单轴指向误差如图 3.240 所示。

陀螺的刻度因子误差表示为 ΔK_G，常值漂移为 b_G，则三个陀螺实际输出的角速度测量为

$$\tilde{\omega}_{Gx} = (1 + \Delta K_{Gx})\omega_{Gx} + b_{Gx}$$
$$\tilde{\omega}_{Gy} = (1 + \Delta K_{Gy})\omega_{Gy} + b_{Gy}$$
$$\tilde{\omega}_{Gz} = (1 + \Delta K_{Gz})\omega_{Gz} + b_{Gz}$$

装订的陀螺组件在本体系中安装矩阵为 $\bar{\boldsymbol{M}}_b^G$，实际的安装矩阵为 $\boldsymbol{M}_b^G$，陀螺的敏感轴指向可以表示为

$$\boldsymbol{p}_{Gx}^b \approx (\bar{\boldsymbol{M}}_b^G)^{-1}\begin{bmatrix} 1 + \Delta_{Gxx} \\ \Delta'_{Gxy} \\ \Delta'_{Gxz} \end{bmatrix}$$

$$\boldsymbol{p}_{Gy}^b \approx (\bar{\boldsymbol{M}}_b^G)^{-1}\begin{bmatrix} \Delta'_{Gyx} \\ 1 + \Delta_{Gyy} \\ \Delta'_{Gyz} \end{bmatrix}$$

$$\boldsymbol{p}_{Gz}^b \approx (\bar{\boldsymbol{M}}_b^G)^{-1}\begin{bmatrix} \Delta'_{Gzx} \\ \Delta'_{Gzy} \\ 1 + \Delta_{Gzz} \end{bmatrix}$$

记 $(\bar{\boldsymbol{M}}_b^G)^{-1}$ 第一列为 $\boldsymbol{p}_{Gx}^b$，第二列为 $\boldsymbol{p}_{Gy}^b$，第三列为 $\boldsymbol{p}_{Gz}^b$，其中 Δ_{Gxx} 为 x 方向的陀螺在 $\boldsymbol{p}_{Gx}^b$ 方向上的安装误差，Δ'_{Gxy} 为 x 方向的陀螺在 $\boldsymbol{p}_{Gy}^b$ 方向的安装误差，Δ'_{Gxz} 为 x 方向陀螺在 $\boldsymbol{p}_{Gz}^b$ 方向上的安装偏差。Δ'_{Gyx}、Δ_{Gyy}、Δ'_{Gyz} 为 y 方向陀螺在三个方向上的安装偏差，Δ'_{Gzx}、Δ'_{Gzy}、Δ_{Gzz} 为 z 方向陀螺在三个方向

上的安装偏差。

利用三个陀螺合成的星体角速度可以表示为

$$\tilde{\boldsymbol{\omega}}^b = (\overline{\boldsymbol{M}}_b^G)^{-1} \begin{bmatrix} 1+\Delta_{Gxx} & \Delta'_{Gxy} & \Delta'_{Gxz} \\ \Delta'_{Gyx} & 1+\Delta_{Gyy} & \Delta'_{Gyz} \\ \Delta'_{Gzx} & \Delta'_{Gzy} & 1+\Delta_{Gzz} \end{bmatrix} \begin{matrix} \overline{\boldsymbol{M}}_b^G \boldsymbol{\omega}^b (1+\Delta K_{Gx}) + b_{Gx} \\ \overline{\boldsymbol{M}}_b^G \boldsymbol{\omega}^b (1+\Delta K_{Gy}) + b_{Gy} \\ \overline{\boldsymbol{M}}_b^G \boldsymbol{\omega}^b (1+\Delta K_{Gz}) + b_{Gz} \end{matrix} \quad (3.38)$$

选取不同的角速度 $\boldsymbol{\omega}_1^b, \boldsymbol{\omega}_2^b, \cdots, \boldsymbol{\omega}_n^b$ 可以得到三组线性方程组。通过最小二乘法,可以得到各个方向上的安装偏差和陀螺常漂[52]。

(2)加速度计零偏估计。

主要结合轨道器发动机较长时间不开机情况下的加速度计输出,通过较长时间的无动力情况下的统计获得标定结果。

4)控制方案

(1)滑行段控制。

滑行段以及自由飞行模式和配平攻角模式均采用相平面控制律。

(2)再入段控制。

再入段采用滚动通道姿态控制,俯仰、偏航通道速率阻尼。再入段姿态控制与速率阻尼的目的是保持返回器姿态在实际配平功角附近,保证返回器防热结构安全,同时实现升力控制对弹道倾侧角的需求,保证返回器着陆点精度和过载要求。

由于再入段尤其是初次再入段的倾侧角变号过程会很大地影响返回器的再入能量,对落点精度有不利的影响,因此为了加快倾侧指令角的跟踪速度,利用20N发动机的工作能力,在需要倾侧角变号的机动过程中,将跟踪角速度放开,在进入跟踪死区后转为使用5N发动机持续跟踪。滚动通道姿态控制原理见图3.241。俯仰、偏航通道速率阻尼原理见图3.242(以偏航通道为例)。

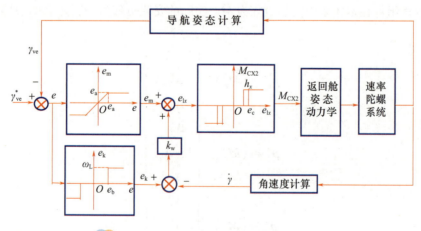

图3.241　再入段滚动通道姿态控制框图

(3)回收段控制。

回收着陆段控制的目的是消除舱伞组合体绕纵轴旋转角速度。鉴于开伞安全要求,俯仰和偏航通道停控,只对滚动通道进行速率阻尼,阻尼规律同再入段速率阻尼控制律。

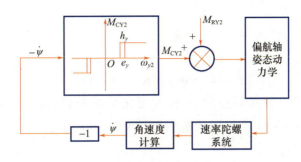

图 3.242　再入段俯仰、偏航通道速率阻尼控制律框图

5) 再入制导方案

(1) 初次再入段纵向预测校正制导。

① 预报算法介绍。

大气层外及稀薄大气环境(滑行段以及自由飞行段模式)落点预报算法:由于处于近似自由飞行状态,因此使用类似导航方程进行预估,并考虑引力项和地球椭率。

大气层内预报算法:以大气层内再入段某一时刻导航系统给出的与再入坐标系的初始位置和速度为起点,计算到达递推终结点时的落点纵向航程和侧向航程[53]。预报流程如图 3.243 所示。

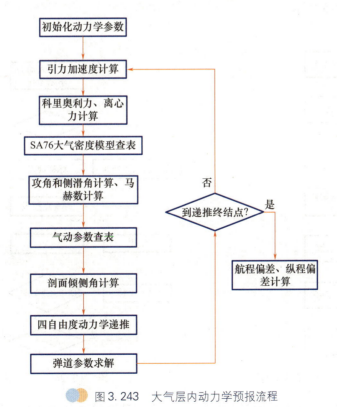

图 3.243　大气层内动力学预报流程

② 内环估计算法介绍。

内环估计算法主要针对升阻比以及大气密度摄动系数进行估计,其中,根据加速度计的输出估计升阻比。

③ 校正算法介绍。

对于初次再入段,执行图 3.244 计算步骤。

使用自适应制导律:

$$y(k) = \boldsymbol{\phi}^\mathrm{T}(k)\boldsymbol{\theta}(k) + e(k) \tag{3.39}$$

式中:$y(k)$ 为预报的落点预报误差经过输入变化后的数值;$\boldsymbol{\phi}(k)$ 为回归矢量,$\boldsymbol{\phi}(k) = [y(k-1) \quad y(k-2) \quad u(k-1)]^\mathrm{T}$;$\theta(k)$ 为被估参数矢量,$\theta(k) = [\alpha_1(k) \quad \alpha_2(k) \quad \beta_0(k)]$;参数估计及线性反馈控制律为

$$\theta(k) = \theta(k-1) + \frac{\lambda_1 \boldsymbol{\phi}(k)}{\boldsymbol{\phi}^\mathrm{T}(k)\boldsymbol{\phi}(k) + \lambda_2}[y(k) - \boldsymbol{\phi}^\mathrm{T}(k)\theta(k-1)]$$

$$u_\mathrm{L}(k) = -\frac{(L_1\alpha_1(k) + L_2\alpha_2(k))y(k-1)}{\beta_0(k)} \tag{3.40}$$

形成控制量:

$$u(k) = u(k-1) + u_\mathrm{L}(k)$$

(2) 混合制导律。

确定初次再入段逸出之后,进入自由飞行模式下则继续利用预报算法进行落点预报,并使用初次再入之后的纵向剖面进行迭代求解,对剖面继续进行自适应制导律修正并生成基准弹道,迭代修正逻辑如图 3.245 所示。

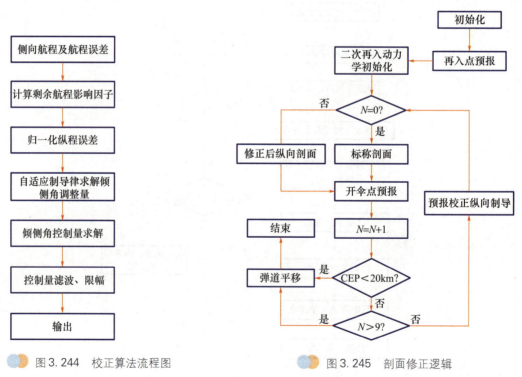

图 3.244 校正算法流程图　　图 3.245 剖面修正逻辑

生成基准弹道之后,经过迭代求解得到的二次再入基准弹道存储在返回器 GNCC 中,二次再入时与计算出的探测器对应的状态量相比较,得到误差信号,利用误差信号形成制导规律。GNC 系统选择以时间为自变量的制导方法。

纵向制导律选择如下的形式:

$$\frac{L}{D}\cos\bar{\gamma}_{VT}^* = \left(\frac{L}{D}\right)_0 \cos\gamma_{V0}^* + k_1\delta n + k_2\delta h + k_3\delta L + k_4\delta \dot{L} \tag{3.41}$$

其中，$\frac{L}{D}\cos\bar{\gamma}_{VT}^*$ 为制导规律要求的升阻比（总升力与阻力的比）在再入纵平面 ex_ey_e 内的投影，$\left(\frac{L}{D}\right)_0 \cos\gamma_{V0}^*$ 是标准弹道（标称情形）的升阻比在再入纵平面 ex_ey_e 内的投影，δn、δh、δL、$\delta \dot{L}$ 分别为总过载误差、高度变化率误差、航程误差、航程变化律误差，k_1、k_2、k_3、k_4 是制导律增益。

(3) 横向制导律。

由于升力控制改变的是升力在空间的方向，纵向航程的控制仅利用了实际升力的 $\cos\bar{\gamma}_{VT}^*$ 倍，则侧向航程的控制只能利用升力的 $\sin\bar{\gamma}_{VT}^*$ 倍，而 $\bar{\gamma}_{VT}^*$ 的大小已由纵向制导律决定，故侧向航程的控制只能靠改变滚动角的符号。为了使侧向航程的误差渐进地趋向一个允许的误差范围内，在再入纵平面 ex_ey_e 的两侧，选择一个恰当的"漏斗"，使返回器的运动保持在"漏斗"的边界之内。为了防止侧向运动的过调，引入侧向速度的误差项 $\Delta\dot{Z}$，选择的侧向制导律为

$$\gamma_{VT}^*(t) = \begin{cases} -|\bar{\gamma}_{VT}^*| & (\Delta Z + k_5\Delta\dot{Z} \geq \Delta\bar{Z} + \Delta Z_{e2}) \\ |\bar{\gamma}_{VT}^*| & (\Delta Z + k_5\Delta\dot{Z} \leq -\Delta\bar{Z} - \Delta Z_{e2}) \\ |\bar{\gamma}_{VT}^*|sign(\gamma_{VT}^*(t-t_0)) & (|\Delta Z + k_5\Delta\dot{Z}| \leq \Delta\bar{Z} + \Delta Z_{e2}) \end{cases}$$

$$\Delta\bar{Z} = C_1 + C_2\frac{V}{V_0}$$

$$k_5 = C_3 + C_4\frac{V}{V_0} \tag{3.42}$$

式中：V_0 为升力控制初始时刻返回器的速度。对于初次再入段，ΔZ_{e2} 为初次再入段制导律形成的二次再入点横向瞄准差的负值，在迭代的过程中，根据迭代收敛时二次再入点的横向位置偏差进行动态计算，如果 ΔZ_{e2} 超过一定值，则将 ΔZ_{e2} 代入初次再入段的侧向漏斗。一旦进入二次再入模式，则由前一模式退出时状态以及瞄准点来决定 ΔZ_{e2} 的大小，之后不再变化。式中 $\bar{\gamma}_{VT}^*$ 由纵向制导律确定，γ_{VT}^* 就是升力控制所需要的制导律（纵向制导和侧向制导的集成），也是再入过程中姿态控制中滚动通道的指令信号。

3. 月球软着陆 GNC 技术

1) 动力下降飞行轨迹

着陆上升组合体动力下降过程分为 7 个飞行阶段。以着陆上升组合体到达近月点时刻为 0 时计：着陆准备段从 $-4\min$ 开始到 $0s$ 结束，并于 $-30s$ 到 $0s$ 进行沉底。主减速段从 $0s$ 开始，飞行高度从 15km 降低到约 2.5km，飞行距离约 580km，目的是以接近推进剂消耗最优的效果降低飞行速度。快速调整段是一个过渡段，从飞行高度约 2.5km 开始，到 2000m 为止。该段以 3(°)/s 匀角速度调整姿态使推力方向与天向夹角从初始的 54.8°减小为约 9°。飞行距离约 700m。标称入口参数为垂向速度 -36.7137m/s、前向速度 51.4954m/s（扣除地速）、高度 1964.4m。接近段从 2km 高度开始，按 45°斜向下匀减速飞行轨迹飞行，目的是进行粗避障。标称入口参数为高度 2000m，垂向速度 -34.04m/s，前向速度 34.04m/s（扣除地速），终点高度 100m，标称飞行距离 1900m。悬停段维持在距实际月面高度 100m 左右，该段主要任务是对着陆区域的精障碍检测。避障段从距实际月面高度从约 100m 到约 30m，飞行时间 25s。该段主要任务是精避障和下降，允

许的最大避障平移距离为20m。该段结束时标称对月面下降速度为 -1.5m/s,水平速度为0,位于安全着陆点正上方。缓速下降段距实际月面高度从约30m到关机信号生效为止,飞行轨迹垂直向下。该段20m高度以上时以 -1.5m/s 匀速下降;20m高度以下时以 -0.05m/s² 加速下降。

2)动力下降过程制导、导航与控制

(1)着陆下降段导航。

"嫦娥"五号着陆上升组合体导航采用惯导 + 测距和测速修正的组合导航基本方案。参与导航敏感器包括 IMU、微波测速测距敏感器、激光测距敏感器和激光测速敏感器。着陆下降段采用惯性导航配以测距测速修正的自主导航算法,算法流程如图3.246所示。

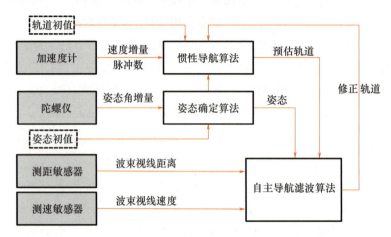

图3.246 惯性导航配以测距测速修正的自主导航算法流程

惯性导航中姿态更新采用优化四子样圆锥补偿算法,采样周期32ms,更新周期128ms;速度更新采用优化四子样划桨补偿算法,采样周期32ms,更新周期128ms;位置更新采用单子样更新算法,更新周期128ms。具体算法见上升段导航。

(2)着陆下降段制导。

着陆上升组合体在着陆下降段在不同阶段采用不同制导方法。下面按阶段介绍采用的制导方法。

① 主减速段制导。

主减速的制导以动力显式制导(PEG)为基础。动力显式制导的参考坐标系为月心 J2000 惯性坐标系。它是一种常推力近似最优显式制导方法,能够满足终端三维位置、速度中除航程以外的其他五个参数的约束。主减速过程 PEG 制导下的飞行轨迹示意图如图3.247所示,由于横程和高程是受控的,所以即使下降过程中偏离标称下降轨道平面,到终端时制导律也会将着陆器控制回到目标轨道面内。继承"嫦娥"三号的状态,主减速还会对 PEG 的终端目标进行在线调整,以更好地保证接近段入口的高度和速度符合设计值(这对于保证接近段飞行姿态稳定非常重要)。

② 快速调整段制导。

快速调整段制导的核心是 PitchUp 制导律,它是一种开环制导律,目标是使得推力加速度按照匀角速度在空间中旋转,同时推力加速度也匀速减小。在制导律的初始化中,应根据进入时刻的推力加速度大小和指向,以及接近段入口的加速度大小和指向,按照指定的旋转角速度 $\omega_{PitchUp}$ 计算快速调整段时长和推力加速度变化率。之后根据这些参数按照时间实时计算目标推力方向和大小。

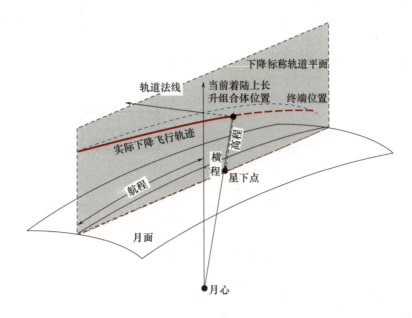

图 3.247　PEG 制导律下的主减速飞行轨迹

③ 接近段制导。

接近段制导律的核心是四次多项式制导。从飞行轨迹设计上来说,要求着陆器沿与水平面夹角呈 β 角的直线匀减速飞行。也就是说任意点的瞬时速度都在该直线上,而推力加速度 a_F 与重力加速度 g 和加速度 a 也在这条直线上,与速度正好相反,且在该段飞行过程中保持常值。根据这样一条飞行轨迹可以给出相应的制导参数,并由四次多项式制导律实施进行飞行轨迹控制。

④ 垂直下降段垂直通道制导。

垂直通道是基于变推力发动机的连续控制。设高度通道参考轨迹对应的目标高度、速度和加速度分别为 h_t、$\dot{h}_t$ 和 $\ddot{h}_t$。GNC 子系统提供的着陆器高度、垂向速度和加速度分别为 h、$\dot{h}$ 和 $\ddot{h}$,其中 $\ddot{h} = a_x - g_m$,a_x 是加速度计获得的沿本体 X 轴(理论上为垂向)的推力加速度,g_m 是月球重力加速度。垂直通道的指令加速度就是根据这些误差量的 PID 控制,只不过对每个阶段具体的控制器有所区别。

⑤ 垂直下降段水平通道制导。

水平通道采用内外环控制。外环控制是依靠着陆上升组合体姿态偏转由 7500N 变推力发动机产生平移推力,而内环控制是着陆上升组合体保持垂直由 150N 平移发动机产生水平推力。内外环切换的标准是水平速度 v_{hmax},大于该速度时用外环控制,否则用内环控制。v_{hmax} 的取值在各个阶段不同。

外环控制采用的是 PID 控制,即

$$\boldsymbol{a}_{cmd,hor} = -d_1 \cdot \boldsymbol{r}_{ICh} - d_2 \cdot \boldsymbol{v}_{ICh} - d_3 \cdot \boldsymbol{a}_{ICh} \tag{3.43}$$

其中,r_{ICh} 是相对目标着陆点的水平位置,v_{ICh} 是相对目标着陆点的水平速度,a_{ICh} 是相对目标着陆点的水平加速度。d_1、d_2 和 d_3 是水平通道的控制器系数。这样,指令加速度就是垂直通道和水平通道指令加速度的和,即

$$a_{cmd} = a_{cmd,ver} + a_{cmd,hor} \tag{3.44}$$

a_{ICh} 是通过偏置着陆上升组合体姿态,由着陆器 7500N 变推力发动机产生的。

内环控制与"嫦娥"三号探测器的相平面不同,采用的是一种 Bang – Bang + PD 控制方法。修改的主要原因是贮箱存在液体晃动,相平面控制方法可能会激发晃动,因此用 PD 控制器隔离晃动。而为了提高大范围机动时的快速性,在 PD 控制外还增加了 Bang – Bang 控制。内环水平控制器结构如图 3.248 所示。

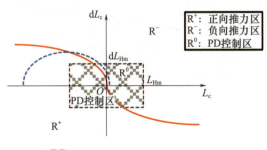

图 3.248 内环平动控制方法

具体控制策略如下：Bang – Bang 控制的分界线是抛物线,满足关系式 $L_c = -dL_c|dL_c|/(2a_{ref})$,PD 控制区范围 $|L_c|<L_{Hm}$ 且 $|dL_c|<dL_{Hm}$。

a. 当相点位于 R^+ 区时,输出正满喷；

b. 当相点位于 R^- 区时,输出负满喷；

c. 当相点位于 R^0 区时,按照 PD + PWM 输出发动机工作脉宽。

(3) 着陆下降段控制。

着陆下降过程的姿态控制采用分区四元数 + PID + 滤波器 + PWM 喷气控制方法。该方法继承自"嫦娥"三号着陆器。但相比"嫦娥"三号着陆器,有两项主要修改：

① 增加了结构滤波器用于抑制液体晃动("嫦娥"三号着陆器采用金属膜贮箱,没有晃动问题)；

② 调制时累积未喷出脉宽的 PWI 参数由 10N 和 150N 分开计算更改为统一计算未实现的冲量。

(4) 着陆下降段避障。

为了提高安全着陆的概率,着陆过程必须实施基于机器智能的避障机动。相对于"嫦娥"三号着陆器,着陆上升组合体 GNC 系统设计了安全点识别速度更快、系统更为鲁棒的视觉避障系统。

着陆避障过程由接近段的光学粗避障和悬停段激光精避障构成,与"嫦娥"三号探测器不同的是,为了减少着陆避障过程中姿态的调整幅度,粗避障高度相比"嫦娥"三号探测器提高 1～1.2km,精避障仍是百米高度。

视觉避障系统由光学成像敏感器、着陆地形敏感器、激光三维成像敏感器、IPU 和 CCU 构成。为了提高系统的鲁棒性及快速性,"嫦娥"五号探测器较"嫦娥"三号探测器增加了着陆地形敏感器,用于粗避障光学机理的障碍识别,并使用单独的图像信息处理器(IPM)进行安全点算法运行,如图 3.249 所示。这样,当光学成像敏感器的结果不可用时,可以迅速从 IPM 获取安全点信息,减少系统等待时间,并增加系统鲁棒性。IPU 除给出安全点信息外,还会给出安全概率评价,而 CCU 则根据安全点可用的其他约束,确保安全点信息引入不会导致系统运动状态超出设计的安全范围。

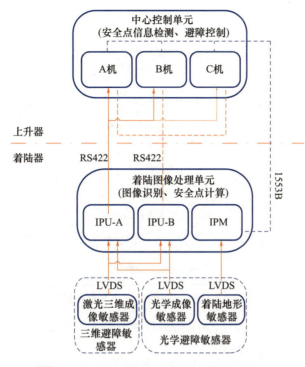

图 3.249　高速鲁棒视觉避障系统功能框图

通过各种技术手段,"嫦娥"五号探测器的安全点获取流程时间由"嫦娥"三号探测器的 30s 压缩至 10s 内,可节约推进剂约 20kg。

4. 月面上升 GNC 技术

月面起飞上升由上升器独立完成,它的任务目标是凭借自身装备的发动机脱离月球表面,进入环绕月球的飞行轨道,这与地面发射运载火箭相似。但月球距离地球遥远,地面支持能力有限,加上月球自身的环境特点,使得月面起飞上升与火箭有显著的不同。

1) 月面上升过程概述

(1) 坐标系选择。

月面上升的目标是进入预定的环月轨道。整个上升过程导航和制导所选择的参考坐标系是月心 J2000 惯性坐标系($O-X_IY_IZ_I$,用 I 表示,其中 O 为月球中心,三个坐标值平行于 J2000 时刻的地心固联系)。上升器起飞前相对月球的位置和姿态是保持不变的,在月固系下描述上升器的位置(经度 λ、纬度 φ 和月心距 R),在起飞点天东北坐标系下($P-X_GY_GZ_G$,用 G 表示,其中 P 是起飞点位置,X_G 指向天,Y_G 指向东,Z_G 指向北)描述上升器姿态。几个主要坐标系的定义如图 3.250 所示。

(2) 月面上升飞行轨迹。

月面动力上升过程被设计为平面内运动。目标飞行方向在起飞点水平面内,即图 3.250 中由 Y_GZ_G 构成的水平面。V 与北向(Z_G)的夹角就是射向角 A(偏东为正)。因此,由起飞时刻、位置及射向决定的平面就是上升轨道平面。

"嫦娥"五号上升器的月面上升过程分为三个阶段,如图 3.251 所示。

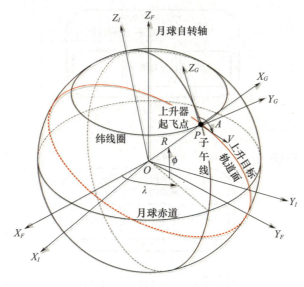

图3.250 月面起飞上升坐标系定义

① 垂直上升段。上升器脱离着陆器平台,垂直向上飞行一定高度;飞行姿态控制目标是使得X轴垂直向上,消除起飞平台倾斜影响。

② 上升调姿段。这是一个过渡阶段,要求上升器向目标飞行方向转向,产生水平速度。

③ 轨道入射段。上升器飞行姿态、高度和速度满足上升制导律要求的初始姿态后,进入轨道入射段,在制导律控制下不断爬升并增加飞行速度,直到达到目标入轨点。

上升段的入轨目标是 $15km \times 180km$ 椭圆轨道近月点,因此目标入轨点参数描述在轨道坐标系($O_0 - X_0Y_0Z_0$,用O表示,其中O_0为入轨点,X_0在月心与O_0的连线方向,Y_0在负法线方向,Z_0指向飞行方向)下,包括速度的径向、负法向和前向分量以及入轨点高度和轨道面外位置误差。

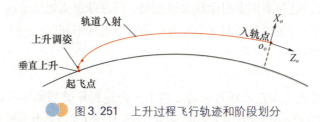

图3.251 上升过程飞行轨迹和阶段划分

由于上升过程是在平面内运动的,而上升的目标是与环月飞行的轨道器完成对接。因此只有起飞时刻上升器恰好进入轨道器飞行轨道面内时,才能实现上升轨道面与轨道器共面。实际任务中,由于着陆器存在落点偏差,而起飞时刻受工程限制不能大幅调整,因此不能保证起飞时刻上升器恰好进入轨道器轨道面,于是上升轨道面与轨道器轨道面不可避免存在夹角,这一偏差将在上升入轨后通过轨道面调整机动进行消除[54]。

2)自主定位

月面起飞前必须首先确定上升器所处的月面位置,它是实施月面起飞上升的前提之一。为了满足任务要求,GNC 子系统使用了一种基于星敏感器和 IMU 测量的自主天文定位技术。IMU 由陀螺和加速度计组成。主要的计算公式为

$$\begin{cases} \tilde{R} = \sqrt{G_m} / \sqrt{\|\tilde{\boldsymbol{f}}^B\|} \\ \tilde{\boldsymbol{r}}^F = \boldsymbol{C}_I^F (\tilde{\boldsymbol{C}}_I^B)^T \cdot \tilde{\boldsymbol{f}}^B / \|\tilde{\boldsymbol{f}}^B\| \cdot \tilde{R} \end{cases} \quad (3.45)$$

式中：G_m 为月心引力常数；$\boldsymbol{f}^B$ 为加速度计获取的本体系下的非引力加速度(符号"~"表示为测量结果)；$\tilde{\boldsymbol{C}}_I^B$ 为由星敏感器测量得到的惯性系到本体系的旋转矩阵；$\boldsymbol{C}_I^F$ 为对应时刻由惯性系到月球固联坐标系的旋转矩阵，它根据月球历表计算；R 为上升器着陆点的月心距；$\boldsymbol{r}^F$ 为月固系上升器的位置矢量，$\boldsymbol{r}^F$ 确定以后可以计算出上升器的纬度 φ 和经度 λ，即

$$\begin{aligned} \tilde{\varphi} &= \arcsin(\tilde{r}_z^F / \tilde{R}) \\ \tilde{\lambda} &= \arctan(\tilde{r}_y^F / \tilde{r}_x^F) \end{aligned} \quad (3.46)$$

式(3.46)中包含了敏感器的测量噪声，为了消除噪声的影响，需要对解算的结果($\tilde{\varphi}, \tilde{\lambda}$)进行滤波，滤波结果记为($\bar{\varphi}, \bar{\lambda}$)。

受到月球非球引力摄动和月球自转引起的向心加速度的影响，使用上述方法计算的上升器位置存在系统误差，这个误差可以根据任务设计的着陆点位置提前计算出来，并补偿自主定位方法计算的结果，即

$$\begin{aligned} \hat{\varphi} &= \bar{\varphi} + \Delta\varphi \\ \hat{\lambda} &= \bar{\varphi} + \Delta\lambda \end{aligned} \quad (3.47)$$

式中：$\Delta\varphi$、$\Delta\lambda$ 分别为纬度和经度的补偿量。对于"嫦娥"五号探测器着陆点位于北纬43.1°、西经51.3°附近，经纬度补偿量的大小均约1′，对应水平位置补偿量为500m左右。

由于地面测控精度更高，自主定位技术在"嫦娥"五号探测器任务中仅作为备份使用，但对于地面测控难度很大的项目来说，比如从测控不可见的月球背面起飞，或者从类似火星这样遥远的深空天体表面起飞，该方法则具有非常重要的应用价值。

(1)重力场评估。

重力场或者说重力加速度的大小和方向对于月面起飞和上升非常重要，它是在月面起飞前标定加速度计零偏和上升过程进行惯导解算的重要参数。月球重力场的精度对于上升过程比对着陆过程更为重要，因为着陆过程的导航有测距和测速修正，重力场模型的误差不会造成累积效应，而上升则不然。

"嫦娥"五号上升器在软着陆后立刻进行了重力场评估。用于重力场评估的敏感器是加速度计。"嫦娥"五号着陆器在动力下降前进行了加速度计零偏精确标定，动力下降过程只有15min，根据加速度计的零偏稳定性指标，软着陆时的加速度计测量精度可以达到 $3\times10^{-4}\text{m/s}^2(3\sigma)$，利用加速度计测量就可以解算出重力加速度的大小与方向。将它与高阶引力场模型计算的重力加速度相比较，就可以评估重力场。具体方法是：

① 根据月面软着陆后星敏感器的测量(获得惯性姿态矩阵 $\tilde{\boldsymbol{C}}_I^B$)以及由确定的着陆点位置 φ 和 λ，计算出上升器相对天东北坐标系的姿态矩阵为

$$\tilde{\boldsymbol{C}}_G^B = \tilde{\boldsymbol{C}}_I^B (\boldsymbol{C}_F^G \boldsymbol{C}_I^F)^T \quad (3.48)$$

式中：$\boldsymbol{C}_F^G$ 为天东北坐标系与月固系的旋转关系：

$$\boldsymbol{C}_F^G = \boldsymbol{R}_y(-\varphi)\boldsymbol{R}_z(\lambda) \quad (3.49)$$

函数 $\boldsymbol{R}_i(\theta), i=x,y,z$，表示绕 i 轴转动 θ 获得的旋转矩阵。由于星敏感器获得的姿态矩阵 $\tilde{\boldsymbol{C}}_I^B$ 中包含测量噪声。为消除其影响，需要对 $\tilde{\boldsymbol{C}}_G^B$ 进行平滑，平滑后的结果记为 $\bar{\boldsymbol{C}}_G^B$。

② 根据落月后加速度计的测量,计算出上升器本体下的非引力加速度,该加速度的大小与重力加速度相同,方向相反。重力加速度用 $\boldsymbol{g}_m$ 表示,则它在本体系下的测量值为

$$\tilde{\boldsymbol{g}}_m^B = -\tilde{\boldsymbol{f}}^B \tag{3.50}$$

重力加速度的计算结果也需要平滑,以消除加速度计测量噪声的影响,平滑后的结果为 $\bar{\boldsymbol{g}}_m^B$。

③ 利用以上两步的计算结果,将重力加速度测量值从本体系转换到天东北坐标系下,即

$$\bar{\boldsymbol{g}}_m^G = (\bar{\boldsymbol{C}}_G^B)^T \bar{\boldsymbol{g}}_m^B \tag{3.51}$$

④ 根据着陆点位置,使用高阶引力场模型计算出着陆点的引力加速度,引力加速度扣除随月球旋转的向心加速度以后,就可以得到重力加速度的模型值:

$$\hat{\boldsymbol{g}}_m^G = \hat{\boldsymbol{C}}_F^G [\boldsymbol{g}^F - \boldsymbol{\omega}_m^F \times (\boldsymbol{\omega}_m^F \times \boldsymbol{r}^F)] \tag{3.52}$$

式中: $\boldsymbol{g}^F$ 为根据高阶引力场模型计算出的月固系下引力加速度; $\boldsymbol{\omega}_m^F$ 为月固系下的月球自转角速度矢量。

⑤ 最后将重力加速度的测量值 $\bar{\boldsymbol{g}}_m^G$ 与模型值 $\hat{\boldsymbol{g}}_m^G$ 相比较,确定重力场模型的准确性。

"嫦娥"五号上升器上安装有两套 IMU,各有 3 个正交的加速度计,因此两套 IMU 各自可以独立计算出重力加速度(天东北系),并与根据高阶月球引力场模型计算的理论值进行比较,结果如表 3.56 所示。可以看到,实测加速度与模型计算值的偏差在加速度计测量误差以内,因此可以判定引力场模型是准确的。这为后续进行起飞上升过程奠定了基础。

表 3.56 加速度计算的重力加速度与模型比对(单位: m/s²)

加速器		模型值	测量值	
			IMU1	IMU2
$\boldsymbol{g}_m^G$	x	-1.6287233	-1.6285751	-1.6284018
	y	0.00068325	0.00092639	0.00070478
	z	-0.0000093	0.00000686	0.000287662
误差	大小	—	-1.48047×10^{-4}	-3.21452×10^{-4}
	方向	—	30.870″	37.715″

(2) 起飞前对准。

着陆上升组合体在完成月面自主定位以后,整个 GNC 子系统断电。探测器进行月面采样工作。采样完成后,GNC 子系统重新加电,准备月面起飞。起飞前,惯导对准是至关重要的一步。由于上升器采用的是捷联惯性导航系统,因此对准实际上是确定惯导的姿态初值。在"嫦娥"五号探测器的月面起飞过程,使用了太阳敏感器/IMU 粗对准和星敏感器/IMU 精对准两种方法,前者是在地面解算完成的,后者则直接在器上自主运行。

① 太阳敏感器/IMU 粗对准。

太阳敏感器能够获得本体系下的太阳方向测量,IMU 中的加速度计能够获得重力方向。在月面位置确定后,太阳在当地天东北坐标系下的瞬时方向是可以通过历表计算出来的;而当地天东北系下的重力矢量也已通过重力场评估工作确认。由此,根据太阳和重力在天东北坐标系下的理论值以及它们在上升器本体系下的实际测量,就可以通过几何解算确定出上升器相对起飞点天东北坐标系的姿态角。

假设 t 时刻,太阳敏感器获取的敏感器坐标系(用符号 S 表示)下的太阳方向矢量测量为 $\tilde{\boldsymbol{S}}^S$,

根据太阳敏感器的理论安装矩阵 $\overline{\bm{M}}_B^S$，可以获得对应时刻本体系下的太阳方向测量为

$$\tilde{\bm{S}}^B = (\overline{\bm{M}}_B^s)^{\mathrm{T}} \cdot \tilde{\bm{S}}^S \tag{3.53}$$

对应时刻通过加速度计获得重力矢量测量为 $\tilde{\bm{g}}_m^B$。在着陆位置确定后，根据历表可以计算出在天东北系下的太阳方向矢量的理论值 $\bm{S}^G$ 和重力加速度的理论值 $\bm{g}_m^G$，因此根据太阳矢量和重力矢量分别在本体系和天东北系下的表示，直接计算出本体与天东北系的旋转关系矩阵 $\tilde{\bm{C}}_G^B$：

$$\begin{cases} \bm{v}_1^G = \bm{g}_m^G / \|\bm{g}_m^G\|, \bm{v}_1^B = \tilde{\bm{g}}_m^B / \|\tilde{\bm{g}}_m^B\| \\ \bm{v}_2^G = \dfrac{\bm{v}_1^G \times \bm{S}^G}{\|\bm{v}_1^G \times \bm{S}^G\|}, \bm{v}_2^B = \dfrac{\bm{v}_1^B \times \tilde{\bm{S}}^B}{\|\bm{v}_1^B \times \tilde{\bm{S}}^B\|} \\ \bm{v}_3^G = \dfrac{\bm{v}_1^G \times \bm{v}_2^G}{\|\bm{v}_1^G \times \bm{v}_2^G\|}, \bm{v}_3^B = \dfrac{\bm{v}_1^B \times \bm{v}_2^B}{\|\bm{v}_1^B \times \bm{v}_2^B\|} \\ \tilde{\bm{C}}_G^B = \bm{v}_1^B \cdot (\bm{v}_1^G)^{\mathrm{T}} + \bm{v}_2^B \cdot (\bm{v}_2^G)^{\mathrm{T}} + \bm{v}_3^B \cdot (\bm{v}_3^G)^{\mathrm{T}} \end{cases} \tag{3.54}$$

由于太阳敏感器存在噪声，所以几何解算的上升器姿态还需要进行平滑，平滑后的结果为 $\overline{\bm{C}}_G^B$。但从式(3.54)可以看到，算法中用到了太阳敏感器的理论安装矩阵 $\overline{\bm{C}}_B^S$，由于太阳敏感器和 IMU 之间的安装阵在飞行过程中未精确标定，存在基准偏差，这种偏差不能通过平滑消除，因此上述对准方法的精度会受到这种基准偏差的影响。再考虑到太阳敏感器本身的测量精度只有 3′，因此对准精度相比星光/IMU 方法低，故被称为粗对准。"嫦娥"五号上升器起飞前粗对准过程如图 3.252 所示(图中 0 时刻为月面起飞时刻)。

粗对准是在地面解算完成的，计算结果在起飞前上行注入到器上，作为惯导姿态初值。这一算法没有放在器上进行解算的原因是器上存储精确的太阳历表需要消耗较多的资源(计算当地太阳方向时需要考虑地球绕太阳公转、月球绕地球公转、月球自转以及上升器在月面的具体位置)，直接利用太阳敏感器测量、IMU 测量的遥测量在地面解算更便于实施。

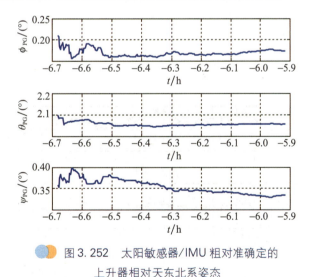

图 3.252 太阳敏感器/IMU 粗对准确定的上升器相对天东北系姿态

② 星敏感器/IMU 精对准。

星敏感器是一种姿态敏感器，精度可以达到角秒级。它能够直接输出上升器相对 J2000 惯性坐标系的姿态四元数，是月面进行精对准的最佳敏感器。星敏感器/IMU 精对准的原理与轨道飞行时星敏感器/陀螺定姿的原理相同，在确定惯性姿态的同时，还可以估计陀螺的零偏。

陀螺姿态外推的误差方程为

$$\begin{bmatrix} \delta\dot{\boldsymbol{\theta}} \\ \Delta\dot{\boldsymbol{b}}^B \end{bmatrix} = \begin{bmatrix} -[\boldsymbol{\omega}^b\times] & -\boldsymbol{I}_{3\times3} \\ \boldsymbol{0}_{3\times3} & \boldsymbol{0}_{3\times3} \end{bmatrix}\begin{bmatrix} \delta\boldsymbol{\theta} \\ \Delta\boldsymbol{b}^B \end{bmatrix} + \begin{bmatrix} -(\overline{\boldsymbol{M}}_B^{G_{\text{yro}}})^{\text{T}} & \boldsymbol{0}_{3\times3} \\ \boldsymbol{0}_{3\times3} & (\overline{\boldsymbol{M}}_B^{G_{\text{yro}}})^{\text{T}} \end{bmatrix}\begin{bmatrix} \boldsymbol{n}_G \\ \boldsymbol{\eta}_G \end{bmatrix} \tag{3.55}$$

式中：$\delta\boldsymbol{\theta}$ 为陀螺姿态外推的角度偏差；$\Delta\boldsymbol{b}^B$ 为本体系下的陀螺零偏误差；$\overline{\boldsymbol{M}}_B^{G_{\text{yro}}}$ 为陀螺的理论安装矩阵；$\boldsymbol{n}_G$ 和 $\boldsymbol{\eta}_G$ 为系统噪声；$\boldsymbol{\omega}^b$ 为本体角速度。

星敏感器测量得到的惯性姿态与陀螺预估的惯性姿态做差，可以得到陀螺预估姿态角偏差的测量值 $\delta\tilde{\boldsymbol{\theta}}$。于是可以得到测量方程为

$$\delta\tilde{\boldsymbol{\theta}} = \delta\boldsymbol{\theta} + v_{\text{star}} \tag{3.56}$$

式中：v_{star} 为星敏感器的测量噪声。

式(3.55)和式(3.56)构成了滤波系统，由于月面停留时 $\boldsymbol{\omega}^b$ 是常数，所以可以使用定常系数滤波取代卡尔曼滤波，以简化计算量，有

$$\begin{bmatrix} \delta\hat{\boldsymbol{\theta}} \\ \Delta\hat{\boldsymbol{b}}^B \end{bmatrix} = \boldsymbol{K}\cdot\delta\tilde{\boldsymbol{\theta}} \tag{3.57}$$

其中，$\boldsymbol{K}$ 为 6×3 常数矩阵，可根据式(3.55)和式(3.56)构成滤波系统的稳态增益事先计算出来。

星敏感器/IMU 的对准方式称为精对准的原因是精度比太阳敏感器/IMU 对准高。这是因为，一方面是星敏感器本身的姿态测量精度为角秒级，高于太阳敏感器；另一方面是在轨飞行时，通过星敏感器+陀螺标定技术，完成了以星敏感器为基准的陀螺安装标定，消除了两者之间的基准偏差。

器上导航参考坐标系为月心 J2000 惯性坐标系，用星敏感器/IMU 精对准方法获得的姿态本身就是相对 J2000 惯性坐标系的，可以直接提供给导航系统使用，这也是精对准方法的一个优点。粗对准时，地面解算出上升器相对天东北系姿态，经上行注入后需要由器上转换为相对 J2000 惯性系坐标系，过程相对复杂。但是惯性系下上升器的姿态会随着月球转动发生改变，所以精对准获得的姿态是时变的。而粗对准获得的姿态是相对天东北系的，理论上是固定值，便于监视。因此，对于精对准，器上计算的惯性姿态通过遥测下传后，会由地面将它转换为相对天东北系的姿态。"嫦娥"五号探测器在轨精对准数据转换为上升器相对天东北系姿态后结果如图 3.253 所示。从数据稳定性看，精对准明显优于粗对准。

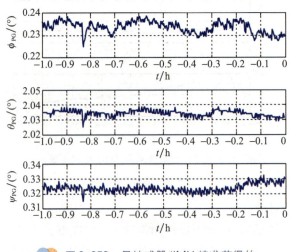

图 3.253 星敏感器/IMU 精准获得的上升器相对天东北系姿态

起飞前粗对准和精对准的结果如表 3.57 所示,两者之间的偏差主要来自太阳敏感器和星敏感器之间的基准偏差。

表 3.57 起飞前对准结果

姿态	粗对准	精对准	两者之差
ϕ_{Pg}	0.1735°	0.2349°	0.0614°
θ_{Pg}	2.0557°	2.0367°	−0.0190°
ψ_{Pg}	0.3341°	0.3224°	−0.0117°

③ 陀螺零偏的标定。

陀螺零偏的标定是与精对准过程同步进行的,星敏感器测量在修正姿态的同时也估计出了陀螺的零偏(见式(3.57))。上升器上安装有 2 套 IMU,各有 3 个陀螺。由于同时参与姿态预估的只有 3 个陀螺,因此两套 IMU 的陀螺零偏分两个阶段分别完成,图 3.254 给出了一套 IMU 的三个陀螺零偏在月面起飞前的估计结果。

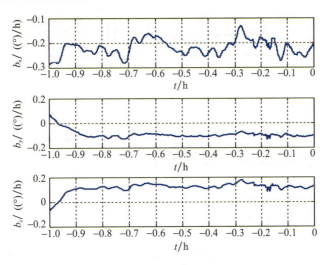

图 3.254 陀螺零偏的估计结果

④ 加速度计零偏的标定。

由于重力场评估后 IMU 已断电,起飞前再加电已经间隔了约 2 天,因此需要重新标定加速度计的零偏,以消除零偏重复性的影响。而加速度计零偏标定的基准则是经过评估后的重力加速度矢量,记为 $\boldsymbol{g}_m^G$。令 $\bar{f}_i$ 是第 i 个加速度计在一定时间段内测量的平均值,$\boldsymbol{p}_i^B$ 是第 i 个加速度计在本体系下的安装矢量,$\boldsymbol{C}_G^B$ 是对准后确定的本体相对天东北系姿态矩阵,则该加速度计的零偏为

$$a_{si} = \bar{f}_i + (\boldsymbol{p}_i^B)^T \boldsymbol{C}_G^B \boldsymbol{g}_m^G \qquad (3.58)$$

"嫦娥"五号探测器月面起飞前加速度零偏标定的工作是在地面进行的,即将加速度计测量值遥测下传地面后,由地面解算完成,结果如图 3.255 所示。图中编号 1、3、5 是激光 IMU 的三个加速度计,编号 2、4、6 是光纤 IMU 的三个加速度计。

3)月面上升过程制导、导航与控制

(1)上升段导航。

与地球火箭上升段相似,月面上升段导航的关键是惯性导航。由于月球没有大气,星敏感器

使用条件较好,因此月面上升过程还全程使用星敏感器对惯性姿态进行修正,提高导航的姿态精度,也间接提高了导航的位置、速度精度。"嫦娥"五号上升器采用的是捷联惯性导航系统,使用加速度计获得本体比力测量、陀螺获得本体角速度测量,之后按照运动学积分获得本体的位置、速度和姿态计算结果。考虑到上升过程动态较大,姿态外推采用了旋转矢量优化四子样补偿算法,用以消除振动引起的圆锥运动误差;速度外推也采用了优化四子样补偿算法,补偿划桨效应误差。上升过程 GNC 子系统的框图如图 3.256 所示。

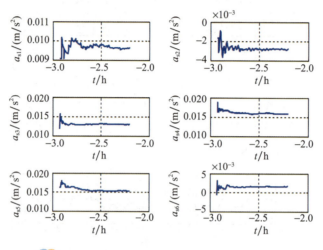

图 3.255 月面起飞前的加速度计零偏标定

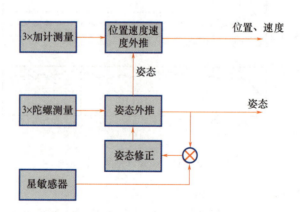

图 3.256 月面上升过程导航系统框图

设一个导航计算周期(从 t_{k-1} 时刻到 t_k 时刻,长度 Δt)内获得了 IMU 四个角度增量子样(Δv_i^B, $i=1,2,3,4$)和速度增量子样($\Delta \theta_i^B, i=1,2,3,4$)的测量结果,用 r^I、v^I 分别表示惯性系下的位置和速度,则捷联惯性导航算法为

① 速度外推为

$$\Delta v^I = C_1^B(t_{k-1}) \left[\sum_{i=1}^{4} \Delta v_i^B + \frac{1}{2} (\sum_{i=1}^{4} \Delta \theta_i^B) \times (\sum_{i=1}^{4} \Delta v_i^B) + \frac{214}{315} (\Delta \theta_1^B \times \Delta v_2^B + \Delta v_1^B \times \Delta \theta_2^B) \right.$$

$$+ \frac{214}{315} (\Delta \theta_2^B \times \Delta v_3^B + \Delta v_2^B \times \Delta \theta_3^B) + \frac{214}{315} (\Delta \theta_3^B \times \Delta v_4^B + \Delta v_3^B \times \Delta \theta_4^B)$$

$$+ \frac{46}{105} (\Delta \theta_1^B \times \Delta v_3^B + \Delta v_1^B \times \Delta \theta_3^B) + \frac{46}{105} (\Delta \theta_2^B \times \Delta v_4^B + \Delta v_2^B \times \Delta \theta_4^B)$$

$$+ \frac{54}{105}(\Delta\boldsymbol{\theta}_1^B \times \Delta\boldsymbol{v}_4^B + \Delta\boldsymbol{v}_1^B \times \Delta\boldsymbol{\theta}_4^B)\bigg] \quad (3.59)$$

$$\boldsymbol{v}^I(t_k) = \boldsymbol{v}^I(t_{k-1}) + \Delta\boldsymbol{v}^I + \boldsymbol{g}^I(t_{k-1})\Delta t \quad (3.60)$$

② 位置外推为

$$\boldsymbol{r}^I(t_k) = \boldsymbol{r}^I(t_{k-1}) + \boldsymbol{v}^I(t_{k-1})\Delta t + \frac{1}{2}\boldsymbol{g}^I(t_{k-1})\Delta t^2 \quad (3.61)$$

③ 姿态外推采用旋转矢量法，即

$$\boldsymbol{\phi} = \sum_{i=1}^{4}\Delta\boldsymbol{\theta}_i^B + \frac{214}{315}(\Delta\boldsymbol{\theta}_1^B \times \Delta\boldsymbol{\theta}_2^B + \Delta\boldsymbol{\theta}_2^B \times \Delta\boldsymbol{\theta}_3^B + \Delta\boldsymbol{\theta}_3^B \times \Delta\boldsymbol{\theta}_4^B)$$
$$+ \frac{46}{105}(\Delta\boldsymbol{\theta}_1^B \times \Delta\boldsymbol{\theta}_3^B + \Delta\boldsymbol{\theta}_2^B \times \Delta\boldsymbol{\theta}_4^B) + \frac{54}{105}(\Delta\boldsymbol{\theta}_1^B \times \Delta\boldsymbol{\theta}_4^B) \quad (3.62)$$

$$\boldsymbol{q}(t_k) = \boldsymbol{q}(t_{k-1}) \otimes \begin{bmatrix} \dfrac{\boldsymbol{\phi}}{\|\boldsymbol{\phi}\|}\sin\left(\dfrac{\|\boldsymbol{\phi}\|}{2}\right) \\ \cos\left(\dfrac{\|\boldsymbol{\phi}\|}{2}\right) \end{bmatrix} \quad (3.63)$$

其中，$\boldsymbol{\phi}$ 为旋转矢量，姿态用四元数 $\boldsymbol{q}$ 表示，"$\otimes$"表示四元数乘法。

上升过程有星敏感器可用时，可以进行星敏感器姿态修正，算法同起飞前精对准，即式（3.57）。

"嫦娥"五号上升器上安装的 IMU 有两套，一套激光 IMU(IMU1)，一套光纤 IMU(IMU2)，各包括 3 个陀螺和 3 个加速度计，形成异构备份。在惯性导航解算中每一步都只需要 3 个陀螺和 3 个加速度计测量，因此需要从总共 6 个陀螺和 6 个加速度计中选出 3 个。选取的方法基于平衡方程计分法。由于两套 IMU 测量体制不同，动态性能、测量噪声和测量精度之间存在差异，这就给平衡方程检测阈值的设计带来了麻烦。为了包容两套 IMU 的差异，平衡方程的检测阈值不能太小，避免正常情况下出现虚警。但是若发生小于该阈值的微小故障，则会出现漏检。由于月球上升过程的入轨偏差特别是远月点高度偏差对关机时的速度非常敏感，若陀螺或加速度计出现幅值小于正常情况下测量误差特性边界的故障时，无法检出，故障的累积效果有可能会造成不可接受的入轨偏差，甚至导致任务失败。而缩小故障检测阈值，则会造成两套 IMU 的频繁切换甚至不同 IMU 陀螺/加速度计的混合使用。受到 IMU 测量特性不一致以及安装位置和构型等因素的影响，IMU 频繁切换或者混用也会降低导航精度，增大入轨偏差。这就出现了平衡方程阈值选取的困难。考虑到两套 IMU 仅仅只是因为动态、脉冲当量、测量噪声等因素造成的瞬时测量差异较大，但积分结果差异相对较小，因此，"嫦娥"五号上升器对 IMU 的故障诊断和选取设计了动态阈值调整策略，如图 3.257 所示。

两套 IMU 独立进行速度增量累积和姿态变化累积。若两套 IMU 累积的速度增量和姿态变化差异不大，那么每周期进行 6 陀螺、6 加速度计选取时的故障检测阈值可以取大一些；否则，故障检测阈值自动调小。

（2）上升段制导。

月面上升过程分为三个阶段，每个阶段采用的制导律并不相同。

垂直上升段，制导的目标是使得上升器纵轴垂直向上，即

$$\boldsymbol{a}_{\text{cmd}}(t_k) = \boldsymbol{r}^I(t_k) / \|\boldsymbol{r}^I(t_k)\| \quad (3.64)$$

其中，$\boldsymbol{a}_{\text{cmd}}$ 为指令加速度方向矢量。

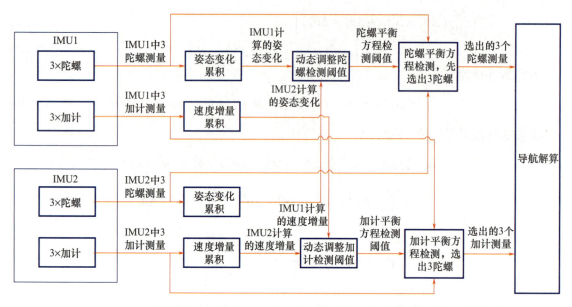

图 3.257　陀螺、加速度计故障诊断与选取设计

上升调姿段,制导的目标是推力加速度方向在上升平面内向飞行方向匀速旋转,如图 3.258 所示。假设上升目标轨道法线为 ω_{orbit}(由起飞点位置、时刻和射向决定),目标倾斜角为 θ_{Pitch}(进入上升调姿段时初始化为 0),调姿过程倾斜角变化角速度为 ω_{Pitch},那么指令加速度矢量可如下计算：

$$\boldsymbol{i}_x = \boldsymbol{r}^I(t_k) / \| \boldsymbol{r}^I(t_k) \| \tag{3.65}$$

$$\boldsymbol{i}_z = (\boldsymbol{\omega}_{\text{orbit}} \times \boldsymbol{i}_x) / \| \boldsymbol{\omega}_{\text{orbit}} \times \boldsymbol{i}_x \| \tag{3.66}$$

$$\theta_{\text{Pitch}}(t_k) = \theta_{\text{Pitch}}(t_{k-1}) + \omega_{\text{Pitch}} \cdot \Delta t \tag{3.67}$$

$$\boldsymbol{a}_{\text{cmd}}(t_k) = \cos[\theta_{\text{Pich}}(t_k)] \cdot \boldsymbol{i}_x + \sin[\theta_{\text{Pitch}}(t_k)] \cdot \boldsymbol{i}_z \tag{3.68}$$

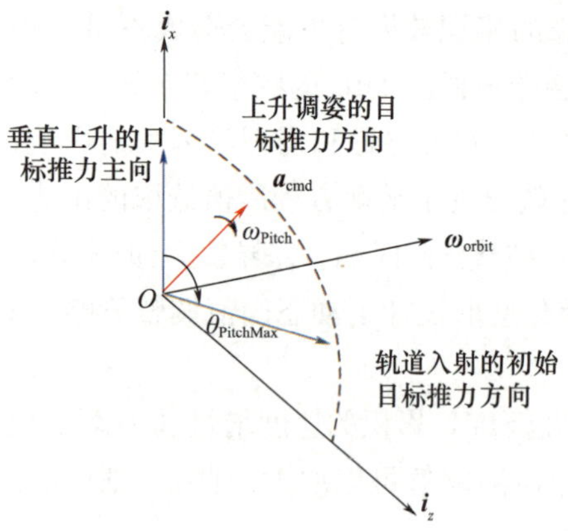

当上升器倾斜角度达到终端值(记为 θ_{PitchMax})时进入下一阶段。

轨道入射段,制导的目标是进入目标轨道,采用的是自适应动力显式制导方法。这种制导律适用于大气层外的动力飞行过程,也是"嫦娥"三号着陆器、四号着陆器和五号着陆上升组合体动力下降主减速过程所使用的制导律。制导律的核心方程为

$$\begin{cases} \boldsymbol{\lambda}_F = \boldsymbol{\lambda}_v + \dot{\boldsymbol{\lambda}}(t_k - t_\lambda) \\ \boldsymbol{a}_{\text{cmd}}(t_k) = \boldsymbol{\lambda}_F / \| \boldsymbol{\lambda}_F \| \end{cases} \tag{3.69}$$

式中:$\boldsymbol{\lambda}_v$、$\dot{\boldsymbol{\lambda}}$ 和 t_λ 为制导参数,它根据当前位置 $\boldsymbol{r}^I(t_k)$、速度 $\boldsymbol{v}^I(t_k)$、质量 $m(t_k)$、发动机推力和比冲以及目标终端位置、速度等边界条件,在制导律解算过程中迭代求解。由于上升过程发动机推力固定,所以目标终端位置和速度共 6 个分量中只有 5 个可控,分别为径向位置(位置矢量在 O 系 X_O 轴的分量,大小为月心距)、横向位置(位置矢量在 O 系 Y_O 轴的分量,大小为 0)、速度矢量在 O 系中三个坐标轴的分量。

图 3.258　上升调姿过程指令推力方向

用于上升过程时,其制导律编排与着陆过程基本相同,区别仅在制导终端的目标不一样。这样最大的好处是做到了着陆和上升制导的通用化设计,大大节约了代码量,降低了软件的复杂程度。

自适应动力显式制导的制导参数需要迭代计算,为了保证进入轨道入射段时制导参数已经迭代收敛,"嫦娥"五号上升器从起飞准备开始,到进入轨道入射之前都采用了一种"预报－预迭代"技术(图3.259)。所谓"预报"是指根据起飞点时刻,运用动力学模型预计转入轨道入射段时的位置、速度和姿态;所谓"预迭"是指以预报的轨道入射段开始时状态为起点,以目标入轨参数为终点,进行自适应动力显式制导的制导参数迭代,提前完成制导推力方向的计算。同时,提前计算的制导推力方向也用于调整上升调姿段结束的旋转角条件,使得上升调姿段匀速旋转的姿态到调姿段结束时与轨道入射制导要求的初始推力方向相匹配。

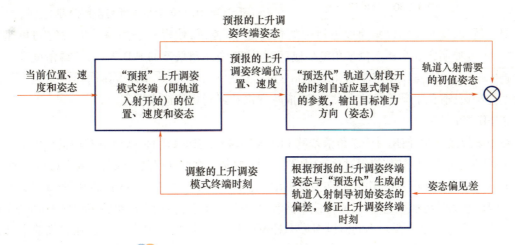

图 3.259　上升制导的"预报－预迭代"策略

首先,θ_{PitchMax}并不是固定不变的,设当前时刻t_k的上升调姿段终端倾斜角度为$\theta_{\text{PitchMax}}(t_k)$,根据上升器当前的位置$r^I(t_k)$、速度$v^I(t_k)$和质量$m(t_k)$按照垂直上升制导律式(3.64)和上升调姿制导律式(3.68)可以预报出上升调姿段结束时(预计为t_p时刻,该时刻倾斜角达到目标值$\theta_{\text{PitchMax}}(t_k)$)上升器的位置、速度以及质量,分别记为$r^I(t_p)$、$v^I(t_p)$、$m(t_p)$。

然后,以$r^I(t_p)$、$v^I(t_p)$、$m(t_p)$为初始状态,按照轨道入射制导律式(3.69),计算出需要的目标加速度矢量$\boldsymbol{a}_{\text{cmd}}(t_p)$。

最后,根据轨道入射需要的初始推力方向,修正上升调姿的目标终端倾斜角

$$\theta_{\text{PitchMax}}(t_{k+1}) = \theta_{\text{PitchMax}}(t_k) + \kappa \cdot \left\{ \arccos\left[\boldsymbol{a}_{\text{cmd}}^{\text{T}}(t_p) \cdot \frac{\hat{\boldsymbol{r}}^I(t_p)}{\|\hat{\boldsymbol{r}}^I(t_p)\|} \right] - \theta_{\text{PitchMax}}(t_k) \right\} \quad (3.70)$$

其中,κ是预先设定的小于1的常数。

(3) 上升段控制。

"嫦娥"五号上升器配备了10N和120N发动机,其中俯仰和偏航通道需要克服上升3000N发动机干扰力矩的影响,采用10N和120N联合控制;滚动通道外界干扰较小,未安装120N发动机,仅使用10N发动机控制。

上升器上升过程的姿态控制设计,包括分区四元数规划、PID/PI控制、10N/120N发动机脉宽调制三个部分。

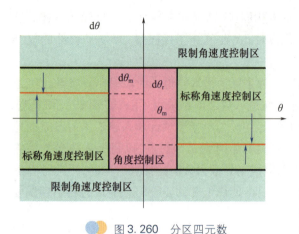

图 3.260 分区四元数

① 分区四元数规划。

导航系统提供上升器相对 J2000 惯性坐标系的姿态和角速度,上升段制导律给出相对 J2000 惯性坐标系的目标姿态和目标角速度,两者之差就是本体三轴的角度控制偏差和角速度偏差。由角度偏差和角速度偏差构成相平面分为 3 个区域:标称角速度控制区、角度控制区和限制角速度控制区,如图 3.260 所示。标称角速度控制区在角度控制区的两侧,限制角速度控制区在标称角速度控制区和角度控制区的上下。当相点位于标称角速度控制区时,意味着角度偏差较大,这时实施以角速度为目标的角速度 PI 控制,使得姿态角偏差以设定的角速度减小,进入角度控制区。当相点位于角度控制区时,实施姿态角偏差的 PID 控制,使得角度和角速度偏差趋向于零;当相点位于限制角速度控制区时,实施反向喷气,将角速度压回标称角速度控制区和角度控制区,避免上升器角速度过大,造成陀螺饱和或对机构造成损害。

② PID/PI 控制。

在角度控制区时,使用对姿态角偏差的 PID 控制,积分项的目的是抵消主发动机产生的干扰力矩;在标称角速度控制区时,使用对角速度偏差的 PI 控制。在设计控制参数时需要考虑以下两点。

上升器采用金属膜片贮箱,不存在液体晃动,上升器太阳翼收拢,挠性模态频率较高且耦合系数很小。因此动力学特征接近刚体,使得控制器参数无须先通过滤波器来隔绝特定频率干扰的影响。

上升过程分三个阶段。不同阶段对姿态控制的性能要求并不相同。首先,在起飞前上升器完成与着陆器平台的解锁,进入垂直上升段,发动机点火 1s 后,上升器姿态控制系统工作,并需要在有限的时间内(约 10s),克服点火过程对姿态和角速度的附加扰动,完成对倾斜起飞姿态的迅速调垂直。这一阶段的控制器设计要有足够的带宽。然后,进入上升调姿和轨道入射阶段,这时姿控系统跟踪缓变的角度和角速度指令,控制器设计要保持足够的稳态精度。因此,上升器的 PID/PI 控制器设计了两套参数,一套较大的参数用于垂直上升段,提供较快的调整速度;另一套较小的参数用于上升调姿和轨道入射,提供较高的稳定性。

③ 10N/120N 发动机脉宽调制。

控制器生成的是力矩指令,还需要转换成发动机执行的脉宽指令,并根据指令力矩的大小分别由 10N 和 120N 发动机执行。

若计算的控制力矩小于 10N 发动机提供的力矩或者当前控制通道是滚动通道,则进行 10N 发动机的脉宽调制,120N 发动机脉宽设置为零。否则若计算控制力矩小于 120N 发动机提供的姿控力矩,则进行 120N 单份发动机的脉宽调制,10N 发动机脉宽设置为零。否则 10N 发动机脉宽设置为零,进行 120N 双份发动机的脉宽调制。

3.7.4 验证技术

分系统级的研制验证试验共分为二类:第一类是常规研制流程的验证试验,主要包括 GNC 子系统电性能测试和子系统间的联合测试;第二类是以考核 GNC 关键环节性能为主要目标的综合地面专项验证试验。

1) 子系统电性能测试情况

子系统电性能测试是指单机正样产品交付子系统后,GNC 子系统进行的功能、性能指标的桌面验证试验。子系统主要从系统级对各单机产品进行接口、电气性能和功能验证以及对全系统满足总体技术要求的情况进行验证。

2) 子系统间联试情况

轨道器 GNC 子系统与着陆上升组合体 GNC 子系统测试的主要内容是验证着陆上升组合体 GNC 子系统向轨道器 GNC 子系统发送太阳敏感器信息的正确性、交会对接空空通信的正确性以及四器组合体联合标定过程的正确性。

轨道器 GNC 子系统与返回器 GNC 子系统测试的主要目的对月地转移段两器 IMU 标定过程及两 GNC 子系统间通过 1553B 总线传输数据的时序正确性进行充分验证。

3) 半物理地面专项验证试验

根据"嫦娥"五号任务特点和关键单机的情况,轨返 GNC 子系统在研制流程中,开展了 2 项系统级半物理综合地面专项验证试验,分别是 IMU 基准偏差与导航半物理仿真试验及交会对接九自由度半物理仿真试验,其主要试验目的和完成情况如表 3.58 所示。另外,部分着陆导航敏感器也开展了相应的标定试验,如激光三维成像敏感器在外场利用检测板进行 70m 距离成像标定。

表 3.58　GNC 综合地面专项试验情况

试验名称	试验方法概述	试验完成情况
交会对接九自由度半物理仿真试验	使用六自由度转台模拟追踪器,三自由度转台模拟目标飞行器。试验中采用真实交会对接敏感器和 GNC 控制器、结合地面测试设备模拟的姿态测量敏感器模型、执行机构模型,模拟 GNC 子系统交会对接过程最后 30m 制对接的制导、导航和控制过程	通过模拟轨道器和上升器之间的相对位姿关系,验证轨道器 GNC 子系统两器相对距离 30m 以内平移靠拢段方案和技术设计的正确性;验证交会对接相对运动转换关系的正确性。此外还验证了 CRDS 和激光雷达近距离的静动态测量精度。针对产品温度漂移特性、敏感器远近场切换逻辑、动态捕获跟踪性能、多光学敏感器同时工作时的相互干扰影响、正常以及拉偏工况下 GNC 子系统交会对接平移靠拢过程闭环综合性能等方面进行了全面验证,从而确定了 CRDS、激光雷达、CCU 正样阶段的软件状态以及导航策略
IMU 基准偏差与导航半物理仿真试验	两套 IMU 同时安装在转台上,通过工装,保持两套 IMU 固定的相对安装关系。三轴转台模拟在轨道器标定轨迹以及返回器再入过程中的姿态运动,使加速度计全程敏感到 1g 的重力过载,通过转台试验对 IMU 的静态稳定性、仪表漂移特性、动态响应特性、综合测量精度、导航精度、标定精度以及动态导航结果进行综合评估	通过模拟跳跃式再入过程中返回器本体的姿态变化情况,对激光 IMU 和光纤 IMU 产品以及整个子系统的惯性导航性能进行了评估。除正常构型化外,还进行不同陀螺、加速度计数据融合情况下的导航性能评估。此外还通过与外部光学瞄准结果的比较,验证不同初始误差情况下标定算法的精度,验证了使用标定出的 IMU 参数进行动态导航的性能

4) 全物理地面专项验证试验

为了验证着陆过程中 GNC 对着陆上升组合体的综合控制能力、着陆上升组合体的月面着陆姿态、GNC 对上升器起飞过程的控制能力等,进行了着陆起飞综合验证试验以及起飞综合验证试验。试验过程中,利用试验场塔架系统进行了发动机真实点火模拟探测器着陆和起飞过程,完成了几十种工况下 GNC 能力验证试验。试验结果表明 GNC 能够正确执行导航、制导与控制,能够正确识别安全区并控制探测器安全着陆,能够在超值干扰、超标起飞角度、起飞不稳定等不确定条件下完成正常起飞。

为了对月球轨道无人自主交会对接任务中的平移靠拢段高精度六自由度控制、对接抓捕和样品转移操作过程进行全物理仿真试验验证,进行了交会对接与样品转移专项试验。试验采用大理石平台水平面模拟轨道面,利用六自由度气浮台模拟轨道器和上升器在微重力下的运动状态,并采用真实的器上 GNC 子系统和对接抓捕与样品转移机构来模拟实现月球轨道的平移靠拢段的交会、抓捕和样品转移过程。试验有效验证了轨道器平移靠拢段的接近过程中 GNC 子系统的性能,针对轨道器质心变化范围大、太阳翼挠性耦合强和朝向不确定、存在液体晃动等问题,完善了 GNC 的鲁棒设计。

3.7.5 实施结果

2020 年 11 月 24 日凌晨约 4:30,探测器在海南文昌航天发射场发射升空,火箭飞行约 36min 后器箭成功分离,探测器成功进入地月转移轨道。随后,轨道器 GNC 子分系统依次完成消初偏、太阳定向、太阳翼展开,建立对日巡航姿态,并在其后的约 23 天时间内,先后按既定的飞行程序完成地月转移阶段、近月制动、环月飞行、交会对接、月地入射、月地转移阶段的各项规定任务,轨道器与返回器于 12 月 17 日凌晨 1:12 成功分离,返回器经历大气层外单舱滑行、配平攻角、初次再入、自由飞行、二次再入阶段后,于 12 月 17 日 1:59,在内蒙古四子王旗预定区域顺利着陆。

通过分析在轨数据,轨返组合体 GNC 子系统的主要指标实现情况如表 3.59 所示,着陆上升组合体 GNC 子系统的主要指标实现情况如表 3.60 所示。

表 3.59 轨返组合体 GNC 子系统在轨指标实现情况统计表

项目	指标要求	在轨实际飞行结果
对日姿态控制	对日轴与太阳矢量之间的夹角不大于 6°(3σ)	<0.1°
3000N 轨道控制	姿态误差不大于 1°	<0.87°
	推力方向速度增量误差不大于 1.1m/s	<0.05m/s
舱段分离控制精度	姿态误差不大于 1°	<0.1°
	姿态角速度不大于 0.2(°)/s	<0.01(°)/s
交会对接自主飞行时间	<3.5h	3h27min

续表

项目	指标要求	在轨实际飞行结果
交会对接停控	轴向距离 0.441m ±0.05m(3σ)	0.416m
交会对接停控	横向位移≤0.06m(3σ)	0.023m
交会对接停控	轴向速度≤0.05m/s(3σ)	0.033m/s
交会对接停控	横向速度≤0.05m/s(3σ)	0.0008m/s
交会对接停控	相对姿态角≤1°	0.35°
交会对接停控	相对姿态角速度≤0.2(°)/s	0.0053(°)/s
轨道器标定转动控制	角速度精度优于0.003(°)/s	<0.001(°)/s
返回器导航平台对准精度	优于0.03°(3σ)	<0.02°
返回器大气层外姿态控制精度	优于3.0°(各向,3σ)	<2.5°
返回器再入轴向过载峰值	不大于7g	<4.984g
返回器再入航程	5600~7100km	6511km
返回器开伞点精度	纵向±30km,横向±20km	"嫦娥"五号: 纵向0.653km,横向1.576km 飞行试验器: 纵向0.248km,横向0.445km
返回器开伞姿态攻角范围	T±5°(T为配平攻角)	T±3°
返回器开伞姿态侧滑角范围	±5°	±3°

表3.60 着陆上升组合体GNC子系统在轨指标实现情况统计表

技术要求		指标要求	在轨实现
着陆上升组合体与月面接触时运动状态	水平速度	≤0.7m/s	0.0085m/s(触月前最后一帧遥测)
着陆上升组合体与月面接触时运动状态	垂直速度	≤3.5m/s	-1.9922m/s(触月前最后一帧遥测)
着陆上升组合体与月面接触时运动状态	三轴角速度	≤1(°)/s	0.03(°)/s(触月前最后一帧遥测)
着陆上升组合体与月面接触时运动状态	组合体+X轴与当地重力垂线方向夹角	≤4°	0.2007°(触月前最后一帧遥测)
着陆上升组合体与月面接触时运动状态	-Y轴与当地南向的夹角	≤4°	0.02159°(触月前最后一帧遥测)
着陆下降段的推进剂消耗含姿控,着陆上升组合体动力下降初始质量3710kg		≤1959kg	1898kg(计算值)
着陆精度(相对于设计着陆点位置偏差,设计着陆点位置由动力下降初始位置、速度和仿真轨迹确定,不包括7500N变推力发动机偏差)		≤6kg	2.33km
落月后着陆上升组合体初始姿态确定		≤0.5°	0.1°
相对月表自主定位精度		≤2km	860m
初始对准精度		≤0.05°	0.02°

续表

技术要求		指标要求	在轨实现
入轨精度	与上升目标轨道共面度	≤0.8°	0.1248°
	半长轴误差	≤10km	4.144km
	偏心率误差	≤0.01	0.0024
动力上升段的推进剂消耗(含姿控,对应起飞质量800.768kg)		—	363.168kg(计算值)
交会对接段远程导引期间轨控时三轴姿态控制精度		≤1°	稳态时小于1°
交会对接段上升器远程导引变轨(包括姿态调整的影响)		≤0.1m/s	最大0.05m/s,最小0.0045m/s
近程导引期间对月三轴稳定姿态控制	姿态控制精度	≤0.1°	0.05°
	姿态稳定度	≤0.001(°)/s	0.0002(°)/s

3.8 推进技术

3.8.1 技术要求与特点

为实现月面采样返回,"嫦娥"五号探测器要完成地月之间往返、月面软着陆、月面上升、交会对接等诸多过程,需要有强大的机动能力。根据探测器的四器布局方案以及飞行程序设计,探测器需要的总速度增量为3000m/s。探测器发射质量8200kg,其中推进剂占66.1%,是中国已有航天器中机动能力最强的。探测器在轨飞行过程中,推进分系统的三个子系统接力动作,为探测器飞行全过程的所有变轨、制动、月面软着陆、月面起飞、交会对接以及姿态控制等动作提供推力。

1. 功能要求

探测器推进分系统的功能是为探测器的轨道修正、轨道机动、动力下降、悬停避障、月面上升等过程的轨道机动以及姿态控制提供推力与控制力矩,还需为月球轨道交会对接提供所需的平移推力。探测器的轨道器、着陆器和上升器各配置了一套推进系统,分别称为轨道器推进子系统、着陆器推进子系统和上升器推进子系统。轨道器推进子系统主要任务是为探测器地月转移、近月制动,以及轨道器轨道调相、月球轨道交会对接和月地转移等过程提供推力和姿态控制力矩;着陆器推进子系统主要任务是为着陆器轨道机动、动力下降、悬停避障等过程提供推力和姿态控制力矩;上升器推进子系统主要任务是为上升器月面上升、远程导引等轨道机动过程提供推力和姿态控制力矩,并为着陆上升组合体环月飞行、动力下降等过程提供姿态控制力矩,此外为上升器受控撞月提供推力和姿态控制力矩。

表 3.61 给出了探测器 11 个飞行阶段中推进分系统的工作状态。

表 3.61　探测器推进分系统工作状态表

序号	任务阶段	推进分系统工作状态		
		轨道器推进子系统	着陆器推进子系统	上升器推进子系统
1	运载发射段(约 36min)	√		
2	地月转移段(约 112h)	√		
3	近月制动段(约 1 天)	√		
4	环月飞行段(约 2 天)	√	√	√
5	着陆下降段(800~900s)		√	√
6	月面工作段(约 2 天)			√
7	月面上升段(约 6min)			√
8	交会对接和样品转移段(约 2 天)	√		√
9	环月等待段(5~6 天)	√		√
10	月地转移段(约 5 天)	√		
11	再入回收段(不大于 50h)			

2. 性能要求

推进分系统性能要求如表 3.62 所示。

表 3.62　推进分系统主要技术指标

序号	项目	上升器推进	着陆器推进	轨道器推进
1	系统质量	≤112.5kg	≤222.5kg	≤260kg
2	推进剂最大装填量(MON-1/MMH)	430kg	2150kg	3000kg
3	推进剂混合比	1.65(1±2.0%)	1.65(1±1.5%)	1.65(1±2.0%)
4	同种推进剂贮箱排放不均衡度[①]	≤3.0%	≤3.0%	≤3.0%
5	贮箱排放效率	≥97.0%[②]	≥99.5%	≥99.5%
6	轨控发动机能力	推力 3000N 比冲≥312s	推力 7500N,比冲≥310s, 变推力范围:1500~5000N, 比冲 260~290s	推力 3000N,比冲≥312s

续表

序号	项目	上升器推进	着陆器推进	轨道器推进
7	系统漏率($Pa \cdot m^3/s$)	$\leq 8 \times 10^{-4}$	$\leq 8 \times 10^{-4}$	$\leq 8 \times 10^{-4}$
8	寿命	3个月在轨飞行,地面存储18个月,总装测试24个月		

注:①同种推进剂贮箱排放不均衡度指并联贮箱内推进剂剩余量之差与单个贮箱初始加注量之比;
②上升器贮箱为金属膜片贮箱,排放效率较表面张力贮箱小。

3. 特点分析

推进分系统的技术特点主要体现为大幅度减重的轻质化设计、进一步提高性能和复杂系统复杂环境下的高可靠性,同时需适应月面高温环境带来的新挑战。

1) 轻质化

在探测器总体设计质量8200kg的约束下,探测器对推进分系统轻质化要求特别高。在推进剂装填量不小于5580kg、配置77台发动机的情况下,要求推进分系统结构干质量不大于595kg,结构干质量占比仅为9.6%。直接采用同时期的成熟技术和已有产品无法满足要求,需要在此基础上整体减重15%。

2) 高性能

对推进分系统的高性能要求主要体现在系统推进剂利用率(并联贮箱均衡排放精度、系统混合比精度)、3000N发动机与7500N变推力发动机的比冲等。

要求三个推进子系统并联贮箱推进剂消耗不均衡度优于3%、着陆器推进子系统推进剂混合比误差优于1.5%、上升器和轨道器推进子系统推进剂混合比偏差优于2%。这对各单机及系统流阻特性的一致性提出了很高的控制要求。

要求新研的3000N发动机比冲达到312s以上,需要进行发动机高性能燃烧技术和长寿命推力室冷却技术等关键技术攻关。

要求7500N变推力发动机比冲310s以上,7500N变推力发动机需在原"嫦娥"三号探测产品基础上进行局部改进,原比冲指标为308s。

3) 高可靠

与其他类似的推进系统相比,在资源受限制、大发动机无冗余设计的条件下,探测器对推进分系统提出了更高的可靠性要求。要求可靠度指标为不低于0.96,置信度0.7。

在轨飞行过程中,轨道器推进子系统、着陆器推进子系统和上升器推进子系统接力完成探测器各阶段全部变轨工作和姿态调整工作,为可靠性串联模型,基本可靠性比较低,因此对推进分系统及其配套产品的工作可靠性提出了更高的要求。此外,"嫦娥"五号探测器很多动作需要一次性成功、没有再次重来的机会(如近月制动、动力下降、月面上升、交会对接等),对高可靠性提出了严峻的挑战。

4) 任务环境适应性

在月面采样工作期间,上升器在月面停留的48h一直处于月面高温。上升器推进子系统需要适应月面的高温环境和月面起飞时的力热环境,具体包括:贮箱的温度从环月轨道的10~15℃升高到最高40℃,发动机及舱外管路需适应最高120℃、3000N发动机需适应最高80℃高温点火工况。而且,在120℃温度时,管路内氧化剂已经处于汽化状态,需保证正常起飞。

此外,在3000N发动机点火至上升器与着陆器完全分离期间,由于上升器3000N发动机喷管末端与着陆器之间的空间是有限的,燃气排气受到影响,点火工作初期喷管内部产生激波,造成短时间推力不稳定、温度升高,发动机需适应这种要求。

3.8.2　系统组成

根据探测器的任务需求特点,"嫦娥"五号探测器采用氦气恒压挤压式双组元统一推进系统方案。推进剂采用绿色四氧化二氮(MON-1)和甲基肼(MMH),增压气体为纯氦气。这种方案具有技术成熟、可靠度高、环境适应性好、性能适中的特点。

推进分系统的任务接口是:负责接收来自 GNC/数管相关分系统的控制指令,提供探测器需要的推力;负责发动机头部的温度控制装置,其控制功能以及其他组件的温度保证由其他分系统负责;负责发动机、系统阀门等单机与探测器结构间的安装支架研制。

因此推进分系统的单机主要有气瓶、贮箱、发动机(含头部热控组件)、各类阀门、推进线路盒、压力传感器、温度传感器、导管、支架、安装直属件等。

1) 轨道器推进子系统

轨道器推进子系统组成如图 3.261 所示。轨道器推进子系统由 1 台 3000N 发动机、38 台小发动机、4 只 53L 复合材料气瓶、4 只 680L 表面张力贮箱、充气阀、加排阀、气路电爆阀、单向阀、高压自锁阀、大流量自锁阀、小流量自锁阀、液路电爆阀、推进线路盒、压力传感器、热敏电阻等组成。小发动机包括 8 台 150N、18 台 25N 和 12 台 10N 发动机。150N、25N 发动机承担部分轨控功能,25N 和 10N 发动机主要用于姿态控制。姿控发动机按冗余关系分为 3 组,通过自锁阀进行管理,任意两组均可完成所需的轨控和姿控任务,以消除发动机的单点失效。

根据推进剂装填量以及探测器结构布局要求,研制了 4 个容积为 680L 的表面张力贮箱,单个贮箱的有效容积为 680L,按 95% 装填量设计,最大推进剂装填量为 3000kg。气瓶按 35MPa 工作压力设计,考虑了适当的余量后,所需的增压氦气总容积为 212L,按探测器结构布局的需要,分为 4 个,各为 53L。

气瓶的下游设计了高压气路管理模块,由 2 台高压电爆阀和 1 台高压自锁阀组成,在消除单点失效的原则下简化了配置,以节省质量。使用时打开主份高压电爆阀(简称 PVG1)和高压自锁阀(简称 LVG1),高压气体通过 1 台减压阀调压为贮箱所需的挤压压力。减压阀下游分三路,其中 2 路分别去氧、燃贮箱,设置了单向阀和破裂膜片,用于隔离推进剂,提高安全性。另一路为控制气,用于驱动轨控路大流量自锁阀和 3000N 控制阀,控制气路设置了并联的自锁阀以提高可靠性。贮箱下游设计了常闭液路电爆阀,每个贮箱下游并联 2 个(一主一备),用于加注后隔离推进剂,提高安全性。当推进系统工作时,打开每个贮箱下游的主份电爆阀,实现推进剂向下游流通。每个主份电爆阀上粘贴 2 个热敏电阻,用于监测主份电爆阀是否正常工作,以辅助确定是否启动备份电爆阀。

姿轨控发动机上游均设置了自锁阀,用于加强故障隔离能力。3000N 发动机上游采用 4 个大流量电磁气动自锁阀,氧路、燃路各 2 个,使用时各开 1 个。3 组姿控发动机的氧路、燃路上游各设置 1 个小流量自锁阀。

推进线路盒接收轨道器 GNC 和数管子系统的遥控指令,驱动阀门工作,从而控制推进子系统的工作。

2) 着陆器推进子系统

着陆器推进子系统组成如图 3.262 所示。着陆器推进子系统由 1 台 7500N 变推力发动机、16

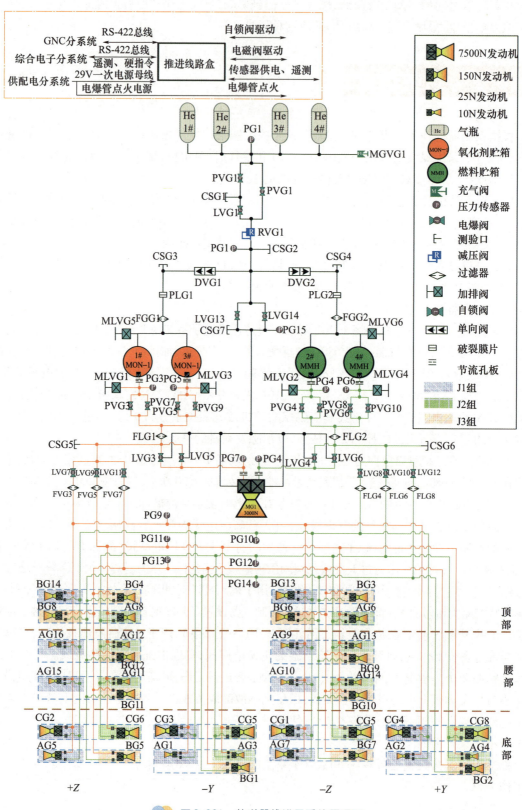

图 3.261 轨道器推进子系统原理图

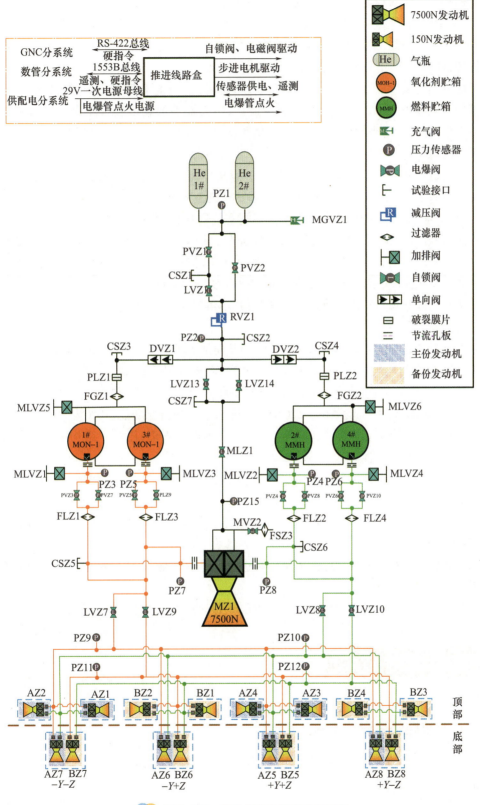

图 3.262　着陆器推进子系统原理图

台150N发动机、2只80L复合材料气瓶、4只500L表面张力贮箱、充气阀、加排阀、气路电爆阀、单向阀、高压自锁阀、小流量自锁阀、液路电爆阀、推进线路盒、压力传感器、热敏电阻等组成。150N发动机既承担姿控功能,又承担部分轨控功能。150N发动机按冗余关系分为主备2组,通过自锁阀进行管理,任意一组均可完成所需的轨控和姿控任务。

根据推进剂装填量以及探测器结构布局要求,研制了4个标称容积为500L的表面张力贮箱,单个贮箱的有效容积为495L,按95%装填量设计,最大推进剂装填量为2150kg。气瓶按35MPa工作压力设计,考虑了适当的余量后,所需的增压氦气总容积为160L,按探测器结构布局的需要,分为2个,各为80L。

姿控发动机上游设置了自锁阀,用于加强故障隔离能力。因为着陆器工作时间短,且7500N变推力发动机只工作1~2次,故7500N变推力发动机上游未采用自锁阀。7500N变推力发动机推进剂控制阀为气动阀,供气路设置充气自锁阀和放气自锁阀,用于驱动7500N控制阀的开关。充气自锁阀打开(同时放气自锁阀关闭),管路充气,推动7500N变推力发动机推进剂控制阀打开,7500N变推力发动机点火工作。放气自锁阀打开(同时充气自锁阀关闭),管路放气泄压,7500N变推力发动机推进剂控制阀回位关闭,7500N变推力发动机关机。

其余部分工作原理与轨道器推进子系统类似,不再赘述。

3)上升器推进子系统

上升器推进子系统组成如图3.263所示。上升器推进子系统由1台3000N发动机、20台小发动机、2只16L复合材料气瓶、4只100L金属膜片贮箱、充气阀、加排阀、气路电爆阀、高压自锁阀、大流量自锁阀、小流量自锁阀、液路电爆阀、推进线路盒、压力传感器、热敏电阻等组成。小发动机包括8台120N和12台10N发动机。120N发动机承担部分轨控功能,10N发动机主要用于姿态控制。小发动机按冗余关系分为主备2组,通过自锁阀进行管理,任意一组均可完成所需的轨控和姿控任务,以消除发动机的单点失效。

根据推进剂装填量以及探测器结构布局要求,研制了4个标称容积为100L的金属膜片贮箱,单个贮箱的有效容积为95L,按95%装填量设计,最大推进剂装填量为430kg。气瓶按35MPa工作压力设计,考虑了适当的余量后,所需的增压氦气总容积为32L,按探测器结构布局的需要,分为2个,各为16L。

由于金属膜片贮箱中的膜片已经隔离了推进剂与上游气路,故减压阀与贮箱间未设置单向阀和破裂膜片。

其余部分工作原理与轨道器推进子系统类似,不再赘述。

3.8.3 设计技术

1. 推进系统轻质化设计技术

针对轻质化要求,推进分系统采取了多种措施,很好地满足了要求。

1)推进系统优化设计

(1)气路管理模块简化。

对三个子系统高压气路管理模块进行了优化设计,在消除单点失效环节的设计原则下,通过

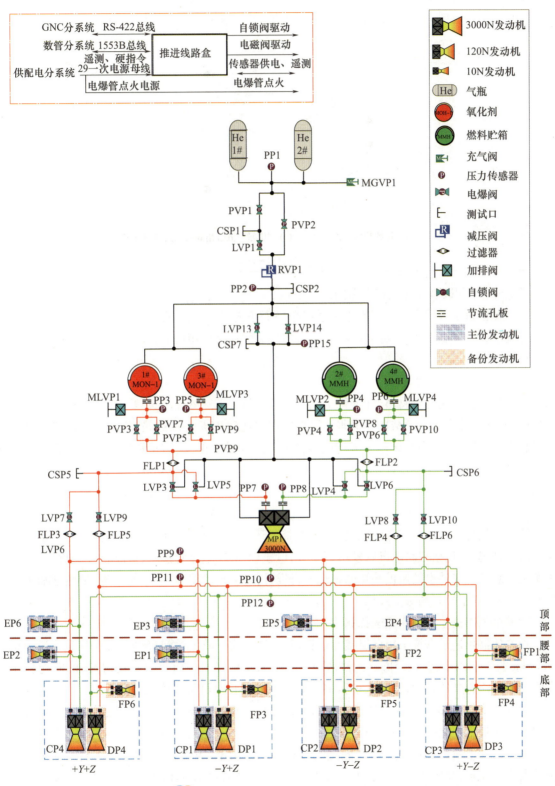

图 3.263 上升器推进子系统原理图

2 路常闭式气路电爆阀(PV1、PV2)和 1 路高压自锁阀(LV1)的优化配置实现冗余设计,在确保高压气路可靠供应与隔离的前提下,减少了阀门数量、减轻系统质量,见图 3.264。

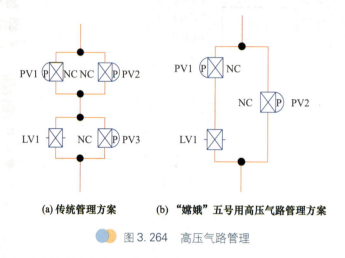

(a) 传统管理方案　　　(b) "嫦娥"五号用高压气路管理方案

图 3.264　高压气路管理

(2) 气路采用破裂膜片代替电爆阀。

轨道器推进子系统和着陆器推进子系统单向阀下游低压气路的管理方案采用 1 个破裂膜片代替传统的 2 个并联常闭电爆阀,在贮箱增压前破裂膜片将贮箱内的推进剂及其蒸汽与上游组件物理隔离,提高安全性。

(3) 总装结构件优化设计。

结构件广泛采用复合材料,并进行了结构优化。除了推进分系统必要的金属管路、金属阀门和组件外,推进分系统中的结构件中非金属零件占比达到 95%。从贮箱、气瓶固定的支架到发动机安装支架,从阀门支座到导管卡箍,使用碳纤维、酚醛层压布板、尼龙和聚酰亚胺作为结构件材料。推进分系统通过结构设计、材料铺层设计、复合材料工艺设计,达到减重的效果。对复合材料发动机支架,通过有限元仿真,对铺层设计进行优化,在保证模态、静载荷和动态响应特性满足要求的前提下,发动机支架的壁厚进行最大程度的减薄,比传统全金属支架减重约 40%。

集成化设计可以减少零件的数量,减少系统的质量。在推进分系统设计过程中,大量采用集成化的设计思想,包括气路电爆管模块、贮箱出口模块、液路电爆管模块、液路自锁阀模块、气路膜片模块。总装直属件也按照模块化的思想进行设计,将多个管路、产品一起固定,虽然增加了设计难度,但是起到了显著的减重效果。

2) 着陆器推进子系统采用表面张力贮箱方案

若着陆器推进子系统采用金属膜片贮箱,则系统结构干质量达到 250kg,无法满足干质量小于 222.5kg 的要求,需减重 27.5kg。一种途径是系统采用更轻的表面张力贮箱,带来的问题是面临液体晃动可能造成的影响,且要贮箱和相关单机(单向阀等)尽量轻质化。

为满足要求,推进分系统采用表面张力贮箱方案。其关键技术是轻质大流量防旋防晃表面张力贮箱和流量范围宽(需适应 7500N 变推力发动机较宽的变推力范围)、低流阻的单向阀。

创新设计了满足大流量排放要求的推进管理装置,满足了贮箱在 7500N 等多台发动机同时工作的大流量需求,并保证了排放流阻不大于 0.02MPa,排放效率不小于 99.5% 的性能指标。应用了液体收集器和多孔叶片集成的管理装置形式,提升了推进剂气液分离和晃动阻尼管理能力。并有效控制了壳体的质量,贮箱结构质量较金属膜片贮箱减轻 30% 以上。

大流量范围、低流阻单向阀,通过采用活塞式主阀结构,导向与节流功能分区,增加小流量工况下工作稳定性,同时满足大流量下的低流阻要求,提升了稳定工作流量范围;采用双阀芯密封方案,主副阀芯均使用 O 形圈密封,在低开启力、低反向压差和低反向漏率之间寻找并确定了最佳平衡点。

采用表面张力贮箱对着陆器的减重起到了明显的效果。

3)新型复合材料气瓶

推进分系统共配置 8 个高压气瓶(轨道器 53L 气瓶 4 个,着陆器 80L 气瓶 2 个,上升器 16L 气瓶 2 个)。气瓶的质量在分系统中占了不小的比例。因此,需研制比 T1000 碳纤维复合材料气瓶更轻的产品。图 3.265 为实际气瓶带压冲击试验过程中的实物图。

通过分析后,采用了更高比强度的 PBO 纤维,研制了更轻的复合材料气瓶。气瓶的缠绕层采用了比 T1000 碳纤维综合性能更为优异的 PBO 纤维。PBO 纤维作为一种有机纤维,其物理、化学和力学性能与碳纤维有极大的区别,国外只

图 3.265　气瓶带压冲击试验

有个别型号使用,国内航天型号尚无应用。通过技术攻关,在设计上创立了一种与 PBO 纤维浸润性良好、综合力学性能优异的树脂体系配方,解决了 PBO 纤维强度发挥系数低和复合材料层间强度低等技术难题,纤维缠绕层结构效率高达 71.6km,相较 T1000 碳纤维复合材料气瓶减重超 13%。

4)贮箱轻质化设计

推进分系统共配置 12 个推进剂贮箱(轨道器 4 个 680L 贮箱,着陆器 4 个 500L 贮箱,上升器 4 个 100L 贮箱),其结构质量占分系统将近一半。

轨道器 680L 表面张力贮箱是用于完成交会对接任务的表面张力贮箱,需在推进剂管理方面采用针对性的设计方案。在近月制动、交会对接和月地转移等典型工况,需要贮箱在较大加速度过载条件下具有较强蓄留和大流量持续排放能力,对推进剂管理装置的液体蓄留容积和过网流动截面的设计提出了挑战。结合任务剖面,采用了分舱管理的方案,提出了带全向角收集器的通道与下沉式集液器复合的液体分离和输送形式,实现全任务周期内不夹气输送推进剂的需求,保证了月球轨道交会对接全向过载等复杂任务剖面下推进剂可靠蓄留和大流量供应。设计了承力筒与变厚度大波纹截面隔板的推进剂管理装置,较同类结构表面张力贮箱产品减重 10% 以上。

着陆器 500L 表面张力贮箱推进剂管理装置需在设计中解决推进剂管理装置的大流量适应性、流量流阻匹配性以及防旋防晃问题,并保证排放效率达到 99.5%。针对着陆器 500L 贮箱推进剂管理的任务需求,设计了集成双层嵌套式液体收集器和多孔叶片的推进剂管理装置,在大幅提高推进剂流动过网截面的同时控制了总质量,保证了力学环境适应性。该贮箱突破了两极安装轻质化壳体设计技术,解决了轻质化贮箱两极安装带来的集中载荷大、薄壁壳体局部抗失稳能力低的难题,较同类结构表面张力贮箱产品减重 10% 以上。

上升器 100L 金属膜片贮箱,采用了结构质量轻、结构效率高、能够与推进剂长期相容的铝钪合金壳体,贮箱突破了材料稳定化控制、超薄球壳旋压成型和焊接等高强度铝钪合金应用技术,解决了铝钪合金性能散差大、薄壁件成型困难及焊接强度低等轻质化设计难题。通过关键技术攻关

图3.266 典型小发动机(25N发动机)外观

工作,并对原材料冶炼过程进行控制、设计时充分发挥材料固有性能、半球壳体采用旋压工艺成型、开展焊接工艺试验等,贮箱结构质量满足指标要求,较同类结构金属膜片贮箱有效减重25%以上。

5)小发动机设计优化

推进分系统配套的150N、120N和25N发动机,在继承原有成熟产品的基础上,均开展了结构优化设计,主要体现在以下方面:①头部结构优化设计减重。以120N发动机为例,针对"嫦娥"五号探测器减重需求,对120N发动机推力室头部进行了优化减重设计,该减重方案不改变头部内流道、各喷注小孔结构,对发动机性能、头部温度、阀门温度没有影响。②缩短身部燃烧室特征长度,在实现减重的同时有效降低发动机工作温度,燃烧室最高温度从1450℃降至1300℃,大大提高了发动机的可靠性工作裕度。③更换发动机的双阀座直动式电磁阀,采用先进的悬浮式无摩擦单阀座簧片式电磁阀[55],既减轻了产品质量,又实现了发动机毫秒级脉冲稳定工作,发动机最小脉冲工作时间达到10ms。图3.266为25N发动机的外观图。

通过以上三项措施,150N发动机质量从1.6kg降至1.0kg,减重比例达37.5%;120N发动机质量从1.35kg降至0.77kg,减重比例达43%;25N发动机质量从730g降至370g,减重比例达49%。

2. 推进系统高性能设计技术

提高主发动机比冲、降低推进剂残余量是推进分系统性能提升的主要目标。其作用与减重一样,能提升推进系统的效能,使得同样的质量能具备更大的机动能力,有助于探测器飞行任务的完成。此外,高精度的发动机推力控制与预测对于飞行过程的高效实施是很重要的。

1)高比冲主发动机

(1)3000N发动机。

"嫦娥"五号探测器中轨道器、上升器各用1台3000N常推力发动机作为主发动机,提供探测器地月转移、近月制动和月面上升等过程所需要的主动力。该发动机消耗轨道器近70%、上升器近85%的推进剂,其比冲要求312s以上,主要技术指标见表3.63。

表3.63 3000N发动机主要技术指标

项目	单位	参数
额定真空推力	N	3000(1±1.8%)
额定真空比冲	N·s/kg	不小于3057.6
额定混合比		1.65(1±1%)
累计工作时间	s	≥10000
单次最长工作时间	s	≥3000
结构质量	kg	≤14.3

发动机采用固定面积同轴针栓式喷注器方案、挤压式推进剂输送方式和液膜+辐射冷却方式。发动机系统示意图见图3.267,外形见图3.268。主要由氧化剂双锁电动气阀、燃料双锁电动气阀、推力室(包括针栓式喷注器、燃烧室、喷管)、节流圈及总装管路等组成。

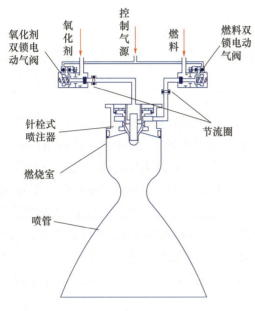

图3.267 3000N发动机系统示意图　　　　图3.268 3000N发动机外形图

3000N发动机以推力室喷注器为中心进行布局,整个发动机呈轴对称的形式。发动机通过对接框架与总体对接并传递推力,对接框架与喷注器法兰对接,双锁电动气阀水平对称布置在框架两侧,双锁电动气阀与推力室通过管路连接,采用阀门出口朝下的总体设计布局方式。

发动机方案主要特点为:①采用挤压式推进剂供应;②推力室采用固定面积针栓式喷注器;③推力室身部采用燃料液膜冷却与辐射冷却相结合的冷却方式,发动机喷管采用辐射冷却方式。

氧化剂进入喷注器后,经中心筒与中心杆形成的喷注通道进入燃烧室,形成径向喷注射流。燃料引入喷注器后,在喷前腔分为两路,一路经中心筒与壳体形成的环缝进入燃烧室(主路燃料),形成环形轴向喷注液膜;一路经冷却孔沿周向均匀喷入燃烧室(冷却路燃料),以冷却身部。氧化剂与主路撞击、雾化、混合、燃烧,冷却后在边区形成低混合比区域,确保室壁可靠冷却。氧化剂、主路燃料、冷却路燃料在推力室中形成合理的混合比分布,从而兼顾高燃烧效率与低喉部温度。

3000N发动机研制期间,开展了19台发动机、30次热试车试验考核等工作,累计点火时间超过13万秒,其中包括8台发动机真空长程可靠性试车(包括2台鉴定试车、2台寿命试车、4台可靠性试车),对发动机进行充分考核。此外交付各种试验产品并通过了相应试验的考核(2台结构器、2台热控器、2台电性器、6台推进分系统热试车、1台验证器、1台全尺寸羽流试验)。产品各项指标达到要求。

(2)7500N变推力发动机。

7500N变推力发动机最初为"嫦娥"三号探测器研制,其额定推力下比冲要求为308s以上。"嫦娥"五号探测器进一步提高了这项指标,要求额定推力比冲310s以上。根据历史经验,发动机交付产品能达到这个要求,因此发动机技术状态不再进行大的更改,主要工作是严格控制技术状态,确保交付产品达到要求。

在"嫦娥"五号探测器研制过程中,对7500N变推力发动机推力室身部涂层工艺进行了改进,提升了产品质量与合格率。对液路接口作了局部改进,提高了密封性。针对技术状态改进、新的力学环境等因素,发动机开展了1台产品的鉴定试验考核。

2）系统参数精确控制

双组元推进剂混合比控制指标、贮箱均衡排放指标和发动机推力精度指标等系统参数的精确控制是共性关键技术。推进分系统采取了一系列措施,实现了高性能推进系统参数精确控制与发动机性能匹配。

（1）系统管路等流阻设计、测量和控制。

推进分系统的混合比偏差指标为±1.5%、±2%,并联贮箱均衡排放指标±3%。3000N发动机和7500N变推力发动机推力精度±3%等高性能指标,要求推进分系统必须精确控制系统流阻,保证同种组元贮箱到发动机的流阻相同、氧和燃贮箱到发动机的流阻保持固定比率关系[56]。根据总装构型布局特点,推进分系统使用四个贮箱装填推进剂,不同贮箱到发动机的距离不同,系统管路流阻不同。推进分系统提出了独特的系统管路等流阻设计、测量和控制技术,实现了系统管路流阻的精确控制。设计上保证同种组元管路系统的流阻相同,氧和燃管路系统流阻保持精确比率。生产出的管路进行实际流阻测试,测量出实际流阻偏差。根据流阻偏差实施调节措施,消除偏差。最后通过系统试验验证实际控制效果,实现系统管路等流阻设计、测量和控制的完整闭环。

（2）着陆器贮箱平衡连通管技术。

针对着陆器着陆下降段过载相对较大的特点,推进分系统提出了贮箱平衡连通管技术,利用7500N变推力发动机工作时过载产生的贮箱不均衡液位差自动补偿原理,提高并联贮箱均衡排放指标。具体做法是在两个同种推进剂的贮箱的气侧用导管连通,液侧也用导管连通。当成对贮箱的推进剂排放产生流量差时,贮箱内部会产生液位差,驱动剩余量多的贮箱中的推进剂通过液端连通管向剩余量少的贮箱流动,从而补偿流阻误差产生的不均衡。气端设置连通管的目的则是确保贮箱的压力一致,减少气路导管流阻差带来的影响。

推进分系统采用"仿真+缩比验证+冷流试验+系统试车"的方法,验证了贮箱平衡连通管的作用。有/无贮箱平衡连通管的并联贮箱排放不均衡度仿真结果见图3.269,仿真过程假设无贮箱平衡连通管状态的并联贮箱排放不均衡度为3%,即一路贮箱流量为额定流量的101.5%,另一路为98.5%。仿真用的液路平衡管液位差补偿流量特性通过模拟管路水介质试验测定得来。

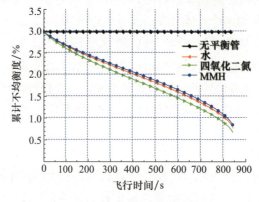

图3.269　飞行过程平衡连通管对贮箱排放不均衡度影响仿真分析

从仿真结果可以看出：增加贮箱平衡连通管后，对并联贮箱累计排放不均衡度有明显改善，并联贮箱累计排放不均衡度从无贮箱平衡连通管的3%下降到小于1.2%，使并联贮箱的不均衡消耗量在原指标基础上再降低50%以上。

采用贮箱平衡连通管技术后，经系统热试车试验，着陆器推进子系统并联贮箱排放不均衡度达到0.9%以下。

(3) 液路电爆阀按需起爆。

贮箱出口采用并联液路常闭电爆阀方式隔离贮箱里的推进剂，工作前起爆电爆阀向发动机供应推进剂。液路电爆阀是并联冗余模式，任意一个电爆阀起爆就能供应推进剂，传统做法是主备份同时起爆工作。一路电爆阀起爆后的通径和两路电爆阀起爆后的等效通径不同，管路流阻也存在微小差别，推进分系统通过系统级冷流试验发现这个微小差别也不可忽视，会影响贮箱不均衡排放性能，为了精确控制流阻必须消除这个微小差别。为解决这个问题，同时考虑电爆阀冗余功能，推进分系统采用了按需起爆的控制技术，实现了液路电爆阀的按需起爆，保证了流阻的精确控制。通过温度遥测参数判断液路电爆阀是否正常起爆，如果主份液路电爆阀不能按指令正常起爆，则发指令起爆备份液路电爆阀，确保每个贮箱出口管路只起爆一个液路电爆阀，保证电爆阀管路的系统流阻相同。

(4) 单向阀、减压阀联调和多工况流阻测试。

按飞行程序，贮箱增压过程中，贮箱气路设置的膜片破裂，增压气体进入贮箱，此后飞行过程中，推进分系统采用单向阀防止氧化剂和燃烧剂或它们的蒸汽反向流动，保证安全。减压阀、单向阀在结构设计上均采用多个"弹簧振子"，在气路系统工作过程中"弹簧振子"如果发生共振，将导致鸣叫、系统压力振荡等现象，极端情况下导致发动机不能正常工作。此外，"嫦娥"五号探测器推进分系统的单向阀还具有大流量、多流量工况、开启和关闭模式复杂的特点，增加了研制风险。推进分系统采用单向阀和减压阀联调技术，研制了多通道、高精度测试及控制系统，在地面实现对采用减压阀和单向阀的多"弹簧振子"系统稳定性测试，避免出现非预期的压力振荡。建立的试验系统与飞行产品状态一致，模拟推进系统各种在轨工作状态，测试单向阀与减压阀的匹配工作特性，获得单向阀不同流量工况的流阻特性和开启、关闭变化规律，解决了单向阀工作特性影响高精度流阻控制的难题。

(5) 稳定压差金属膜片制造和金属膜片贮箱的膜片压差测量。

表面张力贮箱的流阻较小、可测、相对稳定。金属膜片贮箱存在膜片压差，膜片是在压差驱动下变形工作的，压差较大、随过程变化、个体间存在散差，且膜片多次工作的裕度不是很强，一般飞行产品压差不可测，以免影响膜片可靠性。对上升器推进子系统而言，要控制好系统参数，需要对膜片贮箱采取更好的手段。

为此，100L金属膜片贮箱通过"多次拉伸+双面成型"工艺技术路线，解决了薄壁、变壁厚金属膜片型面和壁厚精度低的问题，提高了薄壁、变壁厚金属膜片型面和壁厚精度，有效减小了并联贮箱的排放压差散差。与同类金属膜片贮箱相比，贮箱排放压差散差减小约70%，实现了金属膜片贮箱压差稳定。此外，100L金属膜片贮箱采用了独特的膜片压差测量技术，通过贮箱小量预排放和排放趋势分析技术，获得了金属膜片贮箱飞行产品的压差特性，解决了金属膜片散差不可测问题，从而使得产品压差严格受控。

(6) 7500N变推力发动机混合比精确控制。

由于7500N变推力发动机的固有特性，其在变推力工作过程混合比分布在1.50~1.65，无法全程做到1.65,对应混合比偏差为 -9% ~0。探测器要求着陆器推进子系统的混合比控制精度1.65(1±1.5%)指标,为此必须针对变推力阶段的混合比特性采取相应措施控制。通过采用发动机"热试标定+冷流调试+飞行任务剖面混合比预计分析"方法,保证了推进子系统在7500N变推力发动机多工况工作过程流阻的精确控制,实现了着陆器推进分系统全程工作混合比的控制精度达到1.65(1±1.5%)的水平。试车验证表明,着陆器推进子系统的实际混合比控制精度为1.65(1±0.1%) ~ 1.65(1±0.55%)。

(7) 发动机冷试和热试标定校准。

通过发动机冷试和热试标定校准技术,保证各种发动机与精确控制流阻的协调匹配,实现了发动机高精度推力输出。

推进分系统配套6种、77台发动机,其中3台主发动机均经过热标试车获取了发动机实际性能,其余姿控发动机的性能是通过批抽检热试车获取的。由于制造偏差,姿控发动机性能存在一定的散差,为保证全部发动机的精确推力输出,推进分系统采用了冷试和热试标定校准技术,通过发动机的热试车和冷试标定出发动机的性能、结合技术指标调试校准发动机,实现发动机与系统流阻的匹配和高精度输出。

3. 推进分系统高可靠设计技术

1) 系统硬件架构设计

为满足探测器高可靠性的要求,推进分系统通过优化设计实现了重大故障模式冗余设计,通过硬件产品配套、软件产品自主控制实现了推进分系统功能的冗余设计,提高固有可靠性。推进分系统冗余设计主要体现在以下方面:

(1) 小发动机设置均采用冗余备份。由小发动机承担的轨控功能和姿态调整功能均实现了备份。限于质量,主发动机未能1:1冗余,但在小发动机配置时充分考虑了功能补偿,在大多数情况下轨控功能可由小发动机兼顾。

(2) 高压气路管理。通过气路电爆阀和高压自锁阀的配置实现并联控制,确保高压气路可靠供应。

(3) 表面张力贮箱气路进口。采用气路破裂膜片和双密封结构单向阀的串联管理,实现氧、燃推进剂蒸汽的可靠隔离。

(4) 贮箱出口采用并联的液路电爆阀方案,确保推进剂的可靠供应。

(5) 液体推进剂的管理。采用液路电爆阀、自锁阀、发动机自锁阀(或电磁阀)三级安全管理,确保推进剂的可靠、安全使用。

(6) 控制指令采用三重冗余设计。包括与GNC控制指令、数管的控制指令和推进控制指令,确保推进分系统各负载单机正常工作。

(7) 推进线路盒采用A、B机双机热备份设计。推进线路盒对关键单机3000N发动机自锁阀驱动线路采用串、并联功放管设计,保证自锁阀可靠打开和关闭。

(8) 充气阀、加注阀和测试口等环节,均采取两道以上密封设计。在发射场完成充气、加注操作后,关闭充气阀、加排阀,在其进口安装堵塞或堵盖组件。飞行状态时堵塞或堵盖组件等均设计两道以上密封措施。

通过一系列基于可靠性的硬件架构设计措施,推进分系统固有可靠性得到了较好的保证,不存在明显的可靠性薄弱环节。

2)在轨自主控制

通过推进线路盒软件的功能增强,在未增加任何硬件产品的情况下,"嫦娥"五号探测器推进分系统实现了在轨高压气路故障自主检测与纠正技术。

推进分系统的自主管理功能包括:减压阀超压时贮箱压力自主管理、轨控管路自动泄压。三台线路盒均能实现自主管理功能。

(1)贮箱压力自主管理。

减压阀超压故障危害度大,严重时会导致下游组件超过容许压力而破裂,造成灾难性事件。减压阀上游设有高压自锁阀,可以在减压阀超压时关闭,当贮箱压力不足时打开,反复执行,就可以控制贮箱压力处于某个范围,从而在减压阀发生超压故障时继续执行任务,消除了"减压阀超压"这一故障模式,实现了减压阀功能的备份。采用人工遥控控制的手段比较局限,且实时性差,因此利用推进线路盒软件实现在轨实时控制是一种提高可靠性的有效途径。

采集贮箱压力遥测数据后进行软件滤波和处理,推进线路盒可自主完成推进分系统的贮箱超压和欠压管理,自主进行检测和故障处理。贮箱高压阈值和低压阈值可通过地面注入数据对其阈值进行修改,以适应推进分系统压力变化的需要。软件中可设置"高压故检使能/禁止""低压故检使能/禁止"等开关项,以根据飞行情况灵活实现"高压超压判断""低压欠压判断"的启动和自主功能的禁用。推进线路盒自动巡检贮箱下游压力(4个压力遥测值,4取3判断),当符合超压标准后,2s内自动发送指令关闭高压自锁阀,切断气路供应,使贮箱以落压模式工作。待贮箱压力降至规定低压阈值时,推进线路盒自动发送指令打开高压自锁阀,恢复增压气体的供应,向贮箱补压。

贮箱压力自主管理功能经过了充分的地面试验验证,在"嫦娥"五号探测器飞行过程中也得到了验证。上升器飞行过程中,在受控撞月(上升器已按要求完成所有既定工作)前通过地面发送指令,修改高压阈值、低压阈值,验证软件自主管理功能,实现了受控落月过程中 $4 \times 120N + 2 \times 10N$ 发动机工作点火时的贮箱压力控制,受控撞月过程中发动机点火工作正常、探测器姿态良好。受控撞月期间,自锁阀开、关状态见图3.270。

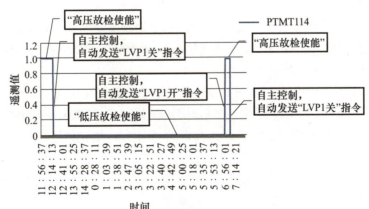

图3.270 上升器贮箱压力自主管理中高压自锁阀动作状态(受控落月期间)

(2)轨控管路自动泄压。

主发动机工作结束后,为了增强系统密封性,往往会关闭上游的自锁阀,在发动机和自锁阀之间形成一段封闭的液体管路。当温度上升时(如发动机热返侵、管路加温),液体膨胀,在刚性管路约束下,导致压力快速上升到超过设计值,产生安全隐患。打开自锁阀,膨胀液体泄往上游贮箱,就可以使压力恢复到正常水平。人工遥控控制手段的不足是实时性不强,在深空探测等任务中效果不理想。因此,推进分系统还利用推进线路盒软件,实现了轨控管路压力自动泄压功能。

在一定的巡检周期内,若检测到压力超过阈值,则自动发指令开-关主发动机上游的自锁阀,实现压力受控,确保安全。在飞行期间,轨道器推进子系统曾多次触发自动泄压功能,取得良好效果。推进分系统设置的安全压力阈值为 2.5MPa。激活在轨自主泄压程序后,周期性进行检测。

3) 推进分系统状态管理与发动机耐高温设计

"嫦娥"五号着陆上升组合体着陆月面后,需要在月面停留约 48h,然后进行月面起飞上升。探测器要求小姿控发动机和临近管路耐温 120℃。此外,分析认为舱内气瓶温度可达 47℃、贮箱的温度可达 40℃。

高温环境对上升器推进子系统带来的不利影响主要有:随环境温度的升高,气瓶、贮箱压力将随之升高,可能超出安全使用压力,带来安全隐患;上升器使用金属膜片贮箱,飞行前贮箱预增压,增压后贮箱膜片紧压着推进剂。随着环境温度的升高和降低,推进剂体积变化,推动贮箱膜片反复运动,膜片多次运动对寿命不利;月面高温会导致发动机液路供应管路中的氧化剂汽化,使发动机工作时推力急剧降低;中国航天器发动机从未使用过如此耐高温的产品,现有产品耐温范围一般为 80~90℃,高温下可能导致发动机无法开启。

(1) 迭代优选贮箱预增压压力。

上升器推进子系统采用发射前贮箱精确预增压来避免月面高温下贮箱超压的问题。

贮箱预增压后,上升器推进子系统初期以落压的方式工作,满足探测器姿态控制的需求。在月面临起飞前,气路电爆阀起爆,贮箱增压至减压阀设定压力,推进子系统以恒压的方式工作。贮箱预增压压力需要精确确定,主要考虑如下 3 个方面的因素:①预增压压力应低于减压阀锁闭压力;②在月面高温环境下压力最高不超过贮箱额定压力(即 2.0MPa);③落压期间最低压力要确保姿控发动机可靠工作、输出推力满足要求。

经过分析和迭代,确定贮箱预增压压力为 1.25MPa(20℃)。

在轨飞行表明,落压期间 10N 发动机可靠工作,满足探测器姿控要求。月面工作段贮箱的最高温度为 27.6℃,贮箱在轨实际消耗 5.6kg 推进剂状态下,压力最高至 1.26MPa,具有足够的安全裕度。

(2) 迭代优选气瓶充气压力。

为避免月面高温下气瓶超压,推进分系统需合适选择发射前气瓶充气压力。

气瓶初始压力主要由以下因素确定:①气量满足任务需求,气瓶末压需满足减压阀工作最低入口压力不低于 4.5MPa 的要求;②在月面高温环境下,压力不超过气瓶最高额定压力(即 35.5MPa)。

综合各种因素,气瓶初始增压压力确定为 32.5MPa,在月面气瓶温度升高到 47℃时,气瓶压力由 32.5MPa 升高到 35.4MPa,满足气瓶安全使用要求。

由于着陆上升组合体着陆月面后姿态较好,月面工作段气瓶实际最高温度为 38.6℃,压力升高至 34.245MPa,满足安全使用要求。上升器工作末期,气瓶压力为 7.767MPa,满足大于减压阀最低入口压力的要求。通过在轨验证,证明了气瓶增压 32.5MPa(20℃)措施的有效性。

(3) 优化贮箱膜片结构设计提高膜片抗疲劳性能。

金属膜片贮箱在飞行过程中,环境温度的变化会导致推进剂体积变化,导致贮箱膜片波动。

膜片波动可能导致膜片发生疲劳性破坏,因此需要设计能耐受多次波动的贮箱膜片,同时采取减少膜片波动的状态管理技术。

① 优化膜片设计。采用与常规膜片贮箱不一样的变厚度、变曲率结构设计。膜片受外压翻转变形时,保证了变形过程的规律性。通过仿真分析结果优化金属膜片的型面,保证金属膜片翻转后与贮箱壳体具有较好的贴合度。

② 优化膜片工艺。膜片成型过程中进行一次完全退火,消除膜片拉伸成型过程的残余应力,使膜片性能稳定均匀。退火后再对膜片的表面硬度进行检测,控制每批产品的表面硬度指标值。

③ 合理的状态管理。贮箱加注时,推进剂温度约为10℃。加注后不立即进行预增压,在膜片未翻转的状态下保持约110h,使推进剂升温至环境温度(约20℃),然后进行预增压,避免了一次10~20℃的膜片波动。在轨飞行过程中,通过温度控制,使贮箱的温度波动控制在5℃以内,减少膜片波动。通过状态管理,提高了膜片的可靠性。

通过优化膜片结构设计、改进生产工艺技术,进行合理的状态管理,使膜片能够耐受月面高温作用下的膜片波动,可靠工作,满足任务要求。

(4)上升前高温排气。

月面高温会导致发动机液路管路中的推进剂汽化,引起发动机工作时推力降低,多台发动机同时点火工作的工况中,推力偏差将给探测器带来干扰力矩。

推进分系统在理论计算和试验验证的基础上,获取了120N发动机高温工况下的脉冲模式工作特性,确定了在轨飞行工作时序。实际在轨飞行过程中,小发动机最高温度达到91.081℃,执行了高温排气程序,排出管路中汽化的推进剂。在月面起飞过程中,姿控发动机工作正常,探测器姿态控制准确,有效避免了推进剂汽化带来的推力偏差影响。

(5)轨控管路充填管理。

按照常规的推进系统工作模式,发射后轨控管路增压到1.85MPa。在月面工作时,由于环境温度的升高,推进剂随之温度升高,密度下降,体积增加。由于自锁阀与轨控发动机阀门之间构成封闭管路,其压力会快速升高,超过阀门和管路额定使用压力(2.0MPa),为产品带来安全隐患。

为研究轨控管路在充填推进剂的状态下温度变化对管路压力的影响。推进分系统开展了轨控管路超压试验。根据轨控管路超压试验结果,封闭轨控管路压力对管路温度的变化非常敏感:在0.6~3.2MPa范围内,燃路压力对温度的变化率是0.4MPa/℃,氧路压力对温度的变化率是0.8MPa/℃。轨控管路压力随温度的爬升比较迅速。因此,为避免管路超压,需要频繁开启轨控自锁阀泄压。

"嫦娥"五号上升器推进子系统采用轨控管路在起飞前充填的策略,有效避免了超压的风险。具体策略为:在月面起飞前1h,才进行轨控管路的真空放气和推进剂充填。充填后,就进行轨控3000N发动机起飞状态设置,轨控管路前的大流量自锁阀保持开启,与贮箱保持联通,这样轨控管路温度与贮箱保持一致,就不会发生轨控管路超压。

在轨飞行表明,轨控管路充填管理技术有效避免了管路超压。

(6)发动机耐高温设计。

为适应月面高温环境,要求120N发动机需满足在120℃下正常工作,此温度远高于以往同类发动机的要求。

发动机的开关动作由电磁阀控制。高温对姿控发动机的影响主要体现为影响电磁阀的工作可靠性:①高温时线圈电阻增大,电流下降,开启能力降低;②材料与推进剂的相容性变差,目前常用材料与推进剂的相容性数据均为常温下的,少量的高温数据也不超过50℃;③高温下各部件的特性改变带来的影响。

在对电流、相容性采取合适的设计及验证后(针对"嫦娥"五号探测器任务48h短期工作,若要长期工作,则还需针对金属的高温相容性做进一步研究),电磁阀主要针对阀芯材料的特定溶胀特性采取了针对性的阀芯行程设计。

电磁阀阀芯和阀座之间形成密封面,阀芯一般采用氟塑料制成[57]。氟塑料在高温推进剂接触、承受力学载荷和长时间浸泡工况下的特性非常重要,因此开发了推进剂密闭加热装置和阀芯测量装置,对氟塑料在高温推进剂中的膨胀率进行了测量,获得了重要设计参数。通过阀门行程仿真分析,获得了阀门行程的理论范围,阀门行程较常温状态扩大约100%。为验证阀门行程的合理性,推进分系统开发了阀门高温试验系统[58]。阀门共进行了多轮次的试验,温度范围20~150℃,充分验证了阀门行程设计的合理性。

推进分系统在氟塑料特性研究、阀门行程分析的基础上,将高温影响计算纳入了电磁阀设计,攻克了高温状态发动机设计技术。

4. 推进剂加注方案设计

推进分系统使用绿色四氧化二氮(MON-1)和甲基肼(MMH)作为推进剂,同大多数探测器一样,推进剂加注工作在发射场完成。"嫦娥"五号探测器基于整器流程优化的考虑,决定在四器组合体状态下实施推进剂加注,而不是在轨道器、着陆器、上升器单器状态下加注。并且从便于探测器质量测量的角度提出:先加注上升器的两种推进剂,然后分别加注着陆器和轨道器的推进剂,且要求加注管路连接不对整器质心测量产生干扰。加注顺序要求是上升器燃料→上升器氧化剂→着陆器氧化剂→轨道器氧化剂→着陆器燃料→轨道器燃料。

"嫦娥"五号探测器双组元推进剂总加注量达5454kg,四器组合体状态下最高约8m,共计12个贮箱,有金属膜片贮箱抽真空加注和表面张力贮箱恒压排气加注两种模式,总共17个氧、燃加注口分布在探测器四个象限,器表仪器多,操作不便。

目前,复杂航天器推进系统一般采用气体直接挤压推进剂的方式实施加注,推进剂在气体挤压下流向贮箱。早期采用氮气作为挤压气体,后来考虑到氮气的溶解度较高,逐步采用溶解度较低的氦气作为加注挤压介质。虽然氦气化学性质稳定,在推进剂中的溶解度比氮气低,但在推进剂中也有一定的溶解度,特别是在四氧化二氮中,溶解度更大。气体在推进剂贮罐这端溶入推进剂,随着推进剂压力沿加注管路一路降低,当压力低于气体的溶解饱和压力时,气体会析出。对常压加注的表面张力贮箱而言,气体被管理装置捕获,造成的后果是贮箱管理装置内夹气,影响气液分布,严重时影响加注成败。对抽真空加注的金属膜贮箱而言,造成的后果是液腔压力上升,严重时也影响加注成败。地面试验曾发现,在较高的加注压力(0.5MPa表压以上)、较高的环境温度下(25℃以上)、较长的加注时间(4h以上),曾经发生过严重的夹气,导致表面张力贮箱未加满。通过降低加注压力等手段可以减少夹气的风险,但无法彻底消除。夹气除了对贮箱本身造成影响外,还可能对发动机工作带来不利影响,工程实践中难以评估少量夹气带来的危害。

为摸清双组元推进剂加注所面临的问题,推进分系统专门对氦气在氧化剂中的溶解特性进行了分析,并开展了专项加注试验。理论计算与专项试验结果均表明:在加注过程中,氧化剂中溶解的氦气会因管路系统压力衰减而析出氦气,析出的气体量与加注系统压差相关,随压差增大而增大。无论压差控制得多么低,只要存在压差,就会有气体持续析出。

为此,"嫦娥"五号探测器推进分系统考虑采取一种不同于传统加注方法、无夹气的推进剂加注方案:基于气动隔膜泵的加注方案。该方法采用气动隔膜泵作为推进剂增压装置,无须用电,以提高安全性。推进剂贮罐增压压力可以低于产品贮箱背压(甚至可以实现贮罐0压力加注),全程避免氦气析出。为验证隔膜泵加注方案的可行性,开展了大量试验验证工作,覆盖了不同流量、不同压力、不同温度下的工况,整个加注过程中未出现夹气现象。此外验证了隔膜泵与推进剂的相容性,以及单台泵的加注可靠性,单台隔膜泵加注总量达到10t四氧化二氮,覆盖了发射场的使用工况和环境,加注过程中隔膜泵工作一切正常。试验表明,隔膜泵加注技术彻底解决了加注过程氦气夹气,实现零夹气,可以同时适用于表面张力贮箱和金属膜片贮箱的加注,可以实现金属膜片贮箱抽真空加注常温化(19℃以下)、金属膜片贮箱的加注量将提高至98%以上。

推进分系统针对探测器的特点,将金属膜片贮箱和表面张力贮箱的加注系统集成为一体,同时满足了金属膜片贮箱和表面张力贮箱的不同需求,无须切换。为加强风险纠正能力,在隔膜泵下游采用了缓冲罐预警技术,对夹气故障可以迅速识别并排除,消除了隔膜泵故障情况下的夹气风险。

对于四器组合体状态下的产品加注,针对氧燃推进剂交叉加注要求,提出了氧燃不共存原则,并且设置了氧、燃加注后处理模块,确保了加注过程中不存在氧燃共存情况,提高安全性。

对于高约8m的探测器,为保证与整器有17个连接管的加注管路对探测器的质心测量不产生干扰,设计了柔性加注口模块,并进行精确调校,所有刚性模块均绑扎在加注操作平台上,且在加注过程中严格进行压力状态管理,很好地控制了加注过程对整器质量特性的干扰,整个加注过程质心测量精度控制在1mm以内,全程加注顺利。

对于上升器金属膜片贮箱氧化剂的加注,虽然地面试验证明采用隔膜泵的加注技术可以在氧化剂温度19℃下完成加注,但为保险起见,还是对氧化剂进行了降温。为了防止温度太低导致贮箱结露,根据试验情况,氧化剂温度控制在10℃。为了简化加注主路,氧化剂的降温使用了外循环制冷技术,冷冻机不接入加注主路,而是通过专门的隔膜泵把推进剂从贮罐抽出、单独经过冷冻机再挤回贮罐的方式进行循环制冷,提升了加注主路效率,且可以精准控制推进剂的温度,在整个加注过程中温度控制偏差不超过±1℃。

3.8.4 验证技术

推进分系统产品数量多、状态复杂,且面临特殊的工作环境。为确保设计方案的合理性、可靠性,除了常规的环境试验外,推进分系统还针对"嫦娥"五号探测器的特点开展了大量的仿真与专项试验验证工作。表3.64为分系统主要仿真项目,表3.65为分系统主要专项试验项目。

表3.64 推进分系统主要仿真项目

项目名称	主要目的及内容	仿真结果
着陆器500L贮箱末期推进剂分布状态仿真	验证着陆器动力下降末期贮箱管理装置适应推进剂横向晃动的能力	能可靠供应推进剂
着陆器并联贮箱连通管性能仿真	验证添加连通管的效果	降低不均衡度40%以上

表 3.65　推进分系统主要专项试验项目

项目名称	主要目的及内容
轨道器推进子系统冷流试验	验证参数协调性、指标满足情况
着陆器推进子系统冷流试验	验证参数协调性、指标满足情况
上升器推进子系统冷流试验	验证参数协调性、指标满足情况
轨道器推进子系统方案试车	验证方案可行性、参数协调性
轨道器推进子系统初样可靠性试车	验证产品可靠性、指标满足情况
轨道器推进子系统正样可靠性试车	验证产品可靠性、指标满足情况
着陆器推进子系统方案试车	验证方案可行性、参数协调性
着陆器推进子系统初样可靠性试车	验证产品可靠性、指标满足情况
着陆器推进子系统正样可靠性试车	验证产品可靠性、指标满足情况
上升器推进子系统方案试车	验证方案可行性、参数协调性
上升器推进子系统初样可靠性试车	验证产品可靠性、指标满足情况
上升器推进子系统正样可靠性试车	验证产品可靠性、指标满足情况
上升器羽流试验器羽流力热试验	验证上升器起飞阶段发动机羽流力、热影响预测情况，验证设计合理性、主发动机工况适应性
探测器电性器初样电性能试验	验证电性能
探测器结构器初样鉴定力学试验	验证力学环境适应性
探测器热控器初样热平衡、热真空试验	验证热环境适应性、热设计合理性
着陆验证器点火着陆试验	验证设计合理性
上升验证器点火上升试验	验证设计合理性
推进剂加注试验	验证隔膜泵加注方案合理性
各发动机鉴定及可靠性试车	考核各发动机可靠性
120N 发动机高温适应性试验	验证 120N 发动机高温适应性

1. 推进分系统试车

推进分系统试车是在地面环境下，采用真实推进剂和增压气体、在真实产品上进行的对推进分系统最直接的检验项目，是推进系统研制程序中重要的环节，有助于发现问题、提升产品可靠性，具有重要意义。鉴于"嫦娥"五号探测器推进分系统的技术要求高、新研产品多、组成复杂，为确保产品可靠、验证充分，三个推进子系统均进行了 3 次系统试车：方案试车、初样可靠性试车和正样可靠性试车。

方案试车的目的是检验推进系统设计方案与参数的合理性、各单机工作的协调性；初样可靠性试车的目的是验证推进系统结构可靠性、考核系统指标的满足情况；正样可靠性试车的目的是验证飞行产品同批次产品的性能与可靠性、进一步考核系统指标的满足情况，并获取飞行产品工作性能的直接参照。

试车程序的制定原则:在尽量模拟推进分系统飞行工作程序的基础上,覆盖所有发动机工作工况,覆盖相关技术指标考核的需要。为便于操作、规避风险,一般分成多个子程序,逐个执行。

在上升器方案试车中,氧化剂采用绿色四氧化二氮(MON-1),以实现完整的测试覆盖。其他各次系统试车(包括轨道器和着陆器),基于成本考虑,氧化剂均用红色四氧化二氮代替MON-1,其性能相当。

各推进子系统试车产品单机配置与数量和正常配置一致,但系统阀门的备份配置有所简化。为适应测量需要,增加了相应传感器。初样可靠性试车产品先按探测器结构器的要求进行配置,随整器进行鉴定级力学环境试验,气瓶、贮箱、管路、结构件等主要产品通过整器环境下的力学环境测试覆盖,然后进行必要的改装后试车。正样可靠性试车采用飞行产品同批次产品,代表了飞行产品的性能。

1) 轨道器推进子系统试车

在试车程序上,分别进行贮箱增压和液路充填、发动机预喷、3000N发动机单独工作、小发动机单独工作、发动机同时工作和推进剂耗尽程序。

初样可靠性试车过程中发现:推进剂真空充填后,因水击压力较大,导致主发动机氧化剂入口压力传感器失效。后对产品进行改进,在主发动机氧化剂、燃料入口传感器的入口管路中增加了阻尼孔。正样可靠性试车正常完成,未出现类似现象。

通过多次试车,充分验证了推进子系统的相关技术指标,具体见表3.66。

表3.66 轨道器推进子系统试车主要技术指标验证情况

序号	项目及指标	方案试车	初样可靠性试车	正样可靠性试车
1	3000N 发动机推力偏差≤3%	最大偏差2%	最大偏差2%	最大偏差1.43%
2	150N 发动机额定工况推力偏差±5%	-1.3% ~ 2.25%	-4.16% ~ 0.32%	-2.0% ~ 1.5%
3	25N 发动机额定工况推力偏差±5%	-1.88% ~ 2.67%	-5.00% ~ 2.00%	-3.5% ~ 4.1%
4	系统混合比1.65(1±1.5%)	偏差1%	偏差1.76%	偏差-0.2%
5	并联贮箱排放不均衡度≤3%	氧路0.128% 燃路0.442%	氧路0.463% 燃路0.353%	氧路1.5% 燃路0.53%
6	推进剂加注量3000kg	3000kg	3000kg	3000kg

2) 着陆器推进子系统试车

在试车程序上,分别进行液路充填和贮箱增压、发动机预喷、7500N变推力发动机单独工作、小发动机单独工作、发动机同时工作和推进剂耗尽程序。

通过多次试车,充分验证了推进子系统的相关技术指标,具体见表3.67。

表3.67 着陆器推进子系统试车主要技术指标验证情况

序号	项目及指标	方案试车	初样可靠性试车	正样可靠性试车
1	7500N 变推力发动机推力偏差≤3%	最大偏差2.65%	最大偏差2.72%	最大偏差2.52%
2	150N 发动机额定工况推力偏差±5%	-3.3% ~ +4.3%	-0.8% ~ +1.13%	-0.625% ~ 1.75%

续表

序号	项目及指标	方案试车	初样可靠性试车	正样可靠性试车
3	系统混合比1.65(1±1.5%)	偏差0.9%	偏差0.3%	偏差0.06%
4	并联贮箱排放不均衡度≤3%	氧路接近0% 燃路0.887%	氧路、 燃路均接近0%	氧路、 燃路均接近0%
5	推进剂加注量2150kg	2150kg	2153.1kg	2150.2kg

3)上升器推进子系统试车

在试车程序上,分别进行贮箱预增压、液路充填、小发动机落压工作、贮箱增压、发动机预喷、月面上升程序(3000N发动机+小发动机工作)、典型姿控稳态工况、典型姿控脉冲工况和推进剂耗尽程序。

在初样试车过程中,曾因3000N发动机地面吹除系统设计不合理,导致试车时吹除气体意外进入发动机,状态偏离,试车结果不能反映产品真实特性。分析查明原因,解决问题后,重新组织试车,得到圆满的结果。

通过多次试车,充分验证了推进子系统的相关技术指标,具体见表3.68。

表3.68 上升器推进子系统试车主要技术指标验证情况

序号	项目及指标	方案试车	初样可靠性试车	正样可靠性试车
1	3000N发动机推力偏差≤3%	0.76%	1.4%~2.65%	1.2%~2.72%
2	120N发动机额定工况推力偏差±5%	1.88%~4%	-3.35%~0	-2.35%~1.18%
3	系统混合比1.65(1±2%)	偏差-1.1%	偏差-0.1%	偏差-1.58%
4	并联贮箱排放不均衡度≤3%	氧路0.6% 燃路1.65%	氧路0.15% 燃路0.12%	氧路0.41% 燃路1.35%
5	推进剂加注量430kg	400kg[①]	430kg	430kg

注:①加注量指标是初样后提高到430kg的。

2. 120N发动机高温适应性试验

由于环境特殊性,专门针对120N发动机开展了高温适应性验证试验。试验有两部分,一是电磁阀高温推进剂流动试验,二是发动机高温试车(包括入口管路模拟高温)。

1)电磁阀高温推进剂流动试验

为验证带真实推进剂介质的电磁阀在高温环境下能否正常开启,专门建立了试验系统,见图3.271。试验系统由增压设备、控温系统、推进剂供应系统、控制与采集系统和推进剂回收装置组成。控温系统采用自动控温烘箱,为电磁阀及相邻推进剂管路提供并保持均衡的高温环境,其内部放置电磁阀产品,箱壁上设开孔,阀门进出口管和控制线从中引出。推进剂充填到位后,烘箱设定温度,将推进剂及电磁阀均维持在某个温度点。试验时推进剂供应压力为电磁阀工作压力2.0MPa。

试验在不同温度下进行保温,在每个温度点依次开启阀门,通过监测阀门电流和流量等数据,对阀门开启特性进行测试。

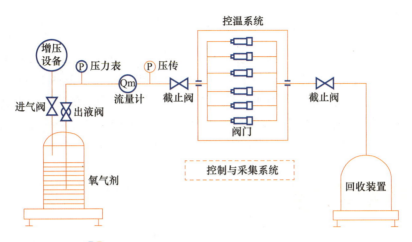

图 3.271　电磁阀高温推进剂流动试验系统

对不同行程的 120N 发动机电磁阀进行测试。试验结果表明,电磁阀的行程为 0.33mm 以上的可在 120℃ 温度下正常工作。120N 发动机电磁阀的行程为 0.40mm 以上,在同样的试验系统中对产品进行考核,试验温度最高达 150℃,电磁阀可以正常开启。

此外,还针对四氧化二氮(俗称红氮)和甲基肼作了对比试验。试验表明,氟塑料的溶胀特性在四氧化二氮中与在 MON-1 中无明显差异,而在甲基肼中则未发现有明显的溶胀现象。

试验可得到以下结论:

(1)氟塑料在接触四氧化二氮后(无论是液体或蒸气),会发生溶胀。溶胀率与温度密切相关。

(2)针对一般的电磁阀阀芯设计,溶胀饱和时间一般在 24h 之内,相对接触面越大,所需的饱和时间越短。

(3)根据电磁阀阀芯形状,对氟塑料在四氧化二氮中的体积膨胀率作了初步估计:80℃ 时为 5%~6%,120℃ 时为 9%~10%,远大于氟塑料本身 $10^{-4}/℃$ 的热膨胀率。该数据可供读者参考。

(4)在四氧化二氮中氟塑料的溶胀特性与在 MON-1 中的无明显差别。在甲基肼中未观察到有明显的溶胀。

(5)在接触四氧化二氮、温度要求较高的电磁阀、自锁阀产品设计时,需充分考虑氟塑料的溶胀特性,留出设计裕度。

2)120N 发动机高温试车

发动机在高温状态的性能,需通过热试车获取。传统的热试车方法,无法准确模拟发动机高温环境。通过对发动机氧路、燃路电磁阀采取热控措施,来实现对阀门的加热。同时在头部法兰底面加装铠装加热片,对发动机头部也进行加热,并将头部法兰和阀门一同进行隔热多层包覆。由于发动机进口管路同样处于高温环境,在推进分系统工作压力下(最高 2.0MPa),120℃ 温度时管路内的四氧化二氮已处于汽化状态,故发动机试车时一并考虑管路状态,氧路、燃路电磁阀前均采用钛合金导管,其外表面增加隔热多层包覆和加热带对导管进行加温。采用 PID 温度控制装置,对加热区域温度进行精准控制,通过热电偶测量阀门及头部法兰温度。采用高精度流量传感器、发动机室压传感器和推力测量装置,对发动机重要工作参数进行采集。试验系统由温度控制模块、流量采集模块、推进剂供应模块、程序控制模块、参数测量模块和报警监视模块组成。

先后进行了3轮发动机专项高温热试车,获取了发动机在高温状态下的启动流量特性、稳态工作性能、各种脉冲性能、点火后的温度特性、48h/72h不同保温时间(模拟实际在轨时间/加严)后的工作特性等。通过高温发动机试验技术,多台发动机产品完成了最高150℃下的高空模拟热试车,在120℃高温环境下具备足够的可靠工作裕度。试验表明:发动机进口管路内氧化剂汽化会造成最初几个脉冲推力偏小(脉宽均为30ms),经过5~10个脉冲后很快能恢复到正常工况。

3.8.5 实施结果

2020年11月24日4:30长征五号运载火箭发射升空。火箭二级飞行途中轨道器推进子系统完成姿控管路排气、贮箱增压。5:06"嫦娥"五号探测器进入地月转移轨道,推进分系统相关发动机开始工作,陆续完成中途修正、近月制动、轨道机动与调整、月面软着陆、月面起飞、交会对接、月地入射等一系列任务,至12月17日凌晨在距离地球5000km高度处轨道器与返回器分离,之后轨道器150N发动机正常点火完成规避机动,推进分系统完成全部预定任务。

由于发动机在轨实际推力无法直接测量,在每次变轨前,推进分系统根据遥测压力值结合产品特性给出预计推力,用于探测器制定变轨计划(点火时长)。变轨完成后(探测器采用速度关机策略),根据实际点火时长进行推力推算。推算推力=预计推力×计划点火时长/实际点火时长,不考虑轨控时姿控发动机工作的影响。推算推力受推进剂消耗量误差、变轨误差、姿控发动机工作的影响,虽不能代表在轨精确推力值,但可作为评估推进系统在轨表现的重要参考。

1)轨道器推进子系统

轨道器推进子系统氧化剂加注量1828kg,燃料加注量1105.5kg,推进剂加注量合计2933.5kg。根据发动机推力、比冲进行计算,累计消耗推进剂2634.863kg,剩余推进剂298.587kg。

采用3000N发动机和150N发动机变轨的9次变轨共计消耗推进剂2571.2kg,占推进剂加注量的87.65%。

飞行过程中,3000N发动机共点火工作3次,累计点火1922.6s。期间发动机启动、关机正常,相关压力、头部温度等参数曲线正常,发动机推算推力达到预期,与额定推力的最大偏差为1.66%。

按照推进剂温度和发动机入口压力遥测参数,结合3000N发动机热标试车数据,计算3000N发动机的流量、混合比,见表3.69。平均混合比1.656,偏差为0.36%。

表3.69 轨道器3000N发动机轨控工作参数

序号	变轨事件	点火时长/s	氧化剂耗量/kg	燃料耗量/kg	平均混合比	推算推力/N	与额定推力的偏差
1	第一次中途修正	2.48	1.5	0.9	1.663	3045	1.5%
2	第一次近月制动	995.76	610.7	368.8	1.656	3046.7	1.5%

续表

序号	变轨事件	点火时长/s	氧化剂耗量/kg	燃料耗量/kg	平均混合比	推算推力/N	与额定推力的偏差
3	第二次近月制动	924.32	568.1	343.0	1.656	3050.8	1.66%
	小计	1922.6	1180.3	712.7	1.656		

飞行全程采用150N发动机组合轨控共点火工作6次，分别有2台150N发动机轨控工况（对应的分机号为CG5、CG6）和4台150N发动机轨控工况（对应的分机号为CG5~CG8）。4×150N发动机轨控工况是150N发动机的额定调试工况，发动机额定推力为150N，根据变轨情况推算，如表3.70所示，推算推力与额定推力(150N)偏差小于1%。

表3.70 轨道器150N发动机轨控工作参数

变轨事件	轨控发动机	预计推力/N	推算推力/N	与额定推力的偏差	说明
第二次中途修正	2×150N	158.8	158.7	—	2×150N工况下流量比4×150N工况小，推力相应增大
第一次调相	2×150N	160	162.6	—	
第三次调相	2×150N	159.3	161.3	—	
第一次月地转移入射	4×150N	150.5	151.3	0.87%	
第二次月地转移入射	4×150N	150.5	150.0	0.00%	
规避机动	4×150N	150.7	149.9	−0.07%	

飞行全程25N发动机组合轨控共工作5次。2×25N发动机轨控工况是25N发动机的额定调试工况，发动机额定推力为25N，根据变轨情况推算，具体如表3.71所示，推算推力偏差小于3.2%。用于轨控的两台25N发动机累计轨控点火时间各为315.04s。

表3.71 轨道器25N发动机轨控工作参数

变轨事件	预计推力/N	推算推力/N	与额定推力的偏差
第二次调相	24.9	24.8	−0.80%
第四次调相	24.8	24.7	−1.20%
环月轨道调相	24.5	24.5	−2.00%
第四次中途修正	24.5	24.2	−3.20%
第五次中途修正	24.2	24.3	−2.80%

2) 着陆器推进子系统

着陆器推进子系统氧化剂加注量1308kg，燃料加注量793kg，推进剂加注量合计2101kg。根据发动机推力、比冲进行计算，累计消耗推进剂1906kg，剩余推进剂195kg。全程姿控耗量约5.1kg（未计入上升器10N发动机参与姿控的耗量），其余均为轨控与沉底工作消耗。

飞行过程7500N变推力发动机共点火工作2次，累计点火850.977s。期间发动机启动、关机正常，相关压力、头部温度等参数曲线正常，发动机推算推力达到预期，偏差小于1.5%。按照推进剂温度和发动机入口压力遥测参数，结合7500N变推力发动机热标试车数据，计算7500N变推力发动机的流量、混合比,见表3.72。平均混合比1.643,偏差为-0.43%。

表3.72 着陆器7500N变推力发动机轨控工作参数

变轨事件	点火时长/s	氧化剂耗量/kg	燃料耗量/kg	平均混合比
第一次环月降轨	14.977	23.8	14.4	1.653
动力下降	836	1142.3	695.3	1.643
小计	850.977	1166.1	709.7	1.643

飞行过程中使用4台150N发动机(分机号AZ5、AZ7、BZ5、BZ7)进行了第二次环月降轨,其他阶段均用于姿态控制。第二次环月降轨工作150N发动机的参数见表3.73。变轨过程150N发动机正常关机,根据理论点火时长84.040s和实际点火时长83.077s推算,第二次环月降轨过程150N发动机的推算推力与预计推力的偏差为-1.14%。

表3.73 着陆器150N发动机轨控工作参数

变轨事件	轨控发动机	预计推力/N	推算推力/N
第二次环月降轨	4×150N	160.0	161.8

3)上升器推进子系统

上升器推进子系统氧化剂加注量261.6kg,燃料加注量158.1kg,推进剂加注量合计419.7kg。根据发动机推力、比冲进行计算,累计消耗推进剂390.8kg(含设计任务之外的受控撞月),剩余推进剂28.9kg。全程姿控耗量约5.5kg,其余均为轨控工作消耗。

飞行过程3000N发动机共点火工作1次,累计点火360s。期间发动机启动、关机正常,相关压力、头部温度等参数曲线正常,发动机推算推力达到预期,偏差小于2%。

按照推进剂温度和发动机入口压力遥测参数,结合3000N发动机热标试车数据,计算3000N发动机的流量、混合比,见表3.74。平均混合比1.654,偏差为0.24%。

表3.74 上升器3000N发动机轨控工作参数

变轨事件	点火时长/s	氧化剂耗量/kg	燃料耗量/kg	平均混合比	推算推力/N	与额定推力的偏差
月面起飞	360	222.8	133.1	1.654	3030	1.0%

飞行全程采用120N发动机组合轨控共点火工作4次,均为4台120N发动机轨控工况。4×120N发动机轨控工况是120N发动机的额定调试工况,发动机额定推力为120N,根据变轨情况推算,如表3.75所示,推算推力与额定推力(120N)偏差小于1%,与额定推力的偏差除了一次工作时间只有2s多的达5%以外,其他各次均在3%以内。

表3.75 上升器120N发动机轨控工作参数

变轨事件	轨控发动机	预计推力/N	推算推力/N	与额定推力的偏差
第一次远程导引	4×120N	125	122.75	2.3%
第二次远程导引	4×120N	123	123	2.5%

续表

变轨事件	轨控发动机	预计推力/N	推算推力/N	与额定推力的偏差
第三次远程导引	4×120N	123	126	5.0%
第四次远程导引	4×120N	123	123.6	3.0%
受控落月	4×120N	123	—	—

3.9 采样封装技术

3.9.1 技术要求与特点

采样封装是"嫦娥"五号探测器的关键分系统,其任务目标是:突破和掌握月球采样封装技术,构建全新的月球采样封装系统,设计和实施高质量高效率的采样封装器地一体化操控方案,确保可靠、高效完成我国首次采样封装任务[39-67]。

1. 功能要求

(1)具有多点采样、样品转移、初级封装、初级封装容器转移、收拢避让等表取采样能力。

(2)具有钻进取芯、提芯整形、分离转移、展开避让等钻取采样能力,钻取样品要保持一定的层序信息。

(3)具有样品低漏率密封封装能力,能区分钻取样品和表取样品。

(4)具有1553B总线通信能力,能采集主要的工作状态信息,执行相应的采样封装指令,具有堵转等紧急故障的自主保护能力。

(5)能适应运载发射、地月转移、近月制动、环月飞行、着陆下降、月面工作、月面上升、交会对接和样品转移、环月等待、月地转移和再入回收等全飞行过程中的环境。

2. 性能要求

(1)样品总质量:标称状态下,具有装载约2kg月球样品的能力。

(2)样品采集:标称状态下,具有钻进长度不小于2m的能力;具有多次表取采样能力。

(3)样品封装:密封漏率优于$5 \times 10^{-9} Pa \cdot m^3/s$。

(4)基频:收拢锁紧状态下,各设备的基频不小于35Hz(三轴方向)。

(5)工作时间:在月面工作期间,从采样封装分系统加电到采样封装工作结束,标称状态下工作时间应不大于24h。

(6) 质量要求：分系统总质量不大于87.8kg。

(7) 功耗要求：月表工作期间的平均功耗不大于450W，钻取采样时短期峰值功率为1150W (5min)、950W(5min)、750W(20min)、550W(30min)。

3. 特点分析

采样封装分系统主要特点有：

(1) 面临全新的地外天体采样封装任务，如何才能实现适应苛刻月球风化层、月面高温等多种复杂环境的全新多机构配合，既需创新，又可行，并具有高性能、高可靠特征。

(2) 在质量资源和跨器布局等多约束环境下，需要研制质量资源少、跨距大、负载大、温度高、力学环境复杂的高可靠采样装置，需要研制质量少、布局尺寸小，具有样品承接、样品稳固、样品密封、密封容器电分离、密封容器转移、密封容器稳定等复合功能的极低漏率密封装置。

(3) 需要在月面着陆姿态、月面地形和月面地质等不可提前预知的复杂工作环境下，准确、可靠、高效完成超过2000个动作的采样封装任务。

(4) 由于月面环境和地面环境有较大的状态差异，针对全新研制的采样封装分系统产品，需要确认在地面环境下验证月面采样封装工作的有效性。

3.9.2 系统组成

采样封装分系统采用了"钻表功能独立、月面真空密封"方案。在月面工作时，先后完成钻取采样和表取采样，并将钻取样品和表取样品先后转移至密封封装装置内部，然后由密封封装装置完成样品密封。

采样封装分系统由钻取子系统、表取子系统和密封子系统组成，包括钻取采样装置、钻取控制单元、表取采样机械臂、表取初级封装装置、表取控制单元、密封封装装置和密封控制单元等7台单机设备。

钻取子系统由钻取采样装置和钻取控制单元2台单机设备组成。表取子系统由表取采样机械臂、表取初级封装装置、表取控制单元3台单机设备组成。密封子系统由密封封装装置和密封控制单元2台单机设备组成。

采样封装分系统的具体组成及功能如表3.76所示。

表3.76 采样封装分系统的设备组成

序号	子系统	单机设备	数量/套	主要功能
1	钻取子系统	钻取采样装置	1	具备一定长度的次表层月球样品钻进能力、样品整形能力，能保持一定的层序信息，能将初级封装后的钻取样品转移至密封封装装置内
2		钻取控制单元	1	具备总线通信、遥测采集、遥控接收与执行、电源管理、电机驱动控制等能力，控制钻取采样装置实现钻进取芯、提芯整形、分离转移、避让展开等工作

续表

序号	子系统	单机设备	数量/套	主要功能
3	表取子系统	表取采样机械臂	1	具备月球表层多点样品获取能力,能将初级封装后的表取样品转移至密封封装装置内,在转移过程中不散落;并能获取辅助支持表取采样状态、样品初级封装、月表样品转移和密封封装的视觉信息
4		表取初级封装装置	1	装盛表取月球样品,并在多次表取采样完成后对样品进行初级封装,配合表取采样机械臂完成抓取、转移、释放等过程,确保在向密封封装装置转移过程中样品不散落
5		表取控制单元	1	具备总线通信、遥测采集、遥控接收与执行、电源管理、相机控制与数据采集、电机驱动控制等能力,控制表取采样机械臂、表取初级封装装置实现表取采样、初级封装、样品转移、避让等工作
6	密封子系统	密封封装装置	1	装盛钻取和表取初级封装后的月球样品,具有低漏率密封特性,能将月球样品保持在高纯环境中
7		密封控制单元	1	与上升器综合管理单元进行共箱体设计,具有总线通信、遥测采集、遥控接收与执行、电机驱动控制等能力,配合密封封装装置实现开盖、闭盖等控制

3.9.3 设计技术

"嫦娥"五号探测器采样封装分系统的主要设计技术包括采样封装系统设计、采样封装工作程序设计、钻取采样设计、表取采样设计、密封封装设计、高温相机设计、采样封装视觉测量设计及器地一体化操控设计等。

1. 采样封装系统设计技术

为了能够实现高可靠的采样封装能力,在采样封装系统设计中,采用了钻表异构采样设计和非定结构封装设计。

面对人类探测器过去未到达过的着陆区与采样点不确定的地质特性,设计了钻取采样与表取采样两种异构采样方式,如图 3.272 所示,通过一次任务同时获得剖面和多点表面月球样品[60-67]。

设计了纵贯着陆器与上升器的复杂构型钻取采样装置,获取具有一定深度的剖面月球样品,采用进尺-回转-冲击驱动形式实现月壤钻进,利用双管单动-柔性内翻方式实现剖面取芯。

设计了四自由度长臂展表取采样机械臂,获取一定区域内的表面月球样品,设计铲挖与旋挖两种异构采样器实现多点表面样品采集。

假设钻取采样的失败概率为 f_d,表取采样的失败概率为 f_s,密封封装的失败概率为 f_a,则采用单一采样方式、复合异构采样方式的采样封装概率 f_{c1}、f_{c2} 为

(a) 钻取采样装置　　　　(b) 表取采样机械臂

图 3.272　钻表异构采样产品布局示意

$$\begin{cases} f_{t1} = \begin{cases} 1-(1-f_d)(1-f_a) & \text{（仅钻取采样）} \\ 1-(1-f_s)(1-f_a) & \text{（仅表取采样）} \end{cases} \\ f_{t2} = 1-(1-f_df_s)(1-f_a) & \text{（复合异构采样）} \end{cases} \quad (3.71)$$

从式(3.71)可见,采用复合异构采样设计,采样封装任务的失败概率将显著下降,钻取采样与表取采样两种方式互相独立,不仅可独自完成采样活动,获取月球样品,同时还具备表取协同钻取完成样品整理状态确认、转移对准状态确认及展开避让辅助等支持能力。

面对"嫦娥"五号探测器不同采样方式获取的月球样品差异,提出了两次封装方式,通过对钻取月球样品与表取月球样品分立式初级封装,实现两类样品的分别存放,确保飞行及回收过程中两类样品不混杂;通过月面现场密封封装,实现钻取样品与表取样品的集中式极低漏率样品存储。在实际工程实施过程中,由于钻取月球样品及初级封装容器,或者表取月球样品及初级封装容器,是否正常工作,具有不确定性,导致密封封装前的内部结构接口状态存在不确定性,因此需要具有非定结构的封装能力。

采样封装系统设计了表取初级封装容器对多点表面月球样品进行装盛与一次封装,设计了钻取初级封装对剖面月球样品进行缠绕与一次封装。通过表取初级封装装置、钻取初级封装装置、密封封装装置多锥段嵌套式设计,实现了密封封装装置可在单个表取初级封装装置及样品、单个钻取初级封装装置及样品或同时兼顾钻取和表取初级封装装置及样品等结构不确定场景下密封封装。同时,通过钻取初级封装装置的环形中空设计,为特殊情况下表取月球样品直接进入密封封装装置提供了条件,如图 3.273 所示。

设钻取初级封装及样品进入密封封装装置为状态 p_1,表取初级封装及样品进入为状态 p_2,表取样品直接进入为状态 p_3,则密封封装装置可能承接的 6 种状态集合为

$$P = \{\phi, p_1, p_2, p_3, p_1p_2, p_1p_3\} \quad (3.72)$$

式中:ϕ 为无钻取和表取初级封装及样品进入状态。

非定结构的封装设计极大地提高了采样封装任务的可靠性。通过一次封装设计,避免了

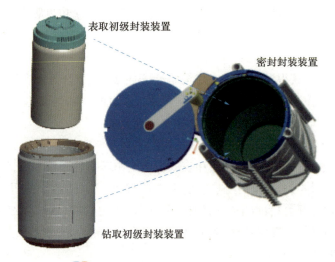

图 3.273　非定结构封装产品示意

样品转移过程可能发生的洒落情况对探测器器表敏感器的污染；通过软金属挤压与橡胶圈双密封二次封装设计，实现了月球样品的极低漏率高纯环境保护；通过分段稳固接口设计，实现了钻取采样初级封装容器或表取采样初级封装容器未进入密封封装装置时仍可正常密封的功能。

2. 采样封装工作程序设计技术

探测器着陆月面前，钻取采样装置、表取采样机械臂、表取初级封装装置和密封封装装置处于锁紧状态，采样封装分系统不加电。与着陆上升组合体共同经历运载发射段、地月转移段、环月段和着陆下降段等飞行过程。

采样封装任务在探测器月面工作段内完成，主要完成钻取采样、表取采样、密封封装等工作，在月球轨道由对接机构与样品转移分系统将密封封装装置转移至返回器的样品舱中。

在月面工作过程中，通过月壤结构探测仪和相关相机图像等探测手段，支持采样封装工作策略的制定，可提高采样封装过程的可靠性，因此在工作程序设计时，需工程参数测量分系统、有效载荷分系统相关设备以及地面支持系统配合采样封装分系统完成采样封装过程。

"嫦娥"五号探测器采样封装相关工作分为图像获取与分析、采样点确定与采样初始策略验证、钻取密封工作和表取密封工作 4 个阶段实施。

1）图像获取与分析

图像获取与分析在探测器着陆月球表面后、采样封装设备动作前实施，利用采样过程监视相机 A/B/C/D 和钻取采样机构监视相机完成月面状态、采样封装设备初始状态等进行视觉信息的获取和分析，主要有 5 个子事件：采样过程监视相机成像及曝光时间调整；图像解码与处理；钻取与密封同轴度分析；钻进机构和钻取采样区分析；表取采样区分析等。

2）采样点确定与采样初始策略验证

采样点确定与采样初始策略验证在获得月球表面图像后立即实施，利用相关相机等探测仪器获得的数据，构建"月面孪生"钻取和表取物理环境，完成表取采样点选择，开展钻取、表取物理验证，获得钻取和表取月表工作初始工作策略，主要有 5 个子事件：采样区数字地形重构与分析；钻取物理验证环境建立;钻取物理验证实施;表取物理验证环境建立和表取采样点选择;表取采样物理验证实施等。

3)钻取密封工作

钻取密封工作在地面获得钻取初始工作策略后开始实施,结合月面实际工作状态,开展月面钻取与密封相关工作的控制实施,主要有7个子事件:钻取加电;钻进取芯;提芯整形;密封加电和开盖;钻取分离转移;钻取展开避让;钻取断电等。

4)表取密封工作

表取密封工作在地面获得表取采样点和表取初始工作策略后开始实施,结合月面实际工作状态,开展月面表取与密封相关工作的控制实施,主要有13个子事件:表取加电及状态设置;表取采样机械臂展开;初级封装开盖;表取采样;表取样品转移;表取放样;表取初级封装装置合盖;表取初级封装容器夹持;初级封装容器转移;表取初级封装装置释放;密封封装装置关盖和断电;表取采样机械臂避让;表取断电等。

3. 钻取采样设计技术

"嫦娥"五号探测器的钻取采样由钻取子系统实现,钻取子系统由钻取控制单元和钻取采样装置两台产品组成。其中钻取控制单元为电控单元,钻取采样装置为剖面采样机构。钻取采样装置产品状态如图3.274所示。

图3.274 "嫦娥"五号探测器钻取采样装置实物图

钻取采样装置采用软管取芯的单杆钻取方式实现钻取采样,主要由支撑结构、钻进机构、加载机构、取芯钻具、整形机构、展开机构等部件组成,如图3.275所示。钻杆长度超过2.5m,为了实现产品轻量化,支撑结构采用碳蒙皮蜂窝夹层结构构型,钻杆主体采用铝基碳化硅材料。

支撑结构由内半筒、外半筒、顶板组件、导轨组件、滑轮组件等组成,其中:内外半筒均采用碳蒙皮蜂窝夹层结构构型,导轨采用碳纤维复合材料缠绕成型,实现轻量化的高强度支撑结构。

钻进机构主要由回转部件、冲击部件和滑辊部件等组成。回转部件可以提供回转切削力矩,冲击部件可以提供冲击能量。

加载机构由加载驱动部件、支撑座、卷筒、光电零位传感器等组成,可为钻杆提供约600N的钻压力。

取芯钻具由钻头、螺旋钻、取芯袋、提芯拉绳、取芯管等组成,如图3.276所示,实现月球土壤的钻进和取芯,钻具长度约2500mm,取芯袋采用高强度软质丝纺织而成。

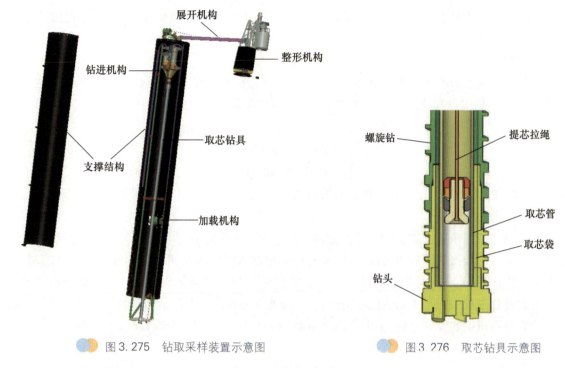

图 3.275 钻取采样装置示意图   图 3.276 取芯钻具示意图

整形机构由整形驱动部件、回转传动机构、连接分离机构、钻取初级封装容器等组成,如图 3.277 所示,整形驱动部件可为取芯袋及内部钻取样品的提芯和缠绕提供约 325N 拉力,缠绕后的软袋及其钻取样品保持在钻取初级封装容器中。

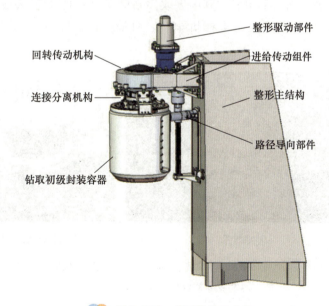

图 3.277 整形机构示意图

展开机构由涡卷弹簧、展开拉绳和展开臂等组成,在整形机构完成月壤样品的提芯整形及初级封装后,带动展开负载(整形机构的剩余部分)实现展开避让,为上升器提供上升空间。

破断拉索是钻取采样装置的总装直属件,一端与取芯袋连接,一端与钻取底部结构连接,在限定力值条件下保持连接状态,当拉力超过阈值时发生破断,其作用是在发射和飞行过程中使取芯袋与取芯管保持良好的舒展贴合状态,确保钻进取芯过程中取芯袋的物理和力学参数处于理想状态。

钻取控制单元的供电和控制驱动采用共体设计,钻取控制单元主要包括电源管理模块、控制驱动模块和机箱等。

针对一定深度剖面下变密实度、大摩擦角、级配离散的月球样品钻进过程,将非标称变化作为扰动量 ω,x 为钻进过程状态量,z 为调节输出,u 为控制输入,钻进过程中系统可采用式(3.73)描述:

$$\begin{cases} \dot{x} = Ax + B_1\omega + B_2 u \\ z = C_1 x + D_{11}\omega + D_{12} u \end{cases} \quad (3.73)$$

式中:A、B_1、B_2、C_1、D_{11}、D_{12} 为相应维数的系数矩阵,考虑参数摄动情况时,可在各名义系数矩阵基础上附加摄动矩阵组成。

针对式(3.73)所示负载波动与参数摄动并存的钻取采样过程,提出了自适应钻进规程,采用了进尺-回转-冲击共轴驱动型式,单机最大功率超过800W,成功实现了剖面月壤钻进控制,并实现了长度接近8m的软质取芯袋及内部样品的提芯与初级封装集成化设计。钻取样品向密封封装装置转移过程中无须主动电机控制,利用月面低重力效应实现轻量化初级封装与样品转移功能。钻取整形机构的展开过程,采用无源倍增驱动展开方案,实现上升器起飞通道避让。钻取采样装置总质量小于47.5kg。

4. 表取采样设计技术

"嫦娥"五号探测器的表取采样由表取子系统实现,表取子系统由表取控制单元、表取采样机械臂、表取初级封装装置三台产品组成。其中表取控制单元为电控单元,表取初级封装装置为一次封装机构,表取采样机械臂为表面采样机构。表取采样机械臂、初级封装装置产品状态如图3.278所示。

(a) 机械臂

(b) 表取初级封装装置

图3.278 "嫦娥"五号探测器表取采样机械臂和表取初级封装装置实物图

表取采样机械臂主要由四自由度机械臂、末端采样器(采样器甲、采样器乙)、微小相机(远摄相机和近摄相机)和压紧释放机构等部件组成,如图3.279所示。

表取采样机械臂包含肩偏航、肩俯仰、肘关节、腕关节(实现末端采样器转动的关节)等4个转动关节。表取采样工作过程中,根据式(3.74)可确定特定的表取采样位姿(x,y,z,α)与各关节转角$(\theta_1,\theta_2,\theta_3,\theta_4)$的对应关系。

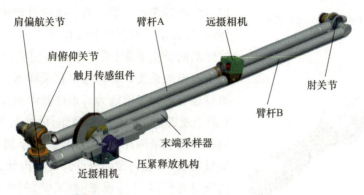

图 3.279 表取采样机械臂组成示意图

$$\begin{cases} \theta_1 = \begin{cases} \arctan\left(-\dfrac{a_x}{a_y}\right)(a_x \geqslant 0) \\ \pi + \arctan\left(-\dfrac{a_x}{a_y}\right)(a_x < 0) \end{cases} \\ \theta_2 = \begin{cases} \arcsin(m_2) \\ \pi - \arcsin(m_2) \end{cases} \\ \theta_3 = \begin{cases} \arccos(m_1) \\ -\arccos(m_1) \end{cases} \\ \theta_4 = \begin{cases} \arctan\left(\dfrac{n_z}{o_z}\right) - \theta_1 - \theta_2 - \theta_3(o_z \geqslant 0) \\ \pi + \arctan\left(\dfrac{n_z}{o_z}\right) - \theta_1 - \theta_2 - \theta_3(o_z < 0) \end{cases} \end{cases} \quad (3.74)$$

式中：

$$m_1 = \frac{x^2 + y^2 + (z - d_1^2) - A_1^2 - A_2^2 - d_{234}^2}{2A_1 A_2}$$

$$m_2 = \frac{(z - d_1)(A_1 + A_2 m_1) - A_2 s_3 (x c_1 + y s_1)}{(z - d_1)^2 + (x c_1 + y s_1)^2}$$

其中：a_x、a_y、n_z、o_z 分别为采样器坐标系 a、n、o 轴在机械臂参考系 X、Y、Z 轴的分量；A_1、A_2 为机械臂臂杆 A、臂杆 B 的长度；d_1 为肩偏航关节中心偏置；d_{234} 为肩俯仰关节、肘关节、腕关节中心偏置之和；s_1、c_1 分别为 θ_1 的正弦、余弦值；s_3 为 θ_3 的正弦值。

表取采样机械臂的腕关节外部安装了触月组件（图 3.279）。触月组件由触月外圈和支撑内圈组成，在受到一定的触月力时，触月外圈中的负极铜环与支撑内圈中的正极铜环接触，提供触月信号。

"嫦娥"五号探测器表取采样采用了多自由度、轻小型、大臂展、大负载机械臂，根据式（3.74）进行位姿与关节角度转换，实现了灵活的路径规划和触月感知，采样器在抓罐、放罐等位置的重复定位精度优于 1mm，集成了铲、挖、纳、抓等多种功能，表取机械臂臂杆采用了新研的晶须铝基碳化硅材料，实现了高刚度轻量化的机械臂研制。

采样器是实现月球样品采集、月球样品放样、抓罐、放罐等动作的执行机构。采样器具有铲、挖、纳、抓等多种功能。为了适应月球风化层不同的地质特点,设计了采样器甲和采样器乙,采样器甲主要实现月球样品的铲挖采集,采样器乙主要实现月球样品的旋挖和定点抓取采集。采样器甲和采样器乙都具有对表取初级封装容器的抓取能力。采样器甲和采样器乙之间通过T形三通件连接为一个整体组件,如图3.280所示。采样器甲的前端由两片金属罩组成,下金属罩(摇臂铲)的外形呈勾状,末端边缘部分设计成细齿状,方便抓取月壤和初级封装容器,上金属罩(伸缩铲)的外形呈铲状,用来推铲超体积月壤,采样器甲的工作过程示意图如图3.281所示。采样器乙的前端由活瓣、采样管和活塞组成,活瓣的伸出将月壤封闭在采样管内,活瓣打开后,采样管内的月壤通过活塞推出采样管,采样器乙的工作过程示意图如图3.282所示。

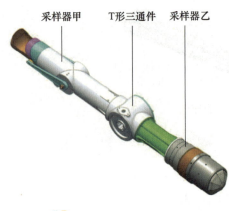

图3.280　采样器示意图

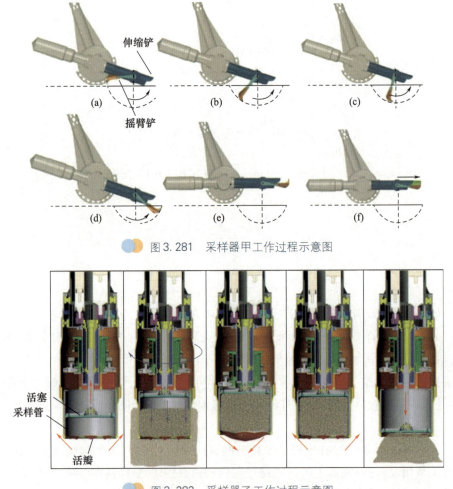

图3.281　采样器甲工作过程示意图

图3.282　采样器乙工作过程示意图

表取采样机械臂总质量约20kg。

表取初级封装装置主要由表取初级封装容器、航向机构、升降机构等部件组成,如图3.283所示，总质量约 1.6kg。表取初级封装容器承载表取采样机械臂获取的月球样品，最大外径为 ϕ110mm，总高度 218mm，其外形如图 3.284 所示。发射状态前，表取初级封装装置处于锁紧状态。在安全着陆月表后，升降装置上升，解除对表取初级封装容器的约束，解锁后，漏斗顺时针转动到初级封装容器的上方，漏斗到位后，升降装置下降，驱使漏斗的下端面与容器筒口贴合，处于放样准备状态。样品放样完成后，升降装置上升，当盖体高于容器筒口后，升降装置逆时针转动，把盖体转动到容器筒口上方，升降装置下降，把盖体向下压，使初级封装容器盖体闭合。初级封装完成后，升降装置上升，顺时针转动，离开表取初级封装容器，为表取采样机械臂夹持表取初级封装容器腾出操作空间。表取初级封装装置工作过程如图 3.285 所示。

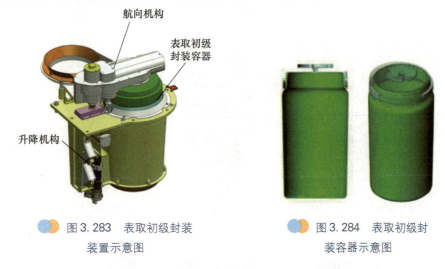

图 3.283 表取初级封装装置示意图

图 3.284 表取初级封装容器示意图

"嫦娥"五号探测器表取采样机械臂转移初级封装容器的实物图如图 3.286 所示。

表取控制单元采用双机冷备份设计，主要实现电机伺服、视频图像处理、任务管理三大功能。表取控制单元功能主要由运算控制电路、电机驱动电路、视频图像处理电路、供电及采集电路四部分电路实现。

5. 密封封装设计技术

"嫦娥"五号探测器密封封装由密封系统实现，密封子系统由密封控制单元、密封封装装置组成。其中密封封装装置为二次封装机构，采用弹性元件和金属挤压两种密封方式共同实现密封功能，为月球样品提供高纯保护环境，密封控制单元为控制和供电单元。密封封装装置产品状态如图 3.287 所示。

密封封装装置如图 3.288 所示。

密封控制单元与上升器 SMU 一体化设计，密封控制单元主要包含控制逻辑、二次电源、遥测电路、1553B 通信电路、旋变位置采集电路、限位开关检测电路、电机驱动电路。

密封封装装置返回地球过程中，其内部处于真空状态，外部受大气影响，可看作真空抽气的逆过程，则有

$$Q = V \frac{dP}{dt} \tag{3.75}$$

式中：Q 为密封封装装置漏率；V 为密封封装装置内部容积；P 为内部压强；t 为进入地球大气层后的总时间。

初始状态至发射锁解除　　升降装置与盖体抬升　　升降装置与盖体顺时针转动90°

升降装置下降，漏斗下端面与容器筒口贴合，准备放样　　放样完成后，漏斗抬升　　升降装置与盖体逆时针转动90°

升降装置与盖体下降进行初级封装　　初级封装后，升降装置抬升　　升降装置顺时针转动180°，准备抓取容器

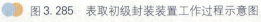

图 3.285　表取初级封装装置工作过程示意图

图 3.286　"嫦娥"五号探测器表取采样机械臂转移初级封装容器实物图

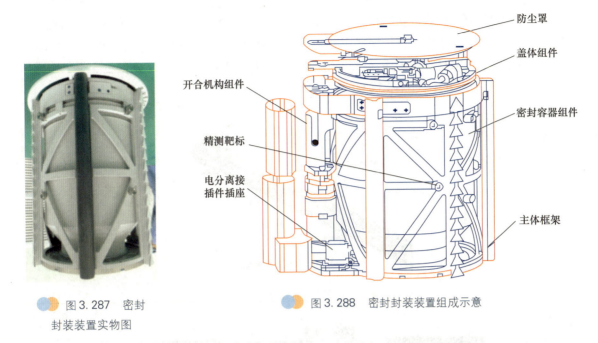

图 3.287　密封封装装置实物图

图 3.288　密封封装装置组成示意

"嫦娥"五号探测器密封封装采用了弹性体与金属挤压相结合的密封技术,可适应飞行过程真空、温度与月尘等复杂环境,密封漏率优于 $4.5\times10^{-9}\mathrm{Pa\cdot m^3/s}$,可防止月球样品经历地月空间飞行及回收过程中力、热等复杂环境而受到污染。在月球样品返回地球后的解封操作过程中,精度为 0.1ppm 的水汽含量传感器没有检测到密封容器中的任何水汽信息,说明月球样品密封效果完好,密封封装装置工作正常。

密封封装装置采用了基于精细力学差异的多材料复杂结构设计方法,细分承力框架和盖体组件等不同功能区域,选用不同材料,实现了最大限度的轻量结构;采用了特殊构型设计,装置主体承力结构采用条带交叉、高镂空的框架式,密封容器筒采用 1.5mm 薄壁异形,大幅度降低整体结构质量,实现了器间转移和样品密封等多功能复用的轻量、高精度承力结构;针对高度集约化状态下的密封封装装置开盖、合盖功能需求,研发了小型高可靠、宽温双绕组的步进电机组件,设计了新颖的丝杆-螺旋副传动机构,通过一套机构实现盖体直线提升和旋转打开,实现了高度集约化的丝杆-螺旋副传动的复合传动机构,将电机的旋转运动转换为直线运动和旋转运动的时序组合,可实现小体积情况下的开合盖功能;设计了基于弹性元件驱动和爆燃式驱动的复合动力源的多功能解锁-锁定机构,在 27mm 厚度内实现了重复的锁定-解锁功能,设计了瓦楞型弹性元件,在 3mm 的空间内实现了非定结构样品的稳固功能,通过弹性元件与相关机构的配合,可以实现地面测试过程中的盖体打开关闭重复测试需求,通过爆燃式驱动与相关机构的配合,实现了高度集约化的盖体组件。密封封装装置总质量不超过 4.8kg。

6. 高温相机设计技术

月球表面工作过程中,表取采样机械臂中的微小相机需要在较长时间内持续支持表取采样相关工作,需要在表取采样、放样、抓罐、转移等过程中获得清晰的图像信息,因此需要适应超过 100℃ 的高温工作状态。

表取采样机械臂共有 3 个微小相机,其中 1 个安装于臂杆 B 上,称为远摄相机,如图 3.289 所示,负责在表取样品放样、表取初级封装容器抓取及转移时为机械臂提供工作状态图像信息。另外2个末端微小相机分别安装在采样器甲和采样器乙侧面,分别称为近摄相机甲和近摄相机乙,负责近距离拍摄相应采样器的采样、放样、夹罐、放罐时的工作状态,为上述关键过程提供图像信息,如图3.290所示。其中,近摄相机专门针对高温工作进行了特殊设计。

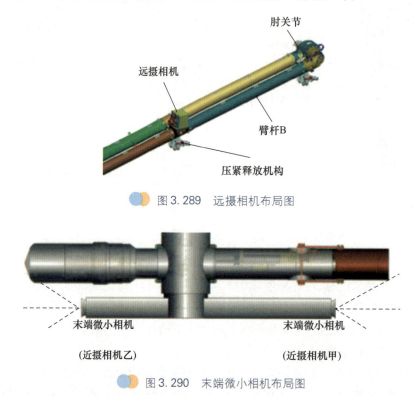

图3.289 远摄相机布局图

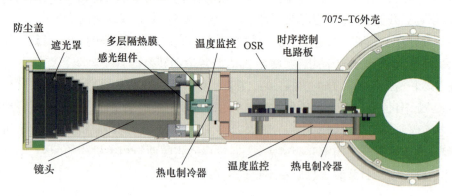

图3.290 末端微小相机布局图

近摄相机的内部结构主要由防尘盖、遮光罩、镜头、感光组件、温控模块(热电制冷器、多层隔热膜、温度监控、OSR等)及时序控制电路板组成,如图3.291所示。

图3.291 近摄相机组成示意图

近摄相机镜头的最外层有防尘盖,是一个透视玻璃板,可以防止镜头在地面测试期间受到污染;往内一层是遮光罩,防止非视场范围内的杂光影响相机成像;镜头与遮光罩一体化设计,图像传感器布置于镜头后侧,负责将光信号转化为数字电信号;为了确保在月面高温环境下实现图像传感器和FPGA等关键器件的可靠工作,相应部位连接热电制冷器,热电制冷器通过导热条将热量导向具有特殊散热功能（OSR 等）的壳体，使相机能在 115℃环境下正常工作；最内侧为 FPGA 控制板，用于负责图像信息的传递与控制。单台近摄相机质量约 260g。

7. 采样封装视觉测量设计技术

"嫦娥"五号探测器采样封装分系统产品经历飞行过程中的各类环境，并且在月面低重力影响下，需对放样、表取初级封装抓取与转移释放等环节进行高精度对准控制，为此设计了视觉测量方案。在质量资源和布局资源受限的情况下，解决了长臂杆表取机械臂在月面环境下的柔性形变的高精度控制的难题。

根据表取放样、表取初级封装抓取、转移释放时的构型和探测器的布局约束，开展合作目标设计和布局，设计了光致结构变化的高稳定性、高精度合作视觉标识制作方案，使用多维度视觉位姿解算方法，实现覆盖采样封装多个关键过程的高精度视觉测量。

"嫦娥"五号探测器采样封装合作视觉标识共有四个部分，两两分布在着陆器和上升器上，如图 3.292 和图 3.293 所示。其中着陆器顶面的视觉标识主要支持完成月面表取放样、表取初级封装容器抓取等过程的位姿测量，上升器顶面的视觉标识主要支持完成向密封封装装置直接放样、表取初级封装容器向密封封装装置内部转移过程的位姿测量。

受器上布局与质量资源约束，"嫦娥"五号探测器的视觉标识采用了分布式平面对角型设计，采用光纤激光器实现视觉标识高精度刻蚀，对角点位置精度优于 0.01mm，具有结构简单、质量轻、精度高、性能稳定等特点。

图 3.292　"嫦娥"五号探测器采样封装视觉标识（着陆器视觉标识）

图 3.293　"嫦娥"五号探测器采样封装视觉标识（上升器视觉标识）

通过近摄相机图像对视觉标识的解算,可以精确获得表取采样机械臂末端的位置和姿态,即使在不同负载状况下,表取采样机械臂在月球表面仍可实现约1.5mm的定位精度。

8. 器地一体化操控设计

月面采样封装任务既有刚性的时间约束,又需面对复杂的工作环境,传统的天地协同操作方式可能会产生较多风险事件,难以在短时间内安全、正确地完成采样封装在轨操控工作。因此,设计了"地面提前验证,月面精准实施"的采样封装器地一体化操控方案。月面采样封装器地一体化操控实施过程由物理验证系统、任务支持系统及测控系统等协同完成,如图3.294所示。

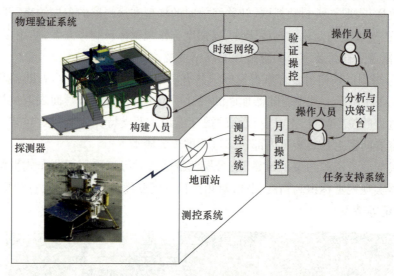

图3.294 "嫦娥"五号采样封装任务器地一体化操控示意

针对采样封装器地一体化操控,需重点针对5个方面开展设计工作。

1) 采样区域地形和探测器着陆后不确知环境的应对策略设计

月面表取采样工作前,需要利用采样过程监视相机对采样区域进行成像,地面人员利用双目图像进行立体数字重构,并完成表取采样区的地形物理重构,建立"月面孪生"表取采样区,根据物理重构后的地形信息,完成表取采样点的初选,并根据表取采样点的地形坡度和起伏情况确定采样器的姿态,经过表取采样物理验证后,确认为安全表取采样点,并将经物理验证后的采样策略确定为该采样点的采样策略。

2) 采样区域地质不确知环境的应对策略设计

钻取和表取采样工作前,需要根据采样区的地形和地质状态选择合适的采样工作策略,根据相关相机图像信息和月壤结构探测仪探测信息,在地面物理重构钻取和表取模拟月壤,物理验证采样策略的正确性,验证有效后用于月面钻取和表取的初始策略,并形成执行指令序列,实现在轨采样。

3) 探测器倾斜姿态不确知环境的应对策略设计

为了提高月面表取采样机械臂关键过程精调期间的安全性和工作效率,应提前在地面重构真实的着陆上升组合体倾斜姿态,并建立$1/6g$重力等效补偿环境,通过验证器构建的"真实着陆姿态"和"真实重力"等物理环境,提前验证当前倾斜姿态的表取采样机械臂在放样等精调过程中的精调策略,并形成精调过程的执行指令序列,在轨精调中直接实施,形成细调和微调过程的参考执行序列,供在轨精调参考实施,月面探测器的精调工作主要解决微调阶段的精调实施。

4）基于数字重构模型和物理重构模型融合式采样点决策方案设计

采样点决策过程中，先根据机械臂构型状态，在数字重构模型中完成月面可达区域的初步分析，然后在可达区域内初步识别安全采样区域，确保采样过程和样品转移过程中机械臂处于安全状态，根据可达、安全和操作效率的初步综合评价后，初步选择备选采样点，在初步备选采样点完成物理验证后，结合数字仿真分析情况和实际物理验证结果，确定月面实施采样点及排序。

5）面向复杂工作环境的柔性、高效工作流程的制定

针对相对稳定环境边界的采样封装过程，如展开路径等，发射前完成规划仿真、工作策略制定和过程物理验证等工作，形成确定性的飞行程序。根据月面环境特点，识别出钻取过程中需要调整工作状态的环节共有 16 个，表取过程中需要调整工作状态的环节共有 20 个。任务执行过程中，利用真实的遥测数据，驱动数字模型在轨实时伴飞，实现基于遥测信息、图像信息、数字模型等综合信息的状态多维呈现，针对月表不可提前确知的物理和力学状态对采样封装设备的影响，操作人员现场调整和决策采样封装策略。

设 S_t 为物理验证系统状态变量，O_r 为操控目标，C_b 为约束条件，ζ_g 为验证采样封装策略，F 为验证映射函数，ζ_o 为在轨采样封装策略，δ 为地球与月球环境差异修正量，提前验证-精准实施的操控方法可描述为

$$\begin{cases} \zeta_g = F(S_t, O_r, C_b) \\ \zeta_o = \zeta_g + \delta \end{cases} \quad (3.76)$$

采样封装器地一体化操控设计通过前置验证与月面采样双线实施，确保在轨操控策略、指令的正确性与安全性，对关键动作进行现场环境相关的精调控制，消除在轨场景与验证场景的细微差异影响，相对于传统操作模式，减少了月面任务实施过程中对新环境的探索过程，从而减少了月面任务实施时间，提升了应对复杂环境的可靠性，提高了在轨操控效率和质量。

在"嫦娥"五号探测器研制的验证过程中，还开展了采样区域月面地形物理重构设计，主要涉及如下 4 个方面技术：

（1）三自由度并联机构调姿调位技术。使用该技术，利用模拟月壤箱姿态调整装置实现模拟月面基准面（即待重构地形区域平均平面）相对于着陆器姿态和高度的快速调整，以确保模拟月面基准面与真实月面基准面重合，最高效率实现基准月面构建，最大限度降低地形构建操作人员的工作量。

（2）高精度石块的快速构建技术。对尺寸精度有较高要求的石块（如采样区域中心附近的石块）进行 3D 打印，确保能高精度实现关注石块的快速构建。

（3）增强现实（Augmented Reality，AR）技术。将月面地形三维数字模型进行处理，在特殊眼镜中实现月面地形三维数字模型与着陆器相对位姿关系的转换、固连，使佩戴该特殊眼镜的操作人员能够看到虚拟月面地形与现实构建环境相融合的场景，精确实施采样区地形物理重构。

（4）快速三维扫描技术。对月面地形物理重构结果进行快速精度评价，给出误差云图，指导操作人员对构建的模拟月面地形进行修正，并确认重构精度满足验证要求。

3.9.4 验证技术

为了确保采样封装复杂机构产品试验验证充分，设计了"金字塔形"的采样封装测试方案，同

批次陪样件的专项试验与探测器系统试验相结合，这样才能解决产品功能性能的全覆盖与测试环境约束的验证难题。陪样件的试验项目必须覆盖可能的各类环境状态，要完成针对不同模拟月壤、不同着陆姿态、不同月面地形、不同光照、不同补偿力矩等全环境参数变化的全工作过程测试，要完成标称采样封装模式、典型采样封装模式和多种故障情况的采样封装验证。正样件产品需要根据环境规范开展相应的力学和热学等环境试验，正样件其他测试项目重点覆盖单机产品与相关分系统的接口匹配状态、分系统内部相关单机产品的接口匹配状态、关键组件功能性能、关键组件组合功能性能、分系统典型工作模式下全工作过程等。确保采样封装分系统产品在受限环境下的充分测试需求。

本节介绍采样封装分系统单机产品研制过程中的典型验证技术。

1. 模拟月壤

采样封装试验验证中，模拟月壤的准确程度，对钻取采样装置和表取采样装置的考核和性能摸底具有重要影响。需要设计可根据用户需求进行参数配置和调整的不同工况模拟月壤。

不同工况的模拟月壤将在物质成分、粒径级配、颗粒密度、孔隙比、相对密实度、内聚力、摩擦角、颗粒形状、颗粒硬度、体密度、相对密实度、流动性、含水量等参数中具有不同表现，但这些参数可能具有相互影响，不能作为构筑模拟月壤的控制参数。"嫦娥"五号探测器的采样模拟月壤设计了基于基础原料、粒径级配、颗粒形态、相对密实度、含水量等5个维度的控制参数，通过控制这些参数，获得了不同月壤工况的验证模拟物，满足了用户期望的各种试验工况验证需求。

1）基础原料

月海的风化层物质主要是玄武岩颗粒。不同区域的月海玄武岩在含钛含量上有所差异，分为低钛玄武岩和高钛玄武岩。地球玄武岩包含了代表氧化环境的氧化矿物（如钛磁铁矿），而月球玄武岩含有的铁、钛和其他氧化物代表的是还原环境。基于此，在地面不可能制造完全与月球玄武岩中相同的氧化矿物。

一般选用玄武岩或玄武质火山渣作为月海月壤模拟物质的基础原料，通过添加其他矿物、玻璃等颗粒配置月海玄武质模拟月壤。由于地球上的玄武质火山渣具有非常多的气孔，在机械力学性能上低于月球玄武岩碎屑。通过试验发现，当将玄武质火山渣粉碎至粒径1mm以下后，其中内部封闭的气孔才能基本消失。因此在地面采样试验中，对于1mm粒径以上部分，不使用玄武质火山渣作为原料，而对1mm粒径以下部分，可使用玄武质火山渣和玄武岩。

2）粒径级配

钻取采样和表取采样均对于月壤颗粒粒径敏感，尤其是1mm粒径以上的颗粒，它们的比例将影响采样效果和采样效率，甚至影响采样任务成败。所以应高度重视粒径大于1mm颗粒对钻取和表取的影响。

"嫦娥"五号探测器的主着陆区在风暴洋，其地质特性属于月海和月陆交界（过渡）区域，因此，"嫦娥"五号探测器采样封装专项试验模拟月壤的级配应接近月海和月陆交界区域风化层的统计特性。

（1）标称模拟月壤的粒径级配。

标称模拟月壤的粒径级配应接近月海和月陆交界区域风化层粒径级配的统计平均值，定义标称模拟月壤的级配如下：粒径小于1的颗粒比例为85.00%，粒径1~2mm的颗粒比例为5.00%，粒径 2～4mm 的颗粒比例为 3.50%，粒径 4～10mm 的颗粒比例为 3.50%，粒径大于 10mm 的颗粒比例为 3.00%。

(2) 挑战模拟月壤的粒径级配。

挑战模拟月壤的粒径级配应同时满足如下 3 个条件：

① 小于 1mm 的粒径占比不低于 65%（偏离标称值不超过 ±20%）；

② 在 1～2mm、2～4mm、4～10mm、10mm 以上等分组内，分别不超过 15%、13.5%、13.5%、13%（偏离标称值不超过 ±10%）；

③ 不应出现超过粒径大于 42mm 的石块。

挑战模拟月壤的级配应覆盖小于 1mm 粒径百分比最小和最大的工况。为了尽可能模拟月表的真实粒径级配状态，挑战模拟月壤的粒径级配应尽可能参照现有的月球样品而制定。

(3) 极端模拟月壤的粒径级配。

极端模拟月壤的粒径级配应满足以下 3 个条件之一。

① 小于 1mm 的粒径占比低于 65%（偏离标称值超过 ±20%）；

② 在 1～2mm、2～4mm、4～10mm、10mm 以上等分组内，有一组或一组以上超过 15%、13.5%、13.5%、13%（偏离标称值 ±10%）；

③ 有粒径大于 42mm 的石块。

极端模拟月壤的级配应覆盖小于 1mm 粒径百分比最小工况，应覆盖 10mm 以上颗粒大于 13% 的工况，应覆盖具有大于 42mm 粒径石块的工况。为了尽可能模拟月表的真实粒径级配状态，极端模拟月壤的粒径级配应尽可能参照现有的月球样品而制定。

3) 颗粒形态

一般认为月球风化层的颗粒，主要由流星或小天体撞击的机械能破碎月球表面物质而形成，因此，模拟月壤研制也应使用机械破碎方法获得其颗粒形态，不能使用地球自然风化作用形成的颗粒形态。

可以使用机械破碎玄武岩获得 1mm 粒径以上的颗粒形态，模拟月球风化层被流星或小天体撞击形成的颗粒形态，可以使用机械破碎玄武岩或玄武质火山渣获得 1mm 以下的颗粒形态，用于力学等效风化层中小于 1mm 粒径颗粒的形态，模拟月壤的形态应为棱角状和次棱角状。

4) 相对密实度

由于月壤具有良好的粒径级配，不同深度的月壤具有不同的相对密实度，在小天体碰撞过程中不断振实，因此，在一定深度以下，月壤具有较高的密实度。

浅表风化层的相对密实度在 65% 左右，30cm 深度处的相对密实度在 74% 左右，60cm 深度处的相对密实度在 83% 左右，某些区域超过 92%，80cm 深度以下的相对密实度可能接近 100%。

5) 含水量

目前一般认为非永久阴暗区域的月壤几乎不含水，部分科学家认为月壤中有极少水，但含水量少于 1‰。因此在地面的采样试验中，应该较严格控制模拟月壤的含水量，综合考虑含水量对土壤特性变化和土壤研制/保存环境等情况，模拟月壤中的含水量不应超过 1%。

2. 钻进综合效应试验

月面钻取采样器机构不仅要实现大动载冲击钻采复合运动，还面临月尘月壤阻滞、卡死，极端高低温等更为苛刻的环境考验。因此，为保障此类产品执行机构的工作可靠性，必须在地面进行充分的运动/力/热等综合性能测试。

1)深层月壤真空环境模拟

月面深层钻取采样机构工作的月表环境极为严酷,属于超高真空、干燥无水、高密实度土层环境,很难或者无法建立精确的数学模型。模拟月壤为颗粒状多孔材料,颗粒尺寸小、颗粒度不均匀、形状不规则、吸附面积大,常压条件下会吸附大量气体。模拟月壤真空条件下的气体解溶脱附难,1h 的出气率约为铝合金材料的 10^6 倍,实现真空极其困难。

针对月面深层钻取采样过程中月壤环境的特点,采用了深层月壤真空环境模拟试验技术。采用创新的高密实度模拟月壤的制备工艺,对模拟月壤进行干燥、分层压实处理,使模拟月壤内部吸附的气体量降低,以接近月壤的无水高密实度状态,同时对模拟月壤的粒径分布进行分析,利用模拟月壤体表面的过滤技术和底部抽气导流技术,使模拟月壤表面暴露面积增大以缩短出气路径,并对气体流向进行引导,强化模拟月壤出气又维持其高密实度状态。通过三级真空机组交错循环、层层递进实现模拟月壤的真空状态。实现了深度达 2.1m、包络直径达 0.5m、极限真空度达 1Pa 的深层月壤真空环境模拟试验。

2)模拟月壤分层热环境模拟

月壤表层昼夜温差大、深层则常年低温,温度在深度方向上呈现出梯度分布。月壤深层钻取采样机构的钻头、钻杆等关键部位直接与月壤作用,处于极端恶劣的热环境当中,加之缺乏有效的散热途径,极易造成钻具结构的破坏。建立真空环境下深层高密实度模拟月壤颗粒热传导仿真模型,采用模拟月壤分层热环境模拟试验技术,利用接触式可拆卸热沉设计技术,实现模拟月壤 0.3m 以下部分与热沉的贴合传热,以保证模拟深层月壤与热沉的大面积接触换热,又不影响表层月壤的温度。通过碘钨灯阵设计以及模拟太阳辐照方式实现模拟月壤表层 0.3m 的加热。可以实现深度达 2.1m、包络直径达 0.5m 的模拟月壤分层热环境模拟试验技术,可以将深层模拟月壤降温至 −20℃ 以下。

3. 机械臂高温性能测试试验

表取采样机械臂在月球表面的工作过程中,处于高温环境。发射前,必须验证表取采样机械臂整机在高温环境下的驱动能力和运动精度。

1)测试平台方案

表取采样机械臂在一个倾斜姿态的平面上利用气足支撑实现展开过程,倾斜平面的倾斜角度设置为特定角度,使机械臂两个俯仰关节在展开过程中实现 1/6g 重力环境等效驱动,测试平台如图 3.295 所示。

2)试验温控方案

表取采样机械臂各组件的在轨温度存在一定差异,各个关节和相机的试验温度根据在轨工作的预示温度,采用红外热流方法单独控制,如图 3.296 和图 3.297 所示,实现了表取采样机械臂试验温度状态与月面工作状态一致。在重点关注的构型状态下,当每个温度控制点均达到预期温度后,再保持 100min,确保在关注构型下各关节温度都能达到稳定状态。

3)运动精度测量方案

高温状态下,由于加热设备的遮挡影响,机械臂的运动精度不能使用激光跟踪仪测量,采用了摄影测量方法,使用摄像相机、摄影标志、基准尺联合完成机械臂的位置测量。

图 3.295　机械臂高温性能测试平台示意图

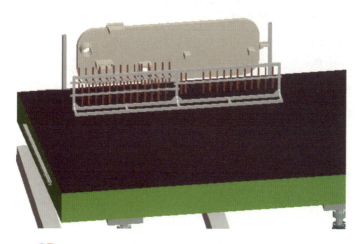

图 3.296　机械臂高温性能测试温控示意图一（收拢状态）

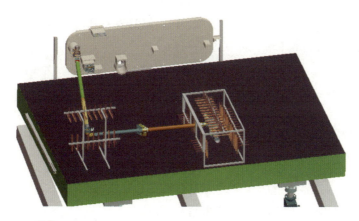

图 3.297　机械臂高温性能测试温控示意图二（展开状态）

4. 机械臂绝对定位精度补偿试验

表取采样机械臂由 4 个关节、4 节臂杆、2 个采样器、多个连接件等零部件组成，自重约 20kg，在重力环境下,由于自重和负载的存在,将使机械臂存在一定的柔性形变。由于地面工作过程中,使用气球吊挂方式实现重力等效补偿,虽然能够有效验证驱动关节的功能和性能,但此时机械臂末端的运动轨迹与月面重力实际工作状态有较大差异,不能通过地面试验建立形变矩阵方式,实现月球表面实际工作中需要的定位补偿。

"嫦娥"五号任务中,通过地面试验标定,修正表取采样机械臂的运动学和动力学模型参数,实现地面工作过程中气球吊挂状态下的机械臂定位精度补偿值计算,以及月表工作过程中月球重力状态下的机械臂定位精度补偿值计算。

1)机械臂运动学模型

表取采样机械臂采用 MDH(Modified Denavit – Hartenberg)方法建立运动学模型,采用 α、a、d、θ、β 5 个参数对机械臂两连杆之间的关系进行描述。其中,α 定义为相邻关节轴线的夹角,称为连杆扭角;a 定义为相邻关节轴线公垂线的长度,称为连杆长度;d 定义为相邻两连杆对应的公垂线之间的偏置,称为关节偏置;θ 定义为相邻两连杆对应的公垂线的夹角,称为关节转角;β 与 α 类似,同样用于描述相邻关节轴线之间的夹角。

机械臂连杆坐标系间变换可以表示为

$$T_i = \begin{bmatrix} c\theta_i c\beta_i & -s\theta_i & c\theta_i s\beta_i & a_i \\ c\alpha_i s\theta_i c\beta_i + s\alpha_i s\beta_i & c\alpha_i c\theta_i & c\alpha_i s\theta_i s\beta_i - s\alpha_i c\beta_i & -d_i s\alpha_i \\ s\alpha_i s\theta_i c\beta_i - c\alpha_i s\beta_i & s\alpha_i c\theta_i & s\alpha_i s\theta_i s\beta_i + c\alpha_i c\beta_i & d_i c\alpha_i \\ 0 & 0 & 0 & 1 \end{bmatrix} \quad (i = 1,2,3,4)$$

式中:α_i 和 a_i 分别为从 Z_i 到 Z_{i+1} 绕 X_i 轴旋转的角度和沿 X_i 轴平移的距离;θ_i 和 d_i 分别为从 X_{i-1} 到 X_i 绕 Z_i 轴旋转的角度和沿 Z_i 轴平移的距离;β_i 为绕 Y_{i-1} 轴旋转的角度。

机械臂末端坐标系的转换关系为

$$T = T_1 \cdot T_2 \cdot T_3 \cdot T_4$$

2)几何参数误差

由于 MDH 参数在装配过程中存在测量误差,这些误差将最终导致机械臂末端位置和姿态的几何误差。$e_i = [\Delta\alpha_i \quad \Delta a_i \quad \Delta\theta_i \quad \Delta d_i \quad \Delta\beta_i]^T$,($i = 1,2,3,4$)表示几何参数误差。

则由于几何参数误差引起的末端位姿误差可写为

$$D_g = \sum_{i=1}^{4} J_{gi} e_i = J_g e$$

3)关节柔性误差

关节受重力和负载作用会产生柔性变形,可写为

$$D_{f\_joint} = \sum_{i=1}^{4} J_{Ji} \cdot d_{Ji}$$

4)臂杆柔性误差

臂杆受重力和负载作用会产生柔性变形,可写为

$$D_{f\_link} = \sum_{i=1}^{4} J_{Li} \cdot d_{Li}$$

5)综合柔性误差

$J_f = [J_{f\_link} \quad J_{f\_joint}]$ 表示柔性误差与末端位姿误差之间的误差传递矩阵,$d_f = [d_{f\_link} \quad d_{f\_joint}]^T$ 为柔性误差矢量矩阵。则臂杆柔性误差模型与关节柔性误差模型可得到柔性变形引起的机械臂

末端位姿误差矢量为

$$D_\mathrm{f} = D_\mathrm{f\_link} + D_\mathrm{f\_joint} = J_\mathrm{f} d_\mathrm{f}$$

6) 机械臂综合误差

综合几何误差与柔性误差,可得到机械臂末端位姿的综合误差矢量为

$$D_\mathrm{End} = D_\mathrm{f} + D_\mathrm{g} = J_\mathrm{f} d_\mathrm{f} + J_\mathrm{g} e$$

由于有 $D_\mathrm{End} = PE_{测量} - PE_{理论}$,$PE_{测量}$ 为末端位姿测量值,$PE_{理论}$ 为末端位姿理论值。

因此,可推导获得几何参数误差为

$$e = J_\mathrm{g}^{-1} D_\mathrm{g} = J_\mathrm{g}^{-1} (D_\mathrm{End} - D_\mathrm{f})$$

7) 机械臂几何参数和柔性参数误差影响分析

机械臂综合位姿误差矢量中,末端位姿理论值 $PE_{理论}$、由柔性误差引起的末端位姿误差 D_f、由几何参数误差引起的末端位姿误差 D_g、柔性误差与末端位姿误差之间的传递矩阵 J_f、几何参数误差与末端位姿误差之间的传递矩阵 J_g 均为几何参数的函数。此外,由于关节和杆件所受力矩阵 $F_{\mathrm{L}i}$ 和 $F_{\mathrm{J}i}$ 均为运动学参数的函数,因此由柔性变形引起的末端位姿误差矢量 d_f 为几何参数和柔性参数的共同函数。

以 E 表示全部几何参数,S 表示全部柔性参数,则有

$$D_\mathrm{End}(E+e) = J_\mathrm{f}(E+e) \cdot d_\mathrm{f}(E+e, S+\Delta s) + J_\mathrm{g}(E+e) \cdot e$$

上式中几何参数误差与柔性参数误差存在耦合,忽略高阶无穷小量可简化为

$$D_\mathrm{End}(E+e) = J_\mathrm{f}(E+e) \cdot d_\mathrm{f}(E,S) + J_\mathrm{g}(E+e) \cdot e$$

几何参数和柔性参数存在耦合,因此对于几何参数的标定会受到柔性参数误差的影响。

8) 柔性参数再标定

为了避免在标定过程中各关节与杆件柔性参数互相耦合,将采样臂柔性参数分段标定。对一个关节或一个杆件其由柔性导致的末端位姿误差均可写为

$$d_{\mathrm{f}i} = F_i \cdot S_i$$

选取多个测试点,测量各关节末端和杆件的末端位姿,求得柔性变形引起的末端位姿误差 $d_{\mathrm{f}i}$,计算关节或杆件末端所受外载荷 F_i。令 $\bar{d}_\mathrm{f} = [d_{\mathrm{f}1}^\mathrm{T}, d_{\mathrm{f}2}^\mathrm{T}, \cdots, d_{\mathrm{f}m}^\mathrm{T}]^\mathrm{T}$,$\bar{F} = [F_1^\mathrm{T}, F_2^\mathrm{T}, \cdots, F_m^\mathrm{T}]^\mathrm{T}$,可构建超定方程组:$\bar{d}_\mathrm{f} = \bar{F} \cdot S_i$。

利用最小二乘法求解上式可得

$$S_i = (\bar{F})^+ \bar{d}_\mathrm{f}$$

利用上式即可求得每个关节和杆件的标定后的柔性参数。

9) 几何参数再标定

完成柔性参数再标定后,再进行几何参数再标定。仍然采用最小二乘法进行再标定。对于 n 自由度串联机械臂,利用 MDH 建立的运动学模型中含有 $5n$ 个几何参数,取 m 组末端位姿,构建超定方程组,如下式所示。为保证顺利求解,m 应取大于 $5n/6$ 的整数。令 $\bar{D}_\mathrm{g} = [D_{\mathrm{g}1}^\mathrm{T}, D_{\mathrm{g}2}^\mathrm{T}, \cdots, D_{\mathrm{g}m}^\mathrm{T}]^\mathrm{T}$,$\bar{J}_\mathrm{g} = [J_{\mathrm{g}1}^\mathrm{T}, J_{\mathrm{g}2}^\mathrm{T}, \cdots, J_{\mathrm{g}m}^\mathrm{T}]^\mathrm{T}$,因此有

$$\bar{D}_\mathrm{g} = \bar{J}_\mathrm{g} e$$

在实际实施过程中,只测量末端的位置误差,上式中 $D_{\mathrm{g}1} \cdots D_{\mathrm{g}m}$ 以及 $J_{\mathrm{g}1} \cdots J_{\mathrm{g}m}$ 均只有前三行有效,后三行中对应的末端姿态误差均为零,因此为了顺利求解全部的几何参数,要求 m 应取大于 $5n/3$ 的整数。利用最小二乘法求解上式可得

$$e = (\bar{J}_g)^+ \bar{D}_g$$

利用上式即可求得标定后的几何参数。

5. 密封漏率测试试验

密封封装装置的密封采用金属挤压和密封圈复合密封方案,密封过程的驱动力采用火工品,为一次性产品。

1)密封性能测试方案

在密封封装装置测试方案中,采用陪样测试方案,完成对密封漏率性能参数测试。

为满足尺寸及包络要求,飞行产品无检漏测试接口,在产品生产过程中,同批次生产陪样件。陪样件技术状态与飞行产品技术状态完全一致,并设计有检漏接口,可通过氦质朴检漏仪进行漏率检测及评估。

2)密封性能测试流程

与封装装置密封性能相关的部组件主要有密封盖体及密封元件、密封容器及密封刀口、火工作动器及执行机构,采用分级分阶段测试。

(1)密封盖体及密封元件级测试。

对密封盖体及密封元件进行测试,试验目的是进行密封盖体及密封元件的批次性筛选,确定密封盖体及密封元件质量满足要求。密封盖体及密封元件采用同批次生产的抽检产品,密封容器及刀口采用试验件(轴向长度进行缩减)。测试方法为采用液压机进行轴向挤压,同批次抽检2台进行挤压测试,测试过程中检测刃入深度、深度不一致性、挤压力及密封漏率等指标。

对筛选合格的盖体密封元件开展与火工品的联合测试,密封容器采用试验件,盖体密封元件和火工作动器及执行机构为真实产品,每批次抽2件进行真实发火试验,通过刃入深度、密封漏率等参数的测量,评价盖体密封元件是否合格。

(2)密封封装装置陪样件试验。

采用检验合格的盖体密封元件,在密封封装装置陪样件上,按照飞行产品装配调试条件,进行装配。开展真空环境下的密封作动,按照返回地球后的密封封装装置工作时间,开展密封性能检测试验,通过密封漏率检测,评价飞行产品的密封性能。

(3)密封可靠性试验。

为确保密封性能,在产品研制试验中,设计了密封性能的可靠性试验,评估各种环境下、各种工况下密封封装装置密封性能的可靠性。尤其针对工作高温、工作低温以及极端温度交变等情况,评估其对密封性能的影响,确保密封封装装置的整机可靠性满足任务要求。

3)密封性能的试验验证

对密封封装装置陪样件,按照飞行产品工作流程开展任务全周期的环境试验,根据任务执行状态,在热真空高温段进行密封动作,经历热真空循环后,在常温下完成一定时间长度的保持,再开展密封漏率测试。这种全工作过程的真实环境模拟,以及密封漏率的检测,实现了密封性能验证。

3.9.5 实施结果

2020年12月1日11:54,获得采样过程监视相机D和钻取采样机构监视相机图像,确认钻取采样装置和密封封装装置状态正常。经图像分析,选择了与月面状态最接近的一种钻取模拟月壤,开展初始工作策略确定和地面先行验证。2 日 00:53,获得采样过程监视相机 A、B 静态图像,开始表取采样区数字模型重构、采样区地形分析和物理地形重构等工作。1:01,完成钻取密封地面验证,形成了在轨即将实施的钻取密封初始工作策略。1:47,采样封装一次电源通,开始实施月面钻取密封工作。2:32,钻进取芯结束,钻杆向下运行 1687mm,钻入月面有效深度 1004mm,钻进深度与月壤结构探测仪探测到月面下方约 800mm 深度处为多石区域的探测结果吻合。4:43,采样封装任务支持中心完成表取采样点的选择和前 3 个采样点的采样物理验证,确认采样点选择正确,形成了前 3 个采样点的表取采样初始工作策略。4:54,完成钻取采样初级封装和样品转移工作,钻取完成避让展开,钻取控制单元和密封控制单元断电。6:33,表取控制单元加电。7:24,完成首先采样点的触月探测。7:44,完成首次表取采样。8:21,完成首次表取放样。9:36,完成第 2 次表取采样和放样。10:22,完成第 3 次表取采样和放样。……19:00,完成第 12 次表取采样和放样;此时观测月球样品距表取初级封装装置罐体上沿约 17mm,为了防止在下次采样过程中获得一定直径的石块、可能导致表取初级封装容器不能正确关盖的故障发生,决定不再实施表取采样。21:18,完成表取初级封装装置向密封封装装置转移。22:22,完成样品密封封装、表取采样机械臂避让到位、采样封装一次电源断电。

在月面采样封装的操控过程中,共开展了 12 次采样,触月、采样、放样、抓罐、放罐等精调过程高效准确,月面采样封装操控总时长为 18h56min(月面钻取密封联合工作时长 3h7min,月面表取密封联合工作时长 15h49min)。

月球样品返回地球后,称量共获得约 1731g 月球样品,其中表取样品约 1500g,钻取样品超过 230g。利用表取采样机械臂,获得了月球浅层样品,利用钻取采样装置,获得最多质量的月球剖面样品。地面解封月球样品的操作过程中,精度为 0.1×10^{-6} 的水汽含量传感器没有检测到密封容器中的任何水汽信息,说明密封封装效果完好,月球样品没有受到地球大气污染。

1)表取采样区数字重构情况

采样过监视相机 A、B 在着陆月面后约 1h41min 获取表取采样区图像。结合采样过程监视相机 A、B 特性及位姿关系,利用数字重构软件获取表取采样区的三维数字地形,如图 3.298 所示。

经分析,表取采样可达空间拟合平面坡度约为 2°,月面高度在机械臂参考坐标系中为 -2136~-1934mm,数字地形重构工作耗时约 13min。

2)采样环境物理重建情况

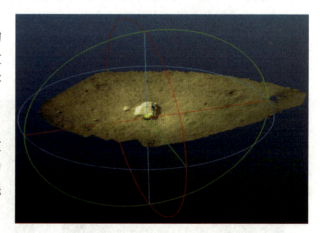

图 3.298 数字重构表取可达区地形

2020 年 12 月 2 日 00:54,任务支持中心根据钻取机构监视相机回传的图像信息确定了选用的钻取模拟月壤,开始钻取模拟月壤筒操作;1:09,钻取模拟月壤在验证器钻取采样装置下方实施到位,钻取模拟月壤的物理重构用时 15min。

2020 年 12 月 2 日 1:09,任务支持中心根据采样过程监视相机 A、B 回传的图像信息,经数字三维重构生成了点云模型,并通过对可达区地形的分析,得到基准点坐标和拟合平面法矢量,拟合平面坡度约为 2°,据此开展表取采样区月面地形的物理重构工作。

采用 AR 技术将月面地形数字模型 1∶1 投影到模拟月壤表面,辅助操作人员构筑物理地形,如图 3.299 所示。

(a) AR辅助状态

(b) 石块摆放

图 3.299　AR 技术辅助表取采样区月面地形物理重构过程

物理构建结束后,采用三维扫描技术检测和修正月面地形物理重构结果的精度,平均误差为 −7.19mm,可以支持表取采样物理验证工作。整个表取采样区月面地形的物理重构过程耗时约 60min。

3) 表取采样点的选择和确定情况

2020 年 12 月 2 日,任务支持中心根据数字重构三维地形和物理重建地形,结合科学研究需求,开展了采样点选择分析工作,经仿真分析和物理验证,选取了 10 个采样点,其分布如图 3.300 所示。

4) 遥控指令执行情况

在飞控任务执行前,任务支持中心完成了约 2500 条注入数据与间接指令的制作、会签与验证;在任务过程中,完成了 32 条现场注入数据指令的制作、会签与动态实施,其中 30 条对应 10 个采样点,每个点关联 3 条注入数据,2 条对应放样调整。

在月面采样封装任务实施期间,实际执行指令 2503 条,遥控指令平均响应速度约 2.2 条/min。

5) 钻取执行表现情况

钻进取芯过程中,在钻进行程约 14mm 位置处完成拉索破断,钻进行程约 690mm 时,拉力开始上升,钻进行程至约 1690mm 时钻进结束,耗时约 39min,其实景如图 3.301 所示。

图 3.300　采样点位置分布图

图 3.301　钻进取芯状态实景图

提芯整形过程中,初始阶段出现提芯力处于非标称状态,经回转、冲击与整形电机复合运动后,提芯力处于预编程使用范围,采用提芯整形预编程完成取芯袋及提芯拉绳的缠绕整形工作,用时约76min。

分离转移过程包含反转观测和剪切分离两个子过程,各子过程均采用预编程模式完成,用时约40min,钻取初级封装容器分离过程如图3.302所示。

图3.302 钻取初级封装容器分离实景图

展开避让过程中,通过火工品起爆,实现整形机构与上升器连接的解锁,通过涡簧驱动机构展开,展开过程约3s。

6) 表取执行表现情况

表取采样过程中,主要包含表取采样机械臂展开及初级封装装置开盖,12次月壤样品采集与放样、抓罐、放罐和避让等内容。

表取采样机械臂展开及初级封装装置开盖主要包括表取控制单元主份加电、采样机构状态设置、控制表取采样机械臂到达采样中间点位置和控制初级封装装置运行至可放样状态等工作,该过程表取采样机械臂有5个运行步骤,每个步骤切换时无位置及关节角度跳变,展开后到达目标位置。随后控制初级封装装置运行至可放样状态。

首次触月采样、放样与观测工作包括表取采样机械臂从采样中间点运行至触月上方位置,进行触月精调控制并使表取采样机械臂触月,之后抬升表取采样机械臂进行采样状态设置,完成设置后表取采样机械臂运行至采样上方点并进行采样精调和采样,之后抬升表取采样机械臂并运行至采样中间点,并由采样中间点运行至放样精调起始点,进行放样精调后放样,放样完成后返回放样精调起始点,随后运行至样品状态观察起始点,进行精调和样品状态观察,之后经由样品状态观察中间点返回采样中间点。

首次触月过程中,表取采样机械臂运行至触月上方点位置,先进行精调触月,然后抬升,并在触月抬升后的位置进行采样器上电复位、伸缩铲回收等状态设置。

首次采样过程中,采样器甲完成了采样和伸缩铲伸出等动作,图3.303为首次采样过程中的近摄相机图像,可以清晰看到采样器摇臂铲中的月壤样品。

首次放样过程中,采样器甲完成了缩铲回收等动作,图3.304为首次放样过程中近摄相机图像,可以看到采样器中月壤样品进入初表取级封装容器状态。

图3.303 首次采样后的近摄相机实景图

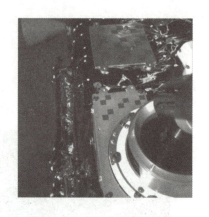
图3.304 首次放样过程中的近摄相机实景图

多次表取采样与放样完成后,完成了月球表取初级封装装置观察,确认具有充足的月球样品后,实施抓罐、放罐、密封与避让等环节。图3.305是样品状态观察过程中的近摄相机图像,从图中可以看出,表取初级封装容器内样品具备封盖条件。随后完成了表取初级封装装置封罐过程。

抓罐过程表取采样机械臂从夹持初始点运行至抓罐精调起始点,精调后到达抓罐点,抓罐完成后运行至夹持状态观察位置,如图3.306所示。

图3.305 表取采样结束前表取初级封装装置的近摄相机实景图

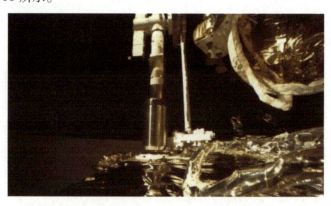
图3.306 表取样品转移的监视相机C实景图

放罐过程表取采样机械臂从转移中间点开始精调,运动至放罐点实施放罐。

密封前的状态观测过程中,表取采样机械臂末端经放罐位置运行至避让起始位置,其后进行容器状态观察精调,观察完成后,返回避让起始位置。

避让过程中,表取采样机械臂末端经避让起始位置运行至避让位置。

7)密封执行表现情况

密封封装过程中,完成了密封开盖、密封闭盖、爆燃式金属挤压密封等过程。钻取密封工作期间,采用预编程模式完成了密封的开盖,表取密封工作期间,采用预编程模式完成了密封闭盖,闭盖结束后通过火工品爆燃方式完成密封封装,工作过程如图3.307和图3.308所示。

"嫦娥"五号探测器着陆上升组合体成功着陆于月球表面后,按照飞行程序,完成了备选采样点的选择分析、采样策略的地面物理验证,并准确操控了月面采样封装工作,先后完成了钻取采样、表取采样以及密封封装等工作,成功获取月球样品1731g,完成了中国的首次月球样品采集与封装。

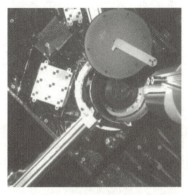

图3.307 密封封装装置闭盖过程的近摄相机实景图

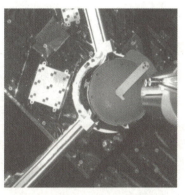

图3.308 密封封装装置密封后的近摄相机实景图

3.10 对接机构与样品转移技术

3.10.1 技术要求与特点

月球轨道对接与样品转移技术是月面自动采样返回的关键技术,月球轨道对接由轨道器和上升器共同完成,样品转移由轨道器、返回器(轨返组合体)和上升器共同完成。通过对接实现轨道器和上升器的捕获、校正、锁紧,并通过样品转移机构将密封封装装置从上升器转移至返回器样品容器舱内。

1. 功能要求

对接机构与样品转移分系统主要完成以下功能:

(1)捕获。在规定的初始条件下,通过主动件抱爪机构捕获被动件对应锁柄,实现两飞行器的捕获。

(2)缓冲。吸收、耗散两飞行器的相对运动能量,完成缓冲功能。

(3)拉回与校正。通过抱爪机构的运动,校正和消除飞行器之间的相对位置和姿态偏差。

(4)拉紧。在主动、被动飞行器之间提供所需的连接力,保证连接刚度。

(5)保持。能够保持对接的刚性连接状态。

(6) 分离。锁紧机构可解锁,实现两飞行器的分离。
(7) 密封封装装置抓取。在密封封装装置转移前,对密封封装装置进行抓取。
(8) 密封封装装置转移。能够将密封封装装置从上升器移动到返回器指定的位置。
(9) 密封封装装置释放。在密封封装装置转移后,对密封封装装置进行释放。

2. 性能要求

对接机构与样品转移分系统主要性能指标见表 3.77。

表 3.77 对接机构与样品转移分系统主要性能指标

序号	技术要求项目		性能指标
1	对接适应能力	横向位移/mm	±100
		横向速度/(mm/s)	±60
		轴向速度/(mm/s)	0~50
		轴向位移/mm	±50
	对接精度	相对俯仰角、相对偏航角、相对滚转角/(°)	±0.5
		相对俯仰角速度、相对偏航角速度/((°)/s)、相对滚转角速度/((°)/s)	±0.5
		对接锁紧后同轴度/mm	≤0.5
2	分离要求	分离速度/(mm/s)	80~200
3		三个方向的偏转角速度/((°)/s)	≤2
4	转移要求	转移推力/N	≥50
5	质量	主动件/kg	≤29
6		被动件/kg	≤4.27
7	包络尺寸	主动件/mm	≤ϕ930×205
8		被动件/mm	≤ϕ1200×217

3. 特点分析

对接机构属于轻小型对接机构,在设计上具有捕获能力强、对接精度高、轻量化要求高、转移行程长、接口多等特点。

样品转移机构需要实现密封封装装置从上升器向返回器的转移,转移行程长达 626mm,相对于规定的质量和体积约束要求,具有较大的设计难度。在机构设计中需要考虑多方面的接口设计约束,满足与密封封装装置、上升器、轨道器和返回器等多方面的接口需求。

3.10.2 系统组成

对接机构与样品转移分系统包括轨道器上的对接机构与样品转移机构(简称主动件)、上升器上的对接机构与样品转移机构(简称被动件)以及对接机构与样品转移综合管理单元(简称DMU),系统组成见图3.309。主动件安装在轨道器前端,被动件安装在上升器前端,对接时,主、被动件相互配合,共同完成对接过程。样品转移时,主动件上的转移机构、导轨机构、被动件上的导向件与密封封装装置相互配合,共同完成转移任务。结构如图3.310所示。

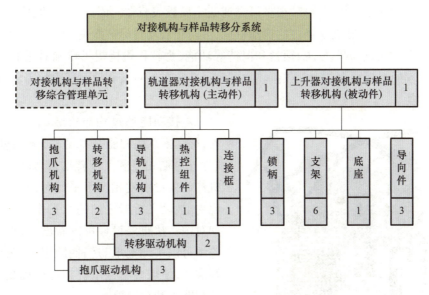

图3.309 对接机构与样品转移分系统组成

图3.310 对接机构与样品转移机构示意图

3.10.3 设计技术

1. 对接机构设计技术

1) 对接工作原理

对接功能是分系统实现样品转移任务的基础,需要对接机构在对接初始条件存在偏差情况下,完成飞行器之间的初始连接。对接机构按照碰撞形式可分为碰撞式对接机构和抓捕式对接机构。碰撞式对接机构为了保证在碰撞过程中完成捕获,需要提高飞行器之间的初始轴向对接速度,以保证捕获所需的能量,飞行器之间的相互作用力(碰撞力)会显著增加。同时,为了缓冲、消耗碰撞过程中的能量,必须配置复杂的缓冲耗能机构,系统复杂,质量代价极大。且当两飞行器质量特性悬殊较大、对接等效质量较小时,飞行器相对运动能量无法满足碰撞式对接的捕获要求,小质量飞行器在碰撞冲击下快速分离,很难可靠捕获小质量飞行器。因此,采用抱爪式(抓捕式)对接机构,主动捕获满足对接初始条件的被动目标,可防止被动目标被撞飞。

对接机构需要完成捕获、校正、锁紧和保持等功能,为转移机构提供精确对正的转移通道,并承受联合飞行期间对接面上的力学载荷。为了满足在轨重复对接和地面试验的需求,机构还需能够实现分离功能。

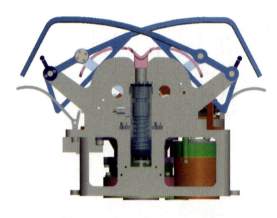

图 3.311 抱爪机构发射状态

对接功能通过均布安装的 3 套抱爪机构实现,每套抱爪机构能够实现 3 个自由度约束(包含 2 个平移自由度和 1 个转动自由度),当两套抱爪机构约束自由度相互不平行时,配合使用可以实现主、被动飞行器之间的六自由度相对完全定位和对中。从布局设计可以看出,抱爪机构的布局关系可以实现抱爪与锁柄的定位,为样品转移做好准备,使用 3 套抱爪机构可以提高对接机构的承载能力和对接精度。

在发射时,抱爪机构处于收拢状态,可以降低探测器系统的整体高度,见图 3.311。对接前,执行对接准备动作,通过抱爪驱动机构将抱爪打开。

为了完成捕获功能,捕获机构需要满足目标(即锁柄)的最大位置偏差要求,即在执行捕获指令时刻,在初始条件各项偏差的组合下,捕获机构能够适应位置包容要求,允许锁柄进入抱爪可捕获的空间内。当执行捕获动作后,抱爪能够对锁柄形成闭合的捕获空间,保证可靠捕获。

2) 抱爪机构原理

抱爪机构的工作原理图见图 3.312,通过驱动机构输入转动,经反向同步锥齿轮锥系连接驱动连杆、中间连杆、锁爪形成一种曲柄摇杆机构,通过锥齿轮的转动,带动左右锁爪翻转运动实现对锁柄的捕获、校正、锁紧,同时在校正阶段利用左右锁爪校正锁柄位置实现校正功能。通过加法机构的反向双连杆同步驱动技术,实现对上升器的大范围捕获。对接初始横向位置可达 ±120mm,横向速度 ±60mm/s。

锁爪作为四连杆机构中的连杆之一,通过变刚度小惯量异构式设计,采用 6 次多项式函数弧度曲线和法向力向心的形面设计,保证几何形状与刚度特性匹配。在驱动过程中,锁爪前部实现形封闭,后部完成力封闭。锁爪在驱动连杆的带动下,可进行大角度的翻转运动,实现对锁柄的捕获功能。

在抱爪机构的中心锁紧位置,安装可以校正和定位的 V 形定位块,V 形定位块与左右锁爪共同作用实现锁柄的定位校正。通过过死点 + 机械限位方式和抱爪驱动机构中单向传动机构,实现抱爪机构保持锁紧位置状态,死点位置和机械限位原理见图 3.313。

V 形定位块的底部和分离机构相连。在抱爪机构锁紧过程中,分离机构的弹簧被压缩,提供抱爪机构与锁柄之间的锁紧力,当 V 形定位块被压下后,将自动触发分离解锁机构,为分离作准备。

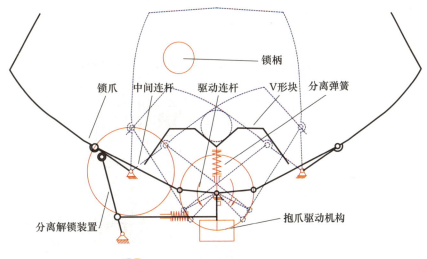

图 3.312　抱爪机构工作原理图

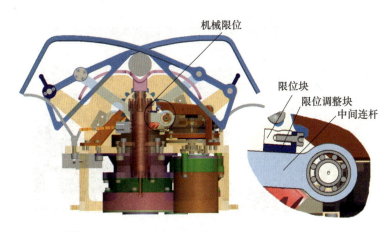

图 3.313　抱爪机构的死点位置和机械限位原理

为了保证不同工作阶段的不同需求,在捕获阶段,驱动电机工作在高速段,实现抱爪的快速收拢;在其他阶段,适当降低电机的转速,实现慢速校正和锁紧,保证对接后的定位精度。

在正常对接后,如果需要执行分离功能,驱动机构驱动抱爪打开。由于锁销与导向杆之间间隙,弹簧作用力随着锁爪张开得到释放。锁爪继续张开,锁销限制导向杆运动,保持分离弹簧压缩状态;当两锁爪接近完全打开时,锁爪上的解锁销拨动解锁拨叉,通过连杆带动锁销移出导向杆环槽,解除对分离弹簧的约束。分离弹簧弹出推动导向杆移动,产生分离动力,实现轨返组合体与上升器的分离。分离释放机构和分离机构的结构图见图 3.314。

3)抱爪机构设计

抱爪机构主要由驱动机构、反向同步锥齿轮、四连杆组件、分离机构、V 形块等组成,见图 3.315。

抱爪机构主体采用两组四连杆机构,通过驱动连杆、中间连杆、锁爪及壳体组成曲柄摇杆机构,选用机构中摇杆作为锁爪,左右锁爪在反向同步锥齿轮的驱动下反向同步运动,两锁爪可在有效捕获空间内迅速将锁柄捕获、校正及锁紧。

通过分析可知:抱爪机构捕获阶段,锁爪转速随锥齿轮转角增加而增大,并超过锥齿轮转速实

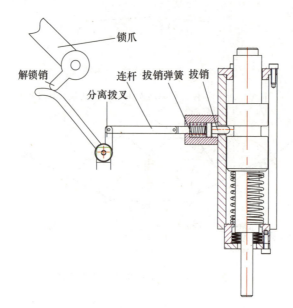

图 3.314　分离释放机构和分离机构结构图

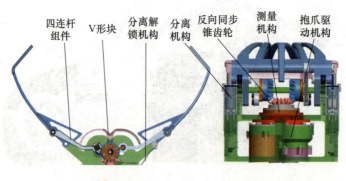

图 3.315　抱爪机构组成图

现增速运动;校正及锁紧过程中,锁爪转速随着锥齿轮的转动不断减小,在锁紧时实现慢速锁紧的要求。

在抱爪机构锁紧时,分离机构通过分离弹簧提供抱爪机构的要求锁紧力,在分离时,通过解锁装置及分离弹簧作用实现抱爪机构与被动锁柄的分离。

4)抱爪驱动机构设计

抱爪驱动机构是抱爪机构的驱动部分,其主要功能是:对接前驱动抱爪机构张开,使其处于对接准备状态;对接时驱动抱爪机构收拢,完成主、被动飞行器的捕获、校正和锁紧功能;在联合飞行过程中,抱爪驱动机构具有防止逆向传动的功能,使抱爪机构始终停留在锁紧状态,不会自行张开。

抱爪驱动机构主要由电机、减速器、单向传动机构和壳体组成。抱爪驱动机构采用"电机→齿轮减速→单向传动机构→一级行星齿轮减速器→输出"的驱动方案,通过控制调节电机占空比,使输出转速达到不同工况时输出端工作转速要求。抱爪驱动机构构型及组成见图 3.316。

5)被动件设计

被动件是对接机构与样品转移分系统主要组成部分之一,需参与分系统的对接、保持和样品

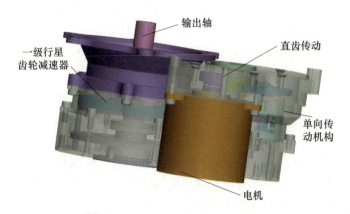

图 3.316　抱爪驱动机构装配图

转移任务,并满足相关的功能和性能指标要求。被动件的结构如图 3.317 所示。

被动件包括锁柄、支架、底座。锁柄用于抱爪机构进行捕获和锁紧,因对其表面粗糙度等要求较高,故采用 2A14 材料。支架用于安装锁柄,以实现抱爪对锁柄的捕获。为了保证安装精度,设计了用于连接三套均布锁柄组件的底座。为了减轻质量,并减少与锁柄的热变形不一致性,支架和底座都采用镁合金。

锁柄的直径对定位功能的设计有重要影响,各连杆运动到校正位置后,要保证锁柄位置受到适当的约束,不存在运动间隙。锁柄的直径除了与校正功能有关外,还与对接机构

图 3.317　被动件结构示意图

整体的承载能力、定位精度、捕获性能和锁紧性能相关。基本的设计原则是:在满足连接刚度和连接强度的要求下,锁柄的直径越小越有利于捕获;但直径大有利于定位和锁紧。综合考虑锁柄采用空心圆管,内径 19mm,外径 25mm,与捕获性能的基本尺寸设计保持一致。

2. 转移机构设计技术

1) 转移工作方案

转移功能是采用一种仿尺蠖大展收比接力式转移机构,转移行程达到机构初始长度的 4.6 倍,由 3 组棘爪式逆向自锁装置和多级连杆组成。通过棘爪的抓取和释放以及复合连杆机构的展开和收拢,将密封封装装置从上升器转移到返回器内。为保证可靠转移,配合两套转移机构,可以两套一起工作,也可以单独工作。转移机构的安装布局见图 3.318。

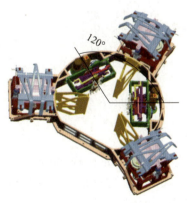

图 3.318　转移机构安装图

同时在转移通道设置导轨,与密封封装装置上的导向结构相互配合,约束密封封装装置的运动轨迹。采用梯形 - 半圆形导向结构,解决了转移过程正常状态及故障状态下导向防自锁的难题。转移密封封装装置所使用的导轨分为被动件导轨、主动件导轨和返回器导轨 3 段,长度分别为 217mm、265mm 和 270mm,两两之

间的间隔距离为19mm和40mm。其中前两段安装在分系统被动件和主动件上。

正常工况下，两套转移机构同时工作，共同转移密封封装装置：

(1)展开Ⅰ。转移机构初次展开，通过前端棘爪机构与密封封装装置产生连接(在密封封装装置的运动方向，依次为前端棘爪、中间棘爪、后端棘爪)。

(2)收合Ⅰ。转移机构初次收合，在前端棘爪机构拉动下，密封封装装置向前运动。

(3)展开Ⅱ。转移机构再次展开，密封封装装置通过中间棘爪机构止回，前端棘爪逐渐脱离密封封装装置。

(4)收合Ⅱ。转移机构再次收合，收合至前端棘爪机构与密封封装装置接触后，前端棘爪机构与密封封装装置作用，密封封装装置继续向前运动，同时，中间和后端棘爪被打开与密封封装装置产生连接。在此过程中，密封封装装置受到棘爪的阻力最大。

(5)展开Ⅲ。转移机构第三次展开，在后端棘爪的推动下，密封封装装置继续向前运动，使密封封装装置进入返回器样品舱。在入舱后，被样品舱单向止回装置锁定。

(6)收合Ⅲ。转移机构第三次收合，密封封装装置通过中间棘爪机构止回，后端棘爪逐渐脱离密封封装装置。

(7)展开Ⅳ。转移机构第四次展开，展开至后端棘爪机构与密封封装装置接触后，在后端棘爪的推动下，密封封装装置继续向前运动至目标位置。

(8)收合Ⅳ。转移机构第四次收合并回到收合位置，转移任务完成；随后收回导轨。

2)转移机构原理

转移驱动机构推动复合连杆机构的中间连杆移动，通过连杆机构，实现转移驱动机构行程的放大，复合连杆机构与转移驱动机构的行程比为6∶1。如图3.319(a)所示，密封封装装置在初始位置，前端棘爪抓取棘齿。复合连杆机构收拢时，前端棘爪对棘齿的作用使密封封装装置向右运动，如图3.319(b)所示，密封封装装置到达中间位置。转移机构再次展开时，中间棘爪使密封封装装置保持不动。

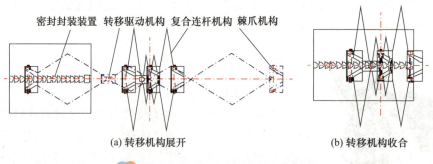

(a) 转移机构展开　　　　　　　　　　　(b) 转移机构收合

图3.319　复合连杆机构工作原理

转移机构的结构如图3.320所示，主要由转移驱动机构、复合连杆机构、棘爪机构、测量传动机构等组成。转移机构安装3套棘爪，分别在转移机构的前端、中部和后端。转移机构与密封封装装置的连接通过棘爪机构抓取、释放实现，通过与密封封装装置上棘齿的配合，使得密封封装装置始终处于单向受力状态，即在转移过程中，通过棘爪抓取密封封装装置，并对密封封装装置施加推力，使容器向前运动。当复合连杆机构收拢到最小位置时，密封封装装置的棘齿已经被转移机构的下一个棘爪抓取。当复合连杆机构展开时，由于棘爪的单向传递作用，密封封装装置只能保持在原来位置或向返回器移动，不能后退。通过机构的往复运动，棘爪机构反复对密封封装装置进行抓取和释放,实现密封封装装置的转移功能。

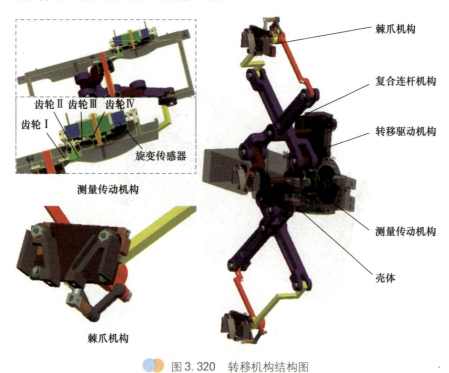

图 3.320 转移机构结构图

棘爪机构的工作原理如图 3.321 所示。

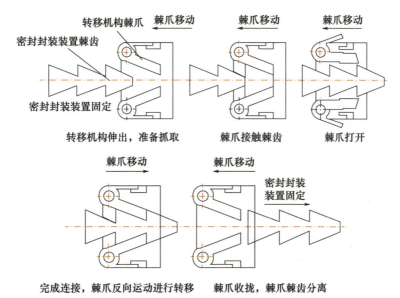

图 3.321 棘爪机构工作原理

3)转移驱动机构设计

转移机构主要由电机、二级 NGW 型行星减速器、传动齿轮组、丝杠、丝杠螺母、微动开关、壳体等组成,如图 3.322 所示。

转移机构工作时,电机经二级 NGW 型行星减速器减速后,通过传动齿轮组带动丝杠转动,通过丝杠螺母将转动转化为直线运动。通过控制电机正反转控制丝杠螺母往复运动,通过丝杠螺母和壳体的机构设计来实现转移驱动机构的限位保护,微动开关用于向控制系统输出转移连杆机构达到展开和收合的极限位置的位置信号。

转移机构采用二级 NGW 型行星减速器,传动链原理如图 3.323 所示。

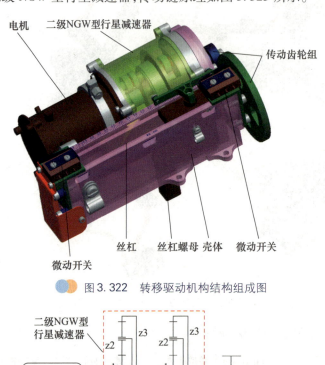

图 3.322　转移驱动机构结构组成图

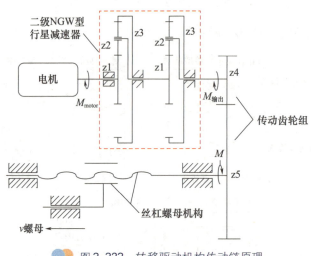

图 3.323　转移驱动机构传动链原理

4) 导向结构设计

密封封装装置在转移过程中,将从初始位置依次经过对接机构与样品转移被动件、对接机构与样品转移主动件、返回器样品容器舱,到达返回器内指定位置。为了保证样品转移功能顺利进行,要求密封封装装置经过的路径上,布置具有导向功能的结构,与密封封装装置上对应的导向结构相互配合,保证密封封装装置的直线移动过程。

三个阶段的导向结构分别为被动件导向结构、主动件导向结构和样品舱导向结构,安装在不同的位置,相互独立,且彼此之间存在一定的距离。为了保证密封封装装置能顺利由上一阶段转移至下一阶段,要求下一阶段导向结构能包容上一阶段的导向偏差。转移机构与导向结构的截面布局见图 3.324。

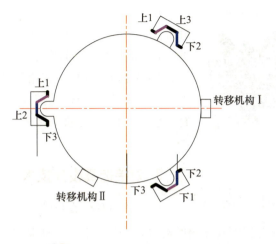

图 3.324 导向结构截面布局

当两套转移机构同时工作时,密封封装装置受到导向面 1(上 1 和下 1)的同时导向作用;用 Ⅰ 转移机构工作时,密封封装装置受到导向面 2(上 2 和下 2)的同时导向作用;用 Ⅱ 转移机构工作时,密封封装装置受到导向面 3(上 3 和下 3)的同时导向作用。不同转移机构工作时,对密封封装装置导向起作用的导向面见表 3.78。

表 3.78 对密封封装装置导向起作用的导向面

序号	转移机构状态	导向结构作用
1	两套转移机构同时工作	上 1(2 处)和下 1
2	仅 Ⅰ 转移机构工作	上 2 和下 2(2 处)
3	仅 Ⅱ 转移机构工作	上 3 和下 3(2 处)

5) 导轨机构设计

导轨机构是转移功能中,提供主动件的导向结构,在转移完成后,执行导轨折叠动作收回延长导轨,防止在样品舱关舱门过程中与之干涉。导轨机构由壳体组件、火工品组件组成;其中壳体组件由导轨Ⅰ、导轨Ⅱ、摆杆Ⅰ、摆杆Ⅱ、调整块、微动开关、壳体、扭簧、V 形槽等组成,如图 3.325 所示。

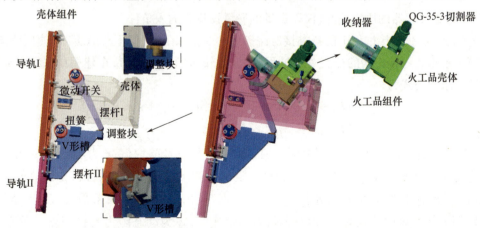

图 3.325 导轨机构结构组成图

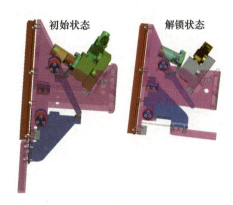

图 3.326 壳体组件工作原理

初始状态时,火工品组件固定摆杆Ⅰ,摆杆Ⅰ顶住摆杆Ⅱ上的调整块,在Ⅴ形槽和摆杆Ⅱ的共同作用下,摆杆Ⅱ(导轨Ⅱ)的位置被固定。当导轨机构接收到解锁指令后,火工品解锁,摆杆Ⅰ在扭簧的作用下逆时针摆动,由于摆杆Ⅰ不再顶住摆杆Ⅱ,摆杆Ⅱ也逆时针摆动,摆杆Ⅰ、摆杆Ⅱ(导轨Ⅱ)都运动至目标位置,导轨机构解锁完成,如图 3.326 所示。

3. 对接仿真设计技术

1) 对接过程仿真目的

对接过程必然产生飞行器相互作用的对接动力学问题。在研制空间对接机构时,必须要知道相互撞击作用力的大小、缓冲阻尼器的变形量以及对接机构的相对位移等动力学参数。对接动力学仿真分析具有重要作用,是指导对接机构各项性能参数设计最原始、最有效的数据来源之一。

对接动力学仿真分析需要建立满足工程精度要求的数学仿真模型,才能够得到具有应用价值的仿真分析数据,准确模型的建立是对接动力学分析的难点。

对接过程动力学仿真分析的主要任务是:

(1) 评价对接机构的捕获与缓冲校正能力,给出产品能适应的初始条件包络范围;

(2) 给出对接过程中两飞行器的相对运动,以及受力情况;

(3) 为对接机构性能参数的设计和优化提供依据;

(4) 为地面对接试验台设计和试验结果分析提供参考;

(5) 进行随机打靶的捕获概率仿真。

2) 对接动力学建模

为简化对接过程动力学模型,引入以下假设:

(1) 假定对接飞行器(轨返组合体与上升器)为刚体。对接过程中,太阳电池阵柔性、贮箱中推进剂的液体晃动、飞行器自身结构柔性等因素,可能会对对接过程产生影响,但由于对接捕获的时间很短,这些影响可以忽略不计。对接过程中产生的撞击载荷,反过来会对太阳电池阵等柔性体产生影响。

(2) 不考虑飞行器的质心偏心,仅以提供的质量惯量为输入条件。

(3) 考虑在捕获对接过程中的各类接触碰撞中的摩擦和阻尼,但不考虑缓冲机构中的阻尼。

在模拟抱爪式对接机构的捕获对接过程时,涉及较多的接触碰撞,在建模中采用基于碰撞的接触理论。求解公式为

$$\begin{cases} F_n = k \times g^e + \mathrm{step}(g, 0, 0, d_{\max}, c_{\max}) \times \dot{g} \\ F_d(\dot{g}) = -\mu F_n \mathrm{sgn}(\dot{g}) \end{cases} \quad (3.77)$$

式中:F_n 为接触法向力;k 为两接触物体间的接触刚度,根据经验取值;g 为沉陷量;$\dot{g}$ 为接触点法向沉陷速度;e 为接触力非线性指数;$d_{\max}$ 为最大阻尼时的沉陷量,根据钢材料特性取值;$c_{\max}$ 为阻尼系数;F_d 为库仑干摩擦力;μ 为摩擦系数,包含两部分,μ_s 为静摩擦系数,μ_d 为动摩擦系数。两个系数间的切换速度分别为:v_s 为静态阻力转换速度,v_d 为动态阻力转换速度。关于 v_s 和 v_d 在理论上没有给出明确的取值,只建议 $v_s \geq \mathrm{error}$,$v_d \geq 5 \times \mathrm{error}$ (error 为数值积分容差,默认值

error = 1×10^{-3})。

3)对接过程仿真分析

对抱爪式对接机构单项极限对接初始条件下(轴向相对位移、横向相对位移、轴向相对速度、横向相对速度、相对姿态角、相对姿态角速度)的极限能力进行分析,考虑捕获延时 0.5s,均能满足指标要求,如图 3.327 ~ 图 3.329 所示。通过对多项极限初始条件下组合工况的分析,对接机构能适应两种单项极限的叠加工况,包括横向位置偏差和横向速度偏差的恶劣工况。

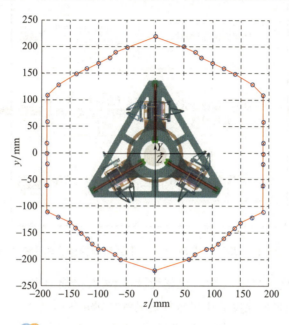

图 3.327 对接机构在轴向 $x = -70$mm 处,极限捕获能力切面

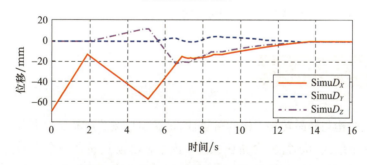

图 3.328 对接安装面相对位移曲线

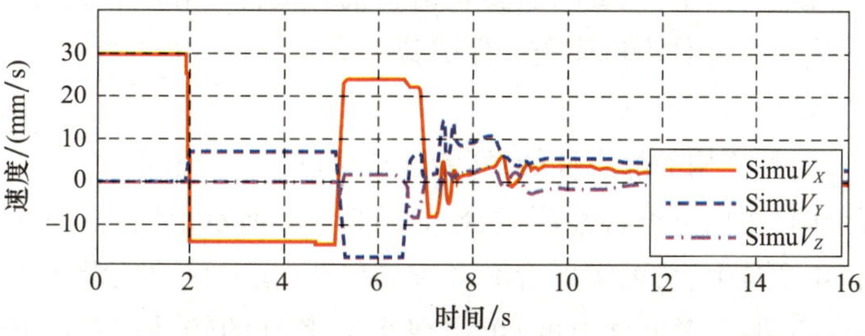

图 3.329 对接安装面相对速度曲线

4)仿真系统

开发了对接转移仿真系统,集成机构动力学、结构动力学、热力学、机电伺服控制、机构优化、可靠性评估、试验数据辨识、视景仿真等24套分析模型。从"工况设置"到"分析报告"的一键操作,实现模型规范化、流程自动化、报告标准化。

对接转移仿真系统由前处理界面、仿真求解器和后处理中心三部分组成,如图3.330所示。

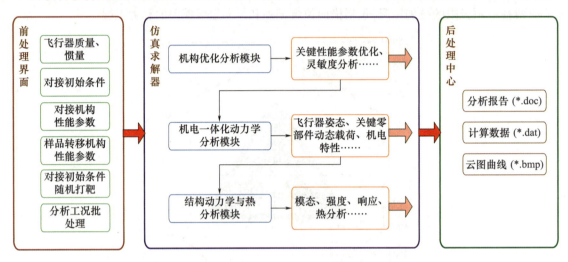

图3.330 "嫦娥"五号探测器对接转移仿真系统框图

通过多学科协同优化,方案论证阶段优化设计参数,对接能力提高60%(对接适应横向位移从0.08m提高到0.12m;横向速度从0.05m/s提高到0.08m/s)。

产品研制阶段,仿真系统自动化完成30000组对接工况随机打靶分析,确定产品综合性能,并给出62组小子样试验工况,大幅度优化试验工况设置,降低了试验成本。经过仿真与试验(对接性能台测试)的实时在线对比,置信度优于98.47%。

3.10.4 验证技术

为了保证对接机构与样品转移工作的可靠性,试验项目按照产品层次划分,分为部组件级、单机级和分系统级3个层次,从对接(含捕获、校正、锁紧和解锁)、转移两个方面完成分系统的功能和性能验证,并考虑了对振动、高低温、热真空等的环境适应性验证,覆盖了分系统从发射到对接和转移任务完成的全过程。其中,主要的试验包括整机对接特性和转移性能试验、性能台对接试验、综合台对接试验、热真空台对接转移全过程试验。

1)整机对接特性和转移性能试验

试验目的:①测试对接机构的静态性能;②验证转移机构工作性能。

对接机构与样品转移机构整机特性测试台,如图3.331所示,具有空间6个自由度方向的运动功能。其中上平台4个自由度,可实现沿 Y、Z 轴的移动(横向移动)、沿 X 方向(纵向)的移动和绕 X 轴的转动(滚转);下平台2个自由度,可实现绕 Y、Z 轴的转动(偏航、俯仰)。并且返回器模拟件具有空间六自由度运动功能,即实现绕沿 X、Y、Z 方向的移动和绕 X、Y、Z 轴的转动(滚转、偏航、俯仰）。可进行对接机构的锁爪刚度测试、连接力测试、分离力测试和对接机构的转移试验。

将对接机构与样品转移机构被动件、密封封装装置模拟件安装在上平台上，将主动件安装在下平台上。

对接子系统锁爪的刚度测试：通过对接机构与样品转移分系统综合测试设备（简称综合测试设备）设置锁爪处于不同状态，通过整机台上平台的平动带动被动件在锁爪范围内运动，实现锁爪不同状态下的刚度测试。

连接力测试：整机台上平台具有随动功能，在一定的初始条件下，通过此功能实现对接子系统的对接过程模拟，待锁紧完成后，通过上平台向上运动实现连接力及连接刚度的测试。

分离力测试：通过上下平台之间的相对运动模拟主动件与被动件的分离过程（静态模拟），测试对接子系统的分离力。

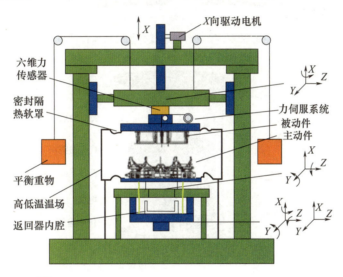

图 3.331　对接机构与样品转移机构整机特性试验

在转移试验，通过密封封装装置模拟件、返回器模拟件配合转移机构进行无负载和负载下的转移功能和无安装偏差与存在安装偏差下的转移试验过程模拟。

密封封装装置模拟件通过力加载伺服机构进行失重模拟，吊点设置在密封封装装置模拟件的质心位置，如图 3.332 所示。通过力传感器将驱动单元的钢丝绳输出拉力精确伺服到密封封装装置的质量，实现密封封装装置模拟件的失重状态模拟。容器模拟件上的棘爪可通过内部机构进行伸出和缩回，如图 3.333 所示。

在下平台安装有六自由度容差调整机构，机构上部安装返回器模拟件，返回器模拟件内部安装有返回器导向块和单向止回锁，通过导向块对密封封装装置模拟件进行转移过程导向，通过单向止回锁实现密封封装装置模拟件转移过程中的单向运动，通过容差调整机构可调整返回器模拟件中心相对于主动件中心的偏差，实现偏差条件下转移功能的模拟，如图 3.334、图 3.335 所示。

在样品转移试验中，通过调整返回器模拟件相对于整机特性试验台下平台的相对位置，模拟主动件中心相对于返回器样品舱中心的安装偏差，由综合测试设备控制对接机构与样品转移分系统转移机构运动，通过密封封装装置力加载伺服机构模拟密封封装装置模拟件所受阻力，实现转移机构转移性能测试。当密封封装装置转移到目标位置后本次转移过程结束。为了重复进行转移试验,将密封封装装置模拟件上的棘爪通过内部机构缩回,并通过伺服电机将密封封装装置模拟件拉回到初始转移位置,实现密封封装装置模拟件的自动返回,为下一次转移试验做好准备。

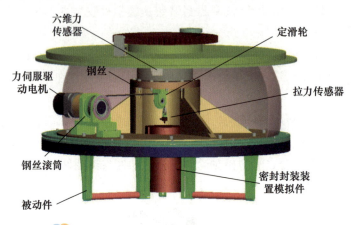

图 3.332　密封封装装置力加载机构设计模型

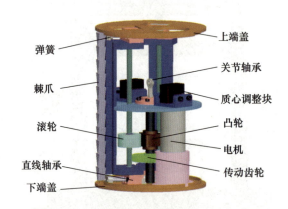

图 3.333　密封封装装置模拟件结构设计

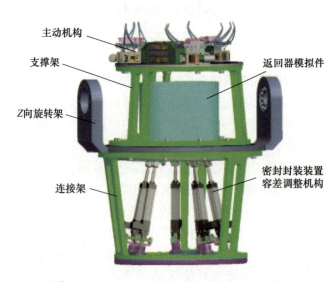

图 3.334　样品容差调整系统结构设计方案

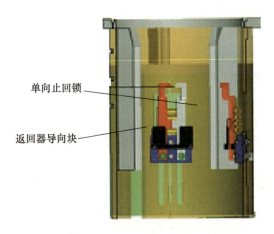

图 3.335 返回器示意图

2）性能台对接试验

试验目的：①验证对接机构捕获能力；②测试对接校正过程中锁爪的碰撞载荷；③验证分离能力。

对接性能试验台采用气浮、比例配重、惯量模拟以及高精度位姿控制技术实现两飞行器太空失重环境运动状态模拟，如图 3.336 所示。气浮平台通过大型花岗岩拼接而成，实现水平方向的平动及滚转方向的转动；二维转动装置采用特殊设计，将二维转动装置与飞行器模拟件一体设计，二维转动装置的回转中心与飞行模拟器的质心重合，实现两自由度的转动。竖直方向采用比例配重的方法来达到重力平衡，通过气浮导柱导向来避免摩擦力干扰。

图 3.336 性能台试验

对接机构与样品转移机构主动件安装在主动件模拟件上，被动件安装在被动模拟件上。试验时，当两模拟件相对运动至设定初始条件范围后，主被动模拟件建立初始对接条件后释放自由运动。综合测试设备控制主动件完成捕获、校正、锁紧动作，实现对接动力学过程，试验结束后解锁对接机构，手动控制分开主被动模拟件。

分离试验单独进行测试,将主动飞行器模拟件固定,被动飞行器模拟件运动至与主动飞行器模拟件对接标称位置,各姿态为零,速度及角速度为零,此时释放主被动飞行器模拟件六维运动约束,开始进行正常对接,对接完成后,两模拟件处于自由漂浮状态,综合测试设备控制主动件分两次将抱爪打开,第一次打开到155°(时间1s),第二次打开到10°(时间3.5s),完成模拟件不同工况的分离测试。

3) 综合台对接试验

试验目的:①常温和高低温环境下的产品的综合对接性能;②验证对接机构校正能力及其动力学运动过程。

该试验台运用空间飞行器空间对接过程的半物理仿真试验原理,通过运动模拟器,真实再现两飞行器运动学、动力学特性,如图3.337所示。运动模拟器采用6-PSS并联机构,6条运动支链分为水平放置和竖直放置的两组。水平放置的三个杆连接在动平台上,铰点构成一个正三角形,定长连杆在初始位置时与正三角形的中线垂直。竖直放置的三个杆与动平台的连接铰点构成一个等腰三角形,两个三角形的中心重合。同时,采用温场软罩构建综合试验空间。软罩本身可随运动模拟器做六维运动,通过制冷、制热方式在罩内模拟试验所需的高低温环境。为保证温场软罩内部气压恒定,采取充排气的方法控制罩内气体压力,以消除运动模拟器运动导致的温场软罩的体积变化。实现温度范围-100~+100℃、控制精度±3℃、升降温速率≥3℃/min的宽温场环境模拟。

对接试验时,综合台按对接初始条件完成规划,并从起始位置开始加速,实现对接初始条件,综合台按规划的到达时间进入动力学半物理仿真试验过程,综合台实时检测对接碰撞力(六维力和力矩,也就是作用在飞行器上的力),作为飞行器空间动力学仿真的输入,飞行器在力的作用下改变运动,运动模拟器按飞行器运动变化的实时仿真结果携带对接机构再现飞行器运动,导致对接机构改变碰撞状态,产生新的碰撞力,进一步影响飞行器运动,周而复始的循环仿真过程再现两飞行器空间对接过程,测试并记录飞行器运动学参数和碰撞力,完成半物理仿真的对接试验。综合台上平台具有三自由度运动功能,在进行本试验时上平台为锁定状态,并保证位置精度。

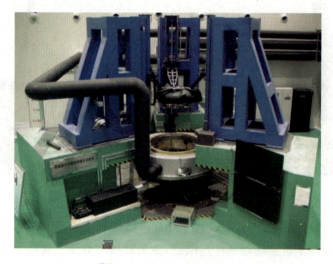

图3.337 综合台试验

4）热真空台对接转移全过程试验

试验目的：验证热真空下全过程对接与转移流程。

热真空台集成了重力向失重运动状态模拟技术、等效惯量模拟技术、多自由度串联等技术，模拟两飞行器和转移容器失重的状态，模拟真空环境条件下，实现对接和转移功能全流程测试，如图3.338所示。采用飞轮结合电机驱动方式模拟等效质量，实现了不同初始条件下的质量模拟。对接速度较大时，利用飞轮将回转运动转化成直线运动，在低速状态时，采用电机直驱的方式使装置达到稳定的低速运动。采用串联集成式方案实现上下平台之间六自由度运动，实现了多种初始条件设置。

试验时，将整个热真空台放置在真空罐内，通过模拟两飞行器对接纵向等效质量，设定一定的对接初始条件，实现主、被动件的对接碰撞，完成捕获、校正、刚性连接、样品转移与分离全过程。

图3.338　热真空试验

3.10.5　实施结果

2020年12月6日4:20—6:07（环月飞行第75~76圈），对接机构与样品转移分系统进行了"嫦娥"五号轨返组合体和上升器的对接和样品转移飞行任务。

1. 对接

2020年12月6日4:20，进行对接准备，抱爪机构通过电机驱动打开至对接准备位置，锁爪打开至准备对接位置（10°±1.5°）。抱爪对接准备动作完成时间为32s。2020年12月6日5:41，进行抱爪对接，依序完成捕获、校正、锁紧动作，完成整个对接过程。对接动作完成时间为22s。

首先是捕获，如图3.339所示。当两飞行器满足对接初始条件后，启动对接指令。电机开始

图3.339　捕获过程

运动,1s内,抱爪机构快速收拢,锁柄被快速约束在两个锁爪形成的闭合区域内,实现对上升器被动件的有效捕获。

接着是校正,如图3.340所示。电机带动抱爪机构锁爪继续收拢。通过锁爪的逐渐收拢,将被动件的锁柄逐渐校正至V形块内。通过3套呈星形布局的抱爪机构自定心,完成上升器的姿态校正,实现了轨返组合体和上升器的对心。

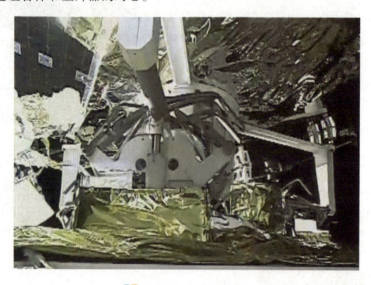

图3.340　校正过程

最后一步是锁紧,如图3.341所示。电机继续运动,驱动锁爪继续运动,锁柄向下运动约10mm后,限位销完成限位,实现锁紧,建立刚性连接,为样品转移提供了对接的转移通道。

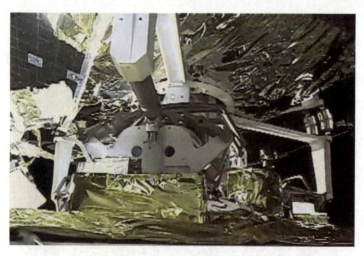

图3.341　锁紧过程

2. 转移

2020年12月6日5:46,进行样品转移,依次完成转移准备、转移开始、转移复位动作,将密封封装装置从上升器顺利转移至返回器样品舱内,完成整个转移过程。转移动作完成时间为661s。

首先是样品转移准备,如图 3.342 所示,转移机构在驱动电机的作用下伸出,伸出到位后,转移机构上的棘爪完成对密封封装装置上棘齿的捕获。转移准备动作完成时间为 85s。

图 3.342　转移准备过程

其次是转移开始,如图 3.343 所示。转移开始后,上升器内的密封封装装置在转移机构作用下向前运动,经过轨道器,最后转移至返回器样品舱。当触发样品容器到位信号后,转移机构停止运动,密封封装装置转移到位。转移开始动作完成时间为 504s。

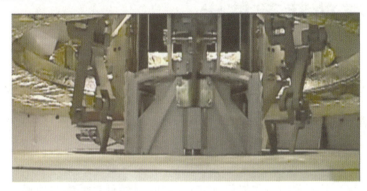

图 3.343　转移开始过程

最后是转移收回,如图 3.344 所示。在电机作用下,转移机构由伸出状态收回至收拢状态。转移收回动作完成时间为 72s。

图 3.344　转移收回过程

2020年12月6日6:07,进行导轨机构收回,如图3.345所示。火工切割器起爆后,导轨机构由竖直状态向径向转动90°,为返回器舱门盖的关闭提供避让空间。

图3.345 导轨收回过程

3.11 有效载荷技术

3.11.1 技术要求与特点

有效载荷分系统为月面采样工作提供支持,并同时开展月表形貌与地质构造调查、月表物质成分与资源勘察、月球浅层内部构造等科学探测工作。

1. 功能要求

有效载荷分系统各载荷设备的具体功能要求包括:

1)降落相机

获取着陆器降落过程中各个高度时降落区域的月貌特征图像,能够自动曝光调节,具备图像压缩能力和获取两种图像的能力。

2)全景相机及其转台

全景相机用于获取着陆区高分辨率月表图像、获取表取采样区域高分辨率图像、能进行静态拍照和动态摄像、能够提供着陆区及表取采样区域三维重构所需的视觉信息,具备自动和遥控调节曝光能力。全景相机转台能为全景相机提供俯仰和方位运动,实现发射时收拢锁紧和着陆后自主展开,能带动全景相机实现表取采样区域成像,与全景相机一起对国旗进行成像。

3) 月壤结构探测仪

探测着陆点月壤厚度及其结构,具备探测数据的初步处理能力。

4) 月球矿物光谱分析仪

获取月表可见和红外高分辨率反射光谱,获取指定谱段的光谱图像数据,具备在轨标定功能。

5) 国旗展示系统

能在发射时收拢锁紧,着陆后自主展开,能实现中华人民共和国国旗展示。

2. 性能要求

有效载荷分系统各载荷设备的具体性能要求如表3.79~表3.83所示。

1) 降落相机

表3.79 降落相机主要技术指标要求

名称	主要参数和性能	
降落相机波段范围	可见光	
降落相机正常成像距离/m	4~∞	
降落相机有效像元数量	成像模式1	2352×1728
	成像模式2	1024×1024
降落相机视场角/(°)	成像模式1	59°×45°(偏差不超过5%)
	成像模式2	27.5°×27.5°(偏差不超过5%)
降落相机帧频/fps	≥1	
降落相机量化值/bit	8	
降落相机信噪比/dB	≥40(最大信噪比) ≥30(反照率0.09,太阳高度角30°)(模式1下测试)	
降落相机系统静态传函(MTF)	≥0.20(全视场,模式1下测试)	
降落相机几何畸变	优于3%(全视场,模式1下测试)	
降落相机数据压缩比	成像模式1	4∶1
	成像模式2	8∶1

2) 全景相机及其转台

表3.80 全景相机及转台主要技术指标要求

名称	主要参数和性能
全景相机颜色	彩色(R,G,B)
全景相机波段范围	可见光
全景相机正常成像距离/m	0.5~∞
全景相机有效像元数量	静态拍照:≥2352×1728 动态摄像:≥720×576
全景相机对角线视场角/(°)	24.4(圆视场,偏差不超过5%)

续表

名称	主要参数和性能
全景相机帧频/fps	静态拍照:不小于0.2(单次指令拍摄图像数:1~5幅可调) 动态摄像:1~5(可调,步长1fps)
全景相机量化值/bit	≥10
全景相机信噪比/dB	≥40(最大信噪比) ≥30(反照率0.09,太阳高度角30°)
全景相机系统静态传函(MTF)	≥0.20(全视场)
全景相机视场畸变	优于1%(全视场)
全景相机转台负载/kg	1.2±0.3
全景相机转台俯仰运动范围/(°)	-85~+30,具备+90的极限俯仰能力 (零位为俯仰轴线与着陆器-Y轴平行的位置)
全景相机转台偏航运动范围/(°)	-90~+90(零位为方位轴线与着陆器-Y轴平行的位置)
全景相机转台指向精度/(°)	优于1(3σ)
全景相机转台关节转速/(r/min)	≥0.5

3)月壤结构探测仪

表3.81 月壤结构探测仪主要技术指标要求

名称		主要参数和性能
月壤结构探测仪发射机	脉冲幅度/V	≥10
	脉冲半高宽度/ps	≤200
	脉冲重复频率/Hz	≥1000
月壤结构探测仪接收机	工作频带/MHz	500~4000
	输入动态范围/dB	≥80
月壤结构探测仪发射和接收天线	中心频率/MHz	≥2000
	工作带宽/MHz	≥2000
	驻波系数	≤2
月壤结构探测仪探测深度/m		≥2
月壤结构探测仪厚度分辨率		优于5cm(月表至2m)
月壤结构探测仪探测范围		覆盖钻取采样区域

4)月球矿物光谱分析仪

表3.82 月球矿物光谱分析仪主要技术指标要求

名称	主要参数和性能
月球矿物光谱分析仪光谱范围/nm	480~3200
月球矿物光谱分析仪光谱分辨率/nm	5~25

续表

名称	主要参数和性能
月球矿物光谱分析仪视场角/(°)	≥3×3
月球矿物光谱分析仪量化值/bit	≥10
月球矿物光谱分析仪信噪比/dB	≥40(最大信噪比) ≥30(反照率0.09,太阳高度角45°)
月球矿物光谱分析仪系统静态传函(MTF)	>0.1(可见光谱段)
月球矿物光谱分析仪探测距离/m	2~5

5) 国旗展示系统

表3.83 国旗展示系统主要技术指标要求

名称	主要参数和性能
国旗展示系统月面环境国旗色牢度3级保持时间/h	≥48
国旗展示系统国旗材料	不对探测器产生污染
国旗展示系统展开时间/s	≤60

3. 特点分析

有效载荷分系统的技术特点是要在采样区现场就位探测,为有选择地进行月壤采样提供依据,包括采样区月表形貌和地质构造调查、采样区月球次表层结构探测、采样区月表物质成分和资源勘察。

作为月表物质成分与资源勘察科学探测设备,月球矿物光谱分析仪在载荷数据处理器的配合下,用于获取表取采样前(月壤原始面)和表取采样后(月壤新鲜面)的可见和红外光谱图像数据,用以完成采样区月表矿物组成和分布的就位分析,同时为表取位置选取提供信息支持。

作为月球次表层结构探测科学设备,月壤结构探测仪用于钻取采样前完成对钻取区域月壤分层及其结构信息的探测,对采样对象结构特性进行分析,为月面钻取采样工作提供支持。

3.11.2 系统组成

"嫦娥"五号探测器有效载荷分系统包含降落相机、全景相机、全景相机转台、月球矿物光谱分析仪、月壤结构探测仪、国旗展示系统、有效载荷数据处理器等着陆器上的设备。此外,有效载荷还配备有一套有效载荷地面综合测试系统。

有效载荷器上设备为13台/套产品,如表3.84所示。

表3.84 "嫦娥"五号探测器有效载荷器上产品配套表

序号	设备名称	数量/(台/套)
1	全景相机A	1
2	全景相机B	1

续表

序号	设备名称	数量/(台/套)
3	有效载荷全景相机转台	1
4	降落相机	1
5	月壤结构探测仪控制器	1
6	月壤结构探测仪天线 A	1
7	月壤结构探测仪天线 B	1
8	月壤结构探测仪天线 C	1
9	月壤结构探测仪高频电缆	1
10	月球矿物光谱分析仪	1
11	国旗展示系统	1
12	有效载荷数据处理器	1
13	有效载荷电缆组件	1

有效载荷系统器上产品如图 3.346 所示。

图 3.346 测试准备中的有效载荷系统产品

3.11.3 设计技术

1. 有效载荷分系统设计技术

有效载荷分系统任务工作模式为：发射段、地月转移段，所有有效载荷均不工作；环月飞行段，月壤结构探测仪采集背景；着陆下降段，降落相机开机工作；月面工作段（降落后到起飞前），全景相机及其转台、月壤结构探测仪、月球矿物光谱分析仪择机工作,月面国旗展示系统择机实现月面国旗展示。

有效载荷系统框图如图3.347所示。

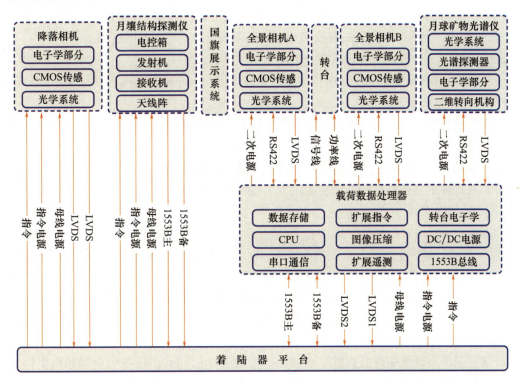

图3.347 有效载荷系统框图

在分系统方案设计中,针对有效载荷任务特点,着重考虑解决的主要问题及其措施包括以下方面。

1)轻小型化设计

轻小型化技术是"嫦娥"五号探测器各载荷设备及分系统设计中最重要的一项关键技术。在分系统顶层优化设计时,采取的措施主要包括:

(1)功能复用。通过采用载荷数据处理器集中给全景相机、全景相机转台、月球矿物光谱分析仪提供二次电源,提供数据采集、缓存、处理功能的方式,尽可能以"功能复用"的方式使得功能相近或相似的资源得以共享(电源转换、数据处理、缓存等),提高资源利用效率,从系统角度减小质量。

(2)轻小型化材料及部件。通过在分系统内部使用超轻高、低频电缆、轻小型化电连接器等方式,尽可能减小了电缆质量;通过从系统角度倡导各载荷设备使用低密度镁合金、碳纤维材料等轻型材料减小系统质量。

(3)设备层面的高集成度电子学设计及减重结构设计等。

2)任务目标综合设计

通过采用三维建模、视场仿真、模拟器验证等手段,协调规划有效载荷全景相机转台、国旗展示系统、月壤结构探测仪、月球矿物光谱分析仪的安装位置及工作方式,保证设备探测范围能够覆盖表取和钻取采样的样品采集区域、保证光学设备的视场范围能够满足任务需求、保证国旗展示效果。

3）提高有效载荷自主工作能力,简化对测控需求

"嫦娥"五号探测器主要的任务是采样返回,在48h内,不仅要完成科学探测,更重要的是完成采样任务,工作时序非常紧张,测控资源也非常有限,在"嫦娥"五号任务中需要有效载荷尽可能采用自主控制的工作模式,从而在完成探测任务时尽可能减少需要上行的控制指令,在保证科学数据获取的前提下,提高探测效率,有效降低探测器着陆后的系统工作时序压力。

为此,"嫦娥"五号探测器有效载荷分系统主要实现了：

(1)在载荷数据处理器控制下,由月球矿物光谱分析仪自主完成的全波段采集、全视场采集、中波段采集等自动流程。

(2)由载荷数据处理器自主控制完成全景相机及全景相机转台协同工作,执行着陆区矩形成像等自动流程。

(3)月壤结构探测仪通过一条遥控指令自主完成扫描探测流程。

(4)有效提高了有效载荷分系统月面工作自主控制能力,简化了对地面测控的需求。

4）环境适应性设计

为了适应发射、地月转移、环月、动力下降、月面着陆、月面工作等飞行过程中的各种环境,有效载荷设备在研制过程中需遵守探测器总体各项标准规范的要求,并完成相关的验证试验。

在"嫦娥"五号任务中,有效载荷各设备均面临月面正午工作模式带来的高温问题,在进行有效载荷分系统设计时,针对有效载荷设备特别是舱外全景相机、全景相机转台设备安装位置在向阳面,不仅要受到阳光照射,还要受到月面红外辐射加热。为提高其月面高温环境的温度适应性,采取措施包括：

(1)通过系统设计措施降低高温设备热耗。由位于舱内的载荷设备为全景相机提供二次电源,降低电源转换带来的损耗;由位于舱内的载荷设备为全景相机提供图像压缩功能;在全景相机中采用低功耗的 RS422 接口,避免高功耗 1553B 总线本身带来的发热;转台控制器后移到舱内的载荷数据处理器机箱内。

(2)设备层面热控措施。降落相机、全景相机、月球矿物光谱分析仪等舱外设备均采用了聚酰亚胺镀膜多层材料包敷;为应对地月转移过程的低温环境,全景相机、降落相机使用了加热片进行升温控制;全景相机为应对月面高温,在全景相机顶部采取 OSR 散热措施,并利用转台设计散热位置,当温度过高时,将 OSR 调整到朝向冷空,进行散热;为应对月面高温全景相机转台,在壳体上涂有热控白漆,使用的电机、位置传感器、轴承、齿轮均采用定制的耐高温产品;月球矿物光谱分析仪内部的可见、近红外、短波红外和中波红外红外探测器均设置了半导体制冷器,工作时进行降温;月面国旗展示系统使用可耐高温的国旗材料和染色漆料,研制了可高温工作的火工装置。

2. 有效载荷产品设计技术

1）降落相机设计

降落相机的设计采取光学、结构、电子学系统和温控一体化综合设计,探测器件采用像元数量 2352×1728 的 CMOS 图像传感器件。降落相机实物如图 3.348 所示。

降落相机光学系统主要设计指标如下：

(1)光谱范围:430~760nm。

(2)对角线视场角:70°(方视场 59°×45°)。

(3) 像元数量:2352×1728。
(4) 相对孔径:1:5.6。

2) 全景相机及其转台

"嫦娥"五号探测器的全景相机是用于获取采样区域及着陆器周围的光学图像、对国旗展示系统进行拍摄的微小型光学成像探测设备。全景相机采用"双目立体视觉"原理,通过全景相机转台方位轴的旋转实现水平扫描,俯仰轴的旋转实现俯仰扫描,从而获得周边全景、立体图像。全景相机由两个功能、接口、性能完全相同的相机 A 和相机 B 组成,均安装在全景相机转台上,全景相机转台发射时收拢锁定、工作时展开,可提供方位、俯仰 2 个自由度的运动功能。全景相机及其转台实物如图 3.349 所示。

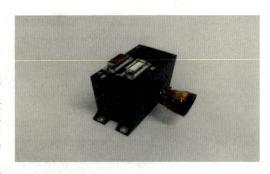

图 3.348　降落相机实物图

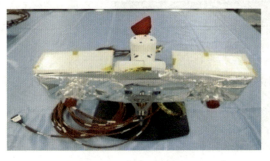

图 3.349　全景相机及其转台实物图

全景相机光学系统主要设计指标为如下:
(1) 光谱范围:可见光。
(2) 对角线视场角:24.4°。
(3) 相对孔径:$F/10$。
(4) 有效像元数量:2352×1728。

3) 月壤结构探测仪设计

月壤结构探测仪是一种工作于无载频皮秒脉冲信号体制的高分辨率成像探测雷达,可获取钻取机构正下方月壤结构的分层图像,为钻取机构的工作提供依据。

月壤结构探测仪采用 12 个超宽带时域天线组成天线阵,天线采用 1 发 11 收的工作模式,天线单元间隔为 120mm。天线工作时,其中 1 个天线发射脉冲信号,其余 11 个天线分别接收回波信号。通过 12 个天线的交替发射与接收,实现天线阵列下方区域(含钻取区域)月壤厚度及其分层结构的高分辨率成像探测。

月壤结构探测仪扫描成像原理示意如图 3.350 所示。

4) 月球矿物光谱分析仪

"嫦娥"五号探测器的月球矿物光谱分析仪安装在着陆器特定位置,通过二维指向镜实现对月面表取采样区的多点目标光谱原位探测。

月球矿物光谱分析仪的探测原理:来自月球外的太阳辐射经月球表面的矿物反射后,入射到光谱分析仪的视场内,经光谱分析仪的声光可调滤光器(AOTF)分光后,形成某一波长的准单色光,如会聚到单元探测器上,则得到目标的光谱信息;如会聚到面阵探测器上,则得到目标的光谱图像。通过改变 AOTF 的驱动频率,从而改变透过 AOTF 的光波波长,获得所需的光谱曲线及指定波长的光谱图像。同时,通过集成设计的二维指向机构,实现对采样点的指向调整探测,以满足对采样区的多点探测的任务需求;通过集成设计的防尘板,内嵌定标漫射板,实现月面定标,如图 3.351 所示。

月球矿物光谱分析仪利用太阳光进行月面定标:其定标漫反射板镶嵌安装在防尘板的内侧,当着陆器落月后,防尘板通过一次性解锁打开,靠扭簧的力矩旋转并以设定角度固定,定标漫反射板以该倾斜角暴露于太阳光照射下;月球矿物光谱分析仪通过调整二维指向机构的观测角度,实

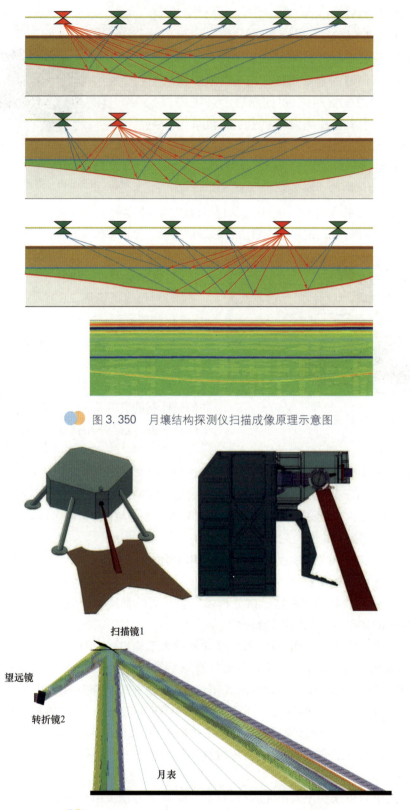

图 3.350 月壤结构探测仪扫描成像原理示意图

图 3.351 月球矿物光谱分析仪指向探测示意图

现与定标漫反射板的视场配准,进而完成月面辐射定标。

5) 国旗展示系统

国旗展示系统由展开机构、压紧释放装置和月面国旗三大部件组成。其中,展开机构由两级 U 形截面杆、两级铰链、伸缩机构、锁紧机构组成。折叠状态时,两级 U 形截面杆相互嵌套,为国旗及其安装和伸缩机构提供存储空间;展开状态时,两级杆在铰链扭转弹簧的作用下展开到位,锁紧机构锁紧,国旗被伸缩机构撑直展平并处于展示状态,如图 3.352 所示。

月面国旗采用了纤维织物纺织。为适应任务环境,保证展开前处于卷起状态的月面国旗在高温、大温差交变等工况下不发生皱缩,同时保证在展开时具有足够的强度以保持平整,月面国旗选用了国产高性能芳纶纤维材料,这种新型合成纤维具有超高强度、高模量、耐高温、质量轻等优良性能。通过采用"优质天然高分子材料超细粉体化及其高附加值的再利用"技术,利用其与颜料粒子的协同作用,从本质上解决了极端工况下颜料热升华及热迁移牢度问题,避免出现串色问题。还利用小分子调控技术实现了芳纶纤维的结构调控和颜色构建,并在此基础上实现了优良的耐日晒牢度,提高了月面国旗材料的抗紫外能力。

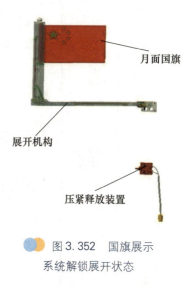

图 3.352 国旗展示系统解锁展开状态

6) 载荷数据处理器

载荷数据处理器由电源单元、数据处理单元、转台电子学单元三部分组成。载荷数据处理器从着陆器数管子系统获取一次母线电源和指令电源,接收并执行着陆器开关机指令,为全景相机 A、全景相机 B、转台、矿物光谱分析仪提供二次电源,为全景相机提供静态和动态图像压缩,通过双向 RS422 接口与全景相机 A、全景相机 B、转台、矿物光谱分析仪进行数据通信获取其工程参数,对其进行运行管理。通过 LVDS 接口,获取全景相机 A、B 的科学探测数据和矿物光谱分析仪的科学探测数据。通过 1553B 接口接收数据注入指令,发送有效载荷工程参数,通过 LVDS 接口向着陆器数管子系统发送有效载荷科学探测数据。有效载荷数据处理器为全景相机 A、全景相机 B、矿物光谱分析仪提供扩展遥控指令、扩展遥测和 4GB 数据缓存。载荷数据处理器系统框图如图 3.353 所示。

3.11.4 验证技术

在整个研制过程中,各有效载荷均需完成规定的研制试验。同时,作为科学探测设备,还需完成相关的地面验证试验及定标工作,在有效载荷研制的各个阶段,为了验证有效载荷分系统的设计,检测载荷与探测器相关分系统之间、载荷设备之间电接口、数据接口的匹配性,确认集成后有效载荷分系统的功能、性能、工作模式设计的正确性、合理性,开展了全面充分的有效载荷系统级测试验证工作。

1. 有效载荷分系统集成验证

有效载荷分系统集成测试中,通过一套地面综合电测系统模拟探测器的各项基本功能,包括

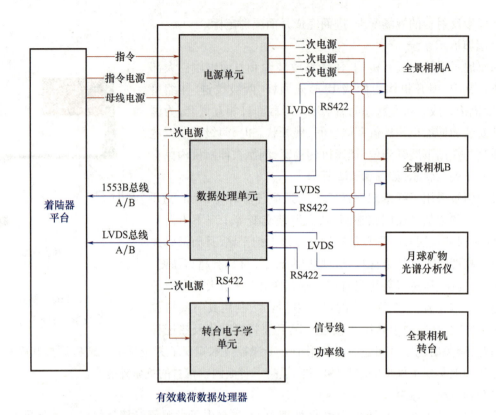

图 3.353 载荷数据处理器系统框图

供配电、收发指令、接收和处理数据等,联试中按照预定的测试细则,对有效载荷分系统各设备的功能、在轨工作流程进行测试验证。

为验证有效载荷分系统设备之间的协同工作实际效果,为设备的安装、设计提供技术支撑,"嫦娥"五号任务过程中还按照探测器外形主体尺寸1∶1模拟制造了有效载荷分系统地面研制联试支持装置,有效载荷地面联试支持装置可实现的验证包括:

1) 有效载荷综合探测效果的验证

(1) 可达区域的验证;

(2) 对月面国旗展示系统成像效果的验证;

(3) 月球矿物光谱仪与全景相机对同一目标成像能力的验证。

2) 有效载荷采用面向任务的控制方式,对系统控制方式进行验证

(1) 任务分解能力的验证;

(2) 各设备协调工作,完成流程的验证;

(3) 运动规划能力的验证;

(4) 有效载荷系统工作模式的验证。

3) 有效载荷间及与探测器间几何相对关系的检验

(1) 最大运动包络干涉检查;

(2) 相对关系合理性验证。

有效载荷系统级集成测试验证过程中获取的模拟器上月面国旗展示效果如图3.354所示。

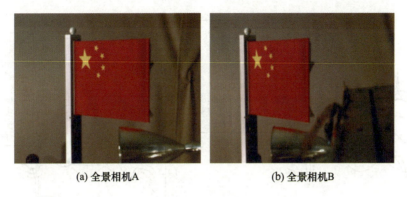

(a) 全景相机A　　　　　　　　(b) 全景相机B

图 3.354　有效载荷系统级测试国旗展示效果模拟器验证成像

2. 有效载荷产品验证

由于火山灰的介电常数和月壤的介电常数极其相近,为了验证月壤结构探测仪的性能指标和探测能力,在研制中利用一个 7m×3m×2.5m 的火山灰池模拟月壤。在与"嫦娥"五号着陆器外部特征完全一致的模型上,安装了月壤结构探测仪,放置在模拟月壤上,采用花岗石板、聚四氟乙烯板、ABS 板和有机玻璃板模拟分层介质,采用玄武岩石块、花岗石石块和金属球模拟块状物体,如图 3.355 所示。试验中利用全部 132 道月壤结构探测仪数据,实现对月壤结构和月岩分布的成像。通过试验的具体成像结果验证了设备的探测能力和数据处理、成像方法的有效性。

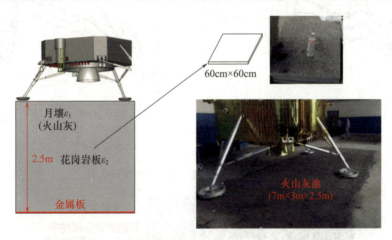

图 3.355　月壤结构探测仪地面验证试验方法示意图

月球矿物光谱分析仪(LMS)与标准比对仪器(ASD)和 DP102F 测得的样品全波段光谱曲线,无论光谱形状还是反射率幅值方面,都符合较好,能够有效识别样品的光谱特征和吸收峰特征,通过对具有明显吸收峰特征的普通辉石和紫苏辉石样品吸收峰中心位置误差进行计算,数据质量满足任务要求。部分试验结果如图 3.356、图 3.357 所示。

另外,月球矿物光谱分析仪完成了外场定标验证试验,如图 3.358 所示,模拟验证了月面探测及定标功能满足任务要求。

全景相机借助全景相机转台方位运动和俯仰运动能力,分时、分幅拍摄不同方向景物,通过拼图处理成为一幅大范围全景图像,有利于比较全面地了解着陆区周围的景物、地貌等。由于两台相机以一定距离安置,对同一特征景物成像,通过立体反演,可获取周边景物的形貌的立体图形。

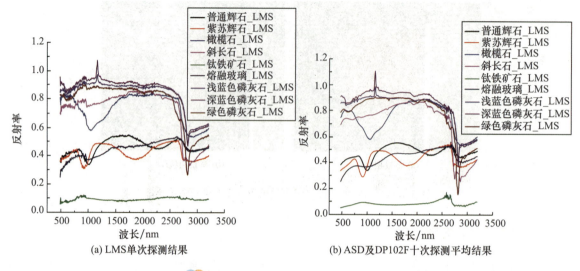

图 3.356　单矿物样品全谱段对比图

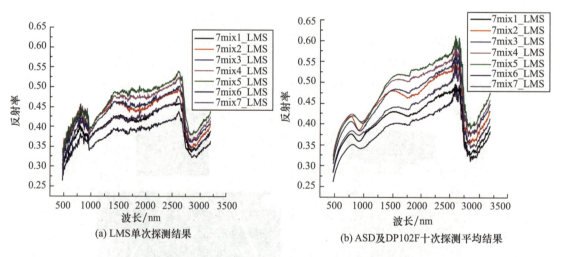

图 3.357　七元混合样品全谱段对比图

图 3.358　外场验证试验照片

全景相机外场地面验证试验中所获取的表取采样区全景镶嵌图、表取采样区示意图、着陆区全景示意图如图 3.359 所示。

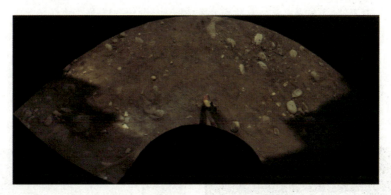

图 3.359　表取采样区全景镶嵌图

3.11.5　实施结果

2020 年 11 月 24 日,"嫦娥"五号探测器发射成功。任务期间,有效载荷降落相机、月壤结构探测仪、月球矿物光谱分析仪、全景相机、全景相机转台、载荷数据处理器、国旗展示系统均完成了在轨科学探测和表取钻取支持任务。科学数据研究工作仍在持续。

2020 年 11 月 30 日,月壤结构探测仪在环月轨道进行了内定标和 3 次背景测试,着陆月面后,在钻取前进行了内定标和 1 次探测,钻取结束后进行了 3 次探测,对着陆点钻取位置的地下构造进行了分析,所有科学数据均正常,无坏道、缺道、丢数等情况,结合在轨遥测参数的判读情况,可以判断月壤结构探测仪在轨设备状态良好,工作正常。图 3.360 为钻取前的探测结果。对钻取采

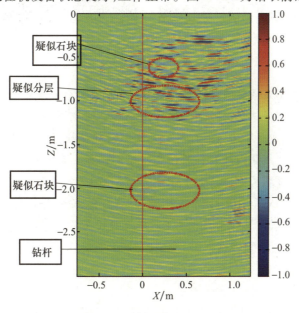

图 3.360　钻取前探测的成像结果

样区域完成成像和解释,获得了钻头下方区域2.5m深度范围内次表层结构高精度、高清晰度成像结果,为钻取采样过程中钻取采样策略和任务决策提供了及时、关键的信息支持,圆满完成了"获取钻取采样区域月壤厚度及结构"和"为钻取采样过程提供信息支持"的任务。

2020年12月1日23:03,降落相机在17km高度开始加电,实时下传1024×1024分辨率图像,拍摄2352×1728分辨率图像654张,分辨率1024×1024图像150张,主要完成了主减速段中期、接近段、悬停段、避障段和缓速下降段对视场范围内景物的拍照,如图3.361所示。从图像中可清晰看出月球轮廓、月表地理特征及月尘被吹起的形态等。降落相机成像清晰、曝光时间适合,完成既定成像任务。

(a) 主减速段　　　　　　　　　(b) 悬停段

(c) 缓速下降段　　　　　　　　(d) 落月后

图3.361　降落相机图像

2020年12月2日5:03,载荷数据处理器开机,开始控制有效载荷全景相机及转台开展采样区域的自动扫描成像,支持月球矿物光谱分析仪进行自动光谱探测,完成月表形貌及矿物组分探测等科学任务和对国旗成像。2020年12月3日13:55,载荷数据处理器关机。"嫦娥"五号载荷数据处理器月面工作期间,载荷数据处理器设备及相关载荷设备遥测参数、工程参数正常,科学数据采集正常。运行良好,圆满了完成月面工作任务。

2020年12月2日5:05,全景相机和全景相机转台开机,全景相机先后进行了试拍、表取前环拍、表取后国旗展开动态摄像、国旗成像等操作,共获取静态图像794幅、动态图像1988幅;全景相机工作过程中,主要对月面进行环拍和对国旗区域拍照,在轨工作期间共加电工作7次,分别进行对月面环拍和对国旗方向的拍照和摄像,在各种工况下均正常完成工作,顺利完成"嫦娥"五号任务。获取的部分科学数据如图3.362所示。

2020年12月2日23:10,国旗展示机构顺利展开,实现中华人民共和国国旗展示,全景相机获取了展开过程的动态图像和展开后的静态图像,国旗旗面颜色鲜艳,平整度好,展示效果好。

第 3 章 月面自动采样返回探测器专业技术

(a) 对月面成像

(b) 对国旗成像

(c) 国家航天局发布的国旗展示图像

(d) 国家航天局发布的采样区全景图像

图 3.362　全景相机图像

2020年12月2日5:06,月球矿物光谱分析仪开机,先后完成了背景测试、定标全波段采集、短波全视场采集、中波全视场采集、可见和近红外全视场采集、S2点表取前后全波段采集、石块全波段采集、S1点表取前后全波段采集、S5点表取前后全波段采集等一系列探测工作,如图3.363所示。

图3.363 月球矿物光谱分析仪探测点

月球矿物光谱分析仪多个探测点D5(S2采样前)、D7(石块)、D10(S5采样前)、D15(S2采样后)的可见近红外谱段第60波段图像如图3.364所示。

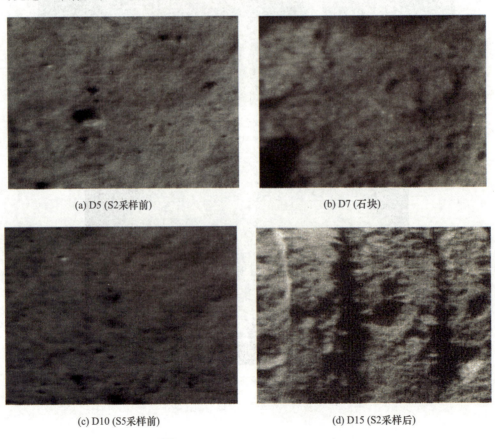

(a) D5 (S2采样前)   (b) D7 (石块)

(c) D10 (S5采样前)   (d) D15 (S2采样后)

图3.364 Band60辐亮度图像

3.12 工程参数测量技术

3.12.1 技术要求与特点

1. 功能要求

工程参数测量分系统的功能主要包括监视关键任务环节和监测探测器的特性参数两个方面,具体要求如下:

(1)具备监视分离过程、月面采样封装过程、交会对接过程等关键任务环节的能力,获取辅助支持关键任务环节的图像信息。

① 能够监视轨返组合体与着陆上升组合体分离、轨道器与支撑舱分离、轨道器与对接舱及上升器组合体分离、轨道器与返回器分离、着陆器与上升器分离等关键分离过程,并为分离过程的执行情况提供视觉信息支持;

② 能够监视月面钻取采样工作状态、表取采样工作状态、表取初级封装、表取采样机械臂抓取初级封装装置进入密封封装装置、钻取初级封装装置进入密封封装装置等采样封装关键过程,并为表取目标位置选取以及采样封装过程的执行情况提供视觉信息支持;

③ 能够监视轨道器对接机构捕获对接动作、样品转移机构将密封封装装置从上升器转移至返回器等交会对接与转移关键过程,并为交会对接和样品转移过程的执行情况提供图像信息支持;

④ 能够监视轨道器定向天线展开过程和太阳翼展开过程,并为展开过程的执行情况提供图像信息支持。

(2)具备监测探测器在任务过程中关键部位的特性参数的能力,为后续月球探测任务的环境影响提供防护设计参照。

① 能够测量月球表面由于自然环境影响引起的月尘带电特性;
② 能够测量着陆器关键部位的损伤量;
③ 能够测量轨道器在器箭分离过程中关键部位力学参数;
④ 能够测量着陆器在着陆下降过程中关键部位的力学参数;
⑤ 能够测量返回器在再入返回和着陆过程中关键部位的力学参数;
⑥ 能够测量返回器在再入返回和着陆过程中关键部位的温度参数。

2. 性能要求

工程参数测量分系统性能包括以下要求。

(1) 相机有效像元数量：≥2352×1728（静态拍照）；
≥1280×720（动态摄像）。
(2) 系统静态传函 MTF：≥0.20。
(3) 畸变：优于 3%（全视场）。
(4) SQCM 监测分辨率：$5×10^{-7}$ g/cm²。
(5) SQCM 测量范围：$5×10^{-7} \sim 1×10^{-4}$ g/cm²。
(6) 荷质比分辨率：$8.6×10^{-4}$ C/kg。
(7) 荷质比范围：0.035～0.98 C/kg。
(8) 探伤检测范围(mm)：水平位移 1～3、纵向位移 0.8～3.2、形变 0.8～3.2。
(9) 探测检测分辨率(mm)：水平位移 1、纵向位移 0.8、形变 0.8。
(10) 缺陷检测精度：≤0.3mm。
(11) 器内环境监测量程：高频振动 $-5g \sim 5g$、低频振动 $-20g \sim 20g$、冲击 0～500g、0～5000g、过载 0～20g、热敏电阻量程 -50～250℃、热电偶量程 0～800℃。
(12) 器内环境监测精度：高频振动 ±5%、低频振动 ±10%、冲击 ±10%、过载 ±5 %、热敏电阻 ±1℃、热电偶 ±5℃。

3. 特点分析

工程参数测量分系统主要任务是为"嫦娥"五号关键任务环节提供视觉信息支持（如组合体探测器分离过程、月面采样封装过程、月面起飞过程、月球轨道交会对接过程等），监测探测器和任务环境的特性参数（如轨道器的力学特性、着陆器的力学特性、返回器温度特性和力学特性、着陆器损伤量、月尘带电特性等），为探测器工程任务提供支撑、为后续月球探测任务的环境影响提供防护设计参照、提高地面对在轨关键环节监控能力。

工程参数测量分系统的关键技术包括可视化遥测技术、月面尘埃带电原位测量技术、着陆器无损探伤测量技术、器内环境监测技术等，用于"嫦娥"五号任务过程中的状态监测、视觉测量和工程展示[68-74]，为探测器月面采样封装、月面起飞、月球轨道无人交会对接和样品转移、月地高速再入返回等关键过程提供支撑。在有限的资源条件约束下，工程参数测量系统要获取的数据包括图像、视频、荷质比、位移、形变、冲击、过载、振动、温度等，特点不一、类型多样，工作时段覆盖"嫦娥"五号探测器飞行任务全过程，测量目标各异、工作环境变化大，具有很高的设计难度。

3.12.2 系统组成

工程参数测量分系统由轨道器工程参数测量子系统、返回器工程参数测量子系统、着陆器工程参数测量子系统和上升器工程参数测量子系统组成，各子系统相对独立。

工程参数测量分系统的仪器类型包括监视相机/摄像机、月尘带电及着陆器无损探伤测量仪、器内环境监测探头等，硬件设备组成中各仪器的具体配置数量及其功能要求如表 3.85 所示，主要设备组成如图 3.365 所示。

表 3.85 工程参数测量分系统各仪器的任务及功能要求

序号	测量参数	设备组成	设备数量（台/套）	任务及主要功能
1	图像	双谱段监视相机	1	监视轨返组合体与上升器交会过程，辅助监视轨返组合体与着陆上升组合体分离过程、支撑舱分离过程
2	图像	宽视场监视摄像机	1	监视轨返组合体与着陆上升组合体分离过程、支撑舱分离过程、对接舱及上升器组合体分离过程、返回器分离过程，辅助监视轨返组合体与上升器交会过程
3	图像	监视传感器 A	1	监视对接机构抱爪自检过程、3 个抱爪的动作过程、密封封装装置转移过程
4	图像	监视传感器 B	1	监视轨道器太阳翼展开、定向天线展开，辅助监视返回器分离
5	图像	分离上升监视相机	1	监视着陆器与上升器分离过程
6	图像	钻取机构监视相机	1	监视钻取机构的工作状态
7	图像	采样过程监视相机 A/B/C	3	为表取目标位置选取提供图像信息支持，为表取采样过程提供视觉信息支持，为表取采样机械臂抓取表取初级封装容器过程提供视觉信息支持
8	图像	采样过程监视相机 D	1	监视钻取初级封装装置脱落过程、表取初级封装容器转移至密封封装装置过程
9	月尘带电特性损伤量	月尘带电及着陆器无损探伤测量仪	1	测量月球表面由于自然环境影响引起的月尘带电特性、着陆器关键部位的损伤量
10	力学	轨道器器内环境监测探头	1	测量轨道器在器箭分离过程中关键部位力学参数
11	力学	着陆器器内环境监测探头	1	测量着陆器在着陆下降过程中关键部位的力学参数
12	力学/温度	返回器器内环境监测探头	1	测量返回器在再入返回和着陆过程中关键部位的力学参数
13	力学/温度	返回器器内环境监测探头	1	测量返回器在再入返回和着陆过程中关键部位的温度参数

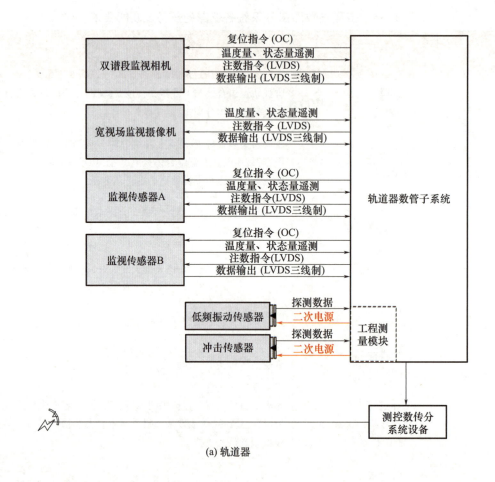

(a) 轨道器

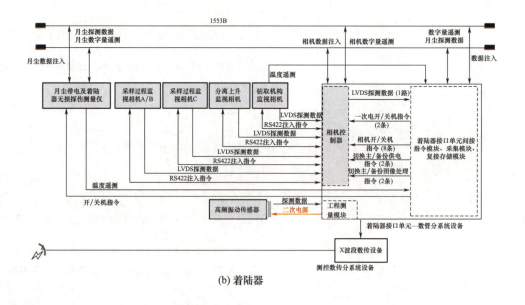

(b) 着陆器

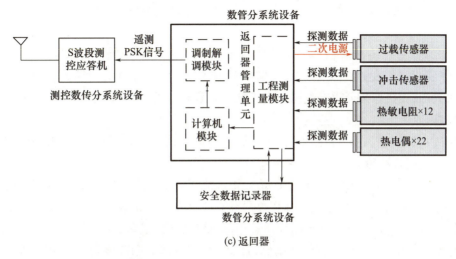

(c) 返回器

图 3.365 工程参数测量系统组成图

3.12.3 设计技术

1. 可视化遥测设计技术

可视化遥测通过对图像处理与分析,实现在轨实时测量被监视目标位置、尺寸和运动速度等定量信息,涉及的主要关键技术包括视场覆盖、仿真系统、相机设计和图像分析与处理等。

1) 视场覆盖

视场对目标及其运动包络进行覆盖分辨是实现可视化遥测的必要条件,相机视场覆盖设计应满足以下需求:相机指向及视场应能覆盖目标的位置及大小、运动路径及包络,且尽可能使目标处于视场中心位置;相机帧频应能适应目标运动速度及整器数据传输能力;相机像元分辨率应能在监视范围内分辨目标,并满足视觉测量及动作到位判读的精度要求。下面以负责月面表取采样过程监视的采样过程监视相机 A/B 为例进行说明。

月面表取采样过程主要包括表取采样区观测、表取采样机械臂运动过程监视和表取工作情况判读等三部分任务,采样过程监视相机 A/B 安装位置及视场布局的具体设计要求如下:

(1) 表取采样机械臂采样器可达区域为一个扇形区域,距离着陆器 $-YZ$ 角 $0.06\sim0.3\text{m}$,面积约为 8.28m^2,如图 3.366 中蓝色扇形区域,表取采样对采样区面积大小的要求约为 5m^2,相机需要为表取采样提供用于采样区三维地形重建的月面图,其视场对采样器可达区域的

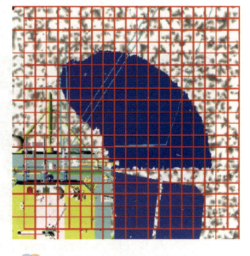

图 3.366 采样器可达面积及其与采样过程监视相机 A/B 视场覆盖重叠示意图

覆盖面积应能满足表取采样对采样区大小的要求,且尽量使其视场覆盖区域处于采样器可达区域的中心位置。

(2)表取采样对三维地形精度要求为不大于10mm,表取采样机械臂最细部分的尺寸约为$\phi 51$mm,为了提供高精度的采样区图像,并实现对触月、采样、采样器关闭等关键动作执行到位情况进行直观判断,相机像元分辨率应满足三维地形重建精度要求,并清晰分辨表取采样机械臂最细部分的结构。

(3)表取采样机械臂在采样区上方运动,表取采样机械臂运动过程监视要求相机视场能够对采样区上方的空间进行覆盖。

(4)表取采样机械臂移动速度约为1cm/s,相机帧频应能够适应表取采样机械臂的速度。

(5)探测器对采样过程监视相机A/B数据率要求为单个相机不大于0.5Mb/s,相机在设计帧频、压缩比、有效像元数、量化比特等图像质量指标时应满足数据率要求。

(6)表取采样区域处于着陆器的西南侧,月面表区采样时太阳高度角大于40°,入射方位大约处于正南侧,相机成像应适应光照条件以及遮挡情况。

针对以上需求和约束,采样过程监视相机A/B并排安装在着陆器$-Y$侧板上,其镜头采用异形设计,光轴与安装侧板夹角为30°,从表取采样机械臂可达区域侧外上方斜向下指向采样器可达区域中心位置,适应了当时的光照条件和遮挡情况,并使其视场对采样区域实现双目视觉测量覆盖,安装位置与视场分布如图3.367所示。考虑不同的任务要求,采样过程监视相机A/B设计为既具备高清静态拍照功能,又具备动态摄像功能。静态拍照用于为采样区三维地形重建提供高精度的月面图像,并对关键动作的执行到位情况进行判读,视场角选择为59°×45°,在月面的覆盖区域与采样器可达区域的重叠面积为5.85m²,且重叠区域位于采样器可达区域的中间位置,满足了采样区大小的要求,有效像元数选择为2352×1728,在采样区的像元分辨率为0.98~1.44mm,可识别表取采样机械臂最细部分的结构,所拍摄的图像经三维重建后精度可达5mm,满足采样对地形精度的要求。动态拍照的视场角选择为59°×35°,视场覆盖了采样区上方表取采样机械臂运动包络,可完成对表取采样过程的监视,且像元分辨率为1280×720,帧频为10fps,平衡了视频监视清晰度与数据量的要求,同时可适应表取采样机械臂1cm/s速度。以上设计状态在研制过程中为迭代收敛的结果,满足了采样过程监视相机A/B安装位置及视场布局的设计要求。

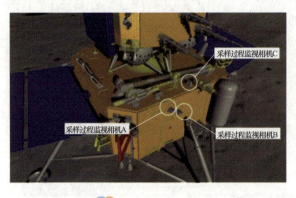
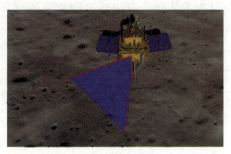

图3.367 采样过程监视相机A/B安装位置及视场分布示意图

2)仿真系统

在研制阶段初期,探测器器上状态与在轨状态存在差异,且有些动作在地面难以模拟,比如各器分离过程,因此即使在监视相机装器后,其在轨成像效果也难以在地面进行验证。在"嫦娥"五号探测器工程参数测量分系统研制过程中,为了验证监视相机的在轨成像效果,设计了深空探测成像仿真系统。该系统基于 Pro/E TOOLKIT 的模型导入和三角网格拓扑压缩算法,成功实现了 Pro/E、UG、Solidworks 等系统模型的无缝导入,确保了器上状态与实际状态一致,并采用了基于 JPL DE405 星历的天体轨道分析算法和基于高分辨率遥感图像的天体建模算法,使得仿真环境中所有天体的运行轨道和表面状态与其真实状态完全一致。

深空成像探测仿真系统由探测器环境仿真子系统、客观环境仿真子系统和成像效果仿真子系统组成,如图 3.368 所示。

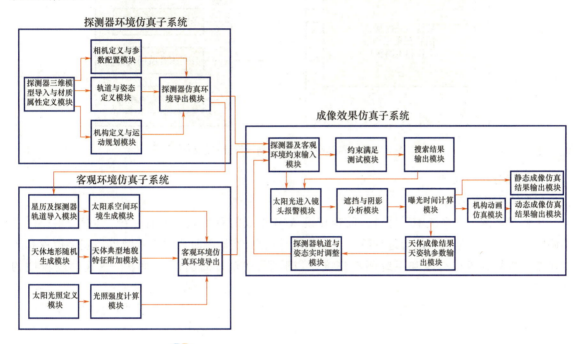

图 3.368 深空成像探测仿真系统组成框图

3) 相机设计

工程参数测量分系统的相机分为单体设计和集成设计。其中单体设计指相机的结构组件、光学镜头和电子学模块采用一体化设计,与其他相机无接口联系,如宽视场监视摄像机、双谱段监视相机和采样过程监视相机 D;集成设计指多个相机的相同部分功能集成设计在一起,采用统一的接口与各相机的不同功能部分进行联系,如着陆器监视相机、监视传感器 A 和监视传感器 B。

单体设计适用于功能差异大、安装位置相对隔离的状态,如采样过程监视相机 D 独立安装在上升器上,与其他相机集成设计存在电缆穿舱及分离设计等难点,因此采用单体设计,自身接收一次电源,具备遥控开关功能,与 1553B 总线直接通信、单机内完成图像处理等所有工作。单体设计具有安装位置约束小的优点,缺点是质量、功耗等资源需求相对大。

集成设计适用于相机部分功能相同且安装位置集中,集成后接口及电缆走线简单,无须考虑穿舱、分离设计等情况,如采样过程监视相机 A/B/C、钻取机构监视相机和分离上升监视相机等 5 台设备均安装在着陆器上,相对距离近,集成设计电缆走线不穿舱,具有相同的压缩、供电和控制等需求,接口简单,因此将压缩、供电和指令控制部分功能采用集成设计为相机控制器,集成设计原理框图如图 3.369 所示。集成设计的资源共享,相对单体设计可减少质量、功耗等资源需求,缺点是相机安装位置要求紧凑,不适合集成设计后电缆需要穿舱或分离设计的情况。

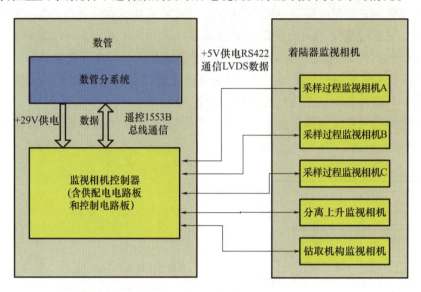

图 3.369　着陆器监视相机集成设计系统组成框图

4) 图像分析与处理

(1) 双目视觉测量。

工程参数测量分系统中采样过程监视相机 A/B 组成的双目立体视觉系统,负责为采样提供精确的三维地形数据和石块等地理特征目标的尺寸信息,在研制阶段面临着装器后安装位置和成像角度受限导致难以标定和系统测量精度难以验证,在轨月面图像纹理单一重建速度较慢的问题。

针对装器后双目视觉系统标定问题,基于张正友标定方法,设计了简易的棋盘格标定靶标及其三角支架,如图 3.370 所示,在相机电性能测试过程中相机视场内进行合适摆放,并配合三脚架高度调节,使得棋盘格能够占满视场,通过调整标定板姿态实现不同角度靶标图像的采集,平衡了标定精度与时间资源消耗,选择了 30 幅靶标图像作为输入完成了采样过程监视相机 A/B 内外参数的标定。

(a) 监视相机A　　　　　　　　(b) 监视相机B

图 3.370　采样过程监视相机 A/B 图像中靶标及支架

针对双目视觉系统测量精度验证问题,设计了 9 个大小不一且可套叠的立方体套盒,并在套盒表面粘贴扇形靶标,精度验证时均匀布置在相机视场内,如图 3.371 所示,测试过程中对套盒进行双目成像,每次均对 18 组点对距离进行视觉测量和游标卡尺测量,并对测量误差进行分析。

图 3.371　靶标布置示意图

针对月面图像三维重建需求,设计了一种稠密点云的匹配算法,基于核线图完成了采样区三维重建,并选用归一化互相关算法实现单特征点匹配,在轨在 1s 内完成了采样区三维重建,并在 8min 内对采样区内所有特征目标距离及大小完成了测量,如图 3.372 所示。

(a) 采样区稠密三维地形　　　　　　(b) 目标测量结果

图 3.372　采样区视觉测量结果

(2) 单目视觉测量。

工程参数测量分系统监视的关键环节中包含四器分离、月面起飞上升、轨返组合体分离等多个器间分离动作,分离速度是探测器飞行状态是否符合预期的标识,也是后续轨道机动和规避实施的依据,限于质量、功耗等资源约束,对所有的器间分离动作不可能通过配置双目视觉系统进行分离速度实时测量,因此需要通过单个相机的监视图像分析实现目标分离速度的实时测量。

为满足实时遥测的需求,设计了基于旋转不变特征的分离速度可视化遥测算法,并根据图像序列中相邻帧间特征变化,实时计算当前的分离速度,计算公式如下:

$$v = \frac{f(s_n - s_m)}{dt_{nm}} \tag{3.78}$$

式中：f 为相机焦距；d 为像元尺寸；s_n、s_m 为第 n 帧和第 m 帧的像元分辨率；t_{nm} 为第 n 帧和第 m 帧的间隔时间。

2. 月面尘埃带电原位测量设计技术

1）探头设计

月尘带电测量探头设计为 2 个黏性石英晶体微量天平（SQCM）探头，分别为测量探头和参考探头，并在 SQCM 探头上方增加栅网，这两个探头共享同一晶振电路，其中测量探头在 SQCM 栅网上施加随时间变化的偏压，对不同荷质比的带电月尘进行筛选，只有荷质比在偏压电场中引起的静电力小于重力时才会进入栅网，而参考探头无差别接受月尘，通过比较测量探头和参考探头的月尘量，并结合栅网偏压量实现对月尘带电特性的测量，系统组成框图如图 3.373 所示。

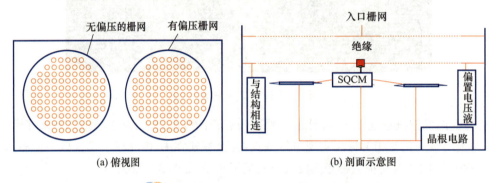

图 3.373　月尘带电监测结构示意图

2）标定与反演

SQCM 探头表面的质量累积量为

$$m = S_f \Delta f \tag{3.79}$$

式中：m 单位为 g/cm²；Δf 为探头的频率下降值，通过监测探头的频率获得；S_f 为质量敏感系数，需要通过地面标定获得，标定原理如图 3.374 所示。

如图 3.374 所示，在两个 SQCM 探头周围均放置 4 块质量感应片，收集板面积大小与石英晶体面积大小相等，并在质量敏感片上涂覆 Apiezon H 真空脂，标定过程中均匀往探头撒模拟尘埃，每撒一次，记录 4 块尘埃收集板上模拟月尘质量的平均值和探头的频率值，利用最小二乘法拟合质量累积量与频率变化关系，拟合斜率即为质量敏感系数 S_f。

根据探头探测原理，栅网偏压是依据颗粒的受力确定，其中包含了重力加速度系数。因此，通过地面标定试验，可得到被抑制带电月尘荷质比理论计算值与试验栅网偏压的关系，即满足：

$$Q/m \geqslant rg_e/U \tag{3.80}$$

式中：Q/m 为月尘的荷质比；g_e 为地球上的重力加速度；r 为栅网间距，$r=12\text{mm}$；U 为栅网偏压，表示当栅网偏压加 U 时，荷质比大于 rg_e/U 的月尘将被抑制，通过比较测量探头和参考探头所测月尘累积量，即可得到荷质比大于 rg_e/U 的月尘量。

3. 着陆器无损探伤测量设计技术

1）探头设计

着陆器无损探伤测量探头采用电涡流无损检测技术实现对着陆器的无损探伤，为了实现深层

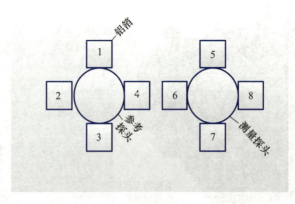

(a) 质量感应片布置

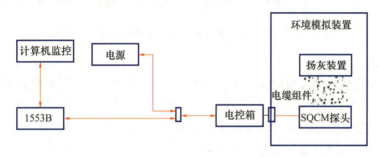

(b) 试验系统图

图 3.374　月尘带电测量探头质量敏感系数标定原理图

缺陷的高分辨率检测，检测元件选用具有体积小、灵敏度高、适应频率和温度范围宽的隧道磁电阻（TMR）传感器。

着陆器无损探伤测量探头由检测单元、激励单元、调理电路和结构组件 4 部分组成，系统组成框图如图 3.375 所示。

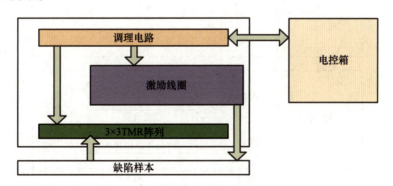

图 3.375　着陆器无损探伤测量探头系统框图

根据对探测器飞行剖面进行分析，最可能产生损伤的过程为月面着陆过程，其中着陆缓冲机构与舱板连接处所受着陆冲击最大，因此将着陆器无损探伤测量探头 TMR 阵列安装在着陆器舱内靠近着陆缓冲机构连接处的隔板上，对称覆盖在流体回路热管上方，如图 3.376 所示，通过监测着陆前后其下方磁场信号的变化情况，从而测量流体回路热管因着陆冲击导致的形变、位移等损伤情况。

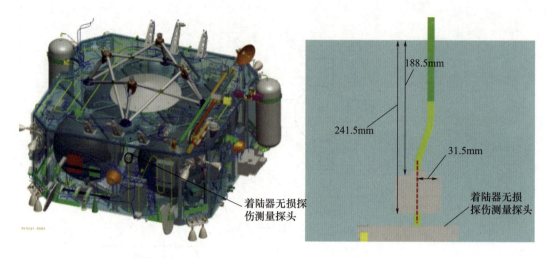

图 3.376　着陆器无损探伤测量探头的安装布局图

2）标定与反演

着陆器无损探伤测量探头地面标定试验系统如图 3.377 所示，测试数据的处理采用差分法，数据获取方法为：首先利用非导电夹具将探头移至热管上方，模拟其真实安装状态，获取参考数据；其次保持蜂窝板位置不变，利用夹具控制探头相对热管位移，获取该位移条件下的数据，作为检测数据；最后将检测数据与参考数据求差分，获得该位移量下的测试数据，利用差分数据的峰值描述位移量。重复上述操作，即可获得 TMR 探头检测值随位移量的关系曲线。在轨获得 TMR 探头 9 个传感器的差分电压后，先反算至 25℃条件下差分电压大小，测得热管的水平、垂直位移结果。

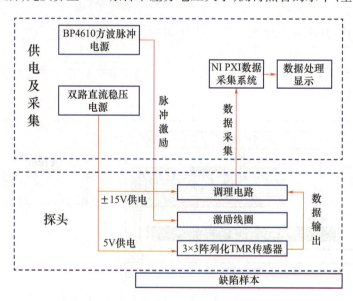

图 3.377　着陆器无损探伤测量探头标定试验系统

4. 器内环境监测设计技术

1）轨道器发射入轨段力学特性参数测量

轨道器器内环境监测主要测量发射入轨段运载火箭发动机点火、抛整流罩和器箭分离等主要关键动作传递至探测器的低频振动与冲击力学特性。根据仿真分析结果,为了全面测量发射入轨段轨道器关键位置的力学特性参数,配置 4 个低频振动传感器和 3 个冲击传感器,具体位置如图 3.378 所示。

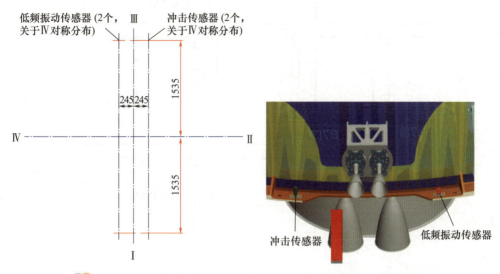

图 3.378　轨道器推进仪器舱后端框上表面力学传感器安装布局图

2）着陆器月面着陆下降段力学特性参数测量

月面着陆下降段主要关注 7500N 变推力发动机工作时在探测器上引起的高频振动力学特性,根据 7500N 变推力发动机地面试车数据分析结果,7500N 变推力发动机引起的高频振动力学响应最敏感位置为 7500N 变推力发动机安装法兰处,如图 3.379 所示,配置 1 个单轴测量的高频振动传感器。

3）返回器再入回收段力学特性和温度特性参数测量

返回器再入回收段力学特性和温度特性参数测量主要包括力学参数、器内温度和烧蚀层烧蚀温度三个部分的测量。

图 3.379　着陆器内环境监测探头的安装布局图

（1）力学参数测量。

工程参数测量系统测量的力学参数包括过载和冲击两类,在主动段和再入回收段两个飞行时段测量飞行器的过载参数,在着陆冲击段测量返回器的冲击载荷。

针对测量需求,并考虑一定余量,配置 1 个三轴直流响应型过载传感器和 1 个双轴电荷型冲击传感器。过载传感器和冲击传感器均安装在返回器的大梁上,以测得最大的力学响应,如图 3.380 所示。

（2）器内温度测量。

器内温度测量任务主要是测量返回器器内温度在主动段和再入回收段的变化过程。

对返回器结构温度场进行了分析,分析结果表明,在主动段和再入回收段,返回器器内最高温

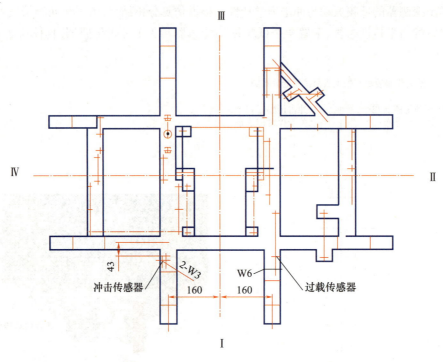

图 3.380　过载和冲击传感器布局图

度小于 200℃,因此,配置了 MF51 型热敏电阻进行器内温度测量。

为了测量返回器完整温度场的分布,结合仿真分析结果,对热敏电阻的布局进行了针对性设计,在返回器的大底端框、大底、侧壁、前端等多个位置,特别是拐角、连接处等温度变化较大的特征区域,均安装了热敏电阻,共安装了 12 个。具体布局如图 3.381 所示。

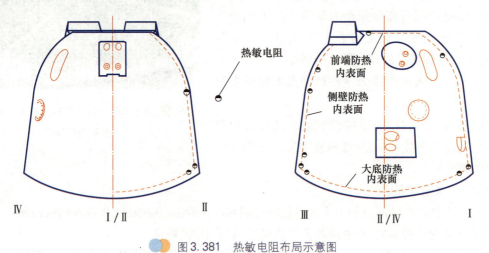

图 3.381　热敏电阻布局示意图

(3) 烧蚀层烧蚀温度测量。

烧蚀层烧蚀温度测量是测量返回器烧蚀层在再入大气过程中烧蚀温度的变化过程,用于烧蚀层温度场建模。

在当前已有航天器中,只使用过示温晶粒进行烧蚀过程最高温度的测量和记录,未进行过烧蚀温度变化过程的在轨测量。基于此,设计了铠装热电偶的测量方法。具体如图 3.382 所示,图

中 h 为铠装热电偶的有效长度,其大小与测温点的深度直接相关,h_1 为引线长度,与铠装热电偶的安装位置和电缆走向相关,h_2 为台阶高度,取决于热电偶丝的最小转弯半径。

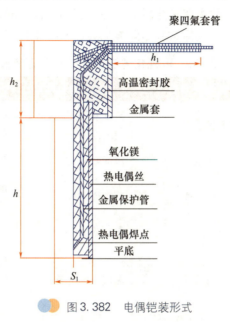

图 3.382　电偶铠装形式

与热敏电阻的布局类似,根据返回器结构温度场分析的结果,在大底、大底拐角、侧壁等多个特征位置安装热电偶,所不同的是,为了测量同一位置不同深度的防热层在烧蚀过程中的温度变化,从测点位置和埋入烧蚀层深度两个维度测量返回器的温度场分布,将热电偶设计为分组安装。

热电偶共安装了 9 组 22 个,布局如图 3.383 所示。

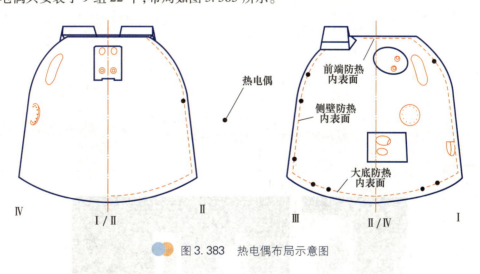

图 3.383　热电偶布局示意图

3.12.4　验证技术

除了进行规定的环境适应性验证试验、验收测试以及整器的综合测试之外,还进行部分有工程参数测量分系统特点的试验项目,具体如下:

1. 可视化遥测设计技术

可视化遥测技术相关的试验主要是相机的性能测试和定标试验,包括 MTF 测试、光照适应性测试、内外方位元素定标试验等,具体试验矩阵参见表 3.86 和图 3.384。

表 3.86 可视化遥测相关试验验证矩阵

序号	技术名称	试验名称	验证项目	验证目的和内容	验证方法
1	可视化遥测技术	相机性能测试	焦距测试	测试相机焦距是否满足设计要求	利用物像关系,测试已知长度靶标在项目成像大小,计算焦距
2			MTF 测试	测试系统 MTF	利用刃边法进行测试
3			视场角测试	测试视场角	相机置于转台,旋转转台,测试相机可见范围
4			信噪比测试	测试系统信噪比	对积分球开口成像,计算信噪比
5			畸变测试	测试系统畸变	利用相机对平行光管点光源成像,旋转相机,可得实际像高,与理论像高比较即得畸变曲线
6			光照适应性测试	测试相机对于月面强光照的适应性	模拟月面 100000lx 光照环境,开展相机启动、动态、静态拍照试验
7		相机定标试验	色彩定标试验	标定相机色彩系数矩阵	利用相机对靶标成像,利用获取的图像计算色彩系数矩阵
8			畸变定标试验	标定相机畸变系数矩阵	利用相机对靶标成像,利用获取的图像计算畸变矩阵
9			相对辐射定标试验	标定相机相对辐射系数矩阵	相机对各级亮度积分球进行成像,利用获取的图像计算相机定标系数
10			内、外方位定标试验	测试采样过程监视相机 A/B 两台相机内、外方位元素	利用棋盘格法对相机进行内、外方位元素标定

图 3.384 光照适应性测试

2. 月面尘埃带电原位测量

月面尘埃带电原位测量需要在地面对 SQCM 探头进行标定,以用于探测数据的反演,试验项目包括 SQCM 测量质量定标试验和荷质比测试地面标定试验,具体验证矩阵见表 3.87 和图 3.385。

表 3.87 月面尘埃带电原位测量相关试验验证矩阵

序号	技术名称	试验名称	验证项目	验证目的和内容	验证方法
1	月面尘埃带电原位测量技术	SQCM 探头定标试验	SQCM 测量质量定标试验	试验获得 SQCM 对带电月尘的质量敏感性	通过试验分别获得被测月尘质量,SQCM 频率变化值,在多次测量数据的基础上获得 SQCM 频率变化与累积月尘质量的拟合关系
2			荷质比测试地面标定试验	标定荷质比测量值与栅网偏压的关系	通过地面试验获得荷质比测量值与栅网偏压的关系

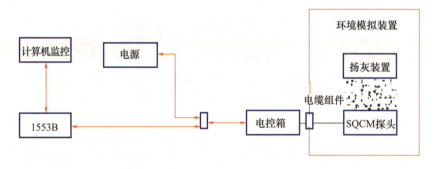

图 3.385 SQCM 标定试验系统

3. 着陆器无损探伤测量

着陆器无损探伤测量技术的相关试验包括 TMR 探头的性能测试和 TMR 探头定标试验,具体见表 3.88 和图 3.386。

表 3.88 着陆器无损探伤测量相关试验验证矩阵

序号	技术名称	试验名称	验证项目	验证目的和内容	验证方法
1	着陆器无损探伤技术	TMR 探头性能测试	线圈磁场测试	验证激励线圈磁场的均匀性和强度	利用高斯计/磁通计对激励线圈磁场进行测试
2			检测覆盖能力测试	验证阵列化 TMR 对所覆盖区域缺陷的检测能力,以保证不存在漏检情况	利用标准缺陷样本,通过探头与缺陷相对位置的变化,测试探头检测的覆盖性
3			最小可检测尺寸测试	验证探头对不同深度缺陷的检测能力	利用标准缺陷样本,通过该缺陷所在深度,测试探头的检测能力
4		TMR 探头定标试验	TMR 探头定标试验	标定探头输出幅值 p 与热管位移和铝蒙皮形变之间的关系	通过测试标准缺陷样本,获得不同位移和形变的幅值 p,作图,通过拟合获得其对应关系

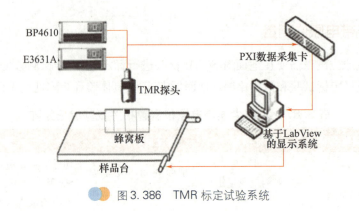

图 3.386　TMR 标定试验系统

4. 器内环境监测

器内环境监测的力学和温度传感器需要通过地面标定试验来确定传感器的灵敏度、特征阻值和热电势输出精度，具体见表 3.89 和图 3.387。

表 3.89　器内环境监测相关试验验证矩阵

序号	技术名称	试验名称	验证项目	验证目的和内容	验证方法
1	器内环境监测技术	探头性能测试和定标试验	力学传感器测试和定标试验	标定整个频率范围、整个测量范围内的传感器灵敏度	对不同传感器进行全频率范围内灵敏度测试和全测量范围内灵敏度测试
2			热敏电阻测试和定标试验	标定整个测量范围内的热敏电阻特定阻值	对每一只热敏电阻，进行全温度范围下特定温度时的输出电阻值性能测量
3			热电偶测试和定标试验	标定整个测量范围内热电偶热电势的输出精度	测量铠装热电偶的全温度范围下特定温度环境时热电偶热电势输出，要求精度满足使用要求

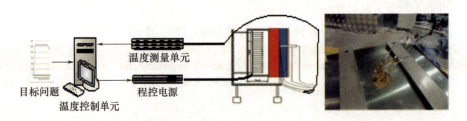

图 3.387　热电偶标定试验

3.12.5　实施结果

1. 可视化遥测结果

在"嫦娥"五号任务过程中，工程参数测量分系统共获取了 45.28Gbits 的图像、视频和视觉测量数据,包括轨道器太阳翼及定向天线展开过程视频、四器组合体分离视频、支撑舱分离视频、月面钻取采样图像和视频、月面表取采样图像和视频、样品密封封装视频、月面起飞视频、月球轨道交会对接和样品转移视频、对接舱及上升器分离过程视频、轨返组合体分离过程视频,部分图像如图 3.388~图 3.394 所示。

图 3.388 为轨道器太阳翼展开过程和定向天线展开的监视结果,从图中可以看出,轨道器太阳翼展开后整个太阳板布满在相机视场内,表明太阳翼已完全展开,轨道器定向天线收拢到展开的整个过程均在相机视场的中心位置,表明定向天线完成展开,成像结果与设计预期完全相同。

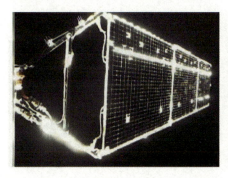

图 3.388　太阳翼及定向天线展开过程监视图像

图 3.389 为着陆上升组合体分离过程和支撑舱分离过程的监视结果,从图中可以看出,着陆上升组合体和支撑舱分离过程均处于视场中心位置,由近到远缓慢离开轨返组合体,表明着陆上升组合体和支撑舱分离正常,成像结果与设计预期完全相同。

(a) 着陆上升组合体分离　　　　　　　　(b) 支撑舱分离

图 3.389　着陆上升组合体分离过程和支撑舱分离过程监视图像

图 3.390 为钻取采样过程中关键动作的成像,主要包括钻进取芯、密封封装装置打开、提芯整形、样品剪切分离和展开机构避让,覆盖了整个钻取采样过程和展开机构避让过程,为地面判读钻取采样关键动作执行到位情况提供了实时直观的图像,成像结果与设计预期完全相同。

图 3.391 为表取采样过程、表取样品初级封装过程和表取初级封装容器转移至密封封装装置过程中关键动作的成像,主要包括表取采样机械臂展开、月面采样、向初级封装容器倒样、初级封装装置封盖、抓罐、提罐、样品转移和样品分离至密封封装装置内,覆盖了表取采样至表取样品转移至密封封装装置内的整个过程,为地面判读表取采样关键动作执行到位情况提供了实时直观的图像,成像结果与设计预期完全相同。

(a) 钻进取芯（钻取相机）

(b) 提芯整形（相机D）

(c) 样品剪切分离后（相机D）

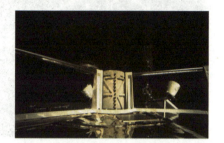
(d) 展开避让后（相机D）

图 3.390　钻取采样过程关键环节图像

(a) 月面采样动态拍照（相机A）

(b) 机械臂展开（相机C）

(c) 放样（相机C）

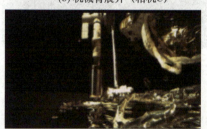
(d) 抓罐及提罐（相机C）

(e) 样品分离（相机D）

(f) 密封盖关闭（相机D）

图 3.391　表取采样过程关键环节图像

图 3.392 为上升器月面起飞上升过程在轨监视图像,从图中可以看出,起飞前,上升器约有 1/4 部分处于视场内,起飞 1m 左右,整个上升器处于视场中心位置,表明上升器起飞正常,成像结果与设计预期完全相同。

(a) 起飞前　　　　　　　　　　　　　(b) 起飞过程

图 3.392　月面上升过程上升器起飞图像

图 3.393 为交会对接过程的监视图像,从图中可以看出,上升器在接近轨道器过程中处于视场中心;监视传感器 A 能够清晰地看到三个抱爪机构抓捕上升器的状态,表明上升器与轨道器成功对接;监视传感器 A 摄像模块 1 能够清晰地看到密封封装装置从上升器转移至返回器器内,并可监测返回器舱盖关闭情况,表明密封封装装置成功从上升器转移至返回器舱内。交会对接过程中的成像结果与设计预期完全相同。

(a) 接近过程(宽视场)　　(b)抱爪抓捕(摄像模块2)　　(c) 样品转移(摄像模块3)

图 3.393　交会对接过程监视图像

图 3.394 为对接舱及上升器和返回器分离过程的监视结果,从图中可以看出,对接舱及上升器和返回器分离过程均处于视场中心位置,由近到远缓慢离开轨道器,表明对接舱及上升器和返回器分离正常,成像结果与设计预期完全相同。

(a) 对接舱及上升器分离　　　　　　　　(b) 返回器分离

图 3.394　对接舱及上升器和返回器分离过程监视图像

2. 月面尘埃带电原位测量结果

月尘带电测量探头完成了月尘带电检测任务,2020 年 12 月 2 日 1:24,开机,预热 4h;2020 年

12月2日5:24,按照预定程序进入测量,阻滞势分析仪(RPA)扫描电压从1.5V~50mV阶梯上进行了测试,每个阶梯100min,测试曲线如图3.395所示,可以看到,测量探头(约30Hz)和参考探头频率均有下降,且参考探头的下降程度更多(约140Hz),说明参考探头收集到的月尘比测量探头多,而测量探头扫描电压为正电压,这表明,月尘中含有一定量的带正电的尘埃颗粒,这些颗粒被阻滞势分析仪排斥了。

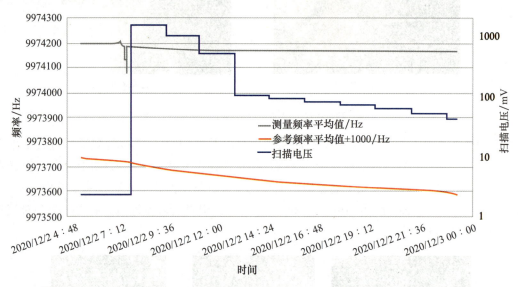

图3.395 月尘带电测量探头第一段测量探头频率与参考探头频率及扫描电压曲线

由图3.395可知,月尘带电测量探头的数据连续,无中断,数据曲线合理,表明该设备工作正常,且经分析表明月尘中含有部分带正电的颗粒,这些颗粒的荷质比小于1.96C/kg。

3. 着陆器无损探伤测量结果

着陆器无损探伤测量探头在环月飞行段进行了一次标定,标定数据曲线如图3.396所示。

月面工作段,着陆器无损探伤测量探头在月尘带电测量探头结束工作后完成了1次着陆器无损探伤,探伤数据曲线如图3.397所示。

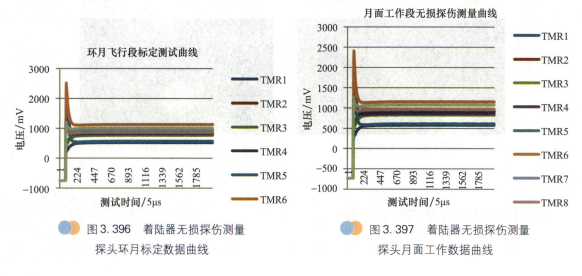

图3.396 着陆器无损探伤测量探头环月标定数据曲线

图3.397 着陆器无损探伤测量探头月面工作数据曲线

由图 3.396 和图 3.397 可知，着陆器无损探伤测量探头 9 个 TMR 传感器的数据连续，无中断，数据曲线合理，表明该设备工作正常，经过分析，标定数据与测量数据基本一致，表明着陆器无损探伤探头安装位置的关键结构件不存在损伤或位移。

4. 器内环境监测结果

轨道器器内环境监测探头在发射入轨段测量了发射过程中轨道器力学特性参数，部分测量结果如图 3.398、图 3.399 所示。从图中可以看出，低频振动传感器和冲击传感器所测结果能够很好反映发射入轨段轨道器器内的力学响应。

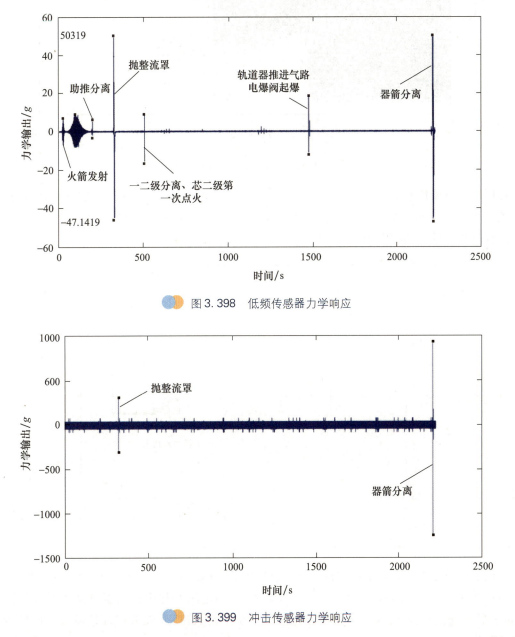

图 3.398　低频传感器力学响应

图 3.399　冲击传感器力学响应

着陆器的高频振动传感器在月面着陆下降段采集 7500N 变推力发动机动作过程的力学特性，

监测结果如图 3.400 所示。从图中可以看出,高频振动传感器所测结果能够很好反映 7500N 变推力发动机高频振动力学特性。

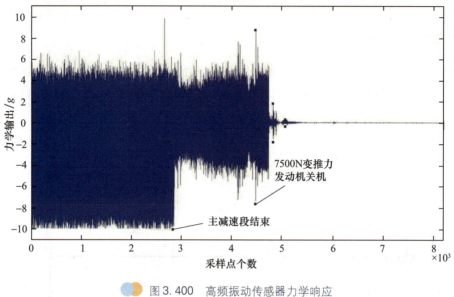

图 3.400　高频振动传感器力学响应

返回器的过载传感器和冲击传感器在再入回收段测量了返回器各轴的力学特性参数,部分结果如图 3.401、图 3.402 所示。从图中可以看出,过载传感器和冲击传感器所测结果能够很好反映再入回收过程中返回器器内的力学响应。

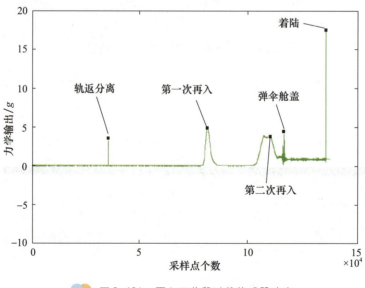

图 3.401　再入回收段过载传感器响应

返回器的热敏电阻和热电偶在再入回收过程中测量返回器器内和烧蚀层的温度变化参数,测量曲线如图 3.403、图 3.404 所示。从图中可看出,热敏电阻和热电偶的温度从相对开机时刻约 40min 开始加速上升,此时对应时间正好为返回器初次再入过程,能够很好地反映返回器内部的温度变化规律。

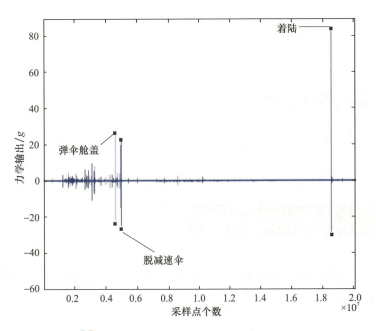

图 3.402　再入回收段冲击传感器响应

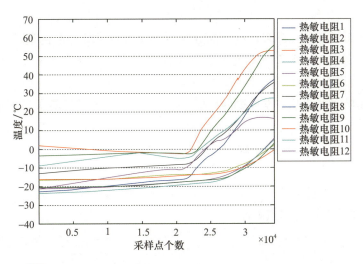

图 3.403　再入回收段热敏电阻 1~12 温度测量数据曲线

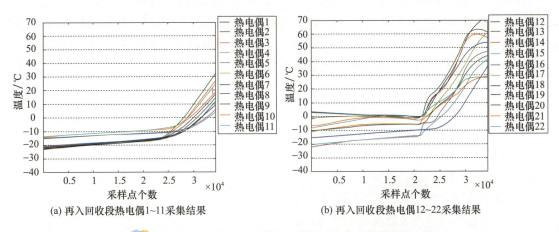

(a) 再入回收段热电偶1~11采集结果　　(b) 再入回收段热电偶12~22采集结果

图 3.404　再入回收段热电偶 1~22 温度测量数据曲线

3.13 回收技术

3.13.1 技术要求与特点

航天器回收技术是指利用气动减速装置或着陆缓冲装置,通过特定的控制手段,使需要返回或着陆的航天器或有效载荷稳定其姿态、降低其运动速度,直至按预定的程序和目的安全着陆或收回的技术[75]。

1. 功能要求

返回器回收分系统主要任务是通过气动减速装置使携带月球样品的返回器以规定的安全速度着陆在地球表面,同时实现返回器火工品点火控制以及在再入回收过程中释放返回器信标天线。

为了实现采集的月球样品安全地返回地球,基于探测器系统设计需求,"嫦娥"五号回收分系统的主要功能有:

(1)在返回器自身气动减速的基础上,采用降落伞进一步降低返回器下降速度,使之满足安全着陆要求;

(2)根据预定的回收程序,发出系列指令,使相应执行机构按指令时间完成规定动作;

(3)负责返回器火工装置的点火控制。

2. 性能要求

返回器将采用半弹道跳跃式再入返回方式。当返回器与轨道器分离后,返回器直接进入地球大气层,下降到海拔高度约60km时,借助气动力的作用,返回器再次跃出大气层,第二次进入大气层,下降到设计的开伞高度时,回收分系统开始工作,使返回器作进一步减速,确保返回器安全着陆。回收分系统的主要技术指标和要求包括以下几方面。

1)初始条件与要求

"嫦娥"五号回收分系统的初始条件与要求主要有:

(1)弹盖开伞时返回器的质量约为330kg;

(2)开伞高度大于10km(海拔高度);

(3)开伞速压不大于5.0kPa。

2)终端条件与要求

"嫦娥"五号回收分系统的终端条件与要求主要有:

(1) 着陆时返回器的质量约为310kg；
(2) 着陆区地面海拔高度约为1km；
(3) 返回器的垂直着陆速度应不大于13m/s。

3) 约束条件与要求

"嫦娥"五号回收分系统的约束条件与要求主要有：
(1) 返回方式为半弹道跳跃式再入返回；
(2) 降落伞系统安装在返回器侧面，且采用侧向弹盖开伞方式；
(3) 伞舱盖质量约为8kg；
(4) 各级降落伞开伞过载不大于7g；
(5) 回收分系统质量不大于22kg。

3. 特点分析

由于"嫦娥"五号回收分系统的工作直接关系到返回器能否安全着陆，因此返回器对回收分系统的工作可靠性要求很高。特别是由于受到质量与体积的限制、布局构型的约束，"嫦娥"五号回收分系统的设计具有其自身的特点。

首先，"嫦娥"五号采用半弹道跳跃式再入返回，需要两次进入大气层，其弹道特征远较常规的弹道式再入复杂。返回器姿态、速度、角速度等与回收分系统相关的环境条件均有较大的变化范围，给回收分系统工作高度、开伞和气动减速过程均带来很多不确定性，直接影响回收分系统工作性能和"嫦娥"五号任务成败。同时这种不确定性也对回收分系统验证工作提出要求，除传统的实物试验验证外，需采用仿真方法对回收分系统工作极限工况开展设计验证。

其次，根据"嫦娥"五号返回器的总体布局要求，回收分系统需采用侧向弹盖开伞的方式，且因各种约束条件的限制，弹盖开伞产生的作用力方向还不能通过返回器的质心、降落伞与返回器之间的连接，也只能采用单点吊挂方式。特别是返回器的质量比较小，这将使得返回器的姿态容易受各种干扰因素的影响。这些因素均将有可能对返回器返回着陆过程中的舱伞系统稳定性带来不利影响。因此，为了确保"嫦娥"五号回收分系统工作的可靠性，舱伞系统的稳定性是降落伞减速系统设计中需要重点考虑的环节之一。

此外，伞舱盖带有一个稳定翼，其气动外形不规则，而且伞舱盖的质量也非常小，且减速伞组件的质量与伞舱盖的质量在同一量级，相差不大，舱盖连接绳与伞舱盖的连接方式以及伞舱盖初始拉动伞包的拉力都将对伞舱盖弹射分离过程的运动特性产生很大影响，进而影响弹盖拉伞工作的可靠性。因此，弹盖拉伞环节的可靠性也是降落伞减速系统设计中需要重点考虑的。

3.13.2 系统组成

回收分系统一般由降落伞减速装置、执行机构、控制装置以及结构装置组成。减速装置是回收分系统的核心，通常采用降落伞系统来实现着陆前减速，对于一般的返回式航天器来说，当返回器下降到20km以下高度，其速度由超声速逐渐过渡到亚声速，已经适合于降落伞系统工作。为保证降落伞系统能正常开伞工作，需要完成一系列程序动作，而这些程序动作是由执行机构（通常是火工装置)通过做一定的机械功来实现。执行机构的动作是由控制装置来控制的,当返回器下降到设计高度时,控制装置发出指令,通过返回器上的供配电系统传递给相应的执行机构,完成开伞、脱伞等一系列预定的减速着陆程序动作。结构装置主要包括伞舱、连接分离机构,伞舱主要用于容纳并固定降落伞装置,连接分离机构是用于降落伞与返回器的连接,以及在火工装置的配合下实现两者的分离,并承受与传递降落伞开伞的受力部件。

根据"嫦娥"五号回收分系统的特点,回收分系统由伞舱、连接分离机构、减速伞组件、主伞组件、压力高度控制器、回收控制器、过载开关、弹射器、非电传爆装置、减速伞脱伞器与天线盖火工锁等11种单机部件组成,详细组成见表3.90。

表3.90 回收分系统组成与功能

序号	产品名称	功能
1	伞舱	容纳固定降落伞系
2	连接分离机构	传递降落伞载荷与分离降落伞
3	减速伞组件	一级减速
4	主伞组件	二级减速
5	压力高度控制器	启动回收控制器
6	回收控制器	接收数管指令,驱动返回器火工品。接收回收启动信号,发出弹伞、脱伞等指令,提供遥测信号,为回收分系统供配电
7	过载开关	发出着陆信号
8	弹射器	弹伞舱盖并拉出减速伞
9	非电传爆装置	同步启动弹射器
10	减速伞脱伞器	脱减速伞
11	天线盖火工锁	连接与解锁天线盖

3.13.3 设计技术

1. 降落伞减速方案设计技术

降落伞气动减速方案的设计是"嫦娥"五号回收分系统设计的关键内容,也是回收分系统设计的首要工作,主要根据已知降落伞减速的初始条件(返回器质量、开伞高度和开伞速度)、终端条件(着陆区地面海拔高度和伞降着陆速度)和约束条件(开伞过载的限制、高度损失的限制、工作时间的限制等)等进行设计。

根据返回器伞降着陆速度的要求,由物伞系统稳定下降时的平衡关系(式3.81)即可确定主伞的阻力面积。

$$mg = \frac{1}{2}\rho v^2 C_D A_0 \tag{3.81}$$

式中:m 为着陆时返回器的质量;ρ 为着陆场地面大气密度(海拔1km);g 为重力加速度;v 为返

回器的垂直着陆速度；C_D 为降落伞阻力系数；A_0 为降落伞名义面积。

一般回收分系统的降落伞减速方案需要综合考虑伞降着陆速度、开伞条件、开伞过载、物伞系统的稳定性等要求或因素，来确定降落伞的大小和几级减速策略。针对"嫦娥"五号返回器的特点，若从伞降着陆速度、开伞条件、开伞过载几个方面来考虑，降落伞减速方案直接采用主伞一级减速和采用减速伞＋主伞两级减速方案均有可能实现，但由于"嫦娥"五号月球自动采样返回任务返回器布局构型的约束，降落伞与返回器间的连接吊挂方式以及返回器的质量特性等因素均对舱伞系统的稳定性不利，因此，舱伞系统的稳定性也是回收分系统降落伞减速方案设计时需要优先考虑的一个重要因素。

根据探测器回收分系统布局的特点，若采用主伞一级方案，还需采用一个引导伞来拉出主伞。因此，在对比分析一级减速方案和两级减速方案对舱伞系统稳定性的影响时，一级减速方案中的引导伞和两级减速方案中的减速伞均取同样的阻力面积。通过建立返回器舱伞系统的动力学模型，对一级减速方案与两级减速方案两种减速方案中返回器摆角变化、合角速度变化以及舱伞间夹角变化进行了对比分析。一级减速方案中返回器的摆动明显比两级减速方案的大。由于返回器摆动过大，一方面对舱内的仪器设备的受力不利，另一方面存在着降落伞吊带与返回器间相互磨损的隐患，给返回器的安全返回带来风险，因此，从舱伞系统的稳定性来看，采用两级减速方案更加合理、可靠。同时，从降落伞的开伞过载来考虑，采用两级降落伞减速不仅有利于减小降落伞的开伞载荷，而且也有利于提高降落伞减速系统的适用范围。因此，综合各个方面来考虑，"嫦娥"五号返回器采用减速伞加主伞两级减速的方案。

其中，减速伞主要是承受最大的开伞速压，并为主伞创造合适的开伞条件。降落伞的开伞载荷一直是其设计考虑的首要因素，一般采用各级降落伞的开伞载荷相互接近的设计原则。图3.405 是返回器不同大小的减速伞减速方案中各级降落伞的开伞过载。从开伞载荷的设计原则来看，采用 $1.5m^2$ 或 $2m^2$ 的减速伞更合理些。但从返回器的开伞条件来说，三种减速伞方案中的开伞载荷，对于降落伞的强度设计均没有大的影响；而减速伞面积的增大，将增加减速伞的质量，一方面对于质量要求苛刻的"嫦娥"五号返回器来说是一个必须要考虑的因素，另一方面对于弹盖拉伞环节来说也是不利的；同时通过对不同面积的减速伞对舱伞系统稳定性影响的研究，发现减速伞面积越小对舱伞系统的稳定性越有利。因此，综合上述各方面的考虑，返回器降落伞开伞载荷的设计采用一种非均衡的设计方案，即减速伞选用 $1m^2$ 的伞。

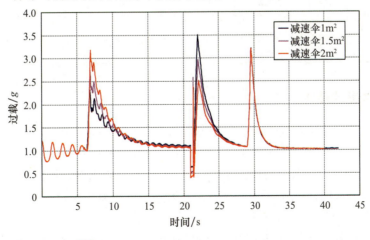

图 3.405　各级降落伞开伞过载的变化

由此确定返回器降落伞系统的分级减速设计方案如下:采用由减速伞和主伞构成两个降落伞级,由 1m² 的减速伞承受最大开伞速压,并稳定返回器的运动,为主伞开伞创造合适的条件,最后由主伞达到规定的伞降着陆速度。同时主伞采用 1 次收口开伞方法,使主伞呈两次开伞,以控制各级开伞过载避免超出规定的限制要求。

这种开伞载荷非均衡的两级降落伞减速系统方案能够适应降落伞开伞载荷、舱伞系统稳定性以及开伞可靠性等多因素的约束,同时也实现了各方面的匹配性和降落伞系统的轻量化设计。

此外,由于返回器采用了侧向弹盖开伞的方式,为了避免伞舱盖在分离后的下落过程中追撞降落伞-返回器组合体,确保回收过程的工作可靠性和安全性,在减速伞包内增设了一个舱盖伞,用于伞舱盖的减速。

综合以上设计,返回器降落伞系统的组成如图 3.406 所示,各级降落伞的主要参数如表 3.91 所示。当返回器返回到离地面一定高度时弹掉伞舱盖,同时将减速包拉出,并顺序将减速伞和舱盖伞拉直,直至减速伞与舱盖伞分离。然后减速伞对返回器减速并稳定其姿态,减速伞工作一定时间后,减速伞与返回器分离并将主伞拉出,主伞先呈收口状工作,再完全张满确保返回器以安全速度着陆。舱盖伞与减速伞分离后,舱盖伞对伞舱盖进行减速下降。

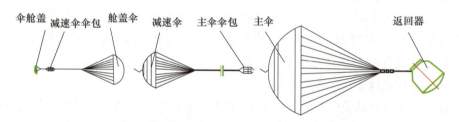

图 3.406 降落伞系统组成示意图

表 3.91 各级降落伞主要特征参数表

序号	项目	减速伞	主伞
1	伞型	锥形带条伞	环帆伞
2	伞衣面积/m²	2	50
3	伞衣名义直径/m	1.6	8
4	伞绳总长度/m	9	11.2
5	收口比	—	19%
6	收口时间/s	—	8

2. 弹盖开伞设计技术

由于返回器以第二宇宙速度进入地球大气层,在到达地球表面的减速飞行过程中,会产生严重的气动加热问题。因此,降落伞在其工作前需要装在返回器内并有伞舱盖进行防热保护。当返回器下降到一定高度时,再将伞舱盖弹射掉,清除开伞通道,并打开降落伞。因此,回收分系统的伞舱盖弹射分离主要是为出伞打开通道,同时还要利用弹射赋予伞舱盖的动能将引导伞或减速伞拉直。

1)开伞方式

一般降落伞工作的成功与否,开伞和拉直程序的设计至关重要。降落伞常用的开伞方式有弹射开伞和牵引开伞两种。返回器降落伞系统虽然质量不大,但是受布局构型约束,需采用牵引伞方式。设置专门的引导伞来实现整个伞包牵引出舱不同,返回器降落伞系统中减速伞的开伞利用伞舱盖的弹射分离来完成,即利用伞舱盖弹射分离的动能将减速伞包拉出伞舱,并使减速伞伞包迅速穿越返回器的尾流影响区,依次拉出减速伞的连接带、伞绳和伞衣,确保减速伞的正常充气。

2) 弹盖分离速度设计

因返回器总体布局的需要,采用了侧向弹盖方式,且伞舱盖带有一个稳定翼,其气动外形不规则,同时伞舱盖的质量特性又较小,这些因素均对伞舱盖弹射分离过程的运动特性产生较大影响。另外,由于伞舱盖的气动外形复杂,设计初期难以准确获得其气动参数,加之伞舱盖分离时又处于返回器的尾流区中。因此,伞舱盖弹射分离速度的确定,相关条件和因素对伞舱盖弹射分离过程的动态特性的影响,是弹盖开伞设计中的关键。

利用计算流体动力学(CFD)和动力学耦合计算的方法,研究尾流影响下伞舱盖的弹射分离过程,对弹射分离时间和过程中的位移、速度、姿态、角速度等做出分析评估。

研究过程中采用以下条件假设:

(1) 由于伞舱盖分离过程持续时间很短,相对于伞舱盖的运动,舱体自身的运动状态变化不明显,故整个分离过程中忽略舱体自身速度和姿态的变化。

(2) 伞舱盖分离过程中所受的力主要是气动力和重力,忽略其他作用力的影响。

① 伞舱盖动力学方程。

矢量形式的伞舱盖动力学方程如下:

$$F = m\frac{\mathrm{d}v}{\mathrm{d}t} \tag{3.82}$$

$$M = \frac{\partial h}{\partial t} + \omega \times h \tag{3.83}$$

式中: F、M、m 和 ω 分别为合外力、合外力矩、质量和转动角速度;动量矩 $h = I\omega$, I 为伞舱盖的转动惯量。

② 流体数学模型。

可压缩气体守恒形式的欧拉方程为

$$\frac{\partial Q}{\partial t} + \frac{\partial E}{\partial x} + \frac{\partial F}{\partial y} + \frac{\partial G}{\partial z} = 0 \tag{3.84}$$

式中: Q 为守恒变量; E、F、G 为对流通量。

$$Q = \begin{bmatrix} \rho \\ \rho u \\ \rho v \\ \rho w \\ \rho e \end{bmatrix}, E = \begin{bmatrix} \rho u \\ \rho u^2 + p \\ \rho uv \\ \rho uw \\ u(\rho e + p) \end{bmatrix}$$

$$F = \begin{bmatrix} \rho v \\ \rho uv \\ \rho v^2 + p \\ \rho vw \\ v(\rho e + p) \end{bmatrix}, G = \begin{bmatrix} \rho w \\ \rho uw \\ \rho vw \\ \rho w^2 + p \\ w(\rho e + p) \end{bmatrix} \tag{3.85}$$

式中：ρ 为气体密度；u、v、w 分别为 x、y、z 方向的速度；e 为能量；p 为压力。

③ CFD 数值计算与六自由度运动方程的耦合。

CFD 数值计算与六自由度运动方程的耦合计算过程如下：

a. 假定在初始时刻 t，刚体的速度、角速度和动量矩矢量分别为 v_t、ω_t 和 h_t；

b. 用 CFD 求解器计算运动物体在 $t+\Delta t$ 时刻的流场特性，综合气动力、重力、推力以及其他外力因素，计算 $t+\Delta t$ 时刻的运动物体的外力 F 和外力矩 M；

c. 通过线性迭代求出 $t+\Delta t$ 时刻的速度和位移；

d. 线性迭代求出 $t+\Delta t$ 时刻的动量矩、角速度和角度等变量；

e. 利用上述步骤求得的位移量（$\delta x, \delta y, \delta z$）和转动量（$\delta\theta_x, \delta\theta_y, \delta\theta_z$），将运动物体的网格节点移动到新的位置。

图 3.407　返回器正常返回标准工况下弹射分离过程

通过仿真计算，即可确定伞舱盖的弹射分离速度。图 3.407 为正常返回标准工况下伞舱盖弹射分离的过程，其结果表明：在设计的弹射分离速度下，伞舱盖在弹射分离 0.45s 之后已达到了足够的分离距离，安全地弹出返回器的尾流区，并将减速伞完全拉出，同时具有一定的设计裕度。

3）弹盖分离设计

针对返回器结构布局、质量特性等方面的特点，采用伞舱盖弹射分离装置实现返回器伞舱盖的连接和分离。伞舱盖弹射分离装置工作前用作伞舱盖与伞舱盖法兰之间的连接件；工作时给伞舱盖提供冲量，使之产生一定的分离初速度，确保伞舱盖平稳分离，并拉出减速伞，从而打开降落伞系。

伞舱盖弹射分离装置包括弹射器和非电传爆装置。为了保证同步将伞舱盖平稳弹射分离，以及兼顾点火电流的限制，采用两组非电传爆装置驱动 4 个弹射器将伞舱盖弹出的方式（图 3.408）。4 个弹射器的合力过伞舱盖质心。

4）伞舱盖拉伞包设计

由于弹伞舱盖牵引开伞不是直接将伞舱盖和伞包连接在一起直接弹出，而是伞舱盖弹射分离后先拉直舱盖连接绳和降落伞伞包拖带，再从伞舱中拉起降落伞伞包，然后拉直降落伞。所以，从弹射伞舱盖开始至降落伞完全拉直为止，伞舱盖与伞包的运动大致可以分为三个阶段。

（1）分离初始阶段。伞舱盖弹射分离初期，由于与返回器之间距离较小，伞舱盖与伞包之间的连接绳处于松弛状态，此时，伞舱盖可视为自由运动刚体，运动过程主要受重力及气动力影响，伞包则在伞舱中跟随返回器一起运动，如图 3.409（a）所示。

（2）拉伞包阶段。随着伞舱盖与返回器之间距离的增大，伞包连接带逐渐绷直并产生拉力，在拉力的作用下，伞舱盖分离速度逐渐减小，伞包则沿拉力方向逐渐加速并脱离返回器，同时连接带伸长，当伞包与伞舱盖的速度相同时，连接带长度达到峰值，此时连接带所受的拉力最大，之后在连接带弹性变形逐渐恢复的作用下，伞包的速度将继续增大，并将伞包与返回器之间的吊带拉直，同时伞包与伞舱盖之间的距离逐渐减小，直到小于连接带原长时，连接绳再度松弛。拉伞包过程结束，如图 3.409（b）所示。

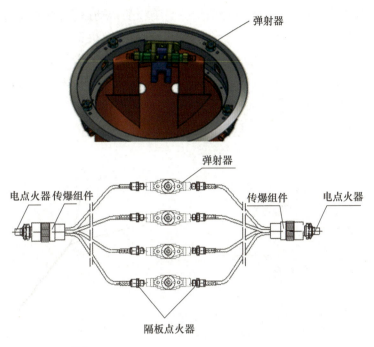

图 3.408　两组 4 路非电传爆装置示意图

（3）伞绳和伞衣拉出阶段。伞包脱离返回器后,当伞包与返回器之间的吊带拉直受力时,伞包解除封包,随着伞包与返回器之间的相对运动逐渐将伞包中的降落伞拉出,直到降落伞完全拉直,伞舱盖带着伞包与降落伞分离,如图 3.409(c)所示。

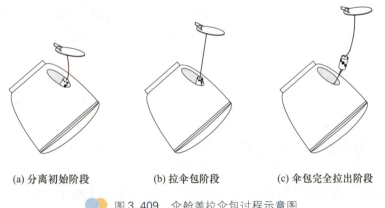

(a) 分离初始阶段　　　(b) 拉伞包阶段　　　(c) 伞包完全拉出阶段

图 3.409　伞舱盖拉伞包过程示意图

三个阶段中,第一阶段可以视为伞舱盖与返回器之间的分离问题,采用 CFD 方法通常可以得到较好的仿真结果;第二阶段,受伞包连接带中产生的拉力作用,伞舱盖及伞包运动状态均发生变化,且伞包连接带和伞包受力是整个弹盖拉伞过程中最严重的一个环节,是伞包和连接带强度设计,以及伞舱盖与伞包间的连接方式设计的主要依据;第三阶段,伞包与返回器距离逐渐增大,并通过相对运动逐渐将伞包内降落伞拉出。

根据弹盖拉伞包过程的运动特点,建立伞舱盖拉伞包过程的动力学分析模型,即可全面地分析弹盖拉伞包过程的动力学特性。由于返回器伞舱盖的质量较小,其姿态在分离过程中容易受外力的影响,特别是伞舱盖拉起伞包的过程中所产生作用力非常大,对伞舱盖的运动姿态将产生很大的影响。因此,为了确保伞舱盖分离过程保持较为平稳的运动姿态,伞舱盖与伞包之间采用了非对称的三点连接方式,使其具有一定的姿态调节功能,从而解决了伞舱盖拉伞过程中的稳定性问题,如图3.410所示。图3.410(a)为伞舱盖上三个连接点的位置分布,分别为A_1、A_2、A_3点,其中连接点A_1与A_2关于伞舱盖$X_1O_1Y_1$平面对称分布,A_3点则位于$X_1O_1Y_1$平面之内。三根连接带交汇于点O处,并在该点与伞包连接绳相连。当三条连接带处于绷直状态时,O点恰好位于伞舱盖O_1X_1轴负半轴,如图3.410(b)所示。

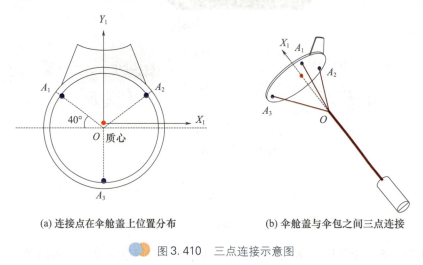

(a) 连接点在伞舱盖上位置分布　　　(b) 伞舱盖与伞包之间三点连接

图3.410　三点连接示意图

3. 降落伞连接与分离设计技术

对于多级伞系统,一般采用前一级降落伞牵引开伞的方式,前一级降落伞既要在其分离之前可靠地与返回器相连,将降落伞产生的气动阻力传递给返回舱,实现减速的目的,同时在其完成减速任务后,又要能够可靠地分离,并将下一级降落伞拉出。降落伞的连接和分离方案的设计与降落伞的安置和出舱密切相关,一般由降落伞连接分离机构与火工装置配合来实现。从分离的方式来划分,目前常用的降落伞连接与分离方式有推销式连接与分离方案、拔销式连接与分离方案、解锁器连接与分离方案、切割式连接与分离方案。

回收分系统减速伞采用拔销式连接与分离方案。为确保减速伞分离的可靠性,减速伞的分离采用冗余设计,即在连接分离机构底座上安装两个减速伞脱伞器,通过减速伞脱伞器的活塞回缩,解除对套筒的约束,实现减速伞的分离(图3.411)。套筒与减速伞脱伞器活塞配合设计,只要有一只活塞回缩,减速伞载荷就能够将套筒拉走,从而实现可靠脱减速伞。

4. 回收加电方案设计技术

一般回收分系统是由返回器上的电源统一供电。接通系统电源主开关是回收分系统启动工作的首要条件,如果不能及时、可靠地接通系统电源主开关,回收分系统将无法工作,后果不可想象。

回收分系统电源加电方案采用两道加电开关串联方案,分别为控制母线加电和回收主开关接通。其中,控制母线在再入前返回器转内电时接通,回收主开关接通采用3种指令并联方式,在二次再入后40km高度附近数管、GNC及地面遥控发出"打开回收主开关",回收主开关接通。两道开关接通后回收控制器加电。回收分系统的电源加电方案如图 3.412 所示。

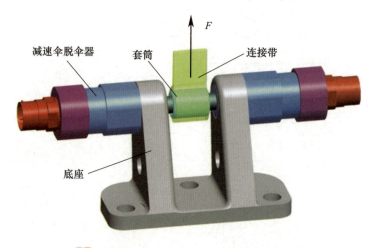

图 3.411 减速伞连接与分离方案示意图

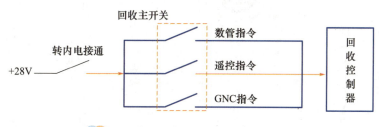

图 3.412 回收分系统电源加电方案

为避免在轨起爆返回器上其他系统火工装置时误启动回收火工装置,将返回器上其他系统火工装置点火供电与回收火工装置点火供电独立开来,确保火工装置控制的安全性。火工电源供电示意图见图 3.413。

5. 回收控制方案设计技术

回收分系统在工作过程中需要执行一系列程序动作,如弹伞舱盖、开减速伞、减速伞分离拉出主伞等。回收分系统控制方案的设计就是制定合适的工作程序,选择合适的控制方法和装置,制定控制方案,确保在下降过程中,回收分系统在各个预定的高度或时间上,按预定的工作程序,向各个执行机构依次发送各个程序动作指令。

回收分系统控制装置由回收控制器、压力高度控制器、过载开关等组成。回收控制功能原理框图见图 3.414。其中压力高度控制器用于发出启动回收程序信号;过载开关发出着陆信号;回收控制器将返回器供配电分系统提供的电源接入回收分系统,接收返回器发出打开回收主开关指令、压力高度控制器接通指令、着陆过载开关接通指令,按照预定程序为弹射器、减速伞脱伞器等火工装置提供点火信号,此外,为判断回收分系统的工作情况,同时提供必要的遥测信号及必要的指令(如起爆两路天线盖火工装置指令信号等)。

根据初步返回弹道参数,通过回收弹道分析,采用高度作为控制参量的开伞控制方案,设计高度 11km 作为减速伞开伞点,相应地采用压力高度控制器作为回收程序启动装置。

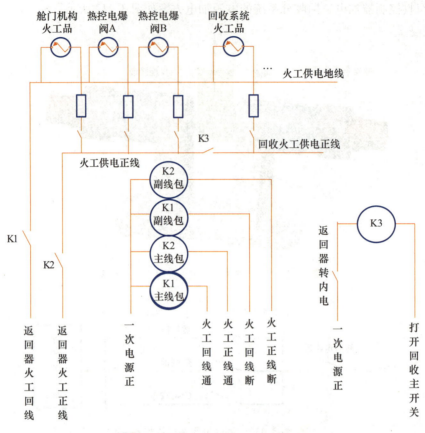

图 3.413　火工电源供电示意图

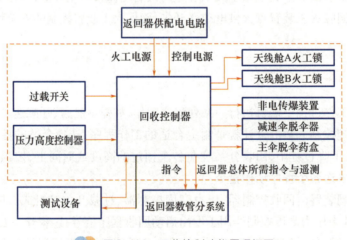

图 3.414　回收控制功能原理框图

6. 回收工作程序设计技术

回收分系统的工作程序设计是回收分系统设计的核心工作之一。工作程序的设计主要根据返回器的返回轨道和开伞后弹道分析进行。在设计过程中需要考虑各种可能的返回轨道,包括标称返回轨道和各种偏差轨道。

回收分系统采用两级降落伞减速方案,通过预置高度触发降落伞开伞,具体的工作程序如图3.415所示。

(1)当返回器下降到11km高度附近时,压力高度控制器接通,启动回收控制器中的时序功能模块;

(2)回收控制器接到压力高度控制器接通信号后,发出弹盖拉减速伞指令,弹射器工作,弹射伞舱盖并拉出减速伞;

(3)减速伞工作15s达到稳定状态后,回收控制器发出脱减速伞指令;

(4)减速伞分离,拉出主伞,主伞呈收口状工作;

(5)主伞收口工作8s后解除收口,主伞完全充气进一步减速;

(6)返回器乘主伞以小于13m/s速度安全着陆;

(7)返回器着陆时通过过载开关发出着陆信号。

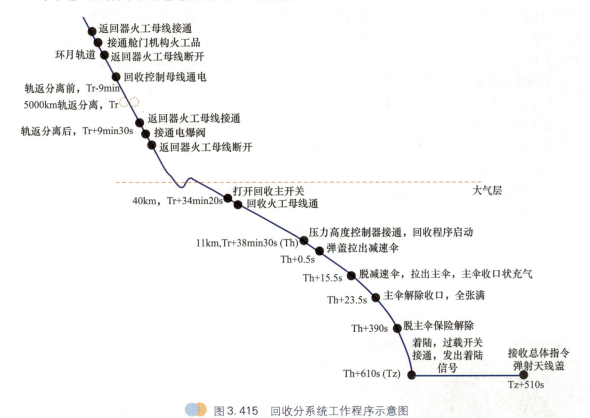

图3.415　回收分系统工作程序示意图

3.13.4　验证技术

回收分系统所采用的降落伞减速装置为柔性结构,其中涉及流固耦合动力学、高速大位移大变形高度非线性动力学等复杂问题,相关理论还不成熟,因此,相关试验验证对于理论研究和新产品的试验鉴定,有着极其重要的价值。

1. 地面弹盖试验技术

伞舱盖的弹射分离是回收分系统的第一个关键执行动作,从回收程序控制装置发出"弹伞舱盖"指令后开始,在弹盖装置的作动下,伞舱盖以一定的初始相对分离速度与返回器分离,然后在各自惯性、重力和气动力及相互气动干扰的作用下,伞舱盖和返回舱逐渐远离,直至减速伞完全拉出时为止。弹盖过程是否正常,伞舱盖能否快速平稳地飞离返回器尾流区,将对随后的拉减速伞伞包和减速伞的拉直充气过程造成显著影响,一直是回收分系统设计时关注的重点。

回收分系统采用 4 个弹射器弹射分离伞舱盖、拉出减速伞的开伞方式。因返回器总体布局的需要,采用了侧向弹盖方式,且伞舱盖带有一个稳定翼,其气动外形不规则,同时伞舱盖的质量特性又较小,这些因素均将对伞舱盖弹射分离过程的运动特性产生较大影响。另一方面,由于伞舱盖的气动外形复杂,设计初期难以准确获得其气动参数,加之伞舱盖分离时又处于返回器的尾流区中,目前有关伞舱盖的弹射分离尚没有准确的分析方法,其弹射速度只能通过估算和经验来确定。因此,伞舱盖的弹射分离速度是否合适,相关条件和因素会对伞舱盖弹射分离过程的动态特性产生什么影响,弹射分离过程能否可靠安全完成,均需要通过地面弹盖试验来验证。

地面弹盖试验的主要目的包括:
(1)验证弹盖分离速度是否满足设计要求;
(2)验证伞舱盖分离后能否将减速伞拉直,以确认伞舱盖弹盖分离速度设计的合理性;
(3)验证伞舱盖分离过程中是否平稳,从而验证伞舱盖弹分离方案设计的合理性;
(4)确定并验证减速伞的包伞状态;
(5)研究负压条件对伞舱盖分离速度的影响,验证分离速度是否具有足够的余量;
(6)验证弹盖分离的可靠性。

针对回收分系统采用的伞舱盖弹射分离拉出减速伞的方式,以及增加舱盖伞的设计,为了验证该设计的可行性及其工作的可靠性,在研制过程中进行了多次地面弹盖试验,包括模拟极端负压工况条件下的弹盖拉伞试验。

地面负压弹盖试验采用负压弹盖试验工装。试验前,首先将密封舱通过四个螺栓和螺母固定在安装架上,密封舱轴线与地面设计成一定夹角。密封舱固定完成后,将抽真空机抽气连接管连接在密封舱壁抽气口上。安装伞舱盖弹射分离装置(非电传爆装置和弹射器)、减速伞组件,并安装试验用伞舱盖以及火工控制装置。完成试验产品安装后,打开抽真空机开始抽密封舱内空气,将密封舱内的压力抽到设计压力。由火工控制装置发出弹射触发信号,同步触发 2 组非电传爆装置进而触发 4 个弹射器,弹射伞舱盖,拉出减速伞。

除负压弹盖试验外,其他各次地面弹盖试验采用返回器全尺寸刚性模型进行(图 3.416)。试验安装正式伞舱盖弹射分离装置、试验伞舱盖、减速伞组件以及火工控制装置。其中,弹射分离装置包括非电传爆装置和弹射器。试验由火工控制装置发出弹射触发信号,控制盒接到触发信号后,同步触发 2 套非电传爆装置进而触发 4 个弹射器,弹射分离伞舱盖,拉出减速伞。

图 3.416 地面弹盖试验返回器全尺寸刚性模型

通过地面弹盖试验,验证了伞舱盖弹射分离装置的工作性能,舱盖伞设置的合理性,减速伞拉直工作的可行性、合理性以及弹射分离拉伞的可靠性,如图3.417所示。地面弹盖试验结果表明,弹射分离拉伞方案设计合理、工作可靠、性能稳定。

图3.417　地面弹盖试验情况

2. 火箭橇试验技术

一般火箭橇试验用来测定降落伞在亚声速、跨声速和超声速下的开伞性能和气动特性。试验设备由精确校直的双轨及在其上滑动的火箭车组成。火箭车上装有测量降落伞载荷用的动力传感器,测量速度用的皮托管,测量轴向加速度用的加速度计以及记录降落伞特性用的高速和低速摄影机。

火箭滑车是用火箭发动机做动力在滑轨上高速滑行的特种车辆。火箭滑车一般由火箭车和滑轨两大部分组成。

火箭车是由车体、动力装置、滑块、刹车系统等部分组成。车体外形具有良好的气动外形,也有非流线型的简单桁架结构。

火箭滑车的动力装置是火箭发动机,通常有固体火箭发动机和液体火箭发动机两种。这两种发动机的选用,需综合滑车的结构、有效载荷、所要求达到的性能、滑轨的长短、试验次数以及经济性等因素而确定。

回收分系统火箭橇弹盖拉伞试验的目的主要是验证返回器在动态条件下,弹盖拉伞方案的可行性和弹射分离拉伞工作的可靠性。具体包括:

(1) 验证在模拟正常开伞姿态和动压条件下,伞舱盖能否正常弹射分离,考察伞舱盖弹射分离后的运动情况;

(2) 验证在模拟正常开伞姿态和动压条件下,减速伞能否被拉直,考察减速伞的拉直过程;

(3) 验证舱盖伞与减速伞能否正常分离,考察舱盖伞的工作过程;

(4) 进一步验证弹盖分离的可靠性。

回收分系统火箭橇弹盖拉伞试验采用火箭滑车,按设计状态装载返回器全尺寸刚性模型、火箭发动机及测量设备(图3.418)。刚性模型上配有回收分系统伞舱、连接分离机构、减速伞组件、工艺主伞、非电传爆装置、弹射器和减速伞脱伞器等产品,以及特别为火箭橇试验配备的火工控制装置和控制电缆等。火箭发动机为火箭滑车提供所需的速度,通过弹道计算预先确定伞舱盖弹射触发区域;待火箭滑车运行到该区域后,割断铜网,发出弹射触发信号,弹射伞舱盖,拉出减速伞;待火箭滑车速度降低到预定速度后,再次割断铜网发出脱减速伞信号,使减速伞与试验模型分离。

回收分系统火箭橇弹盖拉伞试验试验模拟了飞行状态的开伞动压和开伞攻角。试验结果表明:回收分系统伞舱盖弹射分离速度满足要求,并且伞舱盖平稳弹射分离,减速伞均被顺利拉直并稳定充气(图 3.419)。试验验证了在动态条件下弹盖开伞的设计正确性。

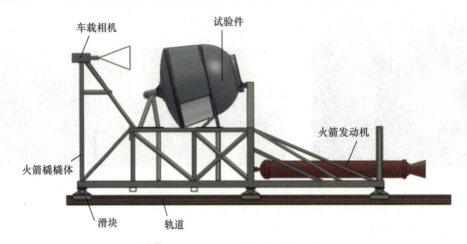

图 3.418　火箭橇试验安装状态

图 3.419　火箭橇试验情况

3. 空投试验技术

空投试验是广泛采用的对降落伞和回收分系统设计及性能进行全面验证的试验方法。空投试验最常用的方法是利用运输机、轰炸机、歼击机或直升机作为空投试验的投放平台。采用歼击机试验时,运载器一般悬挂在机翼下的吊架和炸弹释放装置上,或是悬挂在机身下(中心线)的炸弹释放装置上。在试验区上空,当歼击机的速度、高度以及航向达到投放要求时,飞行员启动炸弹释放装置,投放开始。

用运输机作试验,一般从后门推出试验物,不是垂直投放或由机翼吊架向下投放。在空投时,小试验物可由运输机的后门推出,但是对大试验物,则需要设计专门的投放装置将试验物拉出或投放出舱。

若飞机的飞行速度、高度和航向角接近试验点的飞行条件时,用"短延时"投放方法就可实现回收分系统和减速器的投放试验;用"长延时"投放方法时,飞机在投放时飞行高度远超所要求试验点的高度,以便使飞机有足够的时间达到预定的试验初始点的条件。

回收分系统空投试验是全面验证回收分系统设计正确性、工作程序合理性、系统各装置动作协调性以及主要技术指标的主要手段，同时也是获取回收分系统可靠性数据的重要途径。

根据不同的试验目的，回收分系统采用了两种不同外形模型进行试验，完成了降落伞及系统性能试验、降落伞强度试验及批抽检试验等。其中为了验证降落伞的性能（包括降落伞选型、降落伞结构参数调整等），研制性试验采用航弹模型，如图 3.420 所示。而回收分系统性能试验、主伞的强度试验及批抽检试验等则采用了与返回器外形一致的全尺寸模型来进行，如图 3.421 所示。

图 3.420　航弹模型

图 3.421　全尺寸模型

航弹模型的降落伞性能空投试验采用轰炸机作为运载器，将装配好的试验模型吊挂在轰炸机的弹舱内。当轰炸机到达试验区上空，且飞行速度、高度以及航向达到投放要求时，启动炸弹释放装置，投放开始。模型按预先设计的工作程序依次打开降落伞，通过相关测量设备对其工作性能进行测试。

全尺寸模型的回收分系统性能空投试验则是采用运输机作为运载器。针对全尺寸模型特殊的外形特点，设计了专门的投放装置，用于模型在运载器货舱内的固定和空中投放。投放装置由 U 形架、滑轨和转接件组成。U 形架可通过导向轮在两条滑轨之间滑动，滑轨通过转接件与原机重装空投侧导轨的底面安装座与飞机地板连接，实现投放装置在机上固定。投放装置示意图如图 3.422 所示。U 形架分为底盘、滚道、固定架和翻转机构四部分。底盘用于实现 U 形架在滑轨内前后滑动，其上分别设计有纵向承重轮和横向导向轮，并设计有限位销，起到固定 U 形架的作用。U 形架底盘上设计有向内倾斜的 2 条滚道，用于放置全尺寸模型，滚棒两端设计有轴承，以保证投放过程中模型沿滚道顺利滑下，并保证模型在滑出过程中，不会出现向两侧歪斜和卡滞等意外情况。固定架由槽钢焊接而成，其后部（逆航向）设计有投放锁，两侧设有限位卡箍，投放锁、限位卡箍分别和模型的规定部位连接，通过滚道的支撑和投放锁、限位卡箍的约束，保证模型离机前在运载器货舱内的可靠固定。翻转机构连接于 U 形架底盘和固定架之间，为丝杠螺旋机构，通过转动翻转机构转盘，可使固定架绕底盘上的转轴向后翻转一定角，以保证模型能够顺利离机。模型离机后按预先设计的工作程序依次打开降落伞，对回收分系统的设计和性能进行全面验证（图 3.423）。

经过空投试验的验证表明：回收分系统设计合理，各项性能指标满足总体要求，且全面、充分验证了回收分系统的工作可靠性。

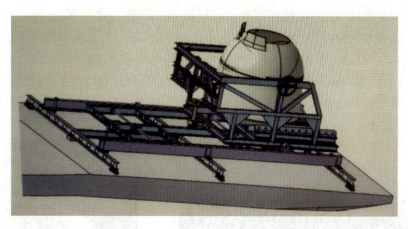

图 3.422　投放装置示意图

图 3.423　全尺寸模型空投试验降落伞工作情况

4. 回收过程半实物仿真技术

"嫦娥"五号返回器回收分系统对可靠性有着很高的要求,需要进行大量的试验和仿真研究,而半实物仿真试验是进行返回器回收分系统仿真试验研究的一项重要的可靠性试验。由于半实物仿真试验系统是由返回器回收过程的动力学仿真程序和返回器上的回收控制器与压力高度控制器等真实的硬件设施构成回路系统,因此,半实物仿真系统不但可以用于分析返回器回收过程中的各项动力学指标和参数,而且可以对返回器上的回收控制器和压力高度控制器进行充分的测试和考核,为达到回收分系统高可靠性、高安全性和高性能等技术指标要求提供强有力的保证。

构建返回器回收过程半实物仿真平台的目的,是在接入实际的回收控制装置和压力高度控制器的情况下,研究返回器在各种返回弹道和空间环境条件下的飞行性能,评估回收全过程中的各种状态参数是否满足设计要求,考核相关硬件可靠性、适应性以及回收程序指令流程的合理性等。

返回器回收过程半实物仿真系统由回收仿真子系统、可视化子系统、数据显示子系统、环境压力模拟子系统、程控自动测试与 I/O 子系统、回收控制装置等组成,如图 3.424 所示。

其中回收仿真子系统是半实物仿真系统的核心,主要完成仿真管理、动力学仿真计算、结果数据管理等任务。

程控自动测试与I/O子系统可单独作为回收控制装置的自动测试设备,在整个半实物仿真系统的回路中,该子系统则是回收仿真子系统和回收控制装置之间指令、数据的输入输出接口设备。

环境压力模拟子系统可根据回收仿真子系统实时计算得到的期望压力作为数据驱动,实时跟随和模拟返回器取压孔附近的环境压力,为回收控制装置中的压力高度控制器提供一个真实的压力环境。

可视化子系统可根据回收仿真子系统的实时计算结果,通过网络实时接收仿真计算结果数据,驱动舱伞系统运动,以三维实体可视化的方式逼真地渲染整个返回器回收过程。

数据显示子系统可根据回收仿真子系统的实时计算结果,通过网络实时接收仿真计算结果数据,以数据曲线和数据仪表的方式,实时输出整个回收过程的仿真计算结果。

回收控制装置是半实物仿真系统的重要设备,在整个半实物仿真回路中提供激励信号,并响应反馈指令。

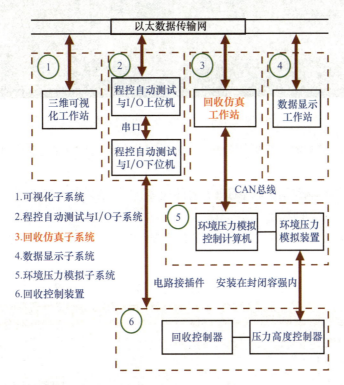

图3.424　回收分系统半实物仿真系统结构框图

利用返回器回收过程半实物仿真平台,对回收分系统的工作性能和适应性、回收控制器的可靠性、滤波电路的性能、过载开关接通电路的性能等进行了一系列半实物仿真试验。结果表明:回收过程中各主要动力学参数均与设计状态相符,回收分系统的设计和可靠性得到了充分的验证。

3.13.5　实施结果

"嫦娥"五号探测器于2020年11月24日4:30在海南文昌航天发射场发射升空,经历了运载发射段、地月转移段、近月制动段、环月飞行段、着陆下降段、月面工作段、月面上升段、交会对接与样品转移段、环月等待段、月地转移段和再入回收段 11 个飞行阶段后,于 2020 年 12 月 17 日 1:59 安全返回内蒙古四子王旗着陆场(图 3.425)。

图 3.425 "嫦娥"五号返回器着陆状态

通过回收过程中实测数据结果的分析,并比对回收分系统的仿真、空投试验结果(表 3.92),可以看出:

(1)针对返回器乘降落伞减速后的垂直着陆速度,飞行结果在仿真和空投试验结果包络范围内,均满足不大于 13m/s 的要求。

(2)针对各级降落伞开伞过载,飞行结果在空投试验结果和仿真结果包络范围内,均满足不大于 7g 的要求。

表 3.92 回收分系统主要技术指标比对情况

技术指标	指标要求	仿真结果	空投试验结果	飞行任务结果
开伞高度/km	>10	—	—	11.4
降落伞各级开伞过载/g	≯7	≤5.32	≤5.35	≤5.088
着陆速度/(m/s)	≯13	10.91~12.89	11.06~11.98	11.48
系统质量/kg	≯22	—	—	21.6

在"嫦娥"五号探测器任务飞行过程中,回收分系统工作性能稳定、可靠,开伞过程正常、回收指令发出正确,回收着陆过程中各动作均准确执行,各项技术指标满足要求。

第 4 章

月面自动采样返回探测器总装集成测试技术

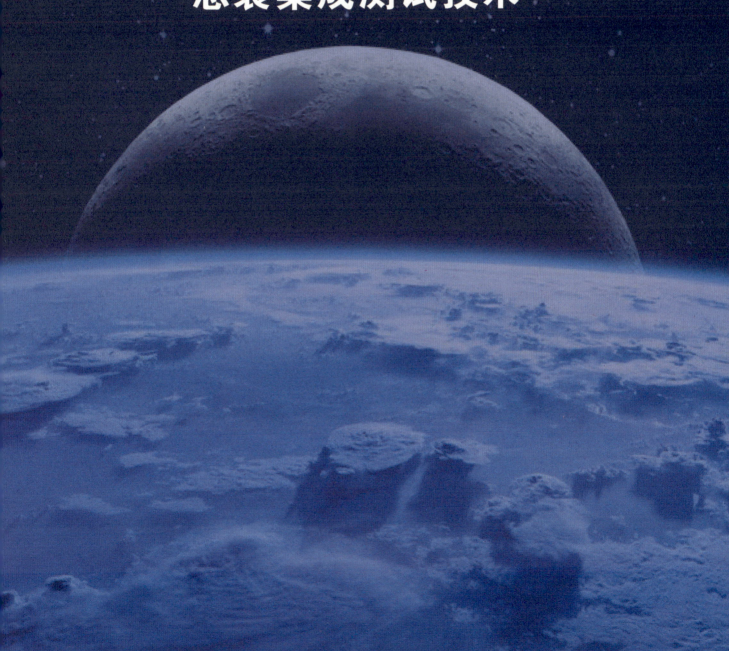

月面自动采样返回探测器技术

4.1 系统集成装配及检验技术

4.1.1 技术要求与特点

系统集成装配(也称总装、总体装配)的技术要求是将设备(零组件)装配至结构框架上,并进行装配精度测量和调整,形成上升器、着陆器、返回器和轨道器,进一步对接成探测器,并完成探测器对应的测试、试验,完成发射场系统集成与测试,应满足总体设计、总装设计以及分系统设计的各项功能和性能指标要求。它是探测器研制过程中的重要阶段,也是保障航天器整体性能的最终环节。探测器系统集成装配技术包括零组件装配工艺技术、总体装配工艺技术和支持集成装配的地面机械支持设备(MGSE)设计技术等方面。

系统集成检验包括总装过程中检验检测和质量控制,实现对探测器产品质量的严格把关,对确保探测器总装质量发挥着重要作用。"嫦娥"五号探测器总装检验技术包括低频电连接器外观缺陷检测技术、电缆弯曲半径检测技术、热控涂层热辐射性能原位检测技术、总装检验支持技术和孔深测量技术等方面。

"嫦娥"五号探测器为全新研制型号,主要特点体现在以下方面:

(1)探测器由多器组合而成,器间接口复杂且总装无相应可借鉴工艺方法;上升器和返回器的器内总装操作空间狭小、约束多,需要研究新工艺方法并进行验证才能满足研制要求;探测器采用了多种新设备和新设计,需要总装工艺技术进行相应的技术攻关,满足其设计要求,特别是众多的机构运动部件的精度要求高、测调难度大。

(2)探测器构型对 MGSE 设计形成很大约束,设计难度大,且需要研制多套新型的专用MGSE,以满足不同产品的不同工况需求。

(3)总装流程复杂、项目众多,各分系统的专项测试项目多、关键项目数量多,控制措施需要通过不同新的检验技术进行确认和验证。

4.1.2 零部件和总体装配工艺技术

"嫦娥"五号探测器零部件多、系统复杂,零部件装配和总体装配涉及许多操作,工艺复杂,下面仅选取部分典型装配工艺技术进行介绍,其余不再赘述。

1. 上升器与返回器内部狭小空间的零部件装配工艺技术

上升器与返回器的内部布置各种仪器设备、电缆、推进系统管路等,如图4.1所示,内部留给总装操作的空间异常狭小。为了满足在总装过程不同阶段的操作要求,需要重点解决上升器3000N发动机高温隔热屏的装配、上升器蓄电池的拆装、返回器合舱后器内电子装联、返回器环路热管弯曲成形等工艺技术。

(a) 上升器　　　　　　　　(b) 返回器

图4.1　上升器与返回器内部示意图

1) 上升器3000N发动机隔热屏装配工艺技术

(1) 技术特点分析。

上升器3000N发动机隔热屏通过连接结构板与3000N发动机头部安装法兰形成圆台状,如图4.2所示。隔热屏分为顶部组件、喉部组件,两者通过多套螺钉组件连接。由于上升器内操作空间狭小而无法从器内操作,且发动机喷管遮挡了螺钉组件的安装工艺通道而无法从器外操作,导致隔热屏安装困难。

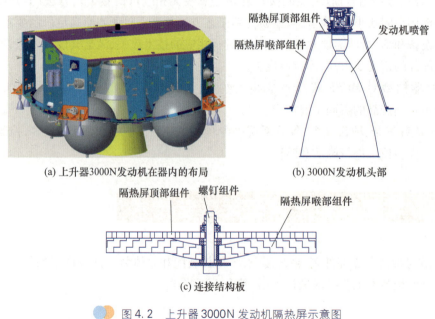

图4.2　上升器3000N发动机隔热屏示意图

(2)工艺技术方法。

设计无喷管的发动机模拟件和结构模拟件,如图4.3所示,将隔热屏在模拟件试装并配打孔位后整体移植至真实发动机上,发动机和隔热屏组件整体再托装到上升器完成最终装配。这种工艺方法通过设计产品的模拟件,将多个装配约束条件分解到不同步骤进行满足,从而实现多种互相耦合的约束条件下的装配工艺过程。

2)上升器蓄电池的拆装工艺技术

(1)技术特点分析。

由于上升器蓄电池周边设备的电连接器密集、电缆弯曲半径大,占据了蓄电池的操作空间;此外蓄电池质量较大,无法通过手工直接安装,必须借助辅助工装,因此蓄电池的安装需要在狭小空间内保证安全装配。

(2)工艺技术方法。

图4.3　3000N发动机隔热屏与结构、发动机模拟件装配示意图

图4.4、图4.5采用了工业机械臂夹持蓄电池辅助装配的方法,机械臂前端通过夹持工装与设备连接,专人操作机械臂将设备送入器内指定位置,另外由专人负责监视设备到位情况,并连接紧固件。

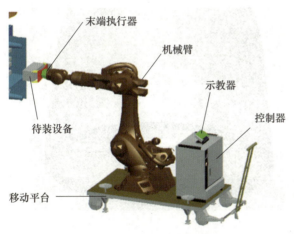

图4.4　工业机械臂辅助装配系统组成图

图4.5　蓄电池装配示意图

3)返回器合舱后器内电子装联工艺技术

(1)技术特点分析。

返回器主要由侧壁、大梁、前端和大底等四部分组成,在大梁与侧壁对接后,需要进行大梁与侧壁之间的电子装联操作(包括电连接器插接、导线焊接等)。由于返回器内部空间狭小,操作者无法进入内部进行操作。

(2)工艺技术方法。

设计了返回器翻转工装以及配套的前伸操作梯,将返回器翻转90°,操作者上半身局部进入器内进行操作,如图4.6所示。操作者可以水平姿态进入器内操作,保证良好的人机工效。

(a) 返回器翻转工装及配套操作梯示意图

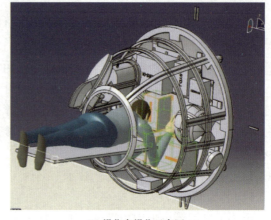
(b) 操作者操作示意图

图 4.6　返回器合舱后器内电子装联操作示意图

4) 返回器环路热管弯曲成形等工艺技术

(1) 技术特点分析。

返回器环路热管的冷凝器部分在侧壁内侧固定,蒸发器部分在大梁上表面固定,如图 4.7 所示,在总装过程中,需要根据大梁的位置对环路热管进行弯曲成形。由于返回器内部空间狭小,操作者无法进入器内操作,需要解决环路热管蒸发器定位的问题。

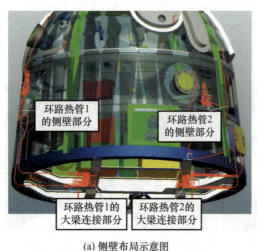
(a) 侧壁布局示意图

(b) 大梁布局示意图

图 4.7　返回器环路热管安装布局示意图

(2) 工艺技术方法。

研制环路热管预弯曲成形定位装置,即通过设计大梁模拟件,将真实大梁简化设计(去除大梁在此工况不需要的接口),仅保留环路热管蒸发器的安装定位孔以及大梁与侧壁的安装定位孔,保证了操作者可以通过大梁模拟件与侧壁的空隙进入器内。解决了返回器密闭狭小空间环路热管等半刚性设备装配关键技术,实现了横跨侧壁和大梁的环路热管弯曲成形工艺过程和侧壁大梁对接工艺过程的解耦。

2. 高精度产品的测调工艺技术

1) 密封封装装置的测调工艺技术

(1) 技术特点分析。

密封封装装置装配同轴度要求优于 $\phi 0.3$ mm，指标要求高，采用的是激光跟踪仪测点计算同轴度的方法；它的安装面位于上升器顶板下凹的中心角盒内，间隙狭小，操作时手部不可达，导致设备调整时无法精密移动。

(2) 工艺技术方法。

设计了 3 套精密调节工具，如图 4.8 所示，周向均布并插入设备与结构的间隙内，解决了操作时手部不可达的问题。根据所需调整位移量，通过旋转位移微调工具上方的螺母，转换为水平推移样品容器连接解锁机构的安装脚；在调节过程中，2 件百分表正交布置，监视精密调节工具推动密封封装装置的位移量，通过百分表实时读数，解决了激光跟踪仪测点计算滞后而导致调整位移量不精确的问题。该方法的位移调整精度优于 $\phi 0.1$ mm，优于指标要求。

图 4.8　密封封装装置装配实物图

2) 上升器太阳翼对接过程的上升器姿态测调工艺技术

(1) 技术特点分析。

上升器太阳翼与上升器对接前，太阳翼吊挂在展开架上，要求上升器的 3 个角偏差均小于 0.2mm/m，并且对空间点位置度也有较高要求。如果采用以往型号的两轴转台进行人工调节角偏差的调整，则费时费力。

(2) 工艺技术方法。

采用了将六自由度并联调姿平台与全向移动车组合，如图 4.9 所示，既满足大范围移动需求，又满足小范围高精度调姿需求。通过激光跟踪仪测量太阳翼压紧座的孔位测量姿态，并将数据传入六自由度并联调姿平台的计算机，则后者根据目标值进行计算并自动调整姿态，可以做到一次调整就达到设计指标要求，全过程调姿时间不大于 30min。

图 4.9　采用并联调姿平台对接太阳翼示意图

3. 复杂接口的多舱段组合对接工艺技术

1) 技术特点分析

"嫦娥"五号探测器由多个独立舱段组成，器间接口十分复杂，在工艺设计阶段，多个舱段之间的对接工艺流程、工艺过程的操作可达性、人机工效学验证等均需要提前设计、分析并确定工艺参数。

2）工艺技术方法

分别分析了上升器与着陆器对接、着陆上升组合体与支撑舱对接、返回器与轨道器对接等3个典型复杂工况，如图4.10~图4.12所示，通过产品、工装和工具的计算机三维模型进行人机工效仿真分析，确定了对接工艺流程的合理性、操作工艺可行性，并给出了地面工装和配套工具的研制指标要求。根据仿真结果，设计了配套的工具，并再次通过仿真分析确定了工具的适配性。

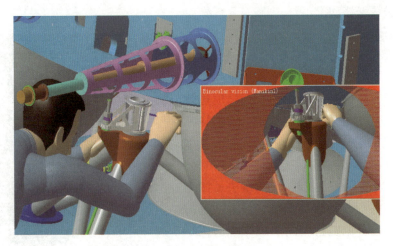

图4.10　上升器与着陆器对接工况分析

图4.11　着陆上升组合体与支撑舱对接工况分析

图4.12　返回器与轨道器对接工况分析

4. 应用效果

通过上升器与返回器内部狭小空间的零部件装配工艺技术、高精度产品的测调工艺技术、复杂接口的多舱段组合对接工艺技术等工艺技术方法，解决了一系列制约型号研制的关键问题，并在"嫦娥"五号探测器的产品装配上取得了成功应用，为型号研制的顺利进行奠定了工艺技术基础。

4.1.3 MGSE 设计与实现技术

"嫦娥"五号探测器 MGSE 的技术要求是满足探测器在总装集成测试过程中开展总装、测试、试验的吊装、转运、包装运输、翻转、停放等工作的功能需求和性能指标。"嫦娥"五号探测器 MGSE 数量多,全部为新研制,以下仅就几套典型的 MGSE 的设计作介绍。

1. 着陆上升组合体的吊点转接件设计与实现技术

1) 技术特点分析

着陆上升组合体的 4 个吊点为着陆缓冲机构主缓冲支柱支撑筒与侧板连接的 14 个 M6 螺钉孔,如图 4.13 所示,吊具转接件应能够与 14 个结构连接孔全部连接。安装吊具时,着陆缓冲机构及结构支撑筒已经安装到位。由于吊具连接孔为借用结构孔,吊具设计应能够满足不拆除全部结构连接螺钉的情况下进行安装操作,并且不能影响着陆缓冲机构的安装精度。

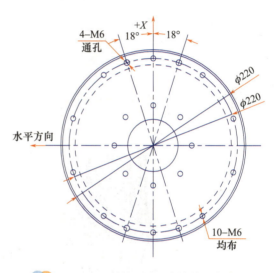

图 4.13 着陆上升组合体的吊点接口

2) 工艺技术方法

针对吊具与着陆缓冲机构共用连接孔位的情况,设计一种分体式吊点转接件,如图 4.14 所示。安装时先拆除着陆缓冲机构的结构支撑筒一半的连接螺钉,安装 1 件半环连接件并紧固;其次拆除剩余的着陆缓冲机构的结构支撑筒的连接螺钉,安装另 1 件半环连接件并紧固;最后安装 1 件"帽"形连接件至 2 件半环连接件上。其中的"帽"形连接件为了避让着陆缓冲机构设计了特殊开口,并且该开口通过与 1 件半环连接件的连接形成闭环,大大提高了分体吊点转接件的刚度。

(a) 分体式吊点转接件

(b) 转接件安装

图 4.14 着陆上升组合体的分体式吊点转接件及其安装示意图

2. 探测器整器吊装工艺装备

1) 技术特点分析

"嫦娥"五号探测器整器吊具设计的技术特点主要包括：①吊装载荷质量大，质心位置相比吊点位置高，吊装工艺装备必须保证起吊稳定性和安全性；②在探测器整器工况，对吊具装配的工艺性、安全性要求高。

2) 工艺技术方法

探测器吊具的吊点分布在轨道器支撑舱的上下端框，上端框设置4组吊点，每组采用4个M8的螺钉与支撑舱连接；下端框设置4组吊点，每组采用8个M10的螺栓与支撑舱连接。结合上下端框的吊点形式，吊具主要由主吊梁组件及副梁组件等组成，吊具的整体结构形式如图4.15所示。

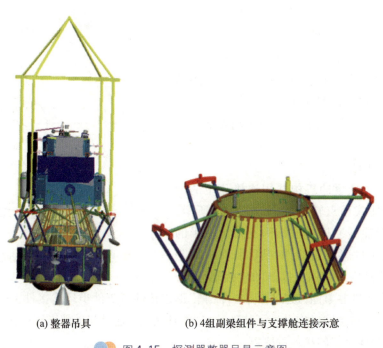

(a) 整器吊具　　(b) 4组副梁组件与支撑舱连接示意

图4.15 探测器整器吊具示意图

副梁组件共有4组，每组主要由1个上端框连接板、1个上支杆、1个副梁、2个下支杆、2个下端框连接块、连接螺栓和销轴等组成，如图4.16所示，吊具连接件与产品采用螺栓连接，支杆与连接件和副梁采用销轴铰接。

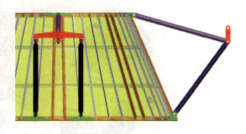

图4.16 探测器吊具副梁组件安装示意图

使用时，先将上端框连接板和下端框连接块分别与支撑舱连接（不紧固）（图4.17、图4.18），然后组装上支杆、下支杆和副梁（图4.19），再分别连接上支杆与上端框连接板，下支杆和下端框连接块，最后拧紧与产品连接的螺钉等紧固件。

图 4.17 上端框连接板与支撑舱和上支杆安装示意图

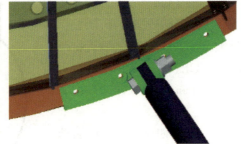
图 4.18 下端框连接块与支撑舱和下支杆安装示意图

图 4.19 副梁与上支杆、下支杆安装示意图

3. 探测器整体移动工艺装备

1）技术特点分析

航天器研制过程中，解决大质量大尺寸探测器在狭小范围内快速、灵活、精准的转运问题已成为总装过程中的关键，这种精准的转运定位需求在"嫦娥"五号探测器研制过程尤为明显。

"嫦娥"五号整器包络尺寸较大，总装时占用空间大，需经常进出总装电测平台，本体包络与周边平台间距仅有 200mm。以往航天器的停放和转运一般通过支架车进行，能够满足较小质量小尺寸的航天器需求，大质量大尺寸航天器一般采用气浮转运平台进行停放和转运，但难以满足精确定位和调姿的需求。

2）工艺技术方法

根据厂房空间条件，充分考虑整器总装研制流程中可能的转运路径，采用了电动全向移动方式实现整器转运，满足探测器总装与测试、试验中整器停放、转运以及位姿调整的需求。

整器电动转运平台由上、下两部分组成，上部分为支撑平台，下部分为转运模块，如图 4.20 所示。

转运模块由车体框架、全向轮组、蓄电池等组成，如图 4.21 所示。转运功能由传统意义的移动系统从整车剥离出来，形成通用的智能化转运模块。不但可为转运整器使用，还可适用其他转运工况，提高移动工装的通用性。

图 4.20 整器电动转运平台

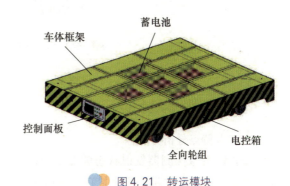
图 4.21 转运模块

采用AGV(自动导引车,Automatic Guided Vehicle)式光学导引,灵活性好。使用激光测距传感器防碰撞报警,能够实时准确地探测到障碍物信息,反馈给控制终端,得到障碍物距车体的距离,响应速度快,车体实时做出反应。转运平台行走距离大于500m,行走速度为0~15m/min(无级换速),爬坡能力小于5°,定位精度优于±3mm。

转运模块采用了全向轮移动形式,由四个电动全向驱动轮组成,由伺服电机提供动力,通过不同的行走模式控制使转台具有前进、后退、转弯、横向平移及原地旋转等功能,可实现"零半径"转运,如图4.22所示。自工位转出典型工况的移动形式和移动情况如图4.23、图4.24所示。

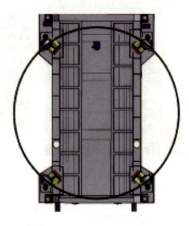

图4.22 全向轮移动形式

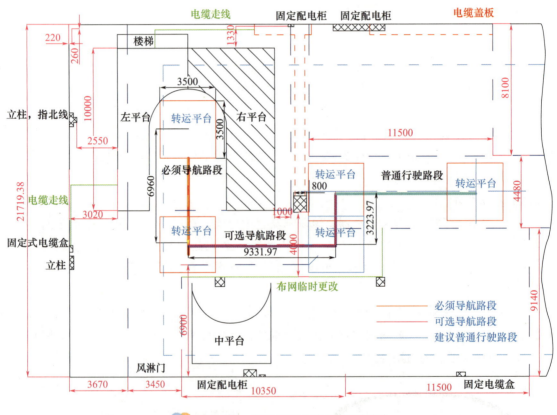

图4.23 典型工况"零半径"移动路线

4. 探测器整体装配工艺平台

1) 技术特点分析

"嫦娥"五号探测器发射状态整器的包络 $\phi 4500\text{mm} \times 7100\text{mm}$,由于探测器停放在整器电动转运平台后的整体高度超过8m,且在电测阶段对处于探测器上方的着陆器和上升器操作频繁,所以需要设计一套可满足各阶段电测的操作需求,且满足精测光路和场地布局约束条件的操作平台。

2) 工艺技术方法

总装电测平台在高度方向分为三层,从下到上分别适应轨道器(包括返回器)、着陆器和上升器的操作需求。在水平方向分为主、中、下三块平台合拢与分离,满足整器进出总装电测平台的需求,总体构型如图 4.25 所示。

总装电测平台为适应电测各阶段的操作要求(A. 平台功能性能测试、B. 系统功能模式测试、C. 系统无线状态测试、D. 系统最终状态测试),第三层平台中间采用翻板、升缩板等活动机构,便于通过吊装的方式使着陆器在 A、B 状态进出总装测试平台,以及在 C、D 状态整器进出总装测试平台;中、下平台下方设有脚轮便于人工推动实现平台的开合。此外,还包括导向机构、固定支架等主要装置,以及空调通风、照明、监控、楼梯、护栏等辅助设备。

图 4.24　"嫦娥"五号探测器在整器电动转运平台上进行转运

图 4.25　总装电测平台

5. 应用效果

"嫦娥"五号探测器研制了以整器电动转运平台、总装电测平台等为代表的一批新工艺装备,提升了航天器 MGSE 技术水平,解决了一系列制约型号研制的关键问题,并在"嫦娥"五号的全过程产品装配上取得了成功应用,为型号研制的顺利进行奠定了技术基础。

4.1.4 检验技术

为了有效满足"嫦娥"五号探测器的检验检测需求,结合探测器总装研制工作的特点,着眼于便携、高效,通过采用图像识别、深度学习等技术,研制了一套高效智能化总装检验装备,显著提升了"嫦娥"五号探测器检验检测的准确性和实施效率,降低了检验人员劳动强度,增强了检验数字化和自动化实施能力。

1. 基于机器视觉的便携式低频电连接器外观缺陷快速检测技术

1)技术特点分析

低频电连接器外观缺陷检测作为"嫦娥"五号探测器低频电缆检查的基本项目,必须确保其检测的准确性与可靠性。"嫦娥"五号探测器上的低频电缆一般配置微型高密度电连接器,具有插针细小、数量众多的特点,采用传统人工目视的方法检测其外观质量缺陷容易产生误判。因此,"嫦娥"五号探测器低频电连接器外观质量检测需要更加精准的检验方法,以改进人工目视检查方法的不足,为"嫦娥"五号探测器低频电连接器外观缺陷的快速精准检测提供了有效解决途径。

2)技术方案

基于机器视觉的便携式低频电连接器外观缺陷快速检测系统包括基于图像识别的检测与分析模块、电连接器基础信息维护模块和相应的便携式硬件平台。图4.26所示为便携式低频电连接器外观缺陷快速检测系统的体系架构。

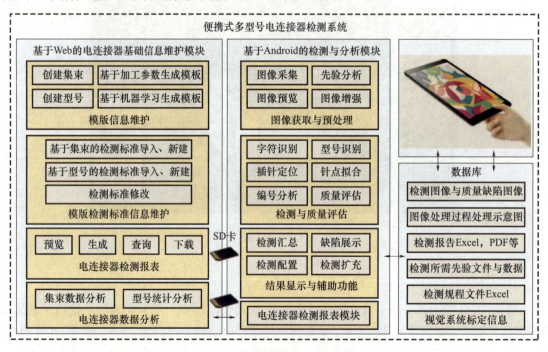

图4.26 便捷式低频电连接器外观缺陷快速检测系统体系架构

电连接器基础信息维护模块包括模板信息维护、模板检测标准信息维护、电连接器检测报表和电连接器数据分析。模板信息维护模块基于低频电缆集束进行创建,允许内部添加电连接器节点,模板检测标准信息维护模块实现检测标准、阈值的修改与导入,电连接器检测报表和电连接器数据分析模块实现检测报表在线查阅、下载和分析等功能。

基于机器视觉的便携式低频电连接器外观缺陷自动检测技术可进行电连接器标识及型号识别、插针位置检测、图像数据实时采集、图像数据管理,实现电连接器的插针外观图像分析、缺陷识别等功能。电连接器编码自动识别率大于95%,电连接器自动检测与识别率优于90%,歪针辨识度不低于0.5mm,单个电连接器响应时长不超过10s。

本系统应用于"嫦娥"五号探测器总装过程中电连接器插接前和拔下后的外观缺陷检测工作中,当人工目视检测方法无法准确判断电连接器是否存在外观缺陷时,利用系统可以辅助人工目视检测。系统有效解决了总装过程中低频电缆及单机设备电连接器插针缺陷检测工作中存在的依赖个人经验、准确性和一致性较差、检查效率低下等问题,有效提高了检验工作的效率与可靠性,实现了电连接器状态可控制、可追溯的目的,从而更加全面地保证产品质量安全。

2. 基于图像识别的便携式电缆弯曲半径快速检测技术

1)技术特点分析

电缆敷设时的弯曲半径对电缆的寿命和性能指标实现具有重要影响。"嫦娥"五号探测器内部产品安装密度大,电缆敷设密度也很大,且在敷设时具有严格的弯曲半径控制要求,总装过程中电缆敷设的弯曲半径检测是"嫦娥"五号探测器电缆敷设工艺保证的重要内容。但是,针对电缆弯曲半径检测缺乏高效的检测手段,往往只能依靠目视检查,难以满足上述检验要求。基于图像识别的便携式电缆弯曲半径快速检测技术,能够以图像识别的方式,通过高鲁棒性、高适应性的智能算法快速实现电缆弯曲半径与其自身直径比例的量化检测,有效解决了电缆弯曲半径的高效测量难题。

2)技术方案

基于图像识别的便携式电缆弯曲半径快速检测系统主要包括电缆检测模块、数据管理模块、后台管理模块和基本配置模块。图4.27所示为基于图像识别的便携式电缆弯曲半径快速检测系统体系架构。

电缆检测模块主要用于电缆的检测操作,主要包括电缆编号自动扫描识别、电缆分割与骨架抽取、电缆直径估计、电缆折弯半径估计、电缆弯曲程度评估与超差预警、检测数据和影像数据实时保存。数据管理模块主要用于检测数据的管理和分析工作,主要功能包括检测报告生成、检测数据包的增删改查等基础管理、检测数据分析和检测数据的输入输出。后台管理模块主要用于软件平台的后台管理工作,主要功能包括用户信息管理、用户权限配置等。基本配置模块主要用于电缆检测的环境准备,主要包括折弯比例阈值设置等。

基于图像识别的便携式电缆弯曲半径快速检测系统可以实现电缆类型和编号自动扫描识别、检测目标自动识别、检测目标人工识别、电缆弯曲半径实时动态检测、电缆弯曲半径自动计算、检测数据超差预警、检测数据和影像数据实时保存功能。电缆检测长度范围为10~500mm,弯曲半径检测误差小于5%。

本系统应用于"嫦娥"五号探测器合舱前电缆绑扎和走向状态检查中,当人工目视检测方法无法准确判断电缆弯曲半径是否符合要求时,采用基于图像识别的便携式电缆弯曲半径快速检测系统,实现了对"嫦娥"五号探测器指定区域电缆弯曲半径的高效量化检测,提高了检测效率与准确度。

图 4.27 基于图像识别的便携式电缆弯曲半径快速检测系统体系架构

3. 基于多光谱拟合的便携式热控涂层热辐射性能原位检测技术

1）技术特点分析

探测器上产品热控涂层热辐射性能原位检测是保证"嫦娥"五号探测器热性能的一项重要措施。为适应原位检测需求，传统涂层性能检测设备的小型化是必须解决的难题。而小体积下关键器件的性能及精度均存在较大损失，为此采用特定方法提高装置测量精度及可靠性十分必要。为实现热控涂层热辐射性能的原位快速、准确检测，提出了基于多光谱拟合的便携式热控涂层热辐射性能原位检测技术，该技术采用多光谱分段拟合方式以及特定算法，有效减小了设备尺寸，实现了以便携检测设备完成热控涂层热辐射性能高精度原位检测[76]。

2）技术方案

基于多光谱拟合的便携式热控涂层热辐射性能原位检测技术包括太阳吸收比原位检测技术和半球发射率原位检测技术。

太阳吸收比原位检测系统主要由积分球、LED 模拟光源、探测器、恒流驱动源、控制系统组成，其结构如图 4.28 所示。该系统利用太阳光谱分段反射法进行测量，由于太阳光的能量集中光谱范围为 $0.2 \sim 2.5 \mu m$，因此系统以该谱段下的模拟光源照射待测物表面，并对反射光谱进行分析来获得太阳吸收比数值，通过对多个 LED 离散光源定时控制模拟太阳光谱，获取试样在不同波长范围内照度的输出信号，再通过特定的插值拟合算法得到试样的太阳吸收比。

半球发射率测量装置主要由红外辐射源、红外热释电探测器、红外滤光片组、红外积分球、信号处理模块、电池模块与控制系统等构成，半球发射率装置组成框图如图 4.29 所示。半球发射率测量采用多波长法，多波长法是一种可以同时测量温度和光谱发射率的新方法，其原理是利用测量样品在多光谱下的辐射信息，然后通过假定的发射率和波长的数学关系模型进行理论计算，得到样品的温度和光谱发射率数据。多波长法最大的优点是不需要特制试样、测量速度快、可以在现场进行测量而且温度测量上限高,半球发射率测量覆盖的光谱范围为 0.5~1.1μm、1~3μm、8~14μm、10~22μm。

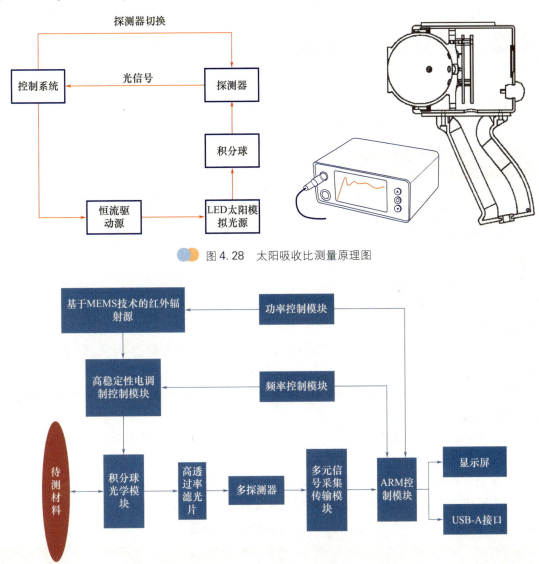

图 4.28　太阳吸收比测量原理图

图 4.29　半球发射率原位测量仪系统组成

基于多光谱拟合的便携式热控涂层热辐射性能原位检测技术实现了设备便携化、超宽光谱覆盖和涂层类型自动识别,完成了"嫦娥"五号探测器热控涂层的高精度原位检测,测量误差 ±0.01,重复精度达到 ±0.5%,保证了探测器热性能指标以及任务目标的实现。

4. 应用效果

高效智能化总装检验体系引入机器视觉、增强现实和数据库等先进信息技术,满足了"嫦娥"五号探测器热控产品、电子装联、机械测量、过程指导等多领域需求。高效智能化总装检验体系在"嫦娥"五号探测器的应用,提升了检验检测的准确性和实施效率,降低了检验人员劳动强度,提升了检验数字化和自动化实施能力。

4.2 专业测量技术

4.2.1 精度测量

1. 技术要求与特点

1）技术要求

探测器主要精度需求如下：

（1）探测器在轨飞行、着陆、起飞、再入等飞行控制任务相关精度需求：精度需求来源于姿态测量设备、执行机构等。

（2）探测器交会对接任务相关精度需求：精度需求来源于交会测量设备、姿态测量设备、执行机构、对接机构等。

（3）探测器月面采样、样品转移任务相关精度要求：精度需求来源于密封封装装置、钻取采样装置、表取采样装置、对接机构等。

（4）专项验证试验中的精度测量需求：探测器研制过程中，还需要经过众多专项试验的验证，也对精度测量提出了需求。

为了使精测数据能够更加真实地反映设备在轨飞行时的状态，精测时需要确保设备精测的状态尽量与在轨工作状态一致，因此探测器精测主要分为10个状态进行，如表4.1所示。

表4.1 探测器精测状态清单

序号	精度测量状态	精度测量时机	主要精度测量内容
1	四器组合体	力学试验前、空箱力学试验后、加注后、满箱力学试验后	探测器典型设备
2	轨返组合体（返回器+轨道器推进仪器舱+轨道器对接舱）	力学试验前（与着陆上升组合体对接前）、力学试验后（轨返组合体与支撑舱分离后）	轨道器上全部有精度要求设备
3	轨返组合体（返回器+轨道器推进仪器舱）	力学试验前（对接舱与推进仪器舱对接前）、力学试验后（推进仪器舱与对接舱分解后）	返回器机械坐标系相对于轨道器机械坐标系的安装精度

续表

序号	精度测量状态	精度测量时机	主要精度测量内容
4	着陆上升组合体	力学试验前(与轨道器支撑舱对接前)、力学试验后(与轨返组合体分离后)、着陆冲击试验后	着陆器、上升器上的全部有精度要求设备
5	轨道器单器(推进仪器舱+对接舱)	轨道器单器总装时,推进仪器舱与对接舱初次安装设备后	轨道器上全部有精度要求的设备
6	轨道器推进仪器舱	推进仪器舱单舱总装	推进仪器舱上全部有精度要求的设备
7	轨道器对接舱	对接舱单舱总装	对接舱上全部有精度要求的设备
8	返回器单器	返回器单器总装、力学试验后(与轨道器分解后)	返回器单器全部有精度要求的设备
9	着陆器单器	着陆器单器总装、力学试验及冲击试验后	着陆器单器全部有精度要求的设备
10	上升器单器	返回器单器总装、力学试验及冲击试验后	上升器单器全部有精度要求的设备

探测器上有精度要求的设备精度测量指标要求如表4.2所示。

表4.2 精度测量指标要求

序号	设备类型	测量精度要求	安装精度要求
1	GNC 分系统	角度15″,位置0.2mm	角度2′,位置2mm
2	推进分系统	角度1′,位置0.5mm	角度9′,位置2mm
3	对接机构与样品转移分系统	角度15″,位置0.1mm	角度5′,位置1mm
4	采样封装分系统	角度15″,位置0.05mm	角度3′,位置0.3mm
5	天线、有效载荷分系统	角度15″,位置0.2mm	实测

根据精度测量目的的不同,主要可以分为以下几个类别:

(1)"保证"类需求。

将航天器上的设备安装精度调整至设计要求值或真实测量出其安装精度,将数据提供给其所属分系统,保证探测器能够在轨顺利运行。

(2)"保持"类需求。

验证探测器经过特殊环境后精度的保持情况,如在力学前后、热试验前后、着陆冲击试验前后等状态下对器安装精度进行测量,分析其变化情况。

(3)"保障"类需求。

为探测器各类专项试验提供数据保障:"嫦娥"五号探测器需要进行交会对接、样品转移、舱段分离、着陆起飞等诸多专项试验,试验过程中需要对试验的各种参数进行测量,如探测器运动位置和姿态测量、高速摄像监视等。

2)特点分析

探测器精度测量主要有以下特点：

(1)探测器有精度要求的设备多、测量状态多,精测流程与总装流程融合困难、数据分析困难。

探测器上有192台具有精度要求的设备,需完成11个具有飞行数据要求的状态的精测,精测的次数超过500次,累计测量项目超过了一万台/次。探测器总装技术流程较为复杂,流程中探测器试验状态更为复杂(推进剂装填量、组合体状态等),这些状态对探测器上设备的精度均有影响,为了保证试验的条件要求,就必须牺牲探测器的精测技术状态,在某些试验过程前后,达不到验证该项试验对设备精度影响的目的,只能等到试验都结束后进行测量,这样会导致精测状态改变,精测数据不具可比性,只能通过综合分析来给出结论,增加了精测的难度。

(2)精测基准镜的位置确定和建立的方法复杂。

探测器共有9个作为测量基准的坐标系,设置精测基准镜达16个,需要分别建立精测基准镜和测量基准坐标系之间的相对关系,以便于单器、组合体等多种状态下并行装配。因此,确定各测量基准镜的位置,使其在多种状态下均具有良好的可视条件且位置保持稳定显得格外重要。由于各测量基准坐标系所存在形式的不同,建立的方法也各不相同。

由于探测器结构极度轻量化的设计,导致探测器结构强度偏弱,需要在不同测量阶段对探测器的变形情况进行监测,避免精测数据由于基准发生较大变化而失效。

(3)设备复用设计导致精度保证困难。

着陆上升组合体、轨返组合体上的GNC子系统的设备均采用复用设计,即同一台设备需要满足单器、两器组合体以及四器组合体等多种状态下的使用需求。例如,安装在着陆器上的激光测距敏感器等设备的精度参考坐标系为上升器机械坐标系,因此着陆器、上升器重复对接精度对此部分设备精度指标影响较大。

(4)采样封装分系统精度要求高、装配和精测流程复杂。

钻取初级封装和表取初级封装均与密封封装装置有较高的同轴度要求。钻取采样装置需在着陆器、上升器对接成组合体后跨器安装,钻取采样装置主体安装在着陆器上,钻取整形机构安装在上升器上,钻取采样装置装器后调整余量较小。密封封装装置安装在上升器顶板中心角盒内,总装开敞性较差,仅可在上升器单器状态下进行调整。因此,密封封装装置需有较高的重复安装精度,且总装过程需保证钻取采样装置装器后仅通过微调即能保证密封封装装置与钻取采样装置同轴度满足要求;表取采样机械臂与密封装置之间也有着较高的精度要求;同时还需要提供视觉标识相对于密封封装装置、表取采样机械臂、表取初级封装装置的相对位置关系。

(5)样品转移通道精度要求高、精测可达性差。

为了保证样品转移通道的顺畅,上升器上的密封封装装置与对接机构被动件、轨道器上的对接机构主动件、返回器上的样品舱与舱盖机构的相对精度需要满足要求。由于整个通道位于三个不同的单器上,精度尺寸链较长,精度保证难度较大;同时,样品转移通道位于探测器中部隐藏位置,尤其是位于返回器的样品舱与舱盖机构在组合体状态下精测光路被遮挡,精测可达性差。

(6)专项验证试验多、精测要求复杂。

探测器先后完成了交会对接、样品转移、舱段分离、着陆起飞等诸多专项试验,试验过程中需要对试验的各种参数进行测量,如探测器运动位置和姿态测量、高速摄像监视等,精测要求涉及位置、姿态、天文方位、分离速度和加速度等多元信息。

2. 技术方案

1)总体测量方案

(1)装配精度测量的逻辑。

"嫦娥"五号探测器上有192台具有安装精度要求的设备,测量的需求主要包括设备本体系与探测器机械系之间相对关系测量、某两台或多台设备之间相对关系的测量,整个测量数据构成了一张数据网络,可以实现数据之间相对关系的转换。在精测方案制定时,一般针对具有相同测量基准的设备同时测量,具有相对关系要求的设备之间可以根据精度需求进行间接计算,也可以直接进行测量。

每台需要测量的设备均有自身工作坐标系,即设备本体系,一般情况下单机研制单位会对设备本体系进行测量,并提供一个大家认可的基准标识作为对外的精度接口数据,在总装精测时通过该接口数据恢复设备本体系在探测器机械坐标系下的精度关系,如图4.30所示。

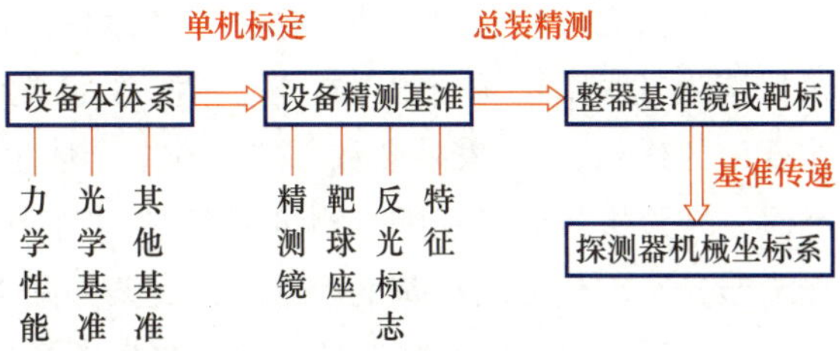

(2)测量设备的选择。

随着测量技术的不断发展,测量手段越来越多、测量精度越来越高,选择适合某台设备的仪器进行测量显得尤为重要。仪器选择不当可能会直接导致测量精度降低甚至测量数据不正确。确定了测量所使用的仪器,就需要在被测设备上设置相对应的测量基准标识。几种常用测量方法对应的基准标识如表4.3所示。

图4.30 总体测量方案示意图

表4.3 几种常用测量方法对应的基准标识

测量仪器	适用测量对象	优先选择的基准	其次选择的基准
电子经纬仪	敏感器类电子设备	立方镜、平面镜	纸质靶标
激光跟踪仪	机构类机械设备	专用靶座	特征孔、棱、面
近景摄影测量	需要非接触测量的机构类设备	专用反光靶标	—
激光雷达	具有明显轮廓特征的设备	标准工具球	结构特征

2)通用精测方法

"嫦娥"五号探测器精度测量使用了电子经纬仪、激光跟踪仪测量系统、近景摄影测量系统、三坐标测量机、陀螺经纬仪、高速摄像机等设备。下面重点对电子经纬仪、激光跟踪仪测量系统、近景摄影测量系统进行简要介绍。

(1)电子经纬仪。

电子经纬仪本质是一台高精度角度传感器,由三轴组成,通过调整仪器使得视准轴与被测镜面的法线平行,即准直。电子经纬仪编码出视准轴分别与垂直轴和水平轴之间的夹角,通过多台经纬仪互瞄建站的方式解算出多个被测镜面法线之间的夹角关系。

一般认为经过一次传递的测量角度误差为15″,位置度0.2mm。

(2)激光跟踪仪测量系统。

激光跟踪仪的测量原理是以极坐标方式实现对被测物体空间三维坐标的测量。坐标系由激光跟踪头的水平回转轴线和竖直回转轴线及其交点组成。

激光跟踪仪的测量精度可达：10m 内 15μm，10m 外 15μm + 1.5 × 10⁻⁶。

（3）近景摄影测量系统。

近景摄影测量系统测量原理：利用单台高分辨率数字相机在不同的位置对被测点进行成像，通过图像处理及特征点匹配技术，可以建立站位与被测点间一一对应关系，从而构建大规模共线方程组，利用光束平差优化算法求解获取被测点的三维坐标信息、站位方位信息及相机内部参数。

近景摄影测量系统的拍摄范围约为 10m，其测量精度约为 0.1mm。

3）精测实施方案

（1）测量基准建立方案。

着陆器通过非通用基准销孔进行坐标系的定义，使着陆器基准的建立变得复杂，采用电子经纬仪与激光跟踪仪联合的方式建立精测基准；着陆器设置了 4 个单器测量基准，同时起到监测结构变形的作用；由于着陆器和着陆上升组合体上有部分设备需要采用激光跟踪仪精测，在设置基准时一并设置了激光跟踪仪测量基准，在 4 个基准镜支架上分别安装了一个激光跟踪仪靶球座，作为激光跟踪仪的测量基准。基准镜支架如图 4.31 所示。

上升器的基准定义摆脱传统的对接框销孔概念，需要加工专用精测工装进行转换的方法从转台的销钉处得到，同时还需建立基准镜与上升器对接坐标系之间的相对关系；由于上升器和着陆器上的部分设备采用复用设计，因此在着陆上升组合体对接时需要考虑重复对接的精度，并且在对接后建立着陆器基准与上升器基准之间的关系，并在后续的重复对接过程中监视二者的关系，确保其不发生较大的精度变化。在建立上升器基准镜与上升器对接坐标系之间的关系时，受对接坐标系 3 个销孔分度圆尺寸较小的影响，采用了电子经纬仪与激光跟踪仪联合建立基准的方式，并研制了激光跟踪仪测量精测镜中心的专用工装，如图 4.32 所示。精度满足测量要求，并大幅提高了点坐标的测量精度和效率。

图 4.31　双用途精测基准镜支架

图 4.32　上升器基准镜与激光跟踪仪测量靶标的结合

返回器由于结构的轻量化设计使得基准建立的过程必须在侧壁大梁对接状态下进行，设计了一种悬挂式的测量销钉使测量销孔可见，从而达到返回器基准在总装阶段可以进行重建的目的，由于返回器侧壁结构较为单薄，侧壁和大底的每一次对接均会使侧壁产生一定的变形，使得返回器在侧壁与大底对接后没有精测基准，无法获取返回器与其他单器之间的相对姿态关系。由于安装于返回器内部的激光 IMU 和光纤 IMU 在返回器合舱状态也有精测需求，专门研制了一种异形的基准镜，如图 4.33 所示，使其精测的光路恰好通过侧壁上的已有开孔引出，如图 4.34 所示。通过返回器的多次对接测量发现，两个 IMU 之间的相对关系变化极小，得出了侧壁对接对 IMU 精度影响较小的结论，并结合力学仿真，确定了以两个 IMU 精测镜作为返回器精测基准的方案，制定了返回器及轨返组合体测量的流程，最终测量数据稳定，满足了设备的精度和稳定性测量要求。

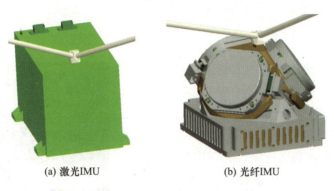

(a) 激光IMU　　　　(b) 光纤IMU

图 4.33　激光 IMU 和光纤 IMU 异形精测镜

轨道器的基准同时也是探测器的基准，受轨道器尺寸较大、圆柱非封闭结构的刚度较弱的影响，将基准设置在器箭对接面时，容易受轨道器与支架车连接的影响而发生变形。在轨道器四个象限设置了四个精测基准，同时监测轨道器的结构变形情况。经过多次试验，发现由于轨道器下端对接法兰较为单薄导致基准变形，经过分析，提出了加工一套工艺加强环的方式对轨道器下端对接法兰的刚度进行加强，以实现测量基准稳定的目的，通过在整个研制周期中测量基准与轨道器圆柱段上设备的互相校验，该方法可以较好解决轨道器基准变形的情况。

图 4.34　返回器精测基准精测光路

（2）常规设备精度测量方案。

探测器上大多数设备的精度测量是通过电子经纬仪测量系统测量精测镜来实现的。即通过四台电子经纬仪分别准直基准坐标系 $O_j - X_j Y_j Z_j$ 和被测设备的 $O_b - X_b Y_b Z_b$ 坐标系的两个坐标轴，通过联合建站，计算得到两个坐标系的坐标轴两两之间的夹角关系和原点的坐标关系，如图 4.35、表 4.4 所示。

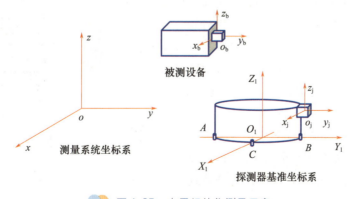

图 4.35　电子经纬仪测量示意

表 4.4　经纬仪测量系统输出的数据格式

坐标	X_j	Y_j	Z_j
$X_b/(°)$	$<X_b,X_j>$	$<X_b,Y_j>$	$<X_b,Z_j>$
$Y_b/(°)$	$<Y_b,X_j>$	$<Y_b,Y_j>$	$<Y_b,Z_j>$
$Z_b/(°)$	$<Z_b,X_j>$	$<Z_b,Y_j>$	$<Z_b,Z_j>$
O_b/mm	a	b	c

对于微波测距测速敏感器等不带精测镜的设备，可根据设备自身的几何特征制定测量方案，即通过激光跟踪仪测量设备上的点，通过拟合的方式获取敏感器所需要的轴线的方向和中心的位置。此时，需要利用着陆器基准镜支架上预留的激光跟踪仪靶球底座作为着陆器的精测基准，为了提高微波测距测速天线的精测调整效率，研制了专用的精测工装来实现经纬仪的辅助调整工作，如图 4.36 所示。微波测距测速敏感器等 GNC 设备虽然安装于着陆器上，但是其精测的基准是相对于上升器的，这就对上升器与着陆器的对接重复精度提出了较高的要求。

图 4.36　微波测距测速天线精测

对于复用设计的设备，即同时需要满足单器、组合体两种状态使用的设备。例如上升器的星敏感器，需要满足上升器的单器、着陆上升组合体、四器组合体多种状态下的使用需求，因此需要在多种状态下均对其精度进行测量。尤其是在四器组合体状态下，为了减少通过过渡传递导致的精度损失，需要直接测量星敏感器相对于探测器基准（位于轨道器）的相对关系，此时星敏感器的精测高度需求超过了 8m，已经远远超过了传统航天器的精测高度。针对此种需求，研制了专用的精度测量升降支架，如图 4.37 所示。

(3) 采样封装分系统精测方案。

"嫦娥"五号探测器的主要任务是采样返回，因此采样封装分系统的安装显得尤为重要。采样封装分系统的装配关系较为复杂，通俗地说，钻取子系统和表取子系统好比是探测器的两只"手"，密封子系统就是探测器的"口袋"，通过对这三个子系统装器精度的精测和调整，探测器能够很"舒服"地将抓（钻）起来的样品放进自己的"口袋"里，为了便于上升器携带样品起飞并与返回器实现样品交接，这个"口袋"安装在整个探测器的"头顶"，给装配和测试都带来了不小的难题。采样封装分系统精度测量需求如图 4.38 所示。

图 4.37　探测器整器精测现场

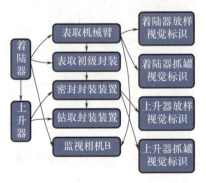

图 4.38　采样封装分系统精测关系图

① 密封封装装置精测。

首先，在密封封装装置研制时需要建立密封封装装置的坐标系，并在其表面设置后续方便测量的基准。由于密封封装装置的精测对位置要求极高，因此对于密封封装装置的精测采用激光跟踪仪进行，如图 4.39 所示。在密封封装装置外表面框架上安装专门设计的激光跟踪仪靶球座，在三坐标测量机下测量这些靶球座所表征的坐标点在密封封装装置坐标系下的坐标，作为后续测量的基准和基准数据。

图 4.39　密封封装装置标定

密封封装装置安装于上升器顶板中央位置，建立上升器基准时分别建立激光跟踪仪测量基准与立方镜测量基准，既可以直接应用激光跟踪仪采集对接坐标系销孔建立激光跟踪仪测量坐标系，也可以应用精测基准转换标准器建立上升器整器基准镜与对接坐标系的关系，如图 4.40 所示。仅通过激光跟踪仪就可测量得到密封封装装置与上升器之间的相对关系，减少中间传递环节，提高测量精度。

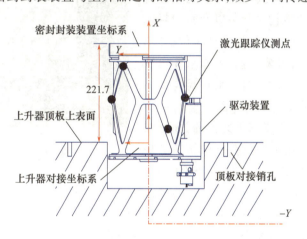

图 4.40　密封封装装置相对于上升器对接坐标系之间的关系测量示意图

密封封装装置经过单机标定完成后交付总装，在上升器单器状态器后进行精测，如图 4.41 所示，将激光跟踪仪架设在 4m 支架上，测量粘贴在密封封装装置侧壁上的 4 个激光跟踪仪测点，如果无法同时测得 4 个点，则须进行激光跟踪仪的转站测量。

② 钻取子系统精测。

在钻取支撑结构安装时，需要调整其圆柱轴线与着陆器之间的关系以保证垂直安装；调整钻取支撑与钻取整形的相对关系，以保证顺利安装和机构运行顺畅。在钻取支撑机构和钻取整形结构上固定跟踪仪测量工装；分别建立各自测量工装与自身坐标系之间的关系；总装时通过跟踪仪测量得到二者关系并调整。由于钻取子系

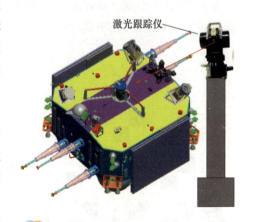

图 4.41　密封封装装置精测示意图

统完成采样后在整形装置中打包形成"封装"状，缠绕在中空的圆柱筒内，需要在重力的作用下自由落体落入密封装置中封装；因此二者同轴度要求较高（$\phi 0.3$ mm），确保钻取初级封装装置在探测器最大倾斜15°时在月球重力下可以可靠落入密封封装装置。由于钻取子系统的安装分布于上升器和着陆器两个器上，且钻取整形装置与钻取支撑机构之间有着较高的安装精度要求，这对上升器与着陆器之间的对接安装关系提出了较高的要求，在对接过程中需要测量对接支架加工和安装精度。

③ 表取子系统精测。

表取采样机械臂在取到样品后将样品倾泻进入表取初级封装装置，并能够抓取表取初级封装装置放入到密封封装装置中。表取初级封装装置和表取采样机械臂采用精测镜作为基准，密封封装装置采用跟踪仪测点作为基准，总装时采用联合测量的方法实现它们之间关系的测量和调整，如图4.42所示。为了保证表取采样机械臂上自带的路径规划相机准确识别目标，表取初级封装以及密封封装装置安装位置附近安装了视觉标识实现定位；要求测量所有视觉标识、密封封装装置、表取采样机械臂、表取初级封装装置之间的相对关系并调整。

视觉标识的精测采用视觉与跟踪仪联合的方式，如图4.43所示。即在视觉标识装器前，通过双目视觉相机标定靶标点在4个角孔坐标系下的坐标值，装器后通过激光跟踪仪测量视觉标识4个角

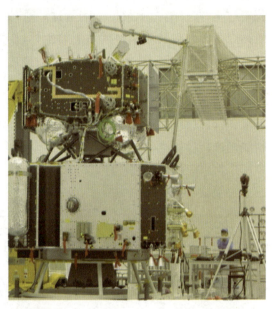

图4.42　表取采样机械臂试验及精测

孔在密封封装装置坐标系下的坐标值，通过密封封装装置作为过渡，解算出视觉标识在各自所代表的设备坐标系下的坐标，提供给表取子系统，作为月面采样时引导表取采样机械臂的输入条件。

在测量过程中，需要完成激光跟踪仪与电子经纬仪测量系统的统一，一般情况下采用公共点转换的方式即可。但是在表取子系统精测时，为了提高测量的精度，采用了立体基准转换标准器的方式，即在一个刚度较好的标准结构上提供了精测镜和激光跟踪仪基座两种方式，计量得到二者之间的相对关系，在测试时实现二者基准之间的相互转换，如图4.44所示。

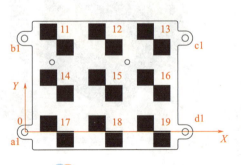

图4.43　视觉标识精测

图4.44　立体基准转换标准器

(4)样品转移通道精测方案。

上升器月面采样后需要在轨与轨道器交会对接,并将密封封装装置通过主动件导轨转移至返回器样品舱中。为了保证样品转移过程的顺利进行,需要保证返回器样品舱与轨道器主动件之间有较高的安装精度,即确保样品转移通道的通畅,如图4.45所示。

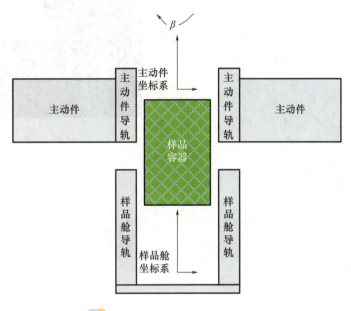

图4.45 样品转移过程示意图

① 测量方式选择。

探测器研制初期,采用电子经纬仪间接测量的方式进行测量。由于对接舱对接后样品舱精测光路受到遮挡,通过在对接舱对接前后(图4.46)分别对样品舱和主动件进行精测的方法,计算得到样品舱与主动件之间的相对关系。

(a) 对接前　　　　　　　　　　(b) 对接后

图4.46 对接舱对接前后

电子经纬仪测量方法存在以下问题:

a. 该种测量方法为间接测量,不能直接获得样品舱与主动件之间的关系,且不能反映单机/整器变形因素;

b. 整个测量传递环节多,导致总体测量精度下降,测量效率低;

c. 返回器样品舱精测工装的安装受人为因素影响大,且检验难度大。

为了进一步确保轨道器对接舱对接后样品舱与主动件之间的精度满足任务需求，需要在最终状态下对二者之间的关系进行直接测量。由于基于经纬仪、激光跟踪仪等测量设备无法满足直接测量需求，提出了采用摄影测量方法实现该项目精测的方案。为了降低新精测方法的实施风险，对基于摄影测量的精测方法进行验证，并将测量结果与激光跟踪仪测量结果进行比对。

采用摄影测量系统可以在轨返对接（含对接舱状态）下实现样品舱与主动件之间的精度测量（图4.47），测量流程如图4.48所示。

图4.47 验证试验现场

图4.48 基于摄影测量的样品舱精测流程

从与激光跟踪仪测量方法比对结果发现（表4.5）：两种测量结果坐标系原点位置相差小于0.1mm，坐标轴夹角最大差值为0.01886°（68″），两种方法坐标系点位定位精度较高，而方向角结果不太理想。

表4.5 两种测量方案结果比对

样品舱\主动件	X	Y	Z
X′	-0.00413	0.000707	-0.01886
Y′	-0.00068	0.009316	-0.0133
Z′	0.018732	0.013412	0.014749
中心点	0.034631	-0.09885	-0.06262

综合验证试验的结果情况，最终采用摄影测量与电子经纬仪联合测量的方式进行样品转移通道的测量。采用近景摄影测量得到的位置信息与电子经纬仪测量得到的角度信息，组合得到测量的结果。

② 实施过程。

在样品舱及舱盖机构研制完成后，在装器前采用三坐标测量机与近景摄影测量联合测量的方式，标定粘贴在样品舱及舱盖机构上的靶标点相对于其本体坐标系之间的关系。粘贴靶标时，需要充分考虑装器后的可视性，具体如图4.49所示。

在完成主动件研制后，采用激光跟踪仪与近景摄影测量联合测量的方式，标定主动件上粘贴的靶标与其本体坐标系之间的关系，具体如图4.50所示。

图 4.49　样品舱及舱盖机构标定　　　　图 4.50　主动件标定

在轨返组合体状态下,采用近景摄影测量的方式对装在返回器上的样品舱及舱盖机构以及装在轨道器对接舱上的主动件,测量粘贴在它们上的所有的靶标点的坐标值,通过解算获取二者之间的装配关系,如果不满足要求则需要进行调整。精测现场如图 4.51 所示。

(5) 专项验证试验精测方案。

① 着陆起飞综合试验中的精测。

"嫦娥"五号探测器需要进行着陆起飞综合试验,在地面验证试验过程中,为了给探测器提供初始飞行姿态、实时测量探测器飞行姿态、验证地形测量敏感器的精度,需要在试验开始前和试验过程中进行外部参数测量,作为试验有效性的重要判断依据。

上升器起飞初始姿态测量采用电子经纬仪测量系统进行,如图 4.52 所示。

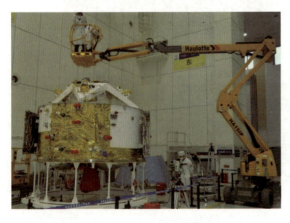 

图 4.51　样品转移通道精测现场　　　　图 4.52　上升器起飞姿态测量

为了提供探测器上惯性测量设备相对于大地坐标系(天-东-北)的初始姿态,还需要标定试验场坐标系与大地坐标系之间的精确方位关系。分别采用天文和陀螺经纬仪两种寻北的方式进行测量,如图 4.53 所示。天文寻北精度优于 3″,陀螺经纬仪寻北优于 7″,通过对两种测试方法的对比,进一步确认测试数据的正确性和有效性。

(a) 天文寻北　　　　　　　　　　(b) 陀螺经纬仪寻北

图 4.53　试验场寻北测量

② 交会对接与样品转移全物理仿真试验。

在交会对接与样品转移全物理仿真试验过程中,需要在轨道器模拟端面和上升器模拟端面上安装相关参试敏感器、合作目标以及敏感器模拟件。轨道器模拟端面和上升器模拟端面都是通过专用支架连接到气浮平台上的。对于有安装精度要求的参试敏感器和合作目标,在安装后需要精测。

同时,在试验过程中用星敏感器无法在地面试验中工作,因此需要采用精度测量的方法对轨道器模拟器和上升器模拟器的运动轨迹和姿态进行实时测量,试验中采用室内 GPS 的方法,实现了对二者的实时、动态跟踪测量,如图 4.54 所示。

图 4.54　交会对接与样品转移全物理仿真试验中的精测

③ 器间分离试验。

"嫦娥"五号探测器需要在轨完成多次器/舱段分离,因此需要在地面对其分离过程进行试验。其中 5 次器间分离试验需要进行高速摄像系统监测和测量,以监测分离过程中各器之间的干涉情况并测量分离速度、加速度等,如图 4.55 所示。

图 4.55 分离试验中的高速摄像测量

3. 应用效果

"嫦娥"五号探测器的精度测量充分利用了当前国内外先进测量手段,统筹选择最优测量方案,根据需求研制能够提升能力的工具、工装,实现了探测器姿态测量及控制设备的高精度测量,提高了采样封装、交会对接、样品转移等机构的安装精度,满足了各系统在轨使用需求,保障了各类专项验证试验过程中的精测需求,为"嫦娥"五号探测器任务的圆满成功奠定了基础。

4.2.2 质量特性测试

1. 技术要求与特点

质量特性参数是一组重要的物理参数,在探测器发射、在轨运行和返回回收等工程的研制和实施过程中具有重要作用。探测器质量特性参数包括:探测器质量 M;质心在三个坐标轴的坐标 X_c、Y_c、Z_c;绕三个坐标轴且坐标原点过探测器质心的转动惯量 I_X、I_Y、I_Z 和惯性积 I_{XY}、I_{XZ}、I_{YZ} 等。

当前,普遍采用称重法来实现质量的测量。对于质心测量则有很多种方法,如反作用力法、悬挂法、不平衡力矩法、旋转平衡法和多点支撑称重法等。转动惯量的测量最常见的方法包括扭摆法、三线摆法和复摆法等。

根据探测器整个飞行任务的需要,提出了返回器、着陆器、上升器、轨道器以及着陆上升组合体、轨返组合体等 4 个单器和 2 个组合体共 6 个试件的质量特性参数的测试需求。

其中,返回器质量特性参数测量项目包括质量、质心和转动惯量。其他 5 个试件的质量特性参数测量项目包括质量、质心、转动惯量和惯性积。此外,还提出了发射场整器状态下分别进行着陆器、上升器、轨道器双组元推进剂加注过程质量和质心的测试要求。

2. 技术方案

1) 集成测试技术

按照传统工艺技术,测量不同的参数需要在不同的设备上转换,质心台用来测量质心位置,扭摆台用来测量转动惯量,动平衡机测量惯性积。测量试件横轴质心和纵轴惯量,需要试件通过横向转接支架与测试设备垂直对接,测量纵轴质心和横轴转动惯量,需要使用L形支架将试件吊装成水平状态与测试台安装。1个试件进行一次常规的质量特性测试工作(不包括惯性积测量),至少需要进行9次吊装对接和4次翻转,费时、费力,且存在安全隐患。完成6个试件测试需要研制6个L形支架,成本高,占用大量的测试厂房场地,且不能满足探测器惯性积测量的要求。为高效满足所有试件质量特性参数的测试要求,需要采用质量特性集成化测试工艺技术。

探测器质量特性集成测试技术就是采用1台测试设备和1台工装设备,对探测器进行一次安装作业,就能测量出探测器的所有质量特性参数的技术。

集成测试系统主要包括两方面的技术:①综合测试台技术,即提高测试设备综合测试能力,使用一台设备,可以测量多种质量特性参数;②三坐标转换技术,进行测试工装的自动化和通用化设计。

综合测试台是将三点测力式质心台与平面气浮式扭摆台组合,形成综合测试台,具备称重、质心测量和转动惯量测量的功能。主要的技术特点在于将质心台和扭摆台集成,减少了安装对接环节。重点突破了质心测试和惯量测试相互转换的技术难点。10t级质心测量/转动惯量测量综合测试台参见图4.56。

该设备用于"嫦娥"五号探测器除返回器外的其他5个试件的质量、质心、转动惯量和惯性积测试。

图4.56 质量特性综合测试台系统组成

三坐标转换机的作用是取代L形支架,实现产品质量特性参数测试过程中产品坐标系与测试坐标系之间的位置关系转换的功能。

三坐标转换机的结构如图4.57所示。三坐标转换机由床身、回转台、倾斜台、下支架和配重机构等组成。其中,回转台、倾斜台、下支架和倾斜轴通称为滑台。床身是三坐标转换机的基础,主要作用是:①承受探测器滑台和配重机构的质量;②与测试台的接口对接。滑台与床身之间通过导轨连接,并且可以沿导轨在床身上水平移动。倾斜台可以围绕下支架上的倾斜轴倾斜一个角度;回转台可以绕倾斜台中心360°旋转。

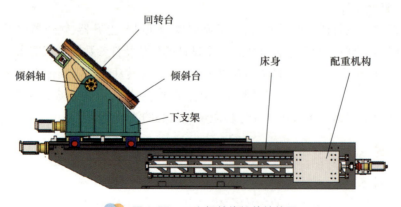

图4.57 三坐标转换机的结构图

测量探测器纵轴质心时,不将探测器水平安装,而将探测器倾斜一个角度 α,测量质心后,通过式(4.1),可以测得纵向质心。

$$X_c = R - (Y'_c - Y_c \cdot \cos\alpha)/\sin\alpha \tag{4.1}$$

式中:X_c 为纵向质心;Y_c 为横向质心;Y'_c 为倾斜 α 后测得的横向质心;R 为空间回转半径,为已知常量。

测量转动惯量和惯性积时,根据刚体过固定点绕任意轴转动惯量的表达公式:

$$I = I_x \cos^2\alpha + I_y \cos^2\beta + I_z \cos^2\gamma - 2I_{xy}\cos\alpha\cos\beta - 2I_{yz}\cos\beta\cos\gamma - 2I_{zx}\cos\gamma\cos\alpha \tag{4.2}$$

设测量轴与探测器坐标轴 X、Y、Z 的夹角分别为 α、β、γ,当 α = 0°、β = 90°、γ = 90°时,得到方向余弦(1,0,0),可以测得 I_x,当 α ≠ 0 时,利用三坐标转换机设置 5 组方向余弦(C_α, C_β, 0)、(C_α, $-C_\beta$, 0)、(C_α, 0, C_γ)、(C_α, 0, $-C_\gamma$)、(C_α, $C_{\beta1}$, $C_{\gamma1}$),并使用转动惯量测试台分别测试出这几组方向余弦对应的探测器的转动惯量 I_i,列方程组:

$$\begin{cases} I_1 = I_X C_\alpha^2 + I_Y C_\beta^2 - 2I_{XY} C_\alpha C_\beta \\ I_2 = I_X C_\alpha^2 + I_Y C_\beta^2 + 2I_{XY} C_\alpha C_\beta \\ I_3 = I_X C_\alpha^2 + I_Z C_\gamma^2 - 2I_{XZ} C_\alpha C_\gamma \\ I_4 = I_X C_\alpha^2 + I_Z C_\gamma^2 + 2I_{XZ} C_\alpha C_\gamma \\ I_5 = I_X C_\alpha^2 + I_Y C_{\beta1}^2 + I_Z C_{\gamma1}^2 - 2I_{XY} C_\alpha C_{\beta1} - 2I_{XZ} C_{\beta1} C_{\gamma1} - 2I_{ZX} C_{\gamma1} C_\alpha \end{cases} \tag{4.3}$$

求得转动惯量 I_Y、I_Z 和惯性积 I_{XY}、I_{XZ}、I_{YZ}。

$$\begin{cases} I_Y = \dfrac{I_1 + I_2 - 2I_X C_\alpha^2}{2C_\beta^2} \\ I_Z = \dfrac{I_3 + I_4 - 2I_X C_\alpha^2}{2C_\gamma^2} \\ I_{XY} = \dfrac{I_2 - I_1}{4C_\alpha C_\beta} \\ I_{XZ} = \dfrac{I_4 - I_3}{4C_\alpha C_\gamma} \\ I_{YZ} = \dfrac{I_1 + I_4 - I_5 - I_X C_\alpha^2}{2C_\beta C_\gamma} \end{cases} \tag{4.4}$$

以上即为过倾斜中心点,绕平行于探测器坐标轴的三个轴的转动惯量,再使用移轴公式就可以计算出过质心坐标系下三个轴的转动惯量。同时获得探测器的惯性积参数。

图 4.58 为中国空间技术研究院总装与环境工程部研制的第二代直线三坐标转换机,采用旁轴倾斜式转台技术,提高了设备承载能力和结构稳定性,采用控制系统的集成式床身技术,整个控制系统与机械结构一体化,只保留一根外界电源线,有效保证电器插接元件的可靠性。

集成测试技术应用于着陆器、轨道器、着陆上升组合体以及轨返组合体的质量特性测试任务中。集成测试系统实施 1 次产品质量特性测试的测试流程如图 4.59 所示。

图 4.58　第二代直线三坐标转换机

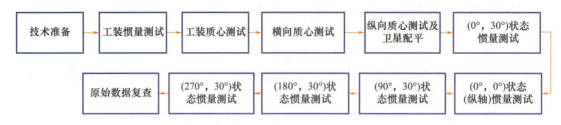

图4.59 集成测试系统测试流程图

2）L形支架技术方案

由于返回器在返回过程中质量特性参数测试精度要求极高,而且结构设计存在特殊性,不适合采用集成测试系统进行测试,需要采用传统L形支架测试方法并配合精度检测的方案进行。通过L形支架结构优化设计,提高L形支架的结构强度,减小变形,提高测试精度。

L形支架如图4.60所示。L形支架与测试台对接面有中心定位孔、8个螺纹孔和4个销钉孔,为了进一步减重,还在底面开有2个大的减重孔。返回器与L形支架对接面开有4个钛管连接孔,为避免返回舱大底与L形支架发生干涉,侧面开有一个大的避让孔。侧面支撑杆的设计是为了提高强度、减小变形。

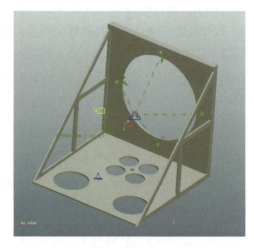

图4.60 纵向L形支架工装构型设计

通过方针分析,在质量属性中测得该L形支架质量为192.4kg。其受力情况及变形量如图4.61所示。该L形支架最大受力点为13.5MPa,最大变形量为0.4mm。该构型满足设计要求。

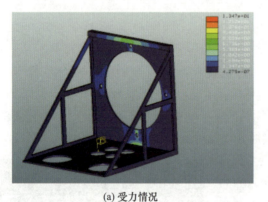

(a) 受力情况　　　　　　　　(b) 变形分析

图4.61 纵向L形支架工装受力情况及变形分析

3. 应用效果

采用集成测试技术,先后完成"嫦娥"五号探测器初样阶段、正样阶段的上升器、着陆器、轨道器、着陆上升组合体以及轨返组合体20次的质量特性测试。为总体设计提供了精准的测试数据,这些数据为探测器质量控制,优化设计提供了有力的数据支撑。

L形支架方案先后完成"嫦娥"五号探测器初样阶段和正样阶段返回器4次质量特性测试,满足了型号任务的需求。

4.2.3 密封性能测试

1. 技术要求与特点

密封性能测试是航天器总装集成阶段一项重要的专业测试。密封性能测试采用各种不同的检漏方法,对有密封要求的零部件或系统产品进行密封性能评价,对不合格的零部件或系统产品,找出泄漏的部位,以便进一步采取有效的补救措施,保证产品的质量,最终达到系统的总漏率满足设计指标要求,从而确保探测器在轨运行的安全性、可靠性和使用寿命。"嫦娥"五号探测器主要涉及的密封性能测试项目包括轨道器推进子系统、着陆器推进子系统、上升器推进子系统、返回器GNC子系统推进执行机构、着陆器水升华器、着陆上升组合体热控流体回路等密封系统的密封性能测试。在总装集成后,进行单点漏率测试和系统总漏率测试,同时在完成探测器整器力学试验后、热试验后及长途运输后,需要对各测试项目系统总漏率进行复测,确保产品密封性能没有明显下降,漏率指标满足设计指标要求。

"嫦娥"五号探测器轨道器推进子系统、着陆器推进子系统、上升器推进子系统的漏率指标要求不大于$8 \times 10^{-4} Pa \cdot m^3/s$,返回器GNC子系统推进执行机构、着陆器水升华器漏率指标要求不大于$1 \times 10^{-4} Pa \cdot m^3/s$,以上检漏项目的检漏介质均为氦气。着陆上升组合体热控流体回路加注的工作介质为液态全氟三乙胺,设计要求在轨运行1个月内流体回路工作介质的泄漏量不超过10ml,经计算其漏率量级为0.3ml/24h,提出了对流体回路工作介质的漏率指标要求。

由于发射计划的调整,"嫦娥"五号探测器需要开展长期的贮存工作,贮存期间为保证探测器贮存的环境条件及降低微波测距测速敏感器等产品氧化的风险,保证产品质量稳定,特提出对探测器进行密封贮存的需求。

"嫦娥"五号探测器密封性能测试的主要特点如下:

(1)"嫦娥"五号探测器的漏率测试项目多达6个;同时为了保证探测器的在轨寿命,着陆上升组合体热控流体回路提出了对工作介质的漏率需求,对常规检漏介质氦气的漏率进行复核验证工作,从而更加真实地反映探测器在轨的泄漏状况;

(2)为了保证探测器产品质量稳定,需对探测器开展整器的密封贮存,其贮存周期长,贮存环境要求苛刻。

2. 技术方案

"嫦娥"五号探测器整体检漏思路为拆分化和模块化,将整器的推进分系统拆分为单器的推进子系统分别进行漏率测试。对于轨道器推进子系统、着陆器推进子系统、上升器推进子系统、返回器GNC子系统推进执行机构、着陆器水升华器等采用常规的氦质谱非真空累积法进行漏率测试,检漏介质采用氦气,检漏容器采用刚性收集室或探测器单器各自的包装箱,在累积时间24h情况下,该方法的检漏灵敏度均小于$1 \times 10^{-5} Pa \cdot m^3/s$。

着陆上升组合体热控流体回路的漏率测试除了采用常规的氦质谱非真空检漏法进行测量,同时增加其在加注工作介质液态全氟三乙胺后对真实工作介质的漏率测试,验证其在轨真实状态下的漏率状况。对于"嫦娥"五号探测器长期密封贮存的需求,开展基于柔性容器的探测器密封贮存技术研究及应用。

1)基于液态全氟三乙胺的漏率测试技术

根据"嫦娥"五号探测器热控流体回路对工作介质的漏率需求,开展了基于液态全氟三乙胺泄漏率测试方法的研究。全氟三乙胺为含氟惰性液体,分子式 $C_6F_{15}N$,分子量371.05。全氟三乙胺常温下饱和蒸气压很高,具有良好的挥发性,空气中含量极低,是无色、无味、透明液体,无毒不可燃,面对热和各种化学品及金属材料具有高度稳定性、良好润滑及耐磨性、黏度低。泄漏的液体完全气化后具有质谱检漏的可行性。根据"嫦娥"五号探测器热控流体回路的漏率需求及检漏能力的现状,将研究范围定义为:日泄漏量0.5ml以下,温度在试验室环境10~30℃,采用一个大气压环境下非真空累积检漏,检漏灵敏度指标优于0.05ml/24h。

实现着陆上升组合体热控流体回路液态工作介质全氟三乙胺的泄漏率测试,在现有多示漏气体四极质谱非真空累积检漏法的基础上,需要开展液态全氟三乙胺挥发特性的研究,使其泄漏后能够完全气化,以气态形式存在于收集容器中,同时根据质谱检漏原理需要,选取合适的质谱谱峰,质谱谱峰稳定且避开大气中的常规气体及被测产品上材料释放气体的谱峰,通过研制专用液态全氟三乙胺标准漏孔,对测试系统进行标定,最终实现液态工作介质全氟三乙胺非真空状态下泄漏率测试。

(1)常温下(10~30℃)全氟三乙胺挥发性能研究。

通过对全氟三乙胺饱和蒸气压、挥发性等物理特性的分析试验,研究泄漏物质完全挥发为气体时所经历的时间,从而确定总漏率测试过程中的平衡等待时间。同时通过计算分析给出常温下收集室空间能容纳的气态全氟三乙胺的最大范围。

挥发性有机物VOC_s是指在室温下饱和蒸气压大于70.91Pa、常压下沸点小于260℃的有机化合物。液体的挥发(蒸发)是指液体在沸点温度以下,由液相变为气相的过程。液体的挥发速率与液体的表面积、环境温度和空气流动速率有关。液体的表面积越大,挥发速率越快。空气流动速率影响液体表面空气中的蒸气压,空气流动速率越快,液面上空气中的蒸气压越低,挥发速率越快。液体的温度越高,饱和蒸气压越高,挥发速率越快。

全氟三乙胺的沸点为68~69℃,液体的饱和蒸气压随着温度升高而升高。全氟三乙胺在25℃时的饱和蒸气压为17.29kPa(130mmHg),20℃时的饱和蒸气压为14.8kPa(2.15psi),15℃时的饱和蒸气压约为12.31kPa,0℃时的饱和蒸气压约为7.05kPa(53mmHg)。综上所述,全氟三乙胺在10~30℃环境下的饱和蒸气压大于7kPa。根据理想气体状态方程:

$$PV = \frac{m}{M}RT \tag{4.5}$$

式中:P 为饱和蒸气压(Pa);V 为收集容器体积(m^3);R 为常数,取值为8.314(J/(mol·K));m 为质量(g);M 为摩尔质量,$M=371$g/mol;T 为绝对温度(K)。

根据式(4.5),0℃时,现有收集容器(容积约150m^3),饱和蒸气压7kPa时,饱和状态时可以容纳的全氟三乙胺蒸气质量为171.628kg,常温下全氟三乙胺的密度1.736g/ml,折合体积约100L。随着温度的升高饱和蒸气压会越高,容纳的蒸气量会更多。综上可知,泄漏量0.5ml的液态全氟三乙胺可以完全以气态形式存在收集容器内。

全氟三乙胺的挥发速度试验可以采用称重法进行验证,测试设备采用电子天平,其测试精度为0.1mg,挥发时间从液体加入电子天平开始计时至肉眼看不见液体且电子天平的显示为0时,所经过的时间。通过计算可以得出单位时间液态全氟三乙胺的损耗量,即挥发为气态的挥发量。

通过理论分析和实践验证,可以得出全氟三乙胺液体在一定液体表面积下,向静止大气挥发的速率,作为液体气化平衡混合所需时间的依据。研究范围日泄漏量0.5ml以下,温度在实验室环境10~30℃,即泄漏速率为$1.0×10^{-5}$g/s,根据液体的流动性原理,泄漏液体会很快向四周扩散,并在扩散的过程中挥发。通过理论计算和试验验证,0.5ml的液体10℃静态无风环境下,挥发时间为3min,在风机的循环下可以增大挥发面积减少挥发的时间。

小结:根据理论计算和分析,泄漏出的或向收集容器中注入0.5ml的全氟三乙胺液体,在短时间内(不超过3min)以气态形式存在于现有收集容器中。

(2)全氟三乙胺质谱谱峰选取。

全氟三乙胺的谱峰相对强度从大到小依次为119、69、164、214等,需根据设备能力、环境因素等,通过对全氟三乙胺谱峰的测试扫描,对同谱峰的不同物质进行分析区别,挑选出噪声小、反应信号明显的峰值,作为实际测试中采用的谱峰。全氟三乙胺的理论谱峰如图4.62所示。

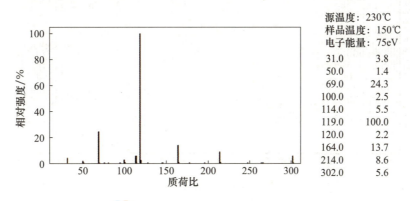

图4.62 全氟三乙胺谱峰特性图

全氟三乙胺同相关物质的质谱谱峰关系见表4.6。由表4.6可知:这些物质在空气中的含量很少,且在探测器研制过程中很少使用,全氟三乙胺峰值最大的2个谱峰对应质量数为119和69,容易与其他相关物质相区别,此2个谱峰均可以作为全氟三乙胺质谱检漏的谱峰。

表4.6 全氟三乙胺主要谱峰及相关物质的关系

谱峰质量数	119	69	164	214
$C_6F_{15}N$	100%	24.3%	13.7%	8.6%
$(CH_3)_3NGa$	—	100%	—	—
C_2F_6	41.3%	100%	—	—
C_3F_8	41.3%	9%	—	—
$CBrF_3$	—	100%	—	—
CCl_4	97.4%	—	—	—
$CClF_3$	—	100%	—	—
CF_4	—	100%	—	—
CHF_3	—	100%	—	—
DP-OIL	—	100%	—	—

对全氟三乙胺峰值最大的 2 个谱峰 119 和 69 进行试验验证,图 4.63 为首先放样 0.5ml 的全氟三乙胺及放空本底后向收集容器中连续 5 次注入 0.1ml 全氟三乙胺后的质谱测试曲线。图 4.64 为放入标准漏孔后测试的终值和放样后测试的样值曲线。从图 4.63、图 4.64 可以看出:谱峰 119 反应值大,且稳定性好,所以选取谱峰 119 作为全氟三乙胺总漏率测试的谱峰。

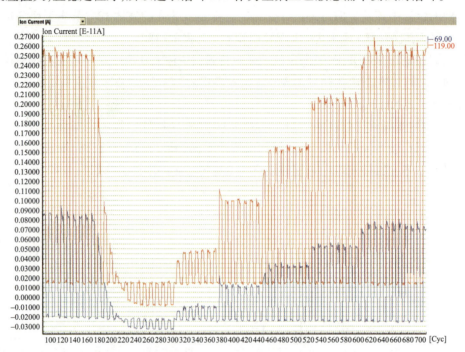

图 4.63　放样谱峰测试图

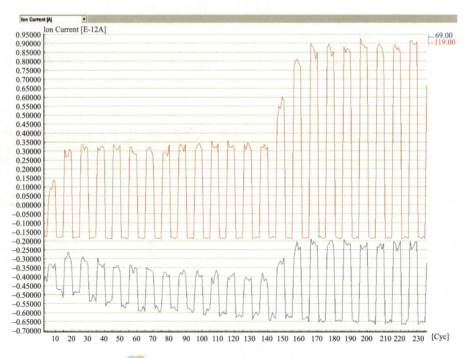

图 4.64　放入标准漏孔后谱峰测试图

(3) 全氟三乙胺标准漏孔及对应等量挥发装置的研制。

为了验证全氟三乙胺总漏率测试技术的有效性,需要研制专用全氟三乙胺标准漏孔和对应等量挥发装置,并经专门计量机构检定,确定其真实漏率。通过对标准漏孔的测试,验证该方法有效性及测试灵敏度。

全氟三乙胺标准漏孔设计原理可参见图4.65,主要由液体存储容器VC1、阀门V1、V2及漏孔组成。

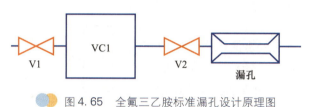

图4.65 全氟三乙胺标准漏孔设计原理图

全氟三乙胺标准漏孔主要技术要求如下:

① 存储容器容积:约1L。
② 存储容器材料:不锈钢。
③ 存储容器耐压:≥1MPa。
④ 全氟三乙胺工作介质压力:0.25～0.3MPa。
⑤ 限流主体材料:无氧铜管。
⑥ 各元件连接处漏率:≤10^{-10}Pa·m^3/s。

在研制正压标准漏孔同时,研制同漏孔漏率一致的等量挥发装置,用来对正压标准漏孔进行对比验证。等量挥发装置示意图见图4.66,主要工作原理是将挥发性全氟三乙胺液体放入容器中,通过图示漏孔的大小,调节挥发的面积,进而控制泄漏出的全氟三乙胺气体量,通过电子天平来测试24h泄漏出的全氟三乙胺液体的质量或容积数。

完成漏孔研制后,需要对漏孔进行标定试验,采用定容法、质谱计比较法和称重法等方法进行标定。

等量挥发装置是此次正压标准漏孔研制过程中的创新技术,主要利用密封容器中挥发出气体的扩散随孔径大小变化的原理,挥发装置如图4.67所示,挥发装置的主要指标见表4.7。

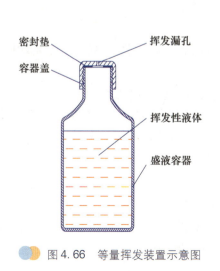

图4.66 等量挥发装置示意图

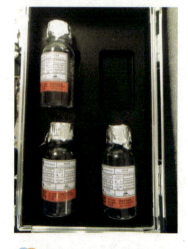

图4.67 挥发装置外形图

表 4.7　等量挥发装置主要技术指标(ml/24h)

序号	编号	设计漏率	称重法计量漏率
1#	17100201	0.05 ±50%	0.03
2#	17100202	0.1 ±50%	0.09
3#	17100203	0.3 ±50%	0.28

(4) 总漏率测试过程。

全氟三乙胺泄漏率质谱分析测试系统原理如图 4.68 所示。图中收集容器尺寸能包容大部分航天产品的密封性能测试需求,现使用收集容器的尺寸为长(5m)×宽(5m)×高(6m),容积 150m³,收集容器的大小关系到系统的最小可检漏率,收集容器越小,系统的最小可检漏率越小。测试前将被测产品充入规定压力全氟三乙胺液态工质后放入收集容器中,对容器进行密封,将切换阀向上改变位置,通过 2 个循环泵将标气容器和收集容器内的气体进行循环,使其达到平衡,通过质谱仪监视其离子流一致后,将切换阀

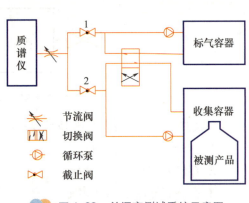

图 4.68　总漏率测试系统示意图

恢复图示位置。这样,标气容器将会保存收集容器内初始的本底气体,标气容器容积一般为 200L,可以保证测试过程中压力维持常压范围状态下的气体损耗。随后保持标气容器和收集容器处于密封状态,并进入泄漏率累积收集状态,累积收集一定时间(一般不小于 24h,累积收集时间越长,系统的最小可检漏率越小)。由于全氟三乙胺的易挥发性,泄漏后的液态全氟三乙胺会迅速挥发为气态,同时可以通过在收集容器中放置风机进行搅拌,使泄漏的气体混合均匀,累积收集结束后,通过质谱仪进行测试确定系统的漏率量级。测试时首先打开截止阀 1,测试标气容器的离子流 I_0,连续测试 1min;关闭截止阀 1,打开截止阀 2,测试收集容器内累积泄漏全氟三乙胺的离子流 I_1,重复以上步骤测试 6 个循环以上[77]。最后对系统进行标定,用微量进样器向收集容器中注入标准量 V(ml)的液态全氟三乙胺,挥发均匀后测试收集容器的离子流 I_2。则被测产品的泄漏率 Q 为

$$Q = \frac{24 \cdot V(I_1 - I_0)}{t(I_2 - I_1)} \tag{4.6}$$

式中:Q 为测试总漏率(ml/24h);V 为取样液体体积(ml);t 为累积收集时间,一般为 24h。

(5) 测试灵敏度评价。

通过对一支漏率已知的全氟三乙胺正压标准漏孔进行测试试验,对该测试方法的测试灵敏度进行评价。该全氟三乙胺漏孔编号 17100103,设计漏率 0.22ml/24h。将漏孔放入收集容器后按上述方法进行累积收集,累积 24h 后,进行质谱测试,其测试曲线见图 4.69,图中蓝色曲线为质量数 69 对应的测试曲线,红色曲线为质量数 119 对应的测试曲线。0~20 循环,为系统测试过程的初始化过程,其中 20~150 循环为实际泄漏量对应的测试曲线,150~160 循环为系统标定过程中注入 0.2ml 全氟三乙胺液体时的测试曲线,160~250 循环为液体挥发均匀后的测试曲线。

采用非真空累积质谱分析法进行全氟三乙胺泄漏率测试时,对于容积 150m³ 的收集容器累积时间 t 为 24h 时,系统的最小可检漏率可以通过向收集容器中注入定量全氟三乙胺液体的方法进

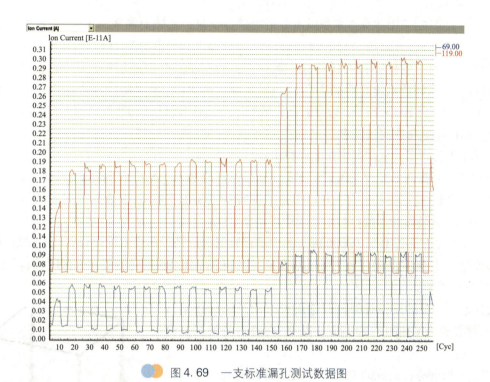

图 4.69 一支标准漏孔测试数据图

行估算,首先测试系统的本地噪声 I_n,然后通过向收集容器注入 V ml 的全氟三乙胺液体样本后,测试放样前后的离子流变化量 ΔI,则该系统最小可检漏率为

$$Q_{\min} = \frac{V \cdot I_n}{t \cdot \Delta I} \tag{4.7}$$

式中:$Q_{\min}$ 的单位为 ml/24h,注入样本量为 0.2ml。

采用非真空累积法进行全氟三乙胺泄漏率测试时,最小可检漏率量级的泄漏在 24h 内泄漏到 150m³ 的收集容器内,造成收集空间内全氟三乙胺气体浓度的变化量,为系统对全氟三乙胺的空间浓度的测试灵敏度,即

$$S = \frac{Q_{\min} \cdot \rho}{M} \times (22.4 \times 10^{-3}) \div V_{收集容器} \tag{4.8}$$

式中:ρ 为液态全氟三乙胺常温下的密度,$\rho = 1.732$ g/ml;M 为全氟三乙胺的摩尔质量,$M = 371$ g/mol;$V_{收集容器}$ 为收集容器的容积,$V_{收集容器} = 150$ m³。

通过注入 0.2ml 液态全氟三乙胺液体后,对测试系统的最小可检漏率和测试灵敏度进行评价,具体数据见表 4.8。

表 4.8 测试精度评价

项目	69	119
I_n/A	2.01×10^{-14}	1.10×10^{-14}
ΔI/A	3.95×10^{-13}	1.07×10^{-12}
$Q_{\min}$/(ml/24h)	0.01	0.002
$S/10^{-9}$	7	1.4

由表 4.8 可知:采用非真空累积质谱分析法进行全氟三乙胺泄漏率测试时,在容积 150m³ 的收集容器、累积时间 t 为 24h 条件下,系统的最小可检漏率对于质量数 69 而言,其最小可检漏率为 0.01ml/24h,而对于质量数 119,其最小可检漏率为 0.002ml/24h。通过对全氟三乙胺泄漏后造成空间的浓度变化,评价系统的测试灵敏度,对于质量数 69 而言,其灵敏度为 7×10^{-9},而对于质量数 119,其灵敏度为 1.4×10^{-9}。通过测试灵敏度评价,能够满足"嫦娥"五号探测器着陆上升组合体热控流体回路的漏率测试需求。

2)基于柔性容器的探测器密封贮存技术

"嫦娥"五号探测器贮存共需设计加工 3 套柔性贮存容器,分别用于着陆上升组合体、轨道器仪器舱和对接舱、返回器的贮存工作。柔性贮存容器主要由支撑骨架、密封薄膜及环境监控系统组成。"嫦娥"五号探测器贮存技术要求中环境条件为:温度 15~25℃,湿度不大于 40%,氮气浓度不小于 85%,洁净度优于 100000 级。柔性贮存容器通过密封薄膜实现内外空气的隔绝,具有防尘及湿度维持功能,同时通过放置干燥剂及氮气置换来降低柔性贮存容器内的湿度,提高氮浓度。

(1)支撑骨架。

柔性贮存容器的支撑骨架部分选用可电动升降的骨架结构,该支撑骨架构型如图 4.70 所示,柔性贮存容器骨架主要由 4 部分组成:

① 由 4 根升降杆组成的伸缩部分,主要作用是用来垂直提升顶部 4 根铝合金横梁,是这个骨架的最主要的支撑结构。

② 铝合金横梁,主要是由上面 4 根横梁、下部 4 根铝合金栏杆及对应的紧固件组成;这一部分主要作用是用来悬挂柔性密封薄膜及起支撑作用;根据实际需求,上面的 4 根铝合金横梁需要具备一定的抗弯强度。

图 4.70 柔性贮存容器骨架构型图

③ 移动小车,在使用过程中电动升降杆固定在移动小车台面上,可以随着移动小车移动。

④ 控制部分,控制部分主要是用来控制每个电机的转速,使 4 个升降杆以相同的速度上升下降,使 4 根杆的顶端始终处于同一水平面上。

(2)密封薄膜。

"嫦娥"五号探测器柔性贮存容器密封薄膜为六面体结构,有底面。

密封薄膜材质为单面镀铝聚酯薄膜,厚度为 0.15mm,薄膜材料化学性质稳定,无嗅无味无毒,符合 BB/T 0030—2004《包装用镀铝薄膜》标准,挥发性符合食品药品卫生标准,不会对贮存容器内造成有机污染;薄膜的棱角封边处每隔 200mm 留有连接挂钩用的孔位,棱角封边处材料的强度及韧性需要进行加强处理,柔性薄膜同骨架连接吊环处均额外配备一个带自锁装置的挂钩,挂钩材料为尼龙;密封薄膜搭接处采用热塑封形式对各边进行密封,确保形成密封环境。

(3)环境监测系统。

"嫦娥"五号探测器贮存容器监控系统由一台监控用笔记本电脑、2 台氮气浓度检测仪、2 台温湿度传感器、2 台粒子计数器、电源模块、控制模块、显示模块及配套线缆组成。监控中需要完成温度、湿度、氮浓度及洁净度数据的全程监测。监控系统具有以下功能:

① 实时监测和全程记录,记录时间间隔可设,记录间隔一般为 1h;

② 监控软件界面具有当前温度、湿度、氮浓度值及洁净度数据;

③ 监控软件界面具有24h前温度最大及最小值、湿度最大值、氮浓度最小值；

④ 具备环境数据自动存储、数据回放、生成数据曲线功能；

⑤ 进行数据记录和报警提示；

⑥ 柔性贮存容器上部安装1个温湿度传感器，固定在容器骨架上，要求固定安全、可靠；

⑦ 传感器线缆预留长度20m；

⑧ 传感器在底部放置时，要有支架；

⑨ 支持笔记本电脑进行数据监测和导出功能，通过网线连接。

"嫦娥"五号探测器柔性贮存容器见图4.71所示，其监控系统见图4.72所示。

图4.71 "嫦娥"五号柔性贮存容器

3. 应用效果

应用"嫦娥"五号密封性能测试技术，圆满完成了探测器各器各项目的密封性能测试工作。

基于液态工质全氟三乙胺泄漏率测试的技术在着陆上升组合体热控流体回路漏率测试中的应用，实现了产品在轨工作介质漏率的测试，确保了探测器在轨运行的安全性、可靠性和使用寿命，同时为今后其他型号热控分系统检漏开创了新的测试方法。

基于柔性容器的探测器贮存技术的应用，实现了"嫦娥"五号探测器长时间的密封贮存，通过对贮存环境的实时监测、控制及维持，保证了探测器产品质量稳定，为今后其他航天器的贮存提供了技术参考。

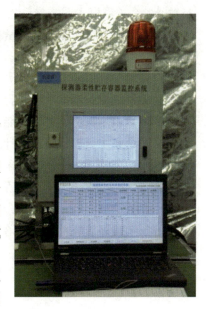

图4.72 "嫦娥"五号柔性贮存容器环境监控系统

4.3 综合测试技术

4.3.1 技术要求与特点

"嫦娥"五号探测器综合测试是指总装开始直至发射之前对航天器电性能的测试。综合测试从需求出发，设计测试方案，研制测试系统，开展测试实施，并完成阶段测试总结评价。综合测试是探测器系统级研制的最后关键环节,是评价探测器研制质量的重要依据。

1. 技术要求

"嫦娥"五号探测器对综合测试技术要求包括以下方面:

(1) 建立探测器测试状态,为开展整器状态下系统级电性能测试奠定基础。

① 验证探测器供电的正确性以及探测器配电功能的正确性;
② 验证器地遥测遥控接口的匹配性和正确性;
③ 验证器探测器遥控接口和遥测接口的正确性和匹配性。

(2) 验证整器总装状态下,各分系统以及分系统间接口的功能、性能是否满足规范要求,验证探测器各个工作模式下的分系统工作的正确性和匹配性。

① 分系统详细功能性能测试;
② 分系统间接口测试;
③ 整器关键信号电气性能测试;
④ 系统级模式测试(含飞行过程分段模式测试、关键任务环节专项测试以及无线通道检查);
⑤ 对单机主备份均进行功能及性能确认,对已设计的故障模式正确性进行确认;
⑥ 验证系统级飞行时序设计的正确性和合理性,并为后续发射后在轨飞行控制提供参考。

(3) 完成全任务模飞测试(含有线、无线)、故障模飞以及探测器自检。

(4) 验证探测器多舱段总装后探测器的健康状态,并对探测器发射前工作程序进行演练。

① 自检测试;
② 射前程序演练及脱插脱落测试;
③ 分离面电分离测试。

2. 任务特点分析

"嫦娥"五号探测器在轨共有 11 个飞行任务阶段,剖面多,且不可逆环节多。需要验证标称状态下全部飞行剖面正确性、故障容限能力和应急处置策略的正确性。面临复杂任务剖面解耦难度大、在轨故障容限能力验证的难题。

整器组成复杂,且在轨飞行状态多。涵盖 4 个器以及 7 种单器/组合体状态,跨器单向及双向能源流及信息流通路验证要求高。面临系统级全覆盖测试和有效测试难度大的难题。

整器活动部件多关键动作多,遥测通道、采样引发的数据特性与物理部件特性失配引发量化测试难度大。面临系统条件及任务场景下关键动作的可靠性摸底难度大的难题。

参试设备多源化,需要按照抓总测试要求实现测试系统级信息的统一管控。

4.3.2 测试系统

"嫦娥"五号探测器综合测试系统是各阶段整器级电性能测试、各种环境试验和探测器临射前电性能测试的支持系统。该系统是一个分布式局域网络系统,由总控设备通过网络交换机及集线器等网络中间件,与测试设备连接,通过网络通信协议及虚拟网络配置组成整套系统,如图 4.73 所示。

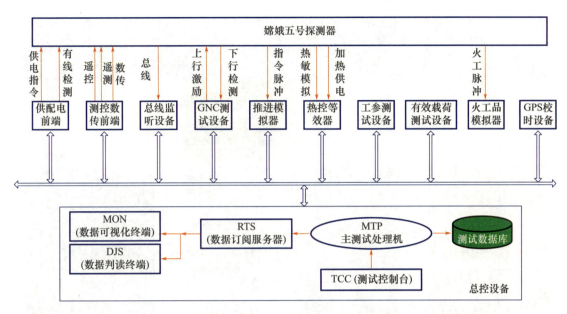

图 4.73 "嫦娥"五号探测器测试系统组成原理图

测试设备主要包括：

(1) 供配电前端设备。完成地面供电、有线指令发送及有线检测参数采集。

(2) 测控数传前端设备。完成遥测及数传通道数据解调,遥控指令调制及发送。

(3) GNC 测试设备。完成动力学环境模拟及开环闭环测试。

(4) 总线监听设备。实时侦听 1553B 器上各终端消息内容。

(5) 推进模拟器。模拟器上真实阀门并采集相应的动作脉宽。

(6) 热控等效器。模拟器上真实加热器及各类热敏电阻。

(7) 工参测试设备。主要为器上相机及月尘带电测量等设备实测结果的专项格式解析及显示。

(8) 有效载荷测试设备。用于有效载荷设备的数据处理。

综合测试系统的部署按照核心 – 汇聚 – 接入分层展开,进而实现以 IP 节点为基础的不同功能测试设备的按区划分。

接入层主要是指测试设备(含前端设备),汇聚层为收发遥测遥控信息的计算机终端,核心层为遥控指令生成和遥测信息处理的服务器。通过该方式实现了测试系统规范化管理与技术状态控制的信息化,为测试过程中的遥控指令统一设置发送、遥测参数统一发布与储存,以及各类测试设备的统一设置与操作提供技术基础,具体拓扑结构如图 4.74 所示。

核心层的服务器用于四器遥测数据的处理分发存储和遥控指令编译;汇聚层是参数显示与指令传输的主干网,负责遥测参数的分发及订阅和指令发送;核心层与汇聚层之间由网络交换机的路由控制实现交互;接入层主要为测试设备(含前端设备、模拟器);汇聚层与接入层之间按照双网卡计算机实现跨域交互。需要说明的是:发射场实施过程中,各前置测试间、数据中心机房与电测大厅之间数据交互采用发射场提供的光纤网络系统。

核心层的设置目的为测试基础数据库的网络保护,保护实现方式为虚拟局域网(VLAN)划分,禁止不同子网之间通过主干网的数据通信,规避局域网内部形成冗余链路造成数据风暴的潜在可能性。

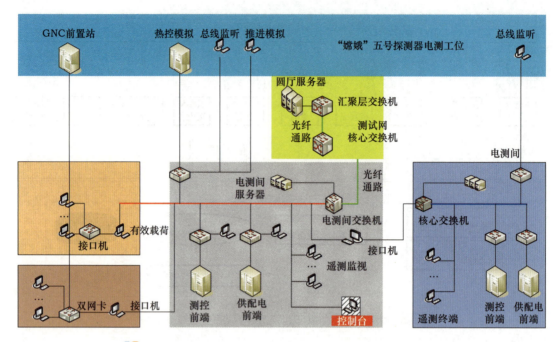

图 4.74 "嫦娥"五号探测器综合测试网络系统网络拓扑图

工程实现过程中,按照既定的探测器地面电气测试设备通信协议,预先约定各类测试设备关于数据格式及 IP 端口号,统一接入整器测试网,实现信息交互。

举例说明:轨道器相对应的综合测试网段共有 18 个网络节点,与探测器综合测试主干网通过外系统双网卡计算机实现数据交互,分别接收和发送轨道器测控通道下传的遥测信息和遥控指令。有效载荷测试设备与综合测试设备通过双网卡及计算机实现数据交互,分别接收探测器综合测试主干网数传通道下传的有效载荷数据,以及测控信道下传的工程遥测数据。

测试实施过程中,电测指挥、总体技术状态控制、总控岗、供配电测试岗、测控测试等岗位及测试设备分别部署于不同的测试间,通过上述三层次网络架构实现测试信息的统一处理和测试现场的统一调度。

4.3.3 测试技术

针对在轨任务复杂、飞行状态多样等特点,在任务分析及测试项目确定过程中,"嫦娥"五号探测器采用了自上而下的状态遍历方法,从顶层飞行任务设计开始,按照飞行剖面、组合状态、工作模式、系统配置、功能模块和性能指标的层次完成逐级分解,实现对测试需求的全面覆盖[78-79]。

遵照探测器测试验证可信性逐步增强的目标,测试实施过程中采用自底向上的增量集成方法,按照单器能源通道建立、测控信道建立、子系统详细测试、子系统间匹配性测试、单器模飞的思路实现增量集成测试,最终在整器系统级层面完成对单器→两两组合体→四器组合等飞行状态的覆盖及遍历。

通过状态遍历及增量式集成测试技术,解决了探测器组成复杂、器间交互多、器内耦合多、器地协同操作多的系统级全覆盖测试和有效测试的难题,保障测试任务的顺利实施。

结合中国装备可靠性相关的要求及自身特点分析，"嫦娥"五号探测器将整器作为系统级电性能测试的主要验证环境，减少了对系统级集成实验室的重复投产，解决了在项目早期将系统验证置于真实环境的工程难题。结合相关测试经验，在正样器条件下，结合跨器传输的任务需求，加强器间信息流功率流的跨器传输功能验证；并针对活动部件的瞬态及连续运动等关键动作，开展任务场景与动作匹配的定量测试，实现关键信号的可靠性摸底。

1. 串并耦合柔性可调的技术流程

"嫦娥"五号探测器综合测试的技术流程在继承传统航天器"建通道（A 阶段）、详细测试（B 阶段）、系统模飞（C 阶段）"的单星（器）基础之上，形成了一套"单器内部串行、多器之间并行、器间柔性调整、模飞分层验证"的系统级测试技术流程，最终覆盖探测器在轨飞行模式与工作状态。

"嫦娥"五号探测器系统级测试整体任务分析如图 4.75 所示，具体划分为以下状态：

（1）单器状态。月面起飞及交会对接，轨返组合体分离后轨道器单器飞离月地转移轨道，返回再入。

（2）两器组合状态。月球轨道环绕飞行及调相变轨、月面动力下降及着陆、月面采样（着陆上升组合体），轨返组合体为主的环月飞行、交会对接、月地转移等飞行剖面。

（3）三器协同工作状态。月球轨道交会对接，以及样品转移的轨返组合体与上升器。

（4）四器组合体状态。地月转移、近月制动、四器环月飞行、轨返组合体与着陆上升组合体分离前。

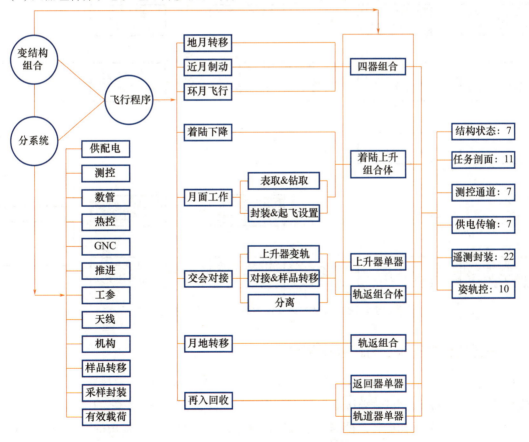

图 4.75　"嫦娥"五号探测器综合测试系统级测试整体任务分析

结合"嫦娥"五号探测器在轨飞行过程,对探测器可能发生的工作模式进行分析,并对各个模式对应的工作状态完成提取,对各飞行状态完成覆盖。在单器条件下,以分系统详细测试的方式,分别实现了特征阻抗和功率特性方面的检查,在数据流及测控信道方面的定量检查,以及在单器状态下的任务剖面检查(单器模飞)。

单器作为综合测试工作的并行主线,单器通道及验证子系统为最基本模块,采用状态分器、任务分段的逐器逐剖面增量集成测试模式,实现了测试与评价可靠性活动在研制环节的左移,提高了测试的迭代效率,使得单器条件下的 428 个功能模块得到提前验证。在任务剖面验证方面,在单器条件下提前完成了月面起飞、月球轨道交会对接远程段(上升器)、地球轨道返回再入、地月转移(轨道器单器)等多个飞行阶段的模拟飞行验证。

测试流程以状态覆盖性、测试有效性为主要目标,在整器状态建立的过程中,完成各单器、两器组合体、对接组合体、四器组合体的子系统详细测试、子系统间匹配测试、组合体内两器之间接口测试、组合体状态下跨器子系统测试、两两组合体形成整器后的组合体间接口测试、整器状态下分系统详细测试。最终全面覆盖在轨四器组合体的变结构工作状态。"嫦娥"五号探测器系统级测试验证流程如图 4.76 所示。

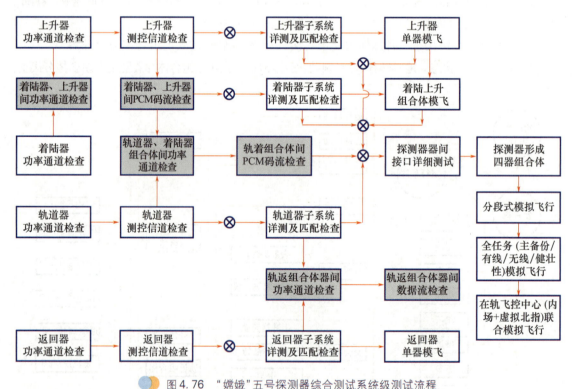

图 4.76 "嫦娥"五号探测器综合测试系统级测试流程

2. 跨器传输为验证目标的器间测试

根据对被测对象的分析可知,需要完成"嫦娥"五号探测器的器间匹配性测试,内容应涵盖功率流与信息流。信息流测试主要围绕器间由数据流为支撑的同一分系统之间跨器传输的数据一致性验证。例如,"轨返组合体之间跨器星敏感器数据传输"的验证,所采用的方法为单源多通道数据流一致性验证。返回器 GNCC 在进入再入飞行段之前,需要通过轨道器配置的星敏感器完成再入姿态的建立,因此返回器需要通过器间接口接收由轨道器发送的星敏感器数据,具体如图 4.77 所示。

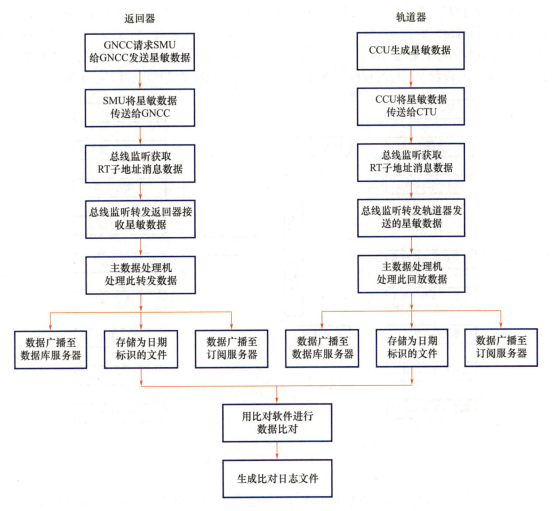

图 4.77 轨返组合体跨器星敏感器数据传输验证流程

在整器测试的过程中引入总线监视作为外测数据源,具体流程如下:

(1)以 RT 侦听的方式完成对相应数据源与接收终端的实时监听;

(2)其后按照预先约定的总线通信协议,实现两个通道对星敏感器同一数据源的接收、解析与存储,并将数据转发到总控主测试处理机(MTP);

(3)MTP 通过广播的方式完成分发与入库存储;

(4)结构化存储的过程中以星时作为识别标示,并实现每帧数据的时间标签生成;

(5)引入数据比对功能,对上述两个不同通道形成的数据文件,完成内容比对;

(6)比对结果直接表达了轨道器与返回器之间信息传输通道物理特性,以及两个单器对于同一源数据封装策略的正确性。

3. 任务剖面分层验证的测试方法

"嫦娥"五号探测器系统级模拟飞行以验证飞行程序、性能指标、器地协同工作等顶层目标为前提,以标称、健壮性、应急演练等方式,实现模拟飞行任务的三个验证目标:飞行程序与任务的匹配性;动作时间与任务的适应性;功能性能与任务的满足性。

模拟飞行过程中,按照相应任务时刻,对地面供电、测控信道以及动力学环境完成相应的状态设置,通过上行链路完成各类指令的上注,对器上设备实施控制和激励,并通过下行链路及相应的解析软件完成遥测的采集与判读。特定时刻的器箭分离、器间分离等关键动作通过地面模拟实现激励信号的生成,以触发相应的程控工作;模飞过程中的器地联动的机理如图4.78所示。

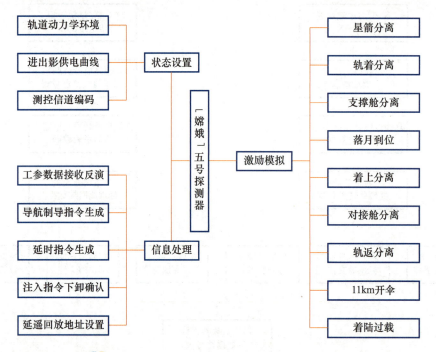

图4.78 模飞过程的激励模拟及状态配置原理

1)标称任务剖面的验证策略

标称模拟飞行是按照与飞行程序基本相同的程序,模拟探测器从运载发射至着陆回收全部飞行过程的真实任务状态,在地面综合测试的统一指挥和协调下模拟探测器飞行,完成针对任务剖面的验证。

采用基于任务剖面的模拟飞行验证设计方法[80],其基本思路为如下三步策略:

(1)面向"飞行任务剖面"对飞行过程进行分解,自上而下、由大而小,由任务剖面→飞行事件→元任务;

(2)面向"元任务"进行用例场景的识别;

(3)面向每个场景设计测试程序集。

实施过程中,按照典型任务环节提取、稳态时间压缩、具体功能星时驱动,开发了257个测试程序,实现对飞行剖面的100%覆盖;标称模拟飞行验证时间由551h优化为96h,时间缩短82.5%。

2)健壮性模拟飞行验证策略

系统健壮性常用定义为:在无效输入或者压力环境下,系统或者组件能够保持正常工作程度的一种度量。按照航天器在轨故障容限能力设计要求所规定的"一重故障保业务连续"的产品研制质量保证要求,重点开展面向不可逆环节健壮性的模拟飞行测试,如表4.9所示。

表 4.9　多源故障注入的健壮性模飞（举例）

剖面	敏感器	控制器	执行部件	时间/min
月球着陆下降（1#）	激光测距 + 微波测速			−4
		着陆器推进线路盒切 B 机		+2
		上升器 CCU 复位		+4
			轨控发动机强制关机	+6
		上升器 SMU 强制 A 切 B 机		落月后 +2

为验证探测器冗余设计的正确性，提出以在轨事件分析为基础的健壮性模飞测试方法，步骤如下：

(1) 识别关键飞行事件，确定各任务剖面中每个飞行事件执行结果对任务目标的影响；

(2) 分解单事件对应的支撑功能，通过信息传递、时序关系、工作模式表达，确定测试设计输入；

(3) 以敏感器、控制器、执行部件作为故障激励，设计及编制测试细则。

测试实施实现了涵盖 50 个故障源的"多层多源故障注入"健壮性模飞，实现着陆/起飞/再入等关键环节的冗余设计正确性验证。

3）应急预案模拟演练

当满足任务连续的要求，在系统级测试阶段与北京航天飞行控制中心联合完成了在轨应急处置预案的模拟演练，检验了天地大回路状态下处置预案及应急飞控流程的正确性。主要包括：

(1) 运载发射段。器箭分离后探测器未正常对日定向。

(2) 着陆下降段。7500N 变推力发动机点火前，地面决策推迟两圈动力下降。

(3) 月面上升段。上升器入轨异常地面处置采用 $8 \times 120N$ 发动机进行两脉冲补充变轨。

(4) 交会对接段。轨返组合体前进至 100m 停泊点转紧急撤离，由轨返组合体实施远程导引，推迟两天进行交会对接。

4. 场景与动作相结合的系统匹配测试方法

针对在轨工作过程中关键动作涉及的剖面多、影响成败的环节多，提出了场景与动作相结合的系统匹配验证方法。解决了遥测通道采样引发的"数据特性与物理部件特性"的不匹配，实现"嫦娥"五号探测器整器条件下关键动作实际执行能力的可靠性摸底。

制定测试策略：划分关键动作的种类，识别并设计相应的测试策略。划分关键动作为具备连续运动和瞬态脉冲两个不同类别，设定关键动作对应的验证策略，选取相应的监测参数，预估物理过程，作为后续数据获取提供指标设置的参考。

剖面提取与参数识别，包括两类主要负载：

1）连续负载运动

(1) 电机动作需要涵盖各个活动部件的工作步骤，并监视电机各个绕组的电流波形，主要考核指标为各相之间的相位顺序。

(2) 对于存在挡位与正反转的部件，应涵盖不同的挡位与方向；对于具备典型默认值速度控制的活动部件，应当涵盖各类运动速度与方向的控制。

(3)电机运动过程中的控制策略:瞬态启动策略验证。目标为检查转子由于惯量产生的动态启动附加等效转矩与负载转矩之和大于牵引力矩进而发生的"电机失步";以及运动过程中的"加速-匀速-减速"控制策略;该控制策略的目的为降低机构瞬态工作,避免引发整器力学条件的改变进而产生姿态振动。

(4)上述各测试条件应当涵盖主控制器-主绕组、备控制器-备绕组,完成冗余主备两部分内容的覆盖性考核。

(5)对上述各绕组的负载电流波形做实时监测,对幅值、斜率、占空比、拍数做统计比较。

2)瞬态负载作动

主要包括支持通断、分离、解锁、释放等动作在内的火工起爆,以及支持姿态调整和轨道控制的推进阀门动作。

(1)阀门分为电磁阀与自锁阀两类,对于电磁阀按照 80ms 的调制时间,完成电流波形获取,对幅值与脉宽两个系数完成比对;其中对于上升沿与下降沿两部分,应当按照电流储蓄系数作为考核指标。对于自锁阀,则仅开展上升沿储蓄系数测试。根据在轨具体应用场景,设置功率最大的组合模式,并将测点设置为母线,验证多脉冲组合同时工作对整条母线的瞬态冲击。

(2)火工起爆动作。选用电爆阀工艺件参加,起爆通路的数量与相应在轨要求一致,以非侵入方式完成负载电流监测;以触发方式完成"交流耦合"+"直流耦合"双通道同时捕获,达到交流通道放大具体细节实现整体观测。

在方案阶段,通过对整器电总体及信息总体的特点分析,配置了具备检测点可展开、对象监测非侵入,且与探测器研制状态相匹配的外测数据获取通道,确定了需要实时监测的关键动作与相应的任务场景。以电流检测方式将数据特性提高两个量级以上,实现了表征关键动作过程的高保真特性数据获取,提高了整器条件下物理运动过程的可观测性,验证了负载瞬态作动与连续运动期间功耗需求与能源输出能力的动态匹配特性。

"嫦娥"五号探测器剖面提取与参数识别示例如表 4.10 所示。在舱盖机构关闭运动的实际测试过程中,通过绕组电流驱动数据的监测,发现:活动路径中,水平向垂直转换位置的点线接触异常进一步引发运动副阻力矩突变异常,为后续结构设计优化提供了数据支持。在着陆下降轨道控制段,7500N 变推力发动机流量调节器的电机启动检测的方式为每控制周期内走第 1 步时电流保持 3ms,第 2 步时电流保持 2ms,第三步起每步为 1ms,简称 3-2-1 升频控制策略。

表 4.10 "嫦娥"五号探测器剖面提取与参数识别

剖面	动作场景	实现方法	监测点
月面着陆下降	发动机推力调整-步进电机 7500N 方向走 150 步启动	7500N 方向走 150 步	步进电机主绕组 A
			步进电机绕组 B
交会对接	舱盖机构运动,关闭样品舱	正转 10s,正转 5s	直流电机绕组驱动电流
		点动 1s,正转舱盖至完全打开	

5. 控温回路控制功能定量验证方法

"嫦娥"五号探测器包括轨道器、返回器、着陆器与上升器 4 部分,采用一体化热管理方案。着陆器供电分配及蓄电池组充放电管理由功率调节与配电单元完成,其中着陆器热控共设计控温回路98路,采用不调节母线,统一由着陆器综合接口单元(DIU)控温回路控制模块管理。

着陆器母线电流遥测值分辨率是0.24A,母线电压29V,导致器上功率低于6.96W的负载动作时不足以引起母线电流变化,而着陆器98路控温回路中有32路功率低于6.96W,若使用母线电流测试方法,其健康状态不可测。

着陆器太阳方阵模拟器由10个阵组成,重要工作参数包括U_{OC}、I_{SC}、U_{mp}、I_{mp},分别代表:开路电压、短路电流、最大功率点电压、最大功率点电流。"嫦娥"五号探测器测试时,着陆器太阳方阵模拟器工作参数设置为$I_{SC}=5.50A$、$I_{mp}=4.8A$、$U_{mp}=48V$、$U_{OC}=52V$。

着陆器控温回路健康状态高灵敏度地面检测方法见图4.79和图4.80,具体测试步骤如下:

(1) 建立测试基准"准稳定"平衡态;

(2) 热控状态设置,包括自主热控使能禁止状态(禁止),安全开关通断状态(断开)及控温回路的开关状态(关闭)等;

(3) 开展控温回路健康状态测试,观察太阳方阵模拟器电压、电流输出曲线;

(4) 根据方阵输出变化计算控温回路功率($P_{HT-SAS}=\Delta U_{SAS} \cdot I_{SAS}$),并与控温回路功率理论值进行比对分析,进而判断控温回路健康状态。

为获取足够的检测数据,使得太阳方阵模拟器输出功率变化能更加真实、有效地反映控温回路的健康状态,设置控温回路开启、关闭状态持续时长(Wait T),即规定了太阳方阵模拟器输出电压在控温回路开启和关闭过程中的采样点数。

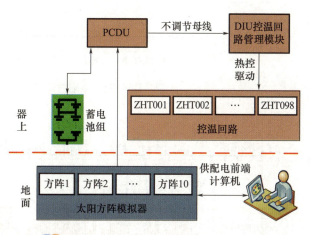

图4.79 着陆器控温回路高灵敏度地面检测原理示意图

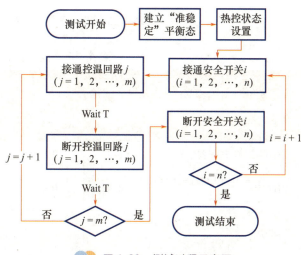

图4.80 测试过程示意图

利用上述方法对"嫦娥"五号着陆器开展了控温回路健康状态检测,根据测试结果,可以得到如下结论:

从图4.81可以看出,利用太阳方阵模拟器可以建立测试基准的"准稳定"平衡态,方阵10电流I_{SAS}为(5.46 ± 0.01)A、电压U_{SAS}为(10.39 ± 0.1)V;从图4.82可以看出,按照传统器上母线电流测试方法,只有58路控温回路功率大于7W的可以被测试,23路小功率控温回路无法判断其健康状态。而从方阵10电压曲线中看到81个脉冲变化,与被测控温回路数完全一致,说明高灵敏度航天器控温回路地面检测方法合理可行,能够判断所有参试控温回路的健康状态。通过表4.11与图4.83可以看出,新型测试方法得出的回路功率均比理论功率偏大不到1W,这主要是地面测试线路造成的。根据表4.11中历次测试结果,可得出新型测试方法分辨精度能达到0.5W。

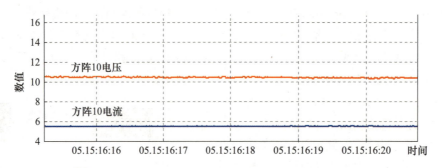

图 4.81　太阳方阵模拟器测试基准的"准稳定"平衡态

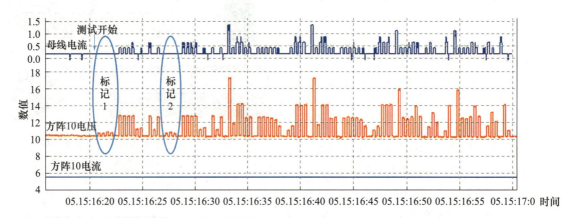

图 4.82　着陆器控温回路健康状态检测曲线

表 4.11　控温回路功率比对表

回路代号	回路名称	回路功率/W						
		理论值	母线方法	本方法				
				第一次	第二次	第三次	第四次	第五次
ZHT043	升华器气路	1.32	0	1.72	1.85	1.75	1.97	1.80
ZHT052	升华器器外管路主份	0.94	0	1.67	1.58	1.64	1.91	1.64
ZHT048	升华器液体减压阀主份	1.78	0	2.43	2.68	2.46	2.40	2.52
ZHT050	升华器器内管路2主份	1.04	0	1.78	1.59	1.75	1.69	1.72
ZHT053	升华器器外管路备份	0.94	0	1.53	1.83	1.47	1.80	1.59
ZHT049	升华器液体减压阀备份	1.78	0	2.44	2.56	2.50	2.73	2.68
ZHT051	升华器器内管路2备份	1.04	0	1.43	1.70	1.79	1.91	1.96

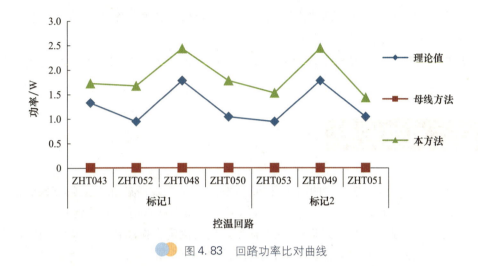

图 4.83　回路功率比对曲线

4.3.4　应用效果

"嫦娥"五号探测器综合测试从 2011 年开始,到 2020 年 11 月 24 日发射实施,期间经历方案、初样、正样等多个阶段,完成了以系统级电性能测试为核心的整器测试验证工作,实现了对探测器功能模块与性能指标的全面覆盖,达到预期目的,为整器发射及在轨稳定运行提供了重要的技术保障。

4.4　力学试验技术

4.4.1　试验要求及试验目的

"嫦娥"五号探测器结构设计和验证需要考虑其经历发射、空间在轨飞行和再入返回地面等特殊阶段的力学环境适应性。保证探测器结构在各种载荷作用下具有足够的强度,不发生破坏;又具有足够的刚度,满足器上仪器设备等要求的安装和工作精度。

方案阶段"嫦娥"五号探测器系统级力学试验目的主要是验证整器结构方案的合理性;验证其刚度是否满足设计要求;验证组件级结构、仪器设备振动环境条件制定的合理性和有效性等。

初样阶段"嫦娥"五号探测器系统级力学试验目的主要是验证探测器结构设计的合理性,为结构正样设计提供依据;验证探测器结构刚度是否满足设计要求;验证有安装精度要求的设备经历力学试验后的精度保持情况;验证探测器总装方案的合理性和可操作性;为正样组件级结构、仪器设备研制力学环境要求的制定提供依据等。

正样阶段"嫦娥"五号探测器系统级力学试验目的主要是暴露材料及制造工艺等缺陷,排除产品的早期失效。

4.4.2 系统组成

根据探测器研制过程力学试验的需求分析,以及现有试验设备的能力及各方面因素的考虑,"嫦娥"五号探测器力学试验全部在北京航天城的力学试验大厅进行。振动试验采用额定总推力达到400kN的振动台试验系统。试验时,探测器通过夹具固定在振动台上。垂直方向振动台系统示意图如图4.84所示、水平方向振动台系统示意图如图4.85所示。

图4.84 垂直方向振动台系统示意图

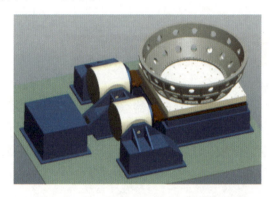

图4.85 水平方向振动台系统示意图

"嫦娥"五号探测器与运载火箭之间采用12个F18A型低冲击爆炸螺栓连接,在方案阶段为整器振动试验研制了专用的振动试验夹具,以满足振动试验过程中探测器与振动台的连接和固定。振动试验夹具状态示意图如图4.86所示。

"嫦娥"五号探测器噪声试验时,需要将产品转运的支架车或气垫车浮起,下方使用弹簧垫进行支撑。使用4组8个弹簧组成的弹性支撑垫,如图4.87所示,最大承载量约为12.8t,固有频率范围在5.5~9.0Hz,满足试验安装支撑系统的固有频率低于20Hz的要求。

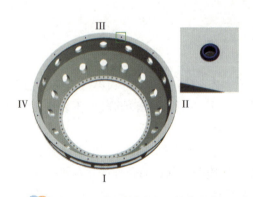

图4.86 振动试验夹具状态示意图

图4.87 噪声试验弹性支撑

4.4.3 试验技术

1. 试验方法

正弦振动环境试验要求规定了探测器与振动台台面机械接口安装面上的加速度谱要求。探测器振动试验时,采用四点峰值平均(满量级加下凹控制、限幅控制相结合)控制方式对输入条件进行控制。试验时计算机控制系统输出驱动信号,经功率放大器放大后输入到振动台,使之在台面上产生振动。振动控制点上的响应由加速度传感器反馈到计算机控制系统进行比较和修正,使驱动信号在台面控制点上产生的加速度响应符合试验条件的要求。同时测量系统采集试件结构响应数据,振动试验方法和原理示意图见图4.88。

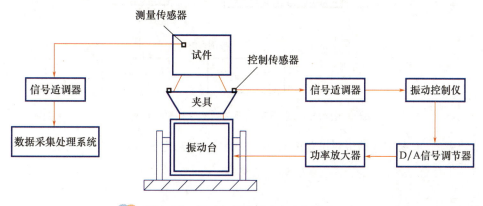

图4.88 振动台振动试验方法和原理示意图

噪声试验控制系统由声压级传感器、信号适调器、功率放大器、控制仪等组成,用于控制混响室内声场,使其达到规定的谱形和总声压级。噪声试验时,将探测器置于混响室封闭空间内,具有一定压力的气源(液氮汽化的气体),经声发生器(电声换能器)调制产生高声强、宽频带的噪声源,噪声源经喇叭辐射把声能送入混响室,形成混响声场,对探测器进行激振,考核探测器及其上产品承受声场的能力。通过闭环控制时,控制系统由声传感器测量得到混响声场的总声压级和声压级谱,并按试验条件要求对声发生器进行调制。混响室噪声试验方法和原理示意图见图4.89。探测器噪声试验采用多点控制加多声发生器并行控制技术来保证满足声谱控制要求。

2. 试验实施方案

根据试验要求制定试验实施方案,内容包括试验准备、试验实施、试验结束各阶段的工作内容和操作要求等。在试验准备阶段,对选择使用的试验设备进行安装、调试,保证试验设备的可靠性和安全性。按照试验测量要求进行传感器粘贴安装。协调确定试验现场的组织指挥人员。组织各参试方进行接口协调及检查工作等。

在试验实施阶段,首先进行探测器试件状态检查及试验安装,然后进行不同试验工况的加载实施(包括试验条件参数设置、检查和确认,探测器产品技术状态设置,试验量级加载和数据采集,试验数据分析,试验条件更改和确认,以及试验现场问题处理等)和试验结果确认。

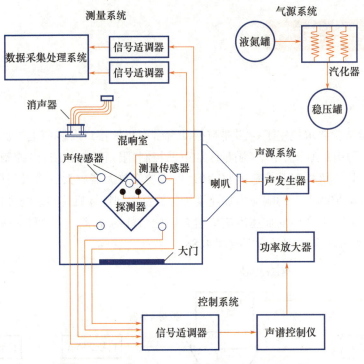

图 4.89　混响室噪声试验方法和原理示意图

试验结束后,根据试验结果对试验的有效性进行评价,判定试验结果是否满足试验要求,试验是否达到试验目的。

3. 试验技术改进

1) 噪声试验系统

"嫦娥"五号探测器采用长征五号运载火箭发射,运载火箭给出的噪声环境试验条件如表 4.12 所示。该条件对应低频段(20~100Hz)和高频段(2000~8000Hz)的要求使得现有的试验设备能力受到挑战,需要将现有的大型混响室在低频段和高频段提升加载能力,才能达到规定的试验条件。

表 4.12　器箭界面噪声试验条件

中心频率/Hz	声压级/dB		偏差/dB
	验收级	鉴定级	
31.5	126	130	±5.0
63	130	134	
125	133	137	±3.0
250	136	140	
500	135	139	
1000	134	138	
2000	132	136	

续表

中心频率/Hz	声压级/dB		偏差/dB
	验收级	鉴定级	
4000	130	134	±5.0
8000	128	132	
总声压级/dB	142	146	±1.5

中国空间技术研究院总装与环境工程部的 2163m³ 混响室因混响室体积较大，低频段（20～100Hz）特性提升相对容易实现，通过调整原有试验设备的低频特性分布，并增加了一组低频功率放大器，从而实现了低频段功率的控制输出，满足了低频段条件的控制要求。但针对体积较大的混响室而言，最难实现的是提升高频段（2000～8000Hz）的加载能力。

为了满足长征五号运载火箭发射过程高频高声强噪声环境模拟要求，进行了基于电动扬声器的航天器声试验高频增强系统的技术研究。首先开展了大型混响室高频高声强声场环境仿真预示研究，提出了基于电动扬声器的航天器声试验高频增强系统的解决方法。

建立了 2163m³ 混响室的声学仿真模型，如图 4.90、图 4.91 所示，对混响室内部声场强度及分布进行仿真分析，验证声学仿真思路的正确性和声源加载方式的准确性，通过仿真获取了混响室的高频声场分布，为解决混响室高声强高频声场模拟提供了仿真依据。

 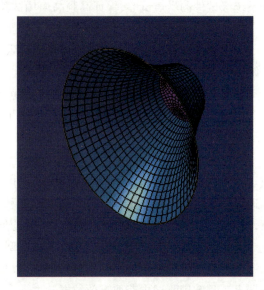

图 4.90　混响室声学边界元模型　　　　图 4.91　喇叭声学边界元模型

另外通过改进自研的增强噪声试验控制系统的软件功能，在航天城 2163m³ 混响室实现了传统气流调制扬声器与新型电动扬声器的一体化混合实时闭环控制的功能。电动扬声器阵列如图 4.92 所示。

该方法突破了以往气流声场的模拟技术，以电动扬声器组合阵列的方式，利用膜片振动产生声辐射的发声原理，通过提高扬声器辐射声功率的方法，达到改善混响室声试验高频发声特性的目的。此方法与传统气流调制扬声器方法相比，具有成本低、易维护等优势，同时可显著缩短噪声试验的准备时间。

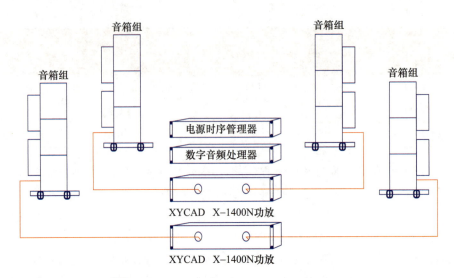

图 4.92　电动扬声器阵列系统搭建示意图

通过上述改进大幅地提升了 2163m³ 混响室的高频声场的模拟能力,实现了将 2000~8000Hz 频段加载能力提升 6~8dB 需求,为顺利完成"嫦娥"五号探测器抗发射段声环境的地面考核试验验证的有效性提供了技术支撑。顺利地完成了"嫦娥"五号探测器初样结构器、正样器,以及一些分系统级试件的噪声试验,保证高频高声场试验条件的声谱控制能力满足试验要求。

2) 高量级宽频火工品爆炸冲击测试与修正技术

火工品爆炸冲击是由火工装置爆炸所导致的使试件受到强烈作用的机械瞬态响应,如爆炸螺栓解锁分离试验等,其特点是冲击响应量级大、时间短、高频分量大。冲击往往会使设备激起强迫振动和固有频率响应,使产品性能和结构强度受到不同程度的损害甚至失效。

根据初样阶段各项冲击响应测量数据结果,除着陆冲击试验外,在分离火工品附近近场测试区域,都不同程度存在一些零漂现象。

测量使用的压电型高量级冲击加速度传感器线性度很好,可以在很宽的范围内重现瞬态响应。其结构紧凑、质量轻、体积小、无活动部件、坚固耐用,并且使用测试频率范围宽,测量得到的加速度信号可以经过电子积分得到速度和位移等信号。但压电型加速度传感器因其自身结构特点,对测量火工品爆炸冲击响应测量有一定的局限性,且不适于近场测量使用。需要针对高量级宽频火工品爆炸冲击响应测试中存在的压电型传感器的适用环境、量程、传感器粘贴工艺,以及近场测量容易产生零漂等技术问题进行研究,以保证"嫦娥"五号探测器火工品解锁测试中获取有效数据。

压电型加速度传感器构造及分类如图 4.93 所示,当传感器随被测物体运动时,敏感元件受到质量块的惯性力作用而变形。根据压电效应,敏感元件即产生正比于该惯性力的电荷量。

冲击载荷是一种能量的突然释放现象,时间过程很短,响应加速度可达到很高量级,而且含有很宽的频率分量。因此冲击响应测量系统的总体线性度既受高频限制,也受低频限制,高频限不够高时,会产生振铃现象,低频限不够低时,测量结果产生零漂现象,如图 4.94 所示。

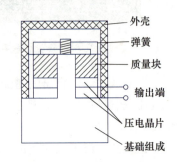

图 4.93　压电型加速度传感器构造示意图

振铃现象是由于冲击信号中的高频成分接近或等于加速度传感器的共振频率,激起了加速度传感器本身的共振。通过采用机械滤波器来安装加速度传感器,或使用带低通滤波器的前置放大器,可以在某种程度上减轻振铃现象。

零漂现象是指传感器在受大冲击信号之前与之后传感器输出零点之间产生的一个电位差,这个电位差随时间会逐渐减小,最后恢复到原零位,如图 4.95 所示。其产生机理在于:压电元件不能视为完全的弹性材料,当作用于压电元件上的惯性力突然减小,结构不能立即回到受力前的状态。在惯性力消失时,元件仍产生缓慢衰减的电荷,直至前置放大器输出回到零位。

为了消除压电型加速度传感器在近场测试中存在的零漂问题,检查采集记录的时域数据波形,在进行冲击响应谱(SRS)处理前,判断时域数据波形是否存在零漂,针对存在零漂的数据,采用小波、经验模态分解(EMD)以及积分去趋势项等方法对数据进行修正,保证数据在 SRS 前的有效性。数据处理流程参见图 4.96。

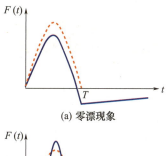
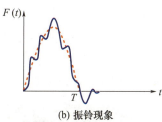

图 4.94 测量系统对半正弦脉冲响应的零漂与振铃现象

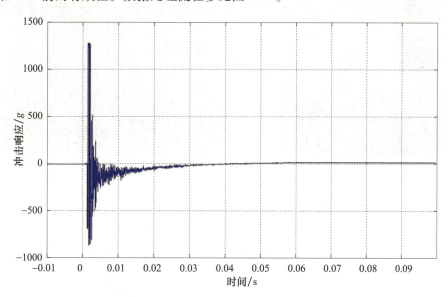

图 4.95 火工冲击下压电传感器零漂现象

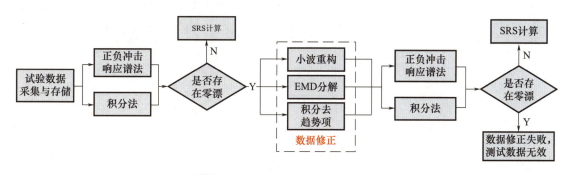

图 4.96 SRS 数据处理流程图

4.4.4 试验结果

"嫦娥"五号探测器按要求开展了方案阶段、初样阶段及正样阶段的力学试验。各阶段试验经过试验准备、试验实施、试验总结等过程,确保试验质量安全可靠,试验结果满足试验要求,达到预期的试验目的。

"嫦娥"五号探测器正样一个方向振动试验的状态见图4.97,噪声试验状态见图4.98。

"嫦娥"五号探测器正样一个方向振动试验准鉴定级、前后特征级典型测点试验数据曲线比较见图4.99,噪声试验准鉴定级、前后特征级典型测点试验数据曲线比较见图4.100。

图4.97 "嫦娥"五号探测器正样振动试验状态

图4.98 "嫦娥"五号探测器正样噪声试验状态

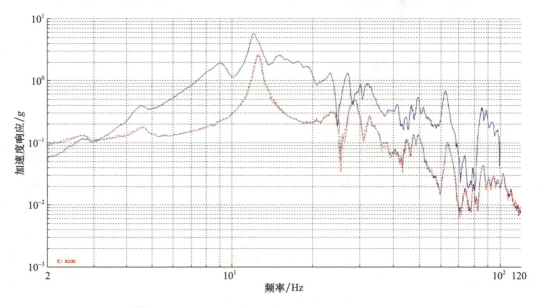

图4.99 正弦准鉴定级、前后特征级试验数据曲线

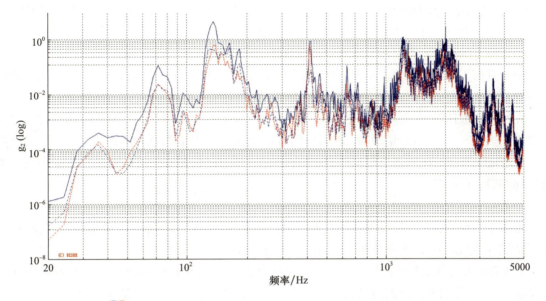

图 4.100　噪声准鉴定级、前后特征级典型测点试验数据曲线

4.5　热试验技术

4.5.1　试验要求及试验目的

"嫦娥"五号探测器不但要经历发射段、地月转移段、环月段，还要经历着陆下降段、月面工作段、月面起飞段，以及交会对接与样品转移段、月地转移段、再入返回段等，不同的组合状态还会产生不同的姿态要求，使得探测器经历的热环境条件不仅复杂而且恶劣，再加上整个探测器工作模式也非常复杂，导致热控设计在热平衡试验验证方面面临巨大的挑战。

为了确保整器、组合体以及单器热控设计均能得到充分验证，验证探测器热设计的正确性，需要完成着陆上升组合体、上升器单器、轨返组合体的初样热平衡试验和正样热平衡热真空试验，试验要求也不完全相同。

1. 着陆上升组合体试验要求

1）外热流模拟要求

着陆上升组合体初样热平衡试验采用红外笼和电加热器的外热流模拟方式，试验工况包含稳态工况、瞬态工况和周期性瞬态工况等。

对于采用电加热器模拟的外热流，可以方便地实现瞬态外热流的模拟。对于采用红外笼模拟的外热流,通过绝热型热流计测量热流密度,这种组合方式不适合直接模拟瞬态外热流,解决办法是在进入工况前对红外笼通电电流和受照面热流密度变化关系进行标定,获得对应关系,环月工况中按照预定的热流密度变化关系直接控制红外笼的电流。

对于月面工作段的外热流模拟,试验中将48h划分为4~8个阶段,每阶段内假设太阳辐射热流方向及强度不变,将瞬态外热流离散为若干个稳态外热流近似模拟。

在红外笼设计阶段,要求红外笼热流面不均匀性应优于±5%;对红外笼进行热流密度分析,提供平均热流密度的位置,用于确定热流计的布置;红外笼框架及与红外笼相关工装设计时,尽量减小对着陆上升组合体附加外热流的影响,面对探测器一侧包覆双面镀铝聚脂膜等减小发射率,背向探测器一侧刷黑漆。

2) 月面南倾姿态模拟要求

着陆上升组合体在月面极端条件下可能存在南倾14°的姿态,将影响上升器顶板预埋热管的运行情况和传热能力,需要在初样热平衡试验中模拟。

月面南倾状态下,热管主要受$1/6g$重力驱动影响,在地面模拟中,重点在于等效模拟$1/6g$重力驱动力,即可等效模拟月面南倾状态下热管实际工作状态。根据分析结果,月面南倾14°条件下,地面试验中需南倾2.3°,即可等效模拟热管重力驱动力。

倾斜状态模拟通过控制试验支架的倾斜角度实现,试验中要求向着陆上升组合体$-Y$侧最大向上倾斜2.3°,采用空间环境模拟器内调整的方式。另外考虑到动力下降工况与月面工况的衔接,要求倾斜调整到位时间不长于120s。

3) 水升华工质收集要求

"嫦娥"五号探测器中着陆上升组合体采用一体化热控方案,因此针对月面工作段的环境和任务特点,着陆上升组合体采用"泵驱动单相流体回路+水升华器"为核心的主动热控方案,提高热控系统环境适应性与调节能力。要求空间环境模拟器具有如下功能:

(1) 具备收集水升华排散工质去离子水的能力,平均排散流量0.35g/s,空间环境模拟器单次试验收集水量不超过15kg,热平衡试验全过程累计收集水量不超过30kg;

(2) 试验过程中水升华换热器工质排放口绝对压力始终小于10Pa,试验中布置真空规实时监测;

(3) 在水升华收集装置内部设置摄像装置,在试验中可实时观测工质排放口状态,在工质排放口附近布置线状标志物。

2. 上升器试验要求

上升器单器以月面起飞后状态参与热平衡试验,外热流模拟方式为红外笼和电加热器,采用红外笼的位置需要进行热流均匀性设计和热流密度分析,提供平均热流密度的位置。试验工况包含稳态、瞬态、周期性瞬态工况三种。

3. 轨返组合体试验要求

轨返组合体试验状态包含支撑舱与对接舱状态、仅含对接舱状态以及抛掉支撑舱与对接舱状态三种状态。外热流模拟方式为红外笼和电加热器,采用红外笼的位置需要进行热流均匀性设计和热流密度分析,提供平均热流密度的位置。试验工况包含稳态、瞬态、周期性瞬态工况三种。

探测器热平衡试验所要达到的目的有：

（1）通过热平衡试验获取整器温度分布数据，考验热控分系统满足探测器及其设备在规定的温度范围及其他热参数指标的能力，验证热设计的正确性；

（2）为探测器热分析模型的修正提供地面试验数据；

（3）验证泵驱单相流体回路、水升华器、异构式环路热管、预埋热管以及电加热器等热控产品的功能；

（4）验证水升华器与泵驱单相流体回路的匹配性及协同控制策略；

（5）为探测器热真空试验提供试验温度参考数据。

各器热真空试验单独进行，目的是验证上升器、着陆器、轨返组合体各分系统在轨各种工作模式下工作性能指标是否满足要求，在规定的压力和热循环应力环境下暴露由于元器件、材料、工艺和制造中可能引入的潜在质量缺陷。在正样阶段，探测器完成了上升器、着陆器、轨返组合体的热真空试验。

4.5.2 系统组成

探测器初样阶段共完成了3次热平衡试验，分别是着陆上升组合体、上升器单器、轨返组合体热平衡试验。正样阶段共完成了3次热平衡试验和热真空试验，分别是着陆上升组合体、上升器单器、轨返组合体热平衡和热真空试验。

1. 着陆上升组合体试验

着陆上升组合体初样热平衡试验在KM6空间环境模拟器内进行，在KM6内的试验状态如图4.101所示。倾斜状态模拟通过控制试验支架的倾斜角度实现，试验中着陆上升组合体 $-Y$ 侧最大向上倾斜2.3°，调整到位时间小于120s。采用水升华收集装置完成水收集工作。

图4.101　着陆上升组合体在KM6中状态图

着陆上升组合体正样热平衡和热真空试验在 KM6 空间环境模拟器内进行,根据初样热平衡试验结果,是否真实模拟月面南倾姿态对整器温度水平影响较小,影响最大设备为上升器固态放大器,温度差异不超过 2℃。基于上述结果,从提高安全性及简化技术状态考虑,月面姿态对热管影响在正样热平衡试验中不再模拟,因此底部支架不再使用倾角调节结构,支架保持水平状态。

2. 上升器试验

上升器初样热平衡试验和正样热平衡热真空试验均在 KM6F 空间环境模拟器内进行,在 KM6F 内的安装状态如图 4.102 所示。上升器热试验较为常规,不再赘述。

3. 轨返组合体试验

轨返组合体初样热平衡试验在 KM4 空间环境模拟器中进行。有 3 种试验状态,分别为支撑舱状态、对接舱状态和返回器状态,如图 4.103 所示。轨返组合体正样热平衡试验和热真空试验在 KM7A 空间环境模拟器中进行,试验状态基本与初样一致。轨返组合体热试验较为常规,不再赘述。

图 4.102　上升器热试验状态图

图 4.103　初样轨返组合体热试验吊装过程图(返回舱状态下)

4.5.3　试验技术

探测器除了常规的热平衡和热真空试验,还有一些有特点的热试验,如高温隔热屏性能试验、返回器结构材料与成型工艺真空热循环试验等。

1. 高温隔热屏性能试验

"嫦娥"五号探测器着陆上升组合体的 7500N 变推力发动机、150N、3000N、120N、10N 发动机工作时,附近多层隔热组件受到辐射和羽流的综合影响,温度升高。为验证发动机在自由空间工作时附近多层隔热组件的性能,需要进行多层隔热组件在真空条件下的隔热性能试验。该试验主要目的是验证着陆器隔热组件对 7500N 变推力发动机和 150N 发动机造成的热边界条件的适应性,验证上升器的多层隔热组件对 3000N、120N 和 10N 发动机造成的热边界条件的适应性,为热分析模型提供试验数据。部分试验工况见表 4.13。要求被防护件面膜温度在红外灯加电后 40s 内达到 500℃,80s 内达到 970℃,加电过程中超调不超过 30℃,在要求的试验表面温度上下 5℃范围内保持稳定 120~150s。

表 4.13 试验工况

工况	试验件名称	试验件表面温度/℃	试验压力/Pa	被防护件初始温度/℃	工况结束判据/℃
1	7500N 变推力发动机高温隔热屏喉部	970	$<1\times10^{-2}$	20	800
2	3000N 发动机高温隔热屏喉部试验件 A	950	$<1\times10^{-2}$	50	360
3	3000N 发动机高温隔热屏喉部试验件 B	950	$<1\times10^{-2}$	50	360
4	150N 发动机支架	650	$<1\times10^{-2}$	20	290
5	120N 发动机附近多层	470	$<1\times10^{-2}$	50	80
6	10N 发动机支架	350	$<1\times10^{-2}$	50	120

试验在空间环境模拟器中进行,试验件垂直放置在试验支架上,以模拟在轨多层蓬松的状态,试验状态如图 4.104 所示。采用红外灯阵作为加热源,灯管带反射屏。单支红外灯管长 360mm,有效长度 300mm,最大加热功率 750W(电源电压 150V、电流 5A),红外灯阵面积约为 300mm×360mm,共布置 22 支红外灯,红外灯均匀排布。红外灯固定在安装板上,安装板为高反射率状态。

针对此次试验,为了实现最佳的控制效果,控制器的参数可以在预试验工况过程中进行优化。在预试验中,通过程序的自整定功能,采用非线性变增益 PID 控制器对隔热组件进行温度控制,研究了红外灯加热器

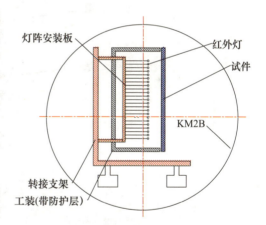

图 4.104 高温隔热屏试验状态示意图

的动态特性和高精度快速温度控制算法,并在真空容器内搭建高温模拟与控制系统,进行了该模拟方法的试验测试及验证。分别在各个试验温度处获得 P、I、D 参数和所需的最大功率值。在正式试验时,先手动加该工况的最大功率,当温度值接近目标温度时,切换到自动控制模式,完成试验的温度控制任务。待维持相应的时间后,关闭红外灯阵,移开试件。

在正式试验工况开始前,摸索并确定各试验件状态达到最高温度的供电控制策略,要求被防护件面膜温度在红外灯加电后 40s 内达到 500℃,80s 内达到 970℃,加电过程中超调不超过 30℃,在要求的试验表面温度上下 5℃范围内保持稳定 120~150s。

试验结果表明,对于 970℃的目标温度,控制算法使隔热组件温度达到稳定状态的时间为 135s,超调量为 0.5℃,在实际试验中取得良好的控制效果,如图 4.105 所示。

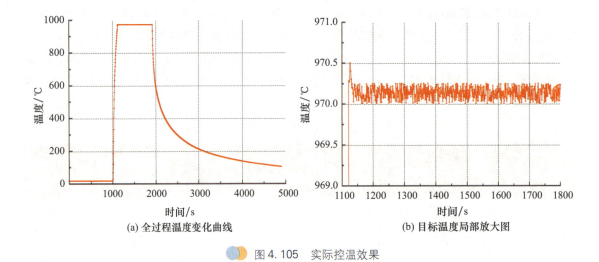

(a) 全过程温度变化曲线　　　(b) 目标温度局部放大图

图 4.105　实际控温效果

温度传感器采用 K 型热电偶(镍铬 – 镍硅热电偶)和 T 型热电偶。K 型热电偶包含高温 K 型和低温 K 型,分别可以测量低于 1100℃ 和低于 600℃ 的温度。由于温度较高,难以保证测点的绝缘性,因此不同于航天器真空热试验的单线制测温方式,采取双线制测温方式,接线形式如图 4.106 所示。参考点仍然采用内置参考点方式。

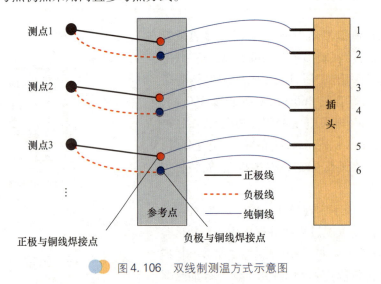

图 4.106　双线制测温方式示意图

2. 返回器结构材料与成型工艺真空热循环试验

返回器所经历的月球空间环境相对于近地轨道有较大差异,主要表现在温度交变及真空等环境的差异。返回器在轨运行时,温度交变环境要求返回器防热结构与金属结构必须具有适应大温差变化的能力,特别是低温环境,防热结构及胶接剂存在低温脆化与变硬等问题,可能会导致防热材料开裂或防热结构与金属结构脱粘。另外,月球真空环境对防热材料的真空质损与可凝挥发物挥发效应有一定影响,特别是真空与高温的联合作用,可能会使防热材料真空质损与可凝挥发物挥发效应加剧。月球温度交变环境及真空环境对返回器结构的影响,有可能影响返回器防热结构的再入防热性能。

为了验证返回器结构材料及成型工艺，需要基于月球空间环境条件对工程样机开展月球空间真空及高低温交变环境的适应性验证试验 – 真空热循环试验。

采用返回器工程样机进行试验，试验在 KM3 空间环境模拟容器内进行。试验条件如下：

(1) 温度范围：低温区温度 –120℃，高温区温度 +80℃；

(2) 试验压力：$\leq 6.65 \times 10^{-3}$ Pa；

(3) 循环次数：6.5 次；

(4) 升、降温速率：3~5℃/min。

为较为全面地获得返回器结构对月球空间环境适应性的试验数据，试验前后及过程中，需要完成如下 4 个方面试验测试任务：试验前后的工程样机称重、试验前后的结构探伤测试、试验过程中通电回路配置及监视、试验过程中应变片配置及监视。

1) 工程样机称重

月球真空环境对返回器防热结构工程样机的真空质损及可凝挥发物挥发等特性有一定影响，为此，通过结构称重以获取真空环境的影响。试验前后，在试验现场，对返回器工程样机进行称重，称重精度 0.2g。试验前称重时，返回器工程样机完成热电偶、通电回路及应变片配置，即试验前的最终状态；试验后称重时，返回器工程样机应为试验结束后、出罐后第一时间及工程样机未做任何人为改变的状态，即工程样机为包含电偶、通电回路及应变片配置的状态。

2) 结构探伤测试

在试验前后，需要对返回器工程样机进行结构探伤与分析工作，检测设备为超声检测设备，试验前后对防热环进行探伤。

3) 通电回路配置及监视

为监测试验过程中结构热变形特征，试验前须配置热变形监测通电回路，回路配置示意图如图 4.107 所示。将铝箔粘贴于工程样机结构外表面，铝箔两端与通电线路连接，并且在回路中设置报警指示灯及警铃。试验过程中，当局部结构受温度交变条件影响而发生结构变形，当结构变形特征较为显著时（超过铝箔塑性变形极限），该位置铝箔即发生断裂，此时通电回路断开，报警指示灯及警铃随即工作。当任一通电回路断开时，记录当前时间、循环次数、每个热电偶温度，并关闭该通电回路开关。

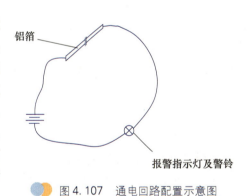

图 4.107 通电回路配置示意图

通电回路铝箔宽度 8mm，厚度 0.05mm，在铝箔附近，设置通电回路关联热电偶，距离通电回路铝箔一侧约 10mm。粘贴铝箔前，须用丙酮擦拭待粘贴位置表面，采用 414 硅橡胶粘贴，粘贴时，须保证交叉铝箔为绝缘接触。

4) 应变片配置及监视

为实时获取温度交变环境中返回器工程样机结构变形数据，采用应变片测试的手段进行试验过程中的实时测试、数据采集与监视，应变片合计 145 件。对于单一材料的结构表面，防热环宽度表面粘贴应变片时，粘贴位置位于宽度中间位置，大面积结构粘贴应变片时，须避让异种材料连接位置至少 50mm；对于异种材料结构的连接位置，应变片粘贴须与连接位置两侧均匀接触。

4.5.4 试验结果

"嫦娥"五号探测器在初样阶段共完成了着陆上升组合体热平衡试验、上升器单器热平衡试验、轨返组合体热平衡试验,在正样阶段完成了着陆上升组合体热平衡和热真空试验、上升器单器热平衡和热真空试验、轨返组合体热平衡和热真空试验,试验均圆满完成,验证了热设计的正确性。

另外针对特殊试验需求,开展了高温隔热屏性能试验,开发了一套快速温度测量控制系统,利用程序自整定和非线性变增益 PID 控制器进行温度控制,研究了红外灯的瞬态特性和高精度快速温度控制算法,完成了隔热屏组件隔热性能试验,验证了多层隔热组件的性能。完成了返回器结构材料与成型工艺真空热循环试验,包括试验前后的工程样机称重、结构探伤、通电回路和应变片变形的实时监视,验证了返回器结构材料适用性与成型工艺。

4.6 EMC 试验技术

4.6.1 试验要求与试验目的

探测器系统采用长征五号运载火箭在海南文昌航天发射场发射,探测器系统、运载火箭系统在发射场以及发射段起飞后应能够共存兼容工作。一方面探测器的电磁辐射发射应不会对运载火箭和发射场构成干扰;另一方面探测器系统能够承受运载火箭和发射场的电磁辐射并正常工作。需要在进入发射场前,通过系统级电磁兼容试验验证探测器系统能否与运载火箭及发射场兼容工作,提早发现并解决问题。

探测器构型包括发射状态构型、地月转移和近月制动状态构型、着陆器与轨道器分离状态构型、轨返组合体环月飞行状态构型、着陆上升组合体构型、交会对接状态构型、轨道器与上升器分离状态构型、月地转移状态构型和轨返分离状态构型。探测器系统的电磁兼容性较为复杂,一方面单个器应能够保证自身的兼容性,另一方面四器组合体、轨返组合体等组合体状态也能够兼容工作,因此需要通过探测器系统级 EMC 试验对各单器和组合体的电磁兼容性进行验证。

4.6.2 系统组成

探测器 EMC 实验室布局示意图如图 4.108 所示。探测器的供配电综合测试设备放置在 EMC 实验室的电源间；测控数传分系统地面天线放置在暗室内；地面总控与其他分系统综合测试设备分别位于各自的电测间，电测间与 EMC 实验室之间通过光纤连接。

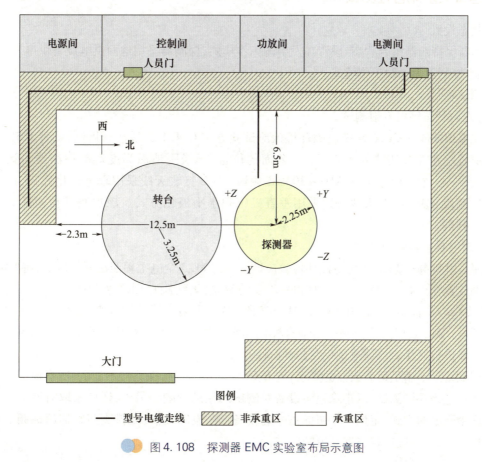

图 4.108　探测器 EMC 实验室布局示意图

地面需提供转运支架车和器上发热部件的冷却设备，其中支架车用于探测器四器组合体的转运，探测器固定在支架车上进行 EMC 测试；另外由于整器 EMC 测试时，舱板合盖，无法使用风扇对器上大发热量设备进行冷却，需使用鼓风机，通过风管直接对发热设备进行冷却，在出风口应对空气进行净化。

4.6.3 试验技术

系统级 EMC 试验主要包括 3 个方面。

(1) 运载火箭兼容性测试。主要用于验证探测器与运载火箭兼容性，测试项目一般包括发射段辐射发射测试和发射段辐射敏感度测试。

（2）探测器最大工作模式测试。主要用于验证探测器系统自身兼容性，测试项目一般包括最大工作模式下的辐射发射测试和辐射敏感度测试。

（3）探测器模飞电磁兼容性测试。主要用于验证探测器系统自身兼容性，测试项目一般包括联合模飞自兼容测试和模飞伴随辐射发射测试。

以下从这三项试验技术分别展开说明。

1. 运载火箭兼容性测试

1）状态设置

探测器保持四器组合状态，设置在发射段工作模式，探测器采用地面供电设备供电，不使用器上蓄电池，探测器为无线工作模式。

2）测试项目

（1）发射状态辐射发射测试。

按照 GJB 8848—2016 系统电磁环境效应试验方法 C.4.1 天线法开展测试，将 EMC 接收天线分别放置在正对探测器的 +Z 面和 -Z 面的位置，天线距地面高度对准探测器与运载分离面，距器表中心位置 1m。在 10kHz~30MHz 频段，EMC 接收天线采用垂直极化方式，在 30MHz~18GHz 频段，EMC 接收天线分别采用垂直极化和水平极化方式。该项测试在初样和正样阶段均需要开展。

（2）发射状态辐射敏感度测试。

依照 GJB 8848—2016 系统电磁环境效应试验方法 11.3 全电平辐照法开展测试，将 EMC 发射天线分别放置在正对探测器的 +Z 面和 -Z 面的位置，天线距地面高度对准探测器与运载分离面，距器表中心位置 3m。在 10kHz~30MHz 频段，EMC 发射天线采用垂直极化方式，在 30MHz~18GHz 频段，EMC 发射天线分别采用垂直极化和水平极化方式。辐射敏感度测试时要对整器无线接收频段进行避让。该项测试仅在初样阶段开展。

若测试结果不满足运载火箭的要求，则 EMC 实验室需进行探测器不加电、所有地面设备加电时的电暗室电磁环境测试，以排除地面设备对测试结果的影响。另外，还应采取对器上主动段开机设备逐个断电的方式，定位产生超标信号的设备。断电时，应首先排查与整器超标频点相近的单机超标设备，断电应依据整器断电顺序进行。

2. 探测器最大工作模式测试

1）状态设置

（1）探测器采用地面供电设备供电，不使用器上蓄电池。

（2）探测器工作在最大工作模式，即各分系统同时工作，且设置在最大开机状态。其中，最大工作模式一覆盖四器组合体、交会对接和轨返组合体状态下所有加电设备，最大工作模式二覆盖着陆上升组合体状态下所有加电设备。

（3）探测器构型保持四器组合状态。

（4）对于有冷备份的设备，主份或备份有一个工作即可。

（5）对于只允许短时工作的机电产品不做加电要求。

（6）具有电磁屏蔽效果的器外设备保护罩测试前拆除。

(7)探测器为无线工作模式。

2）测试项目

(1)最大工作模式辐射发射测试。

依照 GJB 8848—2016 系统电磁环境效应试验方法 C.4.1 天线法开展测试，将 EMC 接收天线分别放置在 +Z 面和 -Z 面正对轨道器中心高度，以及 +Y 面和 -Y 面正对着陆上升组合体中心高度，天线距器表中心位置 1m。在 10kHz～30MHz 频段，EMC 接收天线采用垂直极化方式，在 30MHz～18GHz 频段，EMC 接收天线分别采用垂直极化和水平极化方式。最大工作模式一、二均进行测试。该项测试仅在初样阶段开展。

(2)最大工作模式辐射敏感度测试。

依照 GJB 8848—2016 系统电磁环境效应试验方法 11.3 全电平辐照法开展测试，将 EMC 接收天线分别放置在 +Z 面和 -Z 面正对轨道器中心高度，以及 +Y 面和 -Y 面正对着陆上升组合体中心高度，天线距器表中心位置 3m。在 10kHz～30MHz 频段，EMC 接收天线采用垂直极化方式，在 30MHz～18GHz 频段，EMC 接收天线分别采用垂直极化和水平极化方式。最大工作模式一、二均进行测试。该项测试仅在初样阶段开展。

若测试结果不满足限值曲线要求，应采取对器上开机设备逐个断电的方式，定位产生超标信号的设备。断电时，应首先排查与整器超标频点相近的单机超标设备，断电应依据整器断电顺序进行。

3. 探测器模飞电磁兼容性测试

1）状态设置

(1)探测器依据飞行程序，采用地面供电设备和器上蓄电池联合进行供电。

(2)探测器在 EMC 实验室内进行一次完整的联合模飞，模飞覆盖探测器各工作状态。

(3)探测器为无线工作模式。

2）测试项目

(1)系统自兼容性测试。

探测器进行完整的联合模飞，模飞覆盖探测器各工作状态，在模飞过程中，各分系统使用测试用例测试，检测系统工作性能是否正常。该项测试在初样和正样阶段均开展。

(2)模飞伴随辐射发射测试。

该项测试在正样状态进行，分别在轨返组合体、着陆上升组合体、四器组合体模飞阶段进行，依照 GJB 8848—2016 系统电磁环境效应试验方法 C.4.1 天线法开展测试。

轨返组合体模飞伴随辐射发射测试时，保持轨返组合状态。将 EMC 接收天线放置在 +Z 面或 -Z 面正对轨返组合体中心高度，天线距器表水平距离 1m。仅对轨返组合体无线接收频带进行测试。

着陆上升组合体模飞伴随辐射发射测试时，保持着陆上升组合状态。将 EMC 接收天线放置在 +Y 面或 -Y 面正对着陆上升组合体中心高度，天线距器表水平距离 1m。仅对着陆上升组合体无线接收频带进行测试。

四器组合体模飞伴随辐射发射测试时，保持四器组合状态。将 EMC 接收天线放置在 +Z 面和 -Z 面正对四器组合体中心高度，天线距器表水平距离 1m。仅对四器组合体无线接收频带进行测试。

4.6.4 试验结果

"嫦娥"五号探测器各阶段 EMC 试验经过试验准备、试验实施、试验总结等过程,确保试验安全可靠,试验结果满足试验要求,达到预期的试验目的。

探测器发射状态系统级电磁兼容测试结果与运载火箭兼容,实际飞行状态发射段工作正常。

探测器系统电磁兼容性验证时,各器、各系统在模飞各工况、各种构型条件下均未见异常,伴随辐射发射测试频谱正常,探测器系统自身能够兼容工作,实际飞行状态未见异常。试验现场状态如图 4.109 所示。

(a) 初样试验

(b) 正样试验

图 4.109　探测器 EMC 试验状态

第5章

月面自动采样返回探测器系统级
试验验证技术

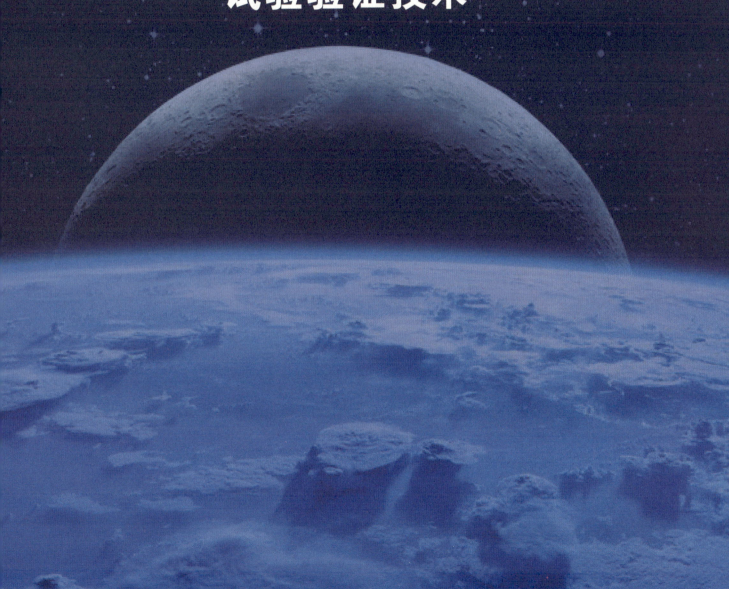

Moon

月面自动采样返回探测器技术

"嫦娥"五号探测器系统任务过程阶段多、设计难度大、面临的环境复杂、不确定因素多、风险高,探测器系统的设计状态需要通过地面试验进行充分验证,因此,探测器地面试验验证具有试验项目多和试验难度大的特点。

地面试验的设计要满足探测器测试覆盖性的要求,要实现对探测器运载发射段、地月转移段、近月制动段、环月飞行段、着陆下降段、月面工作段、月面上升段、交会对接与样品转移段、环月等待段、月地转移段、再入回收段11个任务过程阶段设计的全面验证,要对关键技术或关键环节进行充分考核,要包络探测器在轨所经历的力、热、辐射、月面等环境。这些要求不可能通过某项试验一次性完成,因此"嫦娥"五号探测器的试验验证工作贯穿型号研制的全周期,需要结合各个研制阶段的目标、采用不同研制阶段的产品、针对不同的系统状态,开展大量的地面验证试验。

"嫦娥"五号探测器采用了较多的新技术,影响不确定因素多,要求试验设计中尽可能模拟多种因素,实现综合验证。除常规的力、热等环境试验和电性能测试外,"嫦娥"五号探测器需要开展月面采样、着陆起飞、交会对接及样品转移等多项全新的大型综合试验,以充分验证设计的正确性、考核探测器的适应能力并测试其极限性能。试验中需要模拟探测器在各任务过程阶段的工作状态及其面临的主要环境,需要突破和掌握地面环境中对真实在轨的重力、运动状态、光照、月壤等环境的模拟技术。

本章对"嫦娥"五号探测器研制中实施的系统级专项试验进行说明和总结[81]。

5.1 月面着陆冲击验证技术

5.1.1 试验目的

探测器月面着陆冲击试验的目的包括:
(1)考核着陆上升组合体主结构在典型工况下的抗冲击性能;
(2)测量着陆上升组合体关键部位和关键组件连接处的冲击响应,复核着陆上升组合体组件力学试验条件的合理性;
(3)验证与修正着陆冲击分析模型。

5.1.2 试验方法

采用着陆能量等效模拟法,在地面对探测器月面着陆冲击过程进行模拟,根据月面着陆速度确定地面探测器的投放高度。首先，起吊探测器至设定的高度并设置所需的着陆姿态；其次，投放探测器至模拟着陆面，并通过力学传感器测量着陆冲击响应；最后，结合试验后探测器的状态对试验结果进行综合评判。

初始投放高度（足垫底面距离着陆面的距离）的确定方法如下：根据实际软着陆过程中最大触地能量推算。假设探测器最大着陆质量为 m_{max}，最大垂直着陆速度为 v_{max}；地面试验器质量为 m，初始投放时足垫底面距离着陆面的平均高度为 H。根据能量等效，可得出地面试验所需的初始投放高度为：$H = m_{max} v_{max}^2 / (2mg)$，其中 g 为地面试验中的重力加速度。可适当提高初始投放高度以达到加严考核的目的。

5.1.3　试验系统设计

试验系统主要由探测器、模拟着陆面、起吊及释放分离装置和地面测量系统组成，试验系统组成如图 5.1 所示，详细说明如下：

（1）探测器。可模拟软着陆过程中真实的质量特性、传力路径和受力状态等。

（2）模拟着陆面。可模拟月壤的物理力学特性参数和着陆面坡度，可模拟探测器触月后与月壤的相互作用。

（3）起吊及释放分离装置。用于探测器的初始状态建立，可将探测器起吊至足垫底面距离着陆面一定高度处，并建立探测器的初始姿态，由释放分离装置释放探测器，探测器以自由落体的方式着陆于模拟着陆面上；着陆过程中吊梁通过限位保护吊带约束，避免其与探测器干涉。

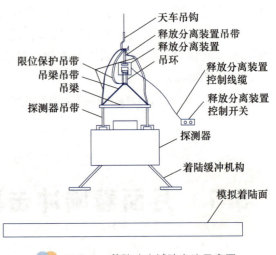

图 5.1　着陆冲击试验方法示意图

（4）地面测量系统。由高速摄像系统和冲击测量系统组成，用于测量软着陆过程中探测器的速度及姿态变化过程、关键部位及设备安装界面处的加速度及应变响应。

5.1.4　应用实例

应用上述方法，"嫦娥"五号探测器成功实施了月面着陆冲击试验，试验状态照片见图 5.2 和图 5.3。

着陆上升组合体组件安装处所有测点冲击响应与组件等效冲击谱试验条件对比见图 5.4。可见，10 Hz 以上所有频率的冲击响应未超过组件等效冲击谱试验条件。

第 5 章 月面自动采样返回探测器系统级试验验证技术

(a) 着陆前

(b) 着陆后

图 5.2 着陆上升组合体水平着陆冲击试验照片

(a) 分离前

(b) 分离后

图 5.3 着陆上升组合体倾斜着陆冲击试验照片

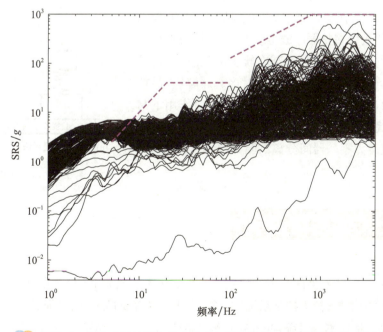

图 5.4 组件安装处测点冲击响应与组件等效冲击谱试验条件对比

5.2 器间分离试验验证技术

5.2.1 试验目的

探测器器间分离试验的目的包括：
(1) 确定探测器器间分离冲击力学环境；
(2) 验证分离机构经受力学环境并能正常工作的能力；
(3) 验证分离过程设计的正确性、机电分离的协调性；
(4) 为分离设计提供分离指标的试验数据。

5.2.2 试验方法

采用拉力平衡法对"嫦娥"五号探测器在轨实际舱段分离过程的受力状态进行模拟，具体实现方式为：试验前将待分离的探测器的两部分（由上至下分别为吊挂舱段和停放舱段）垂直停放，吊挂舱段通过试验吊具与拉力平衡系统相连，停放舱段放置在整器停放工装上，设置拉力平衡系统以保证两舱段分离面受力状态与在轨实际状态一致；试验时分离火工品（爆炸螺栓）按规定的时序起爆解锁，吊挂舱段在分离动力（分离弹簧力、火工品弹射力等）作用下与停放舱段分离，完成冲击响应、分离速度等参数的测量后使吊挂舱段的速度减为零。器间分离试验方法示意如图5.5所示。

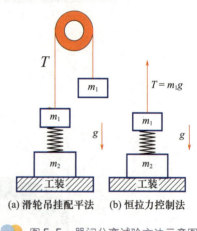

(a) 滑轮吊挂配平法　　(b) 恒拉力控制法

图5.5　器间分离试验方法示意图

5.2.3 试验系统设计

如图5.6所示，探测器器间分离试验系统主要由探测器试验器（分为吊挂舱段和停放舱段）、整器停放工装、试验吊具、拉力控制系统（含承力结构、拉力测量装置、吊绳、滑轮组件、配重、缓冲锁定装置等）、高速摄像测量系统、冲击响应测量系统、分离火工品发火控制装置等组成。

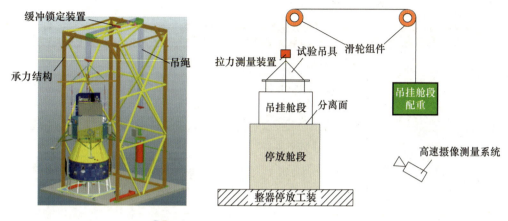

图 5.6　舱段分离试验系统组成示意

1）探测器试验器

器间分离试验对象为探测器试验器,其结构分系统、机构分系统和分离机构分系统均为真实产品,火工装置均装药参试,并采用结构件或真实产品模拟各分系统设备的布局状态,试验前粘贴好力学传感器和高速摄像靶标。

2）整器停放工装

整器停放工装应尽量模拟实际分离时的边界条件,对于自由边界条件,通过隔振装置与探测器相连来模拟,停放舱段和隔振装置系统的一阶谐振频率应略低于100Hz,可支撑探测器并阻碍冲击载荷在探测器和停放工装之间的传递。

3）试验吊具

试验吊具用于吊挂舱段的竖直吊挂,与探测器结构的接口可借用总装吊具接口,试验吊具的结构刚度和强度具有承受试验过程中静、动载荷的能力,试验吊具应具备质心调节能力,使得吊绳延长线通过吊挂舱段质心,在满足各自使用需求的前提下试验吊具和总装吊具可以统一设计和投产。

4）拉力控制系统

拉力控制系统用于对分离面的空间无重力状态和月面低重力状态的模拟,其承力结构、吊绳等应具有足够的刚度和强度;在吊绳与试验吊具连接处设置拉力测量装置,实时监测和记录拉力;在吊挂舱段运动行程末端设计缓冲锁定装置,使吊挂舱段在分离完成后缓慢减速、停止运动。拉力控制系统由拉力传感器（2 个）、信号放大器、数据采集卡和软件、工控机等组成。其中 2 个拉力传感器串联在试验吊具吊点上方,2 个拉力传感器互为热备份,作为配重调整的依据、记录分离过程中实际重力补偿效果,记录数据可在软件中绘制时域曲线。

5）高速摄像测量系统

高速摄影测量系统用于记录分离试验过程的影像,并通过影像计算得到分离速度、角速度等运动参数,系统构成见表 5.1。

表 5.1　高速摄影测量系统构成

序号	名称	数量/台（套）
1	phantom V641	2
2	phantom V711	2

续表

序号	名称	数量/台(套)
3	144G 高速非易失存储器	4
4	测试软件(鹰眼)	1
5	镜头	4
6	三脚架及云台	4
7	仪器箱	4
8	同步控制器	1
9	LED 灯	4
10	专用测试机	5
11	其他附件	1
12	剪式升降平台	2

6) 冲击响应测量系统

器间分离试验冲击响应测量系统组成包括冲击传感器、振动试验用传感器、信号适调器和数据采集处理系统。传感器将试件结构受到的冲击响应输入到信号适调器进行调节、放大后，输入到数据采集处理系统进行采集、记录，然后进行处理、分析后输出显示。试验后提供每个测量通道的结构响应数据曲线。器间分离试验冲击响应测量使用的测量仪器见表 5.2。

表 5.2 试验用测量仪器

仪器名称	仪器型号
冲击加速度计	356B10
加速度计	356M41
信号适调器	OASIS2000
数据采集处理系统	SCADASIII

7) 分离火工品发火控制装置

分离火工品发火控制装置用于为爆炸螺栓提供点火信号并引爆，能按规定工作时序引爆火工装置，其性能应安全、可靠。

5.2.4 应用实例

应用上述方法，"嫦娥"五号探测器成功实施了器间各分离面的解锁分离试验，试验状态照片见图 5.7~图 5.10。器间分离试验分离速度试验情况如表 5.3 所示。

第 5 章 月面自动采样返回探测器系统级试验验证技术

(a) 分离前

(b) 分离后

图 5.7 着陆上升组合体与轨返组合体(分离面Ⅰ)分离试验照片

(a) 分离前

(b) 分离后

图 5.8 轨道器支撑舱与推进/仪器舱(分离面Ⅲ)分离试验照片

(a) 分离前

(b) 分离后

图 5.9 轨道器对接舱与推进/仪器舱(分离面Ⅳ)分离试验照片

(a) 分离前

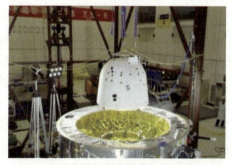
(b) 分离后

图 5.10 返回器与轨道器(分离面Ⅴ)分离试验照片

表 5.3　器间分离速度对比汇总

试验工况	分离面Ⅰ分离	分离面Ⅱ分离	分离面Ⅳ分离	分离面Ⅴ分离
理论预计值/(m/s)	0.19	0.28	0.28	0.24
试验值/(m/s)	0.19	0.27	0.31	0.25
相对偏差	0	3.7%	-9.7%	-4.0%

5.3　全尺寸羽流导流试验技术

5.3.1　试验目的

探测器全尺寸羽流导流试验的目的包括：
（1）验证月面起飞 3000N 发动机与导流装置的相容性；
（2）验证典型工况条件下月面起飞 3000N 发动机所产生的羽流对上升器、着陆器的综合力、热效应；
（3）考核羽流热防护材料性能及防护效果。

5.3.2　试验方法

试验目的是模拟月面起飞初期上升器与着陆器一定距离条件下的 3000N 发动机羽流场，并在此条件下测量发动机羽流场力、热数据，同时考核验证相关产品。结合试验目的及需求分析，试验方法如下：

投产专项验证器和导流装置，在高模台真空舱中开展点火验证试验，验证器表构型布局和热防护设计；3000N 发动机等均采用真实产品，从而确保发动机羽流场的边界条件与实际在轨一致。考虑到试验安全性及可实现性，在不影响试验目的的前提下，采用上升验证器固定、着陆验证器运动的方式模拟两器相对运动特性，即上升验证器通过转接装置固定垂直安装在真空舱内承力架上，着陆验证器被安装于位姿调整装置上，并可与其一起运动，从而实现两器相对位姿关系的调整，模拟月面起飞过程。因此试验中发动机点火模式有两种：一种是静态点火，即调整着陆验证器的位姿，将两器调整至起飞后一定的相对距离和姿态角，然后发动机点火；另外一种是动态点火，即发动机点火的同时，采用着陆验证器向下平动的方式模拟两器间的相对运动特性。

导流装置为初样真实产品，其作用是将上升器 3000N 发动机羽流进行疏导，降低上升器起飞过程中羽流的气动力干扰。为减轻质量并防止烧蚀,导流装置采用与返回器相同的防热烧蚀材料设计而成。

高模台真空舱用来保证试验所需的真空度,试验过程中为降低实时抽真空对发动机羽流场的影响,采取发动机点火前启动真空泵,待气压条件满足后,关闭真空泵,然后再开始发动机点火的模式。在点火工作过程中,须一直启用低温热沉系统以维持环境真空度。整个发动机点火工作过程中,通过部署在相应位置的热流传感器、压力传感器、热电偶、力矩测量装置、纹影相机等,测量羽流场的力、热特性并记录羽流场的分布情况,同时远程控制3000N发动机的开关机和位姿调整装置。

5.3.3 试验系统设计

试验系统由验证器、高模台真空舱、位姿调整装置、试验测量子系统、试验控制子系统和试验保障子系统组成,验证器为参试产品,包括上升验证器和着陆验证器。高模台负责提供试验所需的低气压环境及舱内温控和数据接口,位姿调整装置负责验证器姿态调整及相对运动,试验测量子系统负责测量发动机羽流场力热数据并监测试验系统运行参数,试验控制子系统负责试验过程的控制及过程记录,试验保障子系统负责提供存储、加注、运输、安全等各类保障措施,试验系统组成如图5.11所示。

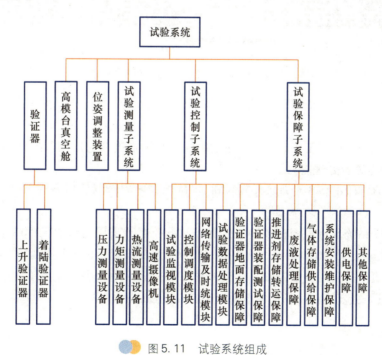

图5.11 试验系统组成

1. 验证器

验证器为主要参试产品,其组成及状态如下:

(1)验证器由上升验证器和着陆验证器组成,其中上升验证器的底板、侧板、斜侧板构型参数及其表面主要设备(贮箱出口管路外露部分、X频段测控天线、太阳翼等)构型及安装位置与上升器设计状态一致;着陆验证器为八棱柱式构型的平板(铝),其平面尺寸参数、表面主要设备(上升器支架、钻取采样装置、定向天线等)构型及安装位置与着陆器设计状态一致。

(2)试验中3000N发动机采用内部贮箱供给推进剂的方式,经热标,发动机头部完成热控措施,其工作状态及各项技术指标与月面起飞状态一致。

(3)在典型工况中上升验证器底板及着陆验证器顶面相应位置实施真实热防护材料。

(4)上升验证器、着陆验证器具有与各类测量装置(压力传感器、热流传感器等)以及试验工装(承力架、位姿调整装置等)的机械安装接口。

(5)对验证器的控制均由试验控制子系统完成,且验证器采用外部供电。

2. 高模台真空舱

高模台真空舱内径5m,长12m,其作用是提供试验所需的模拟真空环境,是开展试验的核心设施,主要功能及状态如下:

(1)高模台真空舱配备低温液氢和液氮热沉,液氮热沉沿舱壁布置,液氢低温热沉布局如图5.12所示。可实现初始环境压强不超过1×10^{-2}Pa,试验过程中的压强不大于20Pa。

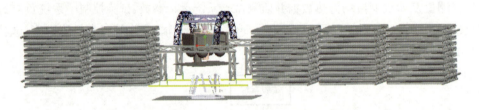

图5.12 真空舱液氢低温热沉布局示意图

(2)提供观察窗口(对称布置),观察窗口中心轴线高度位于验证器发动机喷管出口与着陆器顶板之间,确保可以从高模台真空舱外部观测、记录羽流场形态及激波位置。

(3)具备对发动机点火工作过程中产生的废气及有毒推进剂的监测及处理能力,具备对真空舱内液氢浓度的监测及处理能力。

(4)高模台真空舱配备3台观察用摄像机,可确保在舱内低温低压条件下观测到验证器器表试验件状态。

(5)为测量子系统及位姿调整装置提供温控。温控电源采用两台40V/50A直流稳压电源并联分段控制,电压设定值26V,单条加热功率11.3W。温度稳定于设定目标温度上下2℃范围内。

(6)高模台真空舱满足验证器以及其他试验工装的安装、拆卸及移动要求。

(7)配有转运及起吊装置:载重量不小于2t,接地阻值小于1Ω。

3. 位姿调整装置

位姿调整装置用以实现着陆验证器与上升验证器相对位置和姿态的调整,模拟月面起飞时两器的相对位置、姿态关系。试验中上升验证器固定,着陆验证器安装于位姿调整装置上。具体如下:

(1)位姿调整装置具有两个平移自由度和一个转动自由度,通过位姿调整装置实现着陆验证器位姿的调整,从而实现着陆验证器与上升验证器相对距离(轴向、横向)、角度的调整,其中距离范围为0.2~0.6m,精度优于1mm,角度范围为-6°~6°,精度优于0.1°。

(2) 可模拟与上升器月面起飞一致的相对运动,加速度范围为 0~2.6m/s²,响应速度优于 10ms,精度优于 ±10%。

(3) 位姿调整装置具有足够的刚度和强度,在试验过程中不产生影响试验结果的偏移或形变。

(4) 位姿调整装置具有与高模台真空舱和着陆验证器的机械安装接口,其姿态和位置参数调整由试验控制子系统远程控制实现。

4. 试验测量子系统

试验中测量的参数主要包括两部分,一部分为发动机羽流场力热参数,另一部分为高模台和验证器的状态参数,包括:

(1) 验证器指定位置的压力、热流密度、温度,传感器在验证器表面开口尺寸原则上不大于 φ10mm,温度测量优于 ±5℃,热流测量优于 ±3%,压力测量优于 ±0.5%,响应时间优于 100ms,测量频率 1K,压力和热流传感器实施状态如图 5.13 所示。

(2) 上升验证器受到的羽流扰动力、力矩,测量精度优于 10%。

(3) 高模台的环境压力、温度等状态参数。

图 5.13 压力和热流传感器实施状态

(4) 验证器温控回路监测温度、3000N 发动机燃烧室压强、温度等状态参数。

5. 试验控制子系统

试验控制子系统由试验监视模块、控制调度模块、网络传输及时统模块和试验数据处理模块组成,具体如下:

(1) 试验监视模块能够监视和记录整个试验系统的操作和影像信息。

(2) 控制调度模块能够对整个试验系统各操作岗位进行调度,并可对试验系统发出远程操作指令,控制精度为 ±1ms。

(3) 网络传输及时统模块负责整个试验系统的数据传输并产生统一的时间码,试验前负责对验证器、测量子系统统一校时,时统精度优于 1ms。

(4) 试验数据处理模块能够将试验中产生的各类试验数据及图片信息进行分类存储,具备将各种试验数据综合分析的能力,存储能力大于 1TB。

6. 试验保障子系统

试验保障子系统提供各类保障条件,主要包括:

(1) 验证器的地面装配、测试、存储条件保障;

(2) 双组元推进剂存储、转运、供给及废液(气)处理条件保障;

(3) 试验用高压气的存储、供给条件保障;

(4) 试验系统安装、维护条件保障;

(5)试验系统安全运行条件保障;
(6)试验供电保障和其他保障条件。

5.3.4 应用实例

验证器在真空羽流试验舱中共开展了3个阶段18个工况的点火试验。其中第一阶段试验重点验证整个试验系统匹配性,并在发动机自由羽流场条件下,标定和测量上升验证器受到的扰动力和力矩,完成4次点火工作。第二阶段试验是在第一阶段参试试验件的基础上,增加着陆验证器(已安装各类传感器)、位姿调整装置,重点测量上升验证器受到的羽流扰动力矩以及验证器指定位置羽流场压力、热流密度等,并监测发动机羽流场形态及激波位置,验证发动机与导流装置的相容性,第二阶段试验中发动机点火工作如图5.14所示,参试试验件状态如图5.15所示。第三阶段试验是在第二阶段试验的基础上,在上升验证器底板及着陆验证器顶面全部实施真实热防护材料,将导流装置、上升器支架等换装成相应真实产品,并在热防护材料与验证器之间指定的测点部署热电偶,用以考核热防护材料性能及防护效果。第三阶段参试试验件,如图5.16所示。

图5.14 试验中发动机点火工作

图5.15 试验第二阶段参试试验件状态图

图5.16 试验第三阶段参试试验件状态图

试验后对 3000N 发动机、导流装置实物检查,如图 5.17 所示,其间发动机外观没有明显变化,无明显烧蚀痕迹,表明发动机能耐受月面起飞上升阶段的羽流环境。导流装置结构完整,未出现塌陷,表明导流装置可以耐受月面起飞时发动机羽流环境并实现正常的导流功能。

经上述分析表明:3000N 发动机工作正常,推力及流场稳定,在试验后无明显烧蚀痕迹,发动机与导流装置相容性满足要求,上升器点火起飞干扰作用小于仿真结果,在设计安全裕度内,上升器能够适应月面起飞上升羽流环境。

图 5.17　发动机、导流装置实物检查

5.4　采样封装试验验证技术

5.4.1　试验目的

"嫦娥"五号探测器在复杂的月面环境下完成月球样品的采集、转移、封装等过程,技术新、动作多、时间紧、难度大,需要在地面开展大量的试验验证工作,确保验证充分。采样封装试验验证的目的是：

（1）验证采样封装产品功能与性能的符合性；
（2）验证采样封装相关分系统接口的匹配性；
（3）验证采样封装工作程序的正确性；
（4）验证采样封装故障预案的有效性；
（5）验证采样封装器地交互操作的协调性。

5.4.2 试验方法

投产着陆上升组合体的专项验证器，安装采样封装、数管、工程参数测量和有效载荷等分系统中直接参与月面采样封装过程的设备，构建模拟月壤、月面地形、月表光照条件，并解决月面低重力环境模拟、着陆状态模拟等问题，按真实的月面工作流程开展地面条件下的月面采样、样品转移、封装等效验证试验。

1. 月壤状态

月壤是"嫦娥"五号探测器钻取采样、表取采样的对象，月壤的机械物理特性将直接影响钻取和表取的工作效果。"嫦娥"五号探测器的采样对象是非确定性的月表风化物质，主要指覆盖在月球基岩之上的月表风化层物质。

由于月壤状态的复杂性和不同区域月壤的差异性，应考虑采用多种不同工况状态的模拟月壤进行试验验证。将模拟月壤分为标称、挑战、极端三类是一种可行的方法，标称模拟月壤考核钻取采样和表取采样的功能与性能，挑战与极端模拟月壤则是月壤特性不确定性的外延。模拟月壤可从基础原料、颗粒形态、粒径分布、相对密度、含水量等方面进行控制，表5.4所示为标称模拟月壤状态要求。

表5.4 标称模拟月壤状态要求

序号	参数类型	状态要求
1	基础原料	1mm以下颗粒的原料为玄武岩或玄武质火山渣，1mm及以上颗粒的原料为玄武岩
2	颗粒形态	棱角状、次棱角状
3	粒径分布（质量百分比）	<1mm：85% 1~2mm：5% 2~4mm：3.5% 4~10mm：3.5% >10mm：3%
4	相对密度	0~30cm：不低于75%，30~60cm：不低于90%，深于60cm：不低于100%
5	含水量	<1%

随着研究工作的深入，模拟月壤状态也更为清晰，对标称模拟月壤小于1mm的颗粒粒径分布、大于10mm的颗粒粒径分布、质量百分比偏差等进行了细化，考虑模拟月壤构筑的工程可实现性及操作的简便性，将钻取标称模拟月壤相对密度调整为99%，表取标称模拟月壤相对密度调整为75%。考虑岩石碎块易移动（流动）特性对表取的影响，在表取挑战模拟月壤工况中添加体密度接近0.52g/cm³、粒径不大于100mm的1/6g重力等效岩石碎块。从而在标称模拟月壤的基础上，形成挑战模拟月壤、极端模拟月壤。采样封装试验中共用10种钻取挑战模拟月壤、6种钻取极端模拟月壤、5种表取挑战模拟月壤、5种表取极端模拟月壤，其要求如表5.5、表5.6所示。

表5.5 挑战模拟月壤状态要求

序号	参数类型	状态要求					
1	基础原料	1mm以下颗粒的原料为玄武岩或玄武质火山渣，1mm及以上颗粒的原料为玄武岩					
2	颗粒形态	棱角状、次棱角状					
3	粒径分布（质量百分比）	<1mm	65.8	78.15	85.04	81.23	95.28
		1~2mm	6.9	7.76	3.21	2.42	2.23
		2~4mm	10.36	4.68	2.49	1.82	0.8
		4~10mm	11.43	5.11	1.85	2.17	1.14
		10~41mm	5.51	4.3	7.41	12.36	0.55
4	低重力等效岩块	10~20mm	在构筑后的模拟月壤表面，分散放置不同粒径、体密度接近0.52g/cm³的低重力等效岩石碎块各3个				
		20~40mm					
		40~80mm					
		80~100mm					
5	相对密度	钻取	89%±2%			99%±2%	
		表取	85%±2%				
6	含水量	<1%					

表5.6 极端模拟月壤状态要求

序号	参数类型	状态要求
1	基础原料	1mm以下颗粒的原料为玄武岩或玄武质火山渣，1mm及以上颗粒的原料为玄武岩
2	颗粒形态	棱角状、次棱角状

续表

序号	参数类型	状态要求				
3	钻取粒径分布（质量百分比）	<1mm	59.37	85		95.28
		1~2mm	10	5		2.23
		2~4mm	10	3.5		0.8
		4~10mm	10	3.5		1.14
		10~41mm	10.63	3		0.55
		41~50mm	—	深度约0.5m处布设该粒径颗粒		
	表取粒径分布（质量百分比）	<1mm	65.8	78.15	85.04	81.23	95.28
		1~2mm	6.9	7.76	3.21	2.42	2.23
		2~4mm	10.36	4.68	2.49	1.82	0.8
		4~10mm	11.43	5.11	1.85	2.17	1.14
		10~41mm	5.51	4.3	7.41	12.36	0.55
4	相对密度	钻取	99%±2%	自然堆积状态(75%~80%)		
		表取	95%±2%			
5	含水量	<1%				

综上所述，由于月壤状态的复杂性和不同区域月壤的差异性，应考虑采用多种工况下不同状态的模拟月壤进行试验验证，采样封装试验实施过程中，需覆盖标称、挑战、极端模拟月壤状态。

2. 着陆状态

探测器着陆姿态、着陆高度（着陆器距离月面的高度）具有一定的不确定性，而月面采样、样品转移、封装等过程均受其影响，在采样封装试验中需要对其适应性进行验证。

对于钻取采样，着陆姿态主要影响钻进取芯过程、分离转移过程、避让展开过程，主要表现为对采样量、钻取初级封装容器转移状态和整形机构避让状态的影响。月面坡度对钻进长度不会产生显著影响，但着陆上升组合体的倾斜角度将影响钻进空行程的大小，钻进空行程随着倾角变化情况如图5.18所示，钻进空行程越大，则获取的样品量越少。着陆点的坡面倾角叠加探测器着陆缓冲姿态倾角，可能导致钻取样品初级封装容器转移方向与重力线具有较大的交角，这种转移方向与重力线的不重合性，将导致转移下落过程偏离理论轨迹，从而影响分离

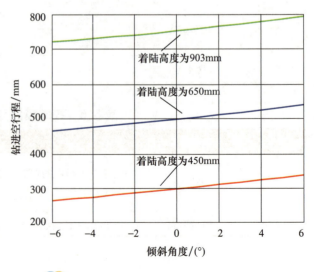

图5.18 不同着陆状态下的钻进空行程

转移效果。此外,钻取采样完成后,需通过涡卷弹簧带动远端的整形机构转动,实现上升器起飞通道的避让,不同的着陆倾斜角度展开阻力矩将发生变化,从而影响避让展开状态。

对于表取采样,着陆姿态主要影响表取采样过程、表取放样过程、表取初级封装容器抓取过程、表取初级封装容器转移过程等,主要表现为对可达采样区面积和绝对定位精度的影响。月面坡度对可达采样区域不会产生显著影响,但着陆上升组合体的着陆倾斜角度将影响可达采样区域的大小,不同倾斜角度下表取采样可达区域面积变化如图 5.19 所示。倾斜状态与水平状态下,表取采样机械臂受重力作用方向的差异,将影响表取放样、表取初级封装容器抓取、表取初级封装容器转移过程中的绝对定位精度,从而影响相应关键动作的准确性。

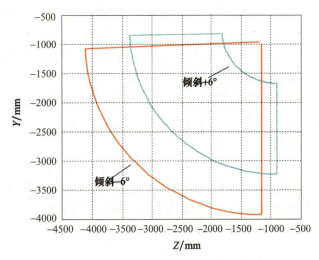

图 5.19　不同着陆姿态下的表取采样可达区域示意

对于密封封装,着陆姿态主要影响开盖和合盖过程,在密封开盖和合盖过程中,开合盖电机将带动具有一定质量的密封盖体抬升、旋转、下降等动作,着陆姿态的变化将带来负载特性的变化,这对开合盖电机的力矩裕度、密封盖体与筒体间的间隙设计均有一定的影响。

在着陆高度方面,由于探测器着陆缓冲状态的不确定性,着陆器下底面距离月面的高度存在一定的不确定性,不同的着陆高度将直接导致钻取采样空行程、表取采样可达区域面积的变化,从而影响钻取采样量以及表取采样点的选择,但不同着陆高度对密封封装装置的机构工作无直接影响。

综上所述,由于着陆状态的不确定性,应考虑在不同的着陆姿态、着陆高度组合状态下进行试验验证,采样封装试验实施过程中,需覆盖探测器着陆状态的典型边界状态。

3. 低重力

由于月球表面重力仅为地球表面重力的 1/6,低重力对采样封装产品的工作特性、工作对象均有一定的影响,在采样封装试验中进行正确、合理的模拟具有重要意义。

在采样对象影响方面,低重力环境下,细散粒物质的抗剪切力学特性略低于地球环境,地球环境下的钻进阻力和铲挖阻力将略高于月球环境,对钻进和铲挖工作而言,均通过剪切方式获得月球样品,因此,采样封装试验中可不对模拟月壤的细颗粒重力影响进行补偿。然而低重力环境下,表面大颗粒物质在外力作用下易发生滚动,不利于表取采样对样品的获取,因此,应在某种表取挑战模拟月壤中,模拟低重力环境下表面大颗粒物质的流动性表现。

在钻取采样方面,低重力主要影响钻进取芯过程、分离转移过程、避让展开过程,主要表现为对钻进压力、钻取初级封装容器转移状态和整形机构避让状态的影响。钻取钻进取芯过程的钻进压力由加载机构拉力和钻进机构、取芯机构的自重共同提供,钻进机构、取芯机构自重提供的钻进压力在地球环境与月面环境下相差约 100N;钻取提芯过程中,地球重力环境下样品更容易在取芯软袋中滑移和堆积,将在一定程度上影响钻取样品的层序信息,但不会影响关键指标(取样量);钻取分离转移过程中,样品初级封装容器转移进入密封容器的过程中,依靠重力完成转移运动;钻取避让展开起始阶段,整形机构的质量是最大的阻力矩,由于采用无源驱动,重力场差异有较大影响。

在表取采样方面,低重力主要影响表取采样机械臂运动过程,主要表现为对绝对定位精度和关节驱动力矩的影响。月面低重力环境下,表取采样机械臂的柔性变形量以及二、三关节驱动力矩将小于地球重力环境;表取样品初级封装容器转移进入密封容器的过程中,与钻取初级封装容器及样品转移类似,依靠重力完成运动。

在封装处理方面,低重力主要影响开盖和合盖过程,主要表现为开盖和合盖过程中的负载变小。对开盖而言,地球环境下为过试验,可对表取初级封装装置、密封封装装置开合盖机构的驱动力裕度进行考核。

综上所述,由于月地重力差异,采样封装试验应该覆盖钻取采样的分离转移过程、避让展开过程,钻进取芯过程可通过直接重力补偿或调整钻进规程中的力值边界进行适配;应该覆盖表取采样机械臂运动过程和表取初级封装容器释放转移过程,并通过轻质浮石等处理方式模拟表取采样过程中的表面大颗粒物质流动性。

4. 地形状态

表取采样区的地形状态对铲挖采样过程有重要影响,针对选定的目标采样点,采用触月采样方式主要经历停泊、接触、铲挖三个状态,如图5.20所示。

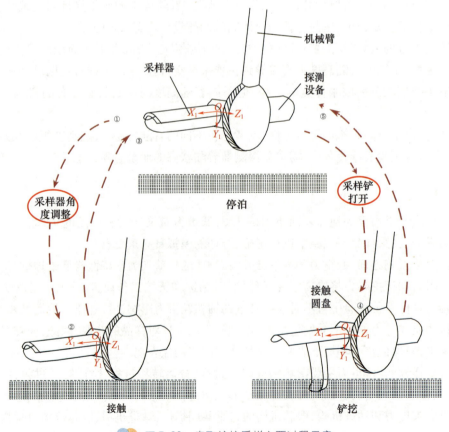

图5.20 表取铲挖采样主要过程示意

对于如图 5.20 所示完全平坦的表层采样区域,确保接触点可到达,通过合理选择铲挖深度可获取样品。然而对于像"嫦娥"五号探测器表取采样器这一类具有较大尺度的末端执行器,在复杂地形下完成采样或探测活动则有所差异。对于平坦区域,铲挖时保持采样器与采样点邻近区域尽可能平行,铲挖深度具有较高的可控性,可避免采样器与月面发生非预期接触;旋挖时保持竖直状态,确保采样器前端与月面具有更好的贴合状态。但对于凹凸不平区域,当对可视可达区内的凹坑点进行采样时,采样器前、后端与坑沿存在干涉风险,采样过程中铲挖月壤厚度也可能急剧变化而发生卡滞,当对坑沿部位进行采样时,低重力环境下的月壤流动性,也可能引起铲挖的月壤发生滑落,甚至无法获得样品。

综上所述,地形状态是采样封装尤其是表取采样试验验证过程中必须考虑的重要方面,需具备根据现场图像快速实现采样区地形重建能力,需针对复杂地形开展采样器铲挖或旋挖采样安全性验证。

5. 光照环境

视觉信息在月面采样封装过程中发挥了重要作用,月面采样工作场景下的光照环境需要关注,如"嫦娥"五号探测器表取采样机械臂、表取初级封装装置、采样过程监视相机 A/B/C/D、采样封装视觉标识均处于阳照区,监视相机 A/B/C/D 产品适应性以及对成像场景和特定目标的成像质量,需在等效的光照环境下进行验证;钻取采样装置(着陆器部分)、钻取机构监视相机受着陆上升组合体遮挡,处于阴影区,钻取机构监视相机的补光效能、成像质量等均需试验进行评估。

综上所述,采样封装试验过程中需对钻取采样相关区域进行弱光照模拟,对表取采样、密封封装相关区域进行可控强度、高度角、方位角等光照环境模拟。

5.4.3 试验系统设计

1. 系统组成

采样封装试验系统主要由数据服务、数字分析、物理验证、环境模拟、状态呈现、辅助支持及综合决策七个子系统组成,其相互关系如图 5.21 所示。试验系统具备探测器、验证器遥测与图像数据解析、存储、分发与查询能力,具备图像评估、三维重构、规划仿真、位姿解算、同步驱动等数字仿真能力,可实现探测器着陆姿态、月壤、低重力、光照、地形等环境模拟,可通过数字分析与物理验证相结合,实现采样封装过程验证实施。

1)数据服务子系统

可实现地面应用系统、地面测控系统或测试中心发送的探测器数据或文件的可靠接收,可实现任务支持中心数据或文件的可靠发送;可对探测器与

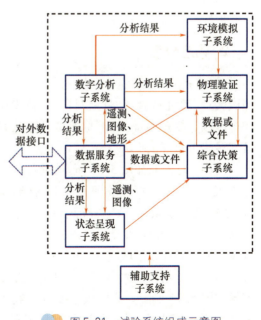

图 5.21 试验系统组成示意图

验证器遥测数据、图像数据进行快速、稳定、正确地解析、存储、分发与查询。

2) 数字分析子系统

可根据遥测信息、图像信息等，完成探测器与验证器采样封装相关相机的图像评估与处理，为获取正确的成像工作参数提供调整依据，完成表取采样区地形数字三维重构，实现钻取采样区、表取采样区地形分析，实现采样区显著物体的识别与分析，为钻取和表取采样区物理重构提供量化依据，完成采样封装过程路径规划仿真，完成探测器、验证器采样封装关键过程导航信息分析与策略制定，为表取采样机械臂的运行路径和高精度对准调整提供导航数据。

3) 物理验证子系统

根据采样封装工作程序及探测器环境信息，在环境模拟子系统、数字分析子系统、数据服务子系统支持下，利用验证器完成采样封装过程分段提前验证，为综合决策子系统操控探测器采样封装过程的策略制定与调整提供依据。

4) 环境模拟子系统

根据已知月面环境信息及探测器获取的环境信息，实现探测器着陆姿态、月面土壤、低重力、光照、地形等环境模拟，为表取采样点选择提供物理依据，为验证器钻取、表取、密封的工作提供物理验证环境。

5) 状态呈现子系统

根据探测器和验证器的遥测和图像信息，结合探测器系统的构型布局，利用多维呈现、遥测显示、图像显示等方式，在各终端根据用户感兴趣信息提供可定制呈现服务。

6) 辅助支持子系统

实现任务支持中心各功能区域的供电、照明、语音调度、场地布置、安全防护、宣传展示等支持工作。

7) 综合决策子系统

参照采样封装工作程序，根据数字分析子系统、状态呈现子系统、物理验证子系统提供的分析及验证信息，结合采样封装分系统和工程参数测量分系统产品的设计状态等信息，完成探测器、验证器采样封装动作的决策和过程实施工作。

2. 场地分布

采样封装试验系统根据场地分布，可划分为测试大厅、验证试验场、月壤制备区、技术协调区四个区域。物理验证前，需将模拟月壤从月壤制备区转运至验证试验场。

测试大厅实景如图 5.22 所示，北厅作为任务实施大厅，南厅为物理验证大厅，数据通信子系统、数据处理子系统、数字分析子系统、状态呈现子系统、任务实施子系统及物理验证子系统的部分设备均部署在该区域内。

验证试验场面积约为 13m×13m，验证试验场实景如图 5.23 所示。该区域主要分布物理验证子系统、环境模拟子系统设备、状态呈现子系统部

图 5.22 试验系统测试大厅实景

分设备。

月壤制备区实景如图 5.24 所示,该区域主要完成模拟月壤的存储、烘干、构筑等工作,为物理验证提供符合要求的表取模拟月壤和钻取模拟月壤,并完成钻取模拟月壤和表取模拟月壤的拆卸、筛分等回收工作。该区域主要部署采样模拟月壤、模拟月壤烘干设备、钻取模拟月壤、表取模拟月壤箱等与月壤环境模拟相关的设备。

图 5.23　验证试验场实景

图 5.24　月壤制备区实景

技术协调区主要开展专项试验验证、任务支持过程中的技术协调工作。

3. 试验项目设计

根据采样封装工作过程,结合前面分析的试验验证关键模拟要素,以试验参试设备为基础,进行采样封装试验项目设计。试验项目设计遵循原则如下:

(1) 先开展无(模拟)月壤负载试验,再开展有(模拟)月壤负载试验;
(2) 先开展标称工况试验,再开展非标称工况试验;
(3) 先开展单非标称工况试验,再开展组合非标称工况试验;
(4) 先开展正常工况试验,再开展故障工况试验;
(5) 先开展系统内试验,再开展系统间对接与协同演练。

根据上述原则,采样封装试验可分为如下 8 类,如表 5.7 所示。

表 5.7　采样封装试验分类

代号	试验类别名称
CFST - C1	无月壤采样封装过程试验
CFST - C2	标称采样封装过程试验
CFST - C3	非定结构封装容器转移试验
CFST - C4	非标称着陆状态采样封装过程试验
CFST - C5	非标称月壤状态采样封装过程试验
CFST - C6	组合工况采样封装过程试验
CFST - C7	采样封装故障与应对措施演练
CFST - C8	月面采样封装过程协同演练

考虑到正常工况下,钻取采样、表取采样、密封封装的部分环节无耦合性,而采样封装全过程验证时间又相对较长,为提高验证效率、节约人力资源,在具体试验开展过程中,对全过程验证环节进行适当分解,如将采样封装过程分解为钻取与密封子过程、表取与密封子过程开展相关的试验验证。基于此种考虑,8类试验对应的具体项目如表5.8所示。

表5.8 采样封装试验项目

试验类别	试验代号	试验项目名称	备注
CFST-C1	CFST-C1-1	常温密封开合盖试验	
	CFST-C1-2	无月壤负载常温钻取与密封联合试验	
	CFST-C1-3	无月壤负载常温表取定位精度试验	
	CFST-C1-4	无月壤负载常温钻取、表取与密封联合试验	
CFST-C2	CFST-C2-1	标称姿态、标称模拟月壤、平坦地形采样封装过程试验	
CFST-C3	CFST-C3-1	钻取、表取向密封封装装置转移试验	
	CFST-C3-2	仅钻取向密封封装装置转移试验	
	CFST-C3-3	仅表取向密封封装装置转移试验	
CFST-C4	CFST-C4-1	Y向$-15°$、Z向$0°$姿态采样封装过程试验	其余模拟要素均为标称状态
	CFST-C4-2	Y向$-10.55°$、Z向$-10.55°$姿态采样封装过程试验	
	CFST-C4-3	Y向$0°$、Z向$-15°$姿态采样封装过程试验	
	CFST-C4-4	Y向$10.55°$、Z向$-10.55°$姿态采样封装过程试验	
	CFST-C4-5	Y向$15°$、Z向$0°$姿态采样封装过程试验	
	CFST-C4-6	Y向$10.55°$、Z向$10.55°$姿态采样封装过程试验	
	CFST-C4-7	Y向$0°$、Z向$15°$姿态采样封装过程试验	
	CFST-C4-8	Y向$-10.55°$、Z向$10.55°$姿态采样封装过程试验	
	CFST-C4-9	极端压缩状态采样封装过程试验	
	CFST-C4-10	无压缩状态采样封装过程试验	
CFST-C5	CFST-C5-1	钻取挑战模拟月壤采样封装试验	覆盖每种挑战模拟月壤,共10种
	CFST-C5-2	表取挑战模拟月壤采样封装试验	覆盖每种挑战模拟月壤,共5种
	CFST-C5-3	钻取极端模拟月壤采样封装试验	覆盖每种极端模拟月壤,共6种
	CFST-C5-4	表取极端模拟月壤采样封装试验	覆盖每种极端模拟月壤,共5种
CFST-C6	CFST-C6-1	组合挑战工况采样封装试验	月壤状态、着陆状态、地形状态组合
	CFST-C6-2	组合极端工况采样封装试验	

续表

试验类别	试验代号	试验项目名称	备注
CFST – C7	CFST – C7 – 1	太阳翼展开故障表取展开试验	
	CFST – C7 – 2	表取辅助钻取展开试验	
	CFST – C7 – 3	表取初级封装样品超量试验	
	CFST – C7 – 4	监视相机 A 或 B 故障表取采样试验	
	CFST – C7 – 5	钻取取芯软袋外露观测与处理试验	
	CFST – C7 – 6	无数传故障采样封装过程试验	
	CFST – C7 – 7	近摄相机故障表取抓罐与放罐试验	
CFST – C8	CFST – C8 – 1	大系统间采样封装链路双向通信试验	
	CFST – C8 – 2	标称工况采样封装无线联试	
	CFST – C8 – 3	非标称工况采样封装联合测试	
	CFST – C8 – 4	虚拟测控系统与探测器采样封装试验场协同演练	
	CFST – C8 – 5	测控系统与探测器采样封装试验场协同演练	

从表 5.8 可见，采样封装 8 类试验可分解为多个试验项目，由于多种模拟月壤状态、多种着陆状态及地形状态的影响，其中存在多个子项目。

5.4.4 应用实例

"嫦娥"五号探测器在研制过程中，利用上述试验系统开展了多种工况的采样封装试验验证工作，为月面采样封装工作的顺利执行奠定了坚实的基础。

1. 无月壤采样封装试验

无月壤采样封装过程试验主要验证采样封装相关设备在空载情况下的功能、性能与接口匹配性，示意图如图 5.25 所示，通过该环节的测试为后续试验实施及结果分析建立比对基础。

(a) 密封封装　　　　　　　　　(b) 钻取与表取

图 5.25　无月壤采样封装试验示意图

结果表明：空载运行平稳，成像清晰，功能、性能正常，接口匹配。

2. 标称采样封装试验

标称采样封装过程试验主要验证采样封装相关设备的功能、性能、接口匹配性，验证采样封装工作程序的合理性。标称采样封装试验过程中，各机构产品的典型遥测如图 5.26 所示。

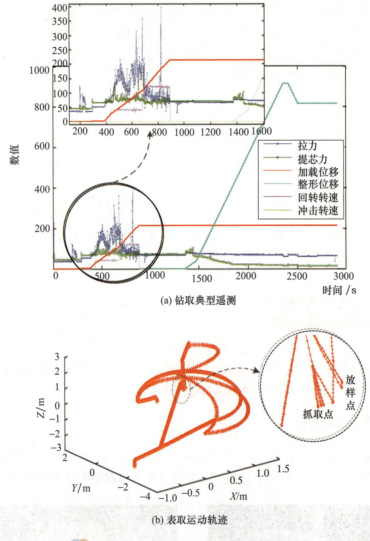

图 5.26　标称采样封装试验主要参数示意图

结果表明：在钻取采样阶段，成功实现钻取初级封装容器及样品向密封封装装置转移，获取样品 545g，钻进长度 2m，样品长度约 1.47m，钻取采样阶段工作时间约 100min；在表取采样阶段，成功实现 15 次表层（模拟）样品采集，表取初级封装容器及样品转移至密封容器内，获取样品约 1.6kg，表取采样阶段工作时间约 1317min；在密封封装阶段，成功实现密封容器盖体的打开、钻取初级封装容器（及样品）与表取初级封装容器（及样品）承接、关闭，开、闭盖时间 4min49s，各监视相机可视化信息满足工作需求。

3. 非定结构封装容器转移试验

该环节的试验主要验证钻取初级封装容器、表取初级封装容器、密封容器间的接口匹配性,验证钻取转移过程对着陆姿态、样品质量、同轴度以及低重力的适应性。试验过程如图 5.27 所示。

(a) 钻取导向滑动

(b) 表取在密封容器内滑动

(c) 表取在密封容器内导正

(d) 钻取在密封容器内滑动

(e) 钻取在密封容器内滑动到位

(f) 钻取与密封刀口碰撞测试

图 5.27　初级封装向密封封装转移试验

结果表明:钻取、表取初级封装容器与密封封装装置接口匹配;仅钻取或表取初级封装容器存在时,均可实现滑动与导正到位;钻取同轴度 < ϕ7.14mm 时可顺利进入,ϕ7.14～9.38mm 存在碰撞,但可进入密封容器。

4. 非标称着陆状态采样封装试验

该环节试验主要验证表取采样相关设备对着陆上升组合体在月面倾斜姿态的适应性。利用采样封装试验系统完成了如图 5.28 所示的工况验证,试验过程如图 5.29 所示。

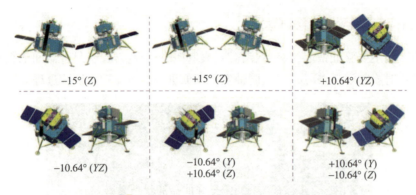

图 5.28 不同着陆姿态验证工况

图 5.29 不同着陆姿态验证示意

结果表明:在着陆器下底面距模拟月壤约 1.05m 条件下,对倾斜姿态具有较好的适应性,Y 向倾斜适应角度 $-9°\sim +15°$,Z 向倾斜适应角度 $-15°\sim +7°$,绕 X 向任意方位倾斜适应角度不小于 $6°$。

5. 非标称模拟月壤采样封装试验

挑战模拟月壤采样封装过程试验主要验证采样封装相关设备在不同挑战模拟月壤状态下的功能适应性。利用钻取控制单元主、备份先后驱动钻取采样装置针对挑战模拟月壤、极端模拟月壤完成了样品采集、样品转移、初级封装、容器及样品转移过程测试。利用表取控制单元主、备份先后驱动表取采样机械臂针对挑战模拟月壤、极端模拟月壤完成了样品采集、样品转移、初级封装、容器抓取、容器转移及释放过程测试。期间,密封控制单元、密封封装装置以及采样过程监视相机配合完成了全部试验工作。

结果表明:钻取采样机构、表取采样机构对挑战模拟月壤、极端模拟月壤具有较好的适应性,在各种工况下均可获取月球样品。

6. 组合工况采样封装试验

组合工况采样封装过程试验主要验证采样封装相关设备在着陆姿态、着陆高度、月壤状态等组合情况下的功能适应性与接口匹配性,验证采样封装工作程序的合理性。试验主要结果如表 5.9 所示。

表 5.9　组合工况采样封装试验结果

工况	钻取样品量/g	表取单次采样量/g	钻取样品长度/cm	钻取工作时间/min	表取工作时间/min	密封工作时间/min	总工作时间/h
+8°(Y)/最大着陆高度/挑战模拟月壤1	104.4	60	25	93	1130	开盖:4.8 闭盖:4.8	21
-8°(Y)/最大着陆高度/挑战模拟月壤1	197.5	66	43	75.5	1662	开盖:4.8 闭盖:4.9 （遥控）	29.2
+15°(Y)/标称着陆高度/挑战模拟月壤1	140.9	80	38.5	98	1111	开盖:4.8 闭盖:4.8	20.3
-15°(Y)/标称着陆高度/挑战模拟月壤1	214.2	0	44	117.5	—	开盖:4.8 闭盖:4.9 （遥控）	—

结果表明:在设定的组合环境挑战工况下,除-15°(Y)、标称着陆高度下无法完成表层采样外,均可成功实现钻进取芯、提芯整形、分离转移、密封开盖、表取展开、初级封装开盖、表层采样、样品转移、表取放样、初级封装闭盖、容器抓取、容器转移、容器对准与释放、避让展开、密封闭盖等过程。

7. 采样封装故障与应对演练

1) 太阳翼展开故障表取展开试验

该试验模拟太阳翼未展开故障,验证表取采样适应性。表取采样机械臂需要在避让太阳翼、天线、表取采样机械臂底座等部件的情况下完成展开,放样方式采用直接放样方式。

结果表明:在太阳翼和表取采样机械臂安装底座的约束下,可适应关节1转角在-60°~-120°的可达采样区域,应对措施有效。

2) 表取辅助钻取展开试验

与标称工况不同,钻取采样装置展开避让未到位可能影响表取初级封装容器及样品向密封封装容器转移,甚至影响上升器起飞。考虑到采样封装分系统表取采样机械臂可到达密封封装装置上方,可对钻取整形机构在一定范围内的展开过程进行辅助。

结果表明:钻取处于完全未展开状态下,可以将钻取初级封装容器(或导向筒)底部作为作用点,利用表取采样机械臂采样器甲实现0°~85°角度增量的辅助展开;但表取采样机械臂不能实现全展开角度范围(角度增量约110°)的辅助钻取展开,需联合考虑上升器起飞冲开的方案(已在着陆起飞综合试验中验证)。

3) 表取初级封装样品超量试验

为验证表取样品超量的适应性,采样过程中多次获取较多样品后,出现样品超出表取初级封装容器筒体高度情况时,可能对表取初级封装封盖过程带来影响。先后开展了8次表取初级封装样品超量试验验证工作,如图5.30所示。

(a) 样品超量刮样　　　　(b) 样品超量封盖　　　　(c) 样品超量封盖完成

图 5.30　样品超量试验图

结果表明：表取初级封装样品超量时，通过放样机构漏斗外刮、内刮，去除多余样品，但极端情况下可能封盖不成功，应通过近摄相机对表取初级封装样品量进行观测，避免样品超量。

4）监视相机 A 或 B 故障表取采样试验

监视相机 A 或 B 故障状态下，无法通过监视相机 A、B 完成表取采样区地形三维重建，为验证备用方案表取采样区地形重建获取的可行性，验证表取采样的适应性，完成了采样过程监视相机 A 故障工况下的表取采样过程试验验证。利用表取远摄相机、近摄相机序列成像构建采样点邻近区域地形信息，如图 5.31 所示。根据远、近摄图像，进行采样区数字地形重构，如图 5.32 所示。

(a) 近摄　　　　　　　　　(b) 远摄

图 5.31　表取远摄相机、近摄相机拍摄图像

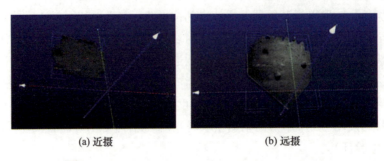

(a) 近摄　　　　　　　　　(b) 远摄

图 5.32　表取远摄相机、近摄图像重建地形示意

结果表明：在监视相机无法完成双目重建时，可通过远摄相机、近摄相机序列成像，重构表取采样邻近区域地形，支持完成表取采样点选择，表取采样全工作过程，故障措施合理可行。

5) 钻取取芯软袋外露观测与处理试验

钻取提芯整形结束时，取芯软袋末端可能处于钻取初级封装容器进样口处，存在取芯软袋超出钻取初级封装容器包络的可能，可通过监视相机 D 作为视觉反馈，进行处理调整。钻取取芯软袋外露观测与处理试验验证，如图 5.33 所示。

(a) 反转后进入相机图像　　(b) 正转调整　　(c) 调整完成后

图 5.33　取芯软袋缠绕位置调整示意图

结果表明：钻取取芯软袋缠绕不完全，软袋末端位置处于进样口时，可通过钻取整形机构反转一定角度，通过监视相机 D 进行状态确认，当需要调整时，可通过再次正转进行取芯软袋末端位置调整，完成取芯软袋缠绕整形，该调整不影响后续分离转移过程。

6) 无数传故障表取采样试验

月面采样封装过程中下传的数传数据具有更新快、信息全的特点，考虑到探测器在极端情况下无数传数据故障模式，为验证月面采样封装故障预案的正确性与有效性，利用采样封装试验场开展了无数传故障表取采样验证工作，如图 5.34 所示。

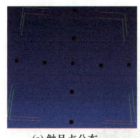  

(a) 触月点分布　　(b) 触月　　(c) 采样

图 5.34　无数传状态表取采样示意

结果表明：在无数传故障下，通过调整关节 2 电流设置、表取采样触月方式、直接放样精调方法等，结合操作人员经验，可在较小风险下完成月面表取采样，故障预案正确、有效。

7) 近摄相机故障表取抓罐与放罐试验

近摄相机在表取抓罐、表取放罐过程中扮演了重要角色，其图像是高精度对准的重要反馈信息，为验证表取采样在近摄相机故障状态下的完成度，开展了应对措施演练，利用采样封装验证器联合完成了近摄相机故障工况下的表取抓罐与放罐过程试验验证，调整结束后重新打开近摄相机进行确认，如图 5.35 所示，精调实施结果正确，实现了安全抓罐和安全放罐。

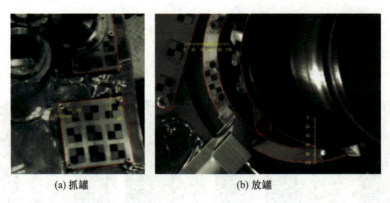

(a) 抓罐　　　　　　　　　　　　(b) 放罐

图5.35　调整到位后利用相机确认的抓罐、放罐状态

结果表明：近摄相机故障情况下，利用监视相机C、D与远摄相机可联合完成表取抓罐、放罐精调，应对措施有效。

8) 采样封装协同演练

月面采样封装过程需要天地联合配合实施完成，执行过程的协同性是影响任务效率甚至成败的重要因素。采样封装试验系统与测控系统或"虚拟测控系统"以及"嫦娥"五号探测器，按"三位一体"模式开展了多次系统演练，验证月面采样封装过程中系统间的协同性。采样封装协同演练的链路状态如图5.36所示。

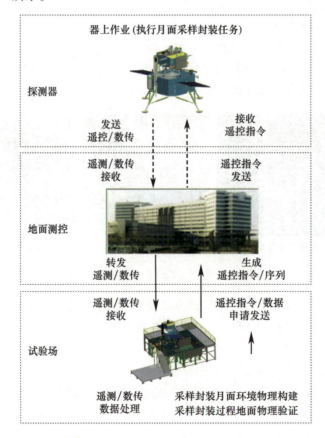

图5.36　采样封装系统演练状态图

多次演练表明:钻取采样、表取采样、密封封装等机构动作正常,所获取的相机图像完整清晰,顺利完成了采样封装过程各项工作,采样封装工作程序正确,采样封装试验系统策略制定、指令生成和物理验证实施能力满足要求,"三位一体"采样封装协同工作程序协调匹配、协同顺畅、配合良好,为采样封装任务在轨实施奠定了基础。

5.5 着陆起飞综合试验验证技术

5.5.1 试验目的

"嫦娥"五号探测器软着陆飞行中主要依靠陀螺、加速度计进行惯性导航,利用敏感器测量探测器相对月面的速度和高度进行导航修正,并按设定的控制律进行闭环控制,因此多种敏感器测量数据的信息融合及导航算法是该环节的设计要点;此外,在接近段和悬停段,探测器需要利用成像敏感器拍摄月面图像并完成地形识别,安全区识别能力决定最终的着陆结果,也是软着陆过程的设计要点。

探测器月面起飞过程没有使用敏感器,全部依靠起飞前的初始参数进行导航,提高初始定位及对准精度是保证后续飞行的基础,是起飞设计的一项要点;受着陆及月面探测环节的影响,探测器起飞姿态有较大的不确定性,优化探测器与平台的接口设计,使解锁后探测器保持平稳并在起飞过程中提供稳定的支撑,能够提高探测器起飞条件的适应能力,是起飞准备段的设计要点;综合考虑探测器起飞初始状态、探测器的设计或装配偏差及起飞过程中的干扰因素,分析起飞过程中探测器的运动规律,为后续启控创造良好的交班条件是另一项起飞设计要点;月面点火起飞并延迟一段时间后才对其进行控制,启控的初始条件有很大的随机性,优化控制方案及控制参数,适应并消除随机的初始条件和干扰,最终使探测器垂直月面起飞也是起飞设计的要点之一。

着陆起飞综合试验针对"嫦娥"五号软着陆和月面起飞关键环节与设计要点进行验证,其中软着陆综合试验的目的包括:

(1)考核探测器制导导航与控制能力;
(2)考核软着陆过程安全区识别能力及避障控制性能;
(3)考核软着陆过程GNC与推进的系统匹配性能;
(4)验证软着陆过程工作程序设计的正确性;
(5)验证验证器软着陆过程工作可靠性。

月面起飞综合验证试验的目的包括:
(1)考核探测器起飞前解锁过程的稳定性;

(2) 考核起飞过程的稳定性及与平台的干涉情况；
(3) 考核月面起飞 GNC 启控交接班条件的满足性；
(4) 考核起飞过程中 GNC 的控制能力；
(5) 验证起飞过程工作程序设计的正确性；
(6) 验证探测器对起飞条件的适应能力。

5.5.2 试验方法

由于地面自然环境与月面有较大的差异，可能影响试验的实施和数据的准确性；探测器在地面条件下工作，其部分功能性能会发生变化；此外，为满足地面多次试验的需求，探测器也要进行适应性改造。地面试验需要综合考虑各种影响因素，并确定探测器的参试状态，使试验的实施满足验证需求。

1) 月面低重力环境模拟

地面环境中探测器受到的重力是月面的 6 倍，仅依靠自身配置的发动机，探测器难以实现飞行，低重力环境模拟的实质就是对月面工作状态探测器的受力状态进行模拟，从而实现对探测器运动特性和飞行状态的模拟。

当前常用的模拟月球低重力着陆试验方法有反冲火箭法、降落伞法、气球浮力法、水浮力法、电磁阻力法等，其原理都为试验对象施加一个与重力方向相反的作用力，平衡其部分的重力。对各种已有的模拟方法进行了分析，结果表明之前的方法无法应用于高速运动的着陆起飞试验中，为此，软着陆及起飞验证试验中提出并采用"吊绳拉力法"，建设专用塔架，由吊绳为探测器施加向上的拉力，经吊绳拉力平衡后，使探测器运动受力在其自身动力输出范围内，即依靠探测器发动机推力调节可满足试验中探测器的受力和运动模拟。虽然试验中发动机的推力输出曲线与实际过程不相符，但未改变对发动机的控制规律，因此不影响探测器的控制律，满足试验要求。

2) 发动机推力衰减处理

地面环境中存在大气背压，发动机燃烧室的气流不能按真空状态进行充分膨胀，导致其推力值小于月面工作状态。对于软着陆验证试验而言，由于探测器单独配置了平移发动机且姿态控制保证探测器与地面垂直，因此发动机推力衰减仅影响探测器垂直方向的受力和水平机动能力，在垂直方向采用吊绳拉力平衡后，只存在后者的影响。而对于起飞验证试验而言，受着陆姿态的影响探测器以一定角度起飞，发动机的推力同时决定了探测器垂直和水平两个方向的运动，垂直方向的受力和运动状态可以采用吊绳拉力辅助解决，但推力衰减会导致探测器水平方向的加速度小于真实月面状态。

为解决该因素的影响，在起飞试验中将探测器质量按推力衰减比例进行缩比，为考核姿态控制能力，探测器的转动惯量仍与真实设计状态一致。采取该处理后，在各种起飞角度下都能保证探测器水平方向运动加速度与真实月面一致。对推力衰减导致探测器水平机动和姿态调节能力的下降的问题则不予补偿，视为对探测器控制能力考核的加严项。此外，发动机本身还需要针对地面环境进行适应性改造，即试验中采用短喷管状态的产品使其工作参数与背压环境匹配，保证其正常工作。

3) 风阻的处理

地面试验中探测器的运动会产生一定的风阻,该作用力与探测器运动方向相反且与其速度的平方成正比。施加至探测器上的风阻作用点与质心不重合时会形成干扰力矩,影响探测器的姿态控制。在有风的天气中,空气的自然流动也会对探测器施加扰动影响。

试验设计中根据探测器迎风截面积和运动速度计算风阻影响,只要该干扰作用在探测器控制余量范围内可不予补偿,将其处理为对探测器控制能力的加严考核项。

4) 探测器参试状态要求

随着当前试验技术的发展,虽然可以采用相似学原理研制等效模型实现月面软着陆和起飞的验证,但等效模拟试验不能全面反映探测器真实的设计状态,且增加了试验数据处理及试验结果判定的复杂性,多用于单项具体技术的考核,难以实现探测器全面验证。因此,为满足工程研制和探测器设计状态验证的要求,采用真实的探测器参试,对于GNC、推进等重点验证的系统,其参试设备状态要求均为真实产品,控制软件也需为真实设计版本。为适应地面试验要求,在不影响试验目的的前提下探测器也需开展针对性修改设计,例如,为适应试验中多次经历着陆冲击环境,对验证器进行结构加强;为满足多次推进剂加注,对贮箱构型进行改进;为适应发动机点火烧蚀环境,对验证器进行热防护等。

5) 探测器初始位姿获取处理

探测器月面软着陆和起飞上升前均需获得其初始的位置和姿态,作为其自主制导与导航的初始参数。地面条件下星敏感器无法正常工作,探测器无法自主获取。试验中采用地面测量上注的方法解决该问题,即试验前探测器装订纬度坐标、海拔高度、地球自转速度、重力加速度等导航参数,再采用陀螺经纬仪测量探测器相对天东北坐标系的姿态并上注,在这些数据基础上,探测器运行惯性导航,能够获得试验中的位置、速度和姿态信息。

6) 探测器姿态运动自由度模拟

试验中探测器需要调整其飞行姿态,姿控能力也是一项重要的试验内容。此外,试验中探测器始终与吊绳连接,为减小对探测器产生的附加干扰,吊绳拉力需要过探测器质心。为满足两方面的要求,设计了一套万向吊具,它安装在探测器质心位置处并与塔架的吊绳进行连接,提供了探测器姿态运动的自由度,吊具的对称结构设计能够满足吊绳拉力方向的要求。

7) 着陆试验发动机关机控制

月面软着陆过程中,探测器依靠伽马关机敏感器测得与月面的相对高度并自主关闭发动机。伽马关机敏感器是放射源,为避免对人员的辐射伤害,该产品不能参试,只能采取其他手段实现对发动机的关机控制并保证着陆速度的模拟要求。在试验中将商用激光测距仪安装至探测器上,实时测量其相对地面的高度,为避免对探测器设计状态的改动,测距仪的数据传至地面,由地面根据其测量精度、链路时延并结合着陆速度的模拟要求设定关机高度,自动关闭发动机。

8) 起飞初始姿态模拟

受着陆条件的影响,探测器月面起飞的方向和角度都不确定,地面试验需充分验证不同初始姿态下探测器起飞的可靠性,真实着陆器平台未考虑多次起飞的要求,也无法实现起飞姿态的精确控制。为满足试验要求,需专门研制起飞试验专用的平台,能够承受发动机多次点火烧蚀,为探测器提供可靠的支撑作用并能够实现起飞方向和角度的精确调节。

9) 起飞过程发动机燃气流干扰作用模拟

探测器月面起飞过程中发动机点火工作,其燃气流经反射再作用至探测器表面会对其产生一定的干扰作用,影响起飞的稳定性。燃气流的干扰与不同的起飞姿态相关,起飞过程中探测器逐渐脱离影响区,燃气流的干扰作用随之减小。地面试验中发动机燃气流的膨胀扩散规律与真实月面不同,地面环境中无法直接模拟燃气流干扰的大小和变化规律。

试验采用配平法进行等效模拟,即采用一定质量的配重安装至探测器的表面,为其施加偏置力矩,其值不低于燃气流干扰作用,试验中等效模拟的干扰作用始终施加至探测器上,以充分考核探测器的姿态控制能力。

5.5.3 试验系统设计

试验系统由验证器及配套设备、试验塔架、模拟月面、加注系统、地面测量系统、指挥控制系统和试验保障系统组成,如图5.37所示,其中验证器和试验塔架是整个试验系统的核心。

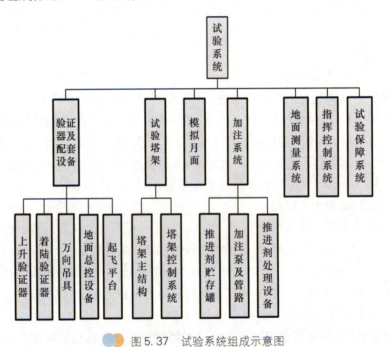

图5.37 试验系统组成示意图

1. 验证器

验证器是真实探测器的试验器,它能够反映探测器真实的设计状态,并与探测器有相同的外形和力学特性。验证器上GNC、推进、数管、供配电分系统均以真实产品状态参试,为提高试验的可靠性,验证器与地面总控采用有线传输。根据试验项目不同,分别投产了着陆验证器和上升验证器,用于月面软着陆技术和月面起飞技术的验证。

万向吊具是连接验证器并与塔架对接的组件,它由主吊梁、摆杆、万向节及对接法兰等组成,如图5.38所示。万向吊具安装在验证器的质心位置处,多自由度的结构设计能够保证验证器围绕其质心做姿态运动。在垂直和水平方向上,万向吊具与验证器不发生相对运动,此时验证器质量特性的模拟需要考虑万向吊具的影响。

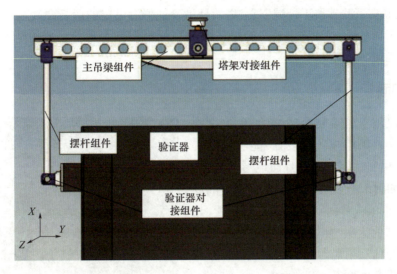

图 5.38 万向吊具与验证器连接示意图

地面总控设备是验证器的控制中心,它由工控机、主测试服务器、控制台计算机、测试计算机、光端机及系列配套的软件组成。两台光端机分别配置在验证器和工控机的前端并通过光纤连接,建立了验证器与地面的信息传输通道,地面总控向验证器发送遥控指令并采集其遥测参数。

起飞平台仅用于起飞验证试验,它是一个角度连续可调的支撑系统,主要由平台面、主体结构、角度调节机构组成,如图 5.39 所示。起飞平台能够真实模拟探测器月面起飞的运动边界限制条件和安装接口,并能够模拟不同的起飞角度。

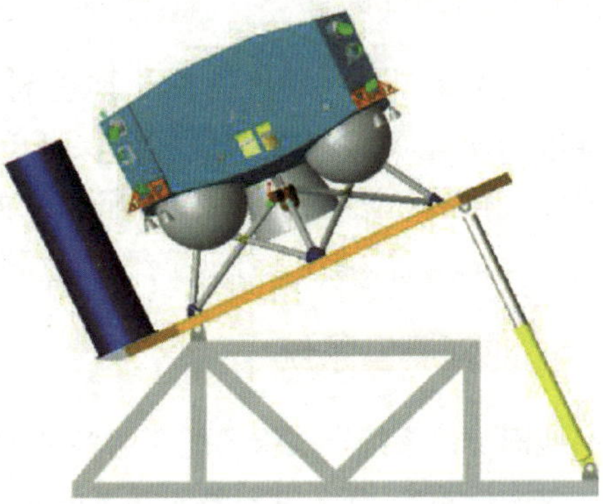

图 5.39 起飞平台参试状态示意图

2. 试验塔架

试验塔架由主结构和控制系统组成,如图 5.40 所示。其主结构的包络尺寸为 100m(长)×20m(宽)×80m(高),为验证器提供运动空间;控制系统包括各种运动控制器、伺服控制器、伺服电机、传感器及配套软件,塔架通过一根吊绳与验证器的万向吊具连接,在连接处配置了拉力传感器和角度传感器,拉力传感器与力控电机配合保证吊绳拉力的稳定,角度传感器与随动电机形成闭环回路跟踪验证器的运动,保证吊绳始终处于垂直状态,为验证器提供恒定的竖直向上的拉力,平衡其部分重力,实现对低重力环境中探测器受力状态的模拟。

图 5.40 试验塔架示意图

根据验证器发动机点火与否,塔架有两种工作模式:在不点火状态下验证器不控制姿态,塔架悬吊验证器沿设定的运行曲线运动,该模式为"主动模式";在点火状态下,验证器主动飞行并进行姿态控制,塔架跟随验证器的运动并提供恒定的拉力,该模式为"随动模式"。

3. 模拟月面

模拟月面仅用于软着陆验证试验,位于试验塔架的正下方。它采用模块化设计,能够组合实现多种月坑、石块和坡面等典型月面地形的模拟,综合模拟效果如图5.41所示。模拟月面供着陆成像敏感器拍图,以考核月面安全区识别的功能,其表面喷涂了特殊的涂料,能够模拟真实月表对可见光、微波、激光的反射特性,为着陆导航敏感器正常工作创造环境并考核其工作性能。

图5.41 模拟月面效果图

4. 加注系统

加注系统是指为验证器加注推进剂并处理剩余推进剂所配置的各种设备。为保证安全,加注系统按氧化剂和燃烧剂分别配置了相应的贮存容器、加注泵、监测设备以及中和洗消液。验证器完成点火试验后,加注系统还负责排泄剩余的推进剂并进行安全处理。

5. 地面测量系统

地面测量系统指试验场配置的各种测量设备,在试验中对验证器位移、速度、加速度、姿态等飞行参数进行测量,其结果与验证器下传的遥测数据进行比对,对验证器导航制导控制性能进行考核。

6. 指挥控制系统

指挥控制系统是试验的控制中心,它负责对试验各系统统一授时,收集试验系统的所有数据,并将其进行分类、分析、显示和存储,试验人员利用指挥控制系统对各参试岗位进行综合调度。

7. 试验保障系统

试验保障系统是试验场配置的所有支持设备的统称,主要包括为验证器进行质测的质心台,提供验证器测试的厂房、吊装运输设备,提供试验安全保障的消防医疗系统,保证试验供电安全的应急电源等。

8. 试验系统接口关系

试验系统的接口关系围绕验证器进行设计:验证器的地面总控接收指挥控制系统的校时信息和紧急中止指令,并向指挥控制系统反馈状态信息和分类的遥测参数;验证器万向吊具与试验塔架吊绳通过法兰进行连接,验证器地面总控还接收塔架控制系统发送的验证器运行高度参数;验证器与试验保障系统设计了供电和机械安装接口,满足验证器测试、转运、质测及推进剂加注等工作需求。

5.5.4 应用实例

"嫦娥"五号探测器研制中,共开展了56个起飞试验工况、26个着陆试验工况及4个着陆起飞联合工况的试验,对探测器月面软着陆、月面起飞及着陆起飞联合设计状态进行充分验证。

结合"嫦娥"五号探测器软着陆验证试验,对部分结果进行分析。

1. 微波测距测速敏感器性能测试结果

微波测距测速敏感器的测速波束有三个,同时测量三个速度,分别记为R1、R2、R3;测距波束R5也可以进行速度测量,记为R5v。R1、R2、R3执行测速的精度要求为0.15m/s(3σ),R5v执行测速的精度要求为0.2m/s(1σ)。在某标称曲线运行中塔架由(70,-8,-8)m运行到(70,8,8)m,运行速度(0,0.707,0.707)m/s,波束向理论速度为(-0.5177,-0.0657,-0.4345)m/s,R5v为0m/s,图5.42为其测速曲线测试结果。

由图5.42可见:R1最大测量偏差为0.0443m/s,R2最大偏差为0.0777m/s,R3最大偏差为0.0845m/s,都在其精度要求范围内。

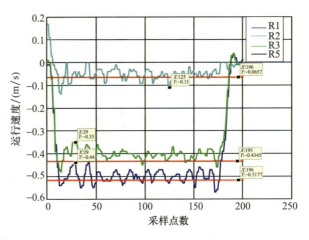

图5.42 微波测距测速敏感器测试结果

2. 激光测速敏感器性能测试结果

激光测速敏感器有3个通道,同时测量三个速度,分别为lvs_r2、lvs_r3、lvs_r5,各通道的测速精度要求均为0.15m/s。将在某标称曲线沿激光测速敏感器各测量通道方向分解,得到理想速度如图5.43所示。

图5.44则为激光测速敏感器试验中的实际测量曲线。由图可见:lvs_r2在标称曲线稳定运行期间,平均测速值为0.899m/s,平均误差为0.0026m/s;lvs_r3在标称曲线稳定运行期间,平均测速值为0.896m/s,平均误差为

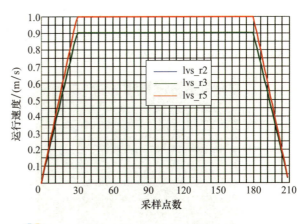

图5.43 激光测速敏感器各通道理想运行速度

0.0055m/s,但在减速段出现了一个符号错误的点;lvs_r5在标称曲线稳定运行期间,平均测速值为0.996m/s,平均误差为0.004m/s,但在标称曲线减速段出现了一个漏测的点,与理想结果相比,激光测速敏感器的测量结果存在漏测或其他错误,因而需要探测器在实际飞行任务中进行滤波光滑处理并实现测速的合成处理。

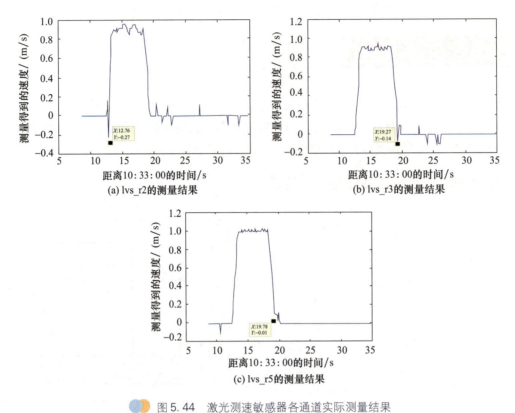

图 5.44 激光测速敏感器各通道实际测量结果

3. 成像敏感器性能测试及安全点识别结果

某模拟地形的设计结果如图 5.45 所示,预设的安全区大小为 20m×20m,安全区几何中心在试验场坐标系下的坐标位置为(0m,7m,7m)。

图 5.46 为试验中验证器成像敏感器在设定的试验高度对模拟地形拍摄的图像,可见图像清晰、地形特征点明显,敏感器性能满足要求;通过识别软件运算后得到的安全点坐标位置为(0m,9.5737m,5.8595m),该点在位于设定的安全区范围内,安全点识别正确。

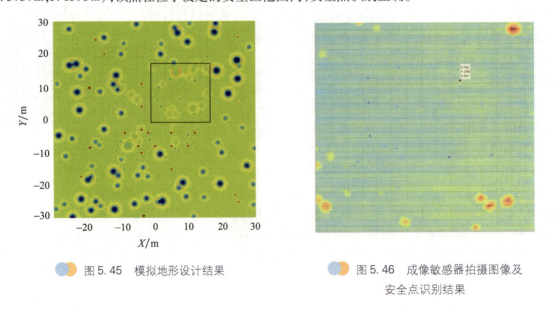

图 5.45 模拟地形设计结果   图 5.46 成像敏感器拍摄图像及安全点识别结果

4. 制导导航能力测试结果

将导航敏感器数据进行综合处理后，引入验证器的导航修正，得到着陆验证试验中验证器的运动参数，并与试验场外测数据进行对比分析如图 5.47、图 5.48 所示。

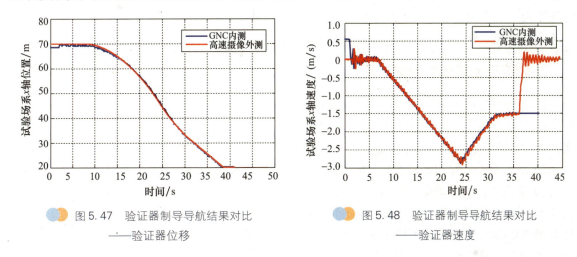

图 5.47　验证器制导导航结果对比
——验证器位移

图 5.48　验证器制导导航结果对比
——验证器速度

由图可见：验证器制导导航结果与实际结果曲线分布一致，经数据融合处理后导航输出曲线连续光滑，满足精度要求。

5. 姿态控制能力测试结果

图 5.49 为点火条件下验证器姿态控制情况，在试验初期，由于验证器受到塔架拉力调节的干扰，滚动方向出现明显变化，但验证器对姿态进行及时调整，随后各方向的姿态变化均小于 4°，直至试验结束，姿态控制效果满足要求。

(a) 器上机械系相对于试验场的滚动角

(b) 器上机械系相对于试验场的俯仰角

(c) 器上机械系相对于试验场的偏航角

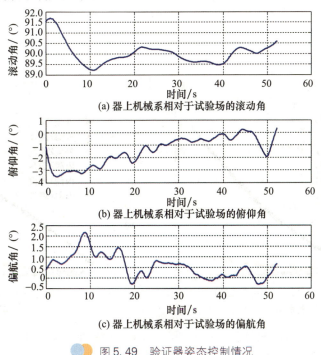

图 5.49　验证器姿态控制情况

6. 解锁稳定性及起飞干涉性测试

在所有完成的试验中,验证器与起飞平台解锁后均能够稳定停放,解锁过程中验证器与起飞平台没有相对位移;验证器起飞过程没有发生干涉碰撞现象,没有超出起飞空间的限制。

7. 启控交接班条件测试结果

图 5.50、图 5.51 分别为不同起飞角度、不同干扰作用条件下,验证器启控时姿态角及姿态角速度的对应图。由图可见:随着施加干扰力矩的增大,启控交接班条件变差;由探测器设计可知,起飞过程中探测器所受干扰力矩最大值为 8.8N·m,在该干扰作用下所有工况中验证器姿态角变化均小于 5°、角速度均小于 5(°)/s,即探测器起飞过程满足启控交接班条件。

8. 制导导航测试结果

验证器利用初始的位姿参数运行导航运算,获得飞行状态参数(本节称其为"内测数据"),图 5.52、图 5.53 反映了试验中验证器位移和速度的内测数据与试验场外测数据的对比情况。验证器导航结果在位移参数上与外测结果最大相对误差 0.1m,速度参数上与外测结果小于 0.1m/s,制导导航精度满足要求。

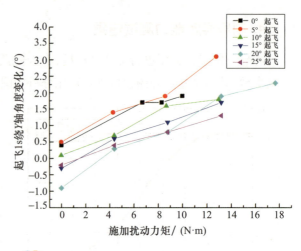

图 5.50 不同外扰条件下验证器启控时姿态角

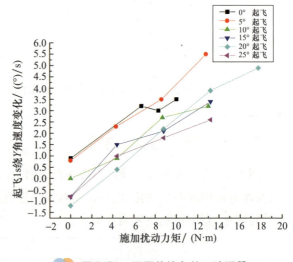

图 5.51 不同外扰条件下验证器启控时姿态角速度

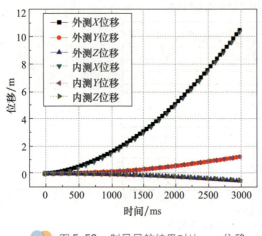

图 5.52 制导导航结果对比——位移

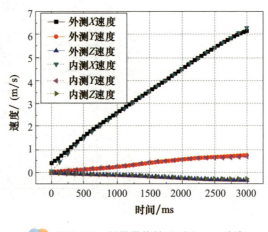

图 5.53 制导导航结果对比——速度

9. 控制测试结果

图5.54为验证器俯仰轴角度、角速度控制偏差曲线。可见：该试验中，验证器俯仰轴初始角度偏差为-7.2°，发动机点火后俯仰角偏差负向逐渐增加，最大达到-10.5°，验证器启控后俯仰角偏差明显收敛，启控1.5s后角度偏差控制至-9°。由此可见：验证器启控后，能够及时修正其姿态运动，控制正确。

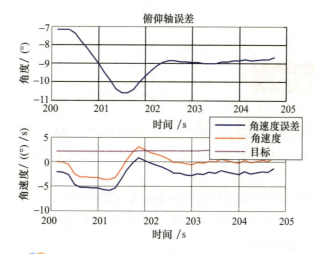

图5.54 验证器俯仰轴角度、角速度控制偏差曲线

10. 姿态控制能力测试结果

验证器仅姿控发动机工作，并将试验时间延长至120s，对探测器月面起飞垂直上升段的姿态控制能力进行充分验证。图5.55为验证器俯仰轴角度、角速度控制偏差曲线。可见：该环节试验中，验证器俯仰轴初始角度偏差为-17°，验证器启控后角度偏差逐渐减小至0°，并一直能够维持该状态；点火后，验证器俯仰角速度偏差负向增加，验证器启控后角速度偏差在负向逐渐减小，并最终在0(°)/s角速度附近收敛稳定；该控制规律和结果与探测器月面起飞设计状态一致。

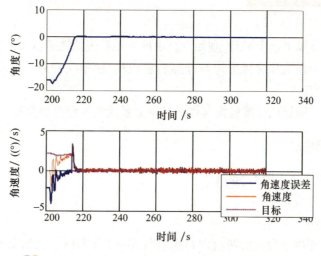

图5.55 验证器俯仰轴角度、角速度控制偏差曲线

5.6 交会对接与样品转移试验验证技术

5.6.1 试验目的

交会对接与样品转移全物理仿真试验,旨在对月球轨道无人自主交会对接任务中的平移靠拢段高精度六自由度控制、对接和样品转移操作过程进行全物理仿真试验验证,主要试验目的包括:

(1)验证轨道器平移靠拢段的接近控制方案和撤离方案的性能;

(2)验证由轨道器 GNC 子系统、上升器 GNC 子系统和对接机构与样品转移分系统所组成的交会对接系统完成对接任务的能力;

(3)验证轨道器 GNC 子系统、上升器 GNC 子系统、对接机构与样品转移分系统在整个交会对接和样品转移任务中的配合性能;

(4)验证交会对接飞行流程设计中,包括轨道器 GNC 子系统停控的同时发出上升器停控信号和"对接开始"指令,上升器接收停控信号并实施停控,对接机构接收"对接开始"指令并实施对接,对接机构完成锁紧后开始样品转移等整个操作过程的工作时序;验证样品转移机构在整器环境下的工作过程。

5.6.2 试验方法

试验在大型超平支撑平台上进行,利用六自由度气浮台模拟轨道器和上升器在微重力下的运动状态,并采用 GNC 子系统和对接机构与样品转移机构,模拟实现月球轨道的平移靠拢段的交会、对接和样品转移过程。

下面分别从 GNC 子系统、对接机构与样品转移分系统两方面简要介绍全物理试验的原理。

1. GNC 子系统模拟

试验 GNC 子系统组成如图 5.56 所示。

各个环节的实现方法如下:

1)相对运动动力学模拟

采用在大型超平支撑平台上的两台六自由度气浮台(分别模拟轨道器和上升器),模拟微重力环境下相对位置与姿态运动。

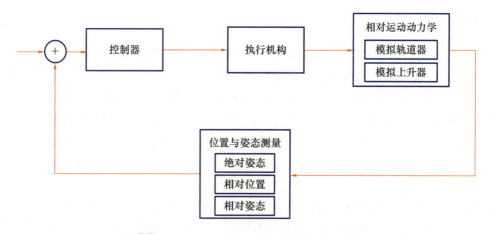

图 5.56　试验 GNC 子系统组成示意图

试验过程中,模拟上升器(简称上升器)置于大理石平台的一端,采用动量轮对其进行姿态稳定控制,以模拟上升器对月定向状态;模拟轨道器(简称轨道器)则通过冷气发动机实施姿态和轨道控制,逐步接近上升器,以模拟二者之间的在轨相对运动。

2)控制器

试验中,轨道器采用真实的器载 CCU 运行控制软件,采用型号初样版本 GNC 软件作为控制软件;采用工控机模拟 SMU 以实现地面与 CCU 之间的指令和数据转发及其他器上数管功能;上升器采用工控机来同时模拟 CCU 和 SMU。

3)执行机构

轨道器采用冷气发动机模拟实现控制力和控制力矩。上升器则采用动量轮作为姿态控制执行机构。

4)相对位置与相对姿态测量方法

采用四台 CRDS 进行相对位姿测量,其中两台远场相机可测相对位置,两台近场相机可同时测量相对位置与相对姿态。

5)惯性姿态测量方法

探测器采用星敏感器+陀螺定姿算法估计本体惯性姿态。试验中利用高精度激光 IMU 测量,经初始对准和姿态外推计算得到本体姿态,据此模拟星敏感器测量,供器载 GNC 算法定姿使用。

2. 对接机构与样品转移分系统模拟

对接机构与样品转移分系统主要任务为:在规定的对接初始条件范围内,实现轨道器与上升器的对接和样品转移到位。具体包括捕获、校正、锁紧、保持、密封封装装置捕获、密封封装装置转移、转移过程导向、密封封装装置释放等功能。

对接机构与样品转移分系统安装在轨道器部分包括主动件和 DMU,安装在上升器部分为被动件。主动件和 DMU 采用电性件状态参试,电性能与真实产品状态一致,主动件的样品转移机构可在地面环境中工作,能够实现与被动件的对接并能够完成密封封装装置模拟件的转移过程。考虑重力的影响,对密封封装装置进行了改造,研制了全物理仿真试验用的模拟件。

3. 试验流程

下面以平移靠拢段交会、对接与样品转移全过程试验为例,简述试验流程,如图 5.57 所示。

(1)试验开始前,上升器和轨道器分别置于大型超平支撑平台的一端,试验前准备包括对各电源电压、气浮台压力、器上各设备状态等进行检查,并分别进行轨道器和上升器的初始对准。

(2)初始对准完毕后,利用所得初始姿态,进行轨道器陀螺和加速度计常偏标定。

(3)上升器常偏标定完毕后,启动动量轮,进行姿态定向控制,开始相对基准系定向;轨道器则通过地面发送信号转为对月定向模式,开始对月定向过程,之后发送"对接准备"指令打开抱爪。

(4)地面发送"允许自动交会对接"指令,轨道器转平移靠拢模式"15m 接近"子模式,开始交会过程。在经过 0.3m/s 加速、0.1m/s 减速和 0.03m/s 减速后,轨道器转入"0m"接近子模式,并在相距 0.43m 时自主实施停控,同时向上升器发送"停控"指令,并向 DMU 发送"对接开始"指令。

(5)上升器接收到"停控"指令后停止控制,DMU 收到"开始抓捕"指令后,控制主动件完成捕获、校正和缓冲、锁紧等过程,实现对上升器的抓捕和连接。

(6)对接机构建立刚性连接后,转移机构开始工作,通过"转移准备""转移开始"和"转移完成"等指令,实现密封封装装置从上升器向返回器的转移,在密封封装装置到达返回器样品舱的指定位置后,返回器样品舱对密封封装装置进行锁定,转移机构在得到确认指令后,进行复位。

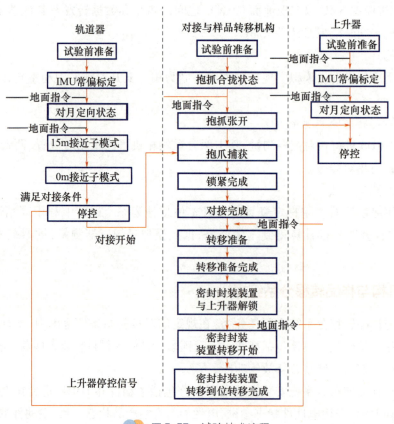

图 5.57 试验技术流程

与以上全过程试验相比,平移靠拢段交会与对接试验除了样品转移过程,其他过程与之相同;平移靠拢段交会在交会过程的基础上增加了撤退过程和相对位置保持控制。

5.6.3 试验系统设计

试验系统的主要设备包括大型超平支撑平台、模拟轨道器、模拟上升器、对接机构与样品转移分系统、和地面试验设备等。

1. 大型超平支撑平台

大型超平支撑平台是六自由度气浮台平面运动的基准平面和承载平面,如图5.58所示。主要技术指标:

(1)平台有效面积40m×30m;

(2)对于3000kg负载状态,空载时平台任意2m×2m范围表面与大地水平的倾角不大于2″,有负载时,该倾角变化量不大于1″;

(3)对于10000kg负载状态,空载时平台任意2m×2m范围表面与大地水平的倾角不大于2″,有负载时,该倾角变化量不大于5″;

(4)平台工作表面粗糙度优于0.63;

(5)拼缝均匀一致,对于3000kg负载状态,拼缝处的高度差小于10μm;对于10000kg负载状态,拼缝处的高度差小于50μm。

图5.58 大型超平支撑平台

2. 模拟轨道器

模拟轨道器主要由六自由度气浮台、模拟轨道器交会对接端面、器上产品及其模拟件、器上仿真控制系统等组成。

模拟轨道器的总重为2397kg,转动惯量如表5.10所示。

表5.10 轨道器转动惯量说明

I_{xx}/(kg·m^2)	I_{yy}/(kg·m^2)	I_{zz}/(kg·m^2)
2612	1893	2372

轨道器交会对接端面、器上产品和模拟件(含支架、电缆)总质量约270kg。轨道器气浮台姿态平台的转动范围:俯仰角不小于±25°,方位角0°~360°,滚动角不小于±25°。气浮台的平面摩擦力小于0.2N,转动干扰力矩小于0.05N·m。模拟轨道器实物图如图5.59所示。

1)轨道器器上产品及其模拟件

在试验中,参试的轨道器产品包括CCU、陀螺组件、加速度计组件、IMU处理线路、远场

CRDS、近场 CRDS、返回器样品舱、对接机构和样品转移分系统的主动件及其 DMU。上述产品的性能指标和安装要求与真实产品一致。

参试的轨道器产品模拟件包括微波雷达天线、远场 CRDS 敏感器支架和近场 CRDS 敏感器支架。

2）轨道器器上控制系统

轨道器器上控制系统包括 SMU 模拟器、星敏感器模拟器、无线链路和电源。

气浮台上的工控机具有如下功能：

（1）模拟 SMU，与 CCU 之间通过 1553B 总线相连，具有与轨道器 CCU 和 DMU 兼容的接口，提供 CCU 和 DMU 所需的多路遥控指令；（2）具备控制冷气发动机的功能；（3）模拟星敏感器，由工控机采集高精度 IMU 姿态外推数据，模拟产生星敏感器姿态测量数据，并按照星敏感器通信协议发送给 CCU 星敏感器 A 接口来实现。

图 5.59　模拟轨道器实物图

3. 模拟上升器

模拟上升器主要由六自由度气浮台、模拟上升器交会对接端面、器上产品及其模拟件、器上仿真控制系统等组成。

模拟上升器的总重为 733kg，转动惯量如表 5.11 所示。

表 5.11　上升器转动惯量说明

$I_{xx}/(kg·m^2)$	$I_{yy}/(kg·m^2)$	$I_{zz}/(kg·m^2)$
67.5	152.5	141.5

上升器交会对接端面、器上产品和模拟件（含支架、电缆）总质量约 150kg。上升器姿态平台的转动范围：俯仰角不小于 ±25°，方位角 0°～360°，滚动角不小于 ±25°。气浮台的平面摩擦力小于 0.1N，转动干扰力矩小于 0.01N·m。模拟上升器实物图如图 5.60 所示。

1）上升器器上产品和模拟件

在试验中，参试的上升器产品包括远场 CRDS 合作目标标志器、近场 CRDS 合作目标标志器、对接机构和样品转移机构被动件、密封封装装置、样品容器连接解锁装置、动量轮、激光 IMU 和光纤 IMU。

参试的上升器产品模拟件包括密封封装装置转接支架、样品容器连接解锁装置、星敏感器及防尘机构、太阳敏感器组件和微波雷达应答机天线。

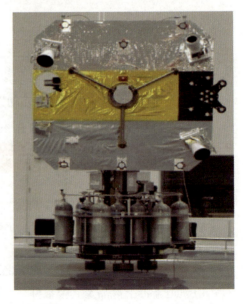

图 5.60　模拟上升器实物图

2）上升器器上控制系统

上升器器上控制系统包括 CCU/SMU 模拟器、星敏感器模拟器、动量轮、无线链路和电源等。其中 CCU/SMU 均采用工控机实现。

4. 对接机构与样品转移分系统

对接机构与样品转移分系统包括轨道器上的对接机构和样品转移机构（简称主动件，如图 5.61 所示）、上升器上的对接机构和样品转移机构（简称被动件，如图 5.62 所示）与 DMU（安装在模拟轨道器的气浮台上）。

图 5.61　主动件实物图

图 5.62　被动件实物图

主动件、被动件和 DMU 均采用电性件，电性能及机械安装接口与真实产品状态一致。

DMU 通过 1553B 总线与 SMU 模拟器相连，接收 SMU 发送的指令和采集遥测信号，同时通过 OC 门直接与 CCU 连接，接收 CCU 发送的"对接开始"指令信号。DMU 具备对主动件遥测信号的采集功能，并能够控制主动件完成对接与样品转移。

5. 地面试验设备

参加试验的地面试验设备主要包括高精度 IMU、室内 GPS、真北基准、气浮台电源、可视化演示系统、遥测遥控工作站及应用软件、现场试验监视系统、数据交换网络和地面总控计算机、专用高速通信设备等。

5.6.4 应用实例

1. 平移靠拢段交会与弱撞击式抓捕试验结果

1）采用 CRDS 相对姿态测量进行交会试验

采用 CRDS 测量的相对姿态角进行最后接近段的轨道器相对姿态控制。在 30m 开始的一段距离,由于 CRDS 尚无法给出相对姿态,因此轨道器仍然相对轨道坐标系进行定向。总共进行了 10 次有效试验,试验结果表明:各次试验停控时刻的相对状态均能满足对接时刻指标。

2）CRDS 故障情况下的交会抓捕试验

CRDS 故障是交会阶段最重要的故障类型。试验时,在轨道器和上升器相隔一定距离时,分别对远场相机 a 和近场相机 a 进行断电操作,以模拟 CRDS 发生故障的情形。

对于远场 CRDSa,在 25m 相对距离时发送总线指令使远场 CRDSa 断电,以模拟远场 CRDSa 发生故障的情形;对于近场 CRDSa,在 7m 相对距离时发送总线指令使近场 CRDSa 断电,以模拟近场 CRDSa 发生故障的情形。

3）敏感器拉偏试验

分别对主要敏感器（CRDS 和星敏感器）的安装姿态进行拉偏,以验证各类敏感器安装偏差对交会对接性能的影响。

考虑到影响平移靠拢段交会性能的主要因素,对轨道器开展了三种拉偏工况试验:近场 CRDSa 和 CRDSb 的星上安装矩阵同时绕俯仰轴正向拉偏 1°、近场 CRDSa 和 CRDSb 的星上安装矩阵同时绕偏航轴正向拉偏 1°和星敏感器 A 的星上安装矩阵绕 +X 轴正向拉偏 1°。

通过对各种交会与抓捕过程的试验结果分析,可以得出如下结论:对于采用 CRDS 测量相对姿态的试验工况,均能满足对接初始条件指标;对于 CRDS 故障工况,对交会对接性能并没有明显影响。

2. 平移靠拢段交会与撤退试验结果

试验过程中,利用 CRDS 相对姿态测量进行相对姿态控制;在 100m 位置保持时采用相平面控制方法,X 与 Z 向的相平面参数见表 5.12,Y 向相平面参数见表 5.13。

表 5.12 相平面控制中 X 与 Z 向参数

θ_B	θ_D	$\dot{\theta}_S$	$\dot{\theta}_V$	$\dot{\theta}_L$	$\dot{\theta}_{LL}$	K_x	D_θ	K_j	θ_V
1.0	0.5	0.3	0.1	0.05	0.1	0.5	0.1	0.01	0.05

表 5.13 相平面控制中 Y 向参数

θ_B	θ_D	$\dot{\theta}_S$	$\dot{\theta}_V$	$\dot{\theta}_L$	$\dot{\theta}_{LL}$	K_x	D_θ	K_j	θ_V
0.1	0.05	0.01	0.05	0.01	0.02	0.5	0.1	0.01	0.05

通过对平移靠拢段交会与撤退试验结果的分析,验证了 GNC 子系统可以响应撤退指令并转入"100m 撤退"子模式;在撤退进入 100m 误差盒后,可以进入"100m 保持"子模式;在整个交会、

撤退和100m保持过程中,轨道器的姿态都处于正常的波动范围内。

3. 平移靠拢段交会、抓捕和样品转移全过程试验结果

1) 交会过程性能

图5.63为交会过程的照片,照片显示了相距约3m的距离时轨道器以约0.03m/s的速度接近上升器,并且抱爪呈张开状态准备停控后抓捕上升器对接机构被动件。

图5.63 交会过程

各次试验的初始状态和停控时刻的相对状态如表5.14所示,试验结果表明:停控时刻的相对状态能够满足对接指标要求。

表5.14 交会、抓捕与样品转移全过程试验状态

试验序号	初始状态		停控相对状态			
	相对位置/m	姿态/(°)	相对位置/m	速度/(m/s)	相对姿态/(°)	相对角速度/((°)/s)
1	-30.7267 -0.0139 3.3397	-0.7535 -0.4785 0.1430	-0.4297 0.0448 0.0110	0.0314 0.0002 -0.0014	0.3306 0.3021 0.1482	0.2358 -0.0196 -0.0289
2	-30.7723 -0.0355 3.2550	-0.8085 -0.0715 -0.0220	-0.4325 0.0349 0.0158	0.0318 -0.0001 0.0005	-0.2907 0.2622 -0.0627	0.1306 0.0179 0.1028
3	-30.5920 -0.0261 2.9136	0.1100 0.1705 0.2640	-0.4293 0.0441 -0.0212	0.0292 0.0001 -0.0020	0.2052 -0.0285 -0.2223	0.0990 -0.0151 -0.0519
4	-30.6840 -0.0434 2.7842	0.1815 -0.3630 -0.2090	-0.4259 0.0309 -0.0254	0.0309 0.0001 0.0005	0.2964 0.4161 -0.1767	0.0825 0.0358 -0.1128

2) 对接转移过程时序验证

对接机构与样品转移分系统的工作时间主要包括两个阶段,即准备阶段和对接转移阶段。交会阶段逼近靠拢段开始前,进行对接准备过程;在交会逼近靠拢段末期,飞行器相对位置、姿态满足对接初始条件后,GNC 发出对接开始指令,对接机构主动件开始动作。

工作过程可分为状态自检(小于5min)、对接准备(小于5min)、对接(小于10min)、转移准备(小于5min)、转移(小于15min)和分离(小于5min)6 个过程。在分系统工作过程中(除对接准备外),GNC 停止组合体的姿轨控制。

对接、转移过程时序在交会对接专项试验中得到验证,覆盖情况如下:

(1) 状态自检。DMU 接收"对接准备""对接开始"指令进行对接机构状态自检,机构动作正常。

(2) 对接准备。DMU 接收"对接准备"指令进行对接前的准备动作,机构动作正常。

(3) 对接。DMU 接收"对接开始"指令进行捕获、校正与锁紧动作,机构动作正常。

(4) 转移准备。DMU 接收"转移准备"指令进行转移机构的第一次伸出,机构动作正常。

(5) 转移。DMU 接收"转移开始"指令进行转移机构三次收回-伸出循环动作,接收"转移机构复位"指令进行转移机构第四次收回动作,机构动作正常。

(6) 分离:DMU 接收"对接准备"指令进行对接机构的分离,机构动作正常。

3) 对接抓捕过程分析

抱爪机构对接准备动作时间为 31s,符合指标要求;抱爪机构对接开始(含捕获、拉紧)动作时间为 22s,符合指标要求;图 5.64 显示了抓捕结果,可以验证抓捕过程没有机械干涉现象。

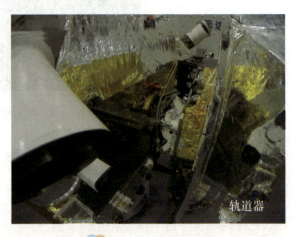

图 5.64 抓捕过程

4) 样品转移过程分析

转移机构转移准备动作时间为 80s,符合指标要求;转移机构转移开始时间即三次收回-伸出循环动作(其中第四次伸出时给出到位信号)时间为 478s,符合指标要求;转移机构复位动作时间为 72s,符合指标要求。转移到位如图 5.65 所示。

平移靠拢段交会、对接抓捕和样品转移全过程试验验证了 GNC 子系统进行交会和对接机构与样品转移机构进行转移的能力,确认了整个系统时序设计的正确性,结果表明:在整个交会、抓捕和样品转移过程中无机械干涉现象。

图 5.65 样品转移到位

5.7 综合空投试验验证技术

5.7.1 试验目的

分系统级空投试验侧重于对开伞过程及降落伞的性能进行验证,在此基础上为验证返回器地面回收过程设计的正确性,探测器系统开展了综合空投试验,试验目的包括:

(1) 验证返回器再入回收段飞行程序的正确性。
(2) 实测各级降落伞开伞时对返回器造成的冲击与过载。
(3) 实测着陆时冲击载荷环境条件。
(4) 实测相关结构产品着陆后的变形情况。
(5) 实测伞绳式回收信标天线工作数据。
(6) 考察正常回收着陆条件下着陆信标的工作情况。

5.7.2 试验方法

综合空投试验主要目的是对返回器再入回收段除推进剂排放外的整个飞行过程进行验证,试验过程如下:

(1) 将总装、测试完成后的返回器安装在空投飞机上,起飞前进行综合空投试验前的状态设置。
(2) 空投飞机起飞并飞行至预定的投放区,舱门打开投放返回器。
(3) 返回器在离开机舱后延迟一段时间后,启动回收控制程序,伞舱盖弹射器工作依次将减速伞、主伞拉出,返回器按预定的速度下降。
(4) 返回器回收信标机通过拉直的伞绳天线向外发送回收信标信号,地面回收系统捕获该信标信号并引导地面人员进行搜索回收。
(5) 返回器落地后,回收分系统向数管分系统发送着陆信号,侧壁天线盖弹出,释放弹射式回收信标天线和国际救援示位标天线,测控数传分系统根据落地后的姿态切换天线,继续发射回收示位信号。
(6) 地面回收系统抵达返回器落点,并进行回收后状态设置,完成返回器的回收。

综合空投的试验项目和主要测试内容如表 5.15 所示。

表 5.15　返回器综合空投的试验项目及主要测试内容

序号	试验项目名称		主要试验内容
1	伞绳天线测试		验证伞绳天线随主伞拉出后的功能与主要性能
2	器伞组合体姿态测量		测量返回器的三轴姿态及其变化率
3	开伞参数测量	开伞过载测量	测量各级降落伞开伞时对返回器造成的过载
4	着陆冲击测量	返回器结构着陆冲击测量	测量返回器结构特定部位在着陆时经受的冲击
		设备着陆冲击测量	测量相关设备在着陆时经受的冲击
5	变形测量	返回器结构变形测量	测量返回器结构着陆后的变形位置、变形量
		密封封装装置变形测量	测量密封封装装置样机着陆后的变形位置、变形量
		大梁设备挤压情况测量	测量大梁受着陆冲击影响导致的结构变形及大梁安装设备的挤压情况
6	回收信标天线地面工作效能试验		考察回收信标天线落地后工作情况
7	着陆后主伞拖拽情况		观察返回器着陆后的主伞拖拽情况
8	着陆信标设置	天线舱盖弹射	考察天线是否顺利弹出
		重力开关接通	测量重力开关是否接通正确的 406 天线
9	空投过程记录	气象测量	落区的浅层风场与靶心附近的气象要素
		投放过程摄像	返回器出舱的视频图像
		开伞过程摄像	伞舱盖弹射、降落伞出伞、开伞的视频图像
		飞行弹道测量	返回器位置、速度的时间历程
		飞行过程摄像	返回器空中飞行的视频图像
		着陆点测量	实测返回器着陆时地面形成的撞击坑的大小与深度
		指令程序记录	数管、回收分系统的指令发送时间及执行判据等

5.7.3　试验系统设计

根据试验目的和试验过程,综合空投试验系统主要由返回器系统、空投平台、首区测试与保障系统、落区测量与保障系统、地面回收系统组成,其组成如图 5.66 所示。

(1)返回器系统。返回器系统即空投试验投放的返回器模型,为真实结构的返回器模型,安装需要进行验证的真实产品以及用于测量和获取数据的真实产品。模型质量特性与返回器真实质量特性一致。

(2)空投平台。包括空投飞机及专门为返回器空投模型研制的投放装置。用于携带空投模型到达指定区域和指定飞行速度,并在指定区域投放。

(3)首区测试与保障系统。用于空投模型的测试和总装,需要相应的保障条件。

(4)落区测量与保障系统。落区测量系统主要负责空投试验的外弹道测量和试验过程摄像任务。

(5)地面回收系统。地面回收系统由回收信号搜索系统和地面回收处置系统组成,主要任务是完成空投模型及散落物的搜索与回收。

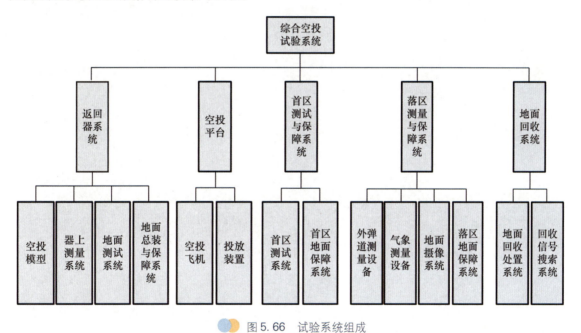

图 5.66　试验系统组成

5.7.4　应用实例

"嫦娥"五号返回器的综合空投试验在空军某基地实施,空投模型在首区完成了测试和总装工作后,由运-8 飞机携带起飞,飞机飞行高度达到 5000m±200m,飞行真空速为 430km/h±20km/h 时,在指定落区投放空投模型,空投模型乘降落伞安全着陆,试验顺利完成,试验结果如下:

(1)回收程序执行正确,空投模型减速伞、主伞开伞时序正确,降落伞正常打开,着陆速度 12m/s,满足不小于 13m/s 的指标。

(2)获取了空投模型飞行过程中降落伞打开和模型着陆的冲击过载,过载数据均在设计指标范围内。

(3)空投模型携带打开回收信标机工作正常,回收信标信号发射正确。

(4)空投模型着陆后防热结构产生轻微变形,承力结构未发生破损,着陆后变形情况符合设计指标。

(5)获取了空投模型开伞后飞行姿态数据,空投模型开伞后姿态稳定。

(6)空投模型携带的所有电子设备经历开伞和着陆冲击后状态良好,器上设备能够承受冲击环境。

第 6 章
月球探测未来展望

MOON

月面自动采样返回探测器技术

经过60多年来的航天实践,人类已经掌握了月球探测的基本技术。通过探月工程的实施,中国已跻身世界月球探测技术先进国家行列,甚至在某些特定方面处于国际领先地位。未来,中国的月球探测还将持续发展、不断推进。

月球探测是深空探测的起点,但不是终点。未来的月球探测无论在科学发现,还是在技术进步方面都有着不可替代的作用。本章简要介绍中国和世界各国与地区未来月球探测的发展规划,以及未来月球探测面临的主要技术挑战。

6.1 中国的月球探测

2021年底,探月四期工程通过立项审批,开始全面实施,计划在2030年前实施"嫦娥"六号、"嫦娥"七号和"嫦娥"八号任务。其中,各次任务概况如下:

(1)"嫦娥"六号:作为"嫦娥"五号的备份,由轨道器、返回器、着陆器和上升器组成,将在月球表面开展采样返回。

(2)"嫦娥"七号:将在月球南极着陆,实现月球极区的着陆、巡视和飞跃探测,对月球极区的地形地貌、物质成分、水冰资源和空间环境进行综合探测。

(3)"嫦娥"八号:继续开展以软着陆为主的多项探测活动,并开展月球资源开发利用等一系列关键技术试验,为建设月球科研站做准备。

2022年1月底,国务院新闻办公室发布《2021中国的航天》白皮书,介绍2016年以来中国航天活动主要进展、未来五年主要任务。在未来五年,中国将继续实施月球探测工程,发射"嫦娥"六号探测器、完成月球采样返回,发射"嫦娥"七号探测器、完成月球极区高精度着陆和阴影坑飞跃探测,完成"嫦娥"八号任务关键技术攻关,与相关国家、国际组织和国际合作伙伴共同开展国际月球科研站建设[82]。

自2019年起,国家航天局开始启动有关国际月球科研站的研究工作。经过一段时期的研究和论证,2021年6月,中俄联合发布了《国际月球科研站路线图(V1.0)》和《国际月球科研站合作伙伴指南(V1.0)》。中俄共同向国际社会发布的"路线图(V1.0)"和"指南(V1.0)"介绍了国际月球科研站的概念、科学领域、实施途径和合作机会建议等内容,为国际伙伴在国际月球科研站的规划、论证、设计、研制、实施、运营等阶段提供广泛参与的机会。

随着国际月球科研站相关工作的不断深入,中俄还将适时推出"路线图"和"指南"的更新版本。后续国际月球科研站各阶段里程碑计划将逐步明确,并且随着中俄合作的深入,潜在的来自欧洲或其他国家/地区合作伙伴的加入,作为国际大科学工程的代表,国际月球科研站将在推动人类开发利用月球过程中发挥重要的作用。

与此同时,2020年中国还正式启动了载人登月关键技术深化论证工作。可以预见,未来中国的无人探月工程和载人登月工程将相互促进,推动中国后续的月球探测不断深入。

6.2 美国的月球探测

进入21世纪以来,美国的月球探测有所复苏,NASA先后实施了多个月球探测任务,但是其深空探测的重心更侧重于火星和其他天体,国家深空探测的战略重心也出现了反复,在载人月球探测和载人火星探测之间摇摆不定。

2020年9月,经过多年的研究和酝酿,NASA正式公布了"阿尔忒弥斯"(Artemis)月球探测计划[83]。按照这一计划,NASA计划于2021年开始运用机器人开展月球无人探测,在2024年前运送美国宇航员重返月球,并在2025—2030年建立环月轨道空间站和月球表面基地以实现月面长期驻留,为未来美国宇航员登陆火星的任务奠定基础。

"阿尔忒弥斯"计划中给出了推动可持续月球探测、2024年实现载人登月,并通过拓展月球探测任务推动载人火星探测的主要实施步骤;还给出了科学研究战略、月面探测技术发展战略、核心任务要素、测试和试验计划、经费需求、可持续月球探测发展规划和"阿尔忒弥斯"协定。

在"阿尔忒弥斯"计划中,特别强调了月面探测技术发展战略,明确提出:在月球表面开展可持续的载人探测有助于发展和测试新技术、新方法和新系统,这些新的技术、方法和系统将使人类有能力探测其他地外天体或更具挑战性的环境。为此,"阿尔忒弥斯"计划将在能够降低深空探测成本的技术方面加大投入,推动实施更多火星探测任务。通过与商业公司和国际伙伴的紧密合作,将科学知识与专业技术紧密结合,在月球探测过程中加以应用,带动科技水平的提高和关键技术的突破,从而反哺地球上的技术进步与经济增长。

为了实现"阿尔忒弥斯"计划的任务目标,实施其技术发展战略,"阿尔忒弥斯"计划中将包含一系列无人探测任务和载人月球探测任务,例如,仅2022年计划发射实施的任务中,就包括地月空间自主定位系统技术操作和导航实验(CAPSTONE)、"阿尔忒弥斯"1号无人月球探测、"游隼"号(Peregrine)月球软着陆和NOVA-C月球软着陆等任务。在目前已公布的任务计划和实施路线图中,并未包含单独的无人月球采样返回任务,未来主要通过载人登月实现采集月球样品并返回地球。

目前,"阿尔忒弥斯"计划中核心的"猎户座"(Orion)载人飞船和太空发射系统(SLS)已经取得了重要进展。地月空间自主定位系统技术操作和导航实验与"阿尔忒弥斯"1号无人月球探测器在2022年相继成功发射。与此同时,以太空探索公司(SpaceX)为代表的商业航天企业也积极参与"阿尔忒弥斯"计划,例如在2021年NASA公布的载人着陆系统(Human Landing System)招标项目中,太空探索公司、蓝色起源公司(Blue Origin)等新兴商业航天企业纷纷组队参加竞标。可以预见,随着更多商业航天企业的加入,可能会对"阿尔忒弥斯"计划的实施产生一定的加速和推进作用。

除NASA以外,近年来以SpaceX公司为代表的美国商业航天企业逐渐兴起,并表现出对月球探测的浓厚兴趣,其关注焦点包括月球商业航天旅游、月球资源开发利用等,未来也可能单独实施商业月球探测任务。

6.3 其他国家和地区

除了中国和美国之外，世界上其他国家和地区对月球探测也十分重视，纷纷提出了各自的未来月球探测计划和任务规划。

俄罗斯近年来一直努力重启其月球探测任务，目前已宣布将要实施的任务包括：

(1)"月球"25：在月球南极区域实现软着陆，采集月球表面的土壤，并开展就位分析；

(2)"月球"26：月球轨道器将在月球极轨开展环绕探测，对月球的全球资源进行调查，并为后续任务提供通信中继；

(3)"月球"27：在月球南极区域软着陆，并实施采样返回。

随着国际月球科研站的推进，俄方将会加大与中方合作的力度，在科学目标、有效载荷配置、联合探测、科学数据处理和共享等多个方面与中方的月球探测任务开展合作，共同推动月球探测的发展。

欧洲地区以欧空局(ESA)为代表，曾经提出过多个宏大的月球和深空探测规划，例如"曙光女神"(Aurora)计划、"宇宙愿景"(Cosmic Vision)和"月球村构想"等。受限于其特殊的体制，欧空局实施月球探测的力度有限。按目前的最新规划，暂无明确的发射月球探测任务的计划，而是以参与美国等其他国家的月球探测任务为主；且其成员国也纷纷提出了各自独立的月球探测任务设想，或者参与美国的"阿尔忒弥斯"计划和"月球门户"计划等，试图通过国际合作，确保其在未来月球探测领域的影响力。

印度的月球探测与中国几乎同时起步，在月球探测方面持续努力。2019年"月船"二号软着陆失败后，启动了"月船"三号的研制工作，预计2023年前后将再次尝试实施月球软着陆和巡视探测。除此以外，暂时未公布后续的月球探测规划。

2019年，以色列首个月球探测器发射成功，但是软着陆失败。目前正在尝试再次研制和发射月球软着陆探测器，试图在月球探测方面取得突破。

日本自2007年以来未开展月球探测任务，在深空探测方面主要聚焦于小行星采样返回和金星环绕探测。计划于2022年底前后实施月球软着陆任务，并将积极参加美国主导的探测月球计划。

2020年前后，韩国宣布将积极推动其航天工业发展，计划于2022年下半年实施其首个月球环绕探测任务。

2021年底，中国月球探测后续任务立项，阿联酋向中方表达了希望通过国际合作积极参与的愿望，并且与中方协商在"嫦娥"七号着陆器上搭载月球巡视器的合作设想。

随着人类科技水平的不断发展，可以预见，未来还将有更多的国家和地区实施月球探测。

6.4 未来月球探测的技术挑战

展望未来国内外月球探测的发展,可以看出:月球仍是世界上多个国家开展深空探测的热点目标,大多聚焦于月球南极地区,以水冰探测和资源开发利用为主要目标,甚至出现了发展月球旅游的设想;月球探测是空间科学、空间技术和空间应用的汇聚点,通过月球探测可以促进技术创新、提升人类的航天技术水平。

为了实现在月球上开展科学研究和资源开发利用的目标,建设月球科研站、无人/有人的月球基地,推动可持续的月球探测,将面临巨大的技术挑战,涉及一系列关键技术:

(1)探测器系统总体技术。针对月球探测多体引力场、光、电、热和磁环境的特点,结合飞越、环绕、着陆、巡视、采样、返回等多种探测形式,在探测器系统设计方面要体现综合性、协同性和高可靠性,因此需要开展基于多学科优化的系统协同设计方法研究、基于日−地−月引力场的轨道设计优化和仿真技术研究等关键技术研究。

(2)制导导航与控制和自主管理技术。月球距离地球远,任务剖面复杂多样,与地球通信存在时延,需自主完成工程任务与科学探测任务的规划、调度、执行、探测器状态自主监测与故障重构,实现无地面干预情况下的自主安全运行,因此需要开展新型导航敏感器技术、超高精度姿态控制技术、高可靠轻量化高性能处理设备技术、轻量化智能计算平台与软件技术和自主运行管理技术等关键技术研究。

(3)推进和能源技术。在后续月球探测中,推进和能源是探测器、月球科研站和月球基地建造和运行的重要基础和保障,为适应以月球极区为代表的特殊地域月球探测,在推进方面需要开展极低温度环境下的推进技术、高性能轻量化发动机技术、高比能量推进剂技术、高可靠/长寿命大推力电推进技术、太阳帆和电帆等新型推进技术,在能源方面需开展核能技术、月球空间太阳能电站技术、高性能光电转换技术、高比能量蓄电池技术和多体制电源管理技术,在推进和能源一体化方面需开展基于核能源的电源与推进一体化技术和基于推进剂的发电技术等关键技术研究。

(4)先进结构、材料与轻小型化技术。由于后续月球探测任务的多样性,月球探测器、月球科研站和月球基地的结构形式多种多样,同时,受制于运载火箭能力的约束,倾向于选择轻质高承载的新型结构材料,并采用轻小型化设计方法,因此需要开展新型结构材料技术、先进功能结构设计与优化技术、3D打印技术、宽温域/抗辐照元器件技术、轻小型/低功耗/集成化微电子设计与制造技术等关键技术研究。

(5)空间机器人技术。随着机器人和人工智能技术的发展,无人探测器对未知环境的适应能力越来越强,从而有能力承担越来越复杂和多样性的月球探测任务,因此需要开展移动机器人技术、采样封装机器人技术、月球科研站/基地建造机器人技术、飞行机器人技术和多机器人协同操控技术等关键技术研究。

(6)月球环境防护技术。月面复杂严酷的温度、月尘等环境因素对月球探测器的影响很大,需要深入开展月球环境及其效应的研究,发展相应的环境防护技术,因此需要开展高低温/温度交变环境条件的防护技术、智能化高效热控技术、空间辐射防护技术和微流星/空间碎片撞击防护技术等关键技术研究。

(7)地月系统测控通信导航技术。测控通信系统既是天地信息交互的唯一手段,也是月球探测器、月球科研站和月球基地发挥效能不可或缺的重要保证,因此需要开展地月系统测控通信系统总体架构技术、月球互联网技术、多网协同测控通信技术、高灵敏度接收机技术、高性能功率放大器技术、高性能测控天线技术、大容量数据传输技术、高精度测定轨技术、器间无线通信网络技术和地月空间自主导航/定位/授时等关键技术研究。

(8)月球就位资源提取与利用技术。开展可持续月球探测,建设月球科研站和月球基地时,进行月球资源的就位提取和利用是关键,因此需要开展月球资源就位提取制备技术、基于月球水冰/月壤的就位推进剂制备技术和基于月壤材料的制造技术等关键技术研究。

(9)科学探测载荷技术。为了持续开展月球科学研究和资源利用,科学探测仪器直接关系可能获得的科学探测成果,不断涌现的新的科学目标需要不断提升科学探测仪器的性能,因此需要开展月球图像获取类探测技术、月球成分分析类探测技术和月球环境探测类探测技术相关的关键技术研究。

(10)地面试验技术。针对月球探测的复杂性和高风险特点,必须在地面进行大量的技术试验验证,包括模拟任务运行环境、验证系统的功能性能等,因此需要建立相应的地面试验系统,并发展与之配套的试验技术,需要开展低重力条件模拟技术、月面环境综合模拟技术和月壤/月球地质特性模拟技术等关键技术研究。

随着未来各种月球探测任务新概念和新技术的不断涌现,还会面对更多未知的挑战。航天科技工作者和相关学科领域的研究人员还需共同努力,更好地应对新的技术挑战,推动航天技术和人类的科技水平不断进步;探索宇宙的未知奥秘,拓展人类的生存空间,促进人类可持续发展,为人类文明做出贡献。

参考文献

[1] 中华人民共和国国务院. 国家中长期科学和技术发展规划纲要(2006—2020年)[EB/OL]. [2006-02-09]. http://www.gov.cn/jrzg/2006-02/09/content_183787.htm.

[2] 叶培建,彭兢. 深空探测与我国深空探测展望[J]. 中国工程科学,2006,8(10):13-18.

[3] 叶培建,黄江川,等. 嫦娥二号卫星技术成就与中国深空探测展望[J]. 中国科学:技术科学, 2013,43(5):467-477.

[4] 孙泽洲,张廷新,张熇,等. 嫦娥三号探测器的技术设计与成就[J]. 中国科学:技术科学, 2014,44(4):331-343.

[5] 吴伟仁,于登云,王赤,等. 嫦娥四号工程的技术突破与科学进展[J]. 中国科学:信息科学, 2020,50(12):1783-1797.

[6] 杨孟飞,张高,张伍,等. 探月三期月地高速再入返回飞行器技术设计与实现[J]. 中国科学: 技术科学,2015,45(2):111-123.

[7] 杨孟飞,张高,张伍,等. 月面无人自动采样返回任务技术设计与实现[J]. 中国科学:技术科学,2021,51(7):738-752.

[8] 陈丽平,顾征,陈春亮,等. 逆金字塔式安全着陆点选择方法[J]. 宇航学报,2021,42(8): 967-974.

[9] 汪中生,孟占峰,高珊,等. 嫦娥五号交会对接远程导引轨道设计与飞行实践[J]. 宇航学报, 2021,42(8):939-951.

[10] 孟占峰,高珊,彭兢,等. 嫦娥五号任务月地转移轨道设计与实践[J]. 中国科学:技术科学, 2021,51:859-872.

[11] 孟占峰,高珊,汪中生,等. 月地高速再入返回任务轨道设计与飞行评价[J]. 中国科学:技术科学,2015,45(3):249-256.

[12] 盛瑞卿,赵洋,邹乐洋,等. 月面无人自动采样返回飞行程序设计与实现[J]. 中国空间科学技术,2021,41(6):91-102.

[13] 盛瑞卿,朱舜杰,邢卓异,等. 一种基于空空链路的双目标中继信息流设计方法[J]. 航天器工程,2020,2:80-88.

[14] 禹志,王金童,杨敏,等. 嫦娥五号轨道器分离系统设计与验证[J]. 中国科学:技术科学, 2021,51(8):898-911.

[15] 邓湘金,郑燕红,金晟毅,等. 嫦娥五号采样封装系统设计与实现[J]. 中国科学:技术科学, 2021,51(7):753-762.

[16] 舒燕,邢卓异,张旭辉,等. 嫦娥五号探测器月面起飞设计与实现[J]. 中国科学:技术科学, 2021,51(12):1465-1479.

[17] 徐阳,马琳,刘涛,等. 嫦娥五号月球轨道交会对接制导导航与控制系统[J]. 中国科学:技术科学,2021,51(7):788-798.

[18] 陈春亮,张正峰,盛瑞卿,等. 深空探测跳跃式再入返回任务设计[J]. 深空探测学报,2021,8(3):269-275.

[19] 梁东平,柴洪友. 着陆冲击仿真月壤本构模型及有限元建模[J]. 航天器工程,2012,1:18-24.

[20] DAVID G. Spacecraft thermal control handbook [M]. 2nd edition. El Segundo:The Aerospace Press,2002.

[21] 苏杨,蔡国飙,舒燕,等. 地外天体起飞羽流导流气动力效应仿真[J]. 北京航空航天大学学报,2019,45:1415-1423.

[22] 董彦芝,张高,杨昌昊,等. 嫦娥五号探测器结构设计与实施[J]. 中国科学:技术科学,2021,51(8):886-897.

[23] 张萃,王刚,等. 着陆器顶板羽流导向设计及验证技术[J]. 航天返回与遥感,2016,37(2):34-41.

[24] 曾惠忠,董彦芝,盛聪,等. 嫦娥五号轻量化高精度上升器结构技术[J]. 宇航学报,2021,42(8):953-960.

[25] 董彦芝,刘峰,杨昌昊,等. 探月工程三期月地高速再入返回飞行器防热系统设计与验证[J]. 中国科学:技术科学,2015,45(2):151-159.

[26] 杨昌昊,董彦芝. 我国深空探测领域防热材料的进展与需求[J]. 宇航材料工艺,2021,51(5):26-33.

[27] 方洲,梁馨,邓火英,等. 蜂窝增强低密度硅基烧蚀防热材料性能[J]. 宇航材料工艺,2021,51(5):79-83.

[28] 王刚,董彦芝,杨昌昊,等. 适应斜落着陆冲击的一体化结构设计及验证技术[J]. 中国科学:技术科学,2015,45(2):204-212.

[29] 赵陈超,章基凯. 硅橡胶及其应用[M]. 北京:化工工业出版社,2015.

[30] 袁家军. 卫星结构设计与分析[M]. 北京:中国宇航出版社,2004.

[31] 周光炯,严宗毅,许世雄,等. 流体力学[M]. 北京:高等教育出版社,1993.

[32] 宁献文,李劲东,王玉莹,等. 中国航天器新型热控系统构建进展评述[J]. 航空学报,2019,40(7):6-18.

[33] 宁献文,苏生,陈阳,等. 月地高速再入返回器热控设计及实现[J]. 中国科学:技术科学,2015,45(2):145-150.

[34] 宁献文,徐侃,王玉莹,等. 嫦娥五号轻量化泵驱单相流体回路热总线设计及实现[J]. 航空学报,2021,doi:10.7527/S1000-6893.2021.26292.

[35] 张奕. 传热学[M]. 南京:东南大学出版社,2004.

[36] 王玉莹. 空间水升华器相变传热传质动态特性及稳定性研究[D]. 北京:中国空间技术研究院,2014.

[37] 王玉莹,宁献文,苗建印,等. 嫦娥五号水升华热排散系统月面运行特性分析[J]. 中国科学:技术科学,2021,51(12):1445-1452.

[38] 张栋,薛淑艳,宁献文,等. 大推力发动机高温隔热屏设计及优化研究[J]. 航天器环境工程,2017,34(4):350-354.

[39] 宁献文,蒋凡,陈阳,等. 嫦娥五号探测器热平衡试验方案设计与实现[J]. 中国空间科学技术,2021,41(6):132-137.

[40] 蔡晓东,杜青,夏宁,等. 嫦娥五号探测器供配电系统设计与验证[J]. 宇航学报,2021,42(8):1015-1026.

[41] 程慧霞,张亚航,杜颖,等. 月地高速再入返回飞行器信息系统设计与实现[J]. 中国科学:技术科学,2015,45(3):239-248.

[42] 穆强,裴楠,郭坚,等. 一种航天器上多子网数据网络设计[J]. 航天器工程,2015,24(6):41-46.

[43] 白崇延,邢卓异,张伍,等. 航天器多子网时间同步系统设计与验证[J]. 航天器工程,2018,27(2):54-61.

[44] 兰天,程慧霞,郭坚,等. 嫦娥五号探测器多舱段间接力式校时及误差控制方法[J]. 宇航学报,2021,42(8):1027-1035.

[45] 陈建岳,侯超,刘鲁江,等. 月球轨道器模块化综合电子设计与实现[J]. 宇航学报,2021,42(8):1036-1042.

[46] 徐宝碧,李晓光,王文伟,等. 多器组合一体化测控数传分系统设计与验证[J]. 中国科学:技术科学,2021,51(8):873-885.

[47] 徐宝碧,谢兆耕,韩宇,等. 月地高速再入返回飞行器测控系统设计与实现[J]. 中国科学:技术科学,2015,45(2):1-7.

[48] 叶云裳. 航天器天线(下)[M]. 北京:中国科学技术出版社,2007.

[49] 陈刚,杨昌昊,孙大媛,等. 月地高速再入耐烧蚀天线设计与验证[J]. 中国科学:技术科学,2014,44(4):407-416.

[50] 王勇,杨鸣,于丹,等. 嫦娥五号跳跃式再入制导、导航与控制技术[J]. 中国科学:技术科学,2021,51(7):799-812.

[51] 于萍,张洪华,李骥,等. 嫦娥五号着陆上升组合体GNC系统设计与实现[J]. 中国科学:技术科学,2021,51(7):763-777.

[52] 于丹,董文强,王勇,等. 月球高速再入返回飞行器陀螺在轨自主标定技术研究及实现[J]. 中国科学:技术科学,2015,45(2):213-220.

[53] 张钊,胡军,王勇. 基于特征模型的再入飞行器制导律设计[J]. 空间控制技术与应用,2010,36(4):12-17.

[54] 张洪华,李骥,于萍,等. 嫦娥五号月面起飞上升制导导航与控制技术[J]. 中国科学:技术科学,2021,51(8):921-937.

[55] 黄爱清,曹明,唐妹芳,等. 一种无摩擦簧片式电磁阀的研制[J]. 火箭推进,2015,41(6):41-45.

[56] 魏彦祥,赵京. 用于并联金属膜片贮箱均衡排放的一种控制方法[J]. 火箭推进,2012(5):37-41.

[57] 王立君,黄爱清,唐妹芳. 一种耐高温阀芯密封材料在阀门上的应用[J]. 火箭推进,2018(5):61-65.

[58] 于杭健,彭兢,舒燕,等. 月面高温下推力器可靠性试验[J]. 中国空间科学技术,2021,41(6):123-131.

[59] 郑燕红,邓湘金,赵志晖,等. 地外天体采样任务特点及关键技术发展建议[J]. 探矿工程(岩土钻掘工程),2014,41(9):71-74.

[60] 金晟毅,姚猛,邓湘金,等. 采用视觉伺服的月球样品容器夹持控制方法[J]. 宇航学报, 2021,42(8):998-1003.

[61] 郑燕红,邓湘金,庞勇,等. 月球风化层钻取采样过程密实度分类研究[J]. 航空学报,2020, 41(4):223-391.

[62] 郑燕红,邓湘金,姚猛,等. 月球表层采样样品智能确认方法[J]. 宇航学报,2020,41(8): 1094-1104.

[63] 姚猛,郑燕红,赵志晖,等. 一种月表采样器合理铲挖深度的研究[J]. 航天器工程,2017,26 (3):50-56.

[64] 赵志晖,邓湘金,郑燕红. 地外天体采样任务的地面遥操作系统架构设想[J]. 航天器工程, 2016,25(5):74-79.

[65] 郑燕红,邓湘金,彭兢,等. 基于人工势场法的月球表层采样装置避障规划[J]. 中国空间技术,2015,35(6):66-74.

[66] 郑燕红,姚猛,金晟毅,等. 月面复杂地形表层采样可采点确定方法[J]. 中国空间技术, 2019,39(2):41-48.

[67] 郑燕红,邓湘金,庞彧,等. 着陆姿态对地外天体表层采样的影响研究[J]. 航天器工程, 2013,22(5):28-33.

[68] 顾征,邹昕,陈丽平,等. 探月三期月地高速再入返回飞行器工程参数测量系统设计及飞行结果[J]. 中国科学:科学技术,2015,45(2):176-184.

[69] 顾征,杨孟飞,薛博,等. 航天器动作状态的可视化遥测方法研究[J]. 载人航天,2017,23 (2):185-190.

[70] 李铁映,顾征,鄢咏折,等. 嫦娥五号探测器采样区快速视觉测量技术与应用[J]. 宇航学报,2021,42(8):989-997.

[71] 陈丽平,顾征,郑燕红,等. 一种航天器微小相机的视场覆盖增强方法[J]. 红外与激光工程,2020(S1):209-216.

[72] 邹昕,顾征,陈丽平,等. 基于深空探测器的在轨天体合影成像及应用[J]. 光学精密工程, 2015,23(10):2761-2767.

[73] 顾征,陈丽平,王彤,等. 一种返回器烧蚀温度在轨测量方法[J]. 航天器工程,2015,24(2): 129-133.

[74] 陈丽平,顾征,王彤,等. 返回器防热层在轨测温的热电偶地面标定新方法[J]. 航天器工程,2016,25(3):123-128.

[75] 荣伟,王海涛. 航天器回收着陆技术[M]. 北京:中国宇航出版社,2019.

[76] 张建可. 全氟三乙胺的低温性能测试方法研究[J]. 低温与特气,1996,1(2):63-65.

[77] 付光辉,黄垒,郭洺宇. 便携式太阳吸收比测量系统反射模型算法研究[J]. 航天器工程, 2019(增刊1):103-108.

[78] 宋世民,张伍,刘加明,等. 嫦娥五号探测器系统级电性能测试设计与实践[J]. 宇航学报, 2021,42(8):961-966.

[79] 富小薇,宋世民,赵阳,等. 探月三期月地高速再入返回飞行器全任务飞行过程验证策略设计与实践[J]. 中国科学:技术科学,2015,45(2):139-144.

[80] 傅晓晶,富小薇,赵阳,等. 探月飞行器效能评估研究与实践[J]. 计算机测量与控制,2016,

24(9):288-294.
[81] 任德鹏,李青,张正峰,等. 嫦娥五号探测器地面试验验证技术[J]. 中国科学:技术科学,2021,51(7):778-787.
[82] 中华人民共和国国务院新闻办公室出版社. 2021 中国的航天[R]. 北京:人民出版社,2022.
[83] NASA. Artemis Plan – NASA's Lunar Exploration Program Overview (NP-2020-05-2853-HQ)[R]. USA:NASA,2020.